江苏省公民道德与社会风尚协同创新中心成果

江苏省道德发展高端智库成果

国家社会科学基金重大项目"改革开放40年中国伦理道德数据库建设研究"（18ZDA022）成果

中国伦理道德发展报告

全国卷（下）

樊浩 王珏 等著

中国社会科学出版社

目　录
（全国卷·下）

下　伦理魅力度与道德美好度

第四编　公民的道德自主力

十五　道德判断与行为选择的群体差异 ……………………（433）

十六　社会大众道德认知的群体共识与差异分析 ……………（457）

十七　多元价值冲击下社会大众道德认知的代际差异 ………（474）

第五编　家庭的伦理承载力

十八　现代中国家庭的伦理承载力 ……………………………（497）

十九　中国社会的家庭伦理关系及其文化地位 ………………（512）

二十　家庭伦理与道德生活的发展研究 ………………………（546）

二十一　诸社会群体家庭伦理认同的共识与差异 ……………（564）

第六编　社会的伦理凝聚力

二十二　中国社会伦理形态与公共生活的"现代性"困境 …………（601）

二十三　公共信任的伦理道德影响因子 ………………………（622）

二十四　网络信息对行为影响的群体差异 ……………………（641）

第七编　集团的伦理建构力

二十五　后单位制时期职业组织伦理的共识与差异 …………（659）

二十六　中国社会的组织伦理意识及其群体差异 …………………（674）
二十七　社会大众对组织伦理状况的认知 ………………………（705）

第八编　政府的伦理公信力

二十八　政府伦理发展状况 ………………………………………（731）
二十九　官员伦理信任和政府道德建设评价的群体差异 …………（760）
三十　中国社会大众对政府决策伦理含量判断的共识与差异 ……（793）

第九编　文化的伦理兼容力

三十一　中国文化的伦理兼容力状况 ……………………………（811）
三十二　中国社会大众伦理认同的现代转变 ……………………（828）
三十三　中国社会大众家国伦理精神状况 ………………………（843）
三十四　伦理型文化背景下诸社会群体的伦理认同与道德认知 …（868）

结语　中国社会大众价值共识的意识形态期待 …………………（902）

后记　数字写春秋 …………………………………………………（946）

补记 …………………………………………………………………（950）

下

伦理魅力度与道德美好度

第四编

公民的道德自主力

十五 道德判断与行为选择的群体差异

改革开放40年来,我国社会结构发生了重大变化,社会诸群体不仅在经济层面呈现出多样态的分布格局,而且在精神文化层面也更加复杂多元。在这一背景下,社会诸群体的伦理道德状况较之改革开放前发生了显著变化。把握这些变化的经验表象,分析变化的内在规律,进而预测变化的未来走向,成为当前我国公民道德建设工作的重要内容。为此,2017年,东南大学伦理学团队依托江苏省"2011"计划"公民道德与社会风尚"协同创新中心、江苏省重点智库"东南大学道德发展研究院",与北京大学中国国情研究中心合作,对全国官员、企业家、专业人员、工人、农民、企业员工、无业失业下岗人员等社会诸群体的伦理道德状况进行了大规模的问卷调查。通过调查,对当前我国社会诸群体的伦理道德状况既有了宏观性的把握,也对诸群体的伦理道德判断和行为选择实现了微观性的透视。总体来看,当前我国公众在进行个体道德判断和行为选择的过程中存在着显著的群体性差异。本文将结合相关调查数据,对这一群体性差异做出总结,并在此基础上对造成这些差异的原因给予分析和梳理,同时尝试超越数据表象,在理论层面对相关问题的解决给予相应的探讨和思想建构。

(一)数据与现象:道德判断与行为选择的群体差异

众所周知,个体在进行道德判断和行为选择的过程中,总是或隐或显地遵循着相应的伦理道德评判标准，进而在不同道德情境中做出相应的认知判断、价值选择和行为实施。当前，我国社会正处于结构调整的重要历史时期，社会利益格局复杂多变，社会价值观念多元发展。在这一背景下，我国社会公众在进行道德判断和行为选择的过程中，其所遵循的伦理道德评判标准势必存在差异。然而，上述认知仍然是基于社会反思的理论想象，我国社会诸群体在现实层面是否真的呈现出这一"差异"？"差异"的程度和影响如何？"差异"的具体表现怎样？只有对这些更为具体的问题展开实证调查分析，我国社会公众的个体道德判断和行为选择的差异性问题，才能真正获得充分的数据与材料支撑。

通过在全国范围内展开社会诸群体伦理道德状况大调查，我们看到，当前我国社会的个体道德判断和行为选择所存在的差异主要体现在群体性方面，换言之，不同群体之间较之同一群体内部在道德判断和行为选择上所存在的差异更大。具体而言，我国社会公众在道德判断和行为选择上的差异主要体现在以下五个方面。

1. 对我国当前社会伦理道德状况和自身伦理道德认同的认知差异

个体道德判断和行为选择深受个体对社会伦理道德状况总体认知的影响，我们就我国社会诸群体对中国当前伦理道德状况的总体认知展开调查。

首先，尽管各社会群体对我国当前社会伦理道德总体满意度比较高，但是对总体满意度的认识存在显著差异。

表4-1　　各群体对当前我国社会道德状况的总体满意度　　（％）

	官员	企业家	专业人员	工人	农民	企业员工	做小生意者	无业失业下岗人员	均值
非常满意	15.2	—	7.1	7.7	5.7	6.7	5.8	7.9	6.9
比较满意	65.2	66.7	61.5	69.0	68.3	66.1	66.9	62.5	66.8
不太满意	18.9	27.3	27.2	21.3	23.6	23.6	25.7	25.8	23.7
非常不满意	0.6	6.1	4.3	2.1	2.3	3.6	1.6	3.8	2.6

从表 4-1 的数据来看，诸群体在对当前我国社会道德状况的满意度上存在显著差异。这种差异表现在，官员群体对社会伦理道德状况的满意度要明显高于其他群体，而对伦理道德状况的不满意度官员群体也明显低于其他群体。企业家群体对社会伦理道德状况的不满意度明显高于其他群体。

其次，社会伦理道德状况具体体现为社会上人与人之间的关系，而对于我国社会上人与人之间关系的总体满意度，社会诸群体也存在显著的差异。

表 4-2　　各群体对我国社会上人与人之间关系的总体满意度　　（%）

	官员	企业家	专业人员	工人	农民	企业员工	做小生意者	无业失业下岗人员	均值
非常满意	12.1	6.1	8.2	5.9	5.0	5.6	5.4	7.1	6.0
比较满意	67.3	66.7	66.6	69.4	70.9	64.2	66.3	64.2	67.9
不太满意	20.6	21.2	23.0	23.2	22.9	27.6	26.3	26.0	24.3
非常不满意	—	6.1	2.8	1.6	1.1	2.7	1.9	2.6	1.8

从表 4-2 的数据来看，企业家、工人、农民、企业员工、做小生意者诸群体对社会上人与人之间关系的满意度比较低，而官员、专业人员和无业失业下岗人员诸群体对社会上人与人之间关系的满意度较高。

最后，社会上诸群体对于群体自身的道德状况的满意度也存在显著的差异。

表 4-3　　　　　各群体对自身道德状况的满意度　　　　　（%）

	官员	企业家	专业人员	工人	农民	企业员工	做小生意者	无业失业下岗人员	均值
非常满意	30.3	20.6	21.9	14.1	13.6	17.8	13.9	15.6	15.3
比较满意	63.6	70.6	72.8	79.8	80.0	75.0	77.7	75.1	77.7
不太满意	5.5	5.9	5.3	5.4	6.0	6.3	7.9	8.6	6.4
非常不满意	0.6	2.9	—	0.7	0.4	0.9	0.6	0.7	0.6

从表 4-3 的数据可以看出，官员、企业家、专业人员诸群体对自身的道德状况的满意度较高，而工人、农民、企业员工、做小生意者和无业失业下岗人员诸群体对自身的道德状况的满意度较低。

2. 对影响我国当前社会伦理道德状况因素的认知差异

个体道德判断和行为选择不仅受到社会大的伦理环境的影响，而且受到具体的社会伦理道德因素的制约。我们就影响我国当前伦理道德状况的因素，在各群体中展开调查。调查表明，对于诸因素的认知，社会诸群体存在较大差异。

首先，就影响当前我国社会上人与人之间关系的因素，在利益、情感、主流价值观、传统价值观和西方价值观五大因素中，社会诸群体的反馈存在显著差异。

表 4-4　　　　　　影响我国社会上人与人之间关系的因素　　　　　　（%）

	官员	企业家	专业人员	工人	农民	企业员工	做小生意者	无业失业下岗人员	均值
利益	51.2	52.9	58.6	65.5	65.2	66.8	68.1	59.9	64.3
情感	20.4	32.4	21.0	21.4	22.7	17.5	18.0	23.8	21.3
国家倡导的主流价值观	20.4	11.8	15.2	7.8	7.9	11.5	9.5	10.3	9.5
中国传统价值观	7.4	2.9	4.5	5.0	3.8	3.8	4.1	5.5	4.5
西方价值观	0.6	—	0.7	0.3	0.3	0.4	0.3	0.5	0.4

工人、农民、企业员工和做小生意者认为利益在影响人与人关系方面发挥的作用较大，而企业家、无业失业下岗人员则认为情感在影响人与人关系方面发挥的作用较大。官员对于中国传统价值观念在影响人与人关系方面所发挥的作用较之其他群体的比例明显较大，而对于西方价值观的作用，工人、农民和做小生意者较之其他群体则关注较少。

其次，就影响当前我国社会道德生活最重要的因素，社会诸群体也给出了具有明显差别的反馈。

表 4-5　　　　　　　影响我国社会道德生活最重要的因素　　　　　　（%）

	官员	企业家	专业人员	工人	农民	企业员工	做小生意者	无业失业下岗人员	均值
意识形态中所提倡的社会主义道德	25.1	32.4	26.0	20.7	23.3	28.0	22.4	26.8	23.7
中国传统道德	57.5	44.1	49.1	49.0	57.7	38.6	43.8	52.2	50.4
西方文化影响而形成的道德	6.6	5.9	8.1	9.3	4.9	12.9	10.4	8.1	8.2
市场经济中形成的道德	10.8	17.6	16.7	20.9	14.0	20.3	23.4	12.8	17.6
其他	—	—	—	0.1	0.1	0.1	0.1	0.1	0.1

从表 4-5 的数据可以看出，官员和农民群体认为中国传统道德发挥的作用极为重要，其次才是意识形态中所提倡的社会主义道德，而且二者之间的差值在这两大群体的反馈中，明显大于其他群体。

再次，就信息技术、网络技术的发展对伦理道德的影响的认知，社会诸群体也存在较大差异。

表 4-6　对"信息技术、网络技术的发展对伦理道德的影响"的看法　（%）

	官员	企业家	专业人员	工人	农民	企业员工	做小生意者	无业失业下岗人员	均值
消极影响	16.0	12.0	20.0	14.2	14.2	14.6	19.5	16.4	15.6
没有影响	20.8	36.0	19.4	32.0	35.3	24.0	28.6	25.4	29.6
积极影响	63.2	52.0	60.6	53.8	50.5	61.4	51.9	58.2	54.8

从表 4-6 的数据中我们看到，官员、企业员工对于信息技术和网络技术的伦理道德影响较之其他群体持有更为积极的态度，认为其积极影响要明显高于消极影响。而做小生意者和专业人员较之其他群体更看到了技术发展对于伦理道德的消极影响。

最后，就市场经济对我国伦理道德的影响的认知，社会诸群体也存在较大差异。

表4-7　对"市场经济对我国伦理道德的影响"的看法　　　　（%）

	官员	企业家	专业人员	工人	农民	企业员工	做小生意者	无业失业下岗人员	均值
消极影响	17.7	14.8	21.3	14.7	10.5	17.0	17.7	16.6	15.1
没有影响	20.8	29.6	20.4	25.9	27.8	20.2	24.9	27.9	25.4
积极影响	61.5	55.6	58.4	59.3	61.6	62.8	57.4	55.5	59.5

从表4-7的数据中我们看到，官员、农民、企业员工对于市场经济的伦理道德影响较之其他群体持有更为积极的态度，认为积极影响要明显高于消极影响。而专业人员则较之其他群体更看到了技术发展对于伦理道德的消极影响。

3. 对决定个体道德选择的伦理道德标准和尺度的认知差异

个体道德判断和行为选择总是由相应的伦理尺度和道德标准所决定，这些尺度和标准或显或隐地不仅影响着个体对于他者伦理道德行为的认知和判断，而且直接决定了在相应的道德情境中，个体采取何种道德判断以及相应的行为实践。

首先，就影响个体道德判断和道德选择的最主要因素的认知，我们选取"自己的良心""大多数人持有的观点""公众人士和权威人物的观点、国外媒体的观点""自己的利益""他人的评价""社会后果""大多数人认可的道德规范""先贤教导"等因素，对社会诸群体展开调查。

表4-8　对"影响个体道德判断和道德选择的最主要因素"的看法　　（%）

	官员	企业家	专业人员	工人	农民	企业员工	做小生意者	无业失业下岗人员	均值
自己的良心	68.9	65.6	69.4	67.4	72.8	61.4	63.9	72.1	68.7
大多数人持有的观点	18.0	15.6	17.1	21.2	16.2	22.7	20.5	13.5	18.4
公众人士和权威人物的观点	3.6	6.3	2.6	2.4	1.9	5.0	2.6	2.9	2.7
国外媒体的观点	1.8	—	1.2	1.5	1.3	2.0	2.0	2.3	1.7

续表

	官员	企业家	专业人员	工人	农民	企业员工	做小生意者	无业失业下岗人员	均值
自己的利益	1.8	6.3	1.9	3.2	3.0	4.3	4.1	2.7	3.2
他人的评价	1.2	—	1.7	2.0	2.1	1.0	2.3	1.5	1.8
社会后果	0.6	6.3	2.4	1.2	1.3	2.2	2.4	2.5	1.8
大多数人认可的道德规范	1.8		3.6	0.8	1.1	1.3	1.8	1.8	1.4
先贤教导	1.8		0.2	0.3	0.2	0.1	0.4	0.5	0.3
其他	0.6	—	—	0	—	—	—	—	0

从表4-8的数据中我们发现，社会诸群体的认知和反馈存在显著的差异。其中，农民和无业失业下岗人员群体认为自己的良心在影响自身道德选择方面发挥的作用更大，比例均超过了70.0%。工人、企业员工和做小生意者群体则把大多数人持有的观点作为影响自身道德选择的第二大因素，而且占比均超过了20.0%。同时，公众人士和权威人物的观点对企业家道德判断的影响要明显高于其他群体。

其次，就何种社会关系对个人生活最具根本性意义的认知存在显著差异。我们选取"家庭关系或血缘关系""个人与社会的关系""职业关系""个人与国家民族的关系""人与自然的关系""个人与自身的关系"六种社会关系展开调查。

表4-9 对"何种社会关系对个人生活最具根本性意义"的看法 （%）

	官员	企业家	专业人员	工人	农民	企业员工	做小生意者	无业失业下岗人员	均值
家庭关系或血缘关系	50.9	61.8	50.8	52.0	55.2	52.7	55.5	57.8	54.3
个人与社会的关系	26.3	17.6	24.5	19.9	20.1	19.7	18.7	18.0	19.8
职业关系	12.0	11.8	11.7	14.5	12.9	11.9	12.8	9.2	12.6
个人与国家民族的关系	6.0	2.9	6.1	4.3	4.7	5.4	4.8	5.4	4.9
人与自然的关系	—	—	1.2	2.0	2.5	1.5	1.5	1.8	1.9
个人与自身的关系	4.8	5.9	5.8	7.2	4.5	8.7	6.7	7.9	6.5

从表4-9的数据中,我们发现,社会诸群体的认知和反馈存在显著差异。企业家群体认为家庭关系和血缘关系对个人生活最具根本性意义,这一比例超过60.0%,明显高于其他群体。而官员和专业人员群体则对于第二重要的社会关系的认知更倾向于个人与社会的关系,这一比例均超过20.0%,明显高于其他群体。

再次,就当前中国社会个人道德素质的主要问题的认知,社会诸群体存在较大差异。我们选取"道德上无知""有道德知识,但不见诸行动""既道德上无知,也不见道德行动"等问题展开调查。

表4-10 对"当前中国社会个人道德素质的主要问题"的看法 （%）

	官员	企业家	专业人员	工人	农民	企业员工	做小生意者	无业失业下岗人员	均值
道德上无知	10.2	11.8	10.3	12.9	17.3	8.4	9.5	13.7	13.2
有道德知识,但不见诸行动	76.5	73.5	75.2	69.7	63.7	75.0	70.7	71.6	69.4
既道德上无知,也不见道德行动	13.3	11.8	13.3	16.5	18.5	16.1	19.1	13.6	16.7
其他	—	2.9	1.2	0.9	0.6	0.5	0.7	1.2	0.8

从表4-10的数据中我们发现,官员、企业家、专业人员、工人、农民、无业失业下岗人员群体认为"道德上无知"是当前中国社会个人道德素质存在的主要问题,比例均超过10.0%,而企业员工和做小生意者则比例较小。另外,选择"有道德知识,但不见诸行动"是诸群体的普遍认知,但也存在差异,其中工人和农民的选择比例低于70.0%,而其他群体尤其是官员、专业人员和企业员工的选择比例超过75.0%。

最后,就根据什么来判断某种行为是否符合伦理或道德的标准这一问题的认知存在差异。我们选取"传统道德观念""风俗习惯""大多数人认同的道德规范""当事人共同利益和意志""自己的良心"等因素展开调查。

表 4-11　对"判断某种行为是否符合伦理或道德的标准"的看法　（%）

	官员	企业家	专业人员	工人	农民	企业员工	做小生意者	无业失业下岗人员	均值
传统道德观念	55.8	58.8	59.3	51.3	51.5	51.4	49.0	49.3	51.3
风俗习惯	24.2	26.5	23.0	28.6	28.8	25.4	26.2	25.1	27.1
大多数人认同的道德规范	11.5	11.8	10.1	9.6	9.7	12.9	11.4	10.2	10.3
当事人共同利益和意志	5.5	2.9	2.6	4.0	2.0	5.4	3.9	4.1	3.5
自己的良心	3.0	—	5.2	6.4	8.0	5.0	9.4	11.1	7.6
其他	—	—	—	0.0	0.1	—	0.1	0.2	0.1

从表 4-11 的数据中我们看到,"传统道德观念"对诸群体的伦理道德判断具有非常重要的影响,各群体的选择比例在 50.0% 左右,第二大影响因素是"风俗习惯",在 25.0% 左右。但是,各群体的具体选择又有所差异,如企业家和专业人员对于"传统道德观念"的认同较之其他群体更强,而工人和农民对"风俗习惯"的认同较之其他群体更强。

4. 对于依靠德性引导还是社会公平正义涵养我国社会伦理道德的认知差异

在现实社会生活中,个体道德判断和行为选择总是受到相应道德模范的影响,也受到整个社会的公平正义环境的影响。然而,在当前我国社会伦理道德情境中,道德德性品质和社会公平环境,究竟何者对个体道德判断和行为选择的影响更大,究竟何者对我国社会伦理道德的发展更为重要,社会诸群体的认识存在显著差异。

一方面,就社会生活而言,个体德性和社会公正哪个更重要的问题,我们选取"个体德性最重要""社会公正最重要""二者应当统一,但二者矛盾时应先追求个体德性""二者应当统一,但二者矛盾时应先追求社会公正"四个方面展开调查。结果表明,社会诸群体对个体德性和社会公正的重要性的认识存在显著差异。

表 4-12　对"个体德性和社会公正何者重要"的看法　　（%）

	官员	企业家	专业人员	工人	农民	企业员工	做小生意者	无业失业下岗人员	均值
个体德性最重要	14.4	5.9	14.9	15.5	20.6	15.5	18.6	19.8	17.9
社会公正最重要	22.8	29.4	24.9	33.6	35.1	26.1	28.8	26.8	31.0
二者应当统一，但二者矛盾时应先追求个体德性	32.9	35.3	28.2	28.9	24.8	30.1	30.5	28.5	28.1
二者应当统一，但二者矛盾时应先追求社会公正	29.9	29.4	31.9	22.0	19.5	28.3	22.2	24.8	23.0

从表 4-12 的数据中我们可以发现，企业家群体对个体德性重要性的认识偏低，仅占 5.9%，而其他群体均达到 15.0% 左右，而且农民群体达到了 20.0%。另外，社会诸群体普遍认为个体德性和社会公正应当统一，但对于二者发生矛盾时，究竟更应当追求何者则不同群体的认识仍存在差异。

另一方面，就当今中国社会最重要和最需要的德性是什么的问题，我们选取"爱（仁爱、博爱、友爱）""义（道义、义务）""宽容""责任""公正""诚信""忠恕（将心比心）""理智""节制""谦让"等德性品质设计调查问卷，形成了表 4-13 中的数据。

表 4-13　对"当今中国社会最重要和最需要的德性是什么"的看法　　（%）

	官员	企业家	专业人员	工人	农民	企业员工	做小生意者	无业失业下岗人员	均值
爱（仁爱、博爱、友爱）	33.5	23.5	32.2	28.6	25.9	36.0	25.6	31.2	28.8
义（道义、义务）	6.0	8.8	3.7	3.9	4.4	3.9	2.9	3.7	3.9
宽容	3.0	—	3.9	4.6	3.7	5.4	5.5	3.9	4.3
责任	6.0	11.8	6.9	10.7	7.7	11.1	10.4	5.6	8.8

续表

	官员	企业家	专业人员	工人	农民	企业员工	做小生意者	无业失业下岗人员	均值
公正	14.4	11.8	12.3	13.4	13.3	11.1	14.4	9.5	12.6
诚信	11.4	20.6	13.9	9.4	12.0	9.4	11.0	10.5	10.8
忠恕（将心比心）	0.6	—	1.2	1.9	1.8	2.4	2.2	2.4	2.0
理智	—	—	0.5	0.6	0.7	1.1	0.9	0.5	0.7
节制	1.8	0.7	1.5	1.9	2.1	0.9	2.0		1.6
谦让	2.4	2.3	2.4	2.1	2.9	2.2	2.1		2.3
勇敢	—	—	0.7	0.6	0.4	0.5	0.7	0.9	0.6
正直	1.8	—	1.2	1.3	1.3	0.7	1.2	1.1	1.2
善良	4.2	5.9	6.3	5.3	6.8	4.5	4.2	6.8	5.8
孝敬	13.2	17.6	13.7	15.5	17.9	7.7	17.4	19.1	16.1
敬业	1.8	0.7	0.3	0.1	1.1	0.5	0.3		0.4
其他	—	—	—	0.1	—	0.2	—	0.4	0.1

表4-13的数据表明，社会群体普遍认为当今中国社会最为重要的德性是"爱"，各群体的认知占比均超过了20.0%，总计认同度达到了28.8%。官员、专业人员、企业员工和无业失业下岗人员选择比例超过了30.0%。但是，关于个别德性的认识，不同群体也存在差异。如"诚信"，企业家群体的认同度要明显高于其他群体，这表明在企业运行过程中，企业家最为看重的道德品质是诚实守信。

5. 对于解决今后中国社会未来道德发展状况的认识存在差异

中国社会未来的道德发展状况无疑将影响当前社会诸群体的道德判断和行为选择，同时，对于中国社会未来道德状况的认识，也反映了当前社会诸群体的道德判断和行为选择特征。我们围绕当今中国社会的基本伦理冲突及其解决途径以及未来理想伦理道德生活设计调查问卷，从调查数据所反映的情况来看，社会诸群体尽管在某些方面存在共识，但差异亦很明显。

首先，就当今中国社会最基本的伦理冲突的认识差异，我们选取

"腐败不能根治""生态环境恶化""分配不公,两极分化""老无所养""未来没有把握""生活水平下降"等要素展开调查问卷,并形成了表4-14中的数据。

表4-14　对"当今中国社会最基本的伦理冲突"的看法　　　（%）

	官员	企业家	专业人员	工人	农民	企业员工	做小生意者	无业失业下岗人员	均值
腐败不能根治	22.3	8.8	27.6	22.6	21.2	23.1	19.6	24.3	22.4
生态环境恶化	24.7	23.5	21.3	30.2	27.3	30.6	28.3	23.0	27.5
分配不公,两极分化	33.7	58.8	39.6	31.7	33.0	32.5	32.1	36.7	33.5
老无所养,未来没有把握	16.9	5.9	10.5	13.4	15.3	12.9	16.5	12.2	14.0
生活水平下降	2.4	2.9	0.9	2.0	2.8	0.8	3.2	3.3	2.4
其他	—	—	—	0.2	0.3	0.1	0.3	0.5	0.3

表4-14的数据表明,社会诸群体在"分配不公,两极分化"是当今社会最基本的伦理冲突上具有较大共识,但企业家群体对这一问题的认识明显比其他群体更为敏感,并得出了58.8%的高值结果,而其他群体的比例在30.0%以上。另外,"腐败不能根治"和"生态环境恶化"两大因素也为社会群体所关注。

其次,就当前我国的公民道德和社会风尚建设的首要问题的差异,我们选取"弘扬优秀传统道德""建设伦理道德的核心价值""惩治官员腐败""解决分配不公问题""提高个人道德素质"要素展开问卷调查,并形成了表4-15中的数据。

表4-15　对"当前我国公民道德和社会风尚建设的首要问题"的看法　（%）

	官员	企业家	专业人员	工人	农民	企业员工	做小生意者	无业失业下岗人员	均值
弘扬优秀传统道德	26.9	18.2	19.5	17.1	17.9	19.0	15.9	19.5	18.0

续表

	官员	企业家	专业人员	工人	农民	企业员工	做小生意者	无业失业下岗人员	均值
建设伦理道德的核心价值	15.1	9.1	13.2	16.1	11.1	20.5	12.4	16.0	14.5
惩治官员腐败	11.8	18.2	9.9	18.3	24.1	12.5	15.5	15.4	18.0
解决分配不公问题	11.8	18.2	13.2	11.9	14.6	9.6	13.4	10.7	12.5
提高个人道德素质	34.5	36.4	44.2	36.6	32.3	38.4	42.8	38.5	36.9

表4-15中的数据表明，社会诸群体在"提高个人道德素质"是当前我国公民道德和社会风尚建设的首要问题上具有较大共识，但专业人员和做小生意者群体对这一问题的认识比其他群体更为敏感，并得出了高于40.0%的高值结果，而其他群体的比例也在30.0%以上。另外，"弘扬优秀传统道德"和"惩治官员腐败"两大问题也为社会群体所关注。

最后，就未来最向往的伦理关系和道德生活认识的差异，我们选取"传统社会的伦理和道德（如仁、义、礼、智、信）""战争年代为理想而献身的革命精神（如革命烈士无私献身精神）""新中国成立后到'文化大革命'前的大公无私的集体主义精神""追求个人利益的市场经济下的道德"西方道德（如个人主义、实用主义、功利主义）等要素展开调查问卷，并形成了表4-16中的数据。

表4-16　对"未来最向往的伦理关系和道德生活"的看法　　　　（%）

	官员	企业家	专业人员	工人	农民	企业员工	做小生意者	无业失业下岗人员	均值
传统社会的伦理和道德（如仁、义、礼、智、信）	55.5	63.6	61.8	56.4	66.8	55.2	55.5	61.2	60.1
战争年代为理想而献身的革命精神（如革命烈士无私献身精神）	18.9	12.1	13.5	16.7	14.1	16.3	15.8	15.5	15.5

续表

	官员	企业家	专业人员	工人	农民	企业员工	做小生意者	无业失业下岗人员	均值
新中国成立后到"文化大革命"前的大公无私的集体主义精神	12.8	6.1	11.8	8.8	10.3	10.8	8.3	9.8	9.7
追求个人利益的市场经济下的道德	9.8	12.1	7.6	13.5	7.0	11.3	13.9	6.5	10.0
西方道德（如个人主义、实用主义、功利主义）	1.8	—	3.6	2.3	0.7	3.5	3.6	4.7	2.5
其他	1.2	6.1	1.7	2.3	1.3	2.9	2.9	2.2	2.1

表4-16中的数据表明，社会诸群体更为向往的是"传统社会的伦理和道德"，占比为60.1%，并具有较大的共识，但与其他群体相比，专业人员、农民、企业家和无业失业下岗人员对这一伦理道德文化的向往比其他群体更具热情，并得出了高于60.0%的高值结果。另外，战争年代的革命精神也为社会诸群体所向往。

（二）问题与原因：何以道德判断与行为选择存在差异

从以上调查数据分析所呈现的当前我国社会伦理道德现象来看，社会诸群体在个体道德判断和行为选择上尽管有着广泛的共识，但是其中存在的诸多差异同样值得我们关注。而且关注个体道德判断和行为选择的群体性差异，对于我们准确、真实地把握当前我国社会的伦理道德现状，对于有效掌控我国社会公众的意识形态动态，尤其具有重大的理论价值和现实意义。

那么，究竟我国当前社会诸群体的个体道德判断和行为选择何以呈现出如此复杂的状况？诸群体的道德标准选择和价值排序何以存在如此显著的差异？群体性差异背后隐藏的社会伦理文化转型的深层原因究竟是什么？对于这些问题的探究构成我们深入把握当前我国社会伦理道德状况的重要前提。

结合相关调查数据及其呈现的规律，我们认为，造成当前我国社会个体道德判断和行为选择存在群体性差异的原因有以下四个方面。

1. 经济层面：市场经济发展突显的义利矛盾

改革开放以来，我国经济发展速度迅猛，经济实力显著增强，国家整体经济发展水平与民众收入水平实现跨越式发展。而这一成果的取得无疑应归功于中国特色社会主义市场经济，应当说，市场经济深刻改变了中国社会的物质基础。更重要的是，市场经济也深刻影响了中国的社会价值结构。因为市场经济所崇尚的利益原则改变了改革开放前中国集体主义至上的伦理价值前提。结果是，利与义的关系格局发生深刻变化，利与义的矛盾随着经济发展的深入，越来越成为影响中国社会诸群体伦理道德判断和行为选择的核心要素。

正是在这一背景下我们看到，社会群体在对我国社会总体伦理道德状况的判断上存在差异，因为不同群体在市场经济中所扮演的经济角色不同，那么合乎逻辑地讲其秉承的价值观念也必然有所差别，再加之利益原则在其中扮演的重要角色，因而，对于我国当前社会伦理道德状况的判断自然千差万别。

同时，随着市场经济的深入发展，物质生活的利益原则也正在侵蚀着精神生活的道德原则。结果是，崇高与德性在当代中国从学者到普通公众都将其看作被消解和边缘化的存在。雷锋式的好人好事，感动中国的年度评选尽管构成主流价值文化宣传的有力把手，但是从另一个层面我们也看到雷锋精神被诸如彭宇事件等利益与道德之间的纠葛所侵蚀。德性在经济发展过程中，不可否认地衰落了，社会诸群体的道德判断与行为选择陷入传统德性缺失，新的市场经济契约型道德尚未成熟形成的精神空档期。在这一背景下，我国社会公众的道德判断与行为选择存在差异便不难设想了。

2. 文化层面：多元文化价值的冲突与博弈

市场经济的深入发展不仅使得我国社会公众的思想观念发生深刻变化，而且深刻影响了我国社会的文化格局。当前，我国社会文化逐步呈现多元化的发展态势，以马克思主义为指导的社会主义主流文化无疑构成我国社会文化的核心，同时，中国传统文化作为中国人的文化基因构成我国社会文化的重要一极，西方文化自近代以来一直在与中国传统多元化的碰撞与交融中深刻影响着中国的文化结构。上述文化样态，尽管自近代以来始终构成中华民族的社会文化结构，但是改革开放以来，上述文化结构由于经济社会的深层变革，也发生了前所未有的变化，大众文化价值观念逐步呈现出复杂多元的局面。

文化是社会意识形态的载体，更是个体行为选择的隐形标尺。当前，我国社会文化的多元复杂且多元发展必然影响社会群体的道德判断和行为选择。从既有的调查结果中，我们不难发现，虽然诸群体所秉持的文化已经发生重大的分化，但是官员群体一方面由于自身社会角色的原因，而深受社会主义主流文化的影响，另一方面越来越关注中国传统文化的内在影响，可以说，官员群体总是在二者之间寻求某种平衡和协调中做出相应的道德判断和行为选择。企业家群体一方面得益于市场经济的发展，对西方自由主义文化及其契约型伦理规范有着天然的亲近感，但另一方面对中国传统伦理道德文化中的仁义礼智有着天然的认同，因而也总是在中西两种伦理道德文化中谋求必要的平衡。与官员和企业家群体的文化意识矛盾和道德判断纠结不同，我国社会的底层群体诸如农民、无业失业下岗人员等公众，则对社会主义主流文化形式有着强烈的认同，进而在进行道德判断和行为选择时，往往具有时代的明显烙印。

3. 社会层面：单位制瓦解和家庭结构变革引发的交往变化

社会诸群体道德判断和行为选择存在的差异除了经济和文化的原因，我国社会结构本身的深刻变化无疑是一个重要原因。众所周知，社会结构是社会诸群体组成的宏观格局的体现，社会结构不同，社会群体的价值观念必然存在差别，可以说，社会诸群体在不同的社会结构中其道德判断和行为选择必然存在显著的差别。

新中国成立以来，尤其是改革开放以来，我国的社会结构发生了广泛而深刻的变革。这些变革从根本上改变了当前社会公众的生活方式，更在深层上改变了他们的思维方式。这主要体现在两个方面。

一方面，传统单位制的瓦解和新的市场契约关系的逐步确立，这引发了中国社会巨大的结构性变革。原本依托公有制经济或国有企业平台工作、生活的社会公众，可以在"单位"获得从教育、医疗到社会保障等全方位的社会支持，因而，"单位"对于当时的社会诸群体而言，不仅是一个工作岗位，而且是一种伦理性存在。然而，随着单位制的瓦解，社会群体原有的伦理依附性平台消失，社会诸群体不得不"冷静"地面对个体与他者、个体与实体的关系，进而传统社会主义伦理道德文化的影响势必减弱，其他伦理文化形式的影响势必增强。而在这方面，做小生意者、无业失业下岗人员等群体的体认毫无疑问是最为切近的。

另一方面，新中国成立以来，中国传统封建家族的大家庭结构被瓦解，改革开放以来，中国社会的家庭结构逐步从家族过渡为家庭。当前，我国社会的基本家庭结构是以三口之家为代表的小家庭为基本单位所组成。家庭结构的重大变革引发的是人与人关系的深刻变革。传统大家族基于血缘关系所组成，其根深蒂固地具有伦理团结的功能，中国传统伦理文化在这里无疑可以获得丰厚的滋养。随着我国家庭结构由大家族向小家庭的转变，人际关系的血缘伦理纽带被越来越缩短甚至断裂，人与人之间的伦理认同逐步被市场经济的契约关系所取代。在这一背景下，我国社会诸群体所面临的伦理道德困境无疑是双重的，这就是既脱离了传统文化的伦理滋养，又尚未建立起新型的契约型伦理关系。在这个意义上，我们也就能理解，何以对于当前我国社会的伦理道德状况的总体认识，对于未来我国社会伦理道德状况的期许，不同社会群体给出的理解虽有着普遍的共识，但其中也存在不容忽视的差异。

4. 科技层面：科技发展引发的科技异化及其伦理难题

20世纪六七十年代世界科技革命迅猛发展，尤其是21世纪以来，以计算机、互联网、大数据为代表的信息技术更是发展迅速，科技革命在推动全人类生产方式重大变革的同时，也深刻影响着人类的思维方式和价值观念。改革开放尤其是近20年来，在科技全球化和科技工作者的努力下，我国科技发展水平提高迅速，这不仅推动了我国社会生产力水平的显著提高，为全社会物质生活生平的提高奠定了基础，同时也极大地改变着中国人的交往方式和思维方式。而在这些改变中，伦理道德观念尤其受到深远的影响。

从我们的调查数据库所反映的诸多现象中可以发现，科技发展对于社会诸群体的影响既是全方位的，也有着显著的差异。从总体层面来看，科技发展尤其是信息技术的发展，使得人们的交往方式更加便捷，但同时也更加间接。电脑、手机等新型媒介代替传统的面对面交流，不仅是交流的形式，而且是交流过程所蕴含的伦理意涵。社会诸群体普遍反映，交流形式越来越方便，但交流的深度却越来越浅薄。人与人的关系不仅没有由于科技发展而增进，反而有着疏远的趋势。从具体层面来看，不同社会群体由于对科技成果的接受和使用程度不同，进而科技发展对其道德判断和行为选择的影响也存在显著差异。官员、企业家、企业员工和专业人员的道德判断和行为方式受科技的影响更大，而对农民、无业失业下岗人员、做小生意者的影响相对较小。

当然，科技发展对于社会群体的伦理感知和行为选择也发挥着积极的作用。通过自媒体、网络等方式所进行的道德宣传和伦理监督，对于社会群体的伦理道德水平提升无疑也发挥了重要的积极影响。科技发展所减轻的体力劳动强度，也有利于社会公众更多地关注自身的精神生活和心灵发展。所以在这个意义上，科技发展对于当前我国社会的伦理道德建设无疑是一把双刃剑。

（三）解决之道：在道德差异中寻求伦理共识

当前我国社会伦理道德状况在社会群体道德认知和伦理抉择意义上存在诸多差异，这些差异的形成总体上是社会转型时期的必然结果，具体上则是改革开放以来，中国社会在经济、文化、社会结构和科技发展等层面共同作用下的意识形态症候。通过调查问卷揭示这些"症候"的外部表象，基于调查数据分析这些症候凸显的问题和形成原因，并在此基础上谋求治疗这些症候之道，正是我们本次研究的题中之义。基于前文所做的相关数据描述和原因分析，我们来谈一谈如何解决当前我国社会个体道德判断和行为选择差异问题。

个体道德判断与行为选择的差异性"症候"所表征的是当前我国社会诸伦理道德矛盾的"病症"，这些病症的产生在其直接性上是社会经济、文化、社会和科技变革的结果，但其深层的学理原因则是经济发展与精神发展的矛盾、多元文化冲突的矛盾、个体德性与社会公正的矛盾和科技发展与道德发展的矛盾这四个方面的伦理道德危机。因此，寻求解决当前我国社会诸伦理道德矛盾及其所引发的诸群体道德判断与行为选择差异，需要以辩证法的总体性思维协调和整合上述四重矛盾，在这一协调和整合过程中，寻求当代中国社会诸群体伦理道德价值选择的最大伦理公约数，寻求最大化的道德认同与行为选择标准的伦理共识。

1. 经济发展与道德发展相协调

弥合社会诸群体的道德判断差异，寻求社会诸群体的伦理共识，首先应当处理好我国经济发展过程中所造成的经济发展与精神发展的不平衡问题。改革开放 40 年来，我国经济发展水平不断提高，人民物质生活水平不断提升。然而，与经济发展相比，我国的精神文化发展水平仍有很大的提高空间，人民群众的精神文化生活亟须发展。而在这一背景下，我们的调查也表明，我国社会诸群体的道德判断与行为选择面临着一个基本的道德难题，这就是"义利之辨"。义利问题尽管作为伦理学的基本问题在前现代社会就存在，但是当前我国社会伦理道德状况中的义利问题则更为突出和复杂。

从社会诸群体对于当前我国社会伦理道德状况的总体认识和未来期许中，不难看出，经济条件差、收入水平低的群体倾向于认为问题的症结在于道德发展没有跟上经济发展的步伐，应当加强道德发展水平，也就是说当今社会重利过多，而遗忘了义之重要性。而经济条件好、收入水平高的群体倾向于认为，应当在经济发展过程中提升道德发展水平，只有经济发展水平提高了，人们的道德发展才能获得物质基础，经济发展是道德发展的前提。所以在这个意义上，有效合理地处理好经济发展与道德发展的关系、义利关系就成为寻求社会群体伦理共识的首要前提。

按照马克思主义伦理学的基本观点，道德作为一种人们的社会意识形态形式，总是由社会生产力发展水平及其所决定的生产关系所决定。经济发展与道德发展、义与利并不是非此即彼的二元对立关系，道德发展离不开经济发展的支撑，经济发展也必然要求道德发展。在这个意义上，解决当前我国社会诸群体道德判断与行为选择的义利之辨问题，必须以辩证法的思维方式协调经济发展与道德发展的关系，在理论层面为社会诸群体的认识提供了正确引导。

实际上，经济发展所形成的契约精神与现代社会的道德发展并不冲突，而且现代社会道德发展的土壤恰恰是现代市民社会的市场经济的生成与成熟。虽然在亚当·斯密看来，资本主义的经济发展是一个自然过程，不需要外在的权力干涉，但是他仍自觉认识到在经济发展的同时必须有个体道德情操的内在调节。斯密的道德认知既是对资本主义经济发展与道德规律的理论总结，更是对现代社会义利问题的理论解决。我们应当看到，伦理共识并非基于外在的权力设定，而是市场经济发展所培育的个体理性及其契约精神的整合之产物。现代社会的道德是多元之崇高，相对之绝对，我国社会诸群体的伦理共识可以在经济发展与道德发展的协调中实现。

2. 多元社会文化的会通

社会诸群体的道德判断和行为选择差异的实质是各群体所秉持的伦理文化的差异。改革开放以来，我国社会思潮复杂多变，多种伦理文化并存发展且激烈碰撞与深度融合。在这一背景下，社会诸群体所秉持的伦理文化也呈现出复杂多元局面，同一群体认同不同的伦理文化，不同群体却对同一伦理文化有着内在认同。在这个意义上，寻求当前我国社会诸群体的伦理共识，必须从总体上把握当前我国社会伦理文化的发展形势，推动不同伦理文化形式的深度会通与融合，谋求不同伦理文化样态的最大公约数。

当前，我国社会文化形态中发挥重大影响的伦理文化形式主要有三种：一是以马克思主义为指导的官方主流的社会主义伦理文化；二是以儒家文化为主导的中国传统伦理文化；三是以启蒙理性为基础的西方伦理文化。这三种文化形式在当前中国社会诸群体中有着庞大的思想市场，诸群体的道德判断与行为选择或隐或显地深受某一种或几种伦理文化形式的影响或决定。因此，当前我国社会诸群体的道德判断差异的实质也可以理解为是三大伦理文化传统之间的冲突与博弈的结果。在这个意义上，在社会诸群体的道德差异中寻求最大的伦理共识，必须在三大伦理文化的价值观念差异中寻求最大的思想共识，推动三大伦理文化的会通与融合，只有如此，社会诸群体在道德判断差异中实现行为选择的包容才能从根本上被设想。

中国当代伦理文化的会通与建构需要以马克思主义伦理学的总体性视角为切入点，以中国特色社会主义核心价值观为平台，推动中国传统伦理文化的现代转化，推动西方启蒙理性的伦理文化的中国化。进而，充分吸收不同伦理文化形式的精神因子，推动当代中国多元伦理文化的交融与会通才成为可能。

中国传统伦理文化解决现代道德危机的伦理实体，为当代中国人提供新的伦理精神家园。西方现代道德文化克服传统伦理的非理性强制，为当代中国人实现独具个性的道德自由提供伦理启蒙。这时，马克思主义伦理学的理论形态也随之发生重要转变，即从一种建构性的绝对"科学原理"转变为一种整合性的相对"批判理念"。作为"批判理念"的马克思主义伦理学的使命在于，以"总体性"的视角对中国传统伦理的实体文化和现代西方道德的个体文化进行批判性整合。这种批判性整合不仅是构建中国文化、西方文化、马克思主义和谐共生的新型伦理生态的理论前提，而且是构建面向当前中国社会伦理现实的伦理学理论形态的基本内容。

3. 个体德性与社会公正相结合

调查分析社会诸群体的道德判断和行为选择的差异，旨在把脉中国当前社会的伦理道德发展状况，为全社会的道德发展和公众道德素质的涵养提供数据支持和理论指引。毋庸置疑，涵养道德是当前我国社会伦理道德建设的当务之急，然而对于涵养道德亟须解决的伦理道德问题是什么、如何涵养道德等问题，社会诸群体却给出了差异显著的答案。综观这些答案，我们发现，其聚焦的主要是一对基本矛盾，这就是个体德性与社会公正的矛盾。这一矛盾不仅构成社会诸群体对于当下中国伦理道德状况判断的重要场域，而且构成社会诸群体对于未来中国伦理道德前景设想的重要把手。因此,我们要寻求当代社会诸群体道德判断中的伦理共识,必须重新反思当代中国社会伦理道德建设中的个体德性与社会公正的关系问题。

众所周知,自罗尔斯《正义论》出版以来,西方学术界围绕公平正义问题进行了广泛、深入的讨论,虽然有"德性伦理"的当代复兴与之抗衡,但正义问题由于紧扣当今时代之伦理的脉搏而影响日盛。与西方社会公正理论在学界和公众中获得普遍关注形成对照的是,回顾当今中国社会的伦理道德建设,我们看到,在对公民道德教育方面,最典型的伦理情结是"学雷锋"式的对个体德性的关注。然而,我们的前期调查表明,对中国道德建设社会诸群体期待国家、政府和社会有更积极的作为,而不是仅仅停留在"运动式"的"学雷锋"上,要求在民主法治、惩治腐败、整治权力、消除特权思维、缩小两极分化等方面,真实地推动社会公平正义。这些调查信息表明,"公正论—德性论"二峰耸峙实际上是当前中国伦理道德的真实状况。

对于致力于全面建成小康社会的当今中国最急需的伦理行动究竟是什么?是"学雷锋",赞美"道德英雄"这一不断再现的伦理情结,进而崇尚个体德性激发社会公众道德感悟的思路,还是"把权力关进制度的笼子",推动国家治理体系和治理能力现代化,维护社会公平正义的"底线"?实践证明,仅仅以"国家行动"一次又一次开展的"学雷锋"式的德性运动,总是遇到"一半是海水,一半是火焰"的时冷时热甚至不冷不热的结局。仅仅以法治思维的高压态势勒紧制度管理的"笼子",往往忽略了个体在面临道德选择时的"良心发现",道德总是具体的感知而非抽象的管理和规定。所以在这个意义上,寻求社会群体在涵养道德素质上的伦理共识,必须把个体德性的宣教与社会公正的维护结合起来,只有如此,才能既创建一个有利于道德发展的宏观伦理环境,又能创造一种有利于道德主体主动作为的微观伦理情境,进而推动社会群体之间的真实伦理道德认同。

4. 科技与道德的对话与创新

探讨当前中国的伦理道德建设,必须关注科技发展对公众社会生活的深刻影响,进而也必须关注科技发展对社会诸群体道德判断和行为选择的深刻影响。我们的调查表明，不同群体对科技发展的接受能力、接受程度和认同程度不同，其对相应道德现象的认识和理解也不同，其对自身行为选择的理解也不同，二者之间存在正相关的关系。因此，在个体道德判断差异中寻求伦理共识，必须关注科技发展与道德建设的内在关系。

毋庸置疑，当代科技尤其是信息技术的迅猛发展对现有伦理道德规范提出了前所未有的挑战。人与人的交往方式的巨大变化，引发的是人与人之间伦理关系的深刻变革。消极的观点认为，科技发展损害了道德，科技越发展，道德越退步。这一观点最早可以追溯到卢梭在《科学与艺术》一书中的重大思想发现，即科学与理性的进步并没有"敦风化俗"，而是"伤风败俗"，无疑深刻揭示了科技发展与道德发展之间的矛盾关系。在这方面，我们的调查也表明，社会诸群体有着切实的体认和感知。然而，我们应该看到，科技发展也在推动道德的发展和进步方面发挥了独特的积极作用。一方面，科技在让人与人的交往更加便捷的同时，也促使人更加自律地做出相关的行为选择，从而推动现代社会契约精神的形成和发展。另一方面，道德规范内省的同时也需要外在的监督，科技在对不道德行为的监督方面发挥了重要作用。

既然科技发展与道德发展既存在着内在的联系，又有着激烈的冲突和矛盾，那么，我们究竟应该如何认识和理解科技高速发展时代的道德建设呢？如何在不同群体认知差异中，在科技发展与道德发展之间寻求最大的伦理共识呢？笔者认为，问题的关键在于，我们应当跳出非此即彼的二元对立思维，既积极推动以伦理为底线的新科技的快速发展，同时也倡导和培育以科技为媒介的新伦理的诞生和发展。

一方面，科技发展必须坚守伦理道德的底线，只有符合社会基本伦理道德规范的科技，才是有发展生命力的科技，也才能获得社会的认同。一直以来，科技都被看作一种价值无涉的存在，但事实证明，科技不可能脱离其所处的社会文化土壤，科技本身就渗透着人对自然、对他人的伦理道德关切。所以在这个意义上，中国的科技发展应该以伦理道德为底线，更以伦理道德为灵魂，只有如此才能聚合社会公众的内在认同，发挥出独特的伦理规范作用。

另一方面，伦理道德建设应该积极利用科技发展的成果，伦理道德在本质上不是抽象的理论,而是人们的实践活动,它就体现在社会公众的日常生活中。因此,伦理道德建设应该走出书斋,积极利用优秀科技成果来发挥自身的引导和规范功能。在此基础上,把抽象说教的伦理道德规范外化为亲切的科技产品,从而实现道德发展与科技发展的深度融合。

(四)结语

当前我国社会诸群体在道德判断和行为选择依据上存在着五个方面的显著差异。这五个方面包括对于社会伦理道德状况的总体认识,对于影响我国当前社会伦理道德状况因素的认知,对于决定个体道德选择的伦理道德标准和尺度认知,对于依靠德性引导还是社会公平正义涵养我国社会伦理道德的认知,对于解决今后中国社会未来道德发展状况的认知。造成上述显著差异的主要原因是:改革开放以来,我国市场经济、社会文化、社会结构和科技创新四个方面的迅猛发展和急剧变革,引发我国社会伦理道德大环境和个体道德认知的深刻变化。因此,推动当前中国社会的道德发展和伦理建设,既需要深入剖析社会诸群体道德判断差异的原因,更需要在理论和实践层面上在经济发展与道德进步、多元文化的冲突与会通、个体德性与社会公正、科技发展与道德发展的张力关系之间,寻求超越差异达成共识的解决之道。

(高广旭)

十六　社会大众道德认知的群体共识与差异分析

引　言

2017年江苏省道德发展高端智库委托北京大学中国国情研究中心进行了全国伦理道德发展状况的抽样调查。调查按照职业性质将中国大众分为官员、企业家、专业人员、工人、农民、企业员工、做小生意者、无业失业下岗人员八大群体。通过考察诸群体的道德认知状况，总结其中的共识与差异，呈现中国大众道德认知的问题症结，探究问题产生的根源，据此寻求解决之道。

（一）共识与差异

1. 中国社会大众道德满意度：总体较满意，群体有差异

2017年调查数据显示，对当前我国社会道德状况的总体满意度，中国社会大众普遍认为"比较满意"（68.7%），有4.8%的大众认为"非常满意"，也有24.5%的民众觉得"不太满意"（见图4-1）。但诸群体间存在显著性差异：在"比较满意"的群体中，有69.0%的工人、68.3%的农民、66.9%的做小生意者的满意度更高；有15.2%的官员、7.9%的无业失业下岗人员、7.7%的工人和7.1%的专业人员认为"非常满意"；而在"不太满意"的群体中，有相当部分的企业家（27.3%）、专业人员（27.2%）、无业失业下岗人员（25.8%）和做小生意者（25.7%）更加不满意。

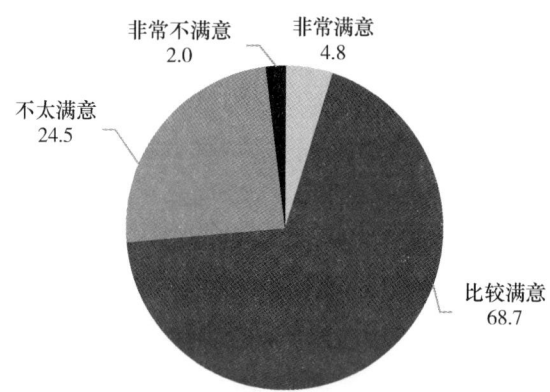

图4-1 当前中国社会道德状况满意度（%）

可以看出，大众对当前我国社会道德状况的总体满意度较高，且处于社会较低阶层的群体的满意度相对更高。在"非常满意"的群体中，官员对于我国社会道德状况的满意度最高；同时，处于社会较低阶层的部分群体状况的满意度也相对较高。但在"不太满意"的群体中，既有处于社会较高阶层的企业家和专业人员，也有无业失业下岗人员和做小生意者，呈现出较分化的特征。

同时，在对个人道德满意度进行调查时发现：大众对自己的道德状况的满意度普遍较高，有77.6%的受调查者表示"比较满意"，有15.3%的受调查者表示"非常满意"（见图4-2）。但诸群体间存在显著性差异，在"比较满意"的群体中，农民、工人和做小生意者的满意度更高，其比例分别为80.0%、79.8%和77.7%。在"非常满意"的群体中，官员对自己的满意度最高，占比为30.3%，还有21.9%的专业人员、20.6%的企业家、17.8%的企业员工对自己的道德状况表示"非常满意"。

以上数据反映出大众在道德评价方面总体较满意，群体有差异，并且呈现出"厚己薄彼"的不对称性：对他人的道德评价较低，对自己的道德评价较高。

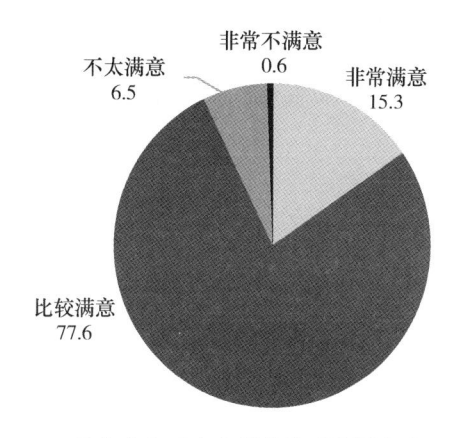

图 4-2　社会大众对个人道德状况的满意度（%）

2. 中国社会道德状况的预判：总体较乐观，谨慎与迷茫相伴

社会大众对未来中国社会道德状况的预判如何呢？数据显示，有 71.4% 的公众认为会"越来越好"，有 12.2% 的公众选择了"不知道"，有 10.8% 的公众认为不会有变化，仅有 5.6% 的公众认为会越来越差（见图 4-3）。但诸群体间存在显著性差异，有 79.2% 的专业人员、78.4% 的官员、74.6% 的企业员工和 73.2% 的无业失业下岗人员更倾向于"越来越好"；有 14.7% 的企业家、14.6% 的农民、12.4% 的做小生意者选择了"不知道"；有 14.7% 的企业家、12.3% 的农民和 11.6% 的工人认为"不会变化"；有 6.7% 的企业员工、6.6% 的工人、6.2% 的专业人员和 5.9% 的企业家认为会"越来越差"。

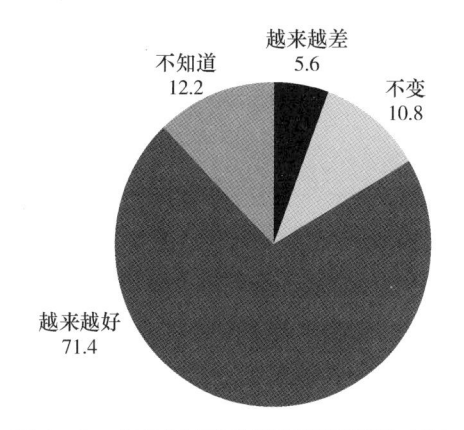

图 4-3　未来中国社会道德状况预判（%）

对未来中国社会道德发展趋势，公众普遍持乐观态度，但同时也有相当部分的群体对中国社会道德发展状况持谨慎或迷茫态度。

3. 中国社会大众的道德体验："道德感"不强、群体分化

2017年调查数据显示，在被问及自身是否能够体验到一种"道德感"时，有33.8%的受访者认为"经常有，问心无愧，不做亏心事最重要"，有27.0%的受访者认为"没有，只是凭自己的感觉和利益办事"，有24.9%的受访者选择了"没有特别的感觉，但从来不做不道德的事"（见图4-4）。但诸群体间存在显著性差异：有高达45.2%的专业人员、43.4%的官员、41.2%的企业家、37.8%的农民和37.7%的无业失业下岗人员能经常体验到"道德感"；有28.0%的无业失业下岗人员、26.7%的做小生意者没有特别的感觉，但是能坚守"不做不道德的事"的底线；同时有31.5%的企业员工、31.1%的工人、28.5%的做小生意者没有体验到"道德感"。

可见，社会大众对自身的"道德感"体验并不是很强烈，甚至还有相当部分的公众并未有"道德感"体验，行事原则、根据仅凭感觉和利益。概言之，社会大众对当前我国社会的道德满意度和对自己的道德满意度，以及对社会未来道德发展的趋势都持较为积极乐观的态度；但是公众对自身的"道德感"的体验并不如总体道德评价那么积极，甚至还有与之相反的道德体验。这种总体评价满意、态度乐观，个体道德感不

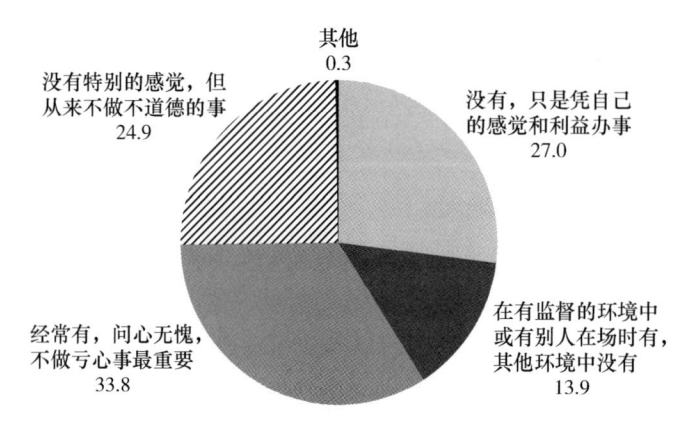

图4-4 中国社会大众的"道德感"（%）

强甚至道德无感,群体间还存在诸多差异和分化,形成了一种内外纠结甚至矛盾的张力。

4. 中国社会个体道德素质问题:有"良知"而无"良能"

调查数据显示,社会诸群体普遍认为当前个人道德素质的主要问题是"有道德知识,但不见诸行动"(69.4%),即有"良知",但无"良能"(见图4-5)。但各群体之间存在显著性差异:有76.5%的官员、75.2%的专业人员、75%的企业员工、73.5%的企业家认为是"有道德知识,但不见诸行动";而有19.1%的做小生意者、18.5%的农民、16.5%的工人、16.1%的企业员工则认为是"既道德上无知,也不见道德行动",既无"良知",也无"良能"。

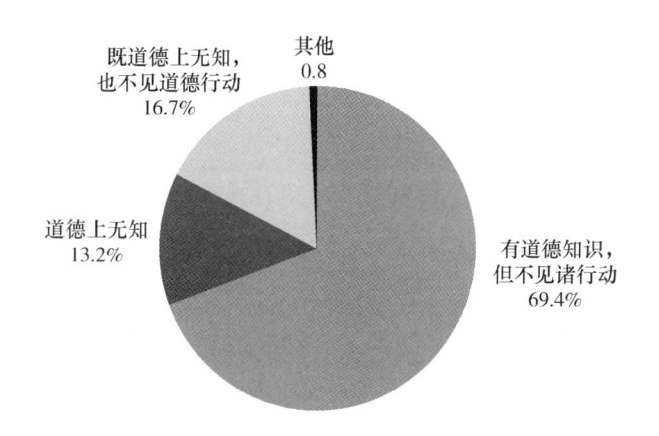

图4-5 当前中国社会个人道德素质的主要问题(%)

由数据可见,社会大众已经达成一个共识,即个体的道德知识并不缺乏,缺乏的是转化为道德行动的能力。不过,同样存在着群体性认知差异:官员、专业人员、企业员工和企业家等群体,在受教育水平上基本属于较高文化程度,并且有着较高的收入。一般来说,这些文化程度相对较高的群体本身在其受教育的过程中是伴随着相应道德教化的,道德知识是不缺乏的;同时相对较高的收入水平能够保证其有着较为稳定而富足的物质生活。然而较高的道德教化和物质生活并不必然带来较高的道德行动能力。因此,上述群体在对中国社会当下道德素质进行判断时更倾向于认为有道德知识而无道德行动。

在问题的另一端,在认为"既道德上无知,也不见道德行动"和"道德上无知"的群体中,做小生意者、农民、工人及无业失业下岗人员占比较高,虽然这些群体也主要认为中国当下的道德问题是"有道德知识,但不见诸行动"。一般来说,上述诸群体的文化程度相对较低,所受到的道德教化也相应较少,道德知识较为缺乏,因此他们对于中国社会当下的个人道德问题作出了"既道德上无知,也不见道德行动"的判断。

5. 中国社会大众道德判断的依据:源自传统,走向多元

中国社会大众对其遇到的伦理道德问题进行判断的依据何在呢?调查显示,中国社会大众进行道德判断的主要依据是"传统道德观念"(占51.2%)、"风俗习惯"(占27.2%),但存在着群体性差异:有59.3%的专业人员、58.8%的企业家、55.8%的官员、51.5%的农民、51.4%的企业员工和51.3%的工人认为其依据来自"传统道德观念"。而居第二位的依据是"风俗习惯"(农民占28.8%、工人占28.6%等)。这两个选项在某种程度上会有重合部分,当下流行的风俗习惯也可能来自传统道德观念。总体而言,大众进行伦理道德判断的依据依然是中国古老的文化传统。

而诸群体在进行伦理道德判断时呈现出多元化趋势:有41.4%的企业家、34.3%的专业人员、30.1%的官员选择了"大多数人认同的道德规范";有33.6%的无业失业下岗人员、32.4%的农民、30.8%的工人、30.6%的做小生意者和28.7%的企业员工选择的是"自己的良心";还有近30.0%的群体依然选择了"风俗习惯"。通常来说,企业家、专业人员和官员等群体有着较高的文化水平,也接受过更多的道德教化,规范意识较强,在进行伦理道德判断时,除依据传统外,还会按照大多数人认同的道德规范行事,而这些规范也可能具有区别于传统观念的现代社会特质。而选择"自己的良心"作为依据的群体主要是农民、工人、做小生意者等,他们的道德知识较为缺乏,对伦理道德问题进行判断时,除基于传统外,只能凭借自己的良心。

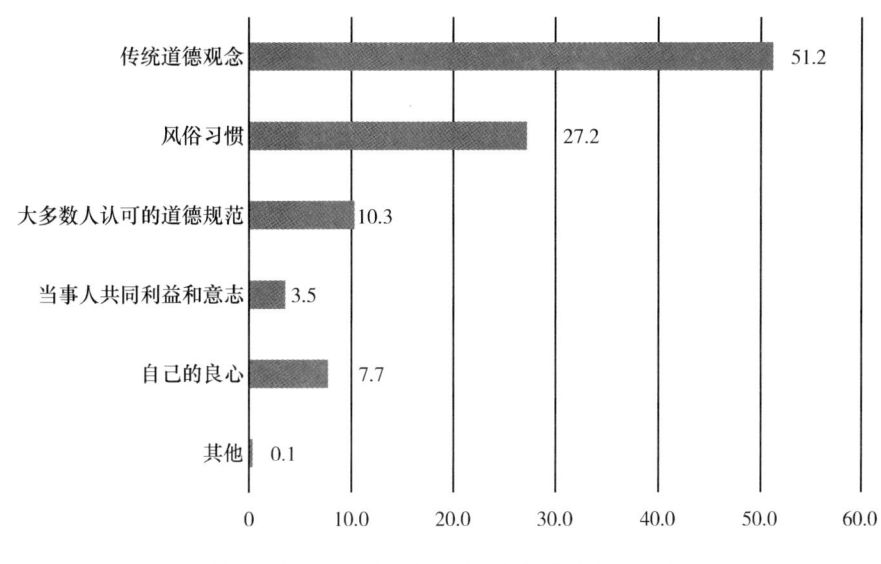

```
传统道德观念        ████████████████████ 51.2
风俗习惯           ██████████ 27.2
大多数人认可的道德规范  ████ 10.3
当事人共同利益和意志   █ 3.5
自己的良心         ██ 7.7
其他              | 0.1
                0    10.0   20.0   30.0   40.0   50.0   60.0
```

图 4-6 中国社会大众道德判断的根据（%）

在回答影响您道德判断和道德选择最主要的因素是什么时，大多数受访者选择了"自己的良心"（68.7%）；而在问及第二位因素时，有24.4%的受访者选择了"大多数人持有的观点"、18.2%的受访者选择了"大多数人认可的道德规范"，还有选择了"社会后果"（17.9%）和"自己的利益"（15.4%），呈现出一定的分化趋势。

虽然人们普遍选择了"自己的良心"，但诸群体间存在显著性差异。在最为重要的影响因素的选择上，有72.8%的农民、72.1%的无业失业下岗人员的选择高居前列。对于第二位主要因素，农民（28.3%）、做小生意者（24.7%）、工人（24.5%）选择了"大多数人持有的观点"，而官员（27.6%）、专业人士（23.4%）选择了"社会后果"，企业家（23.8%）和专业人士（21.9%）选择了"大多数人认可的道德规范"。可见，缺乏道德知识的群体在进行道德判断和选择时更倾向于自己的良心，或由良心直接跃升为良能，另有一部分人选择听从大多数人的观点。在对第二位因素的选择时，呈现出更多的分化趋势，道德知识缺乏者，除了听从自己的良心，也认同大多数人的观点；而官员和专业人士则大多选择了社会后果；部分专业人士和企业家选择了服从公共道德规范。

综上所述，公众在对他人行为进行道德判断时常依据传统、风俗习惯及大多人认可的道德规范；但对自己进行道德判断时又反躬"叩问"自己的良心，而不愿服从社会公认的道德规范。公众的个体道德判断具有不对称性，即对他人使用外在规范评价，对己则诉诸个人良心而不愿服从外在规范。道德判断的不对称性反映出我国社会大众的道德世界观还不够成熟。外在的道德规范还没有完全内化于心，变成一种内在的精神力量。

6. 中国社会的基本德性："新五常"伴生新元素

"在一个社会或社会发展的某种特殊时期被大多数人普遍认同的德性称为基德"，而"这些德性又是其他诸德发育及其合理性的基础"，以此为基石，架构起整个社会的道德体系。[①]

课题组对公众认为十分重要和十分需要的德性进行了调查。数据显示，人们认为十分重要和十分需要的德性主要为："爱、诚信、宽容、责任和孝敬"（见图4-7）。它已经取代了中国传统社会中的"仁、义、礼、智""四德"或者"仁、义、礼、智、信""五常"；同时，与十年前的数据相比也发生了明显变化——2007年居于前五位的德性为"爱、诚信、责任、公正、义"。"孝敬"和"宽容"取代"公正"和"义"，成为"新五常"中的新元素。

相较于"旧五常"，"新五常"有着更多的时代性，"爱""诚信""责任""宽容"成为人们呼唤的基本德性。与十年前相比，2017年的"新五常"呈现出新内涵——孝敬和宽容，让人眼前一亮。我国社会已步入老龄化社会，城乡之间、东西部之间的二元社会结构，导致代际聚少离多，赡养、照顾、"孝敬"老人成为诸多异乡人的诉求；而现代社会中，人际竞争更显激烈，矛盾纠纷频发，"宽容"成为公众的共识。

---

① 樊浩：《当前中国伦理道德状况及其精神哲学分析》，《中国社会科学》2009年第4期，第33页。

图 4-7 中国社会的"新五常"

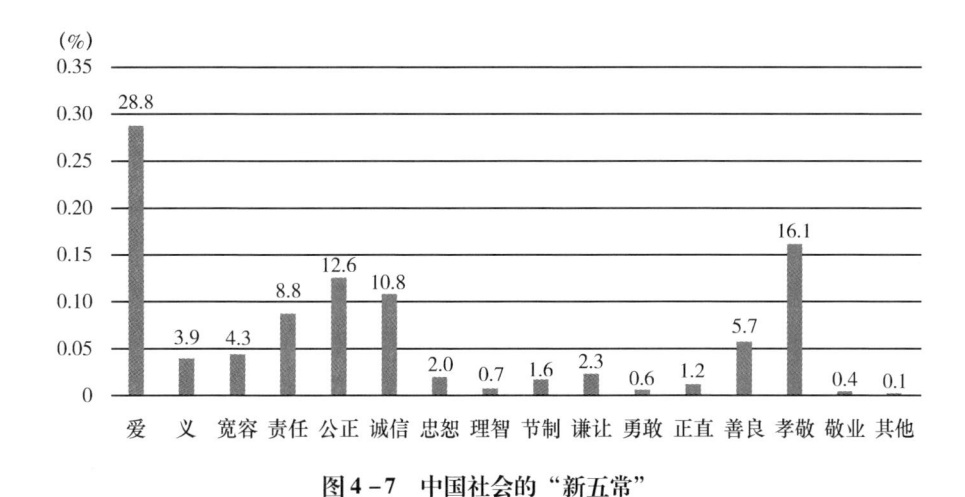

数据（从左至右）：爱 28.8、义 3.9、宽容 4.3、责任 8.8、公正 12.6、诚信 10.8、忠恕 2.0、理智 0.7、节制 1.6、谦让 2.3、勇敢 0.6、正直 1.2、善良 5.7、孝敬 16.1、敬业 0.4、其他 0.1

（二）问题与症结

1. 道德行动的障碍：良能不足、环境不佳

课题组为测试"有道德知识，但不见诸行动"的原因，设计了案例题"小王知道做某件事是道德的但没去行动，哪种因素是他行动的最大障碍？"结果显示，有 30.0% 的受访者认为小王行动的障碍是由于"自身能力有限，心有余而力不足"，有 24.1% 的受访者认为"采取行动也难以取得预期效果"，有 17.2% 的受访者认为"大家都不做，我何必管闲事"，有 16.2% 的受访者认为小王"采取行动会损害自己的利益"（见图 4-8）。

但诸群体间存在显著性差异。有 33.5% 的专业人员、33.0% 的无业失业下岗人员和 30.5% 的企业员工选择了"自身能力有限，心有余而力不足"；有 36.4% 的企业家、32.3% 的官员、27.0% 的工人、26.9% 的做小生意者和 24.3% 的企业员工选择了"采取行动也难以取得预期效果"；同时有 19.5% 的官员、19.3% 的专业人员、17.1% 的企业员工和 16.4% 的无业失业下岗人员选择了"采取行动会损害自己的利益"；还有 18.6% 的企业员工、18.4% 的工人、16.9% 的农民、16.8% 的做小生意者和 16.7% 的无业失业下岗人员选择了"大家都不做，我何必管闲事"。

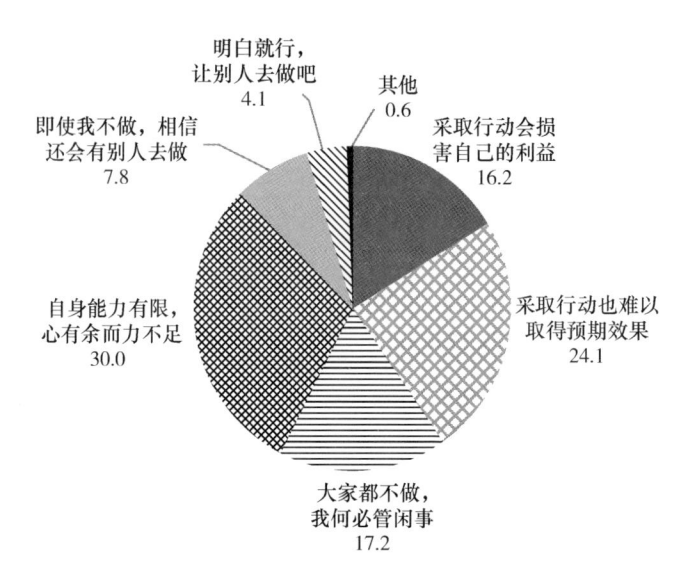

466 下　伦理魅力度与道德美好度

图4-8　小王道德行动的障碍（%）

- 明白就行，让别人去做吧　4.1
- 其他　0.6
- 采取行动会损害自己的利益　16.2
- 即使我不做，相信还会有别人去做　7.8
- 自身能力有限，心有余而力不足　30.0
- 采取行动也难以取得预期效果　24.1
- 大家都不做，我何必管闲事　17.2

较多数公众认为，小王明知道某件事是道德的而不去做是由于其道德行动能力有限而无力去实施该行动。此观点主要是道德主体基于对其内在道德能力的评估，觉得无法胜任或无法实施道德行动；而对其内在道德能力的评估需要调动道德个体的理性思维，即调动其道德认知能力而非道德情感能力。而这种理性加工过程却是基于个体的而非实体的，是从理性出发而非从伦理出发，是缺乏伦理精神的精致个体主义的原子式思考。而诸如相当部分的群体选择"采取行动也难以取得预期效果"，反映出他们对道德主体的道德行动的效果进行了预判，认为即使采取了行动也无法达到预期效果。从判断中，我们能够解读出判断者基于现实的理性思考，同时也折射出道德行动的效果还受制于道德主体之外的外部环境因素。

还有不少的群体选择了"采取行动会损害自己的利益"和"大家都不做，我何必管闲事"。此两种观点均较为消极，前者属于利己主义思想，仅从个人利益得失考虑是否采取道德行动；后者属于道德冷漠，"事不关己，高高挂起"，别人不行动，我也不行动，以致集体不行动，整个社会就会陷入道德冷漠的困境。而此两类观点同样折射出整个社会环境无法为道德行动者提供有效的保障，现实中做道德的事常常导致个体遭到打压、利益受损，以致大家不愿或不敢行动，从而造成一个"个体心中有是非，集体都是旁观者"的"道德沉默"社会。这需要引起足够的重视。

2. 道德涵养的训练场：家庭—社会—学校

在被问及个体道德成长中得到道德训练最重要的场所是什么时，数据显示，有33.8%的受访者选择的是"家庭"，有33.3%的受访者选择的是"社会（如工作单位、社区等）"，有26.2%的受访者选择的是"学校"（见图4-9）。

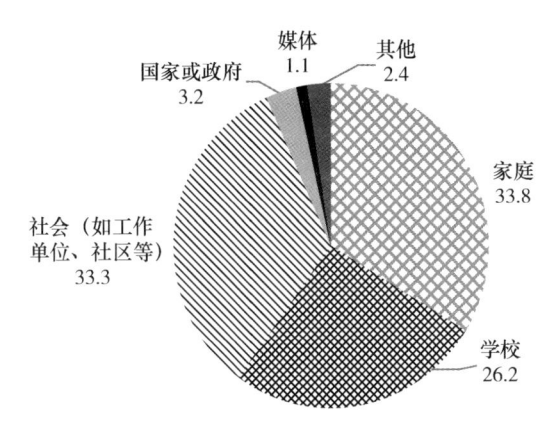

图4-9 中国社会大众道德训练最重要的场所（%）

但是诸群体间存在显著性差异。农民（37.0%）和无业失业下岗人员（36.1%）认为家庭是最为重要的道德训练场，企业家（35.3%）、专业人士（34.6%）和相当部分的无业失业下岗人员（33.0%）认为是学校，做小生意者（37.8%）、工人（37.4%）、企业员工（36.5%）以及相当部分的官员（32.9%）和企业家（32.4%）认为最重要的训练场是社会。农民和无业失业下岗人员因受教育环境和社会环境相对不太理想，家庭成了他们道德涵养和训练的港湾；企业家、专业人士和部分无业失业下岗人员觉得学校最为重要，他们认为学校相较于家庭，更具备道德教化的功能；做小生意者、工人、企业员工和部分官员及企业家从生存环境、工作经历出发认为社会是最为重要的道德训练场。

综上所述，家庭、学校和社会充当着中国社会大众道德涵养和训练的重要场所，是重要的伦理实体，是伦理精神和道德观念的形塑地。当中国社会从传统走向现代时，当作为伦理精神最重要的源头和归宿的家庭，其伦理道德功能和地位逐渐由社会和学校分担和承接时，当深受传统道德观念和风俗习惯影响的社会大众同时浸染在现代化的洪流之中时，这必然会产生犬牙交错的精神断裂带。如何填补与完善，如何升级与换代，需要从这些伦理道德涵养所和训练场中寻找灵感和探究问题的症结所在。

3. 对思想行为影响最大者：教师—父母—官员

在调查对个人思想行为影响最大者时，中国社会大众的第一位的选择依次是教师（34.0%）、官员（20.6%）、父母（17.4%）；而对个人思想行为影响处在第二位、第三位的选择依然是父母（34.6%和64.2%）。

在这一总体趋势下，诸群体间存在显著性差异。在影响最大的选择中，有42.9%的专业人员、38.1%的农民和37.1%的无业失业下岗人员选择了教师；一些群体虽然选择了教师，但第二选择了官员：有25.7%的企业员工、25.3%的官员、23.5%的工人和22.8%的做小生意者，认为官员对其思想行为影响最大。在影响最大的第二选择中，诸群体主要选择了父母（34.6%），其中农民的比例最高（41.9%）。

教师作为"人类灵魂的工程师"，对公众思想行为的影响依然最大，而官员在公众中也占据着相当重要的地位。而父母作为人生的第一位老师，其作用无可替代。在诸群体的选择中，专业人员从教育重要性的角度，农民和无业失业下岗人员从其自身教育缺失的体验方面认为教师的影响最为重要。此外，有相当部分受到我国传统的官本位思想及官僚体制影响较大的群体，如企业员工、官员、工人和做小生意者则认为官员对其思想行为影响最大。官员的思想行为受到体制内高层级官员的影响不难理解。而企业员工、工人和做小生意者大概更多的是受到我国传统社会官本位思想的影响。对个人思想行为影响排在第二、三位的，大多数人选择了父母。现实中真正对其思想行为起到教化作用的则是自己的父母。

可见，对个体思想行为影响极大者为教师—父母—官员，这和公众道德素养的训练场：家庭—社会—学校在某种程度上具有一致性。教师是学校教育的主要施教者，父母是家庭教育的关键一方，官员是社会组织中的重要一环。

4. 伦理道德的约束力：渐行渐弱、效果式微

调查显示，在被问及当前我国社会中伦理道德对于个人行为的约束能力如何时，有58.0%的受访者认为"效果一般"，仅有17.0%的人认为"效果良好"，还有13.2%的群体认为"效果很差"，有11.9%的人认为"几乎没有约束力，一切都听从利益支配"。不过在诸群体间存在显著性差异。在认为"效果一般"的群体中，专业人员（60.1%）、农民（59.2%）和企业家（58.8%）占比较高。在认为"效果良好"的群体中，官员（27.7%）、无业失业下岗人员（19.3%）、企业家（17.6%）和农民（17.4%）占比较高。在认为"效果很差"的群体中，做小生意者（16.4%）、企业员工（14.5%）、工人（14.1%）以及官员（13.8%）占比较高。在认为"几乎没有约束力，一切都听从利益支配"的群体中，工人（12.9%）和做小生意者（12.2%）占比较高。

可见，公众普遍认为社会伦理道德对个人行为的约束"效果不佳"；甚至还有不少的群体认为"效果很差"。但同时也有相当部分的官员、无业失业下岗人员和企业家以及农民认为"效果良好"。不同群体间在该问题上存在认知差异，同时同一群体中对该问题的认知也出现了不小的分歧。可以看出，中国社会大众在社会伦理道德对个人行为的约束能力上存在认知分化。这从更深层次上反映出具有普遍性的伦理规范还未能内化成为社会大众的精神气质，还无法完成"成己成人"的人格超越。

5. 社会大众最担忧的问题：腐败不能根治

在被问及最担忧的社会问题时，有38.9%的受访者认为是"腐败不能根治"。但诸群体间存在显著性差异。有高达64.7%的企业家最担心腐败不能根治，远高于总体均值。此外，有40.6%的农民、40.1%的做小生意者、39.7%的工人、39.5%的企业员工也担忧腐败治理问题，仅有

34.1%的官员群体担心该问题。企业家开展经济活动之时，经常和政府、官员打交道，对于腐败，体会最为真切。而居于社会底层的群体，也因缺乏话语权和各种"资源"也常受腐败所害。

"腐败不能根治"成为人们最为担心的问题，而这一问题直接指向官员（公务员）群体以及当下的政治体制。而官员又是对个人思想行为影响较大的主要群体之一，官员的腐败直接影响社会大众的思想行为。因此，从某种程度上说，腐败不除，中国社会的道德状况也难有显著性提升。

（三）对策和建议

1. 从良知到良能的转变与升华

从上文分析可知，社会大众认为目前社会个体道德素质问题主要是"有道德知识而无道德行动的能力"，即有"良知"而无"良能"。如何使得拥有道德知识者在面临道德判断或选择时进行正确而有效的判断和抉择，并将其转化为有效的道德行动，是我们需要着重对待的问题。因此，在今后的公民道德教化中，需重视和强化公民个体"道德意志"（moral will），即将道德意向、激情、冲动以及良知转化为道德行动的意志能力；该意志能力能够持续保障道德主体将纯粹的良心动机和道德意图体现出来、行动起来。因为"道德意志已不表现为故意和良好动机，而是作为具有普遍性和无限性的道德的自我意识或良心"。[①]

同时，相当部分的公众缺乏相应的道德知识，在面临道德判断或选择时，常常缺乏相应的道德标准；在采取道德行动时，往往基于自己内心的道德良心和是非观念，而良心往往只是"在自己本身内的自我的自由"，是"自身的直接的具体的确定性"的精神，它所表示的往往"只是一个人的自我"，单纯是个体主观独自的自我认可，尚不具有普遍性，这

[①] 黑格尔：《法哲学原理》，范扬、张企泰译，商务印书馆1979年版，第14页。

些淳朴的良心和是非观往往又会有失偏颇。① 因此，进行必要的道德知识普及与教育对这部分社会群体是十分必要的。

另外，从"良知"向"良能"的过渡与转化不仅关涉道德主体个人心性和道德世界观的涵养和形塑，同时还需要社会提供保障道德行动实现出来的良好的外部环境。整个社会需要为公众营造和谐向善的环境，建立惩恶扬善的长效机制，鼓励、激励公众在处理道德事件时勇于实施道德行动，而不是仅仅把道德良心束之高阁，抑或是化作"优美灵魂"而孤芳自赏。

2. 传统道德观念的教育与更新

调查显示，公众道德判断的依据仍然诉诸传统，因此，以切实有效的方式，弘扬优秀的传统道德观念就变得十分必要。中华文明经历了时间的洗涤和淘沥，积淀出能够跨越时代的文化传统，也提炼出具有普遍性的伦理精神和道德观念。加强传统伦理精神和道德观念的教育，是提升中国社会大众道德素养的重要内容。

中国社会在承袭传统的同时也在逐步走向现代，当前我国社会的基本德性已经由传统的"旧五常"逐渐向"新五常"转化，而且"新五常"的具体内涵也发生着动态变化。因此，应结合当代社会现实对传统道德思想进行萃取提纯，汲取适合时代需要的思想精华。立足传统，面向当代，让公众树立正确的道德规范，形塑适合时代需求的道德世界观，并能够将其内化于心，外践于行。

3. 建立"德治"与"法治"并存的长效机制

由上文分析可知，对公民个体思想行为影响最大者依次为"教师—父母—官员"，而对教师和父母的社会评价普遍较高，对官员的评价较低，并且中国社会最担忧的问题就是"腐败不能根治"，而腐败主要存在于官员群体。因此，对官员群体以及政治体制的完善成为清肃整个社会道德环境的重要一环。而这方面的治理已经超出了道德教育和道德治理

---

① 参见黑格尔《精神现象学》（下卷），贺麟、王玖兴译，商务印书馆 1981 年版，第 147—166 页。

的范畴，需要建立一套长效的根治腐败的"法治"体制和机制。

由于公众普遍认为当前社会的伦理道德对个人行为的约束力效果一般或较弱，因此在加强道德教育的同时，还需要构建与道德建设相匹配的法治体系。道德教育以普及道德知识、提升道德认知水平、涵养道德素质、促进道德主体形成以"良心—良知—良能"的良性转换为目标；法治建设以维护道德行动者的切身利益、对因不道德而导致的违法犯罪等行为予以相应的法律惩戒为目标，进而形成"德治"与"法治"相互呼应的双向协调的长效机制。

4. "道德理性"复归"伦理精神"

中国社会大众个体道德素质的主要问题是"有道德知识，但不见诸行动"，而阻碍其进行道德行动的主要因素为"自身能力有限，心有余而力不足""采取行动也难以达到预期效果"以及"采取行动会损害自己的利益"等，其背后都隐隐暴露出每个道德主体在进行道德判断时和在采取道德行动之前都有着较为充分的理性思考，他们对道德事件的判定大都基于较为明确的道德知识，也有着较为清晰的道德是非准则，体现出较为"明智"的道德认知水平；而这些所谓的道德理性仅仅是基于个体的、"原子式"的、精致利己的理性思考，经过这般思考之后，他们能够"理性"地安排自己的道德行为，并能为其"道德不作为"提供所谓的"道德诠释"，其结果就是集体不道德，抑或是社会整体的"道德沉默"。

同时，当代中国社会道德涵养的主要场所已由家庭扩展为"家庭—社会—学校"。中国社会正经历着从传统的农耕文明向现代乃至后现代的工业社会过渡；而传统社会中家庭作为"伦理精神的策源地"功能逐渐被社会和学校所分担和取代。一方面，家庭所涵养出来的伦理精神已经不能满足现代社会的需要；另一方面，在现代社会中，社会组织或集团已经成为新的"实体"形态，也发展出与之相应的一套道德规范，而这些道德规范又有别于传统基于血缘的家庭伦理——它们通常是基于业缘的、由理性个体组成的有组织的"集团伦理"。而这些集团对内部成员而言是伦理的，其行为以维护集团整体利益为依归，但对于外部社会而言，往往又是不道德的，在维护组织、集团利益的同时常常会损害其他社会成员的利益，又是一方整体不道德的个体。[①] 而这恰恰是现代性社会的显著特征，无数理性个体（包括整体性个体）的理性行为却造成社会整体的不道德，个体道德的分化造成整体性伦理精神的沦丧。中国社会大众对于"爱""诚信""宽容"和"责任"的强烈呼求正反映了当下中国社会每一位置身其中的精致个体对于一个整体性的、可以依靠、可以信赖的普遍精神的渴求。

综上所述，中国社会大众的道德认知状况在某种程度上是当下中国社会的真实写照。一个背负着悠久历史文明的民族，正在由传统走向现代，厚重的文化传统既是可以依赖的思想资源，同时又是其进行华丽转身、完成精神蜕变的沉重包袱。中国社会大众道德判断和选择的依据还源自传统，而在他们面前展现出来的却是一个全新的现代社会，这其中的起承转合势必带来传承与断裂、坚守与更替、回顾与展望的阵痛与纠结。因此，逐步走出家庭伦理的理性个体如何复归新的精神实体，是当下每一位中国人必然面临的时代考题。

（张学义）

[①] 参见樊浩《当前中国伦理道德状况及其精神哲学分析》，《中国社会科学》2009 年第 4 期，第 36 页。

十七　多元价值冲击下社会大众道德认知的代际差异

在本次调查中，人群被分为五个年龄层，分别为 30 岁以下、30—39 岁、40—49 岁、50—59 岁以及 60 岁以上。年龄是整体社会伦理环境发展的纵向维度，包含了成长环境、现实生活、道德感知能力等丰富的信息。而前两个年龄层，即 30 岁以下（以下简称"甲组"）以及 30—39 岁（以下简称"乙组"），是整体社会最具活力的年龄层。如果说 40 岁以后年龄层反映的是传统和主流意识，甲、乙两组的道德取向和生存境况在很大程度上可以预示未来的伦理环境发展趋向。而在本次调查中，我们发现，尽管只是相去十年，这两个年龄层次就呈现出明显的分野。这种分野集中反映了十年间中国社会的巨变和转型，其中包含了巨大的信息量。通过对比和分析，我们期待在其中找寻出社会伦理演进的逻辑线索，找出在其中起到重要影响的因子和这些因子的影响方式。更为重要的是，这些因子将在今后对中国社会产生持续性的影响。

（一）被访者分析

本次调查是在 2013 年进行，因此甲组的被访者均是 1983 年后出生的，大致涵盖了 80 年代后期出生和 90 年代初出生的年轻人，这些被访者有的是学生，有的还在为成家立业拼搏奋斗，有的刚刚成家立业。这些被访者成长的年代正好对应改革开放最开始的 30 年，而这 30 年中，中国发生了举世瞩目、翻天覆地的变化。同时，在市场经济和西方文化价值的冲击下，传统伦理面临着巨大的挑战，因此，甲组被访者身上反映出的特质，乃至矛盾纠结，在很大程度上代表了中国社会在面对新时期万花筒时所表现出的彷徨、迷茫、新奇和奋进。而个体的道德修养必须来自伦理实体的熏陶和训练，成长在激荡年代里的甲组被访者，他们的伦理道德状况是不是真的如外界所担忧的那样，成为"垮掉的一代"，是不是真的因无所适从而缺乏道德感，他们对主流社会伦理道德现状的理解和冲击又是怎样的？

乙组被访者出生在1973—1982年，主要覆盖的是"70后"这一群体。中国人讲究三十而立，这个年龄层的被访者已经成为家庭的支柱，并且已有成为整个社会中流砥柱的趋势。大部分被访者已经生儿育女，为人父为人母。作为完整经历改革开放30年的群体，比起甲组被访者，其童年经历了计划经济大行其道的年代，而在其二十几岁的年纪则恰逢21世纪初中国高速发展的时代，是一个百年难遇的窗口期。因此，他们更多地感受到了新旧时代的碰撞，这种碰撞发生在他们的道德观念已经基本形成的年龄段，他们对社会伦理氛围的认同和反思则反映了社会对主流和支流、传统和新潮的态度。那么作为即将接过社会建设大旗的乙组被访者，他们的伦理道德状况如何？他们对传统是怎么看的？对现代又是什么态度？这30年来政府主导伦理道德建设的效果究竟如何？其中的得失成败又在哪儿呢？

（二）道德认知的时代差异

1. 社会参与和精神发育程度

一个人的道德认知水准与其精神发育程度密切相关，从孩提时代的无知无识，到青春期的懵懂，到三十而立的成熟，到最后从心所欲不逾矩的坦然，年龄背后积淀的是伦理认知与道德内化的过程，亦是个体精神的发育史。甲乙两组相差的十年，是一个人从家庭中走出，走向市民社会，甚至以自我的成熟意志为基础重新建立新家庭、组成新实体的过程。通过对社会的深入参与，乙组被访者更多地拥有对"伦"的认知，而这种认知则来自对社会系统的结构性参与。可以说，甲、乙两组被访者在很多问题上的巨大差异,以及乙组被访者与后面几组年龄更大的被访者趋同的回答,从横向的维度来看,在很大程度上建立在此基础上。

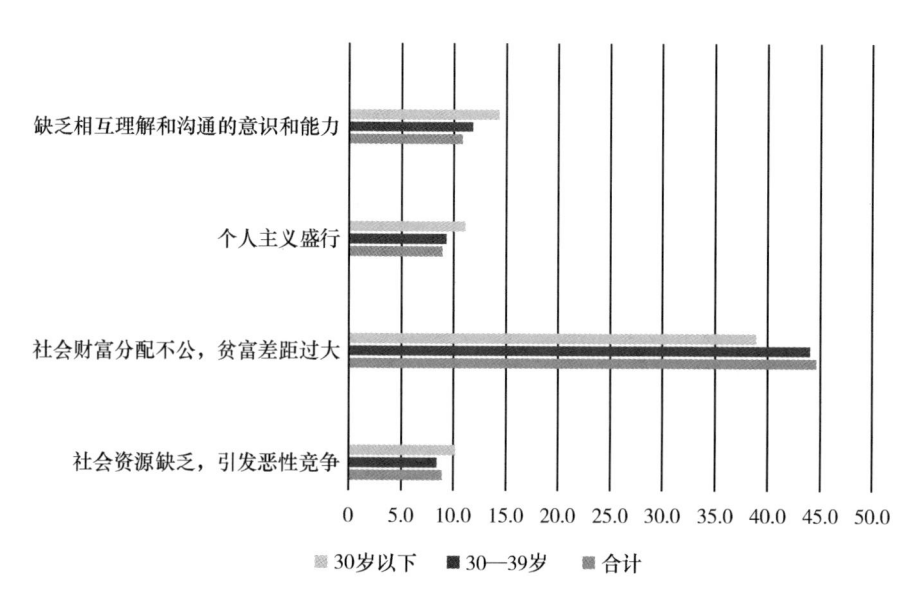

图 4-10 可能导致人际关系紧张的因素(%)

调查中在被问到哪个因素最可能导致人际关系紧张时,我们可以注意到在几组问题上,甲、乙两组被访者呈现出了巨大的差异。

五组被访者都认为"社会财富分配不公,贫富差距过大"是造成人际关系紧张的罪魁祸首,但是相较于乙组被访者,甲组被访者对不公和差距的感知显然没有那么强烈。而分配不公和贫富差距,是在比较中才能得到体现的,是需要有相当程度对社会财富分配的参与才能感知的。而有目共睹的是,在改革开放之后,中国社会的贫富差距在客观上被拉大了。造成甲组被访者得出这种差异较大的结论,无疑是由于甲组被访者的社会化生活参与度不高。而反观乙组被访者,和后面几个年龄层所得结论的比例就相当接近了。

如果甲组被访者对社会化生活的感知并不深刻,那么什么是他们道德世界的支撑内容呢?参考图4-10我们就可以发现有三个问题是甲组被访者比较敏感的:"个人主义盛行""缺乏相互理解和沟通的意识和能力""社会资源缺乏,引发恶性竞争"。个人主义的兴起与缺乏人际理解和沟通可以说是互为表里的。伦理的本质是个体与实体的关系，当个人还是作为个体存在之时，可以说是只知其伦不知其理的。所谓个人主义，无非就是将个体置于群体之上，置于其他个人之上，如果撇开个人品格的问题不谈，在这个阶段我们可以说甲组的"个人主义"是由社会参与不足的客观现状所导致的问题，而不能武断地推断为"垮掉"。每一代人在成长的过程中都面临过相似的问题，只不过可能由于特定时期的特殊性，每一代人呈现的方式和样态存在着差异。而认为"社会资源缺乏，引发恶性竞争"则是甲组人所面临的生活现状。由于尚作为个体而存在，因此甲组被访者只能为自己获得尽量多的资源去保证个人生存，乃至生活的权利。无数的年轻人正憧憬着经济自由基础下真正"自由"的那一天的到来，然而，随着年龄的增长，他们会日渐感受到社会的结构性压力，这就是对自由感知和获取自由方式的变化——作为实体中的一员而获得自由。但不可否认的是，乙组被访者对个人主义的认同较其他组也更为明显。这多少可以说明一些趋势。不过，这种趋势是否等同于"个人主义"，值得进一步讨论。

换个角度看，甲组对融入实体表现出了很强烈的期待，因为他们认为理解和沟通的问题影响了人际关系，反过来说，他们渴望被理解，并与他人进行沟通。理解和沟通的前提首先是尊重他人，并平等视之。在精神成长的过程中，个体意识到了自我必须通过被他人承认来获得存在感，必须在实体中才能成为完整的个人。因此黑格尔才会说："把一个个体称为个人，实际上是一种轻蔑的表示。"[1] 这里的个人，就是那种无实体的幽灵了。这种对实体的渴望以及对个人身份的焦虑，是个人精神成长的过程，也是个人自我道德完善的动力。

同样地，关于身心不和谐问题的数据也反映了相似的问题。

甲组对社会保障体系并没有形成强烈的感受，而乙组则处在家庭事业立足始稳的阶段，急切渴望有一个可靠的社会保障体系来保障他们的未来。而对于个人的问题，例如底蕴、自我调节以及理想信念这些"少年维特式"的烦恼，甲组则更为敏感，这也折射出甲组被访者渴望通过个人的力量来改变自我现状的心理状态。

---

[1] 黑格尔：《精神现象学》（下卷），贺麟、王玖兴译，商务印书馆1996年版，第40页。

478　下　伦理魅力度与道德美好度

当前有些人身心不和谐，您认为造成这种情况的最主要原因是

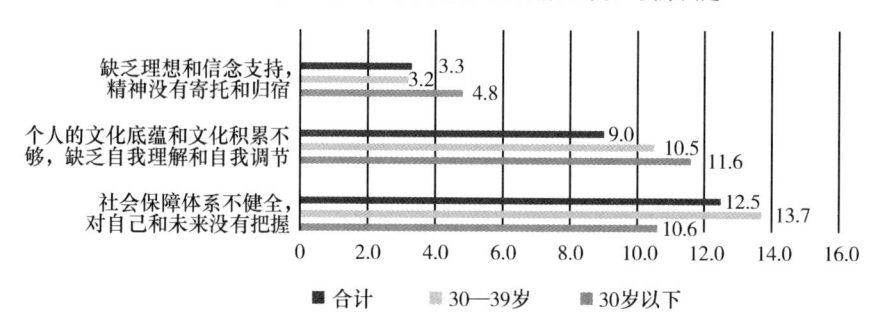

缺乏理想和信念支持，精神没有寄托和归宿：3.3 / 3.2 / 4.8

个人的文化底蕴和文化积累不够，缺乏自我理解和自我调节：9.0 / 10.5 / 11.6

社会保障体系不健全，对自己和未来没有把握：12.5 / 13.7 / 10.6

■ 合计　　▨ 30—39岁　　■ 30岁以下

图 4-11　造成人身心不和谐的最主要原因（%）

2. 道德体认的总体状态

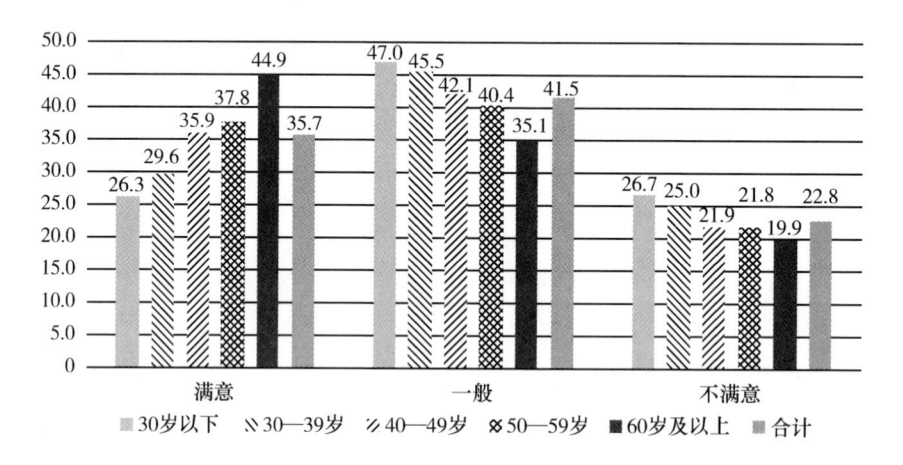

满意：30岁以下 26.3；30—39岁 29.6；40—49岁 35.9；50—59岁 37.8；60岁及以上 44.9；合计 35.7

一般：30岁以下 47.0；30—39岁 45.5；40—49岁 42.1；50—59岁 40.4；60岁及以上 35.1；合计 41.5

不满意：30岁以下 26.7；30—39岁 25.0；40—49岁 21.9；50—59岁 21.8；60岁及以上 19.9；合计 22.8

■ 30岁以下　▨ 30—39岁　▨ 40—49岁　▨ 50—59岁　■ 60岁及以上　■ 合计

图 4-12　对当前我国社会道德状况的总体满意程度（%）

图 4-12 调查的是"道德状况的总体满意程度"，非常明显，甲、乙两组被访者对社会道德状况的满意程度是最低的。特别是"满意"一项，与后面几组拉开了非常大的差距。这种非常不乐观的道德预期势必会对甲、乙两组被访者的行为造成不利的影响。人们对道德的认知往往是一种预期，而所谓道德的行为在康德看来，动机就必须是纯粹的，纯粹为道德而道德的。姑且不论这种观点是否正确，但是反过来想，假设我们在进行道德选择和道德实践之初就对他人的道德状况感到不乐观，这至少会让选择和行为产生动摇。毕竟，如果在一个充斥着不道德

行为的环境中，道德的行为很多时候反而会祸及自身的权益。这就是黑白颠倒了。

对于另一个问题的回答也表现出了个人在道德认知和道德行为上的悖论。

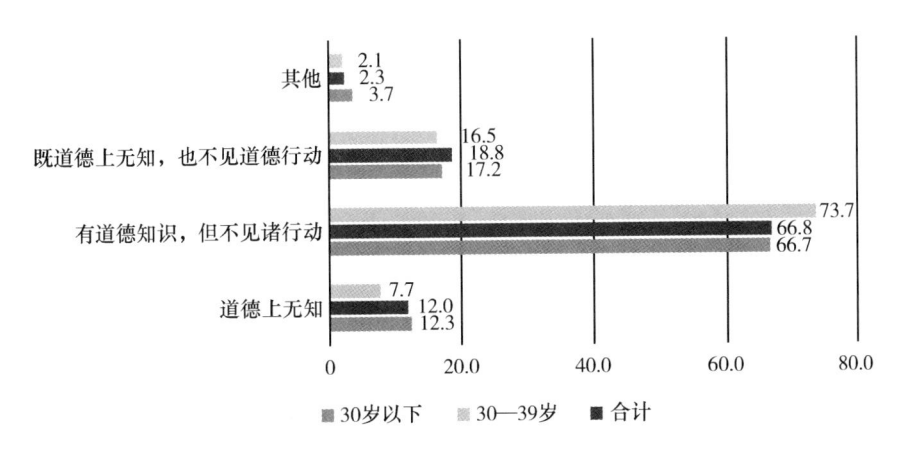

```
其他                          2.1
                             2.3
                             3.7
既道德上无知，也不见道德行动    16.5
                             18.8
                             17.2
有道德知识，但不见诸行动       73.7
                             66.8
                             66.7
道德上无知                    7.7
                             12.0
                             12.3
                    0    20.0   40.0   60.0   80.0
         ■ 30岁以下   ■ 30—39岁   ■ 合计
```

图 4-13　当前中国社会个人道德素质的主要问题（%）

对于个人道德素质主要问题的调查结果十分深刻地反映了道德状况预期对道德行为的影响。当然，这里首先要指出的是，这里的"无知"和"行动"都是意识上的，至于到底有多少道德知识，多少道德行为在这里是无法反映出来的。但是不论行动是否发生，至少在意识上已经可以看到甲、乙两组被访者所发生的断裂，认为人们"道德上无知"的在甲组被访者中只占了7.7%，乙组也只有12.0%的比例，换句话就是这两组被访者，大多能清楚地明白什么是道德的，什么是不道德的，并且认为他人在这一点上也是清楚明白的，而大部分被访者却不认为他人甚至包括自己能够把这些道德知识实践出来（"有道德知识，但不见诸行动"在七成左右）。这个问题看起来很吊诡，但仔细考察，这其实与不乐观的道德预期很有关系。

黑格尔认为，在人们的道德观念中，存在着两种预设的和谐，即道德与客观自然的和谐——也就是我们常说的有德者有福，还有道德与主观自然的和谐——也就是我们常说的"从心所欲不逾矩"，不论是哪种和谐，都仅仅是作为一种预设而存在，这些预设为我们的道德行为提供了前行为的理由和动力。如果很多人对他人的道德预期是负面的，那么这种预设，或者说是期望就会被打破，那么可想而知，一个人选择做道德的事情的动力能有多大了。

（三）道德认知的时代养成

1. 从媒体敏感到媒体免疫

甲、乙两组最明显的特征就是年轻，这两组被访者基本都能够与现代社会的信息化进程进行无缝的衔接。在大数据、云数据时代，相应地对人们提出了更高的接受和处理信息能力的要求。而相应地在这个过程中，人们在其道德观念形成的过程中也接受着日新月异的信息潮的冲击，而主导这些信息内容和走向的，毫无疑问就是各种媒体了。

在本次调查中，有几个问题都提及了政府引导的公民道德建设的诸项措施。

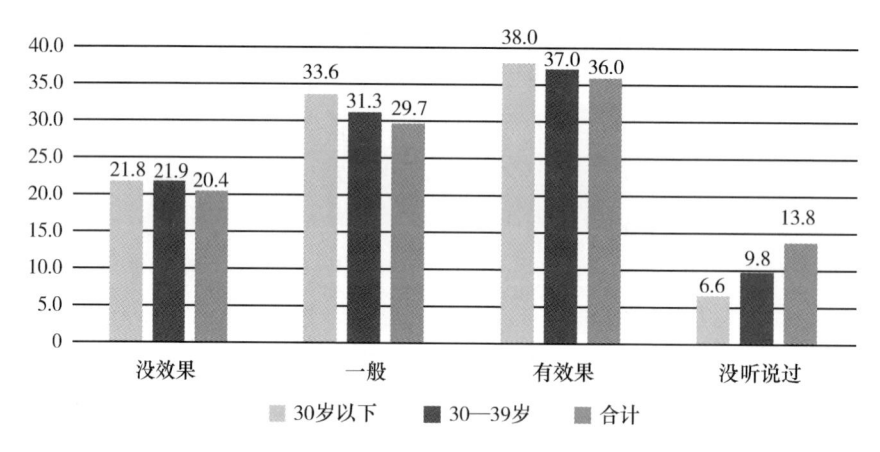

图 4-14 关于对典型人物宣传的感受（感动中国，中国好人）（%）

通过以上几组调查数据我们可以发现一个十分明显的问题，那就是甲、乙两组对这些道德建设举措表示"没听说过"的占比相对于平均水平都明显偏低，特别是甲组被访者。但是，认为"有效果"和"一般"的占比却基本与平均水平持平。例如，在被问到"对典型人物的宣传"

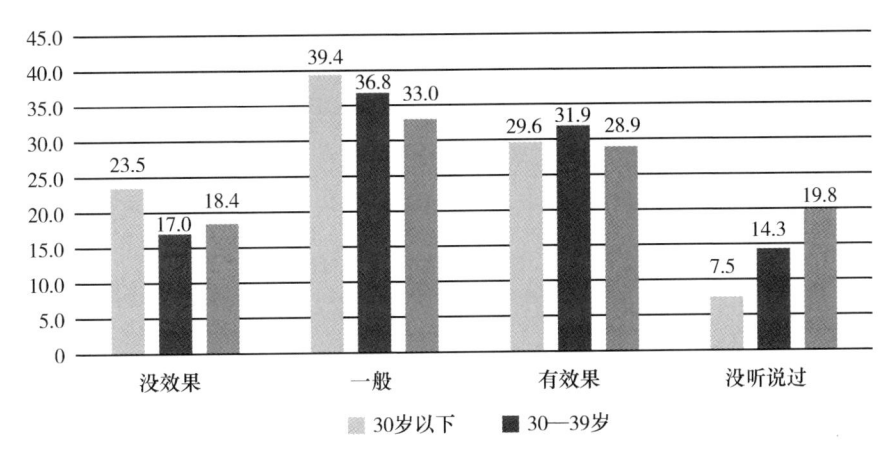

图 4-15 关于文明城市创建的效果（%）

效果的感受时，选择"没听说过"的甲、乙两组被访者的比例分别是 6.6% 和 9.8%，远低于平均 13.8% 的水平，但是选择"一般"和"有效果"的比例却和平均水平相差无几。据此我们可以得出结论，政府的这些道德建设举措，对甲、乙两组被访者，也就是"90 后""80 后""70 后"的人群是产生了影响的，他们也接收到了政府所发出的信号，并且了解这些活动，但是，这些活动的真正成效有几何却要打个问号，这又是什么原因呢？

我们首先考察一下政府努力的方向，基本分为两种方式：树立典型和正面宣传。道德的典型人物就是将这些人等同于道德本身，且不论这种等同或者类比是否可能，即便现实中存在着道德上完满的人，普通百姓对其的感觉，要么是高山仰止，难以企及；要么是将这些人物当作异类和他者来看。可敬固是可敬，却不可爱不可学。"敬畏""敬而远之"这些词汇司空见惯，"敬"本身产生的直接影响往往是"远"，由此可见普通百姓对这些典型和楷模的态度了。而正面宣传就是试图将一些正确的、高尚的内容在人群中进行反复传播，这些口号乃至活动往往带有强烈的仪式感。有仪式感的东西就会给人带来神圣感，也可能带来距离感和虚无感，这种分寸把握很考验政府的智慧。不论是典型还是仪式口号，其内容本身都没有问题，关键在于这种方式下的道德建设在甲、乙两组被访者身上，到底在多大程度上产生了影响。

政府引导的道德建设工作，除了政府这一主体，在很大程度上也通过媒体来影响民众。媒体有着其他主体无法比拟的发言权和影响力，是道德建设的主要阵地。通过媒体多方位、立体式的报道，可以更好地对政府道德建设的开展进行协助。但是在本次调查中，出现了一个很奇怪的现象。对于问题"您认为在自己的成长中得到道德训练的最重要场所或机构是？"认为是"媒体"的只分别占了甲、乙两组的1.5%和2.0%，其中甲组甚至低于1.7%的平均值。但是我们用常识几乎就可以作出判断，对于"80后""90后"群体，媒体提供的信息占据了这部分人的大块时间，甚至可以说，除了身旁的熟悉圈层，他们对外面世界的理解以及注意点基本都是来源于媒体，那么，调查得出这种似乎不符合事实的结果，原因就在于，这些被访者已经产生了"媒体免疫"的效应。

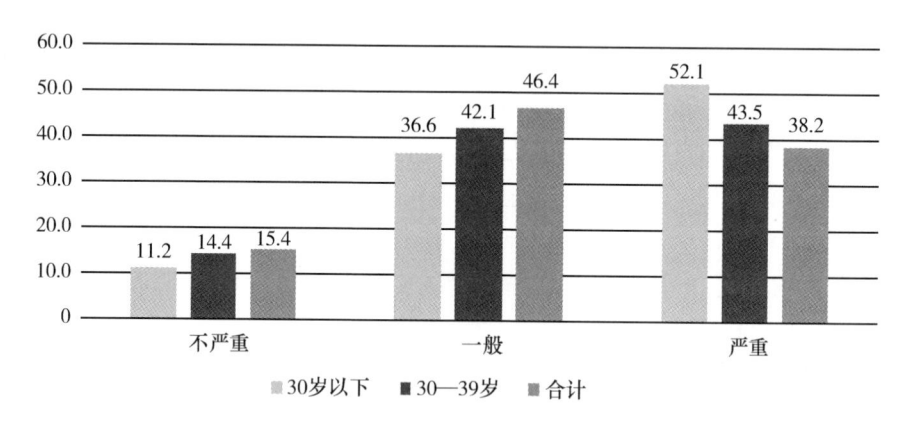

图 4-16 对娱乐界以丑闻、绯闻炒作污染社会风气程度的看法（%）

在被问及社会问题的严重程度时，有两组数据涉及媒体及娱乐界，而这两组数据正是甲、乙两组与其他组别产生巨大差距之处。在有关"娱乐界以丑闻、绯闻炒作污染社会风气"的问题中，认为"严重"的甲组被访者占到了52.1%，和平均38.2%的水平差了10多个百分点，而乙组也占到了43.5%，虽然不及甲组那般敏感，也是大大高出平均水平的。

同样地，甲、乙两组对公众人物用知名度攫取财富现象表示"严重"的认同也较其他几组要高得多。而在日常生活中，普通百姓对娱乐界以及公众人物的了解和信息基本都只能来自媒体的报道。因此，如此高比例的"严重"，一方面反映出媒体对包括娱乐界在内的公众人物的报道偏

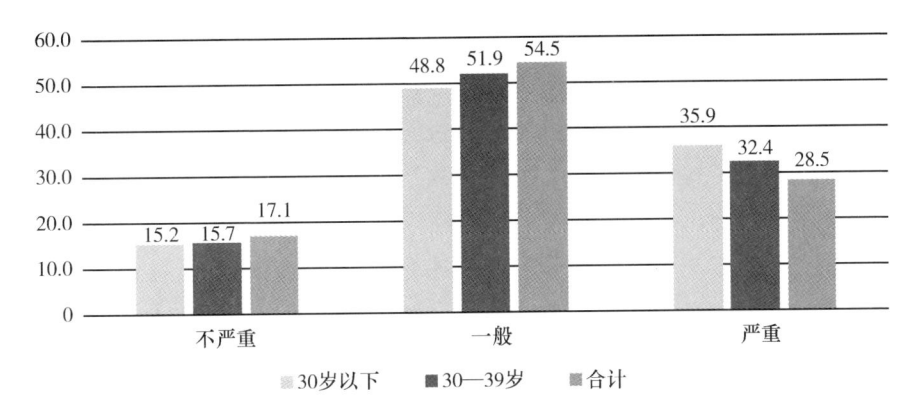

图 4-17 对公众人物用知名度攫取财富现象的看法（%）

向于负面以及部分公众人物本身的风气不正，也从侧面反映出甲、乙两组被访者受媒体报道的影响是非常之大的。而"媒体缺乏社会责任，炒作新闻"问题则更为直接地反映出了甲、乙两组对媒体的不满。甲组被访者认为此问题"严重"的比例达到49.1%，也远远高出了36.0%的平均值，在此问题上乙组的比例则和平均值趋近。可想而知，能得出"不负责任"的结论，表明甲组被访者对媒体的态度和作为一定是非常敏感和关注的，而遗憾的是，媒体的表现似乎不能达到人们的要求。

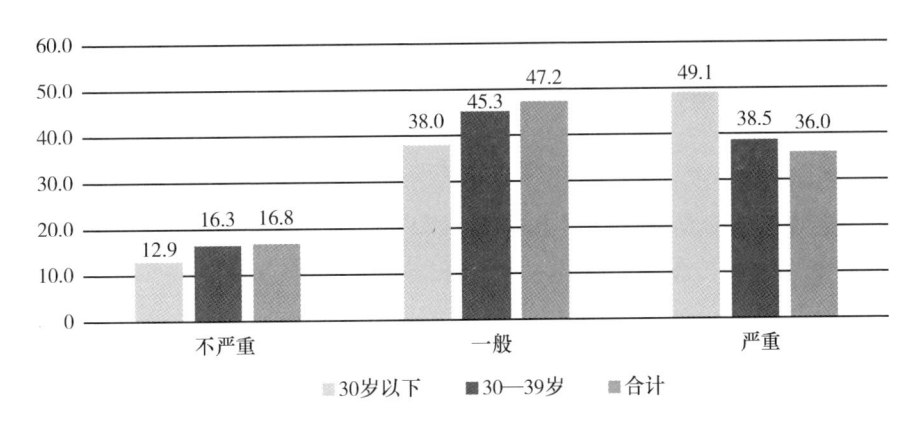

图 4-18 对媒体缺乏社会责任，炒作新闻的看法（%）

媒体所代表的是社会的声音，他们掌握着社会的话语权，因此西方也称媒体为"第四权力""无冕之王"，这不无道理。真实和客观是对媒体报道的要求，但事实上，媒体也承担着道德教化和意识形态宣传的功能，而现代传媒市场化的趋势深刻地改变着媒体的报道方式和报道内容。媒体被两股力量所裹挟——权力和金钱。权力需要媒体进行正面宣传和教化，这就要求媒体的报道必须具有政治正确性，并且内容受到一定的限制；另一方面，市场又要求媒体求新求怪，特别是在西方，媒体更倾向于用揭丑的方式去吸引眼球，这两种力量的制衡和博弈，往往导致媒体呈现出一种吊诡的尴尬和精神分裂。媒体特殊的地位和权力，使人们对媒体提出了很高的道德要求，媒体几乎必须成为公正和正义的代表，但是媒体的报道又往往用空洞无力的口号和耸人听闻的负面消息来填充。期待和现实的强烈反差，导致人们特别是对媒体敏感和熟悉的甲、乙两组被访者的不满。更有甚者，人们对媒体的报道产生了无条件的抵触，媒体报道的内容越来越难以引起人们的注意，获得人们的信任，甚至媒体报什么人们就不信什么，这就是"媒体免疫"了。

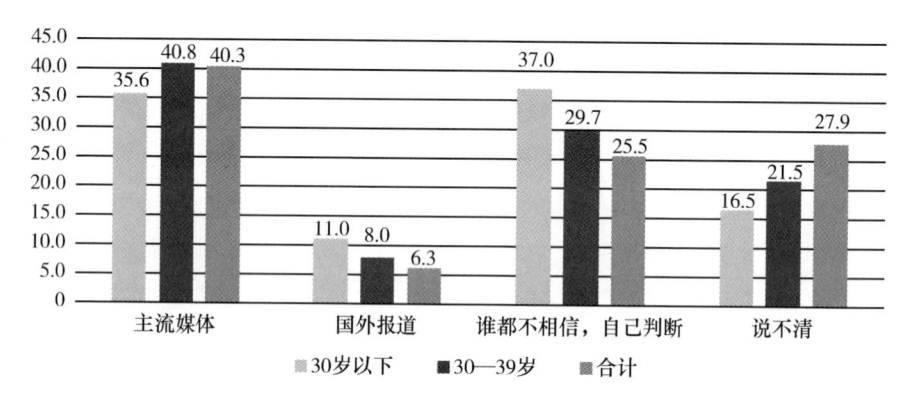

图 4-19 在国外报道与主流媒体宣传内容产生分歧时的选择（%）

上面问题的调查结果更直观地反映了甲、乙两组，特别是甲组被访者的"媒体免疫"现象，在被问及国外报道和主流媒体报道更愿意相信哪个的时候，有高达 37.0% 的甲组被访者选择了"谁都不相信，自己判断"，由此可见，从小浸淫在信息潮流中的甲组被访者，对于媒体的报道持更为慎重的态度，而"媒体免疫"的现象也更为突出。而乙组被访者则与后几组被访者对媒体报道的态度差异不是很大。同样是对媒体很敏感、很关注，但对媒体所传播理念的吸收和理解的差异，可能是导致甲、乙两组被访者道德观念存在显著差异的重要原因。

2. 象牙塔之重

在中国传统的道德归类中，师者，作为传道授业解惑的一个群体，是非常受到尊敬和信任的，而自古以来"师"这个字表达的就不仅仅是学术或技术的楷模，更是人生和人格方面的楷模，但是本次调查却发现了一个令人担忧的问题。

在被问及对教师群体伦理道德状况的满意度时，甲、乙两组选择"满意"的占比和平均水平相比低了4—5个百分点。可以说，相较于年龄段更大的被访者，甲、乙两组被访者对教师伦理道德的满意程度是比较低的。

不仅仅是教师，与教师有类似的社会功能、知识层次更高的专家学者也呈现出了类似的窘境。

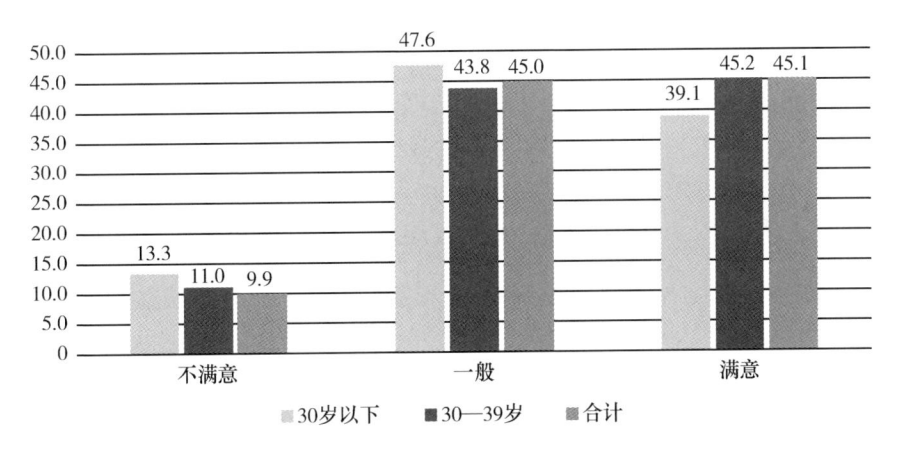

图 4-20　对专家学者群体伦理道德状况的满意度（%）

从图4-20中的数据可以看到，甲组被访者对专家学者伦理道德状况表示"满意"的比例是最低的，较平均值低了6个百分点。而最近几年来，关于教师和专家的道德问题、职业操守问题层出不穷，乃至在某些特定时间段内，教师和专家学者几乎走向了他们曾经代表的道德楷模形象的反面。

但是，对于教师和专家学者伦理道德状况表示"不满意"的甲、乙两组被访者，学校和教师群体恰恰在他们的成长过程中起到了关键性的影响作用。

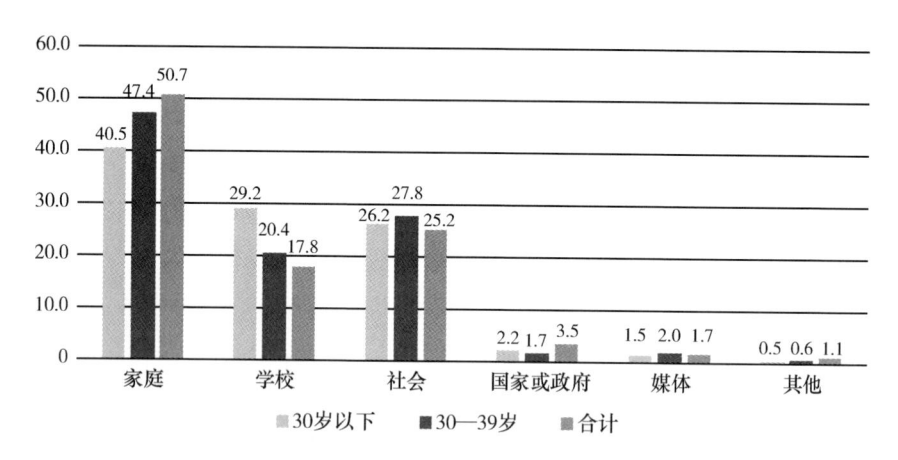

场所/机构	30岁以下	30—39岁	合计
家庭	40.5	47.4	50.7
学校	29.2	20.4	17.8
社会	26.2	27.8	25.2
国家或政府	2.2	1.7	3.5
媒体	1.5	2.0	1.7
其他	0.5	0.6	1.1

图4-21 在自己的成长中得到道德训练的最重要场所或机构（%）

我们可以看到，在被问及"成长中得到道德训练的最重要场所或机构"时，甲组被访者将第二重要的场所投给了学校，这是与包括乙组在内的其他被访者截然不同的选择。当然我们前面提到，甲组被访者所处于的特殊年龄段决定了他们对于社会的理解和参与度是不够的，但是，对学校的选择如此之高，在很大程度上反映了一些问题。这里的学校，与其说是一个场所，不如说是一个阶段。反思甲组被访者，作为"80后"和"90后"群体，他们所出生和成长的年代，相当一部分人是能够得到完整的九年制义务教育，乃至更高等的教育的，这就导致他们成长和道德观念养成的主要时间都是在学校里度过的，学校对他们的影响之大可想而知。学校是一个相对封闭的场所，对甲组被访者而言，人生之初的二十多年，很大一部分是在处理师生关系和同学关系中度过的。这种处理既包含了个人对实体的体认，也带有强烈的家庭氛围的痕迹。

一般而言，一个孩子在成长过程中，其求学伊始对老师一般是言听计从的，这种无条件的信任甚至能超过对父母的信任。随着慢慢长大，青春期的学生往往开始对老师产生抵触情绪，但又保持着对老师权威的尊重。这种若即若离的情感往往会持续到义务教育阶段的结束。学校是人类设立用来对未来接班人进行集中教育的场所，这种教育除了包括知识的传递，还应该是一个伦理的、道德的传承场所，所以学校是神圣的，教师作为灵魂的塑造者也是神圣的。学校是一个象牙塔，就要尽力排除来自外来环境的各种干扰。这并不意味着学校里出来的学生就是温室里的花朵，只不过在特定的年龄段中，整个社会必须尽力帮助下一代形成健康的、正确的价值取向，只有这样，才能使其在以后进入更为复杂的社会时，不至于迷失方向。

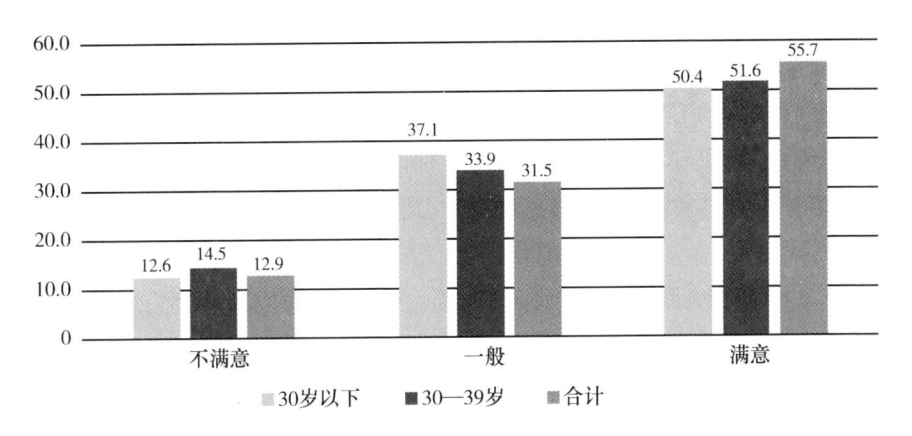

图4-22　对教师群体伦理道德状况的满意度（%）

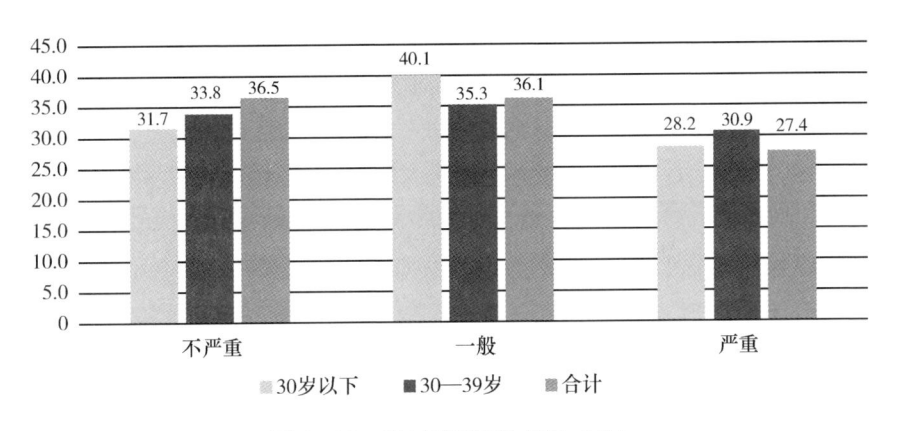

图4-23　教师不尽职的状况（%）

但是，甲组被访者——大部分完整地接受了义务教育的一群人，对教师群体的伦理道德满意度却不高。一方面的原因当然是这一群被访者比他们的上一代接受了更为完整的教育,对教师群体的认识和要求更高,另一方面令我们不得不去反思,在这些年教育规模不断扩大的大潮中,对教师教学水平和道德水平势必要提出更高的要求。在可以预见的今后,学校提供的教育必将深刻地影响一代又一代人的成长,不仅是知识传授,更是身为师长的言传身教。对一代又一代人的伦理道德观念养成而言,学校与教师队伍的建设既是基础性的工程,又是最宏伟的工程。象牙塔之重,是重中之重。

3. 家庭的坚守

表 4-17　　　　　年龄 * 最重要的关系交叉表　　　　　(%)

		30 岁以下	30—39 岁	40—49 岁	50—59 岁	60 岁及以上	合计
在下列关系中,您认为哪些关系最重要——第一重要的是	父母与子女	68.5	59.1	61.6	59.1	60.6	61.6
	夫妻	18.0	28.7	26.7	27.5	24.8	25.3
	兄弟姐妹	1.1	0.5	1.0	0.5	0.7	0.7
	同事或同学	0.5	0.5	0.5	0.4	0.4	0.4
	师生	0.1	0.1	0.4	0.2	0.4	0.2
	人与自然	2.0	2.1	1.1	0.8	0.4	1.2
	个人与社会	2.8	3.3	3.6	2.9	3.5	3.3
	个人与国家	1.8	2.3	2.1	4.2	5.8	3.4
	朋友	1.0	0.6	0.6	0.8	0.9	0.7
	个人与自身	2.4	1.6	0.9	1.8	1.2	1.5

家庭是伦理关系的核心和基础,离开家庭我们几乎无法描述一个完整的伦理实体,而调查结果也反映了这一点。在问及"最重要的关系"时,排名前三的分别为父母与子女、夫妻和兄弟姐妹。血浓于水,年代在变,人们对于家庭的眷恋却没有改变。

特别要指出的是,经常被媒体指摘不通孝道,缺乏家庭观念的"80后""90后"在最重要的关系中选择"父母与子女"的高达68.5%,远远高于任何一个年龄组别,这几乎颠覆了人们对于他们的刻板印象。甚至相反，甲、乙两组被访者对父母更为依赖，由于时代原因，家族式的伦理已经离他们很远，只有小家庭才是他们的归依。

另外一个数据似乎也反映了相同的问题。

关于孝顺问题的数据表明，只有三成的被访者认为年轻人在孝顺上存在比较严重的问题。事实上，根据调查结果，年青一代人不孝顺的问题似乎没有大家想象得那么普遍，之所以会形成缺乏家庭观念、不孝顺的错误印象，既和媒体的引导性报道有关，又和时代剧烈变化时社会观念的激烈转型有关，两代人、三代人之间观念脱节导致了互相的不理解，给人造成了"不肖子孙"的负面印象。但是在甲组被访者的意识中，依然将家庭，包括父母子女的关系以及夫妻的关系看得非常重。甚至，由于他们所面临的时代，市民社会格外强势和发达，以至于倾轧了原本属于家庭的时间和空间，这反而导致甲组被访者对于家庭的渴望。近些年火起来的亲子节目正是当下人们这种心态的投射。

表4-18　　成长中得到道德训练的最重要场所或机构　　（%）

		年龄					均值
		30岁以下	30—39岁	40—49岁	50—59岁	60岁及以上	
您认为在自己的成长中得到道德训练的最重要场所或机构是	家庭	40.5	47.4	50.7	51.9	57.4	50.7
	学校	29.2	20.4	17.8	14.3	12.5	17.8
	社会	26.2	27.8	27.8	26.2	20.2	25.2
	国家或政府	2.2	1.7	1.9	4.1	6.3	3.5
	媒体	1.5	2.0	1.5	2.0	1.7	1.7
	其他	0.5	0.6	0.4	1.4	1.9	1.1

但是，在问及接受道德训练最重要的场所时，尽管家庭仍然高居首位，但是甲、乙两组被访者选择家庭的比例却明显低于其他组别。如此重视家庭关系的甲、乙两组被访者，却没有得到应有的来自家庭的道德训练。这种矛盾深刻地存在我们看到的社会现实中。

家庭道德训练的缺位不是一个简单的问题，我们需要从调查中进一步挖掘家庭道德训练的缺位发生在哪些环节。

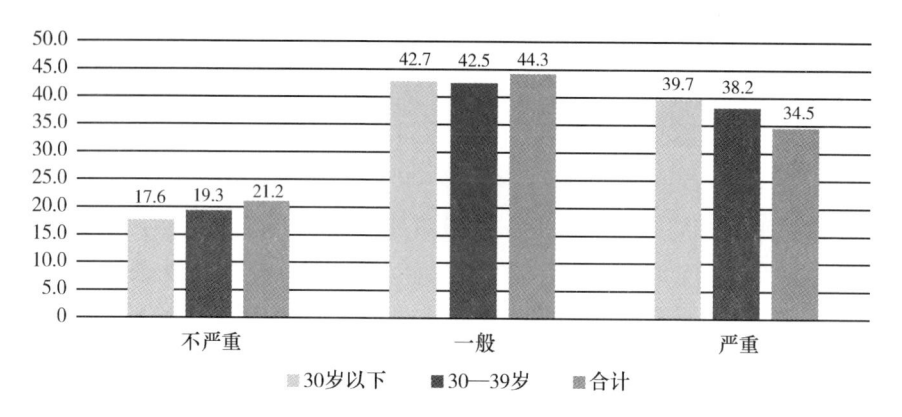

图 4-24　对两性关系过度开放导致婚姻不稳定的看法（%）

一方面，婚姻建立在两性关系之上，而甲、乙两组被访者分别有 39.7% 和 38.2% 的人认为两性关系的过度开放导致了婚姻的不稳定。如果说乙组被访者作为 "70 后"群体具有对婚姻足够的现实体验的话，那么很多尚未成家立业或成家伊始的甲组被访者高达四成的比例则是值得反思的。按照他们的年龄层次，他们对两性关系开放的理解肯定要比婚姻不稳定深刻得多，而关于婚姻状况的感受更多地来自媒体和自己父母或者其他亲戚。可以说，这种态度与前几代人的表率不无关系。因此，我们在研究这个问题时，把问题过多地归结在某一代人身上是不公允的，也是不客观的。正确的态度应该是将这个问题视作一个动态的过程、长期的趋势，客观地看待两性关系在时代中的演进，以更有针对性地提出策略。

另一方面，甲、乙两组被访者与兄弟姐妹的关系也面临着挑战。

我们可以看到，尽管甲、乙两组均有最大比例的人认为兄弟姐妹之间的关系可以位列第三重要的关系，但 32.5% 和 40.5% 的占比与其他组别比较，还是很低的。特别是甲组，比总体比例低了十多个百分点，这十多个点的差异，可以很明确地反映出一些问题。其实原因也是众所周知的，20 世纪八九十年代出生的人基本都经历了计划生育时期，很多这一时期出生的孩子都没有兄弟姐妹，自然对兄弟姐妹关系重要性的认知没有那么强烈。但是我们可以发现朋友、同学同事等基于校园和工作的关系填补了这一空缺，这里不能武断地评判它的优劣好坏，不过，这种关系的式微肯定会对这两组被访者道德观念的形成产生重要的影响。

年龄与第三重要关系认知交叉表

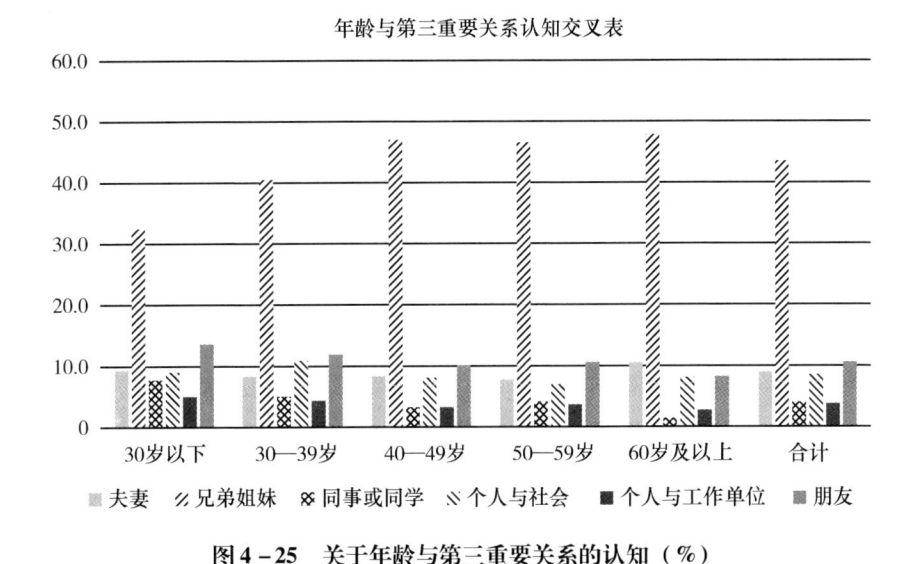

图 4-25 关于年龄与第三重要关系的认知（%）

（四）道德元素变迁与道德建设反思

甲、乙两组被访者是中国社会这 30 年从闭塞到开放的见证者，他们也不得不肩负起这一个时代艰巨的使命。他们的伦理道德观念势必将影响今后中国社会的走向。因此，我们试图用一个宏观的图景去描绘他们的道德生活。

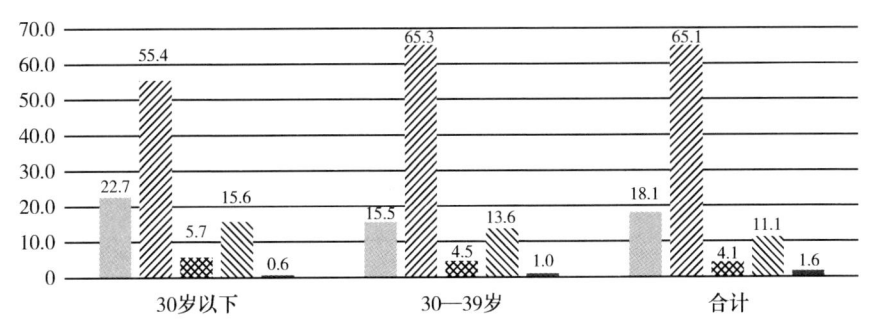

图 4-26 我国社会道德生活中最重要的元素（%）

这个问题将现代社会主流的五种思潮进行比较，占据主要地位的依然是绵延千年的"中国传统道德"，总体比例占到了六成多。然后，对甲组被访者而言，传统道德的地位显然是受到冲击的，只有55.4%的甲组被访者选择了"中国传统道德"。尽管只差了十年，但是乙组被访者的选择比例则高达65.3%，与平均水平基本持平，由此可见这十年间中国传统道德的退守趋势。而传统道德在甲、乙两组被访者心中的分量，也是这两组人在面临一些问题时态度迥异、乙组被访者更倾向于向更高年龄层被访者的选择靠拢的意识形态缘由。

值得注意的另一点是，社会主义道德对甲组被访者的影响比对乙组被访者的影响要大得多。以"70后"为主的乙组被访者深受父辈的影响，接受了很多中国传统道德观念的熏陶。他们同时经历了计划经济的时代，但童年和青年时期所接受的社会主义正统教育又存在一定的断裂，这种断裂来源于改革开放之后中国社会中出现的多元价值的冲击，这种冲击的时间点恰恰处在那一代人由懵懂走向成熟的节点上。童年根深蒂固的传统思想熏染，成长过程中剧烈变化的社会环境，使这一代人成为最先开始反思正统的社会主义思想政治教育的人。在目前的舆论环境中，"70后"的社会精英与公共知识分子由于现实地位的缘故，往往承担了价值导向的任务。他们身上呈现出多种价值观融合和冲突的面貌，个体间差异非常大，甚至在同一个人身上呈现出了激烈的矛盾。

有意思的是，从小受到多种观念和思潮冲击的甲组被访者，却是各组中选择社会主义道德作为最重要的元素里占比最高的。除此以外，也可以看到西方的以及市场经济下的道德对他们的影响也是非常显著的。当然，这种对"最重要的元素"的选择也可能是他们对现实环境的认知，而不完全是他们自己所认同的。但即使如此，也可以认为甲组被访者在社会生活中感受到了十分鲜明的社会主义道德影响。道德意识是对伦理环境的体察与承认，在这种环境中长大的甲组被访者，他们的道德意识必然会深刻地受到社会主义道德的影响。

这不得不引起我们的注意和反思。同样是在红旗下长大的一代，甲组被访者从童年到青年的成长经历中，所接触的和受到的各式各样的冲击更为多样和强烈。他们大多有着广阔的视野和强烈的个性释放，他们不再满足于被教导和灌输，他们倾向于用自己的方式去了解世界，形成自己的世界观。在这一过程中,他们还是认为社会主义道德在他们的道德意识中占据了很重要的分量。因此,至少从他们身上我们可以看到,交流与碰撞、开放与交融,是形成一个稳定的、包容的、正确的道德意识的重要方式。

以"80后""90后"为主的甲组被访者,和以"70后"为主的乙组被访者,逐渐成为社会建设的主力军,他们的价值取向和行为方式也将逐步地从"非主流"登上"主流"的地位,成为这个时代的基色。这两组被访者呈现出的巨大差异,有社会参与和精神发育程度的客观因素,但最终则根源于价值观形成的方式和环境。

对于乙组被访者而言,中国传统道德仍是道德意识的主色调,而他们在成长过程中逐步接触到社会主义道德和市场经济道德,以及网络世界。乙组被访者目前大多已经成家立业,旺盛的精力和丰富的历练让他们正处于人生中的黄金时间,对社会的体会也更为深刻,因此他们对道德和伦理的认知,包括对家庭、对舆论的态度,更倾向于接近社会的主流认知,接近比他们更为年长的群体,同时他们的理念也往往引领着社会舆论的走向。这种接近到底是由于年龄原因还是时代烙印则需要再行观察,但是对即将成为社会主导力量的乙组被访者而言,他们的道德认知无疑会引领中国今后一段时间内的总体伦理和道德状况。

而对于从小就在多种价值观冲击下成长起来的甲组被访者,这次的调查结论则推翻了一些对他们的刻板印象,他们的道德状况较其他组别并没有出现巨大下滑,对一些伦理环节反而更为敏感。作为年轻的一代,他们更愿意积极主动地投入时代的洪流中去,推动这个时代的变革,因此他们的认知和价值观往往表现得更为激进,这是可以理解的。学校和家庭成为甲组被访者获得道德训练的主要场所,媒体则在他们的道德意识养成中扮演了重要的角色,这也导致他们对小家庭(特别是与父母的关系)更为重视,对学校对教育更为关注。对媒体和道德建设的敏感与免疫并存,这让他们在受到多种价值观冲击的时候又不至于迷失,可以更好地选择和甄别纷繁世界后的是与非。

两组被访者道德观念形成的过程,呈现出一些共同特征:

一是一味强调正面的灌输和宣教已经难以真正深入人们的内心。

二是系统的文化教育和道德训练成为人们培养道德意识的主要手段。

三是家庭没有丧失在伦理中的基础性地位,反而成为日益重要的元素。

　　当下的网络技术发展之迅猛，使信息传播空前精确、垂直和迅捷，人们的道德观念不可避免地受到了来自网络传播内容的冲击。其所具有的良莠不齐、鱼龙混杂的特色对政府和个人而言都是一个挑战，传统的道德建设方式显然落后于时代。然而通过对甲组被访者的分析，多元的冲击本身并不会让一代人"垮掉"，社会主义道德成为他们心中的主旋律之一。因为在人们接触各种信息的同时，也是培养道德感的时机。道德建设不再应该是灌输和宣教，而应该是一种对话和互动，一代人与一代人之间，不该是相互挑刺，自立藩篱，而应该更多地进行交流，真正的交流应该是让所有年龄的人成为同代人，培养人们在面对复杂的伦理生活时的自主和理性意识，彰显在大是大非面前道德坚守的意义，同时朝着更开放、更多元的方向努力。

（沈铖贤）

第五编

家庭的伦理承载力

十八　现代中国家庭的伦理承载力

家庭作为天然的伦理摇篮，铸就了中国伦理型文化的根基，为中国人提供了生命意义和生活秩序。改革开放40年所发生的经济社会结构急剧转型，带来了生产方式的重大变革，加剧了人口地域性流动，这些都对传统的"父慈子孝""夫义妇顺"和"兄友弟恭"产生着冲击。男女平权、婚姻自由、自我中心等观念的出现和盛行逐渐建构起中国现代家庭伦理新观念。从计划生育到开放二孩生育，国家对人口生产的干预更使得家庭结构发生了重大变化，家庭内代际关系、子女抚育和老年赡养等功能也呈现出新的样态。我们不禁要发问，现代中国家庭是否还具备足够的伦理承载力，为国人提供安身立命之所？

为了更清晰地呈现我国当前家庭伦理的基本状况，更好地解释现代中国家庭伦理对居民生活的价值和意义，本文借助社会学的实证研究方法，利用江苏省道德发展智库2017年在全国范围内展开的"居民生活状况与心态调查"数据，对家庭伦理现状展开量化分析。本文讨论的"家庭伦理承载力"主要从代际交往、婚姻关系、同胞意识以及家庭伦理向国家和社会伦理的扩展等方面加以具体考察。[①] 通过伦理调查所获得的实证数据，不仅可以更准确地描述当前我国家庭伦理的现状、共性和发展规律，也有助于深化学者对当前中国家庭伦理观念的理论探讨，把握中国家庭伦理的发展走向。

本文所使用的数据是2017年8月至10月由江苏省道德发展高端智库、江苏省委宣传部国家重大项目课题组和北京大学中国国情研究中心

---

① 樊浩：《伦理道德，如何才是发展？》，《道德与文明》2017年第4期，第5—22页。

共同合作完成的调查所得出的。此次调查采用多阶段、分层、概率与规模成比例的方法抽取样本，受访者为 18—65 岁中国居民（港澳台居民除外）。为覆盖流动人口，此次调查采用 GPS/GIS 辅助地址抽样法构建住宅抽样框，取代传统的户籍抽样框，最终得到有效样本 8755 个，分布在全国 76 个区县级行政单位内，样本具有较强的代表性。

（一）代际伦理

成年子女与父母的紧密关系是中国家庭最显著的特征[1]。尽管西方的现代化家庭理论预言代际关系的重要性会呈下降趋势，但是近十年来许多经验研究表明，中国家庭代际互惠合作性质与传统社会相比未发生根本性的变化，也未像西方社会那样出现下降的趋势，中国的家庭在日常照料、经济支持和情感慰藉方面依然存在着密切的互动[2]。本次调查主要从孝道观念和代际交往两个方面考察我国当前家庭代际伦理状况。

1. 父子关系仍为"五伦"之首

孟子最早以"父子、君臣、夫妇、长幼、朋友"完整地概括和表述了儒家对社会基本人际关系的界定。"五伦"中的父子、夫妇、长幼都是从家庭内部延伸出去的。总体上说，家庭伦理是一个以血缘关系为依据、以家或家族为本位、以等级差序为基本结构、以父子关系为轴心、以孝为主要运作手段的超稳定的伦理系统[3]。如钱穆所言，中国传统的五伦中"唯父子一伦最其主要，而孝道则亦为人道中之最大者"[4]。那么，在现代中国家庭中，纵向的"父子"关系是否仍被视作核心，或者说第一位

---

[1] 徐安琪等主编：《现代化进程中的家庭：中国和俄罗斯》，上海社会科学院出版社 2016 年版，第 181 页。

[2] 杨菊华、李路路：《代际互动与家庭凝聚力——东亚国家和地区比较研究》，《社会学研究》2009 年第 3 期，第 26—53 页。

[3] 高乐田：《传统、现代、后现代：当代中国家庭伦理的三重视野》，《哲学研究》2005 年第 9 期，第 88—92 页。

[4] 钱穆：《晚学盲言》，广西师范大学出版社 2004 年版，第 222—223 页。

的呢？

本次调查通过一道排序题让受访者对包含家庭内外的共13种伦理关系进行排序，列出哪些关系对自己极为重要。结果显示，"父母与子女""夫妻"和"兄弟姐妹"这传统的"三伦"普遍地被受访者列为极为重要的三类关系。有67.5%的受访者将"父母与子女"关系列为第一位，这个比例远高于其他选项；有51.0%的受访者认为"夫妇"关系第二重要，有53.5%认为"兄弟姐妹"关系第三重要。到第四位和第五位，选项的分布变得分散，"朋友"关系、"同事或同学"关系，以及"个人与社会"的关系等均有所提及，但答案的集中度明显降低。可见，家庭内的三大伦理关系仍然被视作生活的根本，尤以代际关系为重中之重。

2. "子孝"的新表达

在具体分析我国当前家庭的孝道观念和行为之前，我们先通过一组数据来了解当前我国家庭普遍存在哪些主要问题。此次调查问卷中有一道题要求受访者根据主观判断，在11种常见的现代家庭问题中选出其认为十分令人担忧的两项。表5-1根据受访者对11种问题的担忧程度做了排序，结果显示，养老和代际关系问题是现代家庭极为关注和担忧的核心问题。但是，对"老无所养"的担忧并不能简单归因于孝道衰落，因为选项"子女尤其是独生子女缺乏责任感，孝道意识淡薄"并没有得到过高的关注（排第5位）。中国式养老担忧更多地可能是未富先老与计划生育政策所导致的家庭快速小型化共同作用的结果。

表5-1　　　　　　　现代家庭关系中令人担忧的问题排序

排序	现代家庭关系中的问题	累计频数（人）
1	独生子女难以承担养老责任，老无所养	2419
2	代沟严重，父母与子女之间难以沟通	2364
3	婚姻不稳定，年轻人缺乏守护婚姻的意识和能力	2047
4	只有一个孩子，对家庭的未来没把握	1855
5	子女尤其是独生子女缺乏责任感，孝道意识淡薄	1558
6	年轻人不愿结婚，或不愿生孩子，家族传承危机	1308

续表

排序	现代家庭关系中的问题	累计频数（人）
7	父母只培养孩子的知识和技能，忽视良好品德的养成	1098
8	父母不民主，不能容忍差异	877
9	婆媳关系紧张	818
10	"啃老"现象严重	543
11	两性关系过度开放	242

既然受访者最担心"老无所养"，那么实际的赡养情况如何呢？问卷询问了受访者"在过去十天里，为父母做过哪些事情"，借此了解受访者在现实生活中的孝道实践如何。选项涵盖赡养行为中的三方面共九个指标：生活照料（包括陪看病、生活照料和做家务），经济供养（包括买东西和给钱）和精神关爱（包括看望、打电话、谈心聊天和外出游玩）。排除掉有18.6%的受访者父母已去世，无法提供有效答案之外，仅有8.8%的受访者回答在过去十天里没有为父母做过任何事情，其余72.6%的受访者都以不同的方式与父母有过联系和互动。

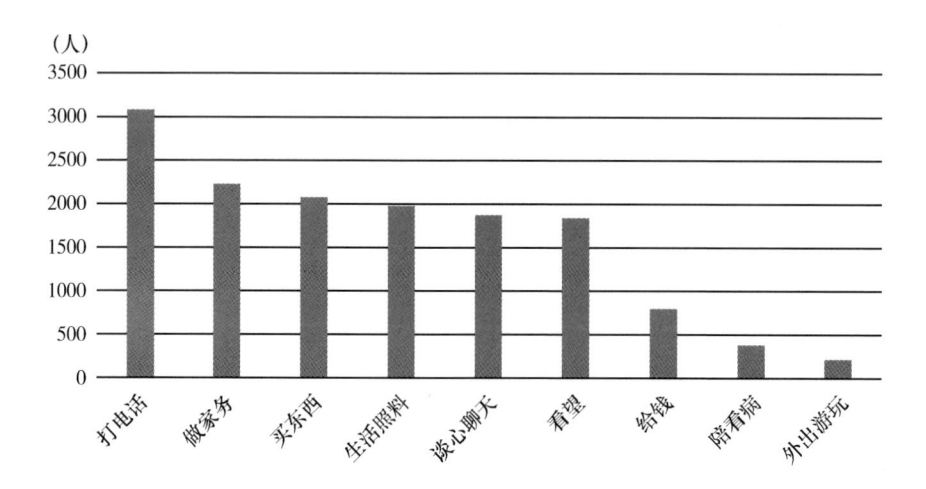

图 5-1 过去十天为父母做过哪些事情

如图5-1所示,"打电话"最为普遍(也间接地反映出两代人分别居住的情况),其后依次是"做家务""买东西""生活照料""谈心聊天""看望"等。可见,当前孝道行为主要地表现为生活照料和精神关爱两方面。相比"给钱"这种直接的经济赡养方式,买东西更为普遍,成为物质赡养和精神关爱的综合表达。

人口老龄化和独生子女政策所带来的家庭结构变化要求中国人迅速适应养老方式由家庭向社会的转变,即家庭不再具备为年迈的父母提供生活和精神照料的充沛能力。全面二孩生育政策的放开,也极可能导致家庭内部的人力和情感资源进一步往下一代倾斜。因此,包括养老院在内的社会化养老方式成为养老选择进入中国家庭的视野。调查结果显示,尽管"与子女同住"仍被视作最理想的养老方式(53.3%),但"自己单住,生活难以自理时找护工"(14.3%)和"敬老院、护理院等专业养老机构"(13.4%)等社会化养老方式也开始被接受。

此次调查结果暴露出当前我国家庭在养老方式选择上的矛盾心态。一方面,依靠子女养老仍是主流,换言之,是理想类型。有47.2%的受访者认为当父母一方长期生活不能自理时,主要承担照顾工作的人应该是子女,而认为应送护理机构的受访者仅为3.1%。此外,有32.8%的受访者认为独生子女组成家庭后,应该跟父母同住,有28.3%的受访者认为最好是和父母靠近居住。可见,不论是在照顾老人的责任分担,还是从居住安排上看,中国家庭依然表现出明显的传统倾向,即重视代际亲密感,强调子代反哺的伦理责任。但是另一方面,把老人送到养老院已经不再被看作不孝。在调查中,有28.9%的受访者认为送父母去养老院并不意味着不孝顺,有51.6%的受访者认为要看情况,相对而言,其中一部分是不孝的。只有19.1%的受访者明确表示将老人送到养老院等同于不孝行为。

上述几组数据综合表明,尽管现实生活中的赡养方式已经出现转变,越来越多的人迫于生活压力和家庭赡养能力弱化的现实而接受其他养老方式选择,护工、保姆、养老院、护理院等社会化的养老服务和养老资源开始成为家庭养老的补充,并逐渐得到认可。但是,当前我国家庭的孝道观念和养老意愿仍带有传统的家庭养老的特点或伦理理想,执行了30余年的独生子女政策似乎更加强化了代际的情感纽带。

3. 日趋平等的代际交往

与"孝"的社会化本质不同,"慈"更具有本能意义①。父母往往会出于自己的本能和对子女的责任,竭尽所能地付出,即便是老年父母,也通常以各种方式对自己子孙做出贡献,以减轻子女赡养的压力②。比如,问卷中关于老人是否有义务帮子女带孩子的问题,大约1/5的受访者(21.3%)认为老人有这个义务,是天经地义的;有41.1%的受访者认为老人没有这个义务,老人帮助带孙辈,子女应感恩;另外还有33.2%的受访者认为没有义务,不过带孙辈也是天伦之乐,应该帮助带。总体上看,尽管大多数人不认为照顾孙辈是老年人的绝对义务,但是充分肯定了含饴弄孙的伦理意义。

值得注意的是,当我们将这一问题与年龄进一步做交互分析时发现,不同年龄组的受访者在看待老人是否有义务照顾孙辈的问题上带有明显的代际差异。如表5-2所示,年长者比起年轻人更认为老人照顾孙辈是天经地义,而年轻人的观点则呈现出相反的倾向,反对用义务束缚老人,强调子代应当感恩。

表5-2　不同年龄组对老人是否有义务照顾孙辈的看法　　(%)

	18—29岁	30—39岁	40—49岁	50—59岁	60—65岁	均值
有,天经地义的	11.5	14.9	19.5	29.2	32.7	21.3
没有,老人帮助带孙辈,子女应感恩	49.1	45.2	43.4	35.6	31.0	41.1
没有义务,不过带孙辈也是天伦之乐,应该帮助带	30.5	36.4	34.2	32.5	32.7	33.2
没想过	8.8	3.6	2.9	2.7	3.6	4.3
总计	100.0	100.0	100.0	100.0	100.0	100.0
列总计	1820	1656	1870	1935	1452	8733

注:Chi-square test:df=12,卡方值为466.939a,Sig=0.000。

---

① 樊浩:《伦理道德,如何才是发展?》,《道德与文明》2017年第4期,第5—22页。
② 杨善华、贺常梅:《责任伦理与城市居民的家庭养老——以"北京市老年人需求调查"为例》,《北京大学学报》(哲学社会科学版)2004年第1期,第71—84页。

针对父母的责任，问卷中还设计了两道相呼应的问题，以考察子代对父辈建议的接受程度如何。受访者被问及"如果孩子面临重大问题（婚姻、升学、就业等）时，您的态度是怎样的"，结果显示，有40.2%的受访者表示自己通常"只提建议，让他们自己选择"，有24.5%认为自己通常"积极建议，努力说服他们采纳"，而承认自己会"全部包办，替他们做决定或搞定"的受访者只有5.8%，另有7.2%的受访者表示自己"不表态，免得子女将来埋怨"，还有4.3%的受访者认为自己"经常提出建议，但大多不起作用"。紧接着另一道题询问"对子女提出的有关人生发展方面的建议，被采纳的情况如何"，结果表明，有19.8%的受访者认为自己对子女提出的建议"经常被采纳"，有61.6%的受访者表示"较多被采纳"，表示"基本不被采纳"的占16.8%，只有1.7%的受访者表示选择"从不被采纳并遭到嘲讽"。

从表面上看，很高比例的父母已经放弃了传统的父权思想，尊重子女、主张平等是当前家庭代际关系中的主流。但是，同样地，我们将这两个相呼应的问题与年龄进行交互分析后发现，选择"不表态，免得子女将来埋怨"和"经常提出建议，但大多不起作用"的年长受访者的比例远高于中青年受访者（见表5-3）；相应地，年长受访者在向子女提建议时"基本不被采纳"的比例也远高于中青年受访者（见表5-4）。

表5-3　　　　　　不同年龄组对子女提建议的看法　　　　　　（%）

	18—29岁	30—39岁	40—49岁	50—59岁	60—65岁	均值
全部包办，替他们做决定或搞定	4.7	5.9	6.7	5.7	5.7	5.8
积极建议，努力说服他们采纳	13.3	22.6	30.1	30.8	25.2	24.5
只提建议，让他们自己选择	25.8	38.3	46.9	45.3	45.0	40.2
不表态，免得子女将来埋怨	2.0	2.8	6.4	10.2	15.7	7.2
经常提出建议，但大多不起作用	0.9	2.4	4.9	6.7	6.4	4.3

续表

	18—29 岁	30—39 岁	40—49 岁	50—59 岁	60—65 岁	均值
没孩子/孩子太小	52.7	27.6	4.6	0.9	1.6	17.7
其他	0.7	0.3	0.3	0.3	0.3	0.4
总计	100.0	100.0	100.0	100.0	100.0	100.0
列总计	1817	1654	1868	1930	1454	8723

注：Chi-square test：df = 24，卡方值为 2746.635a，Sig = 0.000。

表 5-4　　　　不同年龄组为子女提建议被采纳的程度

	18—29 岁	30—39 岁	40—49 岁	50—59 岁	60—65 岁	均值
经常被采纳	23.2	23.1	17.9	19.0	19.0	19.8
较多被采纳	63.3	64.2	65.0	60.0	56.6	61.6
基本不被采纳	10.0	11.1	16.1	19.1	22.6	16.8
从不被采纳并遭到嘲讽	3.5	1.6	1.0	1.9	1.7	1.7
总计	100.0	100.0	100.0	100.0	100.0	100.0
列总计	599	1044	1685	1771	1260	6359

注：Chi-square test：df = 12，卡方值为 107.640a，Sig = 0.000。

(二) 婚姻伦理

相比具有纵向传承性的父子关系，以姻缘为基础的夫妇一伦虽没有血缘纽带，但其在家庭伦理中的重要性不容忽视。《荀子·大略》有云："夫妇之道，不可不正也，君臣、父子之本也。"《颜氏家训·兄弟》言："夫有人民而后有夫妇，有夫妇而后有父子，有父子而后有兄弟。一家之亲，此三而已矣。自兹以往，至于九族，皆本于三亲焉。故于人伦为重者也，不可不笃。"在家庭里，夫妻关系是一切家庭伦理关系的根本；在国家中，夫妻关系也先于父子、君臣关系而生成。在家庭由传统向现代的发展进程中，夫妻关系在日常生活中的重要性也不断凸显。阎云翔在中国东北农村的田野调查也发现，中国传统的家庭结构自 20 世纪 90 年代起有所改变，主干家庭中代际权力平衡发生了明显改变，横向的夫妻关系已经成为家庭关系的主轴[①]。因此，考察夫妻关系和婚姻观念是了解现代家庭伦理的重要维度。

1. 责任与自由

在传统社会里婚姻乃"父母之命，媒妁之言"，被视作两个家族的结合，现代婚姻开始逐渐重视婚姻中的个体和情感。改革开放以后，中国社会的婚姻伦理观念发生了更加显著的变化，人们对自由的两性关系的包容度在提高，婚姻中个体感受的重要性也被提升。在本次调查中，我们利用李克特量表从认知的层面考察受访者对于婚姻，尤其是离婚的看法，希望据此了解公众的婚姻伦理观。结果如表5-5所示，受访者对"婚姻意味着责任，要考虑给对方造成什么后果，不能轻易选择离婚"这一观点的认同度最高，选择"完全同意"和"比较同意"的合计占88.1%。紧随其后的是对"是否离婚应该从家庭整体（包括子女）考虑"的认同度，合计占85.3%。对"婚姻是社会的事"的认同程度也高达67.3%。

相较之下，受访者对"自由的婚姻"持更加谨慎的态度：赞同"是否离婚主要考虑自己的感受和利益"的占34.3%，赞同"婚姻应当是自由的，如果有更满意或更合适的人就与现在的配偶离婚"占22.1%。因此，总体上中国人的婚姻依然注重家庭整体利益，体现出伦理实体性。但是，婚姻价值观念也逐渐多元——人们在肯定婚姻对于家庭整体和社会稳定的重要意义的同时，也重视个体自由和感受。

表5-5　　　　　　　　　　对婚姻和离婚的看法

	完全不同意		不太同意		比较同意		完全同意	
	频数（人）	有效百分比	频数（人）	有效百分比	频数（人）	有效百分比	频数（人）	有效百分比
是否离婚主要考虑自己的感受和利益	1717	21.0	3658	44.7	2245	27.5	556	6.8

---

① 阎云翔：《中国社会的个体化》，上海译文出版社（睿文馆）2016年版，第82—83页。

续表

	完全不同意		不太同意		比较同意		完全同意	
	频数（人）	有效百分比	频数（人）	有效百分比	频数（人）	有效百分比	频数（人）	有效百分比
是否离婚应该从家庭整体（包括子女）考虑	153	1.8	1064	12.9	4505	54.4	2553	30.9
婚姻是社会的事，应当肩负社会评价和社会后果	439	5.5	2156	27.1	4143	52.1	1211	15.2
婚姻应当是自由的，如果有更满意或更合适的人就与现在的配偶离婚	3075	36.5	3486	41.4	1613	19.2	242	2.9
婚姻意味着责任，要考虑给对方造成什么后果，不能轻易选择离婚	121	1.4	888	10.5	4503	53.2	2954	34.9

此外，调查还发现，受访者对于像"婚外恋"这种不道德的婚姻行为普遍持反对态度（调查中选择比较反对和强烈反对的合计占比为89.6%），而对于"不婚""试婚"和"同居"等现象的包容度在提高。有34.8%的受访者认为社会的两性关系（如婚前同居、婚外情等）是"个人选择，无所谓好坏"，更有13.9%的受访者认为两性关系日益开放"是社会进步的表现"。可见，尽管婚恋中这些"非主流"现象尚未得到认可，但理性的中立和包容态度已经逐渐盛行。公众不再将其简单地看作道德问题，而更倾向于将其理解为生活方式的选择。

2. 生育观

生育在中国家庭伦理中的重要性不言而喻。此次调查设计了一道直接反映生育观的问题："你认为生育是否是一种人生义务？"调查结果显示（如图5-2），有68.3%的受访者认为生育是一种人生义务，包括种族绵延和家族延续，当然更主要的是出于一种家族延续的责任（41.1%）。尽管其余1/3的受访者不认同生育是人生义务，但是"没有孩子将老无所养"是比较普遍的看法（23.0%）。

你认为生育孩子是否是一种人生义务?

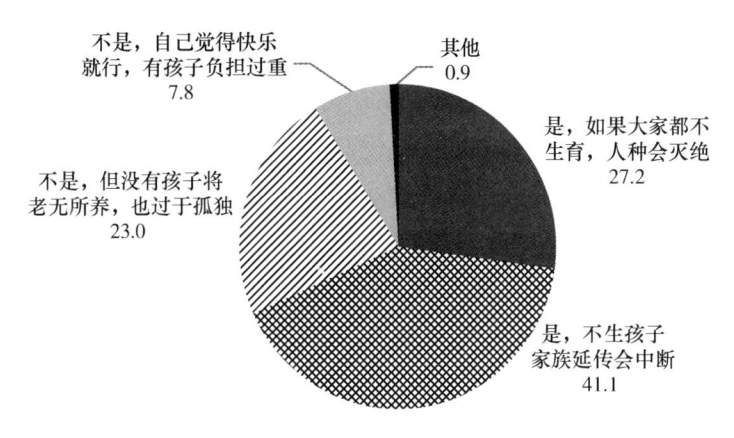

- 不是,自己觉得快乐就行,有孩子负担过重 7.8
- 其他 0.9
- 是,如果大家都不生育,人种会灭绝 27.2
- 不是,但没有孩子将老无所养,也过于孤独 23.0
- 是,不生孩子家族延传会中断 41.1

图 5-2 生育孩子是否是一种人生义务(%)

与传统的生育观念相一致,本次调查还发现,受访者对"丁克家庭"和"代孕"这两种新型的家庭现象的接受程度普遍较低,合计达 70.5%的受访者反对丁克家庭(含强烈反对和比较反对),有 78.5%的受访者反对代孕(含强烈反对和比较反对),而对这两种现象持中立态度的分别占27%和19.8%。对数据的进一步分析发现,受访者的户口、年龄、受教育程度对此题的态度影响显著,受教育程度越高,越能对"丁克家庭"持中立态度,相反地,受教育程度越低,越会选择强烈反对。同时,年轻人态度更中立,农村居民比城市居民的反对态度更激烈。

(三)同胞意识

在中国传统的家庭伦理中,悌同孝具有极大的粘连性,孝与悌紧密相关,互为表里。正所谓"弟子入则孝,出则弟,谨而信,泛爱众,而亲仁。"(《论语·学而》)儒家所强调的"兄友弟恭"不光是次第层面上的"长幼有序",也包含着宽泛意义上兄弟间的笃爱和睦,甚至可以扩展到家庭以外的同辈交往上。[1]

---

[1] 涂可国:《儒家孝悌责任伦理论辩》,《周易研究》2017年第4期,第84—94页。

然而，在我国执行了 30 余年的计划生育政策切断了许多年轻人对"兄友弟恭"的直接体悟，失去了在与兄弟姐妹相处中接受情感训练和道德行为训练的机会，手足情更多地存在于情感想象之中。正因为如此，本次调查仅有很少数的题目提到兄弟姐妹关系，更多地偏重代际关系研究。

调查问卷中有一道题询问受访者对"遇到困难的时候，兄弟姐妹通常都会给予力所能及的帮助"这一陈述的同意程度，结果有 40.8% 的受访者选择"完全同意"，有 49.3% 的选择"比较同意"，选择"完全不同意"和"不太同意"的合计为 9.9%。从数据上看，人们普遍对兄弟姐妹关系和同胞支持的认可度很高。这一结果在经过年龄分组对比后，差距依然不大。尽管交互分析（如表 5-6）显示，受访者因年龄不同而在"遇到困难的时候，兄弟姐妹通常都会给予力所能及的帮助"这一观点上存在着显著差异性，但从数值上看，并不能更多地反映出计划生育政策所带来的变化。造成这种结果的原因可能是，本次调研样本中农业户口占大约 2/3，农村地区计划生育政策宽松，尽管政策控制了子女数，但是独生子女家庭数量依然相对较少，大多数受访者还是有兄弟姐妹的。此外，中国的家族观念总体较强，独生子女仍有机会在表亲那里形成有关兄弟姐妹的情感想象，培育伦理认知，因此，对同胞关系的评价倾向于积极。目前，我国已经全面放开二孩生育政策，在未来的研究中，我们也可以有针对性地加强对兄弟姐妹等同辈关系的研究。

表 5-6　　　　　　　　不同年龄组对同胞关系的评价　　　　　　　　（%）

	18—29 岁	30—39 岁	40—49 岁	50—59 岁	60—65 岁	总计
完全不同意	1.5	0.9	1.4	1.0	0.6	1.1
不太同意	9.8	9.8	9.6	7.1	7.6	8.8
比较同意	45.9	48.1	47.9	51.9	53.3	49.3
完全同意	42.8	41.2	41.2	40.0	38.5	40.8
总计	100.0	100.0	100.0	100.0	100.0	100.0
列总计	1762	1633	1839	1899	1407	8540

注：Chi-square test：df = 12，卡方值为 37.039a，Sig = 0.000 < 0.05。

(四)家国天下

传统的中国社会以家庭为本位,由家及国。家庭的伦理承载力绝不止于家庭内部,更要向外延伸到家庭与社会和国家的关系。① 在由"家"到"国"的过程中,以血缘亲情为基础,使"家"的伦理规范自然过渡到"国"的伦理规范,达到家国之间的和谐统一。②

本次调查对居民由家及国这种伦理能力的考察主要包含两个方面:一是家庭的公益心和功德心,即家庭内部的"亲亲"之爱能否扩展到"老吾老以及人之老,幼吾幼以及人之幼"的同理心和公德意识;二是处理家庭与国家之间关系,即公私矛盾中的伦理决策能力。这两方面伦理能力的培养恰恰是家庭成员与社会公民双重身份的基本要求。

在调查中,我们询问受访者"在大街或社区里,看到行走或生活困难的老人,您经常的反应是什么?"有43.7%的受访者选择"想到自己的(祖)父母或自己的未来,情不自禁地想帮助他",有26.3%的选择"出于义务责任感,想帮助他",有25.2%的选择"有同情感,但没有想帮助的冲动",还有4.6%的觉得"没有感觉,习以为常"(见图5-3)。可见,通过人皆有之的"恻隐之心",在家庭伦理实体内部所坚守的孝,可以被推广为一种普遍的社会公德。

类似地,在另一道关于是否要扶起摔倒老人的问题上,有44.0%的受访者选择"立即扶起",有26.7%的选择"等有证人时再扶",有7.2%的选择"先拍照,再扶起",而坚决地表示"不扶,避免惹是生非"的占9.9%,另有11.1%的选择"报警"。尽管近年来关于扶起摔倒老人被讹的事件屡有发生,这其中也涉及很多与信任相关的问题③,但是帮助老人的意愿依然能在某种程度上体现家庭伦理感的向外延伸。

---

① 樊浩:《伦理道德,如何才是发展?》,《道德与文明》2017年第4期,第5—22页。
② 徐嘉:《儒家和谐伦理的历史形态与现代启迪》,《道德与文明》2007年第6期,第11—14页。
③ 张晶晶:《代际交往的"弱势感"建构与信任风险》,《东南大学学报》(哲学与社会科学版)2017年第3期,第137—142页。

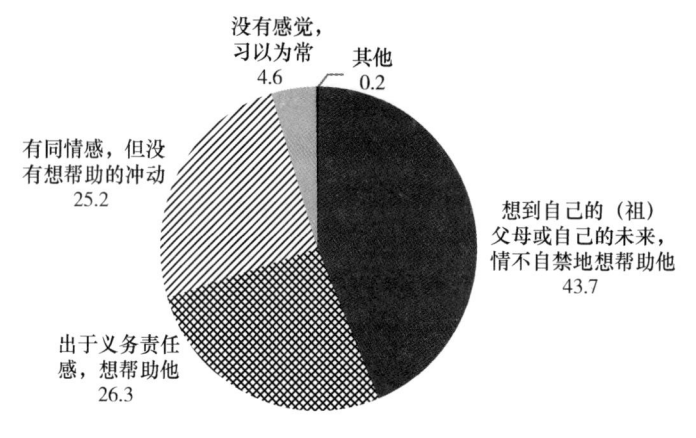

图 5-3 关于帮助其他老人意愿的调查（%）

- 没有感觉，习以为常 4.6
- 其他 0.2
- 想到自己的（祖）父母或自己的未来，情不自禁地想帮助他 43.7
- 出于义务责任感，想帮助他 26.3
- 有同情感，但没有想帮助的冲动 25.2

家庭伦理和国家社会伦理并不总是一致的，很多时候反而表现为两种身份的冲突。"父为子隐，子为父隐，直在其中矣"的著名论断，便是血缘亲情与社会正义冲突的一种体现。如果现代人也面临着同样的情景，他们会如何选择呢？在调查中，当受访者被问到"如果您的父母或兄妹偷了别人的东西，警察正在查找，您的行为反应可能是什么"时，结果显示，"子为父隐"的伦理认同依然是主流。

表 5-7　　　　　　　　家人偷窃是否要告发

	频数（人）	有效百分比
1. 批评他，但不会告发	2294	26.4
2. 批评他，陪他送回原处或去承认错误	4689	54.0
3. 默认，因为他得到的东西正是家庭所急需	557	6.4
4. 告发，因为出于正义感	436	5.0
5. 告发，因为可能会连累自己	172	2.0
6. 不管不问，由他自己决定	501	5.8
7. 其他	31	0.4
合计	8680	100.0

（五）结论

本文以 2017 年全国道德调查数据为例，从代际伦理、婚姻伦理、同胞意识和家国天下四个方面探讨当前中国家庭伦理的现状，通过实证数据分析，主要得出以下结论：

第一，家庭整体的精神价值依然强大，受访者普遍认为家庭伦理关系或血缘关系对社会秩序具有根本性意义，父母与子女、夫妻和兄弟姐妹仍被认为是十分重要的关系，体现出传统的家庭伦理观的现代延续。

第二，亲密的代际关系仍是当前我国家庭的主要特征，成年子女及其父母在养老、抚幼和文化传承等方面共同协作，保持着很高的代际互动水平。但是，不容忽视的是，少子化趋势和公共福利的欠缺也为代际伦理带来挑战，一方面，人们对父慈子孝、含饴弄孙充满文化意义上的期待；另一方面，在现实生活安排和代际交往方式上已经顺应了新的时代发展潮流，呈现出个体理性和平等互惠的特征。

第三，婚姻包容度提升，两性关系多元。尽管社会的主流观点仍然非常重视婚姻的社会功能，以及家庭的整体利益，但是，对两性交往中的新现象已经持开放态度。婚恋中的诸多观念和行为被"非道德化"，形式多元的亲密关系逐渐成为自由的生活方式选择。

第四，将生育视为家族延续的责任仍是一种主流的看法，传宗接代、养儿防老的观点依然深入人心，但是更具开放和前卫的生育思想已经在城市、年轻人和高学历群体中崛起，这也会对我国当前育龄夫妇的生育意愿产生直接影响。

综上所述，现代中国家庭在开放多元的文化环境下依然表现出很强的伦理特质。尽管家庭小型化、家庭功能减少、婚姻包容度提升、两性关系多元以及个体主义的崛起为中国家庭带来新的情感表达方式和成员互动模式，但这些并未像西方家庭现代化理论所预期的那样会削弱中国家庭的精神纽带和价值系统。相反地，中国家庭更多地呈现出维系共同体稳固和追求个体自由并存的新家庭主义特征。家庭在现代中国社会仍具有绝对的伦理意义。

（张晶晶）

十九　中国社会的家庭伦理关系及其文化地位

(一) 中国社会伦理关系中的家庭本位特征

伦理关系是指体现或合乎伦理规定的关系，它同时也是一种普遍的社会关系。伦理关系就其发生机制而言，是在人类的社会实践活动中产生、发展于主体间（intersubjective）的具有伦理意义的社会关系，是人们在共同的物质和精神活动过程中所结成的交互关系的总称。[①]

社会中的伦理关系是多种多样的，包括个人之间的关系、个人与家庭之间的关系、个人与群体之间的关系、个人与国家之间的关系等，这些关系相互交织，是构成社会生活的元素，也是维持社会稳定的基石。

同时，正如社会学家费孝通对于人伦的解释："从自己推出去的和自己发生社会关系的那一群人里所发生的一轮轮波纹的差序"，"伦理"这一概念本身还包含了亲疏远近的差序人际格局，不同的伦理关系对于人们的重要性也各有不同。

古代中国是一个宗法社会，有着家国同构、家国一体的伦理文化传统，因此，在中国传统的社会伦理体系中，通常是以家庭为本位的。梁启超曾提出："中国社会之组织，以家族为单位，不以个人为单位，所谓家齐而后国治是也。"[②]

[①] 龚群：《论社会伦理关系》，《中国人民大学学报》1999年第4期。

[②] 梁启超：《新大陆游记》，《饮冰室全集·专集之二十二》，中华书局1989年版，第121页。

同时，在中国传统思想文化中，对于家庭伦理也十分重视，在这方面表现得最为突出的是儒家思想，儒家学派对于家庭中伦理关系有着丰富的论述，并对家庭伦理的维系提出了一系列相关的德目，如"孝""悌"等，家庭中的行为规范泛化到社会生活当中，在此基础上更进一步延伸出了"忠""信"等品德，这些德目不但维系了家庭的稳定，同时也是构筑中国传统社会伦理思想体系的基石，正如钱穆先生曾感叹的："中国文化，全部都是从家庭观念上筑起的。"①

在当代中国，随着现代化进程的推进以及西方思想文化的涌入，这些日新月异的变化将不可避免地对人们产生一定的影响，使人们在许多方面产生出不同于传统的思想和态度，那么对于在传统思想中备受重视的家庭伦理关系，人们是否仍然延续了以往的重视呢？

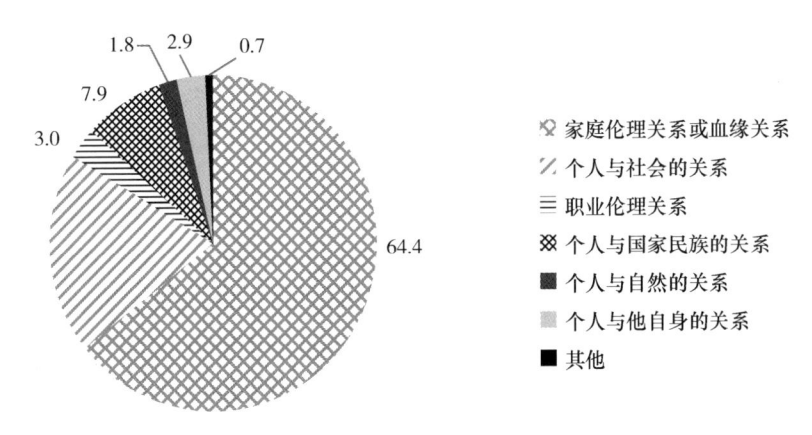

图 5-4　对社会秩序和个人生活最具根本性意义的伦理关系认知统计（%）

在 2013 年的中国综合社会调查（Chinese General Social Survey, CGSS）中，当被问及认为哪一种伦理关系对社会秩序和个人生活最具根本性意义时，人们十分重视的前三位分别是"家庭伦理关系或血缘关系""个人与社会的关系"以及"个人与国家民族的关系"。

其中，有 19.3% 的人选择了"个人与社会的关系"，有 7.9% 的人选择了"个人与国家民族的关系"，而"家庭伦理关系或血缘关系"以

---

① 钱穆：《中国文化史导论》，商务印书馆 1994 年版，第 42 页。

64.4%的绝对优势位列第一,成为人们所认可的、在社会和个人生活中具有重要意义的伦理关系。

这一调查表明,在一定程度上,中国重视家庭伦理关系的传统并没有随着时代的前进而消失,人们对于伦理关系的态度依然呈现出一种家庭本位的特征。此外,人们对家庭伦理关系和血缘关系的重视度在不同的社会群体中并不是一成不变的,由于性别、年龄、职业、户口类型、宗教信仰等方面的不同,人们对于伦理关系的侧重又有着各自的差异。

1. 性别差异对社会伦理关系重视度的影响

在调查中,不同性别的参与者对于社会伦理关系表现出了不同的侧重点,尽管在整体上,十分受关注的前三位仍然是"家庭伦理关系或血缘关系""个人与社会的关系"以及"个人与国家民族的关系",但女性(67.8%)对于家庭伦理关系的重视度明显高于男性(61.8%)。相比女性,男性则对"个人与社会的关系"和"个人与国家民族的关系"更加重视(见表5-8)。

表5-8　　对社会秩序和个人生活最具根本意义的伦理关系
（性别交互表） （%）

	家庭伦理关系或血缘关系	个人与社会的关系	职业伦理关系	个人与国家民族的关系	个人与自然的关系	个人与他自身的关系	其他	合计
男	61.8	20.4	3.1	9.5	1.9	3.1	0.1	100.0
女	67.8	18.4	2.9	6.5	1.7	2.6	0.1	100.0

N = 5482　　Sig = 0.000

女性对于家庭伦理关系和血缘关系的重视体现了多数女性仍然认可家庭对于自身的重要性,愿意将家庭放在较为优先的位置,同时,也说明她们会对于家庭生活投入更多的精力,并更多地承担起维系家庭内部伦理关系的和谐与稳定的责任。而与女性相比,大部分的男性尽管也十分认可家庭伦理和血缘关系的重要性,但同时也将较多的目光投入了社会与国家民族的领域。

2. 不同年龄层对家庭伦理关系重要性的认知

人们在社会伦理关系中对于家庭伦理关系重要性的认知，随着年龄的增长，呈现出一种由低到高的趋势。在30岁以下、30—39岁、40—49岁、50—59岁以及60岁以上这几个年龄段中，对家庭伦理关系最不重视的是30岁以下的群体，仅有56.4%的人认为"家庭伦理关系或血缘关系"是社会秩序和个人生活中最根本的伦理关系，远低于平均值，与其他年龄群体相比，他们更注重"个人与社会的关系"。而最重视家庭伦理关系的，是60岁以上的群体（68.4%），在30—60岁的区间里，人们对于家庭伦理关系的重视度随着年龄的增长有稳步的提升（见表5-9）。

表5-9　　　关于社会秩序和个人生活最具根本意义的伦理关系

（年龄交互表）　　　　　　　　　　（%）

	家庭伦理关系或血缘关系	个人与社会的关系	职业伦理关系	个人与国家民族的关系	个人与自然的关系	个人与他自身的关系	其他	均值
30岁以下	56.4	26.4	3.2	6.7	2.3	4.0	0.9	100.0
30—39岁	60.4	21.9	3.4	7.4	2.9	3.5	0.5	100.0
40—49岁	65.7	19.1	3.8	6.7	1.7	2.5	0.5	100.0
50—59岁	67.3	17.5	2.5	7.1	1.5	3.2	0.8	100.0
60岁及以上	68.4	15.0	2.3	10.6	1.0	1.9	0.8	100.0

N = 5449　　Sig = 0.000

30岁以下的青年人对于家庭伦理关系和血缘关系的重视度相对较低，对于个人与社会之间关系的重视度较高，这一方面显示了青年人处在一个更希望在社会中实现个人价值的阶段，而更年长的群体，特别是60岁以上的老年群体则会逐步地将重心从社会中的个人实现转向对家庭和血缘关系的关注上。

另一方面，这一数据也体现了个人在家庭中所处位置的变换，按照费孝通对于家庭的三角结构论述，他将配偶定义为一个家庭中的两点，将他们的孩子定义为构成三角的第三点,等到子女结婚,就和另外的人构成新的家庭三角结构。① 因此,年龄的增长也包含了人们家庭结构中位置的变换,即从原有三角结构中伸展生成新的三角结构,这种结构变换显然会要求人们承担起更多的家庭责任,因此也使得人们对于家庭伦理和血缘关系的重视度有所提高。

3. 受教育程度对于家庭伦理关系重视度的影响

受教育程度对于人们的选择,特别是在对家庭伦理关系的重视度方面,显示出了极大的影响力。在调查中,接受过高等教育的群体中只有49.8%的人认为"家庭伦理关系或血缘关系"对于社会秩序和个人生活具有根本性意义,远低于64.4%的平均值。而未接受高等教育的群体中则有67.4%的人选择"家庭伦理关系或血缘关系"最具根本性意义。

接受过高等教育的人有28.4%更加注重"个人与社会的关系",远高于19.3%的整体平均值,有10.6%的人注重"个人与国家民族的关系",高于平均值(7.9%)。没有受过高等教育的人中只有17.4%的人最重视"个人与社会的关系",有7.4%的人认为"个人与国家民族的关系"最为重要(见表5-10)。

表5-10 关于社会秩序和个人生活最具根本意义的伦理关系(受教育程度交互表)　(%)

是否接受过高等教育		家庭伦理关系或血缘关系	个人与社会的关系	职业伦理关系	个人与国家民族的关系	个人与自然的关系	个人与他自身的关系	其他	均值
	未接受高等教育	67.4	17.4	2.7	7.4	1.7	2.7	0.8	100.0
	接受过高等教育	49.8	28.4	4.6	10.6	2.5	3.8	0.2	100.0

N = 5512　　Sig = 0.000

---

① 费孝通:《乡土中国·生育制度》,北京大学出版社1998年版,第163、215—216页。

这一现象从侧面反映出,受教育程度的提高,使得人们的关注点不仅仅放在家庭这种基于天然情感和血缘形成的伦理关系上,而将一部分注意力转移到了更加公共的领域,如社会和国家民族等范畴。同时,受教育程度也为人们提供了更多在社会中实现自身价值、做出更多贡献的可能性,使得这一群体可以承担更多的社会责任。同时,受教育程度的提高也意味着人们接收到更加多样化的文化与思想,这些因素也从一定程度上影响了人们对于伦理关系的侧重点。

4. 不同职业群体对于家庭伦理关系的重视度

不同职业群体对于家庭伦理关系的重视度也表现出明显的差异,其中,农民这一群体(72.5%)在社会伦理关系中对于家庭伦理关系最为重视。其次是工人/小生意者群体(63.4%),再次是无业失业群体(62.7%),对家庭伦理关系重要性认可度最低的是白领群体,群体中高级白领和低级白领之间的选择差异并不显著,比例分别为52.1%和52.4%(见表5-11)。

表5-11 对社会秩序和个人生活最具根本意义的伦理关系(职业交互表) (%)

	家庭伦理关系或血缘关系	个人与社会的关系	职业伦理关系	个人与国家民族的关系	个人与自然的关系	个人与他自身的关系	其他	均值
高级白领	52.1	27.2	4.9	9.6	1.3	4.2	0.7	100.0
低级白领	52.4	28.0	6.3	6.5	3.4	3.2	0.2	100.0
工人/做小生意者	63.4	20.7	3.4	6.4	2.1	3.4	0.6	100.0
农民	72.5	14.8	1.6	7.1	1.1	2.2	0.8	100.0
无业失业	62.7	18.5	2.8	10.3	2.1	2.7	0.9	100.0

N = 5515 Sig = 0.000

这一数据也从侧面反映出白领群体由于其职业的影响,对于社会事务的接触和参与更为频繁,对于社会与个人的关系较其他群体更为关注,可能也因此分散了对于家庭伦理关系的重视度,而农民一方面受到传统大家庭的影响,另一方面对于社会事务的接触和参与不如其他群体,因此对于家庭伦理关系投入了更多的重视。

5. 住户人数对于伦理关系重视度的影响

家庭这一概念,通常包含了共同生活居住这一前提,在社会伦理关系重要性的调查中,受访者家中的住户人数对于他们的选择也有着显著的影响。

在调查中,与5人或以上的人居住在一起的受访者对于"家庭伦理关系或血缘关系"的重视度最高,达到75.1%。但这种关注度并非会随着共同居住人数的减少递减,而是随着人数的变化呈现出一种奇特的U形变化,即当住户人数在3—5人这一区间时,对家庭伦理关系的重视度降到最低点62.8%,低于平均值。而独居或两人共同居住的受访者,对家庭伦理关系的重视度又有所回升,分别是65.8%(独居)和66.3%(两人居住)(见表5-12)。

表5-12 对社会秩序和个人生活最具根本意义的伦理关系(住户人数交互表) (%)

		家庭伦理关系或血缘关系	个人与社会的关系	职业伦理关系	个人与国家民族的关系	个人与自然的关系	个人与他自身的关系	其他	均值
住户人数	1个人	65.8	17.0	3.8	8.4	1.3	3.8	0	100.0
	2个人	66.3	17.7	2.7	8.9	1.4	2.7	0.1	100.0
	3—5个人	62.8	21.1	3.2	7.7	2.2	2.9	0.1	100.0
	5人以上	75.1	14.8	1.2	5.9	0.9	2.1	0	100.0

N = 5479　　Sig = 0.003

尽管从家庭认同的角度来说,同住一户的人并不完全等同于家庭,户与家庭的区别在于它侧重于人们生活单位的空间位置,作为一户的首要条件是共同生活起居,而不是其中的婚姻血缘关系。① 但总体而言,居住在 5 人以上的大家庭背景中,使得人们对于家庭伦理关系更为重视。而 3—5 人的居住规模则更接近从大家庭中延伸而出的核心家庭的特征,家庭关系中所涉及的人员远比大家庭中要少,可能也因此影响了人们对于家庭伦理关系所投入的精力。与此相比,独居和两人居住的受访者,可能由于这一状态天然地涉及未来对于家庭组建的期待,这一群体对于家庭伦理关系和血缘关系的重视度又有所回升。

6. 小结

在人们对社会伦理关系重视度的调查中,总体上,人们的选择呈现出一种家庭本位的特征,60% 以上的人都对"家庭伦理关系或血缘关系"十分重视,认为这是社会秩序和个人生活中最重要的伦理关系。但同时,通过对不同群体对于社会伦理关系侧重点的交互分析,可以发现不同群体之间存在着明显的群体差异。

首先,在调查中,女性明显对家庭伦理关系和血缘关系更加重视。

其次,随着年龄的增长,人们对于家庭伦理关系或血缘关系的重视度也随之提升。

再次,在对社会伦理关系的重视度方面,受教育程度的差异对于人们的选择具有极大的影响,受教育程度高的群体,对于家庭伦理关系或血缘关系投入的重视相对偏低。

复次,在不同职业群体中,农民对于家庭伦理关系或血缘关系的重视度最高,而都市白领群体则较低。

最后,受访者所在户的人数也对他们的选择显示出了影响,尽管从家庭认同的角度来说,住户的人数并不等同于家庭规模,但总体而言,生活在 5 人以上的大家庭中的人最认可家庭伦理关系或血缘关系的重要性,独居和两人共同居住对家庭伦理关系重要性的关注也高于平均值,居住人数在 3—5 人这个区间内的则略低于平均值。

---

① 徐安琪:《对家庭结构的社会学和人口学的考察》,《浙江学刊》1995 年第 1 期。

(二)家庭伦理关系的角色构成与角色偏向性

1. 构成家庭伦理关系的三组角色

美国哲学家安乐哲曾提出"家庭中的伦理关系是建筑在角色构架之上的"[①],因为家庭伦理的构建不是抽象的自律个体所能达成的,必须要在家庭成员各安其分的关系与互动中才能得以体现。[②] 构成家庭伦理关系的主要有三组角色:父母与子女、丈夫与妻子以及兄弟姐妹。

在家庭角色伦理的架构中,这三组角色关系对于个体而言并不是单一的,因为个体往往要身兼多种角色,即个体对于自己的父母而言是子女,对于自己的子女而言是父母,对于自己的配偶而言是丈夫或妻子,对于自己的兄弟姐妹而言又具有兄弟姐妹的角色。

家庭中的每种角色都有着相应的责任和义务,承担着人们对于这一角色的伦理期待。在中国传统思想文化,特别是儒家文化中,对这三组角色所应遵守的伦理责任有过很多论述,比如对应父母与子女关系的"慈"与"孝",对应兄弟姐妹关系的"悌",对应夫妻关系的"和"与"柔"等。

人们在家庭中承担的伦理角色是否合格,直接决定了家庭这个伦理实体的和谐与稳定,然而,由于这种伦理角色的多重性,每种角色都承担着相应的责任和义务。因此,在某些特殊的情境中,角色个体会遭遇两难处境,即所承担的不同角色要求的责任和义务产生冲突。而人们在客观条件的制约下,对于这种冲突常常不可能有两全其美的解决方法,而在承担家庭伦理角色时更不可能面面俱到,通常必须有所偏重,而这一偏重则由人们对于伦理角色的重视程度所决定。

在英美文化中倾向于强调夫妻关系的长期价值胜过与父母或祖父母的血缘关系,而中国人对此的重视度则相反。

---

① Ames, Roger T., 2011. *Confucian Role Ethics: A Vocabulary*, Honolulu: University of Hawaii Press. (A major statement of a relational, role-based approach to Confucian ethics.)

② 安乐哲、罗斯文:《早期儒家是德性论的吗?》,谢阳举译,《国学学刊》2010年第1期。

在此次调查中，当受访者被要求对各种伦理关系按照重要性排序时，有61.0%的人认为父母与子女的关系最重要，有25.1%的人认为夫妻关系最重要。对于第二重要的关系，有46.3%的人选择了夫妻关系，有26.6%的人选择了父母与子女的关系。对于第三重要的关系，有42.7%的人认为兄弟姐妹关系第三重要（见表5-13）。

这一数据同时也反映出人们对于这三组家庭伦理角色的关注重点主要集中在"父母与子女关系"和"夫妻关系"方面，而兄弟姐妹关系的重要度则排在这两种关系之后。

此外，虽然人们对这三种家庭伦理关系的重视度远超其他非家庭血缘的关系，但在第三顺位的重要度排序中，有10.4%的人以朋友关系替代了兄弟姐妹的关系。该数据也在一定程度上反映了当下家庭结构的变化，即由于独生子女家庭的增加，家庭中兄弟姐妹的减少，使人们对于兄弟姐妹这一伦理关系的重视呈现出向非血缘关系转移的趋势。

表5-13　最重要的三种关系

	第一重要（人数）	百分比	第二重要（人数）	百分比	第三重要（人数）	百分比
父母与子女	3458	61.0	1505	26.6	270	4.8
夫妻	1423	25.1	2621	46.3	495	8.7
兄弟姐妹	41	0.7	447	7.9	2420	42.7
同事或同学	25	0.4	68	1.2	222	3.9
上级与下级	47	0.8	75	1.3	149	2.6
师生	14	0.2	48	0.8	85	1.5
人与自然的关系	66	1.2	94	1.7	150	2.6
个人与社会	183	3.2	266	4.7	473	8.3
个人与国家	191	3.4	154	2.7	273	4.8
个人与工作单位	30	0.5	84	1.5	203	3.6
通过网络建立的关系	8	0.1	11	0.2	13	0.2
朋友	42	0.7	156	2.8	592	10.4
个人与自身的关系	84	1.5	65	1.1	202	3.6
其他	6	0.1	3	0.1	14	0.2

2. 年龄对于不同家庭伦理角色重视度的影响

在调查中，对于人们家庭伦理角色偏向性的影响，最显著的是年龄因素，而其他变量如职业、受教育程度以及户口类型等差异对于家庭内部的伦理角色偏向性无显著影响，但对于人们在面对非家庭血缘关系的重视度上有一定的影响。

年龄这一变量在一定程度上决定了个体在家庭当中所能够充当的角色，即是作为原有大家庭中的子女角色还是在组建的新的核心家庭中充当配偶和父母的角色，并且也决定了个体进入某种伦理角色时间的长短。

在对于不同年龄段的调查中，我们发现对于"父母与子女关系"和"夫妻关系"的重视度以30岁为一个分水岭。

30岁以下的人群对于父母子女的关系最为重视，认为父母与子女关系第一重要的人达到68.5%，而30岁以上的群体对于"父母与子女关系"重要性的认可度普遍要低8—9个百分点。与30岁以下的群体相比，30岁以上群体对于家庭伦理关系的注意力有相当一部分转移到了"夫妻关系"方面，其中又以30—39岁这一区间最为显著，达到28.7%（见表5-14）。

在对于第二重要关系的排序中，30岁以下的群体仍然与30岁以上的群体表现出了不同的选择倾向，选择夫妻关系的有43.7%，低于平均值46.8%，比30岁以上群体的选择低4—5个百分点。而30岁以下的群体在这一区间对兄弟姐妹的重视度却比其他年龄段有所上升，达到11.0%，比其他年龄段高3—5个百分点（见表5-15）。

在第三重要关系的排序中，30岁以下的群体对于兄弟姐妹的重视度为32.5%，远低于平均值43.5%，更比其他年龄段低8—15个百分点。对于朋友的重视度是同比例中最高的，达到了13.6%（见表5-16）。

表5-14　　　　第一重要的家庭伦理关系（年龄交互表）　　　　（%）

	父母与子女	夫妻	兄弟姐妹
30岁以下	68.5	18.0	1.1
30—39岁	59.1	28.7	0.5

续表

	父母与子女	夫妻	兄弟姐妹
40—49 岁	61.6	26.7	1.0
50—59 岁	59.1	27.5	0.5
60 岁及以上	60.6	24.8	0.7

N = 4922　　Sig = 0.000

表 5 – 15　　　　第二重要的家庭伦理关系（年龄交互表）　　　　（%）

	父母与子女	夫妻	兄弟姐妹	均值
30 岁以下	20.3	43.7	11.0	100.0
30—39 岁	29.2	46.1	5.7	100.0
40—49 岁	27.3	48.7	8.3	100.0
50—59 岁	28.8	47.7	7.1	100.0

N = 4922　　Sig = 0.000

表 5 – 16　　　　第三重要的家庭伦理关系（年龄交互表）　　　　（%）

	父母与子女	夫妻	兄弟姐妹	朋友	均值
30 岁以下	4.2	9.3	32.5	13.6	100.0
30—39 岁	4.6	8.3	40.5	11.9	100.0
40—49 岁	4.7	8.3	47.0	10.1	100.0
50—59 岁	5.2	7.7	46.5	10.6	100.0
60 岁及以上	5.3	10.5	47.8	8.2	100.0

N = 4922　　Sig = 0.000

(三) 影响家庭伦理角色关系稳定的几个常见问题

1. 两性关系过度开放对于婚姻稳定性的影响

在当代中国，在与国际接轨的大背景下，由于西方思想的传入、女性地位的提高以及人们对于婚姻家庭看法的变化等各种因素，现代中国男女关系与之前相比更加趋于开放。

在调查中，总体上，认为这一现象严重的人多于认为不严重的人。有34.5%的人认为两性过度开放严重影响了婚姻的稳定性，认为"不严重"的有21.2%，剩下的人认为这一现象对婚姻稳定的影响"一般"，这一数据随着受访群体的不同也有着各自的差异。

两性关系过度开放对婚姻稳定性的影响

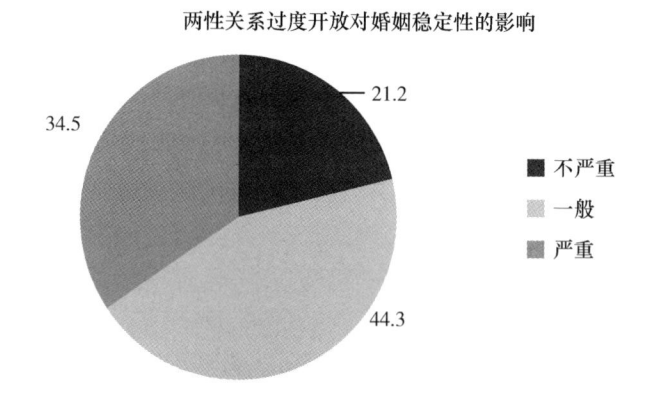

- 21.2 不严重
- 44.3 一般
- 34.5 严重

图5-5 个人对两性关系过度开放对婚姻稳定性影响的认识（%）

（1）两性关系过度开放对于不同性别的婚姻稳定性的影响

在两性关系过度开放对于婚姻稳定性影响的评估中，由于受访者的性别不同而产生的选择差异并没有出现，男性与女性的态度基本趋同。

这表明两性过度开放这一影响因素对于男性与女性在婚姻方面的影响程度是相近的，并没有出现一方强势一方弱势的极端情况，这一现象也反映出，当代中国男性与女性在两性关系过度开放对于婚姻稳定性影响方面是享有共识的（见表5-17）。

表5-17 两性关系过度开放对婚姻稳定性的影响（性别交互表） （%）

	男	女	均值
不严重	21.1	21.2	21.1
一般	44.4	44.2	44.3
严重	34.5	34.6	34.6
合计	100.0	100.0	100.0

N = 5506　　Sig = 0.991

(2) 两性关系过度开放对于不同年龄段婚姻稳定性的影响

两性关系过度开放对于30岁以下群体婚姻稳定性的影响是最大的，有39.7%的人认为这一现象严重影响了婚姻的稳定。这一影响的程度随着年龄的增加而逐渐降低，对60岁以上群体的影响最低，只有29.4%的人认为这一现象严重影响婚姻稳定（见表5-18）。

这一数据一方面反映了不同时代的影响，在更年长人群所处的年代，两性之间的关系更加趋向于保守，因此这一群体所受到的影响并不严重，另一方面反映了家庭自身的结构变化。

按照费孝通的家庭三角结构理论，配偶相当于家庭中的两点，在子女出生之后，才产生出家庭的第三点，因而构成了家庭的三角结构。因此在家庭组建的初期，两点的稳定性在很大程度上决定了整个家庭的稳定性，而随着年龄的增长，子女的出生，个体在婚姻家庭中所承担的伦理角色增加，对于整个家庭的伦理责任增多，家庭结构逐渐稳定，两性关系过度开放对于婚姻家庭的影响力也逐渐下降。

表5-18　两性关系过度开放对婚姻稳定性的影响（年龄交叉表） （%）

	30岁以下	30—39岁	40—49岁	50—59岁	60岁及以上
不严重	17.6	19.3	23.8	20.1	23.5
一般	42.7	42.5	42.6	46.1	47.1
严重	39.7	38.2	33.7	33.9	29.4
合计	100.0	100.0	100.0	100.0	100.0

N = 5506　Sig = 0.02

(3) 两性关系过度开放对于不同受教育程度群体婚姻稳定性的影响

在受教育程度不同的群体中，接受过高等教育的群体有39.5%的人认为两性关系过度开放对婚姻稳定性有着严重影响，比未受过高等教育的群体高了6个百分点（见表5-19）。

在未受过高等教育的群体中有21.7%的人认为影响不严重，而受过高等教育的群体只有18.3%的人认为不严重。这一数据一方面反映了受教育程度的提高使人们更多地感知到两性关系过度开放对于婚姻稳定性影响的严重性；另一方面，可能也反映了未受过高等教育的群体受中国传统保守思想的影响更大，因而对于两性关系过度开放这一现象本身接触得较少。

表5-19　　　　两性关系过度开放对婚姻稳定性的影响
（受教育程度交互表）　　　　　　　　　　　　　　　　（%）

	受过高等教育	未受过高等教育	均值
不严重	18.3	21.7	21.2
一般	42.1	44.7	44.3
严重	39.5	33.5	34.5
合计	100.0	100.0	100.0

N = 5503　　Sig = 0.000

（4）两性关系过度开放对于不同收入群体婚姻稳定性的影响

两性关系过度开放对婚姻稳定性的影响在高收入群体中表现得最为突出。

在收入远高于平均水平的群体中，有60.0%的人认为，两性关系过度开放严重影响了婚姻的稳定性，远高于平均值39.6%。而收入水平较低的群体对这一现象严重性的认知呈下降趋势，收入达到平均水平的群体只有34.4%的人认为两性关系过度开放对婚姻稳定性有严重影响，在远低于平均水平的群体中只有32.9%的人认为有严重影响（见表5-20）。

这一数据从侧面反映了高收入群体面对的诱惑更多，更容易受到两性关系过度开放所带来的不良影响，而其他收入群体则比较趋向于平均值。

表5-20　　两性关系过度开放对婚姻稳定性的影响（收入交互表）　　（%）

	远低于平均水平	低于平均水平	平均水平	高于平均水平	远高于平均水平	均值
不严重	21.8	20.9	21.8	17.7	6.7	17.8
一般	45.3	44.6	43.8	46.0	33.3	42.6
严重	32.9	34.5	34.4	36.3	60.0	39.6

续表

	远低于 平均水平	低于 平均水平	平均水平	高于 平均水平	远高于 平均水平	均值
合计	100.0	100.0	100.0	100.0	100.0	100.0

N = 5477　　Sig = 0.009

(5) 小结

在两性关系过度开放对于婚姻稳定性影响的调查中，总体上，有34.5%的人认为这一现象严重影响了婚姻稳定，有21.2%的人认为不严重，余下44.3%的人认为一般。

在受访者中，男性与女性对于这一问题的态度基本一致，并没有表现出显著的性别差异。

年龄、受教育程度以及收入的差异对于人们的态度则有一定的影响。

首先，与其他更年长的群体相比，30岁以下群体中有更多的人认为两性关系过度开放严重影响了婚姻稳定，比平均水平34.5%高出5.2个百分点。而在60岁以上群体中只有29.4%的人认为这一现象严重影响婚姻稳定，是所有年龄段中最低的。

其次，在受教育程度不同的群体中，受过高等教育的比未受过高等教育的群体更倾向于认为两性关系过度开放对婚姻稳定有严重影响，有39.5%认为这一现象严重影响婚姻稳定，比未受过高等教育的群体高6个百分点。未受过高等教育的群体有21.7%的人认为两性关系过度开放对婚姻的影响不严重，而受过高等教育的群体持这一看法的只有18.3%。

最后，在不同的收入群体中，收入远高于平均水平的群体认为两性关系过度开放严重影响婚姻稳定的人最多，达到60.0%，而在远低于平均水平的群体中只有32.9%的人认为有严重影响。

2. 父母与子女间的代沟问题

"代沟"这一概念由20世纪60年代末美国人类学家M.米德在其所著的《代沟》中提出，代沟的存在通常是由年青一代与老一代在思想方法、价值观念、生活态度、兴趣爱好等方面存在的心理距离或心理隔阂所引起的。父母与子女之间代沟的存在常导致两代人在解决问题方式、评价问题的标准等方面会产生很多的分歧和矛盾,从而影响亲子代际感情的交流与思想的交换。在代沟问题较为严重的情况下,对家庭内部伦理关系的维系以及家庭整体的和谐与安定都会有严重的不良影响。

在当代中国,认为代沟问题严重的人多于认为代沟问题不严重的人,总体上,有30.6%的人认为家庭中存在着严重的代沟问题,有27.3%的人认为代沟问题并不严重。在不同群体中,这一比例有所波动,其中,年龄段与收入水平的不同对于结果有着强烈的影响。

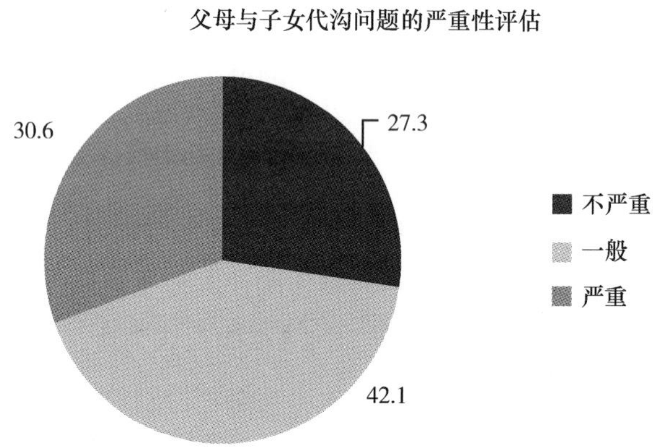

父母与子女代沟问题的严重性评估

图5-6 个人对父母与子女代沟问题的严重性评估(%)

(1) 不同年龄段对代沟问题的认知

不同年龄段的群体对于代沟问题严重性的认知有着显著差异,30岁以下的群体有33.3%的人认为父母与子女间存在着严重的代沟,高于平均值30.6%。而随着年龄的增长,认为有严重代沟的比例也随之下降,在60岁以上的群体中只有29.6%的人认为父母与子女之间有严重的代沟问题(见表5-21)。

表5-21 父母与子女代沟问题的严重性(年龄交互表)

	30岁以下	30—39岁	40—49岁	50—59岁	60岁及以上	均值
不严重	21.6	26.2	29.2	29.9	28.1	27.3
一般	45.0	42.4	39.6	42.0	42.3	42.1

续表

	30 岁以下	30—39 岁	40—49 岁	50—59 岁	60 岁及以上	均值
严重	33.3	31.4	31.2	28.0	29.6	30.6
合计	100.0	100.0	100.0	100.0	100.0	100.0

N = 5506　　Sig = 0.000

这一数据首先反映出，父母与子女间的代沟问题是可以随着年龄的增长而趋向弥平的。心理学认为，儿童随着年龄的增长，对于父母的认知将会经历崇拜期、轻视期与理解期等几个阶段，因此，有相当一部分的代沟问题是由特定年龄阶段的心理状态所引发的，而年龄的增长将会使这一状态逐渐消失，从而达成代际的相互理解。

此外，30 岁以下的群体对于代沟问题严重性的认知略高于其他年长的群体，这一现象也从侧面折射出了时代的特征，在当今社会，人们正处在一个信息爆炸、新事物层出不穷的时代，青年群体与中老年群体对于新事物接受速度的差异，更容易使青年群体与父母长辈之间产生思想与认知的差距，从而呈现出更明显的代沟现象。

(2) 不同收入水平群体对于代沟问题的认知

收入水平不同的群体对于代沟问题严重性的认知有着显著差异，收入远高于平均水平的群体和收入远低于平均水平的群体，他们对代沟问题严重性的认知均高于平均值 30.6%。

其中，在收入远高于平均水平的群体中，有 53.4% 的人认为父母与子女之间存在着严重的代沟问题，远高于其他群体。在收入远低于平均水平的群体中，有 35.2% 的人认为存在着严重的代沟，与这两个群体相比，其他群体的选择都比较接近于平均值（见表 5 - 22）。

表 5 - 22　　父母与子女代沟问题严重性（收入交互表）　　(%)

	远低于平均水平	低于平均水平	平均水平	高于平均水平	远高于平均水平	均值
不严重	22.2	26.3	28.2	27.6	20.0	27.3
一般	42.6	41.9	42.2	42.4	26.7	42.1
严重	35.2	31.8	29.6	30.0	53.4	30.6

续表

	远低于平均水平	低于平均水平	平均水平	高于平均水平	远高于平均水平	均值
合计	100.0	100.0	100.0	100.0	100.0	100.0

N = 5599　　Sig = 0.000

这一结果一方面说明高收入群体与低收入群体更应注重父母与子女的交流与沟通，以期减少代沟问题的影响；另一方面可能也反映出这两个群体对于维持收入水平投入了更多的精力与时间，从而限制了父母与子女之间进行感情联络与思想交流的时间。

(3) 小结

在对于代沟问题严重程度的调查中，总体上，认为代沟问题严重的人多于认为这一问题不严重的人，只有27.3%的人认为代沟问题并不严重，而30.6%的人认为家庭中存在着很严重的代沟问题。

通过对不同群体调查结果的比较，其中，年龄段与收入水平的不同对于结果有着较强的影响。

对比不同年龄段的群体，30岁以下的群体中有33.3%认为父母与子女之间存在着严重的代沟，高于整体平均值30.6%。而在其他较年长的群体中，这一比例随着年龄增长而逐渐降低，其中以60岁以上的群体为最低，这一群体中有29.6%的人认为父母与子女之间有严重的代沟问题。

此外，收入水平不同的群体对于代沟问题严重性的认知有着显著差异，收入远高于平均水平的群体最倾向于认为代沟问题严重，有53.4%的人认为父母与子女之间存在着严重的代沟问题，远高于平均值30.6%，也远高于其他群体。而收入远低于平均水平的群体对于代沟严重性的认知也高于平均值，有35.2%。其他群体对于代沟问题的态度则趋近平均值。

3. 父母对于子女孝亲的期待与担忧

在父母与子女之间，存在着一种双向的互动关系，父母出于天性和人伦给予子女关爱与照料，而子女也应对父母报以爱与敬重。在中国传统的思想文化中，更是提倡把对父母的"孝"立为每个人都应当遵守的伦理规范，并认为在父母年老时，子女应当负有照料与赡养的责任与义务，这一文化背景也使得中国产生了有别于西方的孝亲养亲传统。费孝通曾指出，西方的家庭是单向哺育，孩子在成年后，对父母并没有赡养义务，和中国的反哺是很不相同的。[①]

这一文化背景也使得中国社会产生出了家庭角色伦理关系间的一种比较具有中国特色的伦理问题，即对于子女是否孝顺父母有着期待与担忧，同时这种期待与担忧又常常延伸开来，与自身是否能够老有所养联系起来，与之形成一种微妙的呼应关系。

在对当代青年人孝敬父母程度的调查中，有32.2%的人认为当前社会中，青年人缺乏责任感、不孝敬父母的现象很严重，认为不严重的有30.8%，略低于前者。同时，这一数据也在一定程度上影响了人们对于老无所养的担忧，有34.6%的人认为当今社会中老无所养、缺乏安全感，有28.7%的人认为这一现象并不严重，由此可见，人们对于老无所养的担忧度与对青年人不孝程度的评价是成正比的。

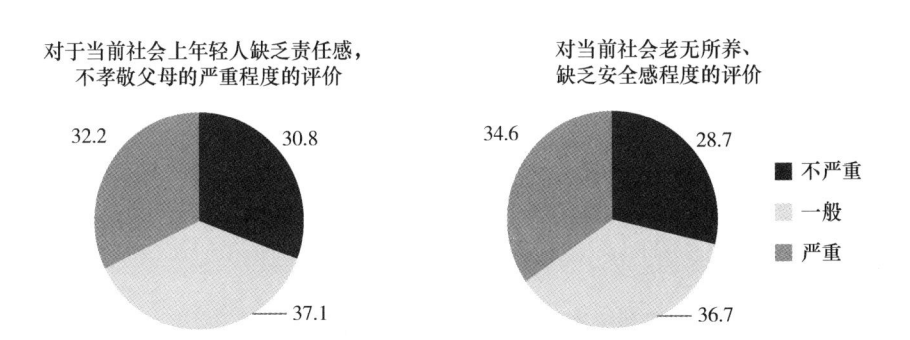

图5-7 对当前社会上年轻人不孝程度与老无所养程度的评价（%）

（1）不同年龄群体对年轻人孝敬程度的认知差异

不同年龄群体对于年轻人缺乏责任感、不孝敬父母的程度评估有着显著的不同。30岁以下的群体中有33%的人认为这一现象严重，随着年龄的上升，人们对这一现象严重程度的评价呈下降的趋势，60岁以上的

[①] 费孝通：《家庭结构变动中的老年赡养问题——再论中国家庭结构的变动》，《北京大学学报》1983年第3期。

群体中有31.4%的人认为年轻人缺乏责任感、不孝敬父母,在整个年龄区间中最低(见表5-23)。

这一数据表明,在当代中国,子女与父母互动关系呈现出一种比较良性的趋势。年长的群体对于年轻群体的评价较为宽容。同时,30岁以下的群体对自身缺乏责任感、不孝敬父母的严重程度表现出某种自我反思的倾向。

表5-23　　关于年轻人缺乏责任感、不孝敬父母(年龄交互表)　　(%)

	30岁以下	30—39岁	40—49岁	50—59岁	60岁及以上	均值
不严重	25.7	28.3	32.0	33.2	32.9	30.8
一般	41.2	38.1	35.4	36.2	35.7	37.1
严重	33.0	33.6	32.6	30.6	31.4	32.2
合计	100.0	100.0	100.0	100.0	100.0	100.0

N = 5506　　Sig = 0.000

(2) 不同受教育程度的群体对年轻人孝敬父母程度的认知差异

在对于年轻人是否有责任感并且孝敬父母方面,受教育程度的不同使人们对这一现象的评价呈现出一种奇特的差异。

首先,受过高等教育与未受过高等教育的群体对于这一现象严重程度的评价并未表现出特别显著的差异,前者有32.5%的人认为严重,后者有32.1%的人认为严重(见表5-24)。

然而,受过高等教育的群体中认为这一现象不严重的人远多于未受过高等教育的。未受过高等教育的群体中有32.3%的人认为这一现象不严重,而未受过高等教育的群体中只有22.9%的认为这一现象不严重。

这些数据一方面表明了受过高等教育的人可能对于年轻人的态度更加宽容,更加趋向中立,另一方面可能反映出受过高等教育的群体当中缺乏责任感、不孝敬父母的现象较少,从侧面反映出受教育程度的提高对于提升年轻人的责任感与对父母的孝敬有着积极影响。

表5-24　　年轻人缺乏责任感、不孝敬父母（受教育程度交互表）　　（%）

	受过高等教育	未受过高等教育	均值
不严重	22.9	32.3	30.7
一般	44.5	35.6	37.1
严重	32.5	32.1	32.2
合计	100.0	100.0	100.0

N = 5631　　Sig = 0.001

（3）不同职业群体对年轻人孝敬父母程度的认知差异

不同职业群体对于年轻人缺乏责任感、不孝敬父母的程度有着不同的评估，对严重性感知度最高的是高级白领群体，有35.6%的人认为年轻人缺乏责任感、不孝敬父母的现象严重，其次是工人/做小生意者（34.3%）、无业失业群体（34.2%）以及低级白领群体（33.2%），均高于平均值的32.2%（见表5-25）。

而对这一现象认为不严重的则是农民群体，他们中只有28.1%的人认为年轻人缺乏责任感、不孝敬父母的情况严重。

这一调查结果可能表明了在不同的职业群体中，农民群体对青年人群体的评价更加宽容，也可能从侧面反映了很多农民群体对于家庭伦理关系的归属感较强，从而使得农民群体中缺乏责任感、不孝敬父母的现象并不特别严重。

表5-25　　年轻人缺乏责任感、不孝敬父母（职业交互表）　　（%）

	高级白领	低级白领	工人/做小生意者	农民	无业失业	均值
不严重	24.1	26.2	27.8	34.9	31.3	30.8
一般	40.3	40.6	37.9	37.0	34.5	37.1
严重	35.6	33.2	34.3	28.1	34.2	32.2
合计	100.0	100.0	100.0	100.0	100.0	100.0

N = 5635　　Sig = 0.001

(4) 不同收入水平群体对年轻人孝敬父母程度的认知差异

收入水平不同的群体对于年轻人缺乏责任感、不孝敬父母这一现象严重性的认知有着明显的不同。

收入远高于平均水平的群体认为当代年轻人缺乏责任感、不孝敬父母的人最多,有66.7%,远高于平均值32.2%。而收入高于平均水平的群体认为当代年轻人缺乏责任感、不孝敬父母的人最少,只有26.3%。

而收入水平远低于平均水平的群体、低于平均水平的群体以及处于平均水平的群体对于这一现象的严重程度评价在平均值上下浮动,分别是37.9%、36.0%以及30.3%(见表5-26)。

这些数据一方面可能反映了收入远高于平均水平的群体对于年轻人的要求较高,评价也比较严格,而其他收入水平群体的态度则相对较为平和。

另一方面,可能反映了极高收入的群体由于将较大精力投入维持收入水平上,导致与子女的亲子和感情交流时间有限,从而对子女责任感和孝心的培养不够成功,或者也可能由于生活较为优渥,而比较娇宠子女,使子女对于责任感与孝心缺乏认识。

表5-26　　年轻人缺乏责任感、不孝敬父母(收入水平交互表)

	远低于平均水平	低于平均水平	平均水平	高于平均水平	远高于平均水平	均值
不严重	27.7	28.4	32.0	32.1	26.7	30.7
一般	34.4	35.7	37.7	41.6	6.7	37.1
严重	37.9	36.0	30.3	26.3	66.7	32.2
合计	100.0	100.0	100.0	100.0	100.0	100.0

N = 5603　　Sig = 0.000

(5) 小结

在关于人们对当代青年人孝敬父母程度的评价调查中,认为青年人缺乏责任感、不孝敬父母现象严重的有32.2%,略高于认为不严重的(30.7%)。

年龄、受教育程度、职业以及收入等方面的不同也在一定程度上影响了人们对于这一问题的认知和态度。

首先，在不同年龄群体中，30岁以下的群体对这一现象严重性的认知较高，有33.0%的人认为这一现象严重，随着年龄的上升，人们对这一现象严重程度的评价呈下降的趋势，60岁以上的群体在整个年龄区间中最低，有31.4%的人认为年轻人缺乏责任感、不孝敬父母的程度严重。

其次，在受教育程度不同的群体中，受过高等教育与未受过高等教育的群体认为这一现象严重的比例基本相等，但未受过高等教育的群体中认为这一现象不严重的人远多于受过高等教育的群体。未受过高等教育的群体中有32.3%的人认为这一现象不严重，而受过高等教育的群体中只有22.9%的人认为这一现象不严重。

再次，在不同职业群体中，高级白领群体中认为年轻人缺乏责任感、不孝敬父母的情况严重的最多，达到35.6%。而对这一现象认为不严重的则是农民群体，只有28.1%的人认为这一现象严重。

最后，在不同收入水平中，最认为当代年轻人缺乏责任感、不孝敬父母的是收入远高于平均水平的群体，达到66.7%，远高于平均值32.2%。与此相比，收入高于平均水平的群体认为当代年轻人缺乏责任感、不孝敬父母的人最少，只有26.3%。收入水平远低于平均水平的群体、低于平均水平的群体以及处于平均水平的群体对于这一现象的严重程度评价在平均值上下浮动。

（四）伦理对于家庭成员间冲突解决的调节作用

1. 家庭成员间冲突解决途径的伦理性特征

人类在相互交往联系中，形成了维护他人和自己的利益不受侵犯的生存、交往、生活规则，以此来相互约束以维持必要的社会秩序，而这种生存、交往、生活的规则，通常被称为伦理规范。在家庭生活中，这些伦理规范不仅是家庭作为一个伦理实体存在的基础，也是解决家庭成员冲突的主要途径。

在调查中，受访者也明显地表现出了这种冲突解决的伦理倾向。当受访者被问及"当家庭成员之间发生重大利益冲突时首先会选择哪种方式来解决"时，仅有0.6%的人选择了诉诸法律。而当人们在面对非家庭血缘关系之间，如朋友或同事之间的冲突时，对于选择法律途径的倾向则有相应增加。

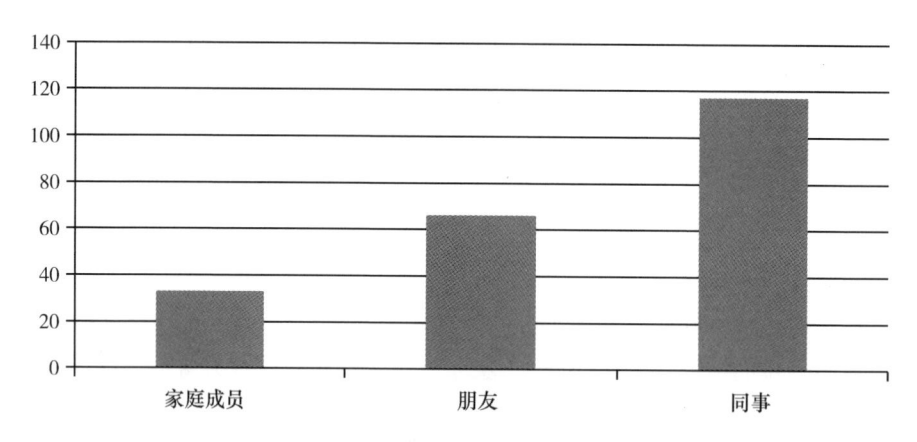

图5-8 在面对冲突时选择通过法律途径解决

在家庭成员发生冲突中，一些更加伦理性的选择如"直接沟通""请第三方调解"以及"能忍则忍"，更加受到人们的青睐。在这其中"直接找对方沟通但得理让人"这一选择最受人们的肯定，有53.9%的人选择了这一解决方法，此外，有33.6%的人选择了"能忍则忍"，而选择请第三方调解的人则较少，只有8.6%。

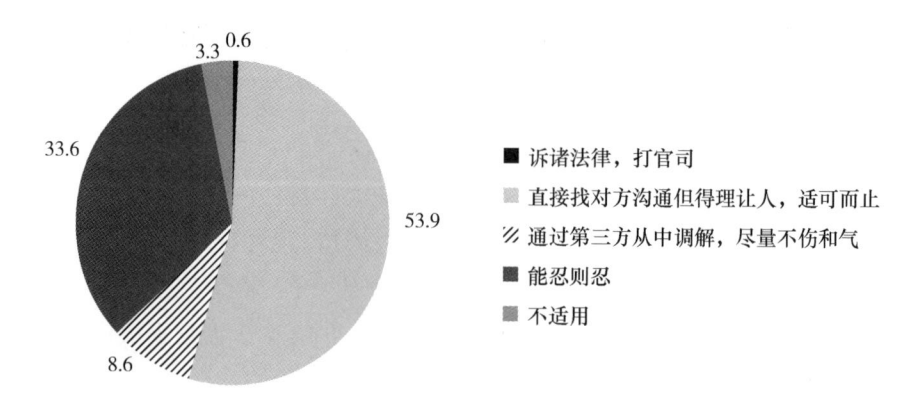

图5-9 个人对家庭成员之间重大利益冲突的解决途径选择（%）

2. 不同群体对于家庭内部冲突解决方式的偏重

(1) 沟通与忍让的年龄分界线

面对家庭成员间的冲突，年龄对于人们的处理方式有着一定的影响，30 岁以下的群体更倾向于直接沟通，而随着年龄的增长，对于家庭内部冲突选择忍让的人数增加了，60 岁以上的群体有 34.9% 选择忍让，而 30 岁以下的群体只有 29.9% 选择忍让（见表 5-27）。

这一数据说明，年龄的增长使得人们更愿意为了维护家庭内部的和谐与稳定而选择退让。

表 5-27　家庭成员之间重大利益冲突的解决途径（年龄交互表）　　（%）

	30 岁以下	30—39 岁	40—49 岁	50—59 岁	60 岁及以上	均值
诉诸法律，打官司	0.7	0.4	0.8	0.4	0.7	0.6
直接找对方沟通但得理让人，适可而止	57.5	56.7	53.3	52.5	51.0	53.9
通过第三方从中调解，尽量不伤和气	8.3	7.4	9.1	8.6	9.2	8.6
能忍则忍	29.9	33.0	34.6	34.6	34.9	33.6
不适用	3.6	2.5	2.2	3.9	4.3	3.3
合计	100.0	100.0	100.0	100.0	100.0	100.0

N = 5648　Sig = 0.000

(2) 沟通与忍让的性别差异

性别差异对于人们在家庭成员间发生冲突的解决途径选择方面有着显著影响，有 56.8% 的男性更倾向于直接找对方沟通，有 51.0% 的女性倾向于直接找对方沟通。选择忍让的女性则多于男性，有 36.6% 的女性选择能忍则忍，而男性只有 30.7%（见表 5-28）。

表 5-28　家庭成员之间发生重大利益冲突的解决途径（性别交互表）　（%）

	男	女	均值
诉诸法律，打官司	0.8	0.3	0.6

续表

	男	女	均值
直接找对方沟通但得理让人，适可而止	56.8	51.0	53.9
通过第三方从中调解，尽量不伤和气	8.4	8.8	8.6
能忍则忍	30.7	36.6	33.6
不适用	3.3	3.3	3.3
合计	100.0	100.0	100.0

N = 5648　　Sig = 0.000

（3）受教育程度对沟通与忍让倾向的影响

影响人们对于家庭成员间发生冲突的解决途径选择的不仅仅只有年龄因素，在人们对于家庭成员间发生冲突的解决倾向中，受教育程度也发挥了一定的影响作用，在调查中，人们所受的教育程度越高，对于家庭内部的冲突就越倾向于通过直接沟通加以解决，而未接受过高等教育的群体则更愿意忍让（见表5-29）。

表5-29　　　家庭成员之间发生重大利益冲突的解决途径
（受教育程度交互表）　　　　　　　（%）

	接受过高等教育	未接受过高等教育	均值
诉诸法律，打官司	0.3	0.6	0.6
直接找对方沟通但得理让人，适可而止	57.2	53.2	53.9
通过第三方从中调解，尽量不伤和气	6.7	9.0	8.6
能忍则忍	32.0	34.0	33.6
不适用	3.8	3.2	3.3
合计	100.0	100.0	100.0

（4）收入水平对沟通与忍让倾向的影响

收入水平对于人们在与家庭成员间发生冲突时选择的解决方式有显著影响。收入远高于平均水平的群体中有66.7%的人在面对家庭成员间冲突时，选择直接找对方沟通，远高于平均值的53.9%，而收入远低于平均水平的群体中只有50.0%的人选择直接找对方沟通。

此外，收入水平高的群体选择通过第三方调解的人也比收入水平低的群体要多，远高于平均收入水平的群体有20.0%的人选择通过第三方从中调解，收入远低于平均水平的群体中仅有11.7%的人选择这一选项。

收入水平较低的群体与收入水平较高的群体相比，面对冲突时更倾向于选择忍让。收入远低于平均水平的群体中有33.6%的人选择能忍则忍，而在收入远高于平均水平的群体中只有6.7%的人选择了这一做法。

这些数据说明收入水平越高，就越倾向于直接找对方沟通或者通过第三方从中调解；收入水平越低，则越倾向于在家庭冲突中选择忍让。

表5-30　　　　　家庭成员之间发生重大利益冲突的解决途径
（收入水平交互表）　　　　　　　　　　　（%）

	远低于平均水平	低于平均水平	平均水平	高于平均水平	远高于平均水平	均值
诉诸法律，打官司	0.8	0.5	0.6	0.5	0.0	0.6
直接找对方沟通但得理让人，适可而止	50.0	52.8	54.6	54.8	66.7	53.9
通过第三方从中调解，尽量不伤和气	11.7	8.3	8.4	8.8	20.0	8.6
能忍则忍	33.6	35.5	32.8	33.0	6.7	33.6
不适用	3.9	2.9	3.6	2.9	6.7	3.3
合计	100.0	100.0	100.0	100.0	100.0	100.0

N = 5617　　Sig = 0.423

3. 小结

这些调查数据表现出，当面对家庭成员间的冲突时，不同群体对于解决方式的偏向各有不同，对家庭伦理关系更有归属感的群体如年长者群体、女性群体、未受过高等教育的群体以及低收入群体更倾向于为维护家庭伦理关系的和谐而退让。而其他群体则更愿意通过直接的沟通或者请第三方进行调解来直接面对和解决家庭内部的冲突。

同时，这些数据还表明了人们在解决家庭成员间重大利益冲突时的伦理性倾向，这一倾向在中国文化中由来已久。由于受到在中国历史上占主流地位的儒家思想的影响，人们对于处理家庭内部冲突事件时更偏向伦理式的解决方式而非法律式的解决方式，甚至有时在面对伦理规范与法律规范的冲突时，也更偏向对伦理规范的遵守。

比如《论语》在记载孔子与叶公的对话时提到过一个"直躬证父"的两难处境，叶公认为，"吾党有直躬者，其父攘羊，而子证之"，即当家庭中有亲人触犯法律时，子女大义灭亲是应当被肯定的；而孔子则提出"吾党之直者异于是：父为子隐，子为父隐，直在其中矣"，认为当面对伦理与法律的冲突时，更应重视对血缘亲情和家庭伦理中"慈""孝"这些德目的维护，否则将会造成整个血缘家庭中角色伦理的崩塌，那么其他建筑于这一伦理基础上的人伦与道德也将成为空中楼阁，对于长远社会伦理秩序的维护是有害的。

这一伦理思想后来被现代法律所吸收，2012 年《中华人民共和国刑事诉讼法》修正案中"增加一条，作为第一百八十七条：'经人民法院依法通知，证人应当出庭作证。证人没有正当理由不按人民法院通知出庭作证的，人民法院可以强制其到庭，但是被告人的配偶、父母、子女除外'。"这一法律条文的出现为当代中国人对于家庭伦理关系的维护提供了更大的空间，并为处理家庭伦理角色间的关系提供了更加符合伦理的方式。

（五）家庭的道德孵化器功能

1. 作为德育起点的家庭伦理实体

家庭作为一个伦理实体，对于社会不仅具有伦理调节功能，还对人们的道德启蒙和传承发挥着关键的作用。由于儿童时期是一个人的道德行为培养的关键期，是一个人的生理和心理迅速发育的时期，可塑性很大，因此在家庭社会环境中，由父母或其他年长者对子女及其他年幼者（儿童和青少年）所施加的无意识影响或有意识的教育，都将对其未来的道德发展有着不可替代的重要作用。

在调查中，当受访者被问及其在成长中得到道德训练的最重要场所时，有51.0%的人选择了家庭，有25.0%的人选择了社会，有18.0%的人选择了学校，由此可见家庭在人们道德形成与培养方面的重要性。

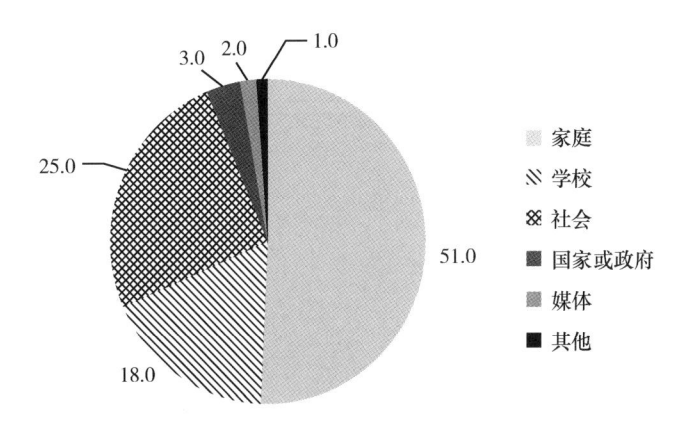

图5-10 对在成长中得到道德训练的最重要场所或机构的选择（%）

2. 家庭对于不同群体道德形成的重要性

（1）家庭对于道德形成重要性的性别差异

家庭在道德形成与培养方面表现出了显著的性别差异，有56.1%的女性认为家庭是其自身道德训练最重要的场所，而男性对此的认同度则较低，只有45.5%的人认为家庭是最重要的道德训练场所，与女性相比，有更多的男性认同学校、社会以及国家对自身道德形成与训练发挥了重要的作用（见表5-31）。

这些数据表明，女性的道德培养更加依赖于家庭，而男性的道德训练与形成则在学校、社会以及国家等大环境中受到更多的影响。

表5-31 个体成长中道德训练最重要的场所（性别交互表）　　　（%）

	男	女	均值
家庭	45.5	56.1	50.8
学校	19.2	16.5	17.9
社会	28.2	22.4	25.3
国家或政府	4.2	2.9	3.5

续表

	男	女	均值
媒体	1.9	1.5	1.7
其他	0.9	0.6	0.7
合计	100.0	100.0	100.0

N = 5590　　Chi² = 65.711　　Df = 5　　Sig = 0.000

（2）家庭对于不同年龄段道德形成的重要性

不同年龄段关于家庭对其自身道德培养的重要性有着不同的看法。在30岁以下的群体中，只有40.5%的人认为家庭在其道德形成与培养中发挥的作用最重要，有29.2%的人认为学校是其成长中最重要的道德训练场所。随着年龄的增长，越来越多的人认可家庭在道德培养和训练方面的重要性。60岁以上的群体对于家庭的作用最为重视，有57.4%的人认为家庭是其成长中最重要的道德训练场所，而认为学校在其道德培养方面最为重要的人只有12.5%。

表5-32　　个体成长中对于道德训练最重要的场所（年龄交互表）　　（%）

	30岁以下	30—39岁	40—49岁	50—59岁	60岁及以上	均值
家庭	40.5	47.4	50.7	51.9	57.4	50.7
学校	29.2	20.4	17.8	14.3	12.5	17.8
社会	26.2	27.8	27.8	26.2	20.2	25.2
国家或政府	2.2	1.7	1.9	4.1	6.3	3.5
媒体	1.5	2.0	1.5	2.0	1.7	1.7
其他	0.5	0.6	0.4	1.4	1.9	1.1
合计	100.0	100.0	100.0	100.0	100.0	100.0

N = 5608　　Sig = 0.000

（3）家庭在不同受教育程度群体中对道德形成的重要性

在调查中，接受过高等教育的群体与未接受高等教育的群体对家庭在道德形成中重要性的评价有显著差异，接受过高等教育的群体中只有38.2%的人认为家庭是其自身道德训练最重要的场所，而在未接受过高等教育的群体中,有 53.1% 的人认为家庭是其道德训练最重要的场所(见表 5-33)。

在接受过高等教育的人中,有 27.5% 的人认为学校是其得到道德训练的最重要的场所,未接受过高等教育的群体中只有 15.9% 的人认为学校是其道德训练最重要的场所。

表 5-33　个体成长中道德训练最重要的场所(受教育程度交互表)　(%)

	未接受高等教育	接受过高等教育	均值
家庭	53.1	38.2	50.7
学校	15.9	27.5	17.8
社会	24.9	26.8	25.2
国家或政府	3.4	4.4	3.5
媒体	1.6	2.5	1.7
其他	1.1	0.6	1.1
合计	100.0	100.0	100.0

N = 5604　Sig = 0.000

(4) 家庭在不同职业群体中对道德形成的重要性

不同职业群体对家庭在个体道德训练中的重要性有着不同的评价,对此评价最高的是农民群体,有 61.2% 的农民认为家庭是其成长中道德训练最重要的场所,其次是社会(17.8%)和学校(15.7%),与农民群体相比,其他职业群体对家庭的选择比例在 40% 与 49% 之间浮动,而对于社会和学校在道德训练方面的重视程度则有着较为显著的提升。

表 5-34　个体成长中道德训练最重要的场所(职业交互表)　(%)

	高级白领	低级白领	工人/做小生意者	农民	无业失业	均值
家庭	40.4	37.0	46.6	61.2	48.2	50.7
学校	21.5	22.9	18.7	15.7	17.0	17.8
社会	31.0	33.6	30.6	17.8	25.5	25.2
国家或政府	3.5	4.0	2.5	2.6	5.5	3.5
媒体	3.1	1.8	1.1	1.5	2.1	1.7

续表

	高级白领	低级白领	工人/做小生意者	农民	无业失业	均值
其他	0.4	0.7	0.5	1.1	1.8	1.1
合计	100.0	100.0	100.0	100.0	100.0	100.0

N = 5608　　Sig = 0.000

3. 小结

家庭作为一个伦理实体，在一定程度上实现了伦理功能与道德功能的统一。家庭一方面是一个由伦理关系所构成的实体，其运作受到各种伦理角色关系的影响，而家庭伦理关系的稳定不但影响着社会关系中伦理生活的稳定性，家庭本身所具有的道德代际传递功能，又在很大程度上决定了人们在社会中所表现出的道德品质。因此，家庭伦理道德的建设不仅关系家庭成员生活的幸福与安康，而且与整个社会的和谐稳定密切相关，可以被视为社会伦理秩序得以维持的一枚定海神针。

通过调查各群体对于家庭在其道德训练方面的重视度，我们可以发现对于家庭伦理关系归属更强的群体，如女性群体、年长的群体以及农民群体等，在家庭中受到的道德训练与培养更多，对家庭在道德形成方面的作用也更加重视。而另一些群体对学校和社会在道德培养中的重要性更加重视。

然而，尽管群体间存在着重视度的差异，但家庭在整体比例上仍然高于学校与社会，总体上，家庭仍然是道德培育的第一基地。

因此，为了优化整个社会的道德风尚，提升个体的道德修养，使家庭承担自身在道德培养方面的功能，首先应当被重视的是家庭伦理关系的建设，因为只有当家庭成员当中存在着良好的伦理关系时，家庭这个实体才能保持一个稳定的内部结构与和谐的情感氛围，从而为发挥道德培养功能提供前提。

在良好的家庭伦理关系的建设中，一方面，应当重视中国原有的传统家庭伦理思想，这些思想在过去的几千年中，陶冶着人们的心灵，对协调社会矛盾、维护家庭关系的稳定起到了不可代替的作用，是构建和谐家庭伦理关系的重要文化资源，我们应保留和发扬当中积极的因素，如对"慈""孝""悌"等家庭伦理美德的推崇。另一方面，因为单纯采取向传统复归的方法，显然也是不能满足现代中国社会发展的要求的。我们还应采取传统与现代相结合的方式，汲取西方平等、民主、互爱等思想，树立符合现代社会需要的和谐家庭伦理观念，形成良好的家庭伦理氛围。

家庭作为道德代际传递最重要的场所，它自身良好的伦理氛围将会对其中的家庭成员，特别是儿童产生积极而正面的影响，促进其在长辈的言传身教中树立起正确的伦理价值观，在耳濡目染的家德家风中形成正面的思想信念和优良的道德品质，从而在他们走入社会时能够最好地担负起自己的责任与义务，为优化整个社会的道德风尚、维持和谐稳定的社会秩序贡献其力量。

（隋婷婷）

二十　家庭伦理与道德生活的发展研究

在"公民道德与社会风尚协同创新中心"和东南大学道德哲学与中国道德发展研究所共同举行的2007年、2013年的江苏省伦理道德大调查中,"家庭伦理"是调查的重要组成部分。间隔五年所进行的两次大调查,不仅直接反映了家庭伦理道德发展的轨迹,呈现出新的问题,也折射和预设了今后中国家庭伦理道德的发展方向。

(一)良好的伦理基础依然是中国家庭的重要特征

2007年和2013年的受访对象所具有的共同特征是对家庭伦理关系有切身体验和感受。他们在家庭中扮演的角色是多方面的,尤其是2013年受访者中已婚人员所占比例为86.3%,离婚者占1.2%,丧偶者占2.7%,正在经历或经历过婚姻的人共占90.2%。在男女比例上,女性占53.6%,男性占46.4%。由于两次调查中的受访对象家庭伦理身份的多样性和丰富性,调查的数据能比较准确地反映出中国家庭伦理的现状和动态走向。

1. 家庭对个人成长和社会发展具有重要影响

2007—2013年这五年来,全国的经济都是快速发展的,尤其是以江苏为代表的沿海发达地区。人民的生活水平随着经济的发展不断提高。在2013年的调查中,有31.1%的江苏人选择"与五年前相比生活水平上升很多",有49.7%的人选择"略有上升",认同"五年来经济生活水平得到提高"的占80.8%。这些数据还清楚地表明,人们对社会经济的发展惠及自身的感受明显,有一半(50.2%)的受访者认为自己的社会经济地位在本地处于中等水平,对自己的经济地位表现出较为满意的状态。

快速发展的经济和日益提高的生活水平,并没有降低中国人对家庭这一传统伦理实体的认同感,人们反而因为生活水平的提高更加意识到家庭、国家对个人存在、发展的意义和价值。在2007年大调查的时候,当问及"您认为家庭和国家对于个人存在的意义是什么"时,选择家庭和国家"是个人安身立命的基础,比个人更重要"的占35.5%,是选项里比值最高的。在2013年的调查中,同样的问题,选择"家庭和国家是个人安身立命的基础,比个人重要"的上升为41.0%。然而,对"国家和家庭哪个对个人更为重要"的回答方面,五年的变化相当细微。2007年,有18.6%的人认为"家庭的意义重于个人,但国家不一定,它很抽象";有20.8%的人认为"家庭与民族重于个人,但国家的意义重于家庭"。在2013年的调查中,选择国家比家庭重要的是25.8%,选择家庭比国家重要的比率是22.7%,二者差异不大。可见,由于受家国一体和家国同构的传统文化的影响,国家和家庭作为伦理实体,在对个人成长的重要性上所发挥的作用紧密相连,共同作用,因此,在面对这个选项时,个体很难区分家庭和国家哪个是更重要的伦理实体。

家庭和国家因为对个人的成长和发展共同发挥着重要的伦理作用,虽然难以区分国家和家庭哪个更重要,但当问题细化到具体实践中时,五年来的变化非常明显。在2007年的调查中,当问及"您认为哪一种伦理关系对社会秩序和个人生活最具根本性意义"时,有45.0%的人选择"家庭伦理关系或血缘关系";仅有13.9%的人选择"个人与国家、民族的关系"。而在2013年的调查中在问及"您认为哪一种伦理关系对社会秩序和个人生活最具根本性意义"时,有26.8%的人选择"家庭伦理关系或血缘关系",有24.2%的人选择"个人与国家、民族的关系",家庭伦理关系对个人的影响开始下降,国家和民族关系的影响出现上升。尽管家庭伦理关系和血缘关系仍领先于个人与国家、民族的关系,但是领先的比例从31.1%下降到2.6%。这一数据说明,随着五年来经济的发展,尤其是中国社会主义现代化程度的提高,城镇化的不断推进,国家在社会秩序和个人生活中的意义不断提升,而与此同时,家庭的影响则逐渐下降。同时还要看到有36.1%的人选择"个人与社会的关系"作为影响社会秩序和个人生活最具根本性意义的关系,也说明了介于家庭与国家之间的社会,其影响力不断增大,这与公民社会的推进、社会组织更灵活的运作方式等相关。

2. 家庭对个体伦理道德发展的教育功能依然强大

虽然国家作为伦理实体对个体的影响五年来不断增强,但其发挥作用的主要是政治、经济等宏观领域。具体到特定的时间和空间,家庭伦理实体的作用更为真实地凸显出来。如当问及"您认为在自己的成长中得到最大伦理教益和道德训练的场所是(限选两项)"时,在2007年的调查中,有32.5%的人选择家庭,有30%的人选择学校,有16.2%的人选择社会,而选择"国家或政府"的仅为5.0%。同样的问题和选项,2013年的调查结果是,有38.7%的人选择家庭,有26.2%的人选择学校,有24.9%的人选择社会,选择"国家或政府"的仅为5.9%。可见,个体的伦理能力和道德训练主要依赖的还是家庭,家庭的作用不仅远远超过国家,而且超出学校和社会的影响。对江苏人来说,家庭对于个体伦理道德发展具有非常大的影响,是个体获得伦理道德教育的重要场所。与这个调查得出的结论相呼应的是"您认为哪种因素应当对当今不良道德风尚负主要责任(限选两项)",在2007年的调查中,只有5.0%的人认为是"家庭伦理功能式微";有2013年的调查中,也仅有6.0%的人认为是"家庭伦理功能式微"。可以看出,在对当前不良道德风尚归因的时候,极少有人认为是家庭伦理的负面影响。

家庭中的伦理道德教育,其教育与受教育的双方主要是父母与子女。调查显示,有非常高比例的家长对子女的道德发展进行着积极主动的教育。在2013年的调查中,有84.5%的家长会阻止孩子破坏花木和公共物品;有99.8%的父母会教孩子尊重别人;有95.2%的父母会教孩子无论做什么事都不应伤害别人;有99.3%的父母教孩子诚实守信;有98.4%的父母选择教孩子乐于助人;有99.5%的父母教孩子负责任;有88.6%的父母教孩子不计较、吃亏是福;有99.3%的父母教孩子尊重长辈。这些伦理道德品质,无论孩子是否在父母的教导下认真践行,父母对子女的正面引导和承担的积极教育作用还是非常明显的。

3. 家庭的伦理功能减小了社会冲突，维护了社会和谐

2013年的调查显示，大部分家长积极主动地教给孩子参与公共生活、进行公共交往需要的品质。比如家长会阻止孩子破坏花木和公共物品，教孩子尊重别人，教孩子勇于负责、诚实守信、乐于助人等。这些品质都与个别性的"我"获得公共性所需要的品格有关。习得这些品格，孩子不仅能主动积极地与他人沟通、交往，而且从正面意义上有效地促进了社会的良好运转。良好的家庭教育使得孩子能最大限度与他人交往，能很好地参与公共生活。因为家庭尤其是一些大家庭（区别于"核心家庭"）本身就具有准公共领域的性质，"家族之制，为公共生活之始基。同饮食、同居处、同作同息，是公共心之见端也；家长有命，无敢抗违，是守法之见端也；一人有疾，举家不宁，是同情之见端也；扶老携幼，是秩序之见端也；男外女内，是分工之见端也"①。

良好的家庭教育维护着社会的运转体制。因为社会高效、良性运转与参与社会交往的成员之间的信任不无相关。"不信任"不仅无形地增加了高额的社会运行成本，而且伤害了社会成员彼此之间的感情，也破坏了社会的风尚。调查显示，个体对家人的信任程度是最高的，有86.2%的人选择完全信任自己的家人，有12.9%的人选择比较信任，二者相加，选择对家人信任的高达99.1%。而同样的问卷，当将对象换为"外地人（陌生人）"的时候，选择完全信任的只有1.1%；选择对商人完全信任的占2.0%。可见，虽然江苏省是沿海经济发达地区，其经济运作体制相对比较成熟，但绝大部分的江苏人只把信任给自己的家人，对陌生人、商人等仍保有传统上的不信任态度。

因为对家庭成员的信任，家庭成员彼此在交往中发生冲突的时候，多倾向于彼此之间的沟通甚至是谅解。家庭成员对家庭这一伦理实体的义务是绝对命令和绝对义务，凌驾于其他冲突之上，其他冲突要服从这一最高义务，故而，他们以解决问题为主，愿意沟通和谅解。比如，在2013年的调查中，家庭成员之间发生冲突时，有57.8%的人选择"直接

---

① 李步青：《新制修身教本》（第三册），中华书局1914年版，第3—4页。

找对方沟通但得理让人，适可而止"，有31.2%的人选择"能忍则忍"，可以说，不增加社会运行成本，伦理性地解决冲突的比例达到89.0%，选择"诉诸法律，打官司"的只有0.6%。而在商业伙伴之间发生冲突时，有46.6%的人会选择诉诸法律，打官司。因为家庭伦理功能的作用，减少了社会冲突，增进了社会和谐。

（二）"现代理性"弱化了家庭的伦理功能

虽然家庭伦理在江苏人的心中仍具有较高的地位，发挥着比较重要的作用，但是，随着市场经济的不断发展，以"个人主义"为核心的现代理性不断膨胀。"现代理性"以个人为立足点，个人是本原和中心，人与人之间是一种单子式的关系。现代理性带来的性开放、离婚率上升和家庭责任感弱化等，不断蚕食着家庭的伦理地位，弱化着家庭的伦理功能。

1. 性开放直接冲击着家庭的伦理基础

在我国，血缘关系是所有关系的原型，家庭是直接以血缘关系为纽带的。"在中国文化中，人的确立与造就首先是在血缘关系中完成的，'家'既是人生活的依归，更是人格生长的母胎。"[①] 家是建立在血缘关系基础上的，而血缘关系则是因为男女两性的结合而延续的人类自身的关系，男女两性关系是一切关系的前提，故有"男女居室，人之大伦"之说。马克思则将男女两性关系视为文明的检测器，他在《1844年经济学哲学手稿》中提出："人和人之间的直接的、自然的、必然的关系是男女之间的关系……从这种关系可以判断人的整个教养程度"[②]。

在中国的伦理文化中，两性关系从不是基于人的简单的自然属性形成的交往关系，性关系也不是自然冲动的行为。性关系的发生虽然强调自由意志的个人掌控和支配自己身体所进行的自由选择，但受到伦理的

---

① 樊浩：《中国伦理精神的历史建构》，江苏人民出版社1992年版，第11页。
② 《马克思恩格斯全集》（第42卷），人民出版社1979年版，第119页。

监控，性关系必须以伦理为前提。将性关系置于伦理范畴内，是"人之异于禽兽"的终极忧患。"人与动物的一个根本区别在于，人能够创造出文化和道德，来改造和控制自己的自然本性，而家庭则是这种改造的首要形式。"① 一旦两性过度开放，首先破坏的就是家庭中最核心、最基本的婚姻关系——不仅会使婚姻关系失去伦理存在，而且会从根本上瓦解家庭伦理。在 2013 年的调查中，关于两性过度开放导致婚姻不稳定的现象，有 18.0% 的人认为非常严重，46.2% 的人认为比较严重，对两性过度开放持强烈的否定态度的比例高达 64.2%，远远超出五年前的 40.0%。这说明，尽管性观念有所开放，但人们对此并没有更为接纳和容忍。属于伦理型文化的中国，性开放无论到了什么程度，都不被社会认可和接受。

　　婚姻内的性开放固然因为其对家庭的毁灭性破坏而受到警惕和唾弃。但性开放带来的危害不仅是对家庭和婚姻，而且会导致整个社会风气的污染和道德沦丧。在 2007 年的调查中，当问及"目前中国社会两性之间的性开放日益发展，它对社会风尚的影响是怎样的"时，有 27.4% 的人认为"两性关系的混乱必然导致道德沦丧"，而有 27.6% 的人认为"从根本上污染了社会风气"。在 2013 年的调查中，有 71.3% 的人认为两性关系混乱带来了严重的社会危害，有 1/3 的人认为"从根本上污染了社会风气"。所谓"风气"就是"风俗"，是人类在共同生活中自发自然形成的一些普遍性的认同。亚里士多德在《尼各马科伦理学》中认为，伦理主要表现为风俗习惯。② 人们所担心的对"社会风气"的污染就是对伦理被践踏的担忧。

　　为何混乱的两性关系是中国人最不能接受的，是践踏和破坏家庭伦理的罪魁祸首呢？性对社会结构的完成是最具威胁性的，性是与社会产生最强烈对峙的人的自然属性，费孝通先生将其称为"性与社会的深仇"。因为性的关系是人的自然属性里面最为原始的，是先于文化而存在的，是一种强烈的冲动，这种强烈的冲动"可能销毁一切后起的、用社会力量所造下的身份"。"性可以扰乱社会结构，破坏社会身份，解散社

---

① 唐凯麟：《家庭伦理三题散论》，《道德与文明》2002 年第 6 期，第 37—42 页。
② 亚里士多德：《尼各马伦理学》，苗力田译，中国社会科学出版社 1999 年版，第 27 页。

会团体"①。因而，人类选择将性限制在婚姻之内，限制在夫妻关系之间。

进一步论之，在中国传统伦理中，将两性关系限制在婚姻内不仅仅是为了传宗接代，不仅仅是为了捍卫私有财产和继承姓氏，而是为了对"天伦"的捍卫和守护。所谓天伦，"不仅昭示着人的血缘存在的客观普遍性，更将人的个体存在回归于某个终极性及其在时间之流中延绵的根源生命"②。一旦两性关系混乱，在婚姻内开放，必然会带来血缘混乱、血胤中断的风险。血缘混乱必然会彻底破坏家庭这一基于血缘的天然的伦理实体，姓氏的继承出现断裂，个体应该继承的绵延至今的根源生命就此中断。这些不仅对个体、对家庭是致命的打击，对社会和国家也是绝大的伤害。

2. 离婚的随意性增大

"爱情"与"婚姻"的和谐是人类永恒的追求。然而，爱情与婚姻有着天然的矛盾。爱情是个体化、私人化、感性的，充满着理想主义和浪漫主义色彩；而婚姻是属于社会的，强调责任、义务、法律制度、风俗习惯，要求理性、现实。当爱情和婚姻发生矛盾的时候，传统伦理强调婚姻的社会属性，甚至放大了婚姻的社会属性，并以此压制个人的情感体验和对爱情的追求。传统婚姻在维持社会风俗、秩序的时候对人的心灵是压制的。现代理性强调个人体验，强调个人追求爱情的权利，甚至以个人的感性化追求摧毁婚姻的社会属性。

在2007年的调查中，认为"婚姻应当是自由的，有更满意或更适合自己的就离婚"的人占15.1%。所谓的自己满意，就是一种情感追求，仅以爱情作为评判婚姻的唯一标准，而爱情是排他的，一旦以此为标准，不满意了，只能选择离婚。这一选择诚然与现代的交往方式相关。在古代社会，男女之间的社会交往相当贫乏，自由交往的可能性几乎不存在，因而从源头上就将"遇到合适的"异性的可能条件扼杀了。现在人"遇到合适的"机会增加，尤其是商品经济发达，社会圈子大的城市，加之

---

① 费孝通：《乡土中国·生育制度》，北京大学出版社1998年版，第140页。
② 樊浩：《中国社会价值共识的意识形态期待》，《中国社会科学》2014年第7期，第4—25页。

现在多种社交平台、社交媒体的作用和推动，男女，包括已婚男女之间的交往不仅机会增多，而且交往的方式和频率不断增加。这种变化了的现代交往环境，不仅使得男女双方遇到"合适的她（他）"的机会增加，而且不断刺激了"恨不相逢未嫁时"的情感需求。然而，离婚率攀升的根本问题，是个人主义追寻的绝对自由反过来控制了婚姻的社会属性，加之约束婚姻的伦理风俗由于人口流动，城市化进程的推进，不再发挥稳固的作用。而我国的婚姻法在1980年的修订时就将"感情不和"作为离婚的条件，随着婚姻法30年的推进和宣传，以及西方自由主义思想的影响，关于婚姻自由的观点拥有了很大的实践空间，甚至被推崇为新潮，被越来越多的人认可、推崇，离婚也就越发随意和普遍了。

离婚变得随意还与将婚姻看作契约关系有关。在2007年的大调查中，认为"婚姻是一种契约关系，根据个人需要可以建立也可以淡化或解除"的占17.1%；在2013年的调查中，有29.9%的人选择同意或比较同意"离婚主要考虑自己的感受和利益"。契约关系是对契约双方利益的保护。契约关系下的夫妻双方，是基于彼此都是权利主体、利益主体而形成的"我"和"你"的关系。"我"的任何付出都需要"你"的回应，如果得不到"你"的回应，那么我预期的利益和权利就没有得到回报，当自我利益不能满足时，个体有权利解除平等双方的契约。将婚姻关系看作契约关系，就不仅仅是将婚姻伴侣作为平等的利益主体，而且将子女和父母看作与"我"一样的平等的利益主体。如果离婚只是基于个体的选择，只考虑自己的感受和利益，"有更满意或更适合自己的就离婚"，那么随时结束的不仅是夫妻关系，还有借助婚姻建立的这些家庭关系。

离婚会使子女得不到父母的精心养育，也会使年迈的老人得不到精心的照顾。因为抚养子女最为重要的不是物质的保证，而是精神的爱和付出。夫妻双方因为婚姻关系的存在被赋予不同的道德责任和道德义务，这些道德责任和道德义务无法挑选，更不仅仅是抽象而冰冷的法律要求。家庭的核心是"爱"，在黑格尔看来，爱最大的特征是不独立，因为将血缘作为纽带维系的家，每个人都是成员，每个人与家发生的关系是个体与伦理的关系，这种关系真实、天然而亲密，基础扎实而又人情味十足。婚姻关系破裂，子女不再是夫妻自由意志的定在，子女无法获得应有的家庭之爱。赡养和照顾老年父母的任务也因爱的消失而形同虚设。一旦婚姻促成的家庭中的成员随时会因为离婚而解散，家庭的稳定性受到很大的破坏。而中国人对家的稳定性的要求十分强烈，"以至于家庭稍有变化，就会让人感到不适。这种心理反应甚至凝结成一个较为普遍的社会共识：社会变化再大，只要自己的家不变，人们就会很安定地生活；即使社会变化再小，如果自己的家变了，也会让人感到仿佛危机四伏"①。故而，中国人对当下离婚率的不断攀高感到非常的紧张不安，甚至因此而觉得社会道德面临很大的挑战。

3. 子女缺乏责任感

在2007年的调查中在问到"您对现代家庭伦理中最忧虑的问题是什么"时，选择比例最高的是"子女尤其独生子女缺乏责任感"，其比例占59.7%；有36.2%的人认为是"代沟严重，价值观念对立"；认为"子女不孝敬父母"的占24.0%。而在2013年的调查中，虽然题干改为对"年轻人缺乏责任感，不孝敬父母的严重程度"进行选择，选择"比较严重"和"非常严重"的比例共计45.6%，几乎占一半。两次调查都说明了，家庭伦理中子女责任感缺失已经成为比较严重的问题。

子女不孝敬父母、价值观独立等都是子女责任感缺乏的具体表现，而对子女责任感缺乏的忧虑并非养老送终等物质层面的，因为"对相当一部分城市家庭来说，子女并不需要负担实质性赡养父母的义务，亦即现代社会保障制度'替代'了血缘关系成员应承担的义务"②。"独生子女缺乏责任感"之所以成为很多人对现代家庭伦理最忧虑的问题，是因为对其背后伦理能力缺乏感到深深的忧虑。"责任"就是基于伦理的义务，"尽责"之所以是道德的，就是因为有伦理作为评判标准，"一个人做了这样或那样一件合乎伦理的事，还不能就说他是有德的；只有当这种行为方式成为他性格中的固定要素时，他才可能说是有德的。德毋宁应该说是一种伦理上的造诣"③。而伦理是追寻普遍性的，伦理从不谈个

---

① 路丙辉：《热议"家风"现象的伦理审思》，《道德与文明》2014年第6期，第89—93页。

② 王跃生：《中国当代家庭关系的变迁：形式、内容及功能》，《人民论坛》2013年第8期，第6—10页。

③ 黑格尔：《法哲学原理》，商务印书馆1996年版，第170—171页。

别的、原子式的"我",反对从自我的角度,去做符合自己的利益,满足自己的个人欲望的,愉悦自己的事。这是个人主义的表现,然而,它却逐渐成为现代家庭子女的一种伦理观,"经过30多年涤荡的中国,个人主义不仅已经是而且将来可能仍然是最具影响力的伦理观和伦理方式"[①]。个人主义的伦理观必将对全社会的伦理能力、伦理感形成巨大的冲击。

导致子女伦理能力降低、伦理责任感意识缺乏的原因有很多。首先,虽然现代家庭的子女越来越接受西方化的个人主义、自由主义的影响,而父母、祖父母受到传统文化的影响较多,一味地进行不对等的奉献和无条件的养育,而子女觉得接受这种奉献是理所当然的。所以,现代子女在接受父母的奉献和慈爱方面,赞同传统文化的方式,而在对待自己的责任和义务方面,则奉行自由主义的方式。其次,现代化的生产方式,使得子女不再参与家庭财富的积累,在一定程度上丧失了其伦理能力。黑格尔在《精神现象学》中反复论证了财富是与权力一样具有普遍性意义的伦理存在。财富因劳动而产生,而劳动是为他的。劳动的为他性也就决定了财富的普遍性。在传统农业化社会里,土地作为重要的生产资料,属于所有的家庭成员。子女在家长的管理下参与生产,为家庭积累财富。家庭里的每一笔积累都有子女的参与,子女也理所当然地分享着这些财富。子女在家庭财富积累的过程中,与家庭伦理实体发生了关系,而"伦理本位者,关系本位也"[②]。只有发生了伦理关系,才能更容易实践伦理,形成伦理认同。再有,现代社会的生存压力所导致的畸形的生活方式也削弱了家庭成员的伦理感。随着城镇化进程的推进,城市经济发展的需要,越来越多的年轻夫妻远赴城市务工。在生活的压力下,他们将老人、孩子留守在家。越来越多的留守儿童、空巢老人、流动儿童在转型期的不正常的家庭中生活,最严重者几年无法见到自己的父母。因为缺乏与父母的沟通,无法感受到父母的关爱、家庭的温暖,又因为隔代抚育而使得对家庭结构和伦理义务等的认识是不全面的,甚至是错误的。生活在乡村的人群本应作为传统文化最为坚定的"守候者",却成

[①] 樊浩:《中国社会价值共识的意识形态期待》,《中国社会科学》2014年第7期,第4—25页。

[②] 梁漱溟:《中国文化要义》,学林出版社1987年版,第93页。

为传统伦理的批评者和反对者。它导致了社会转型期传统伦理的丧失和社会伦理的失范。

传统文化是一种前喻文化，晚辈向长辈学习，长辈的生活经验、伦理观念传授给晚辈。长辈无疑是权威。现代社会是一种后喻文化。长辈的经验在快速发展的社会面前失去了效用，长辈对于社会发展所出现的新事物接受慢，相反，晚辈接受得更快，因此，现代社会出现了长辈向晚辈学习的后喻文化。子女们将诸如微信、微博、上网购物等现代信息的知识教给父母，父母在子女的面前不再是教育者，而是虔诚而笨拙的学习者，这在一定程度上消解了传统的"长尊幼卑"。

因为子女责任感的缺失，家庭的核心关系——亲子关系也逐渐向夫妻关系转化。对夫妻关系的重视是家庭中亲子关系逐渐减弱的表现，也是小型化家庭伦理关系的悄然转型。在2007年的调查中，有43.3%的人选择家庭中最重要的关系是夫妇关系，这一数据在2013年的调查中上升到50.8%。这一方面可以看出，家庭的核心关系正在发生变化，从另一方面说明了更多的家庭在培养子女的责任感方面显得无能为力。因为子女责任感的减弱，使得原先将孩子作为情感慰藉的对象转为夫妇之间互为情感沟通、慰藉的对象。

家庭的伦理格局反映着社会伦理，也形塑着社会的道德风气，因为子女家庭责任感的缺失，导致了青少年整个社会责任感的缺失。苏联著名教育家马卡连柯指出："家庭是最重要的地方，在家庭里人初次向社会生活迈进。"① 家庭所形成的精神气质必然会成为影响社会发展的主要力量。子女责任感的减弱一方面会导致整个青少年群体社会责任感的降低，另一方面预示着他们伦理能力的下降。

（三）"我们在一起"的伦理期待与家庭伦理的现代建构

从对江苏省伦理道德发展大调查的五年动态分析可以看出，虽然家

---

① 马卡连柯：《散育漫话》，人民教育出版社1963年版，第50页。

庭作为天然的伦理实体依旧发挥着比较大的功能，然而，现代理性逐渐破坏着家庭伦理，并且有进一步削弱其功能的趋势。无论是两性关系的过度开放，还是离婚率的升高、子女责任感的减弱，都指向了现代人的一个核心问题：当个体意识不断抬头，个体利益不断放大的时候，"我"如何与"你"在一起，我们如何还是"相亲相爱的一家人"。当前家庭伦理的现代建构需要伦理的再启蒙，即回到伦理实体上思考问题，从而培育伦理凝聚力。

1. 婚姻需要一场伦理拯救

冯友兰认为，儒家眼中的婚姻在于"使人有后"，即完成家庭血缘的延续，故而"儒家论夫妇关系时，但言夫妇有别，从未言夫妇有爱"[①]。传统文化影响下的婚姻看重其伦理属性和社会属性，轻婚姻的爱情基础和情感体验。可以说，作为个体的人被淹没和奉献于婚姻中，个体的情感诉求和自由选择让位于伦理实体的要求。个体从"无我"的婚姻状态走向有觉醒的自我，追求"我"作为有自由意志的个体的自然属性，这是社会的进步。然而，基于婚姻的爱情从来不是夫妇双方的主观的情感体验，更不是仅追求个体的自然属性、满足个体的生理需要。这种爱应该是基于个体需求的伦理的爱，在黑格尔看来这种爱是与爱的人在一起的能力，"作为精神的直接实体性的家庭，以爱为其规定，而爱是精神对自身统一的感觉""是意识到我和别一个人的统一，使我不专为自己而孤立起来"[②]。

家庭是伦理关系的缩影，家庭的伦理关系是不断变化的。传统的婚姻关系是一种"我"与"它"的关系，此处的"它"是一个伦理实体——家庭。"我"虽然从来没有独立于家庭外，但是"我"在家庭中只是贡献和责任，付出和义务。作为客观存在的天伦关系，以其无比强大的威慑力，不仅凌驾于"我"之上，而且规定着"我"，要求着"我"，即使深恶痛绝，我也得无条件服从。我在服从于伦理实体的时候被淹没，我无法从伦理实体中证实自己，伦理实体中无法体现我的存在。在传统

---

① 冯友兰：《中国哲学史》（上），商务印书馆2011年版，第376页。
② 黑格尔：《法哲学原理》，商务印书馆1996年版，第175页。

的父系社会中，尤以女性作为无条件服从的主体。而在现代性主宰的社会里，强调个体理性和个体自由，"我"的意识逐渐抬头，我的眼中出现了"你"，你是有生命的个体，不是伦理实体的"它"，"我"与"你"的关系不是绝对的服从和付出，而是基于意志自由的平等。你有你的利益，我亦有我的诉求，我们之间的婚姻关系是一种契约的关系，是一种自由意志的选择，法律为这种自由和平等保驾护航。"你"不仅是婚姻关系中的丈夫或妻子，还包括因婚姻而产生的子女和父母。这种"我"与"你"是平等的利益主体的意识，逐渐扩展为我与子女、父母也是平等的关系，是利益主体，有我的伦理实体，不是"它"，而是他，他具有了精气神，具有了灵动和关怀。"我对他者的道义和责任，并不意味着我要'从'他者那里期待回报。"[①] 但我能从"他者"那里看到我，对孩子的付出让我成为最好的父母，对父母的孝顺成就了我成为最好的子女。我从"他们"那里不断成为自己，也不断超越自己。在成为自己和超越自己的过程中，我获得了幸福。在实体"它"面前，我无法还原为单子式的"我"，我也无法与伦理实体的"它"，以及因它而存在的每个人是基于利益的平等关系。我与"他"中的每一个我，组成"我们"。

对于离婚问题，黑格尔在《法哲学原理》中花了大量的篇幅进行论证。作为个体的自由选择，个体完全可以离婚，然而婚姻是两种自由意志的产物，离婚又容易造成人格分裂，可事实上离婚又必须发生。故而，黑格尔认为，离婚是被允许的，但是离婚应该是一场伦理事件，而并非两个人之间的事。[②] 费孝通从社会学、人类学角度讨论离婚问题，其结论与黑格尔的不谋而合，即离婚应该成为一场公共事件，需要风俗参与和道德评判。费老引用了人类学对土人婚姻的研究来论证传统社会如何让离婚变成一场受到见证的公共事件。在结婚的时候，男方需要向自己的众多亲戚借牛，作为送去女方家的聘礼，而女方也要将收到的这些牛分给自己的亲戚。这些作为聘礼的牛的价值不是物质层面的，而是作为舆论的见证。因为一旦要离婚，女方得从众多的亲戚家收回这些牛，一条

---

① 孙向晨：《面向他者——列维纳斯哲学思想研究》，生活·读书·新知三联书店2008年版，第154页。
② 黑格尔：《法哲学原理》，商务印书馆1996年版，第170—175页。

不少地退回去,"不但是数量上要相等,而且一定要那些以前送来的牛"。费老认为:"把婚姻这件事拖累很多人,成为一件社会上很多人关心的公事,其用意无非是在维持婚姻的两个人营造长期的夫妇关系;长期的夫妇关系是抚育子女所必需的条件。"①

仅仅靠法律规约婚姻是无智慧的表现,捍卫婚姻必须将经济惩戒、舆论监督等许多的关系与婚姻关系紧密结合起来,要以伦理来制约离婚的发生,使得离婚成为牵涉面太广,牵涉的人多的伦理事件,而不至于简单、便捷地得到解决。作为现代婚姻的法律——婚姻法也要吸收中国传统伦理主导的道德准则和精神。任何一个伦理发达和文明和谐的社会,都应该使离婚成为一场伦理事件,而不应该使离婚变得非常草率,仅仅是夫妇双方的自由决定。

2. 伦理教育与公民教育相融合的家庭成员教育

人类在经历了漫长的原始社会后,才敲响文明的大门。漫长的原始社会孕育了不同的文明基因,因而也决定了中西方文明的不同发展路径。虽然不同领域的研究者对其有不同的归因,但中国是伦理型文化,西方是宗教型文化,是共识。

宗教型的文化强调,在上帝面前人与人是平等的,这种平等有利于组成城邦,在城邦中主持公共事务的是公民。虽然古典时期奉行的是共和主义公民观,强调美德、城邦义务,但核心还是个人本位的,重视平等、民主和自由,强调契约关系。随着西方资本主义兴起和商品经济的发达,自由主义公民观取代共和主义成为主导。西方自由主义公民观典型地代表了西方个人本位思想。自由主义公民观以个人为出发点,强调个人是第一位的,社会和国家不过是为个人服务的工具。因而,西方公民教育强调个体的权利意识教育,自由、平等和民主思想的教育,强调个体用法律制度维护自己的权利。

伦理型的文化重视家庭并重视在此基础上扩展的家族、宗族,继而推至国家。按照费孝通先生所提出的"差序格局",伦理首先维系的是家,每个家庭成员要按照一定的"序"履行自己的职责和义务,这就形

---

① 费孝通:《乡土中国·生育制度》,北京大学出版社1998年版,第131—132页。

成了伦理关系的上下尊卑、长幼有序的血缘等级秩序。与西方自由主义的个人本位不同，中国的伦理型文化因为是血缘等级秩序，故而是整体性思维，个人融入家庭、群体和社会之中，仅仅作为共同体中的一员，去履行自己的伦理义务。共同体先于个人，其利益也高于个人，个人对共同体的责任是第一位的。在伦理关系中，个体不仅要履行责任，而且强调个人对群体、社会和国家的奉献，不讲索取，不谈个人的权利。

中国传统文化强调通过家庭成员教育以培养国家的合格成员，强调"修身、齐家、治国、平天下"。"修身""齐家"都是在家庭中完成的，然后通过家国一体的构型，推至"治国""平天下"。"治国""平天下"虽然面临的空间不同，需要的能力不同，但其伦理能力和道德要求与"修身""齐家"相通。蔡元培指出："家族者，社会国家之基本也。无家族，则无社会、无国家。故家族者，道德之门径也"。他特别强调"于家族之道德，苟有缺陷，则于社会国家之道德，亦必无纯全之望，所谓求忠臣必于孝子之门者此也"[1]。因而，中国的家庭非常强调家风，家风不仅是一个家庭的价值观，而且是社会美德的一种表现形式。在家风潜移默化影响下会形成个体的道德自律。这种道德自律"靠良心和过失感来保证，其典型特点是取决于稳定的内心原则系统，道德个体可以按照内心稳定的道德规范来决定自身的道德行为，而不为外部环境所左右"[2]。这是家风能同时培育家庭合格成员与国家合格公民的关键所在。因而，"良好的家风不仅关系到一个家庭、一个家族，也影响整个社会的风气、整个民族的道德观念和价值内涵，是构建中华民族精神的重要路径"[3]。中国人"国家""祖国"中的"家"和"祖"，都是以家为出发点的伦理性称谓。

面对西方公民文化与中国伦理文化的交流与冲突，在中国文化历经百年沉浮，全球化、信息化高速发展的今天，培养适应社会发展所需要的时代公民的任务比历史上任何时候都更为迫切、艰巨。培养中国公民，要以家庭为重要阵地，以中国的家文化为核心，进行本土化的公民教育。

---

[1] 蔡元培：《中国人的修养》，文津出版社2013年版，第146页。
[2] 刘广明：《宗法中国》，生活·读书·新知三联书店1993年版，第191页。
[3] 刘霞：《家风中的伦理认同与公民教育》，《南京社会科学》2015年第4期。

对传统文化中轻视个体权利的糟粕要剔除,而传统文化基因里的整体主义、强调美德教育,重视责任和义务等伦理文化的特征要保留。仅仅以西方自由主义公民观来培育中国公民,只能培养出无根的"香蕉人";而只强调传统伦理中的责任和义务,不重视个体意识的觉醒和个体权利的诉求,也是行不通的。

3. 家庭应该成为生命伦理的实践场域

家庭最大的功能就是产生新的生命,完成人类的血脉延续。恩格斯在《家庭、私有制和国家的起源》一书的序言中指出:"历史中的决定性因素,归根结蒂是直接生活的生产和再生产。但是,生产本身又有两种。一方面是生活资料即食物、衣服、住房以及为此所必需的工具的生产;另一方面是人类自身的生产,即种的蕃衍。一定历史时代和一定地区内的人们生活于其下的社会制度,受着两种生产的制约:一方面受劳动的发展阶段的制约,另一方面受家庭的发展阶段的制约。"[①] 家庭中夫妇双方生产着人类自身,家庭也就成为迎接新生命诞生并送别生命结束的场所。在生命的迎来和送别中,人类完成了从普遍到个别的成长过程,又完成了最终归于普遍的结束过程。生死的不可选择,都决定了生命的神圣,也决定了家庭作为社会胎盘的重要性。

自然的两性关系在家庭中变成夫妻关系,并与亲子关系共同成为家庭中的核心关系。在2007年和2013年的调查中,亲子关系、夫妇关系作为极为重要的伦理关系排在第一位、第二位。这是传统五伦中极为坚定的两个伦理关系。亲子关系的伦理属性和伦理要求是"父慈子孝"。"父慈"不难做到,这是人类的本能,是人类对生命延续的守护。"父慈"守护的不仅是子女的自然生命,更多的是子女的精神生命,因而对肉体的呵护要弱于对精神成长的关爱。我们在谈论"父慈"时,要求"养不教,父之过",甚至强调父亲对子女绝对的道德义务和道德权威,诸如"父要子亡,子不得不亡"的极端要求。在现代社会,"父慈"在强调父辈为子女守护精神生命的时候,也要补充传统文化中对自然生命、对子女个体"我"的尊敬和保护。

[①] 《马克思恩格斯全集》(第21卷),人民出版社1965年版,第29—30页。

然而,"子孝"不是人的天然本性,需要通过教育习得。正确地理解"子孝",必须从家庭实体出发。正如黑格尔对于伦理的著名论断:"在考察伦理时永远只有两种观点可能:或者从实体性出发,或者原子式地进行探讨,即以单个的人为基础而逐渐提高。后一种观点是没有精神的,因为它只能做到集合并列,但精神不是单一的东西,而是单一物与普遍物的统一。"基于精神的考察,子女与父母之间的关系一定不能是彼此独立的原子式的"我"与"你"的关系。受现代理性的影响,认为子女与父母之间的关系是"我"与"你"的关系,那么你对我有利,我对你有利;你对我不利,我也对你不利。这只是一种利益交换关系,依靠制度的约束。现在不少地方出台法律规定子女探望父母的时间、频率等都是一种利益交换和制度约束,是没有精神的,是伦理衰落的表现。孔子对非发自内心的孝作出的提醒是"色难"。如果不发自内心的肯定和认同,对父母和颜悦色是很难的。真正的"子孝"要从生命伦理的角度去考察——子女生命的成长是在父母生命的衰亡下进行的,对父母的孝敬是对生命之源的肯定、依恋和敬畏,是对作为生命诞生的伦理实体即人的普遍性存在的认同。父母的衰老是为他性的,具有生命伦理意义,正如列维纳斯所认为的:"人类在他们的终极本质上不仅是'为己者',而且是'为他者'。"[①] 敬畏生命,孝敬父母才能真正使得"'自我'的存在及其生存意义与'他人'内在地关联在一起,使'爱他人'与'爱自己'结合为一个不可分割的整体"[②]。只有明白生命的不可分割,才能真正对父母尽孝道。

唐凯麟强调家庭伦理对社会的巨大影响,"由于家庭关系及其伦理的人情味,则决定了家庭伦理对社会伦理的巨大感染作用,它或以其先进性促进社会伦理的提升,或以其滞后性拖延社会整体道德的文明进程"。当前,必须加强家庭文明的建设,重视家庭的伦理功能,提高家庭成员的伦理能力,以家庭伦理抵制西方自由主义和个人主义的侵蚀。同时也要肃清陈旧腐朽伦理道德意识,加快建构新型的家庭伦理关系,创建新

---

① [法]列维纳斯:《塔木德四讲》,关宝艳译,商务印书馆2002年版,第121页。
② 贺来:《"陌生人"的位置——对"利他精神"的哲学前提性反思》,《文史哲》2015年第3期,第130—137页。

型的家庭文明。20世纪初，陈独秀呼吁："伦理的觉悟，为吾人最后觉悟之最后觉悟。"① 一个世纪过去了，此时的我们更加要呼吁伦理觉悟，不仅对家庭如此，对社会和国家更是如此。

两次大调查虽然准确地反映出当前中国家庭伦理基础仍然比较牢固，家庭伦理对个人、社会和国家仍具有重要的影响。但与五年前相比，现代理性追寻的个体主义、契约关系等不断弱化着家庭的伦理功能。以"我"为出发点和中心，强调个体的自由和利益导致男女性观念变得开放，性观念的开放成为婚姻不稳定的重要因素，也影响着社会的道德风气；强调意志自由，从"我的感受"出发，离婚变得随意、任性；因为追求个人独立，子女的责任感下降，代沟严重。当前作为拯救家庭伦理的关键期，需要提高婚姻的伦理能力；将伦理教育与公民教育相融合进行家庭成员教育，并将家庭打造成生命伦理的实践场域。

（刘　霞）

---

① 陈独秀：《吾人之最后觉悟》，任建树等编：《陈独秀著作选》（第1卷），上海人民出版社1993年版，第179页。

二十一　诸社会群体家庭伦理认同的共识与差异

2007年以来，东南大学道德国情调查研究中心在樊浩院长的带领下，分年度、分地区就当前我国社会的伦理道德状况进行了大规模调研。调查采用问卷、座谈、访谈等多种形式，共投放问卷近万份，平均回收率在90%以上。本调研报告主要针对2017年全国官员群体、企业家群体、专业人员群体、工人群体、农民群体、企业员工群体、做小生意者群体和无业失业下岗人员群体调查问卷进行分析。

（一）诸社会群体的伦理境遇与道德气质

在八大群体中，官员群体的伦理境遇与道德气质值得关注的有三大特点。第一，他们的幸福指数最高，幸福感最强烈。有86.3%的官员认为自己目前生活幸福，远远高于其他诸群体。有53.9%的官员认为自己现在"生活小康，幸福且快乐"，有62.3%的官员认为"生活水平提高了，幸福感和快乐感提高了"。改革开放40年来，官员的社会经济地位大幅度提高。官员群体作为社会中的强势群体，处于社会阶层的顶层，具有参与国家政策或地方政策制定的决策权以及自由分配手中国有资源的决定权，经济政治和社会地位的无与伦比性直接决定了他们对幸福的感受程度比较高。可以说，"改革开放的最大受益者和政治上的强势，是这个群体伦理境遇的基本特征。"[①]

[①] 樊浩：《当前我国诸社会群体伦理道德的价值共识与文化冲突》，《哲学研究》2010年第1期，第3—12页。

第二，官员群体又是引发令民众最为担忧的社会问题的群体。"腐败不能根治"以合计38.9%的比例赫然列在民众最为担忧的社会问题之列。尽管有高达46.8%的官员认为"当前社会干部贪污受贿，以权谋私现象"比较不严重，但依然有42.0%的农民、39.3%的专业人员、38.6%的无业失业下岗人员、36.4%的企业员工、36%的工人、35.5%的企业家、34.6%的做小生意者以及31.4%的官员认为这个现象非常严重。官员作为产生腐败问题的主体，其道德状况无疑遭到人们的质疑。但是应当看到，随着党的十八大以来国家反腐力度的空前加大，腐败分子纷纷落网，"拍蝇打虎"已成为常态，党内规制更加严格，腐败之风受到遏制。受访者中有65.1%的人认为"和前几年相比，目前我国官员腐败现象已经有较大改善"，有12.8%的人认为这种现象已经"有很大改善"。这个数字相对于2013年72.6%的人认为"干部以权谋私、贪污受贿"现象的程度"严重"来说，已经有了很大改变。随着这个问题的逐步改善，人们对于官员群体道德状况的满意度已经有了较大提高。受访者中有37.4%的人表示对政府官员道德状况"不满意"（包括非常不满意和比较不满意），较之于2013年48.9%的人对政府官员道德状况"不满意"的比例来说，已经有了很大改观。

第三，从伦理道德方面的自我评价与社会评价的巨大反差。官员群体是体验到自身作为家庭成员所具有的家庭"伦理感"存在的群体，同时也是自身"道德感"比较强烈的群体。"体验到自身有对于家庭的伦理存在感"，和选择"道德感常有，问心无愧，不做亏心事最重要"的人数比例分别为42.5%和43.4%，仅次于专业人员的43.6%和45.2%，在八大群体中位居第二。官员作为国家公务员，有着强烈的伦理感和道德感。这一方面基于民众对他们的道德期待，另一方面源于国人天生所具有的良心感的存在。有68.9%的官员将良心作为自己进行道德判断和道德选择的最主要的因素。对于当官的目的，有64.2%的官员认为是"为人民服务，为百姓做好事"，但有41.8%的农民、38.2%的企业家、35.5%的做小生意者，以及33.4%的无业失业下岗人员仍认为是"为自己升官发财"。以致在回答"在生活中或媒体上看到政府官员时，您首先想到的是什么"这个问题时，有36.6%的企业家、25.5%的做小生意者，直接将官员与"官僚，根本不了解我们"相联系，而有37.1%的官员则选择

"公仆,为百姓谋福利"。官员认为自己是人民的公仆,为人民服务,为百姓做好事的自我评价与"升官发财"的大众评价之间出现巨大反差;64.0%的官员对官员群体信任度的提高与51%的工人、48.3%的农民、47.8%的做小生意者认为对于政府官员的信任度与"前几年相比没有什么变化"的数据对比,有力地证明了官员群体的伦理道德状况在百姓心目中很难获得大的改变。

企业家群体是改革开放的受益者,他们在市场经济大潮的洗礼下,凭借着自己的聪明才智,在努力拼搏的过程中,秉承冒险、敬业的基本精神,成为社会中令人瞩目的阶层。他们的伦理境遇与道德气质主要体现在以下几个方面:第一,经济社会地位的改善使得他们的社会责任感随之增加。他们对于自己社会经济地位变化的感受最明显。有75.8%的企业家认为"跟前五年相比,自己的社会经济地位上升了",这个比例远高于其他社会群体。在认识到自己经济地位上升的同时,有64.7%的企业家忧虑"腐败不能根治"的社会问题,远远高于其他诸群体。他们比较具有同情心,有52.9%的企业家将"时常同情他人的难处"作为符合(比较符合和完全符合)自己特征的表述,仅次于专业人员群体的38.9%,位居第二。有83.3%的企业家对自己所在企业履行"慈善公益事业"责任的状况表示"满意",这个比率远超其他社会诸群体。有35.3%的企业家会经常参加一些无偿献血等志愿活动,无论是参与的比率还是参与的频率都是诸群体中最高的。此外,企业家的公德素质也比较高。他们认为随地吐痰、插队、在公交或地铁上大声打电话、在餐馆里说话声音很大这些行为都关乎道德,其比例分别是100%、100%、94.1%、94.1%,这些均遥遥领先于其他诸群体。第二,在拥抱市场经济的同时又有着对传统道德的眷恋。有55.6%的企业家信奉市场经济对我国伦理道德所产生的积极影响,但依然有58.8%的企业家根据"传统道德观念"来判断某种行为是否符合伦理或道德,有63.8%的企业家向往传统社会的伦理和道德(如仁、义、礼、智、信),有58.8%的企业家认为弘扬优秀传统道德是解决当前我国公民道德和社会风尚问题的最关键途径,其比率远超其他诸群体。在诸德性中,他们更为推崇爱(仁爱、博爱、友爱),其比率达23.5%,远超其他德性的选择比率,说明他们将其视为中国社会最重要和最需要的德性。第三,企业家的逐利本性与诚信道德并存。有58.8%的企业家同意将"经济效益好坏视为企业成败的唯一标准"。有37.6%的企业家不同意"企业为了履行社会责任而放弃一些自身利益",远超其他诸群体对比的认同。有35.3%的企业家认为"在社会生活中,社会公正与个体德性应该统一,但二者矛盾时应先追求个体德性",远超官员的32.0%、专业人员的28.2%、工人的28.9%、农民的24.8%、企业员工的30.1%、做小生意者的30.5%、无业失业下岗人员的28.5%。有79.4%的企业家重视社会主义核心价值观中的诚信,有51.5%的企业家将"通过诚信经营提供质量可靠的产品以满足社会大众生活需求"视为企业最重要的社会责任。有79.4%的企业家对自己所在企业履行"诚实守法经营"责任的情况表示"满意"。有85.3%的企业家对自己所在企业履行"产品质量可靠"责任的情况表示"满意"。

专业人员群体属于知识分子阶层,他们的文化水平相对较高,属于高素质群体。他们的特点主要有以下几点:第一,他们对中国社会道德状况比较乐观。有68.1%的专业人员同意"目前大多数人将职业当作谋生的手段,缺乏责任感和奉献精神",在诸群体中比率最高。但尽管如此,有79.2%的专业人员认为今后中国社会的道德状况会越来越好,远远超过其他诸群体。相对于腐败问题,他们更为关注生态环境恶化问题。有36.6%的专业人员将"生态环境恶化视为中国社会最令人担忧的问题"。相对于其他诸群体最担忧"腐败不能根治问题"来说,这确实体现出他们具有非常强烈的环境保护意识。第二,他们依然信奉传统道德观念。有59.3%的专业人员将"传统道德观念"作为判断某种行为是否符合伦理或道德的标准,远超其他诸群体。有81.7%的专业人员认为"孝敬、礼让、仁爱、节俭等优良传统什么时候都不能丢"。仅次于官员群体的85.0%,位居第二。良好的道德素质决定了他们更能设身处地地替他人着想。有48.2%的专业人员将"时常同情他人的难处"作为符合其特征的一个表述。有39.7%的专业人员将"做决定前,试着从每个人的立场去考虑问题"作为比较符合其行为特征的一个表述,远超其他诸群体。有41.0%的专业人员将"试图站在他人的角度,以更好地理解我的朋友"作为比较符合其特征的一个表述,领先于其他诸群体。他们与人为善,有32.2%专业人员将爱(仁爱、博爱、友爱)视为当今中国最重要和最需要的德性,仅次于官员群体33.5%的比例。有54.9%的专业人员认为现在"社会上有些人不守道德反而讨了便宜"的现象，自己从来不会效仿，仅次于官员群体62.2%的比例。有79.8%的专业人员"对外来的城市农民工如建筑工人、家庭保姆等"持有的态度是"尊重和体谅"，远超其他群体。第三，他们有着强烈的国家实体意识与强烈的"道德感"。有84.1%的专业人员将"国家最重要，是我们的安身之地，国家富强个人才能过好"作为国家对于个人存在的意义，比例远超过其他群体。有45.2%的专业人员在被问及"是否常常体验到自己身上有一种道德感的存在和满足"时，将"经常有，问心无愧，不做亏心事最重要"作为其选项，比例亦远超其他群体。对于"民族英雄和新时代的先进人物，还值得在全社会大力提倡吗"这个问题的回答，有75.3%的专业人员选择"我很佩服他们，现在社会就缺这种精神，要大力宣传"这一选项，在诸群体中比例最高。有62.4%的专业人员将"通过诚信经营提供质量可靠的产品，满足社会大众生活需求"作为企业最重要的社会责任，远超其他群体。第四，他们会主动帮助别人，帮助别人时更注重方式方法。对于"好心人帮助老人反被诬陷的事情。假如您是这位好心人，您会？"问题的回答，有45.6%的专业人员认为"下次还是会伸出援手，但是会提高警惕，注意保护自己"，远超其他群体。对于"当在公交车上遇到小偷正在偷乘客钱包时，您会选择以下哪种做法"的回答，有67.4%的专业人员选择"不敢直接与小偷对抗，但以适当方式悄悄提醒当事人或报警"，远超其他群体。

工人群体在整个国家中的社会经济地位一直比较稳定。有48.2%的工人对于问题"跟五年前相比，您觉得自己的社会经济地位有什么变化"的回答，选择了"差不多"。近年来，随着我国政治体制改革，经济体制转型，企业改革改制的深入，教育事业的发展，人们的文化水平、知识层次都不断提高，产业工人群体也受到了中等以上的文化教育，与新中国成立初期的产业工人相比，不论是在知识结构还是文化水平上都不能同日而语。他们的主要特点有：第一，他们的幸福指数比较高。有63.5%的工人认为他们目前生活得比较幸福，有75.6%的工人表示"对自己目前的生活状态比较满意"，均远超其他群体。有61.2%的工人认为"目前我国社会成员之间的收入差距""不合理，但可以接受"，仅次于做小生意群体的62.%和专业人员群体的61.3%。第二，他们对于社会道德状况的满意度和对自我道德状况的满意度均比较高。有76.7%的工人针对"当前我国社会道德状况的总体满意度",选择了满意(比较满意和非常满意),仅次于官员群体,位居第二。有94.7%的工人对其道德状况的满意度选择了"满意",仅次于专业人员而与官员并列,居于第二位。第三,他们始终怀有最素朴的道德信念。对于"请问您是否同意现在社会中好人有好报,恶人终会受到惩罚"这一问题的回答,有65.5%的工人选择了"同意",远超其他群体。

农民群体属于社会诸群体中相对弱势的群体,也是公认的在国家社会经济高速发展过程中受益最少的群体。对于"近10年以来,您认为下列哪一类人获得的利益最少"这一问题的回答,有49.7%的官员、73.5%的企业家、57.8%的专业人员、65.4%的工人、84.3%的农民、54.6%的企业员工、65.5%的做小生意者、67.9%的无业失业下岗人员均毫无例选择了"农民"。这个群体的特点是:

第一,他们生活虽然清贫,但依然幸福快乐。对于"您认为您目前的状况是什么"问题的回答,有30.4%的农民选择了"生活清贫,幸福且快乐",对这一选项的选择比例远超其他群体。这种幸福更多的是来自对生活的安于现状。有57.6%的农民对问题"您觉得您周围大多数人工作生活的精神状态怎么样"的回答,选择了"安于现状,按部就班"。在回答"您认为中国梦和您个人、家庭追求美好生活有多大程度的关系"这个问题时,有27.2%的农民选择了"不清楚什么是中国梦",远超其他诸群体。农民群体更多地将经济生活与幸福指数相联系。有63.8%的农民对于问题"您是否同意人们的生活水平越高,就越幸福"的回答,选择了"同意",远超其他群体。

第二,他们对于中国传统社会的伦理道德情有独钟。有66.8%的农民对"对伦理关系和道德生活,您最向往的是什么"这一问题的回答,选择了"传统社会的伦理和道德(如仁、义、礼、智、信)",远超其他群体。有57.7%的农民选择"中国传统道德"作为"我国社会道德生活中最重要的内容",远超其他群体。有25.3%的农民在回答问题"现在社会上有些人不守道德反而讨了便宜,您会不会效仿"时,选择了"相信善有善报,恶有恶报,终将会善恶报应",其比例远超其他群体。

第三,他们认同市场经济对我国伦理道德的积极影响。有61.6%的农民对问题"市场经济对我国伦理道德的影响"的回答,选择了"积极影响",仅次于企业员工群体,位居第二。他们对国家的信任度比较高。有66.7%的农民对问题"如果朋友圈的消息与国家主流媒体的报道不一致,您会相信哪一个"的回答,选择了"主流媒体",远超其他群体。他们对自我群体的伦理道德状况满意度比较高。有88.7%的农民对"农民群体道德状况的满意度"问题选择了"满意",远超其他群体。

第四,他们对于所在地区伦理感和自身的道德感相对来说比较弱。在回答问题"您常常体验到自己身上对于社区与城市有一种'伦理感'的存在吗"时,有35.0%的农民选择了"没有,只感受到自己实实在在的生活",远超其他群体。在回答问题"您常常体验到自己身上有一种'道德感'的存在和满足吗?"有31.5%的农民选择了"没有,只是凭自己的感觉和利益办事",有16.5%的农民选择了"在有监督的环境中或有别人在场时有,其他环境中没有",远超其他群体。

企业员工群体深受市场经济的影响。他们的主要特点有:第一,认同市场经济对我国伦理道德的积极影响。有62.8%的企业员工认为"市场经济对我国伦理道德具有积极影响",远超其他群体。第二,他们推崇人与人之间的仁爱,对社会公德状况比较乐观。有36.0%的企业员工选择"爱(仁爱、博爱、友爱)"作为"当前我国社会最重要和最需要的德性",远超其他群体。对于问题"当前社会缺乏公德,如公共场所大声喧哗、随地吐痰等的严重程度如何"的回答,有47.0%的工人选择了"比较不严重",有10.4%选择了"非常不严重",合计选择"不严重"的比例为57.4%,远超其他群体。第三,尽管他们比较注重诚信,但当面对职位等各种诱惑时,也会做出不诚信的行为。对于"您正在申请一个重要职位,需义工经历,您将如何决定"这一问题的回答,有19.7%的企业员工选择了"填报参加过两次义工,这机会太重要了,反正不需要出具证据",远超其他群体。有31.3%的企业员工同意(比较同意为26.4%,非常同意为4.9%)"在这个社会上,您一不小心别人就会想办法占您的便宜"这个说法,远超其他诸群体。

做小生意者群体的特点有:第一,相对于国家来说,他们更为重视家庭。在回答问题"您认为家庭、社会和国家三者的重要程度如何"时,有52.0%的做小生意者选择了"家庭",远超其他诸群体。在回答问题

"您认为中国梦和您个人、家庭追求美好生活有多大程度的关系"时，有41.3%的做小生意者选择了"关系不大"，远超其他诸群体。第二，受市场经济大潮的影响，他们更多地看重利益。在回答问题"您认为我国目前人与人之间的关系受什么影响"时，有68.1%的做小生意者选择了"利益"，远超其他群体。有74.4%的做小生意者"同意""当前社会是人人为自己"的，仅次于工人群体的75.4%，位居第二。有63.8%的做小生意者"同意"现在社会上的大多数人是见利忘义的，仅次于企业家群体的69.7%，位居第二。第三，他们也会体验到身上的伦理感和道德感，但更多的是与利益相关的。在回答问题"您常常体验到自己身上一种'伦理感'的存在吗？人与人之间"时，有37.1%的做小生意者选择了"偶尔有，但主要是因为那种情况下我的利益与它高度一致"，远超其他群体。在回答问题"您常常体验到自己身上一种'伦理感'的存在吗？社区、城市"时，有34.2%的做小生意者选择了"偶尔有，但主要是因为那种情况下我的利益与它高度一致"，远超其他群体。在回答问题"您常常体验到自己身上有一种'道德感'的存在和满足吗"时，有28.5%的做小生意者选择了"没有，只是凭自己的感觉和利益办事"，仅次于企业员工群体的31.5%，位居第二。

无业失业下岗人员群体的特点有：第一，相对于国家来说，他们也比较重视家庭。在回答问题"您认为家庭、社会和国家三者的重要程度如何"时，有50.6%的无业失业下岗人员选择了"家庭"，仅次于做小生意者的52.0%，位居第二。第二，他们对于社会分配不公的问题体会较深。在回答问题"您认为当今社会最基本的伦理冲突？选择一"时，有36.7%的无业失业下岗人员选择了"分配不公，两极分化"，仅次于专业人员群体的39.6%，位居第二。第三，他们对于社会主义核心价值观的关注度比较低。在面对问题"您知道社会主义核心价值观吗？请您把它们选出来。选择一、二、三"时，无业失业下岗人员中有65.5%的人选择了文明，有58.7%的人选择了诚信，有42.7%的人选择了爱国，远远低于其他诸群体。

调查的弱势群体主要是农民群体、做小生意者群体、无业失业下岗人员群体等。他们是在社会生活中参与社会生产和分配的能力较弱，因而经济收入较低的社会阶层，属于社会生活中的困难群体。他们的普遍特征是对其目前的生活状态感到不满意的比率高于其他群体,达到17.5%、13.9%、16.1%,远高于官员群体6.1%的不满意率。而且他们对自己目前的生活感觉不幸福的比率也高于其他群体,达到7.8%、5.9%、7.1%,远高于官员群体3.6%的比率。这一群体对传统社会关系的伦理特质和美好的道德图景有着深深的眷恋,有强烈的伦理认同感,对家庭的伦理归宿感和道德责任感普遍强于其他群体,甚至将家庭的地位置于国家之上。他们对于中国梦对未来中国社会发展及追求家庭美好生活所起的引领作用知之甚少,甚至漠不关心,但对社会的现行分配制度的不公感触颇深,他们本身具有朴素的道德感,"对伦理归宿感的苛求和朴实的道德精神,构成这一群体伦理认同和道德气质的重要特征"①。

(二)诸群体家庭伦理认同的共识与差异

调研的基本目标之一,是试图发现诸群体在家庭伦理认同方面是否达成一定的共识与差异,由此探寻家庭伦理实体对整个社会伦理道德的承载力状况。调查发现,经过改革开放40年的发展,诸群体伦理道德演进在差异中具有共识。

1. 伦理关系:父母与子女、夫妇、兄弟姐妹

伦理关系调查的基本内容是诸群体的家庭伦理实体意识。家庭伦理实体调查的核心问题是"对于个人而言,家庭、社会和国家三者的重要程度如何?"调查结果显示:当今社会关于家庭、社会、国家关系的主流观念,是认为家庭、国家高于社会。差异在于,官员的66.5%、企业家的55.9%、专业人员的48.0%认为国家高于家庭,工人的48.1%、农民的47.3%、企业员工的49.5%、做小生意者的52.0%、无业失业下岗人员的50.6%认同家庭高于国家。

---

① 樊浩:《当前我国诸社会群体伦理道德的价值共识与文化冲突》,《哲学研究》2010年第1期,第3—12页。

表5-35　个人对于家庭、社会和国家三者的重要性程度选择（第一位）　（%）

	官员	企业家	专业人员	工人	农民	企业员工	做小生意者	无业失业下岗人员	均值
国家	66.5	55.9	48.0	47.6	45.7	45.3	42.4	42.8	45.9
社会	5.4	5.9	6.2	4.3	7.0	5.2	5.5	6.6	5.8
家庭	28.1	38.2	45.7	48.1	47.3	49.5	52.0	50.6	48.3

伦理关系调查的核心任务，是试图发现诸多伦理关系背后的伦理范型。传统家庭伦理是以父子、兄弟、夫妇这三种基本关系为基础的。调查发现，当今中国社会对于最基本的伦理关系的认同趋向于达成共识，但诸群体对家庭伦理关系的重要程度的认识排序各不相同。

当今社会对社会秩序最具根本性意义的伦理关系的结构认识是什么？通过调查发现：家庭关系或血缘关系诸群体合计百分比为32.5%，个人与社会的关系占46.8%，个人与国家民族的关系占10.4%，职业关系占4.5%。诸群体的选择及排序基本相同。

当今社会对个人生活最具根本性意义的伦理关系的结构认识是什么？通过调查发现：家庭伦理关系或血缘关系占54.3%，个人与社会的关系占19.8%，职业关系占12.6%，个人与国家民族的关系占4.9%。诸群体的选择及排序基本相同。

社会大众极重视的三种伦理关系是什么？在共计14项选择中，综合调查和诸群体调查的结果如表5-36所示。

表5-36　　　　极重要的三种家庭伦理关系统计表　　　　（%）

调查对象	三种极重要的家庭伦理关系
课题组综合调查	父母与子女（第一位）67.4，夫妇（第二位）51，兄弟姐妹（第三位）53.6
官员群体	父母与子女（第一位）65.1，夫妇（第二位）48.8，兄弟姐妹（第三位）47
企业家群体	父母与子女（第一位）67.6，夫妇（第二位）44.1，兄弟姐妹（第三位）58.8

续表

调查对象	三种极重要的家庭伦理关系
专业人员群体	父母与子女（第一位）67.4，夫妇（第二位）45.5，兄弟姐妹（第三位）44.3
工人群体	父母与子女（第一位）62.3，夫妇（第二位）47.6，兄弟姐妹（第三位）50.2
农民群体	父母与子女（第一位）73.3，夫妇（第二位）61.3，兄弟姐妹（第三位）65.0
企业员工群体	父母与子女（第一位）63.8，夫妇（第二位）45.8，兄弟姐妹（第三位）42.2
做小生意者群体	父母与子女（第一位）63.3，夫妇（第二位）51.4，兄弟姐妹（第三位）56.7
无业失业下岗人员群体	父母与子女（第一位）71.5，夫妇（第二位）43.2，兄弟姐妹（第三位）46.8

不难发现，诸群体在家庭伦理关系上表现出的共同特点是：第一，家庭关系中的父母与子女、夫妇、兄弟姐妹关系依然是诸多关系中十分重要的关系，体现了家庭关系依然是整个社会伦理关系的基础和重心。第二，父母与子女关系在三种家庭关系中排在第一位，父母与子女是天然的血缘关系，是天伦，父母与子女关系成为第一伦理关系体现了父权的强化和社会对传统权威的重视。第三，夫妇关系本是介于天伦与人伦之间的，夫妻关系是姻缘关系，重于兄弟姐妹关系，体现了现代家庭随着以夫妻关系为基础的新家庭的建立，夫妻逐渐与原来家庭的兄弟姐妹关系的疏离。尽管在对最重视的家庭伦理关系的认同上，诸群体的选择及排序基本相同，但诸群体对家庭伦理关系的排序，明显具有伦理境遇的印记：农民、无业失业下岗人员对父母与子女关系的重视程度最高；农民、做小生意者以及无业失业下岗人员对夫妇关系的重视程度最高；农民、企业家和做小生意者对兄弟姐妹关系的重视程度最高。农民对父母与子女关系、夫妇关系以及兄弟姐妹关系的重视体现了他们对传统伦理的守候。

（1）父母与子女关系

子女是父母相互之间爱的关系的客观化，父母培养和教育子女，使他们"超脱原来所处的自然直接性,而达到独立性和自由的人格,从而达到脱离家庭的自然统一性的能力"①。父母对子女的教育,通常体现在能为他们的人生发展提供引导上。

表5-37　子女对父母所提出的有关人生发展方面的建议的受纳情况统计　（%）

	官员	企业家	专业人员	工人	农民	企业员工	做小生意者	无业失业下岗人员	均值
经常被采纳	17.9	18.5	25.0	17.8	21.1	20.5	18.8	19.4	19.7
较多被采纳	69.1	74.1	65.0	63.9	59.8	60.8	62.8	58.6	61.7
基本不采纳	11.4	7.4	8.5	16.5	17.9	15.9	16.6	19.7	16.9
从不被采纳并遭到嘲讽	1.6	—	1.5	1.8	1.3	2.8	1.8	2.3	1.7

对于问题"您对子女所提出的有关人生发展方面的建议,是否经常被采纳?"的回答,诸群体回答"较多被采纳"的比率为61.7%,回答"经常被采纳"的比率为19.7%。其差异在于:无业失业下岗人员群体回答"基本不采纳"的比率最高,为19.7%。其次是农民群体,为17.9%。企业家群体"基本不采纳"的比率最低,为7.4%。这说明在父母与子女关系上,父母经济能力的高低在一定程度上决定了在家庭中的话语权。

表5-38　父母在孩子面临重大问题(婚姻、升学、就业等)时的态度　（%）

	官员	企业家	专业人员	工人	农民	企业员工	做小生意者	无业失业下岗人员	均值
全部包办,替他们做决定或搞定	7.2	2.9	3.9	5.4	6.4	5.2	5.5	6.2	5.8
积极建议,努力说服他们采纳	21.6	50.0	19.2	26.2	26.6	22.1	26.4	18.8	24.5

---

① [德]黑格尔:《法哲学原理》,范扬、张企泰译,商务印书馆2009年版,第188页。

续表

	官员	企业家	专业人员	工人	农民	企业员工	做小生意者	无业失业下岗人员	均值
只提建议，让他们自己选择	44.9	32.4	44.2	38.1	45.2	35.9	37.7	37.7	40.2
不表态，免得子女将来埋怨	4.2	—	3.5	6.2	10.2	4.8	6.4	7.5	7.3
经常提出建议，但大多不起作用	3.0	—	2.1	4.3	6.1	2.7	4.8	2.3	4.2
没孩子/孩子太小	19.2	14.7	26.4	19.5	5.2	28.7	19.0	26.9	17.7
其他	—	—	0.7	0.3	0.4	0.5	0.2	0.7	0.4

从表5-38中可以看出，诸群体中有40.2%的人选择"只提建议，让他们自己选择"，这其中，官员群体的比例最高，占44.9%，工人群体的比例最低，占38.1%。企业家群体选择"积极建议，努力说服他们"的比例为50.0%，远远大于选择"只提建议，让他们自己选择"的比例32.4%，说明企业家由于在长期的企业发展决策中所形成的惯性，决定了他们能够在事关子女前途命运的事件中表现得比较强势。农民群体选择"不表态，免得子女将来埋怨"的比例最高，为10.2%，弱势群体的地位以及他们视野的相对狭窄决定了他们在子女面临重大问题时，畏首畏尾，不敢提出也不能够提出合理的建议。官员群体选择"全部包办，替他们做决定或搞定"的比例最高，为7.2%，官员群体掌握着丰厚的社会资源，这决定了他们有足够的能力为自己孩子的未来搞定一切。

现在的子女多为独生子女，当子女成家后，父母和子女该采用哪一种居住方式？

表5-39　独生子女单独组成家庭后，父母和子女居住方式的选择情况统计　　（%）

	官员	企业家	专业人员	工人	农民	企业员工	做小生意者	无业失业下岗人员	均值
单独居住	31.9	36.4	32.7	26.3	29.5	26.4	29.1	34.6	29.3

续表

	官员	企业家	专业人员	工人	农民	企业员工	做小生意者	无业失业下岗人员	均值
和父母同住	22.3	18.2	22.5	34.9	39.1	27.7	33.0	26.2	32.9
和父母及祖辈共同居住	5.4	6.1	7.0	9.8	8.1	11.9	7.7	8.0	8.8
和父母靠近居住	39.8	39.4	37.1	28.3	22.5	34.0	29.5	30.3	28.4
其他	0.6	—	0.7	0.7	0.8	—	0.7	0.8	0.7

从表5-39中可以看出，官员群体、企业家群体、专业人员群体选择"和父母靠近居住"的比例最高，其次是"单独居住"，再次是"和父母同住"。企业员工群体选择"和父母靠近居住"的比例最高，其次是"和父母同住"，再次是"单独居住"。工人群体、做小生意者群体选择"和父母同住"的比例最高，其次是"和父母靠近居住"，再次是"单独居住"。农民群体选择"和父母同住"的比例最高，其次是"单独居住"，再次是"和父母靠近居住"。无业失业下岗人员群体选择"单独居住"的比例最高，其次是"和父母靠近居住"，再次是"和父母同住"。诸群体的不同选择反映出诸群体在经济、文化等方面的差异。

父母与子女之间的关系，应该是一种双向的义务关系：父慈子孝。父慈是前提，子孝体现的是一种对生命之根的尊重。若父母之慈并非前提，那子女是否也该履行相应的义务呢？

表5-40　对"无论父母对自己如何，都应当尽赡养义务"的态度　　（%）

	官员	企业家	专业人员	工人	农民	企业员工	做小生意者	无业失业下岗人员	均值
完全不同意	3.1	—	1.4	0.8	0.9	1.7	1.3	1.8	1.2
不太同意	5.5	6.1	7.7	6.8	6.4	8.7	6.1	6.5	6.8
比较同意	42.3	33.3	31.0	36.8	41.3	38.2	37.9	32.5	37.5
完全同意	49.1	60.6	59.9	55.5	51.4	51.4	54.7	59.2	54.5

通过表5-40可以看出：诸群体中有92.0%的人"同意""无论父母

对自己如何，都应当尽赡养义务"。其中，企业家中有93.9%的人表示"同意"，比例最高。企业员工群体表示"同意"的比例最低，为89.6%，表示"不同意"的比例为10.4%。

在父母年老、疾病或丧失劳动能力的情况下，成年子女应当承担起对父母照顾的义务。但是当父母一方长期生活不能自理时，应该由谁来照顾？

表5-41 当父母一方长期生活不能自理时，谁应该主要承担照顾工作？（%）

	官员	企业家	专业人员	工人	农民	企业员工	做小生意者	无业失业下岗人员	均值
子女照顾	33.7	45.5	41.8	46.3	49.8	39.2	48.6	50.8	47.1
父母中还有能力的另一方（老伴）	38.6	27.3	30.2	36.3	38.8	33.6	34.6	29.4	35.2
雇保姆，老伴协助	11.4	6.1	8.8	6.6	4.5	8.1	5.1	5.3	6.0
雇保姆，子女协助	13.9	12.1	12.3	7.1	4.6	13.1	8.2	10.2	8.0
送护理机构，家人经常探望	2.4	9.1	5.8	3.3	1.7	5.0	3.1	3.3	3.1
其他	—	—	1.2	0.4	0.6	1.1	0.5	1.0	0.6

从表5-41中可以看出，诸群体中有的47.1%的人选择"子女照顾"。其中，无业失业下岗人员群体和农民群体选择"子女照顾"的比例较高。选择"顾保姆，老伴协助""雇保姆，子女协助""送护理机构，家人经常探望"的比例最低。这两个群体的社会保障十分欠缺，这也决定了他们在年老、疾病或丧失劳动能力的状况下只能依靠子女。此外，经济条件的局限也决定了他们不可能采取雇保姆的方式，更不可能依托护理机构。官员群体选择"生活中还有能力的另一方（老伴）"的比例大于"子女照顾"，此外他们选择"雇保姆，子女协助""雇保姆，老伴协助"的比例在诸群体中是最高的。官员群体享有着完善的社会保障和良好的福利待遇，这也决定了他们能够"雇保姆"。但尽管如此，传统的家庭观念还是决定了他们首选"老伴照顾"。

子承父业乃是传统乃至现代社会家族企业传承的基本原则。但若是儿子或女儿缺乏经营能力或经营兴趣，父业如何传承？是否要传给儿媳或女婿？

表 5-42　儿子或女儿缺乏经营能力或经营兴趣，难以交班，您可能选择？（％）

	官员	企业家	专业人员	工人	农民	企业员工	做小生意者	无业失业下岗人员	均值
培养儿媳或女婿，交给她/他经营	28.8	36.4	30.4	33.6	35.8	28.3	31.5	28.8	32.5
交给儿媳和女婿有风险，离婚了怎么办，还是自己撑到有第三代接管	20.2	12.1	14.0	19.3	16.5	19.1	19.9	15.4	17.7
找一个懂经营的职业经理人，我们家庭成员做董事长	43.6	42.4	45.3	32.5	27.6	45.8	33.9	38.7	34.5
做一天是一天，最后将钞票留给子孙，但外人不可靠，不能交给外人	4.9	6.1	8.2	13.1	18.1	6.0	12.7	13.8	13.4
其他	2.5	3.0	2.1	1.5	1.9	0.8	1.9	3.3	1.9

从表 5-42 中可以看出，诸群体中有 34.5% 的人选择"找一个懂经营的职业经理人，我们家庭成员做董事长"。官员群体、企业家群体、专业人员群体、企业员工群体、做小生意者群体、无业失业下岗人员群体选择"找一个懂经营的职业经理人，我们家庭成员做董事长"的比例大于"培养儿媳或女婿，交给她/他经营"的比例。而工人群体、农民群体选择"培养儿媳或女婿，交给她/他经营"的比例大于"找一个懂经营的职业经理人，我们家庭成员做董事长"的比例。农民群体、无业失业下岗人员群体、工人群体选择"做一天是一天，最后将钞票留给子孙，但外人不可靠，不能交给外人"的比例最高。

（2）夫妇关系

夫妇关系涉及对婚姻的态度。对婚姻的理解是什么？诸群体给出了自己的答案。

表 5-43　　　　　　　　诸群体对婚姻的态度　　　　　　　　（%）

调查对象	婚姻是社会的事，应当兼顾社会评价和社会后果	婚姻意味着责任，要考虑给对方造成什么后果，不能轻率地选择离婚	是否离婚应该从家庭整体（包括子女）考虑	婚姻应当是自由的，如果有更满意的或更合适的就与现在的配偶离婚	是否离婚主要考虑自己的感受和利益
课题组综合调查	同意 67.4	同意 88.1	同意 85.3	不同意 78.0	不同意 65.8
官员群体	同意 65.2	同意 88.4	同意 85.6	不同意 84.8	不同意 73.8
企业家群体	同意 59.4	同意 87.9	同意 90.6	不同意 87.9	不同意 54.5
专业人员群体	同意 60.0	同意 89.4	同意 87.3	不同意 79.1	不同意 64.8
工人群体	同意 68.2	同意 87.8	同意 85.9	不同意 75.6	不同意 64.9
农民群体	同意 69.5	同意 87.6	同意 84.4	不同意 80.2	不同意 68.3
企业员工群体	同意 67.4	同意 88.0	同意 82.8	不同意 77.4	不同意 61.4
做小生意者群体	同意 64.2	同意 90.6	同意 87.1	不同意 75.8	不同意 65.8
无业失业下岗人员群体	同意 67.7	同意 77.5	同意 85.3	不同意 79.0	不同意 65.0

婚姻是"具有法的意义的伦理性的爱"[1]，"不是建立在直接天性及其自然冲动上的结合"[2]。从表 5-43 中可以看出，诸群体对于婚姻的理解大体一致：婚姻意味着责任，婚姻不是从个体的自由意志出发，而是要考虑到社会评价和后果，离婚与否也要考虑到家庭的整体利益。

婚姻实质上是伦理关系。婚姻中男女两性关系受家庭伦理和道德规范的制约。那么，当今社会两性关系过度开放导致婚姻的不稳定程度状

---

[1]　[德] 黑格尔：《法哲学原理》，范扬、张企泰译，商务印书馆 2009 年版，第 177 页。
[2]　[德] 黑格尔：《法哲学原理》，范扬、张企泰译，商务印书馆 2009 年版，第 184 页。

况如何呢？

表 5-44　诸群体对两性关系过度开放导致婚姻不稳定的严重程度的态度　（%）

	官员	企业家	专业人员	工人	农民	企业员工	做小生意者	无业失业下岗人员	均值
非常不严重	7.7	9.7	8.9	9.7	6.9	9.8	8.0	8.7	8.5
比较不严重	40.6	32.3	41.3	45.7	42.7	47.4	44.7	39.3	43.6
比较严重	41.3	41.9	37.5	35.3	39.4	33.5	38.2	38.3	37.3
非常严重	10.3	16.1	12.4	9.4	11.0	9.3	9.1	13.6	10.6

从表5-44中可以看出，诸群体认为这种情况"不严重"的比例为52.1%，大于认为这种情况严重的比例47.9%。有42.0%的企业家认为程度"不严重"，比例最低，有57.2%的企业员工认为程度"不严重"，比例最高。官员群体、企业家群体、农民群体、无业失业下岗人员群体均认为这种情况"严重"的比例超过"不严重"的比例。说明这几个群体对两性关系过度开放所导致的婚姻不稳定状况忧心忡忡。

表 5-45　对于当今社会在婚姻问题上出现的一些新现象，诸群体理解的共识与差异　（%）

调查对象	不婚	试婚	同居	同性恋	婚外恋
课题组综合调查	中立 39.1 反对 53.7	中立 37.3 反对 44.9	中立 41.8 反对 48.3	中立 16.8 反对 81.1	中立 9.5 反对 89.6
官员群体	中立 50.9 反对 42.3	中立 46.7 反对 38.8	中立 47.6 反对 42.1	中立 22.9 反对 74.5	中立 10.5 反对 88.9
企业家群体	中立 38.2 反对 52.9	中立 35.5 反对 45.4	中立 39.4 反对 33.3	中立 23.5 反对 76.5	中立 24.2 反对 75.8
专业人员群体	中立 51.4 反对 39.8	中立 44.2 反对 39.8	中立 52.0 反对 37.6	中立 31.2 反对 64.7	中立 13.7 反对 85.4
工人群体	中立 40.5 反对 52.1	中立 39.3 反对 50.0	中立 42.1 反对 46.5	中立 14.7 反对 83.8	中立 8.4 反对 90.7

续表

调查对象	不婚	试婚	同居	同性恋	婚外恋
农民群体	中立 28.2 反对 67.3	中立 28.1 反对 66.7	中立 31.8 反对 62.9	中立 9.1 反对 89.9	中立 6.5 反对 92.8
企业员工群体	中立 49.2 反对 40.1	中立 45.5 反对 42.0	中立 48.0 反对 36.8	中立 25.6 反对 71.5	中立 12.0 反对 86.3
做小生意者群体	中立 42.1 反对 50.8	中立 41.2 反对 47.5	中立 49.0 反对 40.2	中立 16.0 反对 81.6	中立 10.6 反对 88.3
无业失业下岗人员群体	中立 42.5 反对 48.3	中立 39.0 反对 51.4	中立 46.0 反对 42.8	中立 24.1 反对 72.3	中立 12.2 反对 87.0

从表5-45中可以看出，在对"不婚"的态度上，官员群体、专业人员群体和企业员工群体都是中立大于反对，其他群体均是反对大于中立。说明在"不婚"这个问题上，更多的人倾向于传统婚姻观念：男大当婚女大当嫁。在对"试婚"的态度上，官员群体、专业人员群体和企业员工群体都是中立大于反对，其他群体均是反对大于中立。在对"同居"的态度上，官员群体、企业家群体、专业人员群体、企业员工群体、做小生意者群体、无业失业下岗人员群体均是中立大于反对，只有工人群体和农民群体是反对大于中立。在对"同性恋"的态度上，诸群体均是反对大于中立。在对"婚外恋"的态度上，诸群体也是反对大于中立。可见，对于社会中出现的有可能影响婚姻关系，对传统婚姻关系带来挑战的婚姻现象，农民群体反对得最强烈。

表5-46　对于日常生活中的夫妻相处之道，诸群体之间的共识与差异　　（%）

调查对象	如果夫妻中需要一方为对方或家庭做出牺牲，您的态度	在恋爱或婚姻中，您有为对方而改变自己的意识吗？	在恋爱或婚姻中，你与对方相处的原则是
课题组综合调查	愿意 76.7 不愿意 23.4	有，但做起来有些困难 36.6；有，经常这样做 33.9；没想过这个问题 23.9	我首先对他/她好，然后希望他/她对我好 58.4；他/她对我好，我才对他/她好 19.7；他/她对我好就行了 15.2

续表

调查对象	如果夫妻中需要一方为对方或家庭做出牺牲，您的态度	在恋爱或婚姻中，您有为对方而改变自己的意识吗？	在恋爱或婚姻中，你与对方相处的原则是
官员群体	愿意 80.3 不愿意 19.8	有，但做起来有些困难 39.8；有，经常这样做 35.5；没想过这个问题 19.3	我首先对他/她好，然后希望他/她对我好 62.7；他/她对我好，我才对他/她好 18.1；他/她对我好就行了 15.7
企业家群体	愿意 69.7，不愿意 30.3	有，但做起来有些困难 36.4；有，经常这样做 30.3；没想过这个问题 18.2	我首先对他/她好，然后希望他/她对我好 62.5；他/她对我好，我才对他/她好 12.5；他/她对我好就行了 18.8
专业人员群体	愿意 75.4 不愿意 24.5	有，但做起来有些困难 37.3；有，经常这样做 38.3；没想过这个问题 18.8	我首先对他/她好，然后希望他/她对我好 67.1；他/她对我好，我才对他/她好 14.4；他/她对我好就行了 12.5
工人群体	愿意 75.8 不愿意 24.3	有，但做起来有些困难 40.2；有，经常这样做 30.7；没想过这个问题 23.5	我首先对他/她好，然后希望他/她对我好 56.8；他/她对我好，我才对他/她好 21.8；他/她对我好就行了 16.0
农民群体	愿意 79.8 不愿意 20.3	有，但做起来有些困难 32.2；有，经常这样做 37.3；没想过这个问题 25.5	我首先对他/她好，然后希望他/她对我好 59.7；他/她对我好，我才对他/她好 18.6；他/她对我好就行了 15.6
企业员工群体	愿意 69.4 不愿意 30.6	有，但做起来有些困难 40.9；有，经常这样做 31.1；没想过这个问题 22.2	我首先对他/她好，然后希望他/她对我好 58.6；他/她对我好，我才对他/她好 21.9；他/她对我好就行了 13.1
做小生意者群体	愿意 79.2 不愿意 20.7	有，但做起来有些困难 38.6；有，经常这样做 35.0；没想过这个问题 21.8	我首先对他/她好，然后希望他/她对我好 58.0；他/她对我好，我才对他/她好 20.1；他/她对我好就行了 15.6

下　伦理魅力度与道德美好度

续表

调查对象	如果夫妻中需要一方为对方或家庭做出牺牲，您的态度	在恋爱或婚姻中，您有为对方而改变自己的意识吗？	在恋爱或婚姻中，你与对方相处的原则是
无业失业下岗人员群体	愿意 75.0 不愿意 25.0	有，但做起来有些困难 33.2；有，经常这样做 32.3；没想过这个问题 27.0	我首先对他/她好，然后希望他/她对我好 55.3；他/她对我好，我才对他/她好 18.8；他/她对我好就行了 15.1

从表 5-46 中可以看出，诸群体对于问题"如果夫妻中需要一方为对方或家庭做出牺牲"的态度，均表示"愿意"。其中，官员群体表示"愿意"的比例最高，企业员工群体表示"愿意"的比例最低。诸群体均"有"在婚姻中为对方而改变自己的意识的行为。差异在于，专业人员群体和农民群体"经常这样做"的比例大于"做起来有些困难"。其余群体"做起来有些困难"的比例大于"经常这样做"的比例。诸群体在恋爱或婚姻中，均奉行"由我及他/她"的原则，即"我首先对他/她好，然后希望他/她对我好"。差异在于：企业家奉行"他/她对我好就行了"的比例大于"他/她对我好，我才对他/她好"的比例，其余诸群体奉行"他/她对我好，我才对他/她好"的比例大于奉行"他/她对我好就行了"的比例。

对于现代社会出现的为了各种利益而"假离婚"的现象，诸群体的观点如何？

表 5-47　　　　诸群体对为了应对拆迁、征地、买房等
而出现的"假离婚"现象的认知　　　　（％）

	官员	企业家	专业人员	工人	农民	企业员工	做小生意者	无业失业下岗人员	均值
完全赞同	3.8		3.4	2.4	1.7	2.6	2.7	1.1	2.1
比较赞同	18.4	26.5	15.0	17.4	10.6	18.1	16.2	13.0	14.7
不太赞同	24.7	38.2	41.1	35.7	41.5	37.6	35.2	42.7	38.6
坚决反对	53.2	35.3	40.4	44.4	46.2	41.7	45.9	43.3	44.6

从表5-47中可以看出，诸群体中有44.6%的人对"假离婚"现象表示"坚决反对"。其中，官员群体中有53.2%的人表示"坚决反对"，比例最高。企业家群体中有35.3%的人表示"坚决反对"，比例最低。农民群体表示"不赞同"的比例最高，占87.7%，表示"赞同"的比例最低，为12.3%。

婚姻的一个重要功能是繁衍子孙后代，这也是人类社会延续的前提。那么，生育孩子是否仍是一种人生义务？

表5-48　　诸群体对生育孩子是否是一种人生义务的态度　　（%）

	官员	企业家	专业人员	工人	农民	企业员工	做小生意者	无业失业下岗人员	均值
是，如果大家都不生育，人种会灭绝	21.7	29.0	25.2	23.6	29.6	24.2	21.9	22.1	25.0
是，不生孩子家族延传会中断	30.1	22.6	28.5	40.1	47.5	32.6	39.3	38.1	40.2
不是，但没有孩子将老无所养也过于孤独	35.5	35.5	31.7	30.6	20.4	33.8	32.8	27.7	28.0
不是，自己觉得快乐就行，有孩子负担过重	9.6	12.9	12.5	4.9	2.2	8.3	5.6	10.3	5.8
其他	3.0		2.1	0.8	0.4	1.2	0.5	1.8	0.9

从表5-48中可以看出：诸群体中有65.2%的人认同"生孩子是人生义务"。有40.2%的人从"家族延传"的角度肯定它的义务性，在农民群体中有77.1%的人认为"它是一项人生义务"，比例最高。企业家群体中有51.6%的人认为"它是一项人生义务"，比例最低。官员群体、企业家群体、专业人员群体、企业员工群体选择"不是，但没有孩子将老无所养也过于孤独"的比例大于选择"是，不生孩子家族延传会中断"。说明这些群体更多地从个体的精神需求层面来看待生育孩子。而工人群

体、农民群体、做小生意者群体以及无业失业下岗人员群体选择"是，不生孩子家族延传会中断"的比例大于"不是，但没有孩子将老无所养，也过于孤独"，说明这些群体更为重视对传统家族观念以及生育观念的固守。

随着社会的发展，"丁克家庭"，"代孕"现象出现，挑战着人们传统的生育观念。

表 5-49 诸群体对丁克家庭的态度 (%)

	官员	企业家	专业人员	工人	农民	企业员工	做小生意者	无业失业下岗人员	均值
完全赞同	0.6		1.0	0.5	0	0.6	0.4	0.8	0.5
比较赞同	1.9		2.5	1.7	1.1	2.4	1.3	2.9	1.8
中立	42.7	42.9	44.8	25.9	14.8	35.4	28.1	34.9	26.9
比较反对	31.8	25.0	24.3	31.3	36.6	31.7	31.1	25.2	31.4
强烈反对	22.9	32.1	27.5	40.6	47.5	29.9	39.2	36.1	39.4

通过表 5-49 可以看出：诸群体中有 70.8% 的人对"丁克家庭"持"反对"态度。农民群体中有 84.1% 的人表示"反对"，远超其他群体。专业人员中有 57.1% 的人表示"反对"，比例最低。有 44.8% 的专业人员持"中立"态度，比例最高。农民群体中有 14.8% 的人表示"中立"，比例最低。

表 5-50 诸群体对代孕的态度 (%)

	官员	企业家	专业人员	工人	农民	企业员工	做小生意者	无业失业下岗人员	均值
完全赞同				0.4	0.0	0.4	0.2	0.4	0.3
比较赞同	1.9	3.3	2.2	1.2	1.1	2.3	1.1	1.6	1.4
中立	25.9	20.0	31.3	19.6	12.1	26.0	21.5	22.8	19.7
比较反对	34.8	33.3	26.2	32.5	36.6	31.9	30.0	29.1	32.4
强烈反对	37.3	43.3	40.3	46.3	50.1	39.4	47.1	46.1	46.2

从表 5-50 中可以看出：与对丁克家庭的态度相似，诸群体中有 78.6% 的人对"代孕"持否定态度。其中，农民群体表示"反对"的占 86.7%，比例最高。专业人员群体表示"反对"的占 66.5%，比例最低。同样，专业人员群体表示"中立"的占 31.3%，比例最高。农民群体表示"中立"的占 12.1%，比例最低。

（3）兄弟姐妹关系

兄弟姐妹关系是诸群体所认为的继父母与子女关系、夫妇关系之后最重要的社会关系，也是非常重要的家庭关系。在社会生活中，当兄弟姐妹各自有了自己的家庭，遇到困难时，他们之间是否能尽全力予以帮助？

表 5-51　遇到困难的时候，兄弟姐妹通常都会给予力所能及的帮助　　（%）

	官员	企业家	专业人员	工人	农民	企业员工	做小生意者	无业失业下岗人员	均值
完全不同意	1.2	3.0	1.9	0.9	0.9	1.2	1.1	1.5	1.1
不太同意	10.5		8.1	9.2	6.8	13.4	8.8	9.0	8.8
比较同意	50.0	48.5	44.3	50.6	51.8	42.5	50.0	47.6	49.3
完全同意	38.3	48.5	45.7	39.3	40.5	42.9	40.1	41.9	40.8

从表 5-51 可以看出，诸群体中有 90.1% 的人"同意"在"遇到困难时，兄弟姐妹通常会给予力所能及的帮助"。农民群体中有 92.3% 的人表示"同意"，比例最高，企业员工群体中有 85.4% 的人表示"同意"，比例最低，这也意味着企业员工群体中有 14.6% 的人表示"不同意"，在"不同意"中所占的比例最高。

孔子在《论语》中有"父为子隐，子为父隐，直在其中"的说法，告诉我们若父亲偷羊，作为子女，最好的做法是替父亲隐瞒。这样，传统的家庭伦理秩序才不会被破坏。那么，在当代社会，当父母或兄妹偷了别人的东西，该如何处理？

588　下　伦理魅力度与道德美好度

表5-52　　　诸群体对于父母或兄妹偷了别人东西的行为的态度　　　　（%）

	官员	企业家	专业人员	工人	农民	企业员工	做小生意者	无业失业下岗人员	均值
批评他，但不会告发	18.1	26.5	21.7	30.0	27.7	23.2	29.2	20.0	26.4
批评他，陪他送回原处或去承认错误	63.9	64.7	63.9	51.1	53.4	57.2	50.2	56.8	54.0
默认，因为他得到的东西正是家庭所急需	6.6		3.5	6.9	5.5	9.0	7.8	5.5	6.4
告发，因为出于正义感	7.8		5.4	4.4	5.2	4.7	4.0	6.6	5.0
告发，因为可能会连累自己	0.6	5.9	0.5	2.3	1.8	2.7	1.9	2.0	2.0
不管不问，由他自己决定	3.0	2.9	4.9	5.1	6.0	3.0	6.6	8.4	5.8
其他			0.2	0.2	0.4	0.2	0.4	0.6	0.4

从表5-52中可以看出，诸群体中有54.0%的人选择"批评他，陪他送回原处或去承认错误"。有26.4%的人选择"批评他，但不会告发"。官员群体和专业人员群体选择"批评他，陪他送回原处或去承认错误"的比例最高，均为63.9%。做小生意者群体选择"批评他，陪他送回原处或去承认错误"的比例最低，为50.2%。官员群体选择"告发，因为出于正义"的比例最高，为7.8%，企业家群体选择"告发，因为可能会连累自己"的比例最高。

2. 家庭道德生活：爱（仁爱、博爱、友爱）、孝敬

表5-53　　　　当今社会最重要和最需要的德性　　　　　　（%）

调查对象	当今社会最重要和最需要的德性
课题组综合调查	爱 28.8，孝敬 16.1，公正 12.6，诚信 10.8

续表

调查对象	当今社会最重要和最需要的德性
官员群体	爱 33.5，公正 14.4，孝敬 13.2，诚信 11.4
企业家群体	爱 23.5，诚信 20.6，孝敬 17.6，公正 11.8
专业人员群体	爱 32.2，诚信 13.9，孝敬 13.7，公正 12.3
工人群体	爱 28.6，孝敬 15.5，公正 13.4，诚信 9.4
农民群体	爱 25.9，孝敬 17.9，公正 13.3，诚信 12.0
企业员工群体	爱 36.0，公正 11.1，责任 11.1，诚信 9.4，孝敬 7.7
做小生意者群体	爱 25.6，孝敬 17.4，公正 14.4，诚信 11.0
无业失业下岗人员群体	爱 31.2，孝敬 19.1，诚信 10.5，公正 9.5

不难看出，诸群体均将爱（仁爱、博爱、友爱）视为社会最重要和最需要的德性，爱也是家庭道德生活中最重要的道德原则，是维系家庭关系的纽带。差异在于：工人群体、农民群体、做小生意者群体与无业失业下岗人员群体等弱势群体更为重视孝敬品质。官员群体将孝敬列于公正之后，企业家群体、专业人员群体均将孝敬列于诚信之后，企业员工群体将孝敬排在公正、责任、诚信等品质之后。

对于问题"孝敬、礼让、仁爱、节俭等优良传统，您认为现在还需要这些吗"的回答，官员群体的 85.0%、企业家群体的 73.5%、专业人员群体的 81.7%、工人群体的 76.5%、农民群体的 79.4%、企业员工群体的 77.9%、做小生意者群体的 76.9%、无业失业下岗人员群体的 76.7%均选择了"这些好传统什么时候都不能丢"。差异在于企业家群体中有 11.8%的人认为"已经过时，没必要讲这些"，有 8.8%的人认为"有些要，有些不要。"工人群体中有 9.8%的人认为"可有可无"。可见，官员更为倡导传统的孝敬等优良道德品质，而企业家、工人群体则相对来说重视程度轻一些。

子女长大成人有了自己的新家庭后，要履行在物质精神方面给予父母关照的义务。对于照顾父母的方式，诸群体选择如表 5-54 所示。

表 5-54　在过去的十天里，您为父母做过以下哪些事情？　　　　　（%）

调查对象	选择一	选择二	选择三
课题组综合调查	打电话 25.7，看望 21.1	做家务 23.0，买东西 20.2，生活照料 17.7，打电话 17.1，谈心聊天 12.9	谈心聊天 37，做家务 23.6，给钱 15.0
官员群体	打电话 30.5，看望 26.9	做家务 22.3，买东西 30.4，生活照料 17.0，打电话 17.9，谈心聊天 9.8	谈心聊天 45.8，做家务 16.9，给钱 12.0
企业家群体	打电话 29.4，看望 38.2	做家务 19.0，买东西 19.0，生活照料 19.0，打电话 23.8，谈心聊天 19.0	谈心聊天 13.3，做家务 27.7，给钱 20.0
专业人员群体	打电话 32.5，看望 23.7	做家务 21.8，买东西 24.6，生活照料 13.0，打电话 20.4，谈心聊天 12.6	谈心聊天 40.1，做家务 15.3，给钱 15.3
工人群体	打电话 27.7，看望 22.2	做家务 23.1，买东西 19.0，生活照料 16.4，打电话 18.8，谈心聊天 13.4	谈心聊天 34.9，做家务 21.1，给钱 17.6
农民群体	打电话 15.1，看望 20.4	做家务 21.8，买东西 17.8，生活照料 21.5，打电话 15.8，谈心聊天 10.1	谈心聊天 35.9，做家务 28.7，给钱 13.1
企业员工群体	打电话 35.4，看望 24.4	做家务 22.0，买东西 24.0，生活照料 16.5，打电话 18.0，谈心聊天 13.0	谈心聊天 34.3，做家务 21.8，给钱 15.8
做小生意者群体	打电话 31.6，看望 20.7	做家务 19.2，买东西 20.9，生活照料 19.7，打电话 16.3，谈心聊天 14.2	谈心聊天 35.7，做家务 24.7，给钱 18.7
无业失业下岗人员群体	打电话 28.0，看望 16.7	做家务 29.5，买东西 19.1，生活照料 15.7，打电话 14.7，谈心聊天 15.4	谈心聊天 43.3，做家务 26.6，给钱 9.5

由表5-54可见,"打电话"已经成为大多数人对父母所做事情的第一选择。这说明方便快捷的"打电话"方式已经成为远在天南海北的诸群体与父母交流沟通的主要渠道,这种方式给予父母的更多的是精神的抚慰。具有差异的是:企业家群体、农民群体选择"看望"的比例大于"打电话"的比例。"做家务"已经成为对父母所做事情的第二选择,具有差异的是:官员群体、专业人员群体、企业员工群体、做小生意者群体"买东西"的比例大于"做家务"的比例。企业家群体"做家务"比例与"买东西"比例相同。"谈心聊天"已经成为对父母所做事情的第三选择,具有差异的是:企业家选择"做家务"的比例大于"谈心聊天"的比例。

随着现代生活节奏的加快,传统社会子女侍奉于床前的现象已经越来越成为一种奢望,把老人送到养老院已经成为一部分人的选择。对这种现象,诸群体看法如表5-55所示。

表5-55　　　　您是否认为把老人送到养老院是不孝行为?　　　　（%）

	官员	企业家	专业人员	工人	农民	企业员工	做小生意者	无业失业下岗人员	均值
是	12.0	21.2	10.9	17.2	24.4	13.2	17.7	20.5	19.0
相对而言,部分是	52.1	39.4	53.8	54.6	48.7	55.7	53.1	47.6	51.7
不是	35.3	39.4	34.9	27.9	26.4	31.0	28.9	31.6	29.0
其他	0.6		0.5	0.3	0.4	0.1	0.2	0.3	0.3

从表5-55中可以看出,诸群体普遍赞同将老人送到养老院在一定程度上属于不孝行为。具有差异的是,有39.4%的企业家、35.3%的官员认为这种行为不属于"不孝行为",在诸群体中分列第一位和第二位。农民认为这种行为属于不孝行为的比例最高,他们固守传统的观念,认为将老人送到养老院,使老年人在精神上享受不到家的温馨,在情感上体会不到天伦之乐,是最大的不孝。

那么,哪一种养老方式是比较理想的呢?

表5-56　　　　　　诸群体认为最理想的养老方式统计　　　　　　　（%）

	官员	企业家	专业人员	工人	农民	企业员工	做小生意者	无业失业下岗人员	均值
敬老院、护理院等专业养老机构	21.0	19.4	21.2	15.5	9.1	17.3	13.5	11.6	13.4
与子女同住	32.9	41.9	36.7	53.7	64.4	43.4	51.7	47.8	53.3
自己单住，生活难以自理时找护工	15.0	12.9	15.1	14.3	12.4	14.1	15.9	16.2	14.3
与兄弟姐妹抱团养老	4.8	3.2	3.5	4.8	5.7	6.6	5.2	5.5	5.3
与志趣相投的人一起养老	25.1	22.6	21.9	10.4	7.4	17.8	12.4	17.2	12.4
其他	1.2		1.6	1.3	1.1	0.8	1.3	1.7	1.3

对于最理想的养老方式的选择，调查显示：有53.3%的人选择"与子女同住"，有14.3%的人选择"自己单住，生活难以自理时找护工"。有13.4%的人选择"敬老院、护理院等专业养老机构"。有12.4%的人选择"与志趣相投的人一起养老"。这说明，传统的"与子女同住"的养老方式依然占主导地位。其中，农民群体中有64.4%的人选择"与子女同住"，比例最高。官员群体中有32.9%的人选择"与子女同住"，比例最低。官员群体中有25.1%的人选择"与志趣相投的人一起养老"，远超其他群体。

孝，作为传统社会最重要的家庭美德，不仅是社会伦理道德文化的基础，也是整个社会文化、社会生活、政治生活的基础。那么，诸群体对当今社会年轻人不孝敬父母状况的认识程度如何呢？

表5-57　　　诸群体对当今年轻人缺乏责任感，不孝敬父母
严重程度的认识　　　　　　　　　　　　　（%）

	官员	企业家	专业人员	工人	农民	企业员工	做小生意者	无业失业下岗人员	均值
非常不严重	12.5	9.1	12.6	12.7	12.3	11.9	13.7	16.1	13.1
比较不严重	51.3	57.6	52.5	53.7	56.4	53.8	52.4	48.3	53.4

续表

	官员	企业家	专业人员	工人	农民	企业员工	做小生意者	无业失业下岗人员	均值
比较严重	30.6	24.2	27.6	28.0	27.4	29.6	28.8	27.6	28.0
非常严重	5.6	9.1	7.3	5.6	3.9	4.6	5.1	7.9	5.4

从表5-57中可以看出：诸群体中有64.5%的人对"年轻人缺乏责任感，不孝敬父母严重程度"普遍认为"不严重"。差异在于：官员群体的36.2%认为"严重"，所占比例最高，农民群体的31.3%认为"严重"，所占比例最低。

孝，包含着对父母生前的侍奉和父母去世之后的祭奠。在现代社会，却有儿女生前不尽孝，在父母去世之后对丧事大操大办的现象。

表5-58　　　　　　这些现象在您身边常见吗？
（在父母生前不尽孝却对父母的丧事大操大办）　　（%）

	官员	企业家	专业人员	工人	农民	企业员工	做小生意者	无业失业下岗人员	均值
经常见到	11.4	17.6	8.8	8.4	7.3	8.7	8.4	9.8	8.5
偶尔见到	40.1	29.4	40.0	40.2	44.1	37.0	43.4	35.7	40.6
没见到	48.5	52.9	51.3	51.4	48.6	54.3	48.2	54.5	50.9

通过表5-58可以看出：对于这种现象，诸群体中有50.9%的人表示"没见到"，有40.6%的人表示"偶尔见到"。做小生意群体、官员群体"见到"的比例分列第一位和第二位，企业家"经常见到"的比例最高。

现代家庭关系中最令人担忧的问题是什么？

表5-59　个人对现代家庭关系中最令人担忧问题的选择（选择一）　（%）

	官员	企业家	专业人员	工人	农民	企业员工	做小生意者	无业失业下岗人员	均值
只有一个孩子，对家庭的未来没把握	24.4	28.1	23.9	24.4	18.5	23.8	23.5	18.1	21.6

594　下　伦理魅力度与道德美好度

续表

	官员	企业家	专业人员	工人	农民	企业员工	做小生意者	无业失业下岗人员	均值
独生子女难以承担养老责任,老无所养	16.5	34.4	24.4	21.1	24.3	21.2	23.8	22.8	22.7
年轻人不愿结婚,或不愿生孩子,家族传承危机	11.6	15.6	11.0	11.7	11.5	9.3	11.1	10.5	11.1
婚姻不稳定,年轻人缺乏守护婚姻的意识和能力	17.1	12.5	15.5	14.5	15.6	17.0	13.2	13.6	14.9
子女尤其是独生子女缺乏责任感,孝道意识薄弱	8.5	3.1	8.5	7.6	10.0	8.9	7.1	8.3	8.5
代沟严重,父母与子女之间难以沟通	12.2	6.3	8.0	12.1	12.0	12.0	11.7	14.3	12.1
婆媳关系紧张	1.8		2.6	3.4	2.8	3.0	4.0	3.7	3.2
父母不民主,不能容忍差异	1.8	0.7	1.3	0.8	1.5	1.5	2.6		1.4
"啃老"现象严重	0.6	1.9	1.2	0.5	1.4	1.0	1.6		1.1
父母只培养孩子的知识和技能,忽视良好品德的养成	2.4		2.3	1.2	1.2	1.3	1.2	1.4	1.3
两性关系过度开放	0.6			0	0.3	0.2	0.5	0.5	0.3
其他	2.4		1.2	1.4	2.4	0.4	1.4	2.6	1.8

从表5-59中可以看出,有34.4%的企业家群体、24.4%的专业人员群体、24.3%的农民群体、23.8%的做小生意者群体、22.8%的无业失业下岗人员群体最担忧的问题是"独生子女难以承担养老责任,老无所养"。相对于这些群体,有24.4%的官员群体、24.4%的工人群体、23.8%的企业员工群体最为忧虑的问题是"只有一个孩子,对家庭的未来没把握。"

总体上看，诸社会群体在伦理关系上已区别于传统伦理的以君臣、父子、兄弟、朋友、夫妇的旧五伦范型，即虽然尚未形成完全一致的"新五伦"，但其元素和结构却大致趋同，表现的共同特点是：1）家庭、社会高于国家和个人的伦理价值取向，它表明，尽管作为直接的或自然的伦理实体的家庭的地位依然坚固，但与之相对照的是：国家作为具有客观性、真理性和伦理性特征的伦理实体，其地位已经受到削弱。国家伦理实体的危机已然呈现。而个人，如果只是单纯作为家庭成员而不能上升为国家成员，不能将家庭与国家的前途命运相结合，也必将失去其最终的伦理精神依托。2）家庭关系仍是伦理关系的基础和重心，与传统五伦一样，父子、夫妻、兄弟姐妹五者有其三；父子关系作为被诸群体视为最重要的家庭关系的事实无疑彰显了天伦的本原性和根本性。3）社会关系包括上下级、同事、朋友关系具有重要地位。说明当今我国伦理关系既强烈地保持了家庭本位的传统，又具有现代市民社会的元素和特质。

在家庭关系中，诸群体普遍认同父母与子女关系在家庭关系中的首要地位。这是对传统家庭伦理的复归，体现了天伦乃人伦之本的重要地位。但是，与传统社会倾向于聚族而居不同，父母与子女的关系，已经出现了一些新的变化，这主要体现在：1）小的核心家庭的出现，已经从根本上改变了传统的父母与子女居住在一起的方式，父母对子女的关系更多的是一种扶持，又保持着相对的独立性。但是，随着诸群体在社会地位及文化素质、经济水平方面的差异，其对子女的依赖性也有所不同。农民、做小生意者、无业失业下岗人员等弱势群体很难在子女未来发展方面提出有效的建议，他们更倾向于与子女住在一起，并将子女照顾生活不能自理的父母视为天经地义。而官员、企业家、专业人员等群体则能够对子女未来发展提出合理意见和建议，他们更倾向于与子女各自分开居住，并认为在父母一方失去独立生活能力时，依靠另一方来照顾比较合理，从而能尽可能少地影响子女生活。这说明传统的家庭伦理观念已经受到冲击。2）家庭关系中婚姻关系的态度已然发生变化。婚姻是具有法的意义的伦理性的爱，婚姻的伦理精神体现出一种统一性，它是一种有自然精神的伦理性的爱，而对于现代社会所出现的像离婚、不婚、试婚、同居、同性恋、婚外恋这些视婚姻为建立在直接天性及其冲动上的结合的态度和做法,乃至人们为了获取世俗社会中的诸多利益而出现的假离婚现象,尽管诸群体总体上持反对态度的多,但诸群体中持中立态度甚至赞同态度的也有相当比例,这无疑说明婚姻的伦理精神根基已然发生动摇。家庭财富所内在的精神意义,即使夫妻双方抛却任性和自私而转化成对家庭这个共同体的关怀,已经逐渐消解,原本是确保婚姻家庭关系稳定存在的条件,已然成为摧毁婚姻的重要工具和手段。3)诸群体普遍认同爱(仁爱、博爱、友爱)在家庭关系中的重要作用,视孝敬、公正、诚信为现代社会最重要的德性,这无疑说明了传统仁爱思想在现代社会所具有的厚重根基,也昭示了在市场经济高度发展的今天,人们在内心深处对亟须建立一个与市场经济发展相适应的体现现代契约精神的高度法治化的社会的期待。

(三)家庭伦理认同的影响因素

通过调查,我们试图发现当今家庭伦理认同受哪些因素影响?一些新的因素,如网络、市场经济等,对诸群体家庭伦理认同的影响有何差异?

调查发现,影响家庭成员形成家庭伦理认同的因素有以下几个方面:家庭(33.8%)、学校(26.1%)、社会(如工作单位、社区等)(33.4%)、国家或政府(3.2%)。此外,信息技术和网络技术、政府、市场经济、西方文化对家庭伦理认同的形成也有一定的影响。诸群体中有47.1%的人认为网络和媒体对形成我国当前各种新型伦理关系和道德观念的影响最大。这种影响主要来自信息网络技术对人们现实生活的冲击。

在2007年的全国调查问卷中,设定了一个关于这个问题所造成的影响的调查,问卷:"您认为信息技术、网络技术的发展对伦理关系的影响是什么?"列举有"联系方便了,但人与人之间的亲密度降低了;信息传递迅捷了,但人与人之间的伦理感削弱了;联系变得容易,但情感方面的沟通变得困难;效率提高了,但人与人之间情感的真实性降低了;传递信息的效率和伦理关系的质量都提高了;其他"六个选项。调查结果显示：选择"联系方便了，但人与人之间的亲密度降低了"的占24.2%，选择"信息传递迅捷了，但人与人之间的伦理感削弱了"的占18.7%，选择"联系变得容易，但情感方面的沟通变得困难"的占16.5%，选择"效率提高了，但人与人之间情感的真实性降低了"的占34.2%，选择"传递信息的效率和伦理关系的质量都提高了"的占4.5%，选择"其他"的占1.2%。这说明信息技术、网络技术在给人们带来便利的同时，也使得人与人之间的亲密度、伦理感以及情感发生相应的变化，体现在家庭中，就是家庭成员之间的关系越来越疏离。

诸群体中有29.7%的人把政府作为影响和形成我国当前各种新型伦理关系和道德观念的第二选择。政府的影响主要体现在进行决策的时候，会将伦理道德方面的要求考虑进去。全国2017年的调查数据显示：诸群体中有60.8%的人认同政府在制定政策和决策时充分考虑到了伦理道德方面的要求，这些考虑或者从日常生活中能够感受到，或者从政策文件中可以感受到。政府的影响还体现在它能通过倡导和宣传，对人们的家庭伦理认同施加积极影响。近年来，国家为促进传统文化的传播，开展了一系列弘扬好家风好家训的活动，这些活动对于家庭伦理认同的影响也是有目共睹的。诸群体中有71.2%的人认为这样的活动很有意义。另外还有国家所推进或倡导的《公民道德建设实施纲要》，诸群体中有71.4%的人认为国家在这方面所做的工作有效果。

诸群体中有59.5%的人肯定市场经济对我国伦理道德的积极影响，有15.1%的人认为有消极影响。对伦理关系的影响更多地体现在它对传统观念的冲击上，以致诸群体中有58.2%的人同意现代社会是见利忘义的社会，有64%的人同意现代社会金钱至上，这些数据也反映出市场经济对人们价值观念所带来的负面影响。

调查结果显示：有44.7%的人认为西方文化对我国伦理道德有积极影响，有21.9%的人认为西方文化对我国伦理道德有负面影响。诸群体均肯定全球化、西方文化对我国伦理道德产生了正面和负面的双重影响，但负面影响并非仅来自全球化、西方文化本身，也来自人们因对其不了解，却加以片面或刻意地模仿而导致的变态。

（刘胜梅）

第六编

社会的伦理凝聚力

二十二　中国社会伦理形态与公共生活的"现代性"困境

（一）传统伦理与公共生活

中国传统社会是伦理型社会，伦理型社会的特点是以基本的伦理单元或伦理实体来构造社会体系，这种特点在中国体现为"家国一体"的社会理念。中国传统社会的基本伦理单元是家庭，而国家是家庭自然生长的结果，如《大学》所云："古之欲明明德于天下者，先治其国。欲治其国者，先齐其家。欲齐其家者，先修其身。"在家国一体的政治构架里，家庭伦理对社会的基础性意义在于家庭情感的自然性，如黑格尔所说："家庭是直接的或自然的伦理实体。"[①] 所谓"自然的"或"直接的"是指家庭成员之间孝悌、慈爱具有不可反思性，它以血缘为基础，所以传统伦理注重以家庭的自然人伦为核心向社会整体的辐射，诚如孔子所言："其为人也孝悌，而好犯上者鲜矣；不好犯上而好作乱者，未之有也。君子务本，本立而道生。孝悌也者，其为仁之本与！"（《论语·学而》）这样，中国传统社会就以家庭伦理为核心，建构起一种"家国一体"的理想模型。

但事实上，"家国一体"仅是一种社会理想，中国传统伦理社会的现实毋宁是家庭对国家的限制，家庭伦理之孝如何上升至君臣之忠？家庭成员之爱如何普遍化为兼爱天下人？这两个问题一旦落实到现实政治的

---

① ［德］黑格尔：《法哲学原理》，范扬、张企泰译，商务印书馆1961年版，第173页。

轨道上便会陷入一种"亲亲相隐"的困境,而事实上中国宗法家族体制的固化反而弱化了国家的理念。邓晓芒先生说:"在中国虽然也有国法和家法,但国法其实也是皇帝的家法(王法),他们都是基于自然血缘的原则,而不是理性的法则。"① 黑格尔认为,国家或民族作为一种伦理实体,其实是国家的公共精神对家庭自然性的抑制,它使个体与国家统一而成为国家公民,而不仅是一个家庭的成员。其实西方从柏拉图以降寻求的一直都是一种国家的公共理性,它追求的是用国家的公共权力压制家庭的自然势力,过一种与国家统一的公共生活。而邓晓芒先生在关于"国法"和"家法"关系的论述中认为:中国和西方的传统相反,中国传统社会一直以家庭的血缘法则来压制国家或公共社会的统一性要求。

由此可见,在中国传统家国关系的层面上,家庭对国家的"抵制"又可以引申为私与公的关系,樊浩先生说:"家与国(家庭与民族)的矛盾;家庭成员与社会公民的矛盾;个体与整体的矛盾。这些矛盾的过度张扬,不仅破坏了伦理世界的实体性和谐,而且更为可悲的结果是冲突,而不是不和谐。"② 所以,对于家庭血缘这种自然情感的偏重,会导向一种对社会公德和国家责任的关注不足。这是近代以来儒家哲学遭到诟病的主要原因,也可以说,这是当代官员腐败、公德缺失等当今重大问题的文化因素。但这些问题仅在近代中国由宗法社会向公共社会的过渡中才表现得尤为突出,因为公共社会对国家和公共生活秩序的强调与传统宗法社会有深刻的不一致性。

五四运动一般被看作中国的"现代性"源头,虽然这个"现代性"在时间上不同于西方"现代性"进程,但二者在"现代性"所表现出的社会形态上确是相似的。马克斯·韦伯认为"现代性"是社会启蒙和祛魅的结果,这种说法在西方更远可追溯至黑格尔以"有用性"对启蒙运动局限性的描述。因为启蒙建立在对传统非理性生活的批判之上,所以它综合表现出的是个体性的发现和理性的崛起,哈贝马斯引述涂尔干和米德的观点说:"理性化的生活世界,其特点更多地在于对丧失了本质特

---

① 邓晓芒:《黑格尔的家庭观和中国家庭观之比较——读〈精神现象学〉札记之一》,《华中科技大学学报》2013年第3期。
② 樊浩:《伦理世界预定的和谐——以黑格尔〈精神现象学〉为学术资源的研究》,《哲学动态》2006年第1期。

性的传统进行反思,在于行为规范的推广,以及把交往行为从狭隘的语境之中扩大并促进其选择空间的价值的普及。"① 在哈贝马斯看来,"理性"和"反思"交织下的"个体性"是对传统最大的挑战,它转变着社会统一的方式,所以"现代性"要求中国走出传统家庭的伦理范型进入公共生活。公共生活发生在"直接的"家庭实体破裂之后的阶段,个体参与到社会生产、劳动、合作之中,这种转变的直接表现是社会关系的多元化。据 CGSS 调查报告,在关于"您认为哪些关系重要"的社会调查问卷当中,结果如图 6-1 所示。

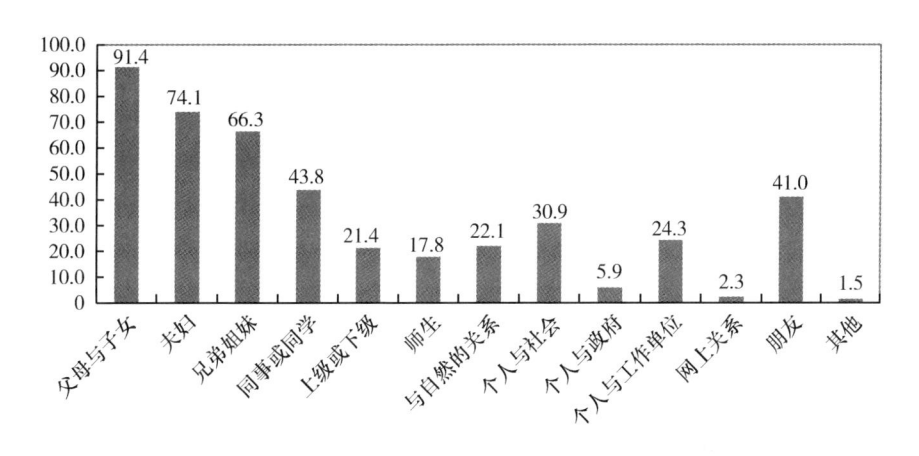

图 6-1 当前重要的社会关系调查数据（%）

表 6-1　　　关于当前最重要的五种社会伦理关系的调查数据　　　（%）

第一位	第二位	第三位	第四位	第五位
父母与子女	夫妇	兄弟姐妹	同事同学	朋友
91.4	74.1	66.3	43.8	41.0

调查结果显示,当前中国重要的五种社会关系分别是父母与子女、夫妇、兄弟姐妹,同事同学、朋友,其中"同事同学"是近代以来新出现的社会关系,由调查数据可以看出,同事同学之间社会关系的重要程

---

① [德] 于尔根·哈贝马斯:《现代性的哲学话语》,曹卫东译,译林出版社 2011 年版,第 2 页。

度虽然低于各种家庭关系,但它比传统意义上的朋友关系体现得更为突出。在表6-1"当前重要的五种社会伦理关系"的排序中,可以清晰地对比出中国传统社会的五伦之变化,传统五伦即"父子有亲,君臣有义,夫妇有别,长幼有序,朋友有信"(《孟子·滕文公》),虽然当前重要的五种社会伦理关系中的前三种仍是家庭关系,但第四位就出现了个人与同事、同学的关系。而这些关系不同于朋友关系,因为朋友关系在中国伦理文化背景下是具有伦理效力的,它既是熟人型的私人交往,也是社会稳定有序的重要一环。而同事、同学等关系是一种社团内部产生效力的关系,如公司、企业、学校、公共场所等,它们更偏向于一种协作关系。

"协作"建立在陌生人之间的信任之上,因此这种关系不同于中国传统的"熟人文化",它更要求公共理性的参与,而且"协作"的实现需要一定的公共场域。所以英国学者安东尼·吉登斯说:"在传统文化中,除了农业大国某些大城市的街区有例外情况以外,自己人和外来者或陌生人之间存在着非常清晰的界限。不存在非敌意的与自己不认识的人相互交往的广泛领域,而正是这些领域构成了现代社会行动的特征。"[1] 由此可以看出,由"协作需要"产生的公共生活成为中国现代社会区别于传统宗法社会的重要特征,而社会形态的公共性和开放性特征需要新的伦理风尚和道德要求。

所以现代中国社会既要打破传统宗法社会的伦理政治形态,同时又要挽回传统家庭伦理的基本规范,这体现出传统伦理与公共法制的辩证关系。以"家庭"为代表的传统伦理体现为私的一面,因为家庭成员是自然的血缘关系,所以它遵循伦理情感的直接性,而不是法制性的公共规约。所以"现代性"社会的理想形态是:在家庭为主导的私人领域中个体遵守家庭伦理规范或地域伦理风俗;而在公共领域中,与同事、陌生人之间的关系应该做到遵守公共规约。但这是所有"现代性"社会的理想状态,这种理想性体现在私人领域和公共领域有各自良性要求的实现,而事实上当前中国社会的私人领域和公共领域却呈现为一种辩证状态:一方面"家庭"伦理的某些社会"习性"或隐或显地阻碍着社会公

---

[1] 安东尼·吉登斯:《现代性的后果》,田禾译,译林出版社2000年版,第103页。

共领域所要求的公平公正；另一方面，开放的社会形态、公共生活领域的不断扩大、社会人际关系的复杂化等因素其实也破坏着传统"家庭"（宗法制的私人社会关系，包括家族内的父子、夫妻、兄弟以及熟人朋友）的形态，体现为高离婚率，孝义缺失等伦理现象。

中国现阶段社会以家庭伦理为基础的私人关系无疑还占据着核心社会关系的地位（见图6-2），毋宁说个体不仅在社会交往中守望着宗法伦理的私人性，同时也践守着公共生活中的公共法规。从图6-2"您认为哪一种伦理关系对社会秩序和个人生活最具根本性意义"的调查数据中可以看出，有64.4%的受访者认为当今社会家庭伦理关系或血亲关系是对社会秩序和个体生活最具有根本性意义的伦理关系，认为个人与社会、同事、国家民族的关系是最为根本的伦理关系的受访者分别为19.3%、3.0%、7.9%，要远小于家庭关系的比值。这说明当今中国人对社会的理解，依然是伦理性的，社会存在的根本意义是家庭血亲关系，那么个体与国家的关系自然不同于西方对国家的理解，黑格尔认为国家是最高实体，家庭只是有限性的"私法"，而在现今中国，家庭关系依然是最具根本意义的伦理关系，这种家国关系理解的分歧最突出地体现在公共生活中，可以说中国现今的公共生活的"公共性"还保有传庭伦理社会的"余温"。

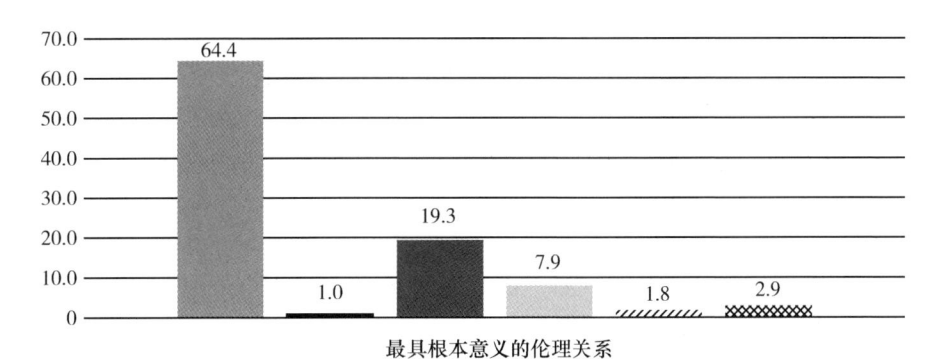

图6-2 对社会秩序和个人生活最具根本意义的伦理关系数据分布（%）

一方面，中国现代社会确然有一种宗法式的私人伦理在公共生活中发挥着作用，即重视从伦理习俗中获取个体生活的根据。从图6-3关于"当今社会人际关系的主要调节方式"的调查数据中可以发现，现阶段处理人际关系的主要原则是沟通与和谐。"直接找对方沟通"指人际冲突是通过双方说理的方式解决的，这里的"理"并非法理，它包含着更多的伦理、人情的成分，可以说这种直接的沟通是企图在一种"伦理理解"的基础上实现二者的普遍性。"通过第三方和解"是"熟人文化"的典型表现，"和解"亦是一种圆融的解决方式，可是对"诉诸法律"调节方式的选择要远低于直接性的"沟通"或"和解"，这说明了中国社会虽然呈现为家庭和公共生活的双重样态，可是在开放的社会形态中，人际关系依然是伦理性的，没有形成法律的普遍正义。

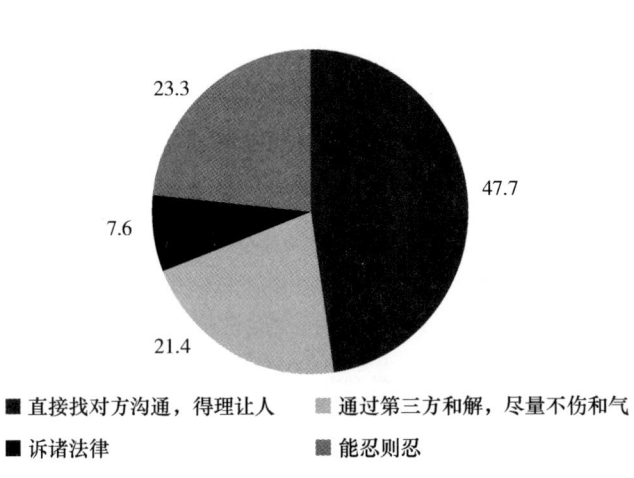

图中数据：47.7、23.3、7.6、21.4
■ 直接找对方沟通，得理让人　■ 通过第三方和解，尽量不伤和气
■ 诉诸法律　　　　　　　　　■ 能忍则忍

图6-3　当前最主要的人际关系调节方式呈现（%）

亚里士多德说"守法是一切德性的总汇"①，他认为一种关涉他人的或关于公职的德性，其正义必然要靠一种优良的法律来维护，因而在城邦公共生活中公正的法律要大于个体的德性。就是说在公共生活中更需要的是法律与公正。而伦理在公共生活中只是一种"习惯法"，伦理（ethic）一词在古希腊本来就表示风俗习惯，它的基础是风俗、感情和私

---

① ［古希腊］亚里士多德：《尼各马可伦理学》，廖申白译，商务印书馆2003年版，第131页。

见，因而它是偶然性的。所以在中国社会的主要人际调节方式中，无论沟通还是和解都没有脱离家族宗法式的伦理性质，因此并没有将公共生活上升为一种可普遍化的状态。黑格尔说："为了具有法的思想，必须学会思维而不再停留在单纯的感性之中。必须予对象以普遍的形式，同样也必须按照某种普遍物来指导意志。"① 因而，公共生活要获得普遍性必须使个体意志上升为普遍意志，这是法律之于公共生活的意义。

另一方面，社会公共领域的不断扩大，个体参与公共生活的比重也越来越大，在公共生活的参与中所形成的价值观念以及反思其实不断解构着传统伦理观念，包括对家庭的伦理要求。自五四启蒙运动以来，个体走出家庭，从单一的家庭成员成为社会个体，这个蜕变的过程中所要求的理性、反思、独立、自由、平等等价值观念潜移默化地打破了传统的家庭［伦理］理念。传统家族伦理中不合理的成分固然是需要改变的，比如一夫多妻制，但现在夫妻关系却在公共社会的影响下产生了新的危机。如高离婚率和对婚姻破裂的忧患等问题。

再者，作为私人关系的朋友关系受现代性的影响也颇大，理性、反思、独立更多地将朋友之间的伦理性质转化为道德性质，所谓伦理性质是指个体之间无反思地"在一起"，它的基础可以是风俗、习惯，也可以是"言而有信"的伦理规范，所以在传统的朋友关系之中，个体之间不会反思风俗、规范的合理性问题。而现在社会是一个反思性的社会，尤其是对传统伦理规范的反思，使个体越来越独立，而朋友关系则演变成了道德义务的关系，失去了传统朋友关系的直接性。

所以现在中国社会呈现为家庭与公共社会共同在场的结构，公共领域还在继续扩展，但是二者并不是理想的平衡状态。即家庭生活能合乎家庭伦理，个体能和家庭实体直接性统一在一起；公共生活中寻求公平公正，以法律为准则。从以上论述中可以看出，中国社会并没有表现出西方式的"现代性"，在公共领域中，依然企图依靠宗法伦理式的自然性来调节人际关系。而公共领域扩大所导致的个体解放，又破坏着家庭伦理的自然性。

从现代中国社会伦理现代性与传统伦理交互的状态中可以看出当今

---

① ［德］黑格尔：《法哲学原理》，范扬、张企泰译，商务印书馆1961年版，第218页。

中国需要的是道德和正义，哈贝马斯说现代性的主要问题是理性带来的撕裂，启蒙运动在西方使个体理性取代了神圣世界，在中国解构了传统的伦理世界，理性的力量颠覆了一切既定规则，在绝对的反思性中个体表现为与实体的脱离。个体不是与社会天然地在一起，而是独立面对着整个社会。因而对个体性的要求是理性蔓延的必然结果，他既要对家庭伦理的自然性负责，也要对社会公义负责，在这个意义上，个人性的道德是必要的。

（二）公共生活中的道德困境

在《精神现象学》中，黑格尔将伦理称为"真实的精神"，将道德称为"对其自身具有确定性的精神"，关于伦理与道德的区分始于黑格尔，在黑格尔哲学中这旨在区分人类两种不同的精神阶段。所谓"真实的精神"，是指个体与整体浑然一体的状态，个体存在于整体之中，但尚未意识到自己的个体性。而道德区分于伦理之处便在于个体在整体之中意识到自身的个体性，因而从整体中分化出来。所以伦理与道德的区分可概言为：伦理是实体性的自然存在，个体在其中寻找精神归属；而道德则是个体突破实体的统一性，它是自我意识的觉醒。黑格尔将伦理世界对应于古希腊时期，而将道德阶段对应于启蒙运动以后的理性世界，即西方哲学所谓的"现代性"社会阶段。

如果以伦理与道德这种意义的区分来对比中国近代以来的社会形态，可以发现中国传统的伦理世界其实是家庭的实体状态，个体与家庭浑然一体，这是因为"在家庭中，伦理的普遍性采取了自然的形式，这种自然的形式有二：一是爱；二是感觉。"① 爱作为寻求普遍性的力量将个体与家庭统一在一起，而统一的途径是"礼"的伦理规定。近代以来，中国逐渐引进西方文化，社会形态发生了巨大变革，理性作为宏大的力量，将个体拉入公共生活之中。但在公共生活之中，个体与个体之间没有伦

---

① 樊浩：《道德形而上学体系的精神哲学基础》，中国社会科学出版社2006年版，第344页。

理的自然性，他们之间秩序的维持需要法律的约束和个体理性的自觉，这种个体理性的自觉是道德的基础。

但是中国现代社会公共生活中有道德，却无精神，成为公共生活中道德的最大问题。在 CGSS 关于"你自己的道德满意度的调查报告"中可以发现，有 65.4% 的受访者对自己的道德状况表示比较满意，表示比较不满意和非常不满意的分别占 1.2% 和 0.1%（见图 6 - 4），由此可知，中国民众对自身道德感觉总体感觉满意。但是在 CGSS 全国大调查中关于"您对当前我国社会的道德状况的总体满意程度"的调查却呈现出相反的结果，对全国道德状况表示满意的受访者达 37.4%，这种差异是值得深思的，民众对自身的道德状况和社会整体的道德状况的认识何以呈现如此大的差距？

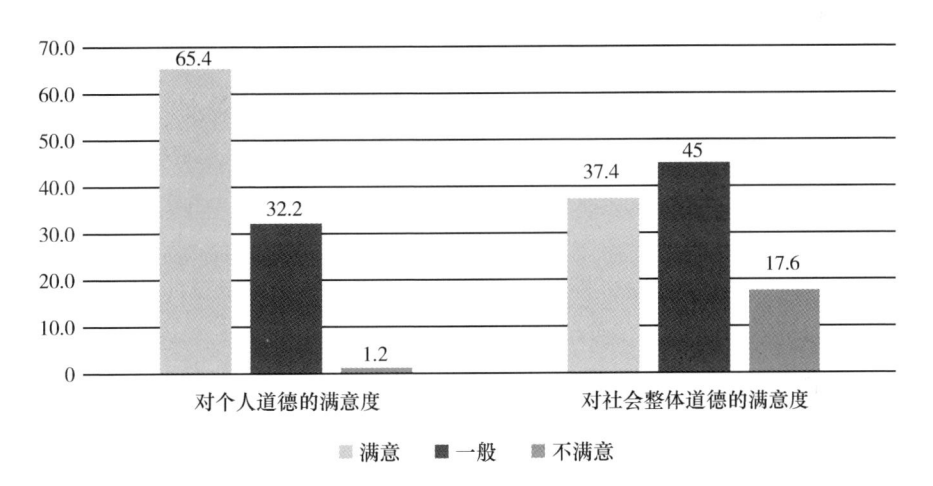

图 6 - 4 个体道德和社会道德满意度对比（%）

这是一个个人道德与社会道德关系的问题。就个人道德而言，调查中所呈现的对自身的较高满意程度其实来源于道德理解的宽泛性。康德认为道德是善良意志，以个体行动的善本身为意志的目的。这是对道德义务论的表达，代表了道德生活的绝对崇高。但在生活世界中，道德的常识性理解产生的却是无反思的宽泛性，即道德的理解仅仅停留在"恶之不为"上。所以对于大众道德理解的宽泛性问题有必要通过追问道德的对立面来厘清其含义，即道德行为的对立面究竟是不道德还是漠视道德？从伦理科学的角度，学界更愿意将道德理解为对善的积极奉行，但是汉娜·阿伦特在其"平庸之恶"的表述中却表达了一种庸常道德之恶的形态，即不经反思地接受某种外在规范，将行为动机严格合于规范，而不反思规范本身的道德性，因而可能造成更大的祸事。这种行为从宽泛道德的定义上看算不上不道德，因为遵循规范与命令反而是一种"道德"。但是如果将道德的对立面看作漠视道德，这种行为就绝非道德行为，因为意识到规范的同时而漠视良知对恶的直觉，完全忽视了道德精神性内涵。

樊浩先生以黑格尔对"精神"具有三个基本规定来界定精神的基本意义："'精神'的对立面是'自然'，相对于人的自然状态，'精神'的本性是自由；'精神'的本质和力量，在于将人从'小体'的自然存在者，提升为'大体'的伦理存在者，达到黑格尔所谓'单一物与普遍物的统一'；'精神'是思维与意志的统一，用中国道德哲学话语表述，'精神'是'知行合一'。"① 由此可知精神是不断超越个体的自然性，超越单一性存在而获得普遍性，进而在个体性和普遍性的统一中实现个体自由的自我意识。因此，社会总体性道德的精神性需要个体道德的超越性，而非平庸之德。

社会道德状况和经济体制、文化形态、社会制度等方面的因素关联紧密，而在这些主要因素方面，中国已呈现出明显的"市民社会"的特征，在此有必要将道德问题与此社会现实做出比较。市民社会是黑格尔法哲学中的一个重要阶段，它存在于家庭自然伦理实体的破裂和国家实体形成的中间阶段，这也是一个"世风日下"的阶段。黑格尔说："市民社会是个人利益的战场，是一切人反对一切人的战场，同样，市民社会也是私人利益跟特殊公共事务冲突的舞台。"② 由此可以看出家庭伦理的自然性破坏以后，个体进入公共社会生活，追求个人私利，他失去了和他者与社会共存的统一性，反将其作为自己利益的对立面，因而黑格尔才称为"个人私利的战场"。中国经济的发展需要个体解放、文化解放和法权的解放，个体解放带来的是个体经济自由和自然欲求的

---

① 樊浩：《〈论语〉伦理道德思想的精神哲学诠释》，《中国社会科学》2013年第3期。
② ［德］黑格尔：《法哲学原理》，范扬、张企泰译，商务印书馆2010年版，第309页。

合理性；文化解放可以适应消费文化多元性，法权解放是物权和财富占有的法律保证。这些方面保证了经济的顺畅发展，但对于个体道德的破坏也是显而易见的。在关于中国道德功利性的调查中，结果如图6-5所示。

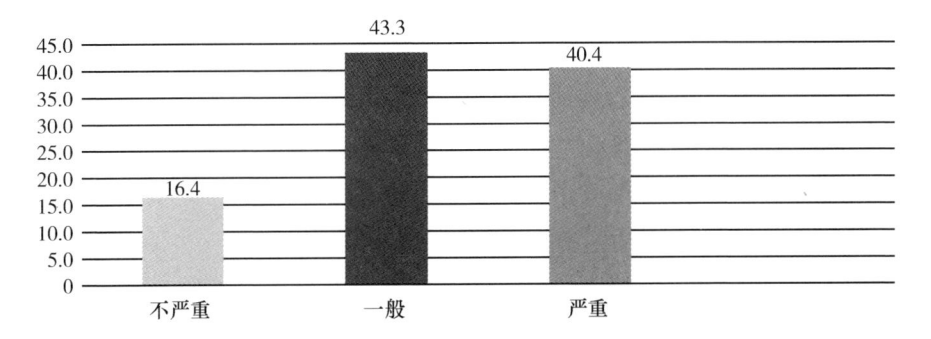

图6-5 关于当前社会奉行功利主义，相互算计的严重程度认知（%）

认为道德功利化"严重"和"一般"的分别占40.4%和43.3%，而认为"不严重"的仅为16.4%。人人追求私利，钩心斗角，在中国屡见不鲜，经济领域的商业竞争，同事之间的职位斗争，朋友之间的利益纷争，人不再是目的而成了工具、手段，而真正的目的成为利益。但是这种市民社会只为私利的状态对道德生活是极其危险的，黑格尔说市民社会是法律完善的过程，以法律制约纷争。但是仅靠法律无法提供给人以精神需要。

但事实上，市场经济确实是提供了道德的，而且它提供道德的份额要远超一切其他的因素。对"道德的成因"的调查显示出市场经济形成的道德占据35.3%，而社会主义道德、个人主义道德、传统道德、西方文化影响形成的道德所占的比重要低于该数值。结合图6-6的功利主义倾向来看，中国当前的社会道德受经济发展影响较大，但是在市场经济中形成的道德存在很大的问题，因为道德成了获得利益的手段。这和商业契约、职业规范、企业文化和成功学的教化等方面有很大的关系。这些途径形成的道德形态起到一定的秩序性作用，如涂尔干所说："社会功能秩序中，有必要确立职业伦理……规范必须告诉每个工人他有什么样的权利和义务。"① 在此，职业履行着伦理的职能。另外一些公司、企业内部所谓的企业文化，其实都是基于公司的利益建构一些相应的基本道德。而在商业活动中，商人之间的道德仅存在于对合同、契约的遵守上，而且这种商业诚信的保持是因为对商业信誉的追求，而这个信誉其实也是最终获利的手段。

未作答 0.6
其他 1.5
个人主义道德 18.0
市场经济中形成的道德 35.3
社会主义道德 25.0
传统道德 11.7
西方文化影响形成的道德 8.0

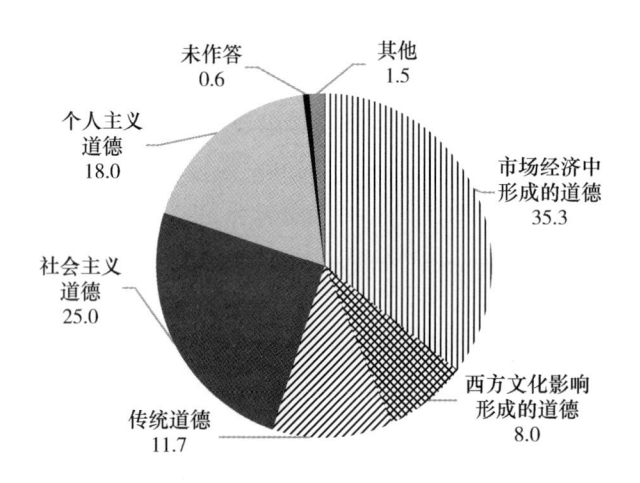

图 6-6 道德形成因素数据（%）

所以在以经济发展为主导的社会里，道德如何在经济形态中体现出精神是需要反思的问题。需要法权与合同作为信任和诚信保证的社会形态，对道德进行庸俗化理解，将个人道德限定在职业道德或商业信誉的基础上，这种道德是缺乏精神的。

公共领域中的道德必须区分于法律和法规，法律是底线的道德，而道德本身不应忽略自己的崇高性，这种崇高性来自自我牺牲、自我超越，就是要超出自己的个体性，意识到与他者的共在，进而帮助他人，服务社会。所以职业道德、商业道德等社会道德形式，虽然构成某种道德的"外形"，却无法真正体现道德的精神。当前中国在追求经济发展的同时，不能满足于对道德的庸俗化理解，即满足于"不为恶"的道德层次。社会发展程度需要精神生活作为评价标准，精神生活的实现必须具有个体

---

① ［法］涂尔干：《职业伦理与公民道德》，渠东、付德根译，上海人民出版社 2006 年版，第 12 页。

道德的崇高性。

道德是可以教化的，崇高道德也是可以通过教育来实现的。所以中国现代性社会的现实必须注重道德教育，培养社会公德。

(三) 公共生活的正义形态之一：公德

关于正义，中国伦理史上有丰富的理论资源，孔子说："君子义以为质，礼以行之，孙以出之，信以成之。"(《论语·卫灵公十五》)，就是说礼应以义为基础，义是一种内心的伦理情感，礼的生发必须以义的伦理认同为根本，所以孔子才说："礼，与其奢也，宁俭；丧，与其易也，宁戚。"(《论语·八佾》) 由此可见，义在孔子那里主要是一种伦理情感的自然生发。孟子亦说："义者，宜也。"也即是说正义关涉的更多的是主体的自觉，就是人际伦常、洒扫应对之间的合理性和正当性。所以在中国"义"和"正"字连用就有一种行为基准的意义，对不合乎礼的或不善的行为加以纠正，使其恢复"正当"。因此正义在个人德性上的作用是"准绳"，是时刻提点自己的良知。而在政治领域中，它的作用在于使公共权力的使用能合乎义的德性。

在西方，正义其实也有德性和政治性的分别。希腊文 dikee 一词，在英文中通常被翻译为 justice，因为 justice 在英文中既有正义的意思，又包含着公正的意思。在德性正义的层面上，其意义接近英文的 righteous 一词，因为 righteous 一词具有正直、正义的意思，所以可以作为个人德性上的意义。而政治正义上的意思则接近 fairness 一词，因为该词具有公正、公平的意思。由此，正义的两重意义是显然的，而分析这两重意义在社会中，尤其在公共生活中的不同形态是必要的。

公共社会及其新型伦理关系产生的新型道德形式，很难保持其纯粹性。在伦理学上，道德向来是作为人的自然性的对立面而存在的，但道德中过多的利益牵扯，已经使道德丧失其崇高意义，在某种意义上成为个体追逐利益的工具。其实，这是道德中极其稳定的因素，而面对没有利害关系的陌生人道德该如何实现，就转化为公德问题了。公德问题，即除却一切利害关系，人与人之间的直接性道德。中国社会公德问题其实一直遭受当代道德学家的诟病，缺乏公德的社会是没有精神性可言的。梁启超在其写于1902年的《论公德》中就说："人人独善其身者谓之私德，人人相善其群者谓之公德。"①刘师培先生亦将公德定义为社会伦理，即"个人对于一群之伦理"，私德自然也就成了公共社会中出于私利的道德，由此可见，二者的边界是值得关注的。

而这种陌生人之间的公德问题最为显著地体现在中国当代社会的信任危机上。信任不同于信用、诚信，从词源意义上讲，"信，从人从言"，所以信任必须强调对他者的"相信"，其实"相信"已经是一种关涉二者之间的德性，类似于亚里士多德所说的"正义"，不再像"诚信""勇敢"一样，这些都是主体个人的德性品格，意味着主体人格的完善。而"信任"却是在于待人之态度。郑也夫认为："信用与信任互为表里：信用是名词，表达静态属性，即可信任的。信任多为动词，出发点是主体，即判定对方有信用与否。"② 因此信任是对他人是否值得相信的判定，它关联更多的是社会风气。在世风日下的社会中，信任的风险是巨大的。中国现代社会的信任问题其实和社会整体风气有很大的关系。

陌生人之间的关系多发生于双方信息不在场的情况下，尤其是道德品行信息的"不在场"。可是安东尼·吉登斯说："信任在时间和空间中的缺场有关。对一个行动持续可见而且思维过程具有透明度的人，或者一个完全知晓怎样运行的系统，不存在对他或它是否信任的问题。信任过去一直被说成对付他人自由的手段，但是寻求信任的首要条件不是缺乏权利而是缺乏完整的信息。"③ 简言之，信任应该发生在对自己熟悉的人身上，而不应是完全不了解的陌生人身上。所以在此角度上讲，陌生人之间的信任存在风险。

以扶老太事件为例，该类事件自南京彭宇案进入公众视野以来不断发酵，已经成为国人信任的敏感地带，据统计，2006—2015年九年之间共93起老人摔倒事件被报道，四大门户网站（新浪、搜狐、网易、腾讯）报道19起，官方媒体（人民网、光明网、新华网）报道44起，年

---

① 梁启超：《宋志明选注·新民说》，辽宁人民出版社1994年版，第16页。
② 郑也夫：《信任论》，北京广播电视出版社2001年版，第9页。
③ ［英］安东尼·吉登斯：《现代性的后果》，田禾译，译林出版社2000年版，第29页。

均报道超过 10 起。① 于是，信任问题就演化成了社会问题，进而演化成社会精神和伦理的危机。

信任是公共道德的基础，公共领域中陌生人之间毕竟无法只靠法律的底线做保障，"老吾老以及人之老，幼吾幼以及人之幼"的传统美德其实就是阐释了关爱的普遍化原则，要有对陌生人的道德责任。信任是公德的基础，它是人与人之间合理共处的基础道德，樊浩先生说："社会生活中的信任危机本质上是道德危机，是由道德危机引发的信任危机，社会关系中的信任危机是伦理危机，是群体之间的信任危机。三次调查表明，道德信任危机已经向伦理信任危机转化，伦理信任危机，以群体性不被信任的方式表达和呈现。"② 因此信任关涉群体伦理的和谐等问题。

群体伦理的"现代性"特征已于本文第一部分做过陈述，社会个体性特征的剧烈分化，传统伦理已经无力作为社会的"凝聚剂"，将公共领域的个体重新凝聚在实体中，但人与人之间，尤其是陌生人之间毕竟有在一起的需要，这种"在一起"将不再是伦理式的，而需要依靠信任和基本的公共道德。

所以公共道德不同于职业道德、商业道德，它要求的信任是"道德性信任"，即并非仅仅熟人之间的信任。如美国学者埃里克·尤斯拉纳在其《信任的道德基础》一书中强调的："我称它（陌生人之间的信任）为道德主义信任，即信任我们不认识的人，信任与我们不同的人。我们不能把对陌生人的信任建立在他们的可信性上，因为我们无法知道他们是否诚实。我们只是假定他们是诚实的。"③ 因此，公共道德是公共领域要求的德性，它的关键在于对陌生人的信任和关爱，因此公共道德能反映出时代的道德病症，具有时代性。所以，樊浩先生提出了"新五常"的概念。

---

① 该数据引自樊浩《当前中国社会大众信任危机的伦理型文化轨迹》，《"道德发展智库"首届高端论坛·信任论坛（论文集）》。
② 樊浩：《当前中国伦理道德的"问题轨迹"及其精神形态》，《东南大学学报》（哲学社会科学版）2015 年第 1 期。
③ ［美］埃里克·尤斯拉纳：《信任的道德基础》，张敦敏译，中国社会科学出版社 2006 年版，第 18 页。

"新五常"是相对于传统"仁、义、礼、智、信"五种伦常而提出的，社会形态变化导致了社会关系类型变革，因而相对的伦常也发生了相应的改变。CGSS 调查显示，现代社会公共领域所需要的美德的前三位是爱、诚信、责任是基本确定的，而正义（公正）列在第四位，它的地位在爱、诚信等伦理德性之后，这种倾向说明了现在公共社会之中的主要道德问题是人情上的冷漠，而非法理上的冷漠（因为正义主要是法律上的需求）。这也反向说明了公德不是简单的道德，它意味着个体对他人的一种人性的自觉。

表6-2　　　　　　　　　　　　新五常

第一德性	第二德性	第三德性	第四德性	第五德性
爱	责任	诚信	正义（公正）	宽容

人际关系冷漠严重程度的调查数据

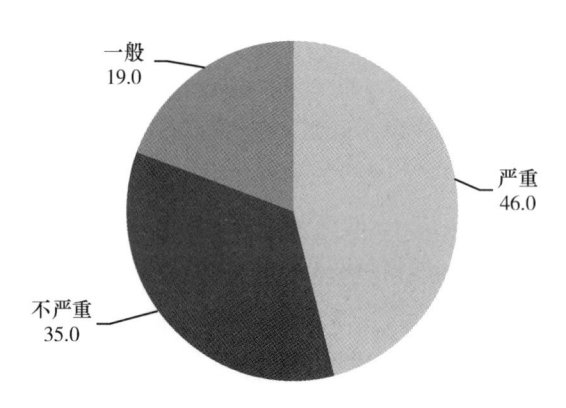

一般 19.0
严重 46.0
不严重 35.0

图6-7　关于当前社会人际关系冷漠程度的直观感知（%）

与公德对应的是社会道德冷漠，而中国当前的社会关系冷漠程度如图6-7 所示，有 46.0% 的受访者认为当前社会的人际关系"严重"冷漠，这是社会公德缺失的表现。公德体现了个体对公共场域的道德要求，是一种正义感的显现，而公共场域中的道德缺失又受制于传统私人型伦理生活的影响。上文图6-2 的调查数据分析中已经发现，中国现今主流的处理人际关系的方式仍然是伦理型的，即以直接沟通或找熟人调节的方式为主，有着传统伦理的深刻痕迹。传统社会的宗法伦理在当今社会的体现是熟人文化，这种熟人文化在公共生活中没有体现出对他者，尤其是对陌生人的责任感。"他者"是"第三人称"的，而"他者责任"并非伦理型文化所能阐述的，因为伦理所能解决的是同一风俗下的伦理认同，而对他者的"公德意识"需要在公共领域中教化和培养，如田海平先生所说："'伦理'一词的古希腊语义及拉丁译读表明，伦理与人之居息的'本土本乡'及其共同生活紧密相关，道德更多地关涉'异乡人'的视阈。"[①] 所谓"异乡人的视阈"是指个体性启蒙之后人面对公共生活的担当性问题。这也是中国当今公德建设的主要任务。

因而"道德"须经历教化才可以形成公德，这说明了公民道德教化的必要性。而"社会正义"是公共领域的一个更大问题。如果公德由个人对社会形成的爱、诚信、责任等德性所组成，那么社会正义则是关注权力和财富在公共社会中的运行如何遵守"公德"。

（四）公共生活的正义形态之二：社会公正

正义的德性形态其实在上文中已做阐述，作为德性的正义本质上是一种伦理情感，在公共生活中就是一种对待陌生人、不相关之人的伦理自觉或恻隐之心，它的出发点不是复杂的利益目的，而是个人的伦理情感，所以它是公德的基础。因为这种"正义感"，个体道德才能上升为群体道德。正如亚里士多德所说，正义是唯一一个关涉他者的德性。将这种群体德性的合宜性要求放置在公共权力和财富的层面上就会显现为"公正"，在公共生活中的公正属于更为复杂的政治学范畴。

而中国现阶段的社会公正问题面临着很大的挑战，在"哪个因素最可能影响人际关系紧张"的调查问卷中发现，选择"（社会财富分配不公，贫富差距过大）导致人际关系紧张"这一选项的受访者高达44.6%，这一选项的选择量远远高于其他调查变量。而在CGSS"你认为当前社会财富分配不公，贫富差距过大的严重程度如何"调查报告中显示，认为

[①] 田海平：《何谓道德——从异乡人的角度看》，《道德与文明》2013年第5期。

"严重"的受访群众高达76.6%,而认为"不严重"的仅为6.6%。这说明在公共财富分配上,中国已经显现出明显的分配不公现象。

这和中国改革开放以来"让一部分人先富起来"等。暂行的市场经济政策有关系,所谓市场的盲目性却形成了财富叠加集中的过程。重要的不是让谁先富的问题,而是穷人得到财富的机会是怎样的,这才是公共财富分配公正的关键。这种形态不是市场的途径,而是政府行为。市场完成了社会财富的创造,而关涉财富分配合理性的是社会福利与财富应用,包括公共设施的完善、社会医疗条件的改善和社会保险的投入等公共福利行为。但是社会财富在市场中集中化和两极化所造成的公民对于社会整体公正的失落,却不是政府福利的问题,而是经济政策的问题。

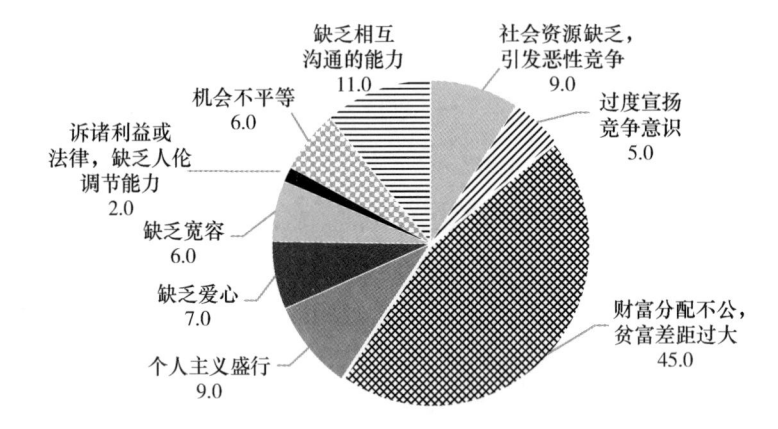

图6-8 最可能导致人际关系紧张的因素分析(%)

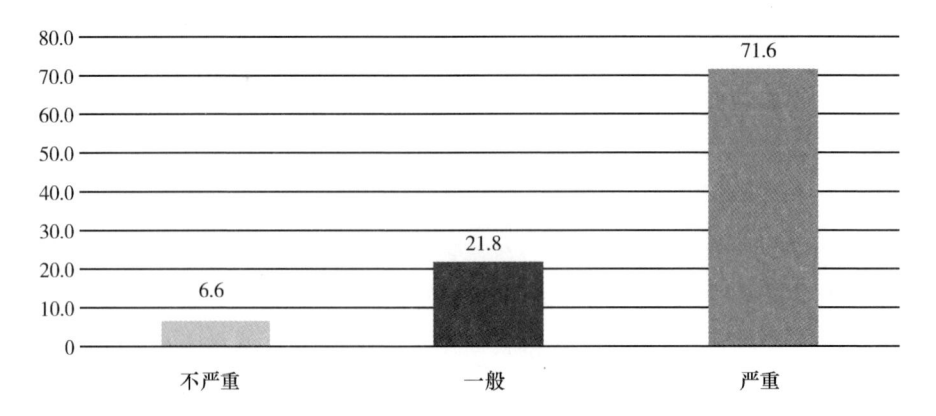

- 缺乏相互沟通的能力 11.0
- 社会资源缺乏,引发恶性竞争 9.0
- 过度宣扬竞争意识 5.0
- 财富分配不公,贫富差距过大 45.0
- 个人主义盛行 9.0
- 缺乏爱心 7.0
- 缺乏宽容 6.0
- 诉诸利益或法律,缺乏人伦调节能力 2.0
- 机会不平等 6.0

图6-9 关于社会财富分配不公以及贫富差距程度的主观认知(%)

- 不严重 6.6
- 一般 21.8
- 严重 71.6

社会公正的核心不仅在于财富的"分配",还包括公共权力"分配"的公正。罗尔斯认为公共财富和权利分配的公正不等于平等和平均,他提出了两条分配原则,成为当代"正义论"不可忽略的理论。"社会和经济的不平等应该满足两个条件:第一,它们所从属的公职和职位应该在公平的机会平等条件下对所有人开放;第二,它们应该有利于社会之最不利成员的最大利益(差异原则)。"① 他认为公共财富和权利应该面向所有需要这个机会的公民开放,而且要最大限度地顾及最不利社会成员的利益,这种"分配"自然有其实现的难度,但是它体现了经济和政治人文精神,也体现了某种善性,是值得当今社会考虑的分配原则。

中国社会公共权力的另外一个问题是公权使用的公正,图6-10、图6-11是对特定群体满意度的调查结果,参与调查的有政府官员、企业家、娱乐明星、教师、青少年、农民、商人、工人、专家学者、医生10个职业群体。调查结果显示,最不被群众满意的三个群体为政府官员、商人和娱乐明星,对政府官员表示"不满意"的高达48.9%,对企业家表示"满意"的仅为19.6%,对企业家的"不满意"源于他们占据社会财富但对于公共事业的不作为,使社会财富的公正体系受到损害。而对于政府官员的"不满意"则多在于公共权力的滥用。

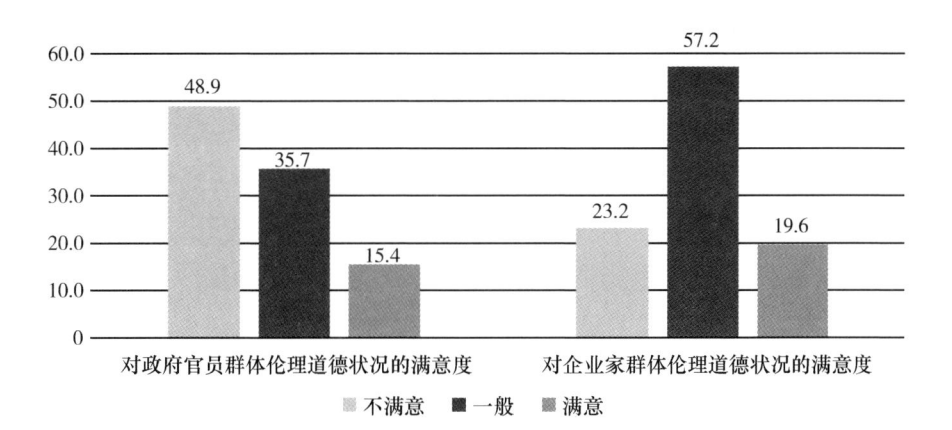

图6-10 对政府官员和企业家群体伦理道德状况的满意程度(%)

---

① [美]罗尔斯:《作为公平的正义》,姚大志译,上海三联书店2002年版,第70页。

政府官员具有双重身份，他既是普通的社会个体、家庭成员，也是公共权力的执行者，因此对官员伦理要求的根本就是分清公和私，不能以公权谋取私利。关于"当前社会干部贪污受贿，以权谋私的严重程度"的调查显示，认为官员以权谋私"严重"的受访者高达72.6%，可见中国社会的公共权力公正存在很大的问题。

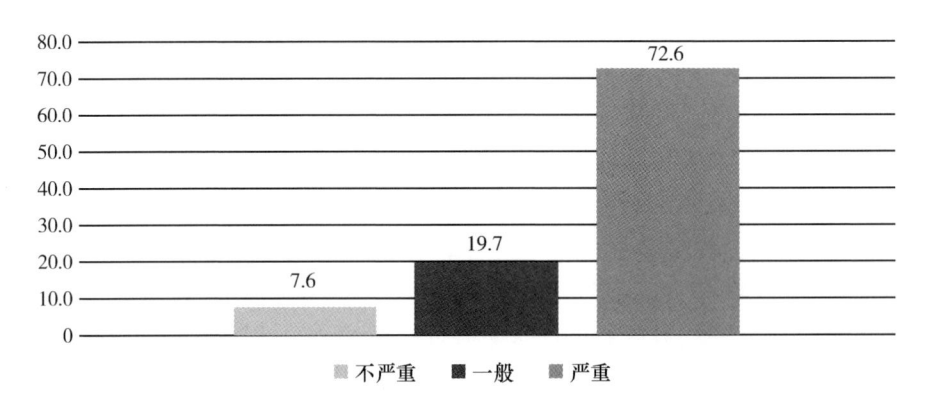

图6-11 对社会干部贪污受贿，以权谋私严重程度的个体认知（%）

在黑格尔看来，在个人和家庭、国家之间应该有一个平衡，如果个人从家庭利益出发，就会导致个体对于国家责任的欠缺。如果把"贪污腐败"这个问题还原到公德问题上，就会发现官员在权力的使用上缺乏"公德"，公德是个体对群体的道德，那么"政治公德"就应该是政府个体官员在使用关涉群体利益的公共权力的时候，自我约束的"公德"。个人公德，如诚信、关爱、责任等本是私人性的，它体现在个体在公共场域中的道德性上，但是如果把这个"个体"限定为权力的执行者（即官员），那么，公德就是政治公正的重要因素。官员腐败恰恰说明其把个人和家庭利益放置在群体利益之上，实现了家庭伦理，但缺失公共正义，严重者构成了犯罪。

导致公共权力失范的另一层重要因素是制度设计和法律监管，法律的监察机制不严格可能会造成公权私用的现象。而整个制度的合理性几乎可以算成一种权力牵制的科学，所以，从政治学和法学的角度看，制度的合理性和法律的完善更有利于公共权力的规范性。但是法律是底线道德，绝对完善的法律是不存在的，因而在此问题上，官员的政治公德教育和法律的监管应该同时作为公共权力执行中的考虑因素。

(五)结论

　　从以上数据和分析中可以看出，中国社会在转型期所面对的伦理困境：由传统向现代性的转化形成了伦理型文化和公共精神之间的纠结，传统宗法社会的私人交往模式在与公共生活共存的社会环境中彼此渗透，导致公共生活中依然以熟人伦理来处理，同时公共生活中的独立性和个体性所形成的社会思维，又破坏了私人领域，如家庭、朋友之间伦理的自然性。在道德方面，中国社会对道德存在一种庸俗化理解，导致社会有道德而无精神，表现在陌生人之间的冷漠、对经济利益的一味追求和职业商业道德的精神匮乏上。因此在公共领域中，陌生人之间需要公德，公德不是法律，它的基础是"义"，是一种伦理情感，个人的底线道德转换为公德，才能体现出精神。最后，社会公正是中国社会法制层面上的重大问题，目前集中体现在对"分配"和"公共权力"低满意度的现象上，在此方面官员政治公德和法律完善应同时作为治理方式。这样，以传统伦理生活—公共生活—公共道德—社会公正为主线，可以发现：中国当前社会需要架构一种基于公德和公正的社会生活。而传统的伦理气质和公共生活需要的公正精神尚有矛盾，这是中国社会转型需要克服的困境之一。

（杜海涛）

二十三　公共信任的伦理道德影响因子

公共信任是基于伦理同一性的道德主体性，其中内蕴着三大伦理要素：伦理认同、道德行动及公共信心。隐喻的伦理意义是：具有公共信任的个体是知行合一的个体，具有公共信任的社会也是个体至善与社会至善同一的社会，因而也必然是伦理与道德同一的理想型社会。当前中国急剧的社会转型，使社会伦理关系与人的道德态度发生着前所未有的改变，作为美德的社会公共信任正日渐沦落为社会发展之殇，"每个人都以自身为目的，其它一切在他看来都是虚无"[1]。伦理关系的持续解构已构成当前中国社会发展的内隐阻力。社会的急剧转型通常内蕴着发展的重大机遇。彷徨、无奈乃至无厘头的彼此责难都无济于事，务实的做法是积极分析当前中国社会公共信任问题的伦理道德肇因，进而提出合理性决策方案。以樊和平教授领衔的东大伦理学团队秉持"顶天立地"的学科发展理念，立足道德国情大调查，力图真实地呈现当前中国社会伦理道德的变化轨迹。三轮国情大调查（2007、2013、2017）已获取极为宝贵的伦理道德数据，对深入梳理当前中国社会公共信任问题的伦理道德影响因子具有重大的资源性意义。本文将以东南大学道德国情调查中心提供的"2017年全国道德发展状况频数分析表"为依据，从伦理、道德两大界域对当前中国社会公共信任问题进行伦理学的成因分析，力图为问题解决提供较为科学的理论依据。

---

[1] ［德］黑格尔：《法哲学原理》，范扬、张企泰译，商务印书馆1961年版，第197页。

(一)公务员失职渎职、以权谋私对权力公共性的僭越

公职人员高频次腐败已构成当前中国社会政治生态的焦点问题之一，其呈现形态主要是公私不分、以权谋私，利用公共职权谋取个人私利。"公—私"对峙不仅影响与制约着当前社会的健康发展，同时也必然成为社会公共信任的腐蚀剂。

1. 公职人员、公共单位与公共制度

在当前中国的政治生态中，能冠之以"公共"称谓的主要指客观制度、带有公共性质的企事业单位以及公职人员等。众所周知，制度是客观的，本身并不带有主观意图，其执行效率的高低主要取决于带有主观性的社会主体——人。而从制度的内在伦理本性考察，其价值旨趣在于社会公共性的维护，其价值出发点在于代表并维护人民大众的公共利益。从这个层面审视，制度的内在伦理本性就是公共性。当然，这种公共性的价值期待则主要取决于制定、执行及维护制度的社会主体——人，主要是社会公职人员。企事业单位作为一种伦理性实体，其存在主要是公共价值的现实呈现，也是公共性的价值依托，是维护社会公共利益的伦理实体机构。因而，其内在的伦理价值旨趣也在于社会公共性的维护，并以服务并服从广大人民群众的公共利益安排为价值旨归。当然，虽然企事业单位本身具有公共性的价值指向，也是以其价值主体——道德人的存在为伦理前提。基于如上分析，人民大众期待的"公共"最终都指向具有理论合理性与现实合法性的政府公职人员。可见，公职人员是否以及能否为"公"、能不能真正践行全心全意为人民服务的宗旨，成为制约当前社会大众公共信任生成的核心要素之一。

2. 公职人员、公共权力与群众利益

权力生成存在源于人民群众，内在的价值旨趣在于维护大多数群众的根本利益，因而权力的内在本质是公共的。"国家权力固然是简单的实

体,也同样是普遍的〔或共同的〕作品——绝对的事情自身,事情自身使个体意识到他们的本质都在这里充分表达出来了,而且他们的个别性归根结底就只是对他们的普遍性的意识。"① 公共权力作为一种内在的价值存在,外在体现为制度安排。因而,制度是权力的实施与保证,而权力则是制度的内核,二者互为表里。权力与制度在客观层面都不具有内在主体性,其效力保证源于其制定与执行者——公职人员。因而,公职人员的价值内核在于"公",即公职人员是公共权力的化身,是执行权力的社会主体。公职人员、权力、制度及人民群众在公共性层面相通,都服务于社会公共利益需求,其内在价值意义都在于伦理之公,是人民群众公共信任的价值之源。当前,公职人员腐败态势的不断扩张,改变了权力、制度的内在公共性设计,使公职人员—权力—制度—人民大众的伦理信任链条产生阻滞,由此催生了严重的公共信任问题。如上结论在2017年全国道德国情大调查中获得了相关数据的佐证:"造成当今不良道德风尚的最主要原因是?"在调查中,有55.3%的人选择了"以权谋私、官员腐败",占到了所有选项百分比的一半以上。在"生活中或媒体上看到政府官员时,您首先想到的是?"的调研中,选择"官僚,根本不了解我们的情况"的受访者占最多数(22.2%)。"与前几年相比,您对政府官员的信任度有什么变化?"在调查中,只有38.8%的人选择"信任度提高了",甚至有13.6%的人直接选择不信任。可见,公职人员腐败已成为大众潜在的道德认知,且被认为是当前社会公共信任问题的直接成因,这从价值层面消解了社会公共信任。

3. 公职人员、共产党员与党组织

在当前中国的社会政治生态中,大部分公职人员都是中国共产党党员。共产党员是人民群众中的积极分子,其隐含的伦理意义是:共产党员能够做到为人民群众谋福利,具有内在的公共价值。因而,中国共产党就是由一批最能够代表广大人民群众利益的党员构成,是最代表伦理普遍性的社会公共性组织。党组织是党员所归属的伦理实体,而党员则是党组织的构成要素,二者趋同于内在的价值期待。可见,从内在价值

---

① [德]黑格尔:《精神现象学》(下卷),贺麟、王玖兴译,商务印书馆1979年版,第52页。

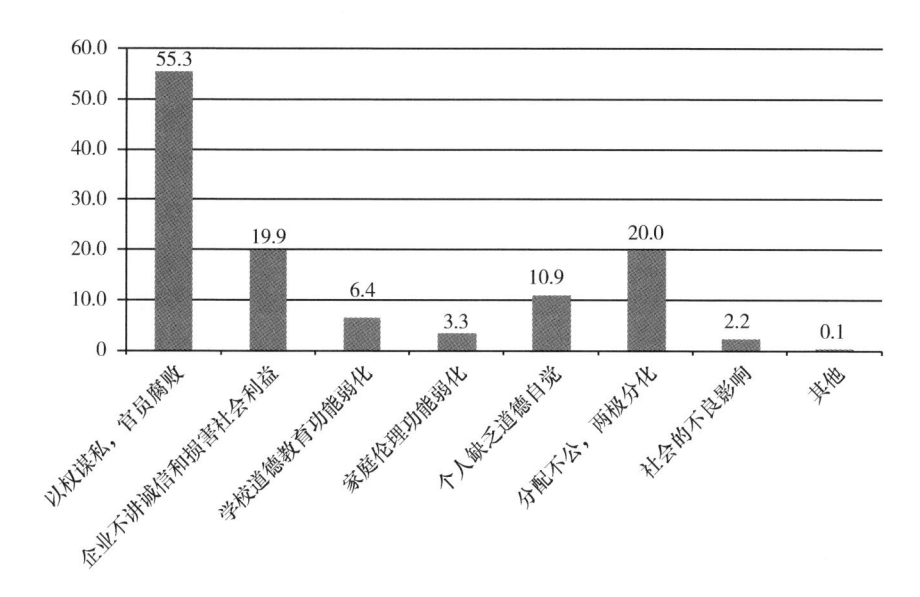

图 6-12　关于"造成当今不良道德风尚的最主要原因"的调查结果（%）

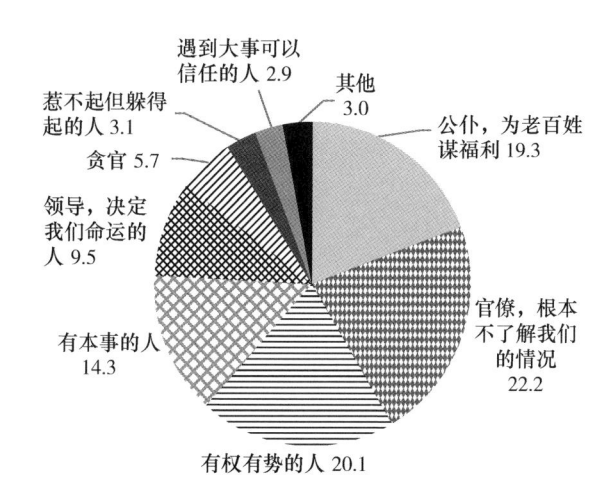

图 6-13　关于"在生活中或媒体上看到政府官员时，
您首先想到的是"的调查结果（%）

维度审视，公职人员、共产党员、党组织三者存在价值同一：为人民群众的公共利益服务，三者统一于内在的价值之"公"，由此衍生出的价值隐患是：因公职人员和党员群体的高度重合，由公职人员失职渎职引发的公共信任危机必然会转换为对党员与党组织的信任危机，大众对公职人员的不信任最后必然要转换为对党组织、党员的不信任，更有可能同时发展为对政府官员乃至政府的不信任。在关于"您对您周围的党员干部道德状况怎么评价"的调查中，带有负面评价的占调查样本数的57.7%，而直接选择"普遍比较差"的则占到总数的21.7%。"近10年以来，您认为下列哪一类人获得的利益最多？"政府官员在所有选项中占比31.0%。关于"您对政府官员的伦理道德整体状况的满意度"问题，则有近40.0%的人明确表示"不满意"，价值判断的"负"增长在某种程度上折射出该领域隐藏的信任危机。

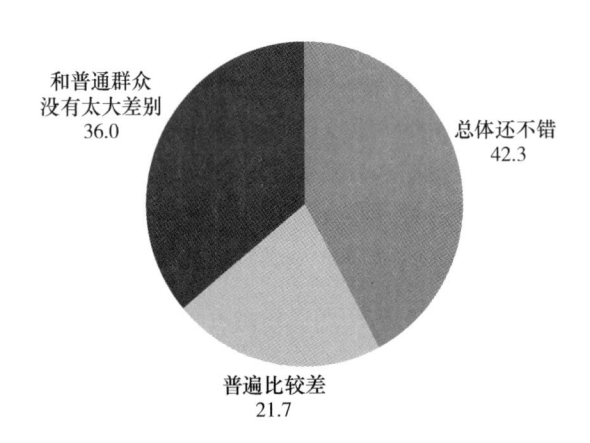

图6-14 关于"您对您周围的党员干部道德状况怎么评价"的调查结果（%）

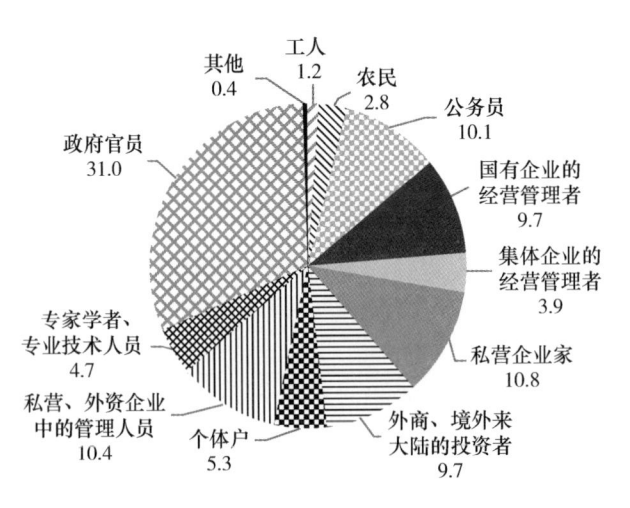

图6-15 关于"近10年以来，您认为哪一类人获得的利益最多"的调查结果（%）

由于中国共产党党员、党组织在新时代中国特色社会主义事业建设中的主导性位置，社会公众对党组织、政府消极信任的后果，不再是两类群体间的价值认同问题，而极有可能演变为社会的政治问题。在关系到执政党执政效能的同时，必然在一定程度上对执政党的合法性与合理性产生危害，对新时代中国特色社会主义事业的建设、中华民族的伟大复兴等具有重大的制约与影响。

综上所述，中国当前政治生态中公职人员群体的不当行为，已成为中国社会公共信任问题的主导要素之一，群体内部个体的一言一行可谓牵一发而动全身，成为当前中国政治领域公共治理的核心议题。公职人员失职渎职，以权谋私，不仅是对自身公共性、权力公共性的伦理僭越，也间接构成其所属伦理实体——党组织的公共信任危机，在催生出其他领域连锁反应的同时，成为社会现代化进程中的潜在阻力。

（二）市场从业者道德式微、一味追求利益对市场公共性的僭越

如果说"公共"在政治领域主要指向公职人员，凸显该群体的为"公"之心，那么在经济领域，"公共"则指向各类公共产品。在市场环境中，各类公共产品的内在价值意涵是公共性，即为大众公共消费。然而，在当前中国市场语境中，市场从业者因缺乏公德意识，对公共产品"肆意凌辱"，使公共产品人为地附加上个人的私利意志。造假弄假、缺斤短两的行为，使带有天然公共使命的市场产品由此沦落为市场从业者的谋利工具，在损害了市场公共性的同时，也危及市场的正常运行。

1. 市场从业者、公共产品与消费大众

要明确市场从业者何以能摧毁大众公共信任感，首要问题是澄明三大伦理因子即市场从业者、公共产品及消费大众间的内在关联。经济学意义上的商品是指用来交换的劳动产品，其内在要素有二：一是劳动所得的产品，二是这种产品是用来交换的。其中，交换，是商品之所以是商品的首要属性，也是其所具有的社会属性。其内在隐喻的伦理意义是：商品只有

在与其他物品进行交换时，才能实现自我价值。商品的交换意义决定其内在的伦理意义是"为他"的，即商品具有内在的主体间性属性，或者说是公共属性。只有在公共的伦理空间中，商品才能发挥其应有的伦理意义。也正是在这种意义上，商品从业者的伦理价值得以凸显——商品公共职能的协助者。商品交换协助者的这一伦理设定，也就决定了市场从业者所具有的内在伦理本性是公共服务者，职能在于促进商品公共职能的实现，为市场公共职能的正常运行出力。因而，沟通商品与消费者的公共平台就是商品从业者的价值规定，在公共性平台上，商品市场从业者、公共商品以及消费大众构成了市场正常运转的商业伦理价值生态。

2. 道德缺失、造假弄假与公共信任

在正常的伦理环境中，市场从业者的公德意识强、商品的内在品质过硬、消费大众遵纪守法等伦理条件组成正常的商业伦理环境，商品的公共性可以在其中无障碍地实现。这同时也意味着，在这种伦理环境中，市场从业者—公共产品—消费大众三者之间的伦理沟通畅通无阻，市场的公共性职能得以展现。但如上伦理生态的生成必须具备市场道德人的理想前提。即意味着市场公共性的生成与维护必须以市场从业者的道德前提为基础。当前中国社会的市场环境中，由于各种复杂因素催生的制度监管缺位，市场从业者的道德素质日渐缺失。不少人为了蝇头小利，弄虚作假，不仅在公共产品上做手脚，在经营过程中也不恪守商业道德，坑蒙拐骗，人们在过度的物质依赖中似乎忘却了自身的职责与身份，进而沦落为"物"的奴婢。市场日益商业化的后果必然是商业道德沦丧，这损害的不仅是商品的公共性，也是市场从业者的公共性。市场私利的日渐膨胀，商品与市场从业者的公共性也随之日渐隐退，道德缺失、弄虚作假现象的盛行，其后果必然是消费大众对市场整体伦理环境的质疑——不仅是对产品质量的质疑，也是对市场从业者素质的质疑，更是对市场伦理环境的公共职能的质疑。市场从业者—公共产品—消费大众的公共性断裂，所催生的伦理后果就是消费大众对市场公共性的僭越以及对市场公共伦理的不信任。关于"在市场上购买食品、衣物、家用电器等商品时，您觉得有安全感吗"的调查中，仅仅有25.0%的受访者明确表示"有安全感"，而有44.1%的人明确表示"没有安全感"。在"您怎么看待电视、报纸和其他主流媒体上的广告"的

调查中,仅有15.0%的人明确表示相信,有将近85.0%的受访者则表示"不相信"或者"将信将疑"。这些表明:当前市场伦理环境中,市场交易背后的公共信任问题日趋严重,成为当前社会公共信任解构的重要诱因。

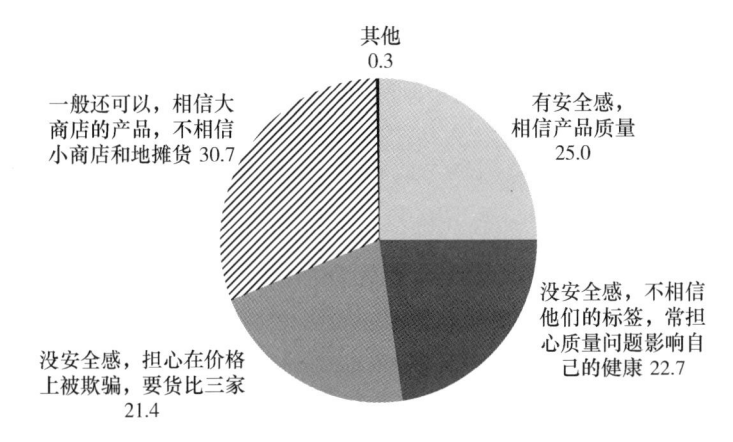

其他 0.3
一般还可以,相信大商店的产品,不相信小商店和地摊货 30.7
有安全感,相信产品质量 25.0
没安全感,不相信他们的标签,常担心质量问题影响自己的健康 22.7
没安全感,担心在价格上被欺骗,要货比三家 21.4

图6-16 关于"在市场上购买食品、衣物、家用电器等商品时,您觉得有安全感吗"的调查结果(%)

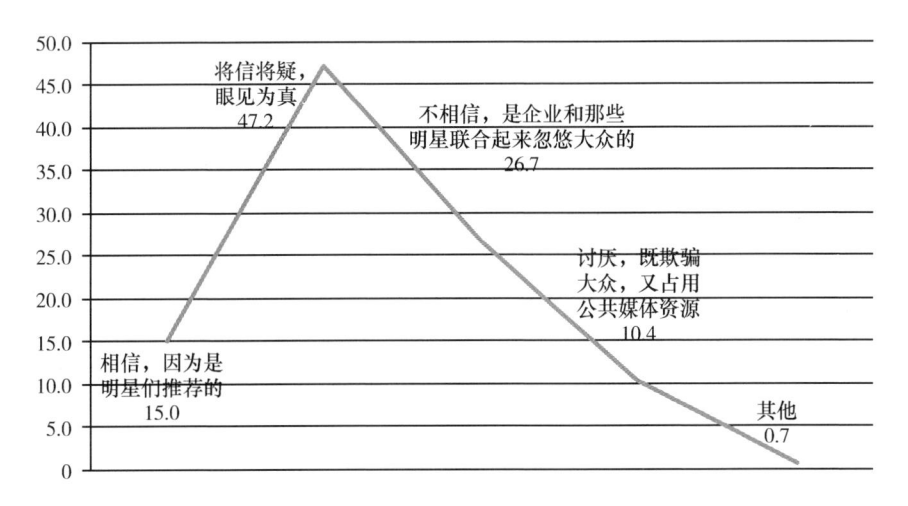

将信将疑,眼见为真 47.2
不相信,是企业和那些明星联合起来忽悠大众的 26.7
讨厌,既欺骗大众,又占用公共媒体资源 10.4
相信,因为是明星们推荐的 15.0
其他 0.7

图6-17 关于"您怎么看待电视、报纸和其他主流媒体上的广告"的调查结果(%)

3. 经济、政治与其他

在经济领域中,市场从业者道德感的式微、对利益的一味追求,不仅会损害彼此的直接经济利益，而且使人们的"社会性"倒退。问题的严重性在于：由于经济与政治之间的密切关联，经济领域中的市场公共性僭越，必定对政治领域的公共性产生重要影响与制约，具有使"政治人"衍化为"经济人"的伦理风险，经济领域的物化思维在政治领域中的不断侵蚀，必定对政治公共性的建构造成重大影响。也正是由于政治—经济领域间公共性的交互僭越，导致了社会整体的公共性式微。2017年的全国道德国情大调查数据对此有所呈现：在"您认为干部当官的目的是"的调查中，有34.3%的被调查者选择"为自己升官发财"，也有25.6%的被调查者认为是"为家庭增光，光宗耀祖"，如果按照"从个人利益出发"考虑，这两项相加的数字占到了59.9%。在"当前社会干部贪污受贿，以权谋利的严重程度如何"的调查中，认为"非常严重"的被调查者占17.8%，认为"比较严重"的被调查者占38.1%，这两项数据之和占到总数的55.9%。在"中国社会，您最担忧的问题是"这一调查中，有38.9%的选择"腐败不能根治"。多项数据表明：在当前中国社会大众的道德判断与道德评价中，公职人员"正在"（或者说"可能"）面临着被物化的风险，政治领域与经济领域之间的"交叉感染"，使"政治人"向"经济人"的蜕变加剧，强化了公众对该群体的不信任感。

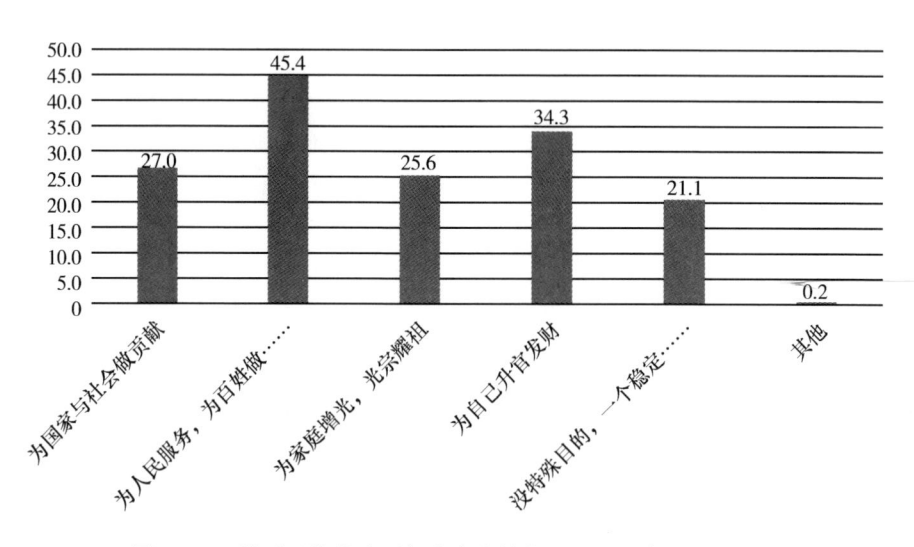

图6-18 关于"您认为干部当官的目的是"的调查结果（%）

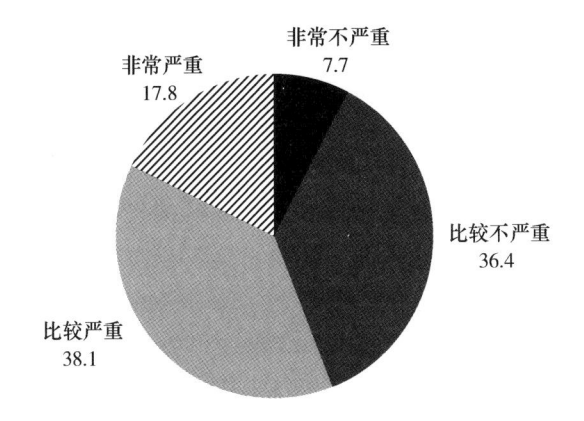

图 6-19 关于"当前社会干部贪污受贿,以权谋利的严重程度如何"的调查结果(%)

综上所述,在经济领域中,市场从业者、公共产品、消费大众三者间在公共性层面存在伦理同一,即市场从业者、公共产品、消费大众都具有公共性的伦理内核。市场规导不力以及市场从业者的道德式微,会导致人们唯利是图,成为物质奴役的对象,不断肢解市场公共性。同时,物化泛滥,又进一步向政治领域扩张,消解政治公共性,其后果不仅是经济领域大众对市场公共性的不信任,也必然扩张到对政治领域公共性的质疑,在一定意义上又加剧了社会的整体不信任感。

(三) 文化发展的产业化、媚俗化对文化公共性的僭越

文化发展事关民族、国家的价值建构与民众的心灵培育,对个体与社会关系的伦理调适以及社会的整体发展都具有难以估量的伦理意义。强调精神文明建设、夯实文化发展一直以来都是中国社会发展的主线。但由于市场经济的强势扩张,社会文化发展也面临着媚俗化与产业化的风险,这不仅在一定意义上偏离了文化发展的本真,对当前社会整体的伦理价值认同也产生了一定程度的制约性。

1. 文化真善美、文化假丑恶与社会公共性

文化不仅是一种形态上的大众价值共识或者暂时的行为趋同，而且是一种跨越不同历史时段与历史空间的价值沉淀。因而，文化的伦理道德本性就具有跨越不同"个别性"的价值"共性"，它代表着不同历史时空中的"价值公约数"，是时代公共性的价值呈现。而从内容上考察，文化的本真是指向大众的价值共识，是时代的精华以及推动社会发展的内驱力。因而，文化的内容就具有真、善、美的价值意涵，求真、求善、求美宣誓了文化的时代公共性力量。然而，在当前的文化战略与文化发展谋划中，文化逐渐从"价值王国"沦落为"市场附庸"。首当其冲的就是文化产业化，文化产业化的发展逻辑虽然是强调文化要"落地开花"，但其内在的前提则是：既要强调文化的产业化，又要夯实文化发展的内涵建设。离开了文化的本真，仅仅强调文化的产业化，这无疑是一种舍本逐末。文化发展以真善美为内涵，以塑造时代价值为目标，一旦过度产业化，其后果就是文化发展的市场化和利益化。文化发展的价值建设最终从真善美沦落为假恶丑，一味地趋同人们的自然嗜好，文化就会在灯红酒绿的低级趣味中失去时代公共性的价值与意义，也就无法谈及对社会发展的价值主导以及对民众个体的价值引领功能，最终必然要变成社会发展的硬伤。在当前的文化市场化进程中，作为产业发展的文化，其发展逻辑已经在很大意义上按照市场法则运作，文化成为人们谋利的工具与手段，其外在表征就是各种文化发展公司遍地开花，文化发展呈现出头足倒置的不良生态，"打文化牌"成为不少商家的"文化发展战略"。在商业道德缺失的状态下，文化容易从高大上降格为假恶丑，也容易一不小心成为商业发展的附庸，甚至是商人谋利的"帮凶"，文化发展的低级趣味化一再被人们所诟病。文化在一味地迎合商业发展"个别性"的同时，也失去了时代引领的"普遍性"意义。人们在"享有"低格调文化商品的同时，却在无意识间与时代的真善美失之交臂，在附庸个体化的同时，也消解了时代的公共信任。在"公众人物用知名度攫取财富严重程度如何"的调查中，认为"比较严重"的被调查者占44.8%，认为"非常严重"的被调查者占11.8%，这两项相加占56.6%。在"娱乐界以丑闻、绯闻炒作，污染社会风气严重程度如何"的调查中，认为

"非常严重"的被调查者占 13.5%，认为"比较严重"的被调查者占 53.0%，两项相加占总样本数量的 66.5%。"娱乐界"与"公众人物"共同的伦理特征在于，他们都可以被视为一定意义上的"文化符号"，因而该群体的行为可归为某种意义上的文化行为，是文化发展的集中呈现。受访者对"公众人物用知名度攫取财富"与"娱乐界以丑闻、绯闻炒作，污染社会风气"的价值否认，背后是对文化产业过度市场化的道德判断与伦理分析。文化产业过度市场化是当前大众文化信任缺失的源头，同时也是社会公共信任缺失的重要诱因。

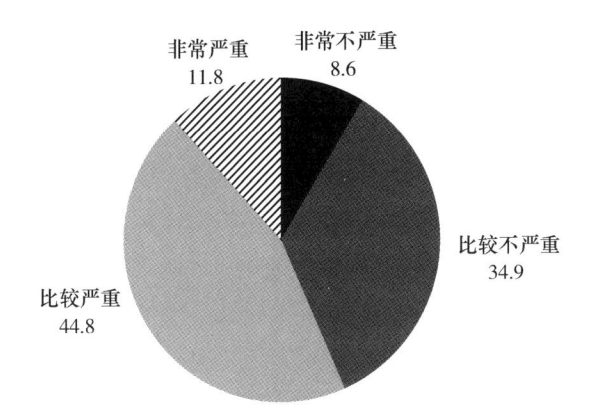

图 6-20 关于"公众人物用知名度攫取财富严重程度如何"的调查结果（%）

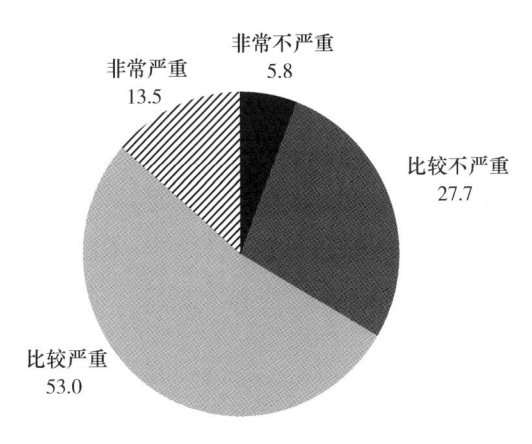

图 6-21 关于"娱乐界以丑闻、绯闻炒作，污染社会风气严重程度如何"的调查结果（%）

2. 文化心态、传统文化与文化行为

文化作为一种内生价值，不仅是一种外在于人的价值形态，其存在及发展与人的存在及发展密切相关。从某种程度上来说，有什么样的文化就具有什么样的人，人们可以通过对一定文化内核的认知与认同，来主动或被动地调整自我的价值倾向与行为，形成"文化心态"。所谓"文化心态"是人们对某种文化"心"的认同，因而是一种内在的伦理价值认同。价值认同与个体行动往往互为表里，当个体形成某种文化价值心态时，也必然意味着个体行动的开始，这正是"文化人"的内在伦理逻辑所在。当前中国社会的文化发展中，除了有与市场经济相伴随的各种文化"发展战略"，也并存着另一些与社会发展并非相适应的传统文化。从文化历史形态上审视，在中国历史文化形态的发展流变中，儒家文化一直是时代发展的主旋律，是文化发展历程中的主流价值形态，也是影响与制约人们个体行为的传统文化要素。从伦理道德的内在价值上审视，儒家文化有别具一格的文化发展内核，"爱有差等"则是其一贯的内在价值导向，强调老吾老以及人之老、幼吾幼以及人之幼（《孟子·梁惠王上》）、尊尊亲亲（《礼记·王制》）的忠恕之道。儒家文化虽然具有如修身、齐家、治国、平天下等宏大的历史志向，展现出一定的公共情怀与历史使命感，但是，其内在的伦理道德基点则是"差序"，这种以标榜自我为中心的差序伦理所建构的伦理特征是：等级性、封闭性与专制性。在当前的伦理文化背景中，以儒家这种传统文化为主要标识的心态依然存留于人们的内在价值中，成为指导人们行为的内在价值准则，并形成影响价值世界的文化心态。内外有别、请客送礼、多一事不如少一事等交往现象都是这种传统文化的价值折射。爱有差等、内外有别，在伦理道德意义上并非一种普遍性意义上的伦理建构，时刻标榜个体的中心地位恰恰是对公共价值的逆反，在遏制个体主体性的同时，也制约了社会公共性的生长。在这种心态的主宰下，掌权者容易以自己为中心建立腐败圈子，对待上级阿谀奉承，而对待下级则非常刻薄。就普通老百姓而言，则畏官、怕官，奉行多一事不如少一事，各人自扫门前雪，不管他人瓦上霜的消极心态，个体与公共的层级化、对立化，不仅消解了社会的整体公共性，而且在彼此间相互的伦理隔离中丧失了最基本的人际信

任。在"您对这些人的信任程度如何?(您的家人)"的调查中,"完全信任"占到83.2%,表示"不太信任"的占1.4%,表示"根本不信任"占0.2%;在"您对这些人的信任程度如何(陌生人)"的调查中,表示"不太信任"的占53.9%,表示"根本不信任"的占25.7%,表示"完全信任"的只有1.2%。从伦理学意义上审视,"家人"与"陌生人"的区别就是"圈内人"与"圈外人"的区别,也是差序的文化心态区别。因而,差序格局中的爱有差等,使这两种人在中国人的文化心态中自然有所区分,进而内外有别。这种文化心态所衍生的文化行为,最后不仅是"爱"的区别,也势必发展为社会信任的区别,成为当前中国社会公共信任消解的文化因子。

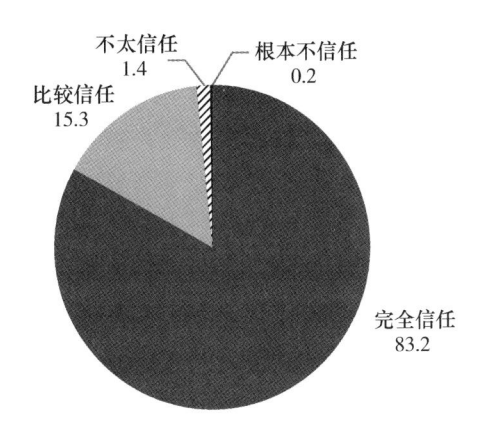

图 6-22 "您对这些人的信任程度如何(您的家人)"的调查结果(%)

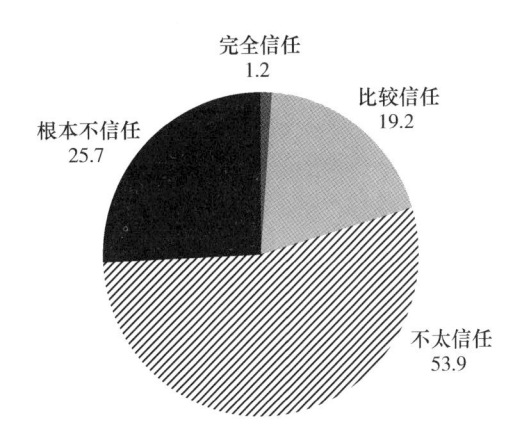

图 6-23 "您对这些人的信任程度如何(陌生人)"的调查结果(%)

综上所述，文化的内在价值趋向真善美，以公共性为内在表征。合理形态的文化不仅是时代发展的伦理道德积淀，也是时代进一步发展的内驱力。文化过度产业化，不仅使文化价值具有了市场逐利的伦理风险，同时也丧失了其公共性的伦理内涵。传统文化中的差序格局在衍生出"分别"意识的同时，也制约着人们行为的合理性开展。因而，文化市场化与文化心态差序化的共性是：趋向欲望。自然欲望的日渐盛行必然以其"个别性"僭越社会的"普遍性"，社会公共信任由此消解。

(四) 社会风尚的物质化、人情化对社会公共性的僭越

社会风尚因其内在的伦理普遍性而构成某一社会生活中的风向标与晴雨表，成为观察社会伦理生活的重要视角。当前，在人们生活水平日渐提升的同时，社会风尚的物质化与人伦关系的圈子化也呈现出相应的"发展"：攀比之风日盛，人们之间不仅要求"好"，而且要看谁比谁"更好"。伦理关系的建构不再满足于普通人际交往，而是尽己所能攀高结贵，伦理关系圈子化已构成社会发展的瓶颈。

1. 生活物质化、价值物质化与信仰物质化

社会风尚的物质化实际上是一定时期里社会生活物质化在伦理层面折射。在当前的社会生活中，随着生活物质的日渐富有，"有了钱就有了一切"的价值观念在人们心中日渐生长。由此，金钱就成为物质生活的普遍代表，也因而晋级为衡量身边大小事务的重要准绳，由此催生出的另一种价值就是：一切为了钱！从社会风尚的物质化——有了钱就有了一切，到一切为了钱，这不仅是一个理论层面的社会存在与社会意识的价值生成与转换问题，更是大众公共信任的丧失。在某种意义上，物质生活与价值信仰是衡量社会发展的两种重要维度，而物质生活水平只能代表其中的一个方面，更为重要的方面则是社会的价值问题。毋庸置疑的是，社会生活的核心价值是社会公共性，个体至善与社会至善的和解始终是任何的理想目标。因而，个体与公共的和解也就成为每个个体的

终极意义所在。然而，社会风尚的物质化，在凸显物质生活重要性的同时，又过分强化了物质生活对社会发展的意义，过犹不及的后果就是弱化乃至忽略了社会存在的公共价值。当大众生成了"有了钱就有了一切、一切为了钱"的价值共识之后，这不仅是社会价值层面的灾难，也是整个社会公共存在的灾难。物质泛滥的后果必然是对社会公共伦理的摧毁，以金钱为代表的物质由此成为无所不能的利剑，大众对公共价值的信任最终也荡然无存。在"您认为我国目前人与人之间的关系受什么影响"的调查中，有64.3%的人毫不犹豫地选择"利益"；在"请问您是否同意现在社会是一个物欲横流的社会"的调查中，有7.5%的人选择"完全同意"，有47.5%的人选择"比较同意"，这两项相加就占到总调查人数的一半，还不包括"不太同意"这一摇摆项。这些数据足以表明：当前，大多数人的价值趋向于物质。从生活物质化到价值信仰物质化的蜕变，成为解构当前大众社会公共信任的重大诱因之一。

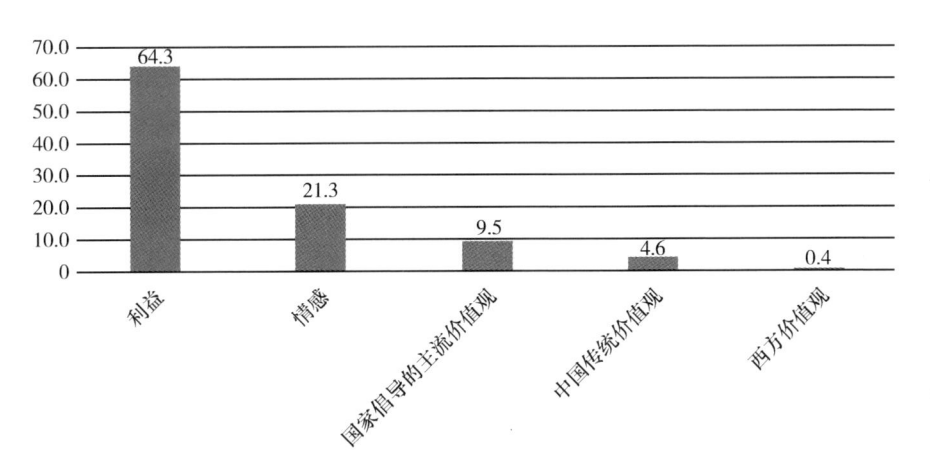

图6-24 "您认为我国目前人与人之间的关系受什么影响"的调查结果（%）

2. 生活人情化、价值人情化与信任人情化

追逐人情圈成为当前中国社会"时髦"的另一种社会风尚，各种老乡会、同学会的盛行就是一种明证。当然，崇尚生活的人情化，除了正常友情的层面，其隐喻的伦理意义则在于：通过人情建立，进而捕获某

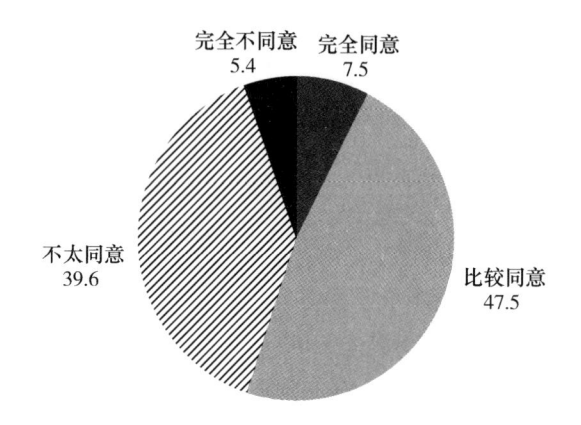

638 　下　伦理魅力度与道德美好度

完全不同意 5.4
完全同意 7.5
不太同意 39.6
比较同意 47.5

图 6-25　"请问您是否同意现在社会是一个物欲横流的社会"的调查结果（%）

种"熟人"资源，由此为自我发展谋取"人情之脉"。如果从伦理关系上考察，社会风尚的人情化实质上是寻求一种局部的自我利益场，与标榜社会利益最大化的伦理普遍性背道而驰，是对社会公共性的僭越。问题的严重性在于，伦理生活的持久化必定催生一定时期内大众价值观念的变化。具体而言就是：生活人情化的后果必然导致人们价值领域的人情意识，也导致人们对人情文化的追捧。这种价值领域的变更，损害的不仅是大众的公共利益，而且是对社会公共生活的挑战与僭越。因而，社会生活人情化的实质还是"公—私"对立的问题，不仅是公共利益与私人利益的对立，也是公共信任与私人信任的对立。社会人情文化的盛行、人情利益的保持，最终必然导致人们对公共价值的迟疑与不信任，在人情化—圈子化的交互影响下消解公共信任。在"您到政府部门办事，首先选择的方法是"的调查中，选择"找亲朋好友帮忙办理"的占18.5%，选择"找政府中的熟人办理"的占21.2%，选择"送红包"的占1.7%，如果包括选择"其他"的0.5%在内一共占到41.9%，接近半数；在"您与您的邻居平时来往多吗"的调查中，选择"非常多"的占17.8%，选择"比较多"的占48.3%，如果不包括"偶尔"在内，共占到66.1%，超过调查人数的半数以上。这两类数据之和说明：由于物化引发的公共信任危机，人们在更加重视血缘关系时，关注身边的人情往来。社会人情化日益加剧的后果势必催生出社会人际信任的圈子化，情感阻隔的日益加剧必然成为社会公共信任消解的重要因子。

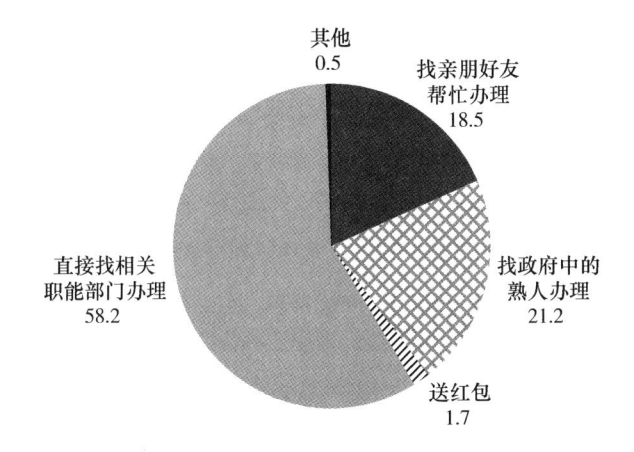

图6-26 "您到政府部门办事,首先选择的方法是"的调查结果(%)

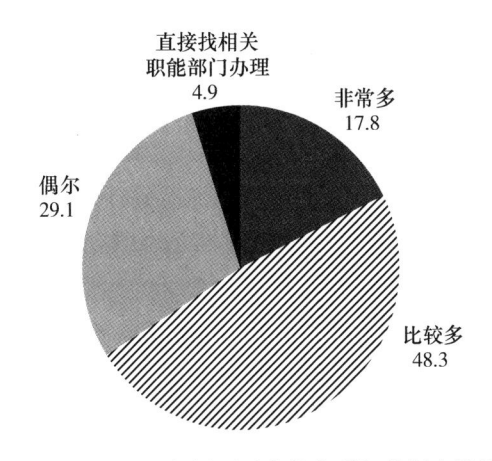

图6-27 "您与您的邻居平时来往多吗"的调查结果(%)

综上所述,社会生活物质化的后果在于以物质为手段僭越社会的公共性,而社会生活的人情化则从利己层面又僭越了社会的公共生活,二者虽然所生成的价值观念有所不同,但共同点在于对社会公共性的僭越,催生出大众对公共价值的信任阻滞。当然,社会生活的物质化与社会生活的人情化又并非彼此分隔的,而是有着千丝万缕的关联,二者相互包含、渗透、转换,进一步弱化了人们的社会公共信任感。

(五) 结语

综上所述，社会公共信任不仅是一种伦理关系，更是一种道德生活，是基于伦理同一性的道德主体性，其内在的价值诉求在于个体至善与社会至善的同一。中国社会公共信任问题不能归结为某一领域所造成的问题，而是政治—经济—文化—社会多领域交叉复合的结果。问题的解决既要重视伦理规范的建构，也要予以道德层面的教化，关键则在于激发先进群体的道德示范效应，发挥该群体对人民群众的伦理启蒙作用，最终在全社会生成"先进群体—人民大众"的伦理价值生态。群众的态度就是公共态度，只有占大多数的人民群众具有道德主体性的觉悟，伦理规范才能发挥真正的公共功能，社会公共信任问题也才有根本上解决的可能。

(卞桂平)

二十四 网络信息对行为影响的群体差异

(一)研究背景

本研究所使用的数据来自东南大学 2007 年起进行的全国道德国情调查。自 2007 年以来,由首席专家樊浩率领国家重大招标和江苏省重大委托两大项目的课题组,就当前中国道德国情状况进行了全国性的调查。

课题组在 2013 年和 2017 年分别对社会群体和自然群体对网络信息的道德行为影响进行了调查问卷,以公务员群体、企业家与企业员工群体、农民群体、无业失业下岗等社会群体为结构,以年龄、收入、教育等指标为自然群体的划分:课题组对每类群体分发的问卷样本为 500 份左右。同时,总课题组就两大主题以多阶段分层抽样的方式进行综合调查,每个课题在江苏、新疆、广西三省(区)投放问卷 1200 份,其中,国家项目收回有效问卷 1149 份,有效回收率为 95.75%,省项目收回有效问卷 1166 份,有效回收率为 97.17%。两项目组的问卷投放总量在一万份以上,可称"万人大调查"。本研究旨在通过道德国情调查数据来分析网络信息对不同人群影响的差异与共识,重点探讨网络信息对群体影响的差异、不同群体的特征与受网络信息影响的相关度、不同群体与敏感信息种类的相关度等问题。

(二)理论阐释与研究预设

1. 网络信息推动群体分化

人类的伦理关系随着通信技术的发展而拓展,人们从伦理的"原乡"

脱离而进入城市，乡土社会是熟人内部的伦理形态，市民社会是一种陌生人之间的伦理形态。现代道德因为伦理实体的式微而原子化，西方社会传统的"城邦优先"被个人主义、自由主义所取代，中国封建社会中稳定的"家国一体"的伦理结构也在现代化进程中被革新。网络与现实社会的相互影响，促推了群体的分化。人们之间原本紧密的联系是在自然的实体中孕育的，而随着网络时代的到来，伦理实体的变迁，个体与共同体的关系正在重构。

张翼认为，网络时代中国阶层正发生着重大转型。政治、经济、社会状况是体现社会分层情况的重要指标。网络使财富、权力、声望与思想影响力重新分层，受这些属性影响的网民凝聚形成新的群体。某些在现实生活中处于非主流地位的群体，也正在形成群体凝聚力和影响力。各群体在"关注""打赏"中明确信息发送接收的群体界限，形成群体认同，并通过线上与线下的联动效应，将该群体的影响由网络扩散到现实社会之中。

2. 网络信息影响群体行为

网络已全面改变了人们的生活方式和行为习惯，人际关系的界限被打破，虚拟世界的自由行为范式使得道德失范等现象层出不穷。网络时代信息传播结构走向扁平化和去中心化，道德舆论更可能接受心理暗示，更容易引发群体无意识的道德行为。激化的语言与行为在网络上更容易吸引受众，这强化民众的偏执心态和负面情绪，引起脱道德化的现象。基于网络匿名性特征，网络对于道德主体抑制性的宽松环境，人在网络上更容易表现出过激行为。不道德观念和行为也容易受到暗示和鼓励，例如有鼓动自杀等错误行为的网络社群。在这种结构下，言论容易通过网络产生"狂欢"效应。网络时代人人都是媒体，所有人都可以利用网络发表自己的意见，在传统社会中，尽管道德评价不一，但是分歧不容易被激化，而是能通过高影响力的媒体加以澄清、引导，并尽可能地寻求一致性。但是在网络时代，不当的舆论可能被放大，甚至引起群体无意识的狂欢式的舆论失序。据"沉默的螺旋"理论，社会会对"偏离一致性的个体给予孤立和排除在外的威胁，对被孤立的恐惧促使人们要不断地确认，哪些观点和行为方式在周围环境中是被允许的、哪些是被禁止的"。在网络中,舆论的相互抵消作用扩大,但是不道德的舆论很容易寻找到类似舆论的支持,也就会对错误的道德观念起到暗示作用,从而使之发表和扩散的自我审查门槛降低。

3. 网络影响下群体的道德行为具有显著差异

本研究在理论上假设网络对行为影响具有群体差异,而差异的产生与年龄等因素具有相关关系。人的自由意志是建立在人对社会关系或者说是对人与群体的认知之上的,群体结构、信息与交往模式的不同,会导致群体道德行为具有显著差异。网络重新定义了信息分配与传播的方式,从更广泛的意义上说,知识和信息"正在造成或推动巨大的权力转移"。个体会选择靠近和自己观点相一致的、能支持并强化自己观点的群体,在该临时群体中,类似的观点反复发表,助推群体观点的极化倾向。个体为了在群体中获得支持,也会进一步调整自己的观点以契合群体的舆论趋势,进而导致网络中的群体极化或者说群体的行为差异性凸显。

(三) 网络信息对行为影响的共性分析

20世纪,计算机将信息数字化,随着卫星、光纤等传输技术的发展,信息终端形成了全球互通的互联网。人类通过网络信息的传输可以实现学习、交流与合作,同时,互联网的发展也引起了道德行为的变化,造成了社会伦理结构的嬗变。网络空间事物的存在形式不同于现实空间的物质构成,例如在网络中人们所看到的木桌子并不是如现实中由木头构成。所以,一般又将网络空间称为虚拟空间,但是网络的虚拟性并不等同于虚幻性,它是一种虚拟实在:既是虚拟的,同时又是一种实存。例如,网络空间中人与人的交流虽然并不发生在同一个地理空间,但是交流是实际存在的,虚拟成了真实的一部分。网络为人们提供了新的生存空间,它以虚拟的形式存在。网络空间完全是人造的,人类可以脱离自然交往。随着数字化在范围与程度上的不断扩展,人类物理世界和虚拟世界的系统整合成为人类社会的重要特征。

网络同时是传播信息的媒介,人们受这些信息的影响,改变了自己对社会事实的认知与价值判断,进而作为行为选择的依据。传统媒体按照载体可以分为纸质媒体(报纸与杂志)、电子媒体(广播与电视),20世纪后期,网络应用越来越广泛。调查数据显示,当前人们获取信息的媒介主要为电视与网络。而新媒体的使用率也日益提高,报纸、杂志与广播的使用率较少。由此可知,网络已经成为影响人们价值观与行为选择的重要媒介。在网络方面,即时通信、搜索引擎、网络新闻、网络视频的使用率居前。

表6-3　　　　　　　　过去一年,您对媒体的使用情况　　　　　　　　(%)

	纸质报纸	纸质杂志	广播	电视	网络社交媒体	网络新媒体
从不	66.3	69.8	63.3	2.7	30.8	55.8
很少	22.0	19.8	21.1	11.9	8.2	17.4
有时	8.5	8	11.2	25.5	14.8	12.3
经常	2.8	2.2	4.0	41.6	29.8	9.7
非常频繁	0.4	0.2	0.5	18.4	16.4	4.7

从表6-3的数据可知,目前在媒介方面,电视与网络是主要的信息来源。而报纸、纸质杂志与广播受众较少。经常观看或非常频繁收看电视的受访者比例高达六成,经常使用与非常频繁使用网络社交媒体的受访者比例高达四成六,经常使用与非常频繁使用网络新媒体的受访者为一成四,综合来看,网络使用者的比例是很高的,而且目前很多家庭的电视信号是由网络机顶盒提供的,而手机、平板等其他网络终端使用更为便捷和普遍。由此可见,广义的网络已经成为当前最主要的信息来源。

总的来说,网络如此广泛全面地进入百姓生活,大部分民众也注意到了信息技术、网络技术的发展对伦理道德所产生的影响。如图6-28所示,有15.7%的受访者认为信息技术、网络技术的发展对伦理道德有消极影响,有54.8%的认为有积极影响。网络信息对伦理道德的积极意义是显著的,最关键的意义在于消解了获取信息资源的门槛,其革命性意义在于在信息资源与相应的权利方面真正实现了普适性的革命。当前行

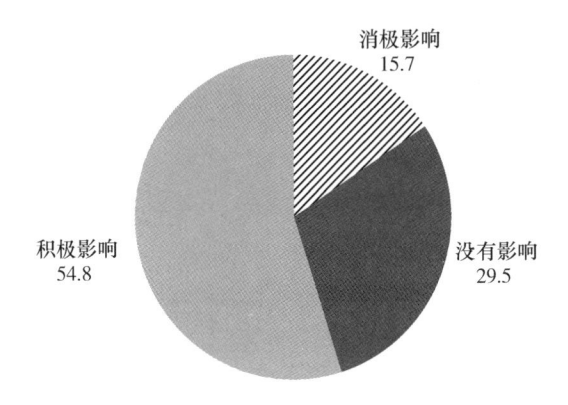

图6-28　信息技术、网络技术的发展对伦理道德的影响（%）

为的群体趋向有自上而下与自下而上两种路径，网络技术使交往主体实现平等化，通过微观的交互作用而产生群体行动。

表6-4　　　　信息技术、网络技术的发展对伦理道德的
　　　　　　　　　影响与诸群体交叉分析　　　　　　　　　（%）

	官员	企业家	专业人员	工人	农民	企业员工	做小生意者	无业失业下岗人员	均值
消极影响	16.0	12.0	20.0	14.2	14.2	14.6	19.5	16.4	15.6
没有影响	20.8	36.0	19.4	32.0	35.3	24.0	28.6	25.4	29.6
积极影响	63.2	52.0	60.6	53.8	50.5	61.4	51.9	58.2	54.8

注：Chi-square test：df=14，卡方值为78.713a，Sig=0<0.05，所以诸群体在"信息技术、网络技术的发展对伦理道德的影响"这一观点上有显著差异。

虽然各群体认为网络对行为具有影响的比例不同，但是所有群体都主张网络信息对伦理道德具有影响，且大部分人认为这种影响是积极的。官员、企业员工以及专业人员对网络信息对伦理道德的影响持积极意见的比例是诸群体中较高的，有将近六成以上受访者持此看法。认为网络信息对伦理道德会产生消极影响的比例较高的是专业人员、做小生意者，有大约两成持此看法。可见专业人员对于网络的态度是存在分歧的，这反映出专业人员对于网络的影响感受较深刻较全面，同时对网络信息的反思也是较集中的，他们更多地注意到了网络信息的负面效应。

646　下　伦理魅力度与道德美好度

（四）网络信息对行为影响的群体差异

调查显示，网络信息对形成影响差异的三个主要特点：首先，上网造成了民众行为差异，即网民群体与非网民群体生活与行为出现了由网络所导致的群体分化。其次，青少年群体受网络影响相比其他群体更显著。最后，依据教育与职业等指标划分的群体去除网络可及这一要素之后，他们在受网络影响的程度上并无显著差异，但在网络影响的具体方式与趋势上值得进一步分析。

1. 网络普及与否造成首要的群体差异

虽然中国网民数量与日俱增，网络的使用日益普及，但是调查发现，不上网的民众仍占相当大的比重（如图6-29所示）。所以是否上网成为影响行为的要素，同时也是基于网络的群体分化的首要要素。是否能上网构成了群体之间的数字鸿沟。随着"互联网+"的扩展，社会各领域都已深度互联，网络已经成为信息制作、传播、储存的主要媒介。因此，由于自然因素（例如，年老无法学习上网）、社会因素（例如，贫困无上网条件）或其他因素所导致的不上网实际上已经成为对于道德行为影响的显著群体差异。不上网可能无法获取重要信息，同时也不能通过网络

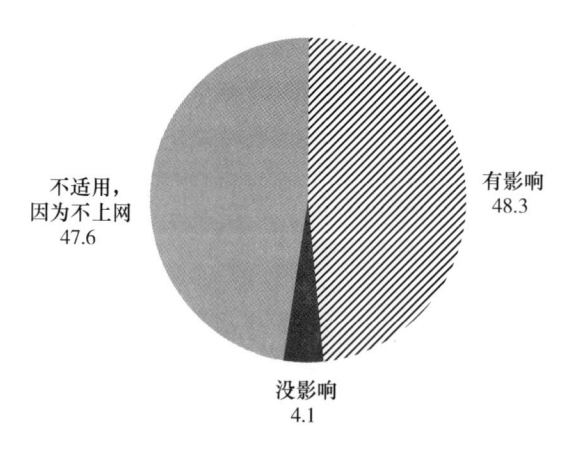

不适用，因为不上网 47.6

有影响 48.3

没影响 4.1

图6-29　关于"从网络中获得的信息（文字、图片、视频等）对您的思想行为影响如何"的调查统计（%）

行使自己的话语权。上网和不上网均构成了影响行为的首要群体差异。在我国社会内部，不上网造成了一批信息贫困群体，他们无法享受网络信息给予生活的便利性。基于数字鸿沟所造成的群体差异是传统社会群体差别的时代新发展，应当予以重视，避免差异的进一步扩大及固化。

2. 青少年群体受网络影响更显著

依据中国互联网络信息中心第41次中国互联网络发展状况统计报告，我国网民以10—39岁群体为主。截至2017年1月，10—39岁群体占整体网民的73.0%。其中20—29岁年龄段的网民占比最高，达30.0%；10—19岁、30—39岁群体占比分别为19.6%、23.5%，与2016年年底基本持平。与2016年年底相比，60岁以上高龄群体的占比有所提升，互联网继续向高龄人群渗透。但是总体上来说，网络使用仍然呈现出较大的年龄结构差异。

本课题调查显示，网络信息影响程度和年龄成反比，即在受访群体中，年龄层次越小的受访群体受网络信息影响越大。89.2%的30岁以下上网群体自认为有受网络信息的影响，其余为自认为无影响或者不上网，该比例随群体年龄上升而逐渐下降，60岁以上自认为有影响的仅占19.2%，但是在事实上，不受网络信息影响的老年人中绝大部分是不接触网络者，自认为不受影响的为3.3%，不上网的占77.4%。网络影响年轻人行为的改变又显著地体现在如下几个方面：

表6-5　"从网络中获得的信息（文字、图片、视频等）对您的思想行为影响如何"与年龄的交叉分析　　　（%）

		30岁以下	30—39岁	40—49岁	50—59岁	60岁及以上	所有年龄
从网络中获得的信息（文字、图片、视频等）对您的思想行为影响如何	有影响	89.2	70.6	50.2	35.0	19.2	48.3
	没影响	4.9	4.3	4.6	3.9	3.3	4.1
	不适用，因为不上网	6.0	25.1	45.2	61.1	77.4	47.6
	总和	100.0	100.0	100.0	100.0	100.0	100.0

注：* Chi-square test；Sig = 0.000 < 0.05。

首先，青少年群体乐于通过网络交流，善于利用网络展示自己。青少年善于使用新媒体技术，富有创作想象力。当前短视频与网络直播的主要用户是年轻群体，他们推动了相关应用与服务呈现出爆炸式增长。

其次，青少年善于通过网络将现实生活与虚拟生活加以整合，一方面更多地将生活转移到网络中。青少年乐于将虚拟生活现实化，不但乐意为网络内容和服务付费以及通过网络进行购物，而且愿意借助互联网来挣钱谋生；另一方面善于使网络成为推动现实社会的要素。有学者研究了埃及"阿拉伯之春"运动的群体行为动力机制发现，社交媒体对"阿拉伯之春"运动起到了重要的推动作用，其中年轻人产生了最大的动能。因为社交媒体的使用者主要为年轻人，2010年埃及脸谱网（Facebook）的用户约500万人，其中15—29岁的用户占比为78.0%。革命中掌握领导权和话语权的也多为年轻人。

最后，青少年道德品格处在逐渐成熟的阶段，网络将青少年的道德缺陷放大，甚至引发行为失范。由于网络交往的匿名性，青少年在网络中很容易产生过激想法或行为。人的道德心理在特定情境下较容易被号召，会使年轻人自我道德规范抑制水平降低，国外调查发现，有19.0%的大学生在社交媒体上曾被欺凌。有46.0%的大学生在社交媒体上曾目睹过网络欺凌，而超过六成的人对此没有干预。

3. 诸教育、职业等群体的差异

表6-6　"从网络中获得的信息（文字、图片、视频等）对您的思想行为影响如何"与高等教育情况交叉分析　　（%）

从网络中获得的信息（文字、图片、视频等）对您的思想行为影响如何		未接受高等教育	接受过高等教育	所有教育情况
	有影响	40.3	88.7	48.3
	没影响	4.0	4.4	4.1
	不适用，因为不上网	55.7	6.9	47.6
	总和	100.0	100.0	100.0

注：* Chi-square test；Sig = 0.000 < 0.05。

调查显示，网络信息对受过高等教育的群体的影响要明显大于未受过高等教育的群体。在未受过高等教育的群体中有55.7%的受访者是因为不上网而自认为受网络影响的比例比较低，但是，实际上如果看过上网但自认为没影响的比例在这两群体中是接近的，这就是说，网络对于人的影响在是否受过高等教育这一分组上的差异主要表现在网络的接近率上，而不表现在网络的影响力上。

在信息爆炸的当今，网络信息的丰富性、即时性、便捷性体现出极大的优势，联通网络，世界即在眼前。通过调查发现，在报纸、广播、电视和网络这几种媒体中，遇到重大事件、热点新闻，首选通过网络了解的企业员工、专业人员占多数，这说明网络在上网容易的群体心目中的位置已经远远超越了传统媒体。企业员工和专业人员首选通过社交媒介和网络了解信息的比例高达五成以上。这可能是因为网络信息传播速度快，越容易上网的群体越倾向于通过网络获得信息。

表6-7　　"从网络中获得的信息（文字、图片、视频等）对您的思想行为影响如何"与被访者职业分类交叉分析（2013）　　（%）

		高级白领	低级白领	工人/做小生意者	农民	无业失业下岗人员	所有职业
从网络中获得的信息（文字、图片、视频等）对您的思想行为影响如何	有影响	84.4	84.1	60.3	29.6	39.7	48.3
	没影响	3.6	5.6	5.0	3.7	3.6	4.1
	不适用，因为不上网	12.0	10.3	34.7	66.8	56.7	47.6
	总计	100.0	100.0	100.0	100.0	100.0	100.0

注：* Chi-square test：Sig = 0.000 < 0.05

从2013年的调查数据可知，与信息接触较多的办公人员自认为受到网络信息影响的比例是最高的，农民受网络影响的比例最低。但是实际上，这个差距的关键也体现在不上网的群体差异上。也就是说，在所有的群体中，自认为网络无影响的比例相差不大，但是白领的不上网率只有一成，而农民不上网率高达近七成。所以实际上，依职业不同划分的群体在网络信息对行为影响上的差异也是体现在网络的获得率上。

表6-8　"从网络中获得的信息（文字、图片、视频等）
对您的思想行为影响如何"与诸群体交叉分析（2017）　　　（%）

	官员	企业家	专业人员	工人	农民	企业员工	工人/做小生意	无业失业下岗人员	均值
影响很大	34.0	32.4	27.2	21.1	16.3	29.4	18.1	24.8	22.1
有一些影响	45.3	41.2	59.3	51.6	53.4	51.1	56.3	56.1	53.5
影响很小	17.3	26.5	12.0	21.2	22.0	16.2	20.0	15.5	19.0
完全没有影响	3.3	0	1.4	6.1	8.4	3.4	5.6	3.5	5.3

注：Chi-square test：df=21，卡方值为157.877a，Sig=0<0.05。

依据2017年的调查数据，诸群体对网络信息的影响持积极看法（认为"影响很大"和"有一些影响"）均占七成以上，比例较高的为专业人员、无业失业下岗人员群体和企业员工，均在八成以上，比例最低的仍为农民，只有七成，相对地，农民认为"完全没有影响"和"影响很小"的比例是最高的。

表6-9　"社会上发生的一些事情，您一般是从什么渠道
最先知道"与诸群体交叉分析　　　（%）

	官员	企业家	专业人员	工人	农民	企业员工	做小生意	无业失业下岗	均值
电视	55.1	47.1	43.2	64.9	85.7	39.5	57.0	55.3	64.5
报纸	4.8	5.9	3.7	1.0	0.3	2.0	0.6	1.2	1.1
电台广播	0	2.9	1.2	1.0	0.4	2.6	1.1	0.8	0.9
微博微信等网络社交媒介	26.3	26.5	37.4	25.1	7.1	38.7	29.3	26.2	22.7
网络	13.2	17.6	13.2	5.7	2.3	16.4	8.3	10.2	7.4
和朋友亲友同事交谈	0	0	1.2	2.1	3.7	0.7	3.6	6.0	3.1
单位传达	0.6	0	0.2	0	0	0.1	0	0	0
其他	0	0	0	0	0.5	0	0.1	0.4	0.2

注：Chi-square test：df=49，卡方值为1204.107a，Sig=0<0.05。

表6-9显示，各群体获取信息的最快渠道都为电视，但是专业人员从社交媒介上获取信息也比较快。农民较少把从网络和社交媒介获取信息作为最快渠道。不过结合农民上网率的数据，可以得知，农民主要是因为上网获得率较低而较少从网络获得信息。

表6-10　　"从网络中获得的信息（文字、图片、视频等）对您的思想行为影响如何"与收入交叉分析　　（%）

		无收入	1—1999元	2000—3999元	4000元及以上	均值
从网络中获得的信息（文字、图片、视频等）对您的思想行为影响如何	影响很大	10.7	4.4	7.1	10.6	7.0
	有一些影响	18.1	14.3	30.4	37.3	23.3
	影响不大	19.6	12.9	23.4	22.5	17.9
	完全没有影响	3.3	3.2	5.4	5.0	4.1
	不适用，因为不上网	48.3	65.2	33.7	24.5	47.6
	合计	100.0	100.0	100.0	100.0	100.0

注：Chi-square test：Sig = 0.000 < 0.05。

在网络信息影响与收入的交叉分析中，收入越高的群体受网络影响越大。如表6-10所示，收入最高的4000元及以上群体中，认为网络"有一些影响"和"影响很大"的占47.9%，而低收入1—1999元群体认为网络"有一些影响"和"影响很大"的则只占18.7%。群体差异非常明显，在有收入的群体中，受网络影响大小与收入高低成正比。无收入群体受网络影响反而比最低收入群体高，这可能是学生群体虽然无收入但是生活水平仍然不低，而且网络接近度高。但是排除掉不上网或网络不可及的情况，不同收入群体受网络影响的程度则呈现出趋近的特征。网络信息对行为影响的差异较集中地体现在不同年龄群体间，其他维度群体的差异主要体现在是否上网这一要素上。诸社会群体如果排除网络到达率的情况，在可以上网的人群中在网络对于道德行为与思想具有影响这一问题上是具有共识的。

但是，网络表现出了新的群体差异，值得进一步细分。传统伦理关系在血缘、地缘、业缘基础上所形成的层次和结构在网络社会被拓展了。网络群体在共同的利益诉求或价值认同或情感共鸣基础上可以迅速地形成。利益、价值与情感动员，是网络群体分化框架与舆论形成的关键要素。

（五）群体差异的伦理规律

1. 网络对群体的影响差异与道德生活网络化程度密切相关

通过调查得知，年轻群体对于网络信息的接收与处理是所有年龄群体中最敏感的。究其原因，一是青少年价值观仍在建构中，可塑性相对大一些；二是年轻人学习能力强，善于接受新事物。但最为关键的原因是年轻人的道德生活与网络整合度高，亦即年轻群体的伦理生活在很大程度上已经网络化了。这为调查中所发现的很多消遣类应用或软件的主要群体是年轻群体这一结论所验证。也就是说年轻群体的生活方式除学习外，更多的是在网上进行的，例如网游、直播、社交等，这使网络信息本身成为青少年道德生活的一部分，或者说是青少年道德生活的载体。

个体在现实共同体中与其他成员的交往过程强化了自我对于公共意识的认知，从而形成了自我与社会的道德关系认知。人在现实生活中与共同体的交往越松散，在与网络中的道德联系就越频繁，即道德生活越是网络化，网络信息对于人的伦理观念的影响自然就越大。在网络生活中，人们拥有的选择也更多，在面对共同体时拥有更多的个体自主性。网络也使社会结构更加扁平化，消解了共同体的权威性。这种特点使人对现实社会的道德认知缺乏实体的认同感，体现出一定的反抗性和叛逆性。尤其是青少年群体可能会通过对社会传统与既有规范的挑战，确立自我的心理存在感。年轻群体自我意识逐渐确立起优先性。这样，年轻人更多地考虑自己的需要与主张，在网络中解放自己的天性也就成为很多年轻人的座右铭。网络交流中青年人的自我意识会增强，而共同体意识会降低，从而引发反社会规范的行为。共同体意识是伦理普遍物与单一物统一的主体基础，它使青年人意识到自己是社会中的一员，是一个有明确归属指向的共同体的一员，个人对于共同体承担责任；而自我意识与共同体意识是矛盾的两面，自我意识是个体对于自我的认知，体现了对于自我地位与价值的确认。自我意识与共同体意识是对人与社会的辩证统一关系的反映与认知，也应当是辩证统一的。自我意识过强，会使人漠视社会舆论的评价作用，只关注自身的感受，这样势必导致社会失范行为的产生。

2. 网络信息对于群体影响的差异呈现出流动性

基于网络的社会交往使人的社会伦理关系处于快速变化之中，人与共同体的联系不再固定，而具有流动性和短暂性。人们在网络上展开互动，形成一定的伦理关系。网络空间本身提供了一个庞大的公共空间，它可以容纳更多人的意见，从而使针对特定议题的商谈不仅仅局限在某个社区或是某个国家。

网络行为的群体差异体现出明显的交叉效应，群体在网络上呈现出流动性，形成了很多自发形成的、边界模糊的群体。这些群体在某些共同关注的问题上形成一致性，例如在某个人物或是事件的观点上形成群体，但是这种群体圈层是不固定的，群体中的成员在其他领域里面可能轻易表现出对立性。

3. 网络加速传统伦理群体的重构

网络对于伦理的影响是全面性的，是面向所有上网群体的，对不上网群体也构成了相对性的实质影响，而且它剧烈地引起了群体的解构与重组。在通常情况下，个体会通过其所属的共同体或组织与社会形成伦理联系，构成"个体—共同体"的基本结构，这里的共同体包括家庭、单位以及民族、国家等。在网络时代，人们的伦理关系越来越广，但伦理联系却越来越弱。人与人之间的现实联系变得疏离，熟人之间的共同体情感慢慢消失。在网络时代，群体流动性加快，导致归属感的缺乏。主体间价值的不可通约性和道德的异质化被加强。个人正在成为网络社会中最重要的环节。而这种去中心化的网络显示了人伦关系的重构。在网络时代，自我观念与价值的主张在形式上进一步凸显了尼采所谓的"原子式混乱的时代"的特征，原子式集合并列的伦理因为缺乏精神的凝聚必会产生诸多突出的道德问题，这些问题又可被归结为网络的"去道德化"现象。

所谓在网络上的"去道德化"实际上是传统道德的解构过程，因为社会道德关系的变化而要求道德随之发生结构性的转变。例如，家庭是传统社会主要的伦理共同体，家庭共同的行为是凝聚家庭伦理关系的重要途径，在没有电器的时代，家庭围绕在火炉旁议事。有了电视之后，一家人甚至一村人围绕着电视机看节目。但是网络是分众的，它使家庭成员各取所需，各看各的节目。从这个角度上看，网络使家庭的伦理关系也发生了解构。

同时，网络信息又连接起了新的群体关系，其标志是群体同构的信息交换转向跨群体的信息交换渠道的形成。根据社会交往理论，一个人与那些与自己具有较强相似性的人会建立起比较紧密的关系，交往频繁，但他们的信息重合度较大；相反，关系较疏远的群体则因为差异性，不太可能交往过密，但这些人却更有可能掌握此类人没有机会得到的、对他有帮助的信息。网络群组从一定程度上弥补了自然交往的信息同构，使个人可以获得更加多元的信息。

共同的商业利益也联结起了新的网络群体。2015 年以来网红经济方兴未艾，很多用户（主播）通过在网络进行各类表演，引来观众关注并消费，培养受众的消费方式，同时大量注入的资本，让一些强势主播获得了炒作机会和巨大收益。使主播既实现张扬个性的生活方式，又获得了社会价值与经济利益的极大满足。不少主播为了获得更大的支持度，在价值资源较稀缺的情况下，为了在内容和形式上取悦受众，恶搞、媚俗成为他们获得关注度的捷径。网络上出现了很多突破社会道德底线的短片，而出现了越是突破底线与突破节制的视频就越能获得更高的关注度，进而谋取更大的经济利益的现象，以至于造成了低俗内容捧红网红，继而拓展网红经济的恶性循环。

（六）对策

首先，继续推进网络发展与建设。网络发展顺应了技术进步与人类需要的发展，体现了社会信息传播发展的规律性和目的性的统一。在目前的调查中，人们获得权威信息最主要的渠道为电视与网络媒体，而电视逐渐网络化，网络信息成为最主要的信息获得渠道的趋势是十分明显的，网络作为未来信息传播的主要渠道的地位也是非常清晰的。所以，进一步推动网络建设是大势所趋。传统新闻媒体正在加速互联网改造，使媒体融合进入全新发展阶段。《人民日报》、新华社、中央电视台等传统主流新闻媒体纷纷加强对互联网的重视程度，通过运用互联网产品，实现全业态全方位的深度融合。

其次，根据网络影响的群体差异，制定群体定制的网络发展策略。调查发现，针对农民等上网不便的群体还需进一步提高网络可及率，利用"乡村振兴"政策的契机，进一步推动农村网络建设，让更多的农民接入网络。同时，根据年龄群体所体现出的显著差异，应针对不善于上网的群体进行网络普及教育，并开发生产更简化地对老龄用户友好的网络交互终端，培养这些群体的网络使用习惯与兴趣，使他们更好地利用网络资源。积极采取措施有效缩小数字鸿沟，减小因为网络不可及所带来的群体差异。

再次，加强网络社会中伦理实体重构。基于网络的发展趋势，有必要准确把握网络社会的伦理结构变化特点，采取对应策略实现伦理实体的转型与重建。网络是当代群体道德生活的场域，但是其联系过于分散与多元，难以形成传统社会封闭或近似封闭的道德生活圈的实体认同。尤其是在价值观成熟过程中的青少年群体更加显示了自我意识与共同体意识之间的张力。因此，推动群体间信息交流、开展道德活动以深化群体的伦理共同体意识是道德建设的必由之路，使诸群体都能通过网络获得互动和参与，大大提高群体成员民众对社会道德事务的参与程度与热情。建立完善的群体交流机制，鼓励不同群体的民众通过网络进行道德交流与互动。针对伦理实体在青少年群体网络道德生活中的变化，应针对青少年在网络技术上的优势，确立青少年的独特群体责任，强化青少年群体对他者、社会与共同体的责任感，从而形成不同群体之间的道德互动，构建良好的伦理关系。

最后，科学加强网络综合治理，尤其重在通过引导道德主体的自主行为来实现治理目标。从治理的角度，有必要进一步探索网络规范的构建，保证清朗的网络空间的实现。网络时代人的自律不仅是自我约束，而且是自我决定，同时承担相应的责任。网络时代的道德治理将延续治理的多元主体趋势,而且将进一步凸显多元化趋势,网络提供了人们参与道德治理的平台,进而促进社会多元力量的共同参与。"坚持人民主体地位、发挥人民主人翁精神、尊重人民首创精神,最广泛地动员和组织人民积极投身社会治理",实现网络时代群体的自我教育、自我监督、自我服务、自我治理。

(刘国云)

第七编

集团的伦理建构力

二十五　后单位制时期职业组织伦理的共识与差异

(一)问题的提出:后单位制时期的职业组织伦理悖论

在中国当代社会的伦理道德中,职业组织的伦理功能亟待构建。迄今为止,家庭伦理依然是本位,但随着家庭规模缩小、城镇化等社会人口变化,其作为伦理策源地的组织功能已然削弱,越来越难以胜任整个社会的伦理发展要求①。与家庭相比,职业组织也始终承担着伦理责任,而且更加能够顺应现代产业分工的要求。它的伦理生活范围比家庭更大,可以依托职业关系将产业群体直接组织起来,构建起新的群体伦理和社会生活。

现实中,我国正从单位制阶段走向后单位制阶段。原先工作单位除了经济之外还承担着各类社会管理和服务功能,集经济生产和社会治理等多重角色于一身,并塑造了特定的单位式社会关系和伦理。② 在改革开

---

① 樊浩:《道德发展的"中国问题"与中国理论形态》,《天津社会科学》2011年第5期,第18—26页;樊浩:《伦理道德现代转型的文化轨迹及其精神图像》,《哲学研究》2015年第1期,第106—113页。

② 路风:《中国单位体制的起源和形成》,《中国社会科学季刊》(香港)1993年第4期,总第5期;[英]华尔德:《共产党社会的新传统主义:中国工业中的工作环境与权力结构》,龚小夏译,香港:牛津大学出版社1996年版;李猛、周飞舟、李康:《单位:制度化组织的内部机制》,《中国社会学》1996年第2卷;李路路、苗大雷、王修苗:《市场转型与"单位"变迁》,《社会》2009年第29卷。

放阶段，单位制伦理随着其组织实体的转型而走向终结。新时期的工作组织伦理面临着"伦理实体"与"道德个体"反向而行的冲突，乃至出现以伦理正确掩饰道德不正确的制度性伪善。[①] 作为社会伦理担当者的职业单位也受到部门利益的驱动，当偏重于后者时就蜕变为"不道德的个体"。[②] 分领域来看，医疗机构在进行差错归因时，传统上只考虑医护人员个人责任，而少有考虑组织和制度层面的伦理责任。[③] 迫于组织生存等多方面的压力，商业公司所承担的社会伦理往往是有限的。[④]

针对当代职业组织中的伦理与道德悖论，本文将讨论我国职业组织的伦理责任即其所承载的社会关系的范围，其影响社会关系的一般机制，并分析这类道德冲突发生的原因。最终，本文将就改善职业组织的伦理、缓和其道德冲突给出相应的建议。这里职业组织是指围绕职业劳动所建立的协作组织，又可称为工作单位，主要区别于家庭。所用数据来自2017年全国伦理道德发展状况调查。调查对象为拥有中国国籍的、在全国大陆区县内居住满6个月的18—65岁的居民。抽样方法为分层、多阶段的GPS/GIS辅助的地址抽样（GPS Assistant Area Sampling）。实际共抽取了13358个符合调查资格的住宅单位，完成了8755个有效样本，有效回答率为65.5%。

（二）职业组织伦理与道德悖论的成因：组织失范与制度错配

在从前现代社会进入现代社会的转型期，围绕社会分工所建立起来

[①] 樊浩：《当前中国伦理道德与大众意识领域"中国问题"的演进轨迹与互动态势》，《哲学动态》2013年第7期，第5—19页。
[②] 王珏：《组织伦理与现代社会的伦理和谐——基于江苏地区调查问卷的分析》，《东南大学学报》（哲学社会科学版）2008年第2期，第31—34页；王珏：《现代社会的"道德迷宫"及其伦理出路》，《学海》2008年第6期，第51—55页。
[③] 张洪松、兰礼吉：《医疗差错的归因与治理：一个组织伦理的视角》，《道德与文明》2014年第4期，第91—96页。
[④] 谢江佩：《转型社会背景下的组织伦理探析——评〈组织公正与伦理决策若干问题研究〉》，《浙江社会科学》2017年第4期，第155页。

的工作组织或职业群体往往频繁地出现失范现象。即集体规范过强而压抑个人自由、过弱而无法约束个人行为,或规范缺失而无法给予个人行为以指导,严重者甚至会导致个人自杀。[①] 这些问题的产生,是转型时期以职业为纽带的社会关系规范缺乏或不当的结果[②]:或者缺少相应的组织或群体来履行规范功能,导致个人行为的规范并不明确;或者虽有组织或群体存在,但规范功能不当。群体和组织的集体共同情感,压倒个人自我或是个人在社会分工中与其他社会构成联系有限,集体情感松散,无力约束个体的自我。

组织失范说明了职业组织伦理与道德悖论的微观成因。在转型社会中,职业组织需要团结因分工而分散的个体,去支持个人在职业中所建立的社会关系。当工作单位无力团结其员工,无法促成个人在职业中发展社会关系时,这些职业组织就背离了社会的伦理期待,只剩下本组织的狭隘道德。

制度错配则指向了职业组织伦理与道德悖论的宏观成因。默顿[③]认为宏观的社会结构而非微观的组织群体会导致失范现象。社会结构既包括文化性的目标、旨趣和利益,也包括实现这些目标利益的恰当方式及其相应的社会性规定和控制。失范现象就源于文化性目标与社会性实现工具之间的不协调。创新、仪式化、消极无为以及积极革命都是社会目标与工具的制度性错配的具体表现形式,其结果也各不相同。梅森纳等人采用类似的社会结构视角,辨析了文化价值与社会结构的内在关系:美国的社会价值是经济成功至上,鼓励不择手段;而在社会结构中,经济权力对其他制度的侵蚀打破了制度间的权力平衡,制度性的失范由此形成[④]。因此,职业组织蜕变为不道德的个体,尤其得到制度性支持的伪善组织,正是源于宏观层面目标与工具的一种特殊的制度性错配,即通过

---

① [法]涂尔干:《社会分工论》,渠东译,生活·读书·新知三联书店2000年版。
② [法]涂尔干:《职业伦理与公民道德》,渠东、付德根译,上海人民出版社2006年版。
③ R. K. Merton, *Social Structure and Anomie*, American Sociological Review, 1938, 3 (5), pp. 672–682.
④ T. G. Switzer, *Measuring normlessness in the Workplace: A Study of Organizational Anomie in the Academic Setting*, Antioch University, 2013;陈琦:《书评:Crime and the American Dream—a New Edition of Anomie Theory》,《研究生法学》2010年第2期,第146—152页。

社会赋予的制度手段去实现工作单位的狭隘目标。与前面维持在宏观层次的制度错配观点不同，它更指出了宏微观层次交互下的制度错配及其影响。利用社会制度手段仅服务于工作单位的狭隘目标固然是伦理失败，将具体工作单位完全作为手段而去直接服务于宏观的社会目标，同样是伦理的失败。

总的来说，职业组织的伦理功能体现在宏观和微观两个层次。前者要求工作单位解决层次性制度错配，将组织目标和手段统一到同一个层次上，以实现组织伦理与道德的统一。单个工作组织应当用社会赋予的资源去实现社会的目标，也应当重视自身的有限目标及其正确的实现手段。而后者则要求工作单位团结员工，发展员工的社会关系，以此实现组织道德，使其能够与组织伦理相匹配。

（三）职业组织伦理的微观共识与差异

1. 共识：民众更多关注工作单位的经济功能而不是伦理责任

调查数据说明，中国多数调查对象认为职业关系在现实生活中并不重要。调查发现，在有效样本中，将同事同学、上下级关系、工作单位等关系置于第一位到第五位的对象占有效样本的比例分别为4.4%、6.8%、14.4%、42.6%和26.9%。这些选择说明，人们直观的判断是工作单位不如家庭或社区等社会关系重要。另一项数据也佐证了这一点：只有4.6%的有效样本认为职业关系为社会秩序的根本，有12.6%的有效样本认为职业关系是个人生活的根本。

但民众的判断与学界通常的立场截然不同，即学界认为，社会分工和职业关系才是现代社会的根本。究其原因，笔者认为多数民众对职业关系的定位偏于经济功能，而非偏于团结员工、建立情感等伦理功能。如图7-1所示，有55.0%的民众认为职业就是个人和家庭谋生的工具。另有25.0%的民众认为职业劳动是社会增加其财富的工具。而且，职业组织中的竞争给个人和家庭带来压力，成为个人自杀和抑郁的主要原因。调查显示，有44.3%的有效样本认为工作压力是主要原因，远超其他十类原因。与职业场所不同，家庭和社区是个人日常生活和亲密情感的主要发生区域，其中的社会关系成为民众的首要选择并不奇怪。总的来看，民众已倾向于对情感和利益类社会关系进行空间划分，将后者委诸工作单位等公共场域，而将前者保留于家庭等私密场域。这种空间区分也具有深刻的历史意义，说明人们把公私场域统合为一体的单位制阶段已经远去。民众在心理上已然习惯于区分家庭和职业场所及其对应的社会关系，但对后者的伦理重要性还缺少意识。

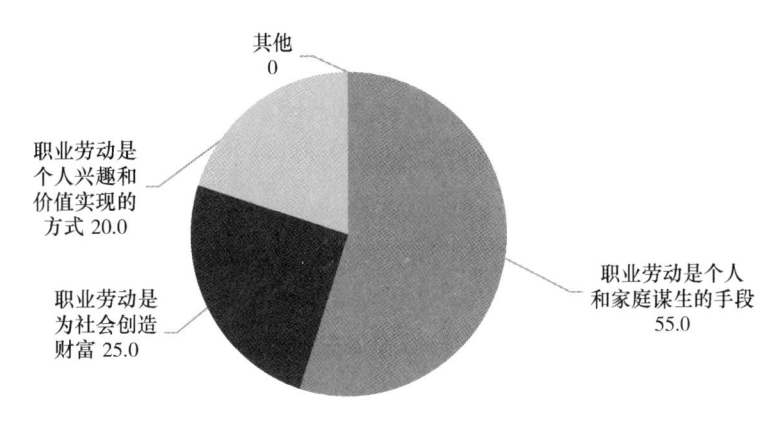

图7-1　关于职业劳动的说法（%）

其他 0
职业劳动是个人兴趣和价值实现的方式 20.0
职业劳动是为社会创造财富 25.0
职业劳动是个人和家庭谋生的手段 55.0

2. 差异：职业组织的失范

除了经济功能之外，职业组织与员工之间是否存有情感纽带，是否应承担一定的伦理功能，是存在争议的问题。虽然在有效样本中有47.6%的人不认为经济效益是衡量企业成败的唯一标准，认为企业与员工之间也不只是经济利益关系，还存在情感归属，但此类选择并没有过半，更不占据主导。这种争议可见于更多数据：在有效样本中合计有52.0%的民众认为员工与单位之间还存在情感联系，单位甚至是家一般的存在。但同时也有46.8%的民众认为单位与员工之间就是纯粹的雇佣关系。可见，民众对于工作单位是否应具有伦理责任的认识还较为模糊，将来需要进一步观察分析。

现实中，工作单位开展伦理道德活动的很少，但依然有很多民众对此持有期待。在8408例有效样本中，只有4.1%的人认为工作单位开展了与伦理道德相关的活动。同时，有33.3%的民众依然认为工作单位和社区也是个人道德成长的重要场所。

调查揭示了民众职业组织伦理意识中的一个发展趋势，即民众多采用权利观念来看待其职业关系。他们看重自己作为劳动者的权利和利益，也尊重雇佣方的权益：在有效样本中，有71.8%的民众认为企业不能在员工表现好时就发奖金，表现不好时就直接辞退。另有63.5%的民众认为用工单位与员工之间不只是合同关系，员工不应只看效益就跳槽。反之亦然。此次调查确认了薪酬水平等权益之外的各类非经济福利的范围，例如劳动安全、企业对员工生活的关心等，从而确定这些非经济福利是民众对职业利益的通常期待，这与他们偏重于从经济维度来界定工作单位的功能是一致的。此次调查也确认了民众在工作单位中的权利意识和制度保障，包括受到不公正对待时在单位中有申诉机会（64.7%）；不论是否在单位，员工具有申诉的地方或渠道（67.0%）；大多数员工也会选择申诉（79.5%）。这也支持了中国伦理转型中"个人道德趋于现代化"的判断。①

在中国当下，工作单位中员工个人的社会关系能够得到发展。调查发现，同事之间以平等合作关系为主，利益竞争关系则较少，完全没有关系为最少，具体数据如图7-2所示。同事之间的信任水平达到比较信任及以上者占多数，其中对同事或同学的比较信任比例达到82.1%，对上级或领导的比较信任比例达到71.2%。同事之间在发生冲突时，多数被访对象选择直接进行沟通或通过第三方进行调解，达到82.9%。相比较之下，如果商业伙伴之间发生冲突时，则有58.9%的对象做出类似选择，而选择诉诸法律者则达到31.0%。

但在当下中国，工作单位中也存在相当程度的伦理失败，会破坏员工间的社会关系，值得注意。在有效样本中只有少量民众认为其单位中不存在不道德的人际关系，其比例为33.7%。同时，有30.8%的受访者认为单位中有员工给领导送礼，有27.7%的受访者认为单位中存在员工找关系走后门的现象，有22.4%的受访者认为单位中存在员工相互告恶状的事情，有18.5%的单位存在拉帮结派的现象等。

---

① 樊浩：《伦理道德现代转型的文化轨迹及其精神图像》，《哲学研究》2015年第1期，第106—113页。

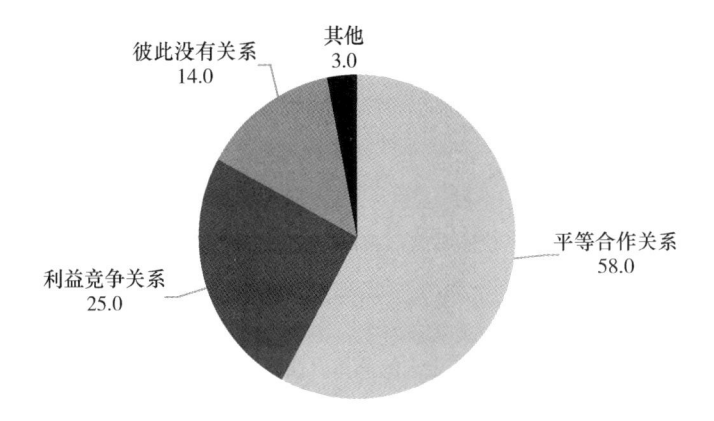

图 7-2 您所工作的单位同事之间是何种关系（%）

综上所述，在我国后单位制阶段的伦理转型过程中，组织失范的问题是存在的。

民众对于工作单位建立情感和团结的伦理责任虽然存在一定的期待，但整体上缺少明确的意识，更多看重其经济性功能，并按照现代权利和利益等观念去处理个人和工作单位的伦理责任。另外，员工在工作单位依然能够发展其个人的社会关系。

（四）职业组织伦理的宏观共识与差异

1. 共识：正式组织担负着社会伦理责任

在伦理转型阶段，政府、学校、企业等正式组织承担着跨层次的伦理责任。它们是具体的组织，但也需要向整个社会输出文化价值，树立伦理规范，开展道德教养。简言之，它们是维系全社会伦理的正式制度，不仅需要团结员工，支持员工的社会关系，更承担着发展全社会伦理的宏大责任。此次调查发现，我国正式组织在教育个人道德等宏观伦理功能方面表现良好。在有效样本中，多达 62.7% 的受访对象认为学校、政府和社区等公共机构是个人道德的训练场所。进一步细分的情况是：在第一选择中，教师、公务员和企业家分别属于学校、政府和企业。后者属于现代社会核心的文化、政治和经济组织，同时也是社会伦理的担纲者。其伦理影响力远远超过了具体组织，而影响全社会。在第二选择中，教师和先圣先贤的优先选择体现出学校等文教组织进行价值输出和伦理教养的影响力。公众人物的选择也达到两位数，只是问卷中没有清晰界定其构成。在第三位选择中，先圣先贤的首要影响也证实了上述观点，其余选择比例已经降低到个位数，其影响力就不再分析（如表7-1所示）。

表7-1　对个人思想行为影响较大的群体（限于非家庭关系的群体）

第一位选择	第二位选择	第三位选择
教师（34.0%）	教师（14.9%）	先圣先哲（11.7%）
政府官员（20.6%）	先圣先哲（11.5%）	公众人物（6.3%）
企业家（12.6%）	公众人物（10.7%）	网络大V（5.3%）
公众人物（3.9%）	知识精英（9.0%）	知识精英（3.5%）
知识精英（3.7%）	农民（8.2%）	农民（2.5%）
演艺明星（2.0%）	企业家（5.5%）	宗教人士（2.3%）

注：第一位到第三位选择的有效样本分别为8364例、6064例、3993例，其他选择也有84例，但数量太小，此处忽略。

民众不只是被动接受正式组织的伦理影响力，同时也会评价具体正式组织机构的道德表现。研究发现，如图7-3所示，按照从高到低对组织道德水平进行排序时，民众的选择分为三档，学校一档，在有效样本中达到43.8%，国有（控股）企业和政府机关一档，比例分别为18.4%和14.4%，而企业（包括民营、私营、外资）、医院或民间组织为一档，占比为2%—7%。而按组织道德水平从低到高进行排序时，民众的选择也分为三档，第一档为私营企业，有效样本中占比为30.0%，第二档为医院和政府机关、民间组织和民营企业，有效样本占比为18.3%、15.3%、12.3%、11.6%。第三档则是学校、国有企业和外资企业，比例都在3%—6%。两者对比后可以确认，除了政府机关的位置变动较大，其他各类组织的位置都是前后一一对应的。

满意度数据也可进一步佐证民众对具体正式组织道德水平的评价。在有效样本中，大多数民众对当地医院、地方政府、当地学校、当地红

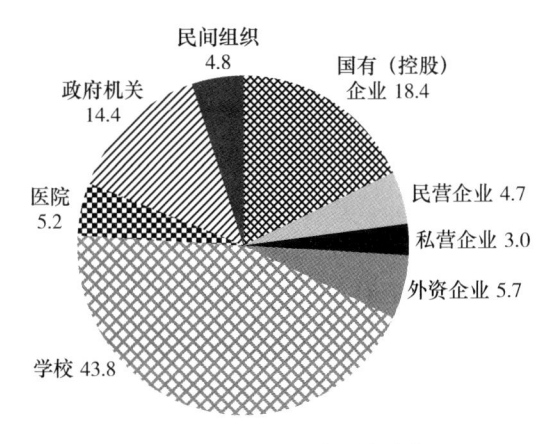

民间组织 4.8
政府机关 14.4
国有（控股）企业 18.4
医院 5.2
民营企业 4.7
私营企业 3.0
外资企业 5.7
学校 43.8

图7-3 您觉得下列哪些单位最讲道德（%）

十字会等社会组织的道德状况都较为满意，其占比分别达到71.1%、71.9%、81.3%、71.7%。

满意度数据还能够说明，大部分民众认可公共部门从业人员的个体道德表现。本次调查发现，在有效样本中，大多数民众对于公务员、医生、教师、企业家的道德状况感到满意，其比例分别达到71.4%、69.3%、75.2%和74.6%。相应地，大部分民众认为老师不尽职或医生不遵守职业道德的问题并不严重，在有效样本中分别达到71.9%和65.3%。从社会信任这个指标来看，公共部门从业群体也获得了民众的肯定。在有效样本中，大部分民众对社区或村干部、公务员、教师、警察、医生、法官、专家学者都存在"比较信任"以上的信任水平，其比例分别达到62.3%、70.5%、84.3%、83.6%、76.9%、81.3%、70.9%。民众的理想选择的情况进一步证实了正式组织从业人员的道德形象。在有效样本中，作为理想邻居对象，教师、医生、专家学者、政府官员和企业家的获选比例都很高，具体分别为94%、92%、78%、67.1%、86.3%。

最后，当工作单位发生以公谋私或损公谋私的制度错配问题时，被访者大多表示强烈反对。针对某些单位在招工和入学等过程中向子弟出台特殊政策的情况，在有效样本中有66.2%的民众表示强烈批评，认为其属于以权谋私，损害社会公平，是严重的不道德。另有10.7%的民众意识到它虽符合本单位利益，但损害了社会公共利益。仅有16.5%的民众认为这是为员工谋福利，符合道德。类似情况还出现在环境污染相关的情景下：如果自己所在单位为了自身利益而污染环境时，超过六成的受访者表示会选择举报。

2. 差异：教育和医疗组织伦理的制度错配

虽然我国正式组织较好地实现了跨层次伦理功能，并得到了大多数民众的肯定，但这并不意味着其所面临的伦理与道德的悖论问题得到了解决。事实上，从制度信任的角度来看，国内外普遍面临伦理转型中的制度信任等困境。我国制度信任历来短缺，尤以医疗、教育等公共服务领域的信任危机最为突出①。而在西方，法律和政府等公共制度信任水平也在下降，民众越来越不愿意参与选举等公共活动，使得社会团结等伦理目标也越来越难实现②。

此次调查提供了学校和医院的伦理责任履行情况的数据，可以检验它们的制度错配状况。学校数据显示，民众对学校部门存在伦理期待。在有效样本中，有86.0%的民众都不同意学校只传授知识和技能而不需顾及道德培养，另有74.6%的民众不赞同升学率优先于素质教育。但同时，学校的营利行为与民众的伦理期待存在冲突。在有效样本中，有49.6%的民众认为学校越来越以营利为目标，而另有50.4%的民众则不这样认为。二者比例十分接近，说明学校的营利行为存在显著的伦理争议，而民众判断就呈现出二分对立的状况。此外，也有14.5%的民众认为需要给教师送礼才能让孩子得到更好的培养，虽然大部分民众不这样认为。

近些年来大大小小的医患纠纷和冲突不绝于新闻报道，这说明医疗部门的伦理与道德矛盾相当严重。但此次调查却给出了截然不同的结论。在有效样本中只有28.9%的民众对当地医院不太满意，多数人仍然表示"较为满意"及以上。在8680个有效样本中，调查对象亲自卷入医患冲

---

① 王绍光、刘欣：《信任的基础：一种理性的解释》，《社会学研究》2002年第3期，第23—39页；阎云翔：《中国社会的个体化》，上海译文出版社2012年版。

② R. D. Putnam, *Bowling Alone*: *America's Declining Social Capital*, 1995, 6 (1), pp. 65 - 78; R. N. Bellah, R. Madsen, *Individualism and the Crisis of Civic Membership*, Christian Century, 1996, 113 (16), pp. 510 - 515.

突的发生率为4.5%，属于极少数。进一步看，即便发生医患冲突，其解决方式也多采用平和而非暴力的方式。调查一共采集到400例真实的医患纠纷。如图7-4所示，大部分民众选择与医院协商，其比例为44.1%；其次是寻求卫生局等政府管理部门的调解或介入，其比例为13.2%；再次是直接找医生或医院算账，其比例达到了19.2%；最后，选择司法诉讼的比例则达到18.2%。笔者认为，抽样调查与新闻报道的结论截然相反，说明有关新闻所聚焦的局部事实和具体的事件与整体事实并不一致。虽然它们能够凸显问题，影响大众舆论，但也造成了刻板印象。

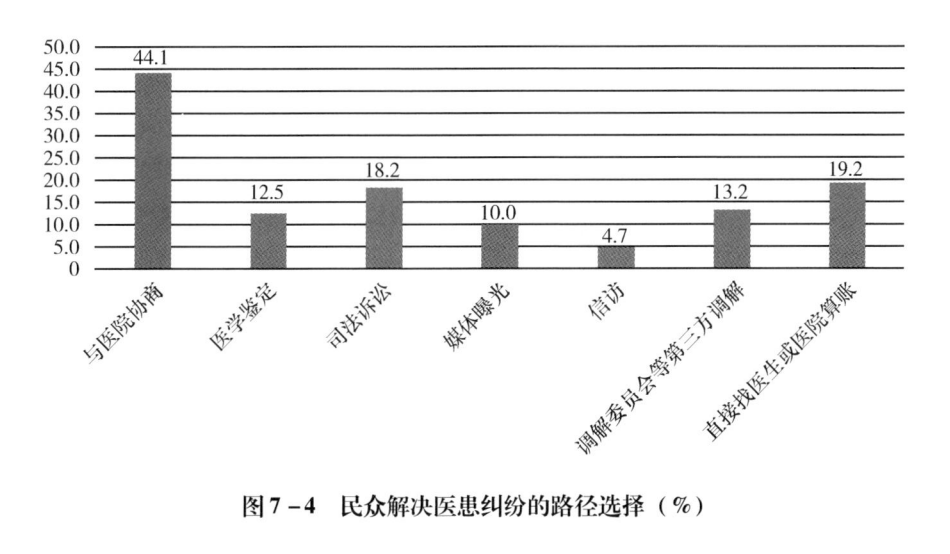

图7-4 民众解决医患纠纷的路径选择（%）

从调查对象的反馈来看，调查对象多认为医患纠纷发生的原因在于制度不合理和组织道德失败两类因素，具体见表7-2。其中，如果将医生不负责任和腐败因素合并起来作为医疗机构道德失败的构成，那么在主要原因中，制度不合理因素和组织道德失败因素相当。在次要原因方面，则组织道德失败因素超过制度不合理因素，占据54.1%，成为主要原因。

表7-2　　　　　导致当前医患关系紧张的原因　　　　　（%）

	主要原因	排序	次要原因	排序
医疗制度不合理，看病难，看病贵	45.3	1	31.6	2

续表

	主要原因	排序	次要原因	排序
医生缺乏职业道德，对病人不负责任	33.8	2	35.9	1
医生腐败，不送红包不认真看病	12.9	3	18.2	3
医闹，病人蓄意闹事	7.7	4	14.2	4
其他	0.3	5	0.2	5

单独就给医生送红包这个现象而言，医患纠纷并不仅仅是医生个人道德或医院机构道德的失败，也有医疗制度不合理因素的作用。送红包的动机有三类：

首先是源于对医生职业道德的怀疑。有42.3%的被访者不相信医生会平等对待病人，或会在没有红包的情况下主动提供有质量的服务。笔者认为，这种表面对医生的个人道德实际上是对医疗组织的道德所产生的怀疑，是当今国内外普遍面临的制度信任困境的一个缩影。较多病患因为怀疑医生职业道德而做出送红包的选择，并不意味着医生个人职业道德失败的现象普遍存在，而更多地反映了民众对整个医疗制度的不信任，是对医疗机构伦理与道德背离的主观反映。

其次是对其他病患就医行为的不信任，即有35.8%的被访者认为如果其他病患送红包拉人情，自己所享受的服务就会受到损害，因而也要送红包。笔者认为，病患方这种自利选择，更多反映的是医疗服务资源短缺，即医疗制度不合理，而不是医生职业道德的失败。

最后是正常社会交往的需要。在有效样本中，有13.7%的被访者认为是通过红包表达尊重和感谢。

这三类动机可以说明，组织道德失败和医疗制度不合理共同促成了给医生送红包的具体现象，而这与医患纠纷的发生原因是一致的。考虑到当代民众对于专业医疗的信任水平普遍在下降[1]，我国医疗制度的不合理因素就更加剧了医患关系的紧张。

---

[1] D. E. Mitchell, R. K. Ream, *Professional Responsibility: The Fundamental Issue in Education and Health Care Reform*, Springer, 2015.

3. 差异：企业组织伦理的制度错配

企业组织也存在制度错配的问题。民众对各类企业组织的道德水平的评价不尽相同。调查发现，如果选择道德水平高，则在有效样本中，国有企业、外资企业，民营企业和私营企业的获选比例依次降低，比例分别为18.4%、6.4%、4.8%和2.5%。其中对国有企业的道德评价特别高，可单列一档。如果选择道德水平低，则在有效样本中，私营企业、民营企业、国有企业和外资企业的获选比例依次降低，分别为30.0%、11.6%、5.5%和3.8%。其中对私营企业道德的评价特别堪忧，可单列一档。

针对企业家的个人道德，受访者也多持中性偏上的道德评价。在有效样本中，绝大部分受访者认为企业家的道德水平跟普通人差不多或者要好些，其比例达到81.2%。就对企业经营者或生意人的称呼来看，过半受访者选择了"企业家""老板""商人""生意人"等较为中立的称呼。只有6.8%和6.1%的人选择了"土豪"和"暴发户"这样带有贬义的称呼。

通过承担社会责任，服务社会整体利益，企业履行了其宏观的伦理功能。在受访者看来，企业的首要社会责任是生产满足民众需求的产品。在有效样本中，过半受访者持有这个观点。而纳税和为股东赚钱这一选项的获选比例就相对较低，分别为22.5%和14.2%，为员工谋福利这一选项的获选比例更低，只有6.4%。除了产品质量可靠，满足消费者需求，其他社会责任还包括：诚实守法经营，在有效样本中的占比为83.6%；采取环境保护措施，在有效样本中的占比为71.9%；开展慈善公益活动，在有效样本中的占比为72.7%。

受访者多数对企业组织跨层次承担社会责任存在很高的期待。当企业履行社会责任与自身利益发生冲突时，在有效样本中达到72.5%的受访者认为社会责任优先于企业利益。在他们看来，维护社会利益和遵循道德规范的企业最终也能够取得更多的自身利益。在有效样本中有78.9%的受访者坚持这一点。相应地，大部分民众认为企业不能罔顾社会责任或声誉，只是赚钱，在有效样本中相应的比例达到81.8%。

高度的伦理期待所带来的是对具体企业组织的严格的道德要求。就企业在污染环境或做虚假广告等方面的道德状况是否严重的判断上，在有效样本中，有56.3%的受访者认为严重，但同时也有43.1%的受访者认为并不严重。这两个比例比较接近，显示出受访者在这一问题上出现了二分对立。下面通过企业慈善捐助这个行为，来进一步考察民众对企业的伦理期待与道德要求：

在有效样本中，有47.0%的受访者认为企业慈善不过是做样子，实际上是为自己做广告。但同时，有53.0%的受访者认为并非如此。在另一个类似的问题上，在有效样本中认为企业捐助是在作秀或是做广告和宣传的受访者的比例分别达到17.6%和24.1%，合计41.7%。同时，也有受访者认为企业做的是善事，是将赚的钱用于社会，或者做了总比不做好，不用太严苛。二者的比例分别为26.5%和31.1%，合计57.6%。前后对比来看，受访者对企业慈善捐助的道德评价也始终徘徊于半数肯定和半数否定之间。这种态度分化对立的情况进一步证实了他们对企业社会责任的严格要求。

值得注意的是，民众的高度伦理期待和严格道德要求与企业产权体制、规模大小、盈利多少等因素无关。在有效样本中，有66.6%的受访者并不认为只有国有企业才有资格承担社会责任。大多数受访者并不认为只有大企业才能承担社会责任，而小企业则不需要，其比例分别为68.2%和75.3%。另有68.4%的受访者不认为只有盈利多的企业才有资格承担社会责任。

（五）总结与建议

在我国当下伦理转型阶段，笔者发现，就职业组织伦理的宏观和微观层次而言，其伦理与道德悖论产生的原因不尽相同。前者是因为制度错配，而后者是因为组织失范。在微观层面，单个组织如果要实现伦理与道德的一致，就需要兼顾经济功能和伦理责任。除了提供经济福利，它还要建立社会团结，支持员工发展其私人社会关系。但调查却发现，中国民众偏执于工作单位的经济功能，对其伦理责任的认识模糊不清，体现了后单位制时期的组织失范状态。不同于经济、伦理和社会管理等诸多功能统合的单位制阶段，后单位制阶段的特征是功能分化和组织分工，受访者对工作单位的功能界定就反映了这个历史转型趋势。但他们对职业组织分工之后的新伦理责任缺乏认识，在理论上属于规范缺乏的结果。

在宏观层面，正式组织的社会伦理责任要求该组织跨越层次，通过制度化的设置去实现文化目标。在此过程中，利用制度条件谋取或遮盖单位利益，就构成了伦理和道德的背离。调查发现，学校和医院伦理失败中所面临的制度错配就属于这一种情况。但是，企业伦理失败所面对的则是另一种跨层次的制度错配，即民众道德标准很高，预设企业自身目标低于文化目标。

基于以上分析，本文提出如下三点建议：

一是建设职业组织规范，即利用职业纽带，在工作场所内外都注重培养员工之间的团结，支持员工发展个人社会关系。具体讲，就是职业组织建设应同等注意维护成员的物质利益和非物质权利；通过各类集体活动和组织机制，增强员工的情感归属；注意纠正组织内部不道德的人际关系，引导员工个人社会关系的良性发展。

二是化解医疗和教育领域的超层次制度错配。相关制度设置应进一步合理化，为具体组织机构完成文化目标提供更好的条件，这就要求国家、市场与社会力量等多方共同合作。同时，也应深入分析当今社会制度信任下降的问题，打破旧的专业伦理的窠臼，探索能够为民众所认可的新型职业伦理形态。

三是减少企业领域的超层次制度错配。应扭转民众对企业责任的过高伦理期待，倡导新型的企业社会责任观念。在履行社会责任的过程中，企业也应与其他社会力量加强交流，更多地争取民众的理解和认可。

（王化起）

二十六　中国社会的组织伦理意识及其群体差异

前　言

在人类文明发展历史中，组织对人类生活资料的生产起着非常重要的作用，原始社会的集体狩猎，农业社会的家庭手工业，近现代社会的工厂企业，皆是人类以集体行为为表征的组织生产。"人的本质不是单个人所固有的抽象物。在其现实性上，它是一切社会关系的总和。"① 人"在其现实性上"需要"总和"以克服单个人的抽象性及有限性，建构某种社会关系存在的群体（组织）。借助斯格特所归纳的"组织"定义②，本文的"组织"意指通过人群间个体互动形成"整个的个体"与外部环境相关联以实现特定目标的社会实体。狭义而言，组织是人们为实现某一目标而互助合作的集体。当组织被人们以一定主观意图创设出来后，它对组织内外人员产生客观作用，详言之，组织通过相关制度在一定程度上控制组织内部成员的行为以完成既定目标，在实现其社会功能时与组织外部人员发生客观联系。综上所述，组织在道德哲学本质上是个体与实体的统一。

理解组织在人类道德生活中的重要作用，需把它放到特定时代语境

---

① 《马克思恩格斯选集》（第 1 卷），人民出版社 2012 年版，第 135 页。
② ［美］W. 理查德·斯格特：《组织理论》，黄洋等译，华夏出版社 2002 年版，第 24—26 页。

下进行考察。"历史中的决定性因素,归根结底是直接生活的生产和再生产。但是,生产本身又有两种。一方面是生活资料即食物、衣服、住房以及为此所必需的工具的生产;另一方面是人自身的生产,即种的繁衍。"① "人自身的生产"离不开家庭这一"自然组织",生活资料的生产离不开各类社会组织。人类文明步入近现代社会以来,资本主义生产方式逐步取代以家庭为核心的自然经济模式,各类不同功能、结构各异的组织便成为人类生活资料生产的主要载体,组织逐渐成为当今时代重要甚至可说是最基本的社会实体。退一步而言,现代组织作为个人与社会的连接中介,虽说并未完全取代家庭在个体道德意识塑造上的重要地位,但组织的集体行为对社会现实生活的巨大影响已不可被忽视。正如社会学家詹姆斯·科尔曼在其"法人行动理论"中所指出的那样,现代社会存在两种互相平行的组织结构:"一种原始性结构,以家庭为基础发展而成;一种新型结构,由完全独立于家庭、具有目的性的法人行动者组成。"② 现代目的性结构与原始性结构对人类社会发展具有既相互补充,又相互替代的作用,科尔曼在《社会理论的基础》中论述了法人行动者即现代组织正逐步替代家庭的部分传统功能,如子女教育,赡养老人,家庭娱乐,夫妻的性别分工等,但这种目的性结构很难完全替代原始性结构的某些功能,如家庭为未步入社会的未成年子女提供不间断的经济保障及精神支撑。资本主义生产方式流行之前,人类传统社会主要以家庭同时作为主要的生产生活资料和"种的繁衍"的"自然组织",在社会交往当中,个人主要以家庭这一伦理实体作为自身道德意识及行为的来源,个人无须对家庭这一"自然组织"作道德反思,个人行为直接地遵从"第二天性"即由伦理风俗养成的道德习性。在传统社会中,个人"自我概念的统一性存在于一种将出生、生活与死亡作为叙事开端、中间与结尾连接起来之叙事统一性中"③。但在"异质性"的现代社会中,个人同质性的生活叙事产生碎片化。个体生命的每个时段,每个空间都有

---

① 《马克思恩格斯选集》(第4卷),人民出版社2012年版,第676页。
② [美]詹姆斯·科尔曼:《社会理论的基础》,邓方译,社会科学文献出版社1990年版,第640页。
③ [美]麦金太尔:《追寻美德——伦理理论研究》,宋继杰译,译林出版社2003年版,第260页。

其特定的行为规范,这些规范或直接或间接地导致了个人叙事完整性的破碎,这些规范主要来自形形色色的现代组织。现代人需要承担家庭这一自然实体以外的社会角色。个人在家庭生活中自然直接体认家庭道德如孝悌之义,但在现代社会的组织生活中基本不存在这种"自然直接",个体内在生命的一致性被无情撕裂,个体所承担的社会角色难以从现代组织里找到伦理认同,个体对现代组织而言完全是个"异在"。黑格尔对于这些现代性的伦理困境的道德哲学分析颇为深刻,尤其是在《精神现象学》中关于"伦理世界"向"教化世界"过渡的论述部分对我们今天探讨组织伦理有着积极的学术意义。

  黑格尔指出,家庭这一伦理实体所遵循的"神的规律"与内在于民族这一伦理实体的"人的规律"始终紧张对峙着,作为精神性存在的人在具体行为选择上会陷入这两种规律或"势力"的分裂当中,无法确证其自身行为的"正义",这是人由伦理世界步入教化世界无可避免的"悲怆情愫"。人不能只遵循"黑夜的律法",若自我意识仅仅停留于家庭血缘关系中,"它作为这个〔个别的〕自我只是非现实的阴影",自我意识必须离开家庭走向民族,遵循"白日的法律"。晚年的黑格尔在《法哲学原理》中对民族伦理实体作了详细探讨,将其现实形态表述为"市民社会"与"国家",这两大形态中存在同业工会、政府等功能不同的组织。黑格尔解决"人的规律"与"神的规律"、家庭和民族两大伦理实体相互冲突的思路是:通过精神自身内在否定运动,以"伦理行为"来实现二者的过渡,但"按其内容来说,伦理行为本身就具有罪行的环节"①,不行动只能是"伦理意境",一旦行动就成为"罪行",从而"消亡伦理本质"走向偶然、抽象自我意识主宰的"法权状态"。在现代社会的现实生活中,家庭与民族相互过渡的平衡点是组织,而组织内的个人如何行动、遵循何种规律才是"正义"?黑格尔对伦理行为困境的揭示表明,"现实地"存在家庭与民族这两大伦理实体的冲突,但并未提出"现实的"解决方案,黑格尔采用精神自我否定来过渡到"教化世界"的办法仅在黑格尔式逻辑上能自圆其说,仅停留于"精神"层面,这一思路在当今

---

  ① [德]黑格尔:《精神现象学》(下卷),贺麟、王玖兴译,商务印书馆1983年版,第24—27页。

"法权状态"的现实生活中是否能行之有效？这些问题要求我们在道德哲学的研究范式上进行新突破。

从道德哲学的学术演变来看，传统道德哲学主要以个体作为道德行为主体，与传统社会结构相适应，学者们往往以个体动机作为研究出发点，社会的伦理建设基本以培育个体至善为主要内容。随后，道德哲学逐渐强调个体行为及其后果的道德责任，不再单纯以个人动机作为道德评判准绳，但"个体"仍是传统道德哲学的逻辑建构基点。自启蒙运动以来，理性主义旗帜高扬，理性成为审判所有个体行为的最高道德法庭。但理性在实践中走向自身异化，价值理性逐步被原子式的个人消解，工具理性大行其道，现代社会经常出现一幅怪异景象：诸多声称以理性为行动原则的道德个体与社会伦理实体产生矛盾，即众多"道德人"组成"不道德社会"，所有人本应当为某一集体（组织）行为产生的道德恶果负责，但没有真正单独某一个人承担其中的道德责任。尼布尔指出，组织本身的自利性排斥道德："群体的利己主义同个体的利己冲动纠缠在一起，只表现为一种群体自利的形式……并且会造成严重的后果。"[①] 阿伦特反思纳粹大屠杀中纳粹官员阿道夫·艾希曼陷入服从国家命令和内心道德良知相互矛盾的困境，提出"恶的平庸"[②]，深刻揭示了国家机器的组织行为背后复杂的道德责任问题。鲍曼指出现代社会的所有组织行为都存在削弱社会道德的可能性。[③] 现代组织以工具理性为其建构原则，分工严密的科层制组织是价值理性异化的、集中工具理性特质的"现实定在"。工具理性主导下的现代文化设计强调组织成员对组织负责，以不断优化组织功能效率为主要原则，极易忽略组织行为本身对社会整体的道德责任问题。科层制组织在很大程度上消解了道德主体性，模糊了道德责任界限："由于作为整体的理性内部的'异化'和'自反'，使价值理性与实质理性消隐，组织成为和价值、道德无涉的存在，组织逃逸于伦

---

① ［美］莱茵霍尔德·尼布尔：《道德的人与不道德的社会》，蒋庆等译，贵州人民出版社1998年版，第4页。
② ［美］汉娜·阿伦特：《耶路撒冷的艾希曼：伦理的现代困境》，孙传钊译，吉林人民出版社2003年版，第77页。
③ ［英］齐格蒙特·鲍曼：《现代性与大屠杀》，杨渝东等译，译林出版社2002年版，第229页。

理视野之外，形成了组织伦理缺失的状态。"①

启蒙运动之后的西方道德哲学从个体的抽象人性出发，以理性主义为原则来谋划现代性道德，其主要代表理论即康德的义务论将道德视为人类实践理性的自我确证，但在道德根基上，康德最终不得不把"灵魂不朽"与"上帝存在"请回来，可见其谋划在某种意义上是失败的。用黑格尔的话来说，康德的纯粹义务理论只是停留于主观抽象的"优美灵魂"，并不具有现实性。在批判康德道德哲学的基础上，黑格尔提出以"精神"而非"理性"来论述伦理与道德的辩证发展，并指出："在考察伦理时永远只有两种观点可能：或者从实体性出发，或者原子式地进行探讨，即以单个的人为基础而逐渐提高。后一种观点是没有精神的，因为它只能做到集合并列，但是精神不是单一的东西，而是单一物和普遍物的统一。"② 这启示我们在论述组织伦理时，应当"从实体性出发"，避免走向"原子式地探讨"，应当以"精神"而非"理性"来演绎组织伦理。由前文提及的尼布尔、阿伦特和鲍曼的论述可知，以个体为逻辑出发点的思考模式无法在逻辑上解释组织的集体行为的道德问题，现实社会结构的变化强烈呼吁道德哲学范式进行相应变革。因此，以组织为逻辑出发点，在精神哲学意义上对组织伦理进行学理建构，可能成为突破这一理论困境的某种可行思路。

就我国 70 年来社会组织的现实发展而言，组织既受到西方工具理性的影响，也呈现出"单位制"的遗留特色。改革开放前，计划经济时代的"单位"成为连接家庭与国家的另一"伦理实体"。随着经济体制改革的推进，"单位"本身的伦理性质受到经济效益导向的消解，但部分公有制主导的"单位"在实施组织行为时仍部分依赖计划经济时代的伦理文化路径。在当今中国社会结构急剧变化，社会意识导向多元化趋势加强，传统伦理信仰式微而新道德范式尚未建立的情况下，组织行为的道德问题逐渐引起社会公众的普遍关切，组织违反道德的集体行为时常见诸报道，如企业为谋求更高经济效益而违法排污等，组织的集体行为相比于单个个人的行为对社会产生更广泛、更深刻的影响，组织

---

① 王珏：《组织伦理》，中国社会科学出版社 2008 年版，第 179 页。
② [德] 黑格尔：《法哲学原理》，商务印书馆 2013 年版，第 173 页。

行为日益突出的现实道德问题亟须学界对组织伦理进行实证研究与理论研究的互动。

　　就目前我国关于组织伦理的学术研究状况而言，一方面，国内大多数研究者主要在理论层面来论述组织伦理，确切地说是介绍西方企业的组织伦理理论，鲜有用本国学术话语建构的理论成果；另一方面，国内实证研究多集中于"组织内部伦理氛围""组织德性"等探讨组织成员个人变量与企业组织绩效间的现实关联，很少以"整个的个体"的研究视角探讨组织与整体社会间的伦理关系。东南大学伦理学研究团体结合社会学实证调查与道德哲学思辨研究，对政府、企业及媒体等组织进行科学分析，由组织内外的公众道德认知数据推出了对我国组织伦理研究影响重大、意义深远的成果，该团队指出："当代中国单位组织集体道德行动，在传统伦理'路径依赖'与市场经济'自然法则'的双重挤压下现实地呈现。"①

　　本文拟对2013年CGSS调查所得数据进行分析，对当今我国社会组织伦理意识状况作一番梳理，进一步挖掘我国组织伦理发展的新特点、新规律。本文拟探讨"组织伦理意识"的两大内容：社会公众对组织伦理的认知或对组织行为的道德判断；组织伦理实体内部不同群体对所在组织的集体行为的道德认知。首先，本文描述公众对组织行为的总体伦理认知现状以及公众对主要组织代表性群体及其行为的道德认知，在一定程度上揭示出政府、企业和媒体组织的伦理状况，以便从整体上把握组织伦理现状。其次，本文以性别、年龄、收入、城乡、所有制这五个变量来描述组织伦理意识的群体性差异，并试图结合相关道德心理学的理论对导致差异的有关因素进行分析。最后，社会公众对组织行为的道德认知状况可从侧面反映出组织发展中存在的道德问题，结合不同群体的组织伦理意识差异分析结果，本文提出一些对促进我国组织伦理健康发展的建议。

---

① 王珏：《"后单位时代"集体道德行动的特征及其规律——基于社会调查的实证研究》，《道德与文明》2010年第4期，第135—139页。

680　下　伦理魅力度与道德美好度

（一）组织伦理的公众认知现状

1. 公众在组织伦理认知上的矛盾

随着我国社会结构的持续变化，某些"习以为常"的道德观念也逐渐发生改变。在改革开放之前，计划经济时代的"单位"（组织）在我国主要是连接个人与国家的"第二家庭"，个人的生老病死、衣食住行都与"单位"密切相关，个人也很少对"单位"的集体行为进行道德反思，个人生活基本依附于"单位"，"单位"也成为某种封闭性的组织存在。随着市场化改革浪潮的推进，"单位"的性质也开始转变，"单位"不再包办个人生活的方方面面，变成一种消解伦理的工具性存在。那么，时至今日，社会大众对"单位"原有的一些集体行为发生了什么认知变化？我国组织伦理的发展状况在某种程度上也可借助当代大众对"单位"行为的道德认知来描述。

一些政府机关和大中小学，利用权力让本单位的职工子女在很好的学校读书，或降分录取，您认为这种行为道德吗？

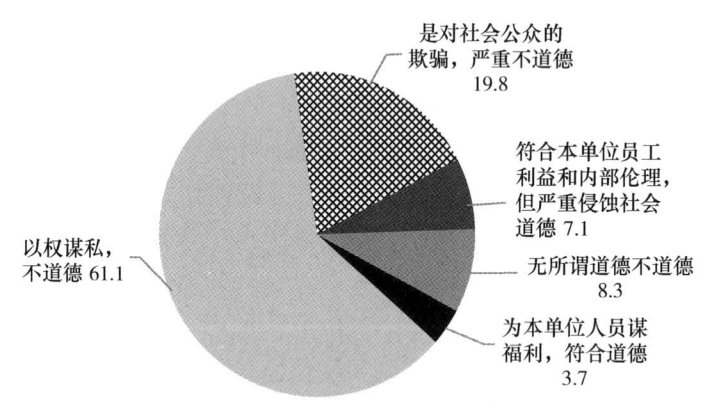

- 是对社会公众的欺骗，严重不道德 19.8
- 符合本单位员工利益和内部伦理，但严重侵蚀社会道德 7.1
- 无所谓道德不道德 8.3
- 为本单位人员谋福利，符合道德 3.7
- 以权谋私，不道德 61.1

图7-5　关于对单位体制内教育福利发放的道德认知（%）

如图7-5所示，当问及"一些政府机关和大中小学，利用权力让本单位的职工子女在很好的学校读书，或降分录取，您认为这种行为道德吗"时，有61.1%的人认为这是以权谋私，有19.8%的人认为这是对社会公众的欺骗，即八成的被调查者将该行为视为不道德的，将该组织行为置于权力运用"公私"问题的道德评判上。这种以"公私"为道德判断依据的认知，反映出中国传统文化中"公权"应以公众利益为鹄的，而不应谋求"私利"的道德信念。问卷题目中的"政府机关和大中小学"这一类组织掌握着普通大众所没有的"公权力"，若其组织行为以组织内部利益为归宿，无疑在大多数人看来是"不公"，是"谋私"，违反了道德公正。获得教育权是人的基本发展权利，目前我国教育资源分配主要实行公有制，人民委托政府及有关组织机构对社会的教育资源进行管理。大多数人没有直接支配和处置教育资源的权力，在教育问题上的话语权较弱，一旦出现掌握教育资源的组织"公权私用"，这种相对剥夺感便更强烈，人们也更容易对该组织行为加以一种情感性的道德批评。由图7-5亦可看出，有7.1%的人察觉到这一组织行为符合组织内部伦理，但同时侵蚀着社会道德；也有少部分人（3.7%）认为该集体行为为组织成员谋福利，符合道德；有8.3%的人认为这一做法无关道德。此题体现的是人们关于"公权"与"私利"关系的道德认知，实际上，这一看法对我们更具体地了解组织伦理意识的状况有一定的借鉴意义，它从侧面体现了社会公众对待"道德"与"幸福"、道德与物质利益（好处）享受关系的看法。

现在社会上有些人不守道德反而讨了便宜，您会不会为了得到好处而效仿？

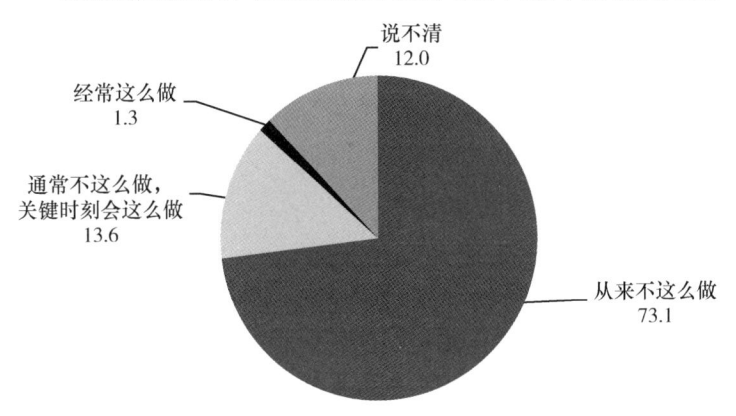

- 说不清 12.0
- 经常这么做 1.3
- 通常不这么做，关键时刻会这么做 13.6
- 从来不这么做 73.1

图7-6 关于效仿不守道德得好处的行为的选择情况（%）

682　下　伦理魅力度与道德美好度

如图 7-6 所示，当问及"现在社会上有些人不守道德反而讨了便宜，您会不会为了得到好处而效仿"时，有 73.1% 的人选择了"从来不这么做"，这表明在"好处"与"从众做不道德事情"之间，主流大众仍选择坚守道德立场。中国伦理型文化历来强调"德—得"一致，即主张善恶报应、道德与幸福必然存在一致性，由调查结果可知这一道德信念在当今中国社会仍影响深远，仍是主流信仰形态。那么，当组织行为违反社会道德时，人们是否会不为某种相关"好处"而沉默地"从众"？我们发现即使主流大众开始对组织行为作道德判断，但当身处组织内作具体选择时，部分人仍会忽视组织的不道德行为，这无疑应当引起我们的注意。

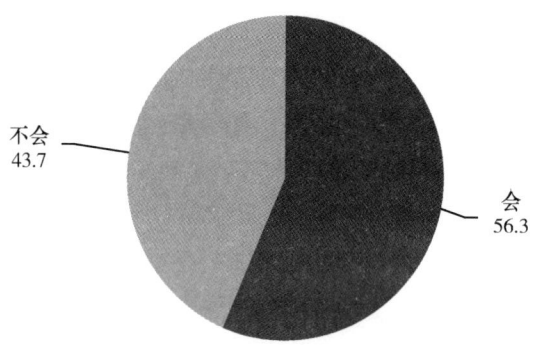

如果您所在的单位有一项举措可以提高集体福利
并使您个人得到利益，但会造成环境污染，您会举报吗？

不会
43.7

会
56.3

图 7-7　关于举报所在单位损害社会利益的行为的选择情况（%）

本题是一道情景选择题，意在调查当涉及个人利益及其所在组织利益与社会整体利益相互矛盾的情况下，被调查者如何作行为选择。由图 7-7 可知，有 56.3% 的人选择了举报，认为社会整体利益即保护环境处于优先位置；有 43.7% 的人选择了不举报。与上述"对单位体制内教育福利发放的道德认知"的调查结果中超过八成的人认为应对组织本身作道德评判、对组织行为作道德约束相比，当涉及个体自身利益及其所在组织利益时，此题结果表明有 43.7% 的人却做出违反道德的选择即"不会"，同时这也与"效仿不守道德得好处的行为选择"占比调查结果中主流社会大众信仰善恶相报在某种程度上起了冲突。可能的解释是：其一，身处组织中的人们知道这种组织行为违反道德，但顾及组织内的人情关系，担心"举报"会受到组织其他成员的排斥；其二，只关心自身利益而不在乎社会利益受到侵蚀，不担心自己会被追究责任；其三，更极端的情况是，当事人并不认为该组织行为违反道德。

综上可知，首先，主流大众在总体认知上已将组织行为纳入道德评价的范围，也从侧面反映出主流大众反感组织侵蚀社会整体利益的集体行为，其背后隐含着对组织行为加以道德约束的主张。其次，"德—得"一致的传统伦理信念在中国社会仍有强大的生命力，人们通常会反对组织的不道德行为尤其是"公权私用"的行为，说明大多数人自认为有道德、向往道德，也主张组织行为应具备道德，且很少会为了获取好处而效仿违反道德的行为。最后，当身处组织情境中而作选择时，不少人会对所在组织违反社会道德的行为"视而不见"，这从侧面展现了"道德个体"与"伦理实体"之间的矛盾，即身处组织内的人们"不知"组织行为已然违反道德，或者知道、反思到组织行为的道德性，却在行动上选择"沉默从众"。吉登斯认为现代社会存在"脱域"特性，人们很难判断自我行为选择会对时空相对脱离隔绝的他在产生何种后果，人类对情境的感知会因为缺少道德想象而出现偏差性行为。如果身处组织中的人们不能看到其行动和决策的道德影响，便可能忽视组织存在的伦理维度，道德责任可能发生漂移，人人应负责最后成为没人负责。

上述题目中涉及的政府、教育机构、企业单位不仅为其组织内部成员所认同，同样也被其他组织外的社会大众所认可，这种内外认可成为组织行为的合法性来源，但这不意味着组织的合法性不需要进行道德反思。只有对组织行为进行合理性考察，方能真实地展现其定在，因此，组织从"实际"变成"真际"，必须接受伦理审查。"抽象地说，合理性一般是普遍性和单一性相互渗透的统一。具体地说，这里的合理性按其内容是客观自由（即普遍的实体性意志）与主观自由（即个人适应和他追求特殊目的的意志）两者的统一；因此，合理性按其形式就是根据被思考的即普遍的规律和原则而规定自己的行动。"[1] 黑格尔主要从"人的行为"来对"合理性"进行哲学思辨，合理性的核心是按规律行动，基

---

[1] ［德］黑格尔：《法哲学原理》，张企泰、范扬译，商务印书馆2013年版，第254页。

本要求是普遍性与特殊性、客观性与能动性的统一。借鉴其观点，笔者认为组织成员及组织本身"追求特殊目的的意志"时，必须与社会整体"普遍的实体性意志"相一致。组织既具有单一性，也具有普遍性，它既是个人实现其主观目的的手段，又是社会正常运作所依赖的必要中介。身处组织中的个体成员在进行现实选择时，往往会偏执于其自身所在组织的特殊利益，社会整体的普遍利益难以成为其行动的根据。假如不对组织成员进行道德上的引导，组织伦理的消解很可能会加剧，由此导致合法组织走向"不法"。

2. 公众主要组织代表性群体及其行为的道德认知

整体鸟瞰我国社会公众的组织伦理认知后，我们需要对目前社会主要组织作具体分析，依据现代组织所承担的社会功能，通常将其划分为政治组织、经济组织和文化组织三类。在社会分工基础上，组织往往瞄准某一"单向度"目标来实现其社会功能：政府以公共政治利益处置为行政目标，企业以经济利益为生产目标，文化组织以信息加工与传播为活动目标。组织成员的更替流动一般来讲并不会持续、深刻地影响组织功能的正常运作，组织需要的是一种能够实现其目标的特定"角色"。正如哈贝马斯所指出的，人类在步入现代社会以来，高度分工协作的整合机制使得人逐渐脱离了"生活世界"，生活世界本身的再生产应当是与社会系统的整合机制相互协调配合，但随着工具理性成了目的本身，整合机制如权力机制、货币机制和话语机制割裂并宰制了人在生活世界中的完整性意义，现代组织的"伦理殇逝"借由哈贝马斯对现代性困境的批判得以揭橥。现代社会的分工机制导致了组织成员常将行动的目标对象置于道德思考范围之外，例如政府组织公务员机械程序化地为服务对象办理手续；"顾客即上帝"口号的背后展现了企业组织将获利对象视为"无脸化"的存在，企业组织要求员工一律按某种特定标准为消费者提供有偿服务；媒体组织将新闻对象视为纯粹信息的来源，在客观报道时往往忽视新闻主体的道德诉求。我们来看大众对我国社会主要政治、经济和文化组织的道德评价状况。

政治组织在我国当今社会主要指政府机关单位，受既有"官本位"文化的影响，官员群体的言行举止直接影响政治组织中其他普通公务员的行为，正如"上梁不正下梁歪"这一俗语所表现的意蕴，官员群体的言行在很大程度上集中展现了政府这一政治组织的集体公共形象，也成为社会大众道德评价的主要参考依据。如图7-8所示，对政府官员伦理道德状况表示"非常满意"与"比较满意"比例之和仅占被调查人数的15.5%，有35.7%人认为政府官员伦理道德状况"一般"，而"非常不满意"与"比较不满意"比例之和高达48.8%，将近占到被调查人数的一半。我国主要社会资源由政府掌控，政治组织所作的资源分配决策与社会大众利益紧密相关，但"处于官僚主义行为轨道里的人不再是负责的道德主体，他们的道德主体性被剥夺了，并且被训练成了不执行（或相信）道德判断的人"[①]，若政府官员群体作组织决策时缺乏足够的伦理考虑，便可能损害数量相当的人群的利益。当前我国社会对政府组织进行监督制约的机制仍有待进一步完善，政府官员群体在政治组织中占据利益分配的优先地位，官员"假公济私"等违法行为时有见诸新闻报道，政府组织"行政违法"亦难以被追责，司法公正仍不时受到政治特权的干扰，一些政府组织的道德责任意识仍有待加强。调查结果显示，社会公众在道德评价上对政府组织持负面看法，并将主要道德责任归于政治组织的领导群体即政府官员，这敦促我们要进一步大力重视官员群体的道德建设。

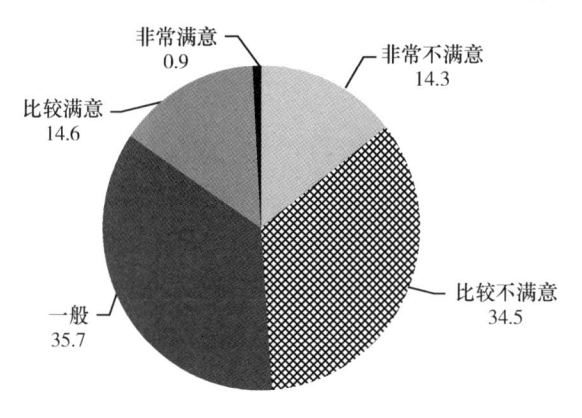

您对下列群体的伦理道德状况的满意度如何——政府官员

非常满意 0.9
非常不满意 14.3
比较满意 14.6
比较不满意 34.5
一般 35.7

图7-8 公众对政府官员的道德评价（%）

[①] ［美］齐格蒙特·鲍曼：《生活在碎片之中——论后现代道德》，郁建兴等译，学林出版社2002年版，第304页。

686　下　伦理魅力度与道德美好度

现代经济组织主要以公司法人或工厂企业为运营中介，基于不同的内部管理制度，企业经济决策及其集体行为的模式也各不相同。一般而言，企业家群体是现代经济组织的主要行为主体，是企业集体行为的主要决策者和实施者，公众对企业组织的道德认知也主要基于该群体的行为表现。随着我国市场经济的推进，现代企业组织以盈利为目的的市场行为逐渐获得公众认同，人们认为企业组织主要是为谋取合法经济利益而存在的工具性组织。如图7-9所示，对企业家群体道德状况表示"非常不满意"与"比较不满意"的比例之和为23.2%，有57.2%的人认为其道德表现"一般"，表示"比较满意"与"非常满意"的比例之和占被调查人数的19.6%，大部分被调查者对经济组织的领导者（企业家）的道德评价偏中性。我国社会大多数企业家在遵守相关法律法规下经营企业，大部分企业组织所从事的经济活动基本为社会公众所认可，当出现个别企业损害社会整体利益的集体行为时，在我国目前"大政府"主导的社会治理结构下，部分人可能会将主要道德责任归之于政府组织监管不力，但多数人还是能够分清损害社会整体利益的道德责任主体。

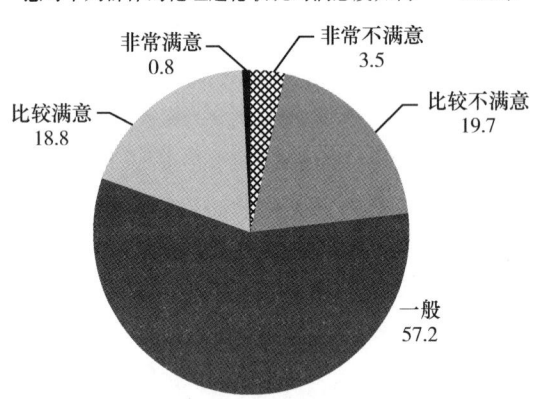

您对下列群体的伦理道德状况的满意度如何——企业家

非常满意 0.8
非常不满意 3.5
比较满意 18.8
比较不满意 19.7
一般 57.2

图7-9　公众对企业家的道德评价（%）

如图7-10所示，有12.2%人认为企业损害社会利益的现象非常严重，有38.8%人认为比较严重，即半数被调查者认为"企业损害社会利益"状况"严重"。由此可知，主流大众对企业组织违反伦理道德的集体行为有较清醒的认知。这也说明，以企业为代表的经济组织对社会利益造成了较为严重的损害。

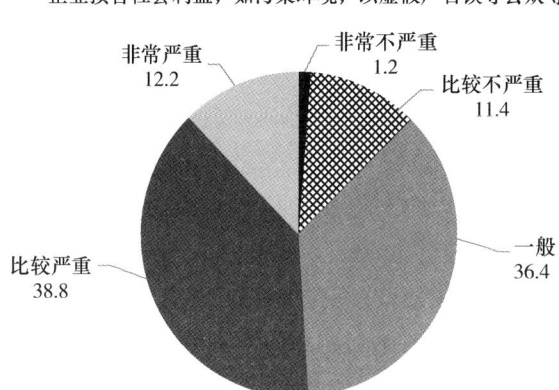

企业损害社会利益，如污染环境，以虚假广告误导公众等

非常严重 12.2
非常不严重 1.2
比较不严重 11.4
一般 36.4
比较严重 38.8

图 7-10 对企业损害社会利益的道德批评程度（%）

学校、宗教机构和媒体集团等组织是社会文化功能的运行载体，本文主要选取与大众日常生活相关的媒体组织作分析。如图 7-11 所示，对于媒体缺乏社会责任，炒作新闻的组织行为，大多数人认为这种现象并不特别突出，选择"一般"与"比较不严重"的人数占比之和为 62.4%。就目前主流媒体组织而言，我国公众总体上对这类文化组织的道德评价较之于对政治组织、经济组织的评价显得更为中性，这可能与文化组织所从事的文化活动对社会利益的损害较少有关。当然，也有部分公众对媒体组织"炒作新闻"的集体行为很反感，有 28.0% 的人认为这一行为"比较严重"，有 8.0% 的人认为"非常严重"，这类公众评价也提醒我们要关注文化组织在实现其社会功能时应作道德规约。

综上可知，当今我国大多数人对主要社会组织的代表性成员群体的总体道德评价偏负面，公众对组织的道德不满也正是组织本身"道德冷漠"特性对公众意识的投射。当今我国社会公众对政治组织的道德负面评价相对于经济组织和文化组织更多一些，对文化组织的道德认知较中性，由图 7-8、图 7-9、图 7-10、图 7-11 所示，公众对政府官员与企业家表示"比较不满意"与"非常不满意"占比之和分别为 48.4%、

688　下　伦理魅力度与道德美好度

媒体缺乏社会责任，炒作新闻

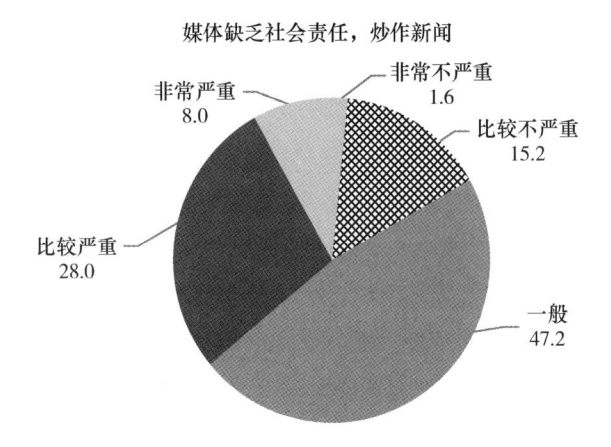

- 非常严重 8.0
- 非常不严重 1.6
- 比较不严重 15.2
- 比较严重 28.0
- 一般 47.2

图7-11　对媒体缺乏社会责任的道德批评程度（%）

23.2%；公众对经济组织和文化组织不道德行为认为"比较严重"与"非常严重"之和占比分别为51.0%、36.0%。这一道德负面评价的差别可能与现实生活中个人与组织利益的关切程度有关，即对大多数人利益产生影响越大的组织行为，社会公众对其的道德评价就越严苛。在中国目前"大政府"的威权文化背景下，政治组织对社会公众的生活影响最大，其行为的道德公正性更易引起社会公众的关切。

中国传统道德追求的道德公正往往与政治合法性密切相关，中国政府组织的合法性历来都蕴含伦理因子。自周代殷商，"以德配天"的政治合法性就被"周公改制"在文化设计上加以巩固。春秋时期，儒家开宗思想家孔子言："政者，正也。子帅以正，孰敢不正？"（《论语·颜渊》），此"正"便是道德公正，要求统治阶级在运用公权力时应遵循相应的道德规范。汉武帝"罢黜百家，独尊儒术"后，儒家思想成为君主专制中央集权政治合法性的主流理论依据。儒家思想集大成者朱熹所主张的公私观对中国大众的伦理道德意识产生了深远影响。朱熹的"公私观"主要针对"士人"即掌握公权力的官员提出。朱熹指出，道德公正的"公"便是无私心，"正"便是好与恶皆合于"理"。"公是心里公，正是好恶得来当理。苟公而不正，则其好恶必不能皆当乎理；正而不公，则切切然于事物之间求其是，而心却不公。"① 中国长达两千多年的自然

---

① （宋）朱熹撰，黎靖德编：《朱子语类》卷二十六《论语八》。

经济社会所形成的道德主导的伦理型文化长期将"公私"与"义利"作为传统道德哲学的探讨主题。由此形成的共识是，道德公正必须以"公利"为出发点，若单以"私利"为政治行动目标便是不合"理"，是"不公"。因此，我们建议把政府组织的伦理建设摆在优先位置，持续提高官员群体的道德修养，以"道德公正"作为政府组织行为的重要原则，这不仅是提高公众对政府组织正面道德评价的要求，也是加强政府组织合法性的有效举措。

(二) 组织伦理意识的群体差异

本文拟从五个方面即性别、年龄、收入、城乡、所有制，分析社会公众在组织伦理意识上的群体差异：第一，当个体处于旁观者实际上是潜在的受害者位置上，对组织侵害社会利益行为的道德判断，此认知差异由"一些政府机关和大中小学，利用权力让本单位的职工子女在很好的学校读书，或降分录取，您认为这种行为道德吗"的回答统计来描述。第二，当个体处于受益方，对所处组织损害社会利益以自利的行为选择，此认知差异由"如果您所在的单位有一项举措可以提高集体福利并使您个人得到利益，但会造成环境污染或社会公害，您会举报吗"的选择统计来描述。

1. 组织伦理意识的性别差异

现代组织的内部规章制度主要依据理性主义原则来制定，对非理性因素的考虑较少。然而，人本身具有如欲望、冲动、情绪、信仰等非理性因素，其行为常受多重动机的驱动，在特定情境下并非完全遵循理性原则。道德心理学的诸多实验表明，完全用理性主义原则来解释人类道德问题是片面的，例如吉利根（Carol Gilligan）指出，男性与女性在道德认知上有着明显差异，女性更带有同情心和移情倾向，直接肯定了情感这一非理性因素在道德问题探讨上的重要作用。吉利根在性别与道德的关系上作深入研究后指出不同性别在理解特定情境问题上存在不同道德倾向，男性倾向于公正定向，将伦理问题主要视为涉及公正权利，而女性倾向于关怀定向，在伦理问题的思考上带有明显的情感关怀。

进行列联表检验,所得 Pearson Chi-square 的值为 0.000 < 0.05,表明在"如果您所在的单位有一项举措可以提高集体福利并使您个人得到利益,但会造成环境污染或社会公害,您会举报吗"问题的选择上,男女性别差异明显。如图 7-12 所示,选择"不会"的女性占比要高于男性5.2%,而选择"会"的要低于男性 5.2%,这表明女性较之于男性更倾向于维护组织内部利益,女性在组织行为的伦理认知上可能比男性更容易受情感影响,男性更关注整体社会的公平权利问题。这一结果提醒我们,在组织伦理的建设上必须考虑非理性因素(如内部情感关怀)对组织不道德行为的影响。

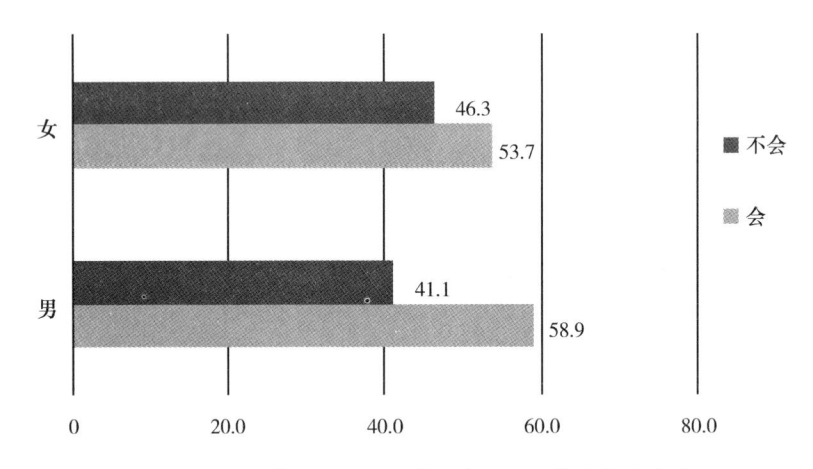

图 7-12 性别与举报所在组织侵害社会利益行为的交互统计(%)

卡方检验得出 Sig = 0.044 < 0.05,表明性别变量在"对政府单位利用权力让职工子女上好学校"看法的交互上通过差异性检验。如图 7-13 所示,选择"无所谓道德不道德"的男女比例各为 7.7% 和 9.0%,即被调查者中对此组织行为不作道德评价的女性占比更高;选择"是对社会公众的欺骗,严重不道德"的女性人数少于男性人数两个多百分点。由此可知,男性更倾向于考虑整体社会公平问题,女性的道德视野更易局限于与之利益相关的组织本身,较少关注社会整体利益。但是,选择"以权谋私,不道德"的女性人数要多出男性人数近两个百分点,这又表明道德认知的性别差异较为复杂,不能一概而论。性别在道德认知上通常被认为是一个有价值的社会群体分类,学术研究强调男女性别差异的

根本目的是超越这一生理差异，若过分强化性别差异有可能会导致研究结论的片面化。由"以权谋私，不道德"的选择结果可知，男女性别在某些道德认知上可能存在一定的差异，这可能是由问卷假设情境引起的差异，在真实生活选择上并非特别显著。因此，我们在作性别变量与组织伦理意识的关系探讨时，需要同时兼顾全面性与针对性。

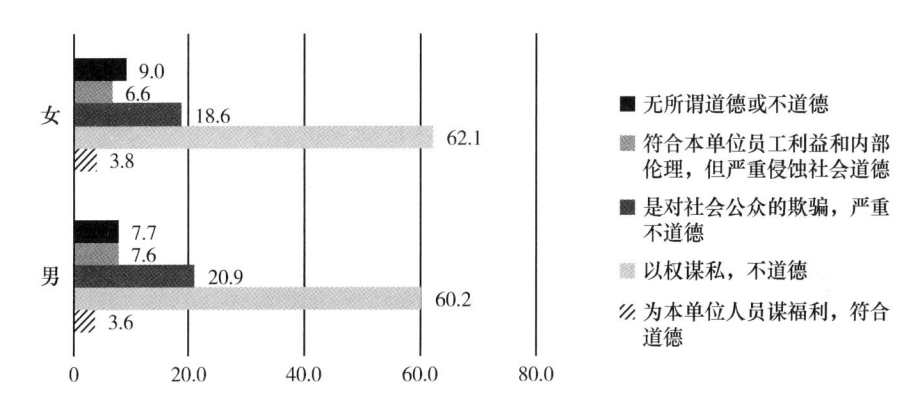

女：9.0 / 6.6 / 18.6 / 62.1 / 3.8
男：7.7 / 7.6 / 20.9 / 60.2 / 3.6

■ 无所谓道德或不道德
■ 符合本单位员工利益和内部伦理，但严重侵蚀社会道德
■ 是对社会公众的欺骗，严重不道德
□ 以权谋私，不道德
▨ 为本单位人员谋福利，符合道德

图 7-13　性别与对政府单位利用权力让职工子女上好学校看法的交互统计（%）

2. 组织伦理意识的年龄差异

年龄是影响组织伦理认知的一个重要变量。关于道德认知与年龄关系的研究，道德心理学家柯尔伯格提出"三水平六阶段"道德发展阶段模型[①]，指出人类道德认知水平与理智由低到高发展并行一致。柯尔伯格通过实证研究指出：大多数 9 岁以下的儿童、少数青少年和成年犯罪处于"前习俗水平"；大多数青年和成人位于"习俗水平"，即个人行为选择遵循相互性的人际期望，规章、制度、法律等协调人际关系的社会秩序；少数 20 岁以上的被调查者能达到"后习俗水平"即自律阶段。不可否认，柯尔伯格的实验数据主要来自美国中产阶层与普通工人阶层的调查，而美国文化与中国文化又存在着差别，但当今中国社会结构和美国 20 世纪 90 年代初的社会结构具有一定的相似性，而且人类理智和道德认知具有生物学意义上的相似性，在某种意义上可以忽视地区性差异，

---

① [美] 柯尔伯格：《道德教育的哲学》，魏超贤等译，浙江教育出版社 2003 年版，第 280—282 页。

在研究上可借鉴柯尔伯格的相关理论。实际上,目前我国学术界仍主要参考"三水平六阶段"的道德认知模型,认为大多数成年人处于"习俗水平",将"为善"视为具备良好动机、维持人际关系;也意指履行相关社会义务、遵纪守法,能对所处团体有所贡献。但在具体道德推理上,个人会交叉混用不同的道德认知阶段作推理判断,因为个体的道德认知发展不仅受到理智发展水平的制约,也受其所处社会认知发展条件的制约。也就是说,个体的道德认知与社会环境关系密切,个体大多在其经常接触的社会文化中塑造自我道德意识,其道德认知态度是个体生活实践经验的展现。

在 2013 年 CGSS 调查样本中,成年人占绝大多数,依据柯尔伯格的道德认知理论,身处组织中的大多数成年人处于"习俗水平",表现出对现有秩序与风俗习惯的自愿遵从,自觉履行个体职责,但较少对既有道德秩序进行反思。组织成员在对组织行为侵害社会整体利益进行判断时,可能较少作道德否定,因为"为善"的主要内容便是维持组织内部良好的人际关系,这是组织成员道德观的重要组成部分。相关研究表明年龄与组织的内部伦理氛围及伦理行为呈现正相关。[①] 刚踏入社会的青年人对组织的认同并不稳定,个人的职业融入感不强,随着任职期限的增加,人们对自身所处组织逐渐形成深层体认,在主观选择上更倾向于优先考虑组织内部利益。而且,不同年龄层会经历不同的社会环境变化,改革开放前便已工作的群体与主要在市场经济时代工作的群体相比,二者的组织伦理意识可能会有差异,我国"单位制"的变迁在不同年龄层的道德认知上也有一定的体现。

表 7-3 年龄与对政府单位利用权力让职工子女上好学校看法的交互统计 (%)

	30 岁以下	30—39 岁	40—49 岁	50—59 岁	60 岁及以上	均值
为本单位人员谋福利,符合道德	3.5	3.7	3.7	3.7	3.8	3.7

---

① J. Cullen Victor, *The Organizational Bases of Ethical Work Climate*, Administrative Science Quarterly, 1988, 33, pp. 101–125.

续表

	30 岁以下	30—39 岁	40—49 岁	50—59 岁	60 岁及以上	均值
以权谋私，不道德	60.1	62.0	63.9	59.7	59.7	61.1
是对社会公众的欺骗，严重不道德	19.8	22.3	19.1	20.7	17.7	19.8
符合本单位员工利益和内部伦理，但严重侵蚀社会道德	9.5	5.8	7.1	6.8	6.6	7.1
无所谓道德或不道德	7.1	6.2	6.3	9.0	12.3	8.3
合计	100	100	100	100	100	100

注：Chi-square test：Sig = 0.003 < 0.05。

年龄变量的形式是年龄段：30 岁以下、30—39 岁、40—49 岁、50—59 岁、60 岁及以上。卡方检验显示 Sig = 0.003 < 0.05，可知不同年龄段在"政府单位利用权力让职工子女上好学校看法"上有显著差异。如表 7-3 所示，选择"为本单位人员谋福利，符合道德"的年龄段分布上，人数占比呈现出一种弱递增的趋势：30 岁以下 3.5%，30—59 岁皆为 3.7%，60 岁及以上为 3.8%。随着年龄的增长，组织成员更易对组织产生伦理认同，更倾向于维护组织内部利益而忽视社会整体利益。以 50 岁为界，选择"无所谓道德不道德"的数据显示，50—59 岁（9.0%）及 60 岁及以上（12.3%）的群体比前三组年龄段（30 岁以下为 7.1%、30—39 岁为 6.2%、40—49 岁为 6.3%）的群体更倾向于不对这一组织行为作道德评价，不追究组织在这一集体行为上的道德责任，且选择"以权谋私，不道德"的数据显示 50 岁以上群体比前三组年龄段层群体占比要少。这两个年龄段较大群体的工作时间主要集中于改革开放前，相对于前三组年龄较小的群体而言，年龄较大的组织成员群体对所在"单位"更容易产生内部伦理认同，但比历经市场经济洗礼的中青年群体成员更缺乏对组织行为的道德反思。

卡方检验 Sig = 0.049 < 0.05 可知，年龄变量与举报所在组织侵害社会利益行为的交互分析通过差异性检验。在具体选择情境下，年龄在 50 岁以上的两个组别与 50 岁以下的三个组别的道德态度存在明显差异，而

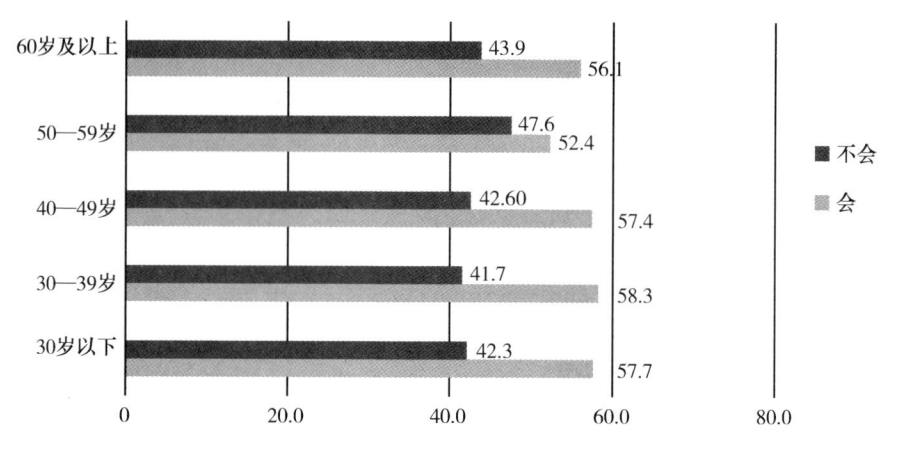

694　下　伦理魅力度与道德美好度

图 7-14　年龄与举报所在组织侵害社会利益行为的交互统计（%）

30岁以下、30—39岁及40—49岁这三个年龄段内部差异不明显。50—59岁及60岁及以上的群体更倾向于维护个人及其所在组织的利益，选择"不会"的比例大于前三组年龄段的群体，对这一组织行为的道德认知态度偏肯定。由此可知，随着年龄的增长，组织成员更容易对组织产生内部伦理认同，更倾向于维护组织内部利益而忽视社会整体利益，在行为选择的态度上易偏向不道德。在进行组织道德建设时，应将年龄因素考虑在内，组织在作集体决策时，需要积极听取组织内部青年成员的意见，不可一味以年龄大小、资历先后定话语权重。

3. 组织伦理意识的收入差异

近年来，中国社会的贫富分化趋势有所加剧，阶层之间的流动相对固化，不同阶层从组织中所获取的利益、享受的资源配给存在相对差异，这可能会导致不同阶层对组织伦理产生不同的道德认知态度，收入是阶层高低的重要变量。

表 7-4　收入与对政府单位利用权力让职工子女上好学校看法的交互统计　（%）

	无收入	1—1999元	2000—3999元	4000元及以上
为本单位人员谋福利，符合道德	4.6	3.7	3.8	3.3

续表

	无收入	1—1999 元	2000—3999 元	4000 元及以上
以权谋私，不道德	61.9	61.3	60.8	60.7
是对社会公众的欺骗，严重不道德	18.2	19.3	20.5	20.6
符合本单位员工利益和内部伦理，但严重侵蚀社会道德	4.7	6.0	9.0	8.6
无所谓道德或不道德	10.6	9.7	5.8	6.8
	100	100	100	100

注：Chi-square test：Sig = 0.000 < 0.05。

收入变量按人均月收入划分为：无收入、1—1999 元、2000—3999 元、4000 元及以上。卡方测试结果 Sig = 0.000 < 0.05，表明收入与对政府单位利用权力让职工子女上好学校看法的交互通过差异检验。选择"以权谋私，不道德"的人数占比随着收入递减而增加，这表明低收入群体相对高收入群体而言，在看待组织内部福利发放上更易产生相对被剥削感，更倾向将这种行为视为"公权私用"，在道德评价上所持否定态度更强烈。选择"是对社会公众的欺骗，严重不道德"的人数占比随着收入递增而增加，且无收入群体选择"无所谓道德不道德"的人数占比为 10.6%，高于其他三个收入群体，这可能是因为无收入群体对组织行为缺乏经验性体认，高收入群体比低收入群体有更清晰的道德评价，即更能分清组织内部伦理和社会外部道德。

卡方检测结果 Sig = 0.003 < 0.05 表明，收入变量与举报所在组织侵害社会利益行为的交互通过差异检验。如图 7 – 15 所示，无收入与 4000 元及以上选择"会"的人数占比要低于 1—1999 元与 2000—3999 元的群体，可能的原因是：无收入群体缺乏组织生活经验，在组织侵害社会利益的道德认知上持"可有可无"或"多一事不如少一事"的态度，选择不举报；4000 元及以上的高收入群体可能更易从组织行为中获取内部利益，更倾向于不举报这一不道德的集体行为；而 1—1999 元与 2000—3999 元的群体主要是工薪阶层，平常工作当中从所在组织获取的利益较少，普通职员阶层相对于领导阶层（在隐性意义上也是高收入群体）更

难获取组织内部福利,故该群体更倾向于举报。

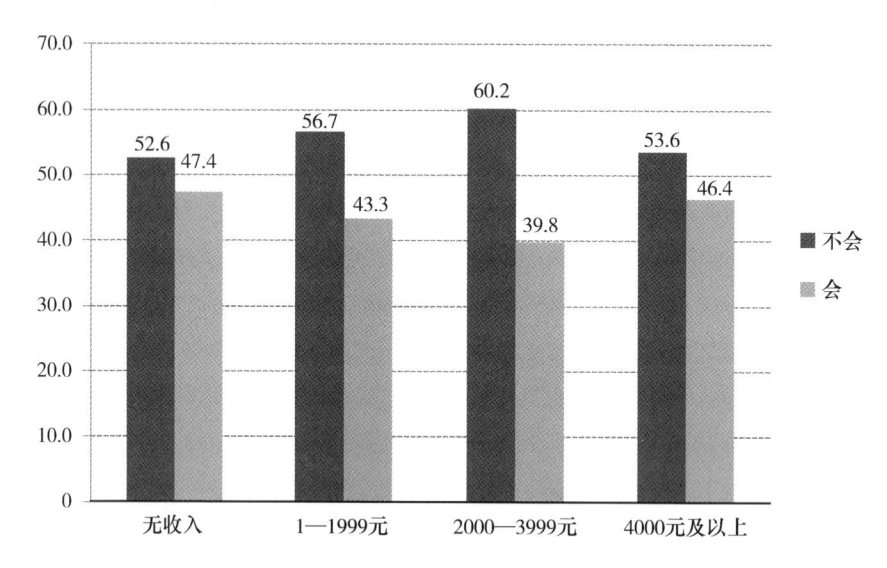

图7-15 收入与举报所在组织侵害社会利益行为的交互统计(%)

4. 城乡居民关于组织伦理认知的比较

长期以来,我国社会经济结构呈现出城乡二元分化的态势,数量更多、质量更优的资源被集中于城镇建设上,城镇居民在这一分化结构中相对于农村居民更易从现代组织中获得我国经济改革发展的成果,且城镇居民体认组织伦理的经验比农村居民更丰富。然而,我们不能否定农村居民没有任何关于组织行为的道德评价,因为农村居民在经济交往互动中切身感受着现代组织行为的影响。

卡方检验结果显示 Sig = 0.325 > 0.05 表明"户口"变量在"如果您所在的单位有一项举措可以提高集体福利并使您个人得到利益,但会造成环境污染或社会公害,你会举报吗"的回答上无显著差异,这表明无论是农村居民还是城镇居民,对待组织侵害社会整体利益如单位为谋取私利而污染环境上,二者的道德评价基本类似。但在某些特定情境中,二者对组织行为又表现出不同的道德认知态度。

卡方检验结果显示 Sig = 0.000 < 0.05 表明,城乡居民在政府单位利用权力让职工子女上好学校的道德认知上有差异。如图7-16所示,选择

"以权谋私，不道德"的非农户口的占比要低于农业户口的占比，这可能因为城镇居民在教育资源分配上比农村居民更容易获得组织"公权私用"所带来的利益，因此更倾向于维护"单位"侵害社会所带来的内部利益，农村居民对该问题的"公私"道德评价更敏感。选择"符合本单位员工利益和内部伦理，但选择"严重侵蚀社会道德"的非农户口的人数要多于农业户口的人数，且选择"无所谓道德不道德"的非农户口的人数要少于农业户口的人数，这两组数据表明城镇居民有关组织伦理的经验（单位生活）比农村居民更丰富，在组织行为的道德认知上比农村居民更清晰、更深刻，多数农村居民未意识到这一组织行为的不道德的具体差异。

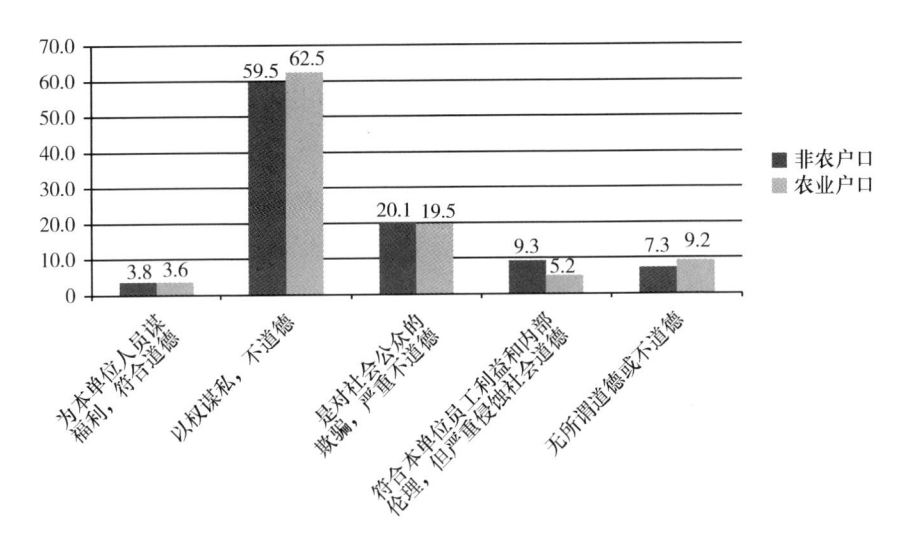

图7-16 户口与对政府单位利用权力让职工子女上好学校看法的交互统计（%）

5. 公有制组织与私有制组织的伦理认知比较

中国的"单位"是计划经济时代所产生的特色组织形式，虽历经社会主义市场经济改革，公有制组织的某些功能比如谋求经济效益大部分交给了市场这只"看不见的手"，但仍保留着部分伦理功能。与此同时，私有制组织在改革开放后如雨后春笋般产生，并随着社会分工的精细化发展而不断丰富完善，它们相比于公有制组织更具备现代组织的技术性特征，更少受到我国既有"单位制"文化的影响。我国现阶段实行以公有制为主体,多种所有制经济共同发展的基本经济制度。公有制经济在我国占主体地位,对经济发展起主导作用,非公有制经济是社会主义市场经济的重要组成部分。"人们自觉地或不自觉地,归根结底总是从他们阶级地位所依据的实际关系中——从他们进行生产和交换的经济关系中,获得自己的伦理观念。"[①] 身处不同所有制结构中的组织成员对组织的集体行为可能存在不同的道德认知态度。

本文将2013年CGSS调查问卷当中的党政机关、事业单位、社会团体、军队归为公有制组织,而"无单位/自雇/自办(合伙)"和企业归为私有制组织。卡方检验结果 Sig = 0.210 > 0.05 表明,所有制变量在举报所在组织侵害社会利益行为的选择上并无显著差异。而且,另一卡方检验结果 Sig = 0.269 > 0.05 表明,公有制与私有制在对政府单位利用权力让职工子女上好学校的看法上亦无明显差异。我国社会经济的转型带来了组织伦理关系的相应变化,公有制组织的成员已不再像改革开放前那样视组织利益为最高或唯一目的,社会大众逐渐在道德上反思侵害社会整体利益的组织行为,在面对同一不道德的组织行为时,无论是私有制成员还是公有制成员都作了道德批评。如果需具体分析所有制变量与组织伦理意识的差异状况,可将我国目前的公有制和私有制组织细分为国有或国有控股、集体所有或集体控股、私有/民营或私有/民营控股、港澳台资或港澳台资控股、外资所有或外资控股这五类。在当前多种所有制经济并存的社会结构背景下,不同所有制组织成员在伦理观念上受到不同组织文化的影响,对同一组织行为的道德认知态度可能存在一定的差异。

表7-5　　　　多种所有制与对政府单位利用权力让
职工子女上好学校看法的交互统计　　　　　(%)

	国有或国有控股	集体所有或集体控股	私有/民营或私有/民营控股	港澳台资或港澳台资控股	外资所有或外资控股	其他	均值
为本单位人员谋福利,符合道德	5.2	3.8	2.2	8.3	4.7	0	3.6

---

① 《马克思恩格斯选集》(第3卷),人民出版社2012年版,第470页。

续表

	国有或国有控股	集体所有或集体控股	私有/民营或私有/民营控股	港澳台资或港澳台资控股	外资所有或外资控股	其他	均值
以权谋私，不道德	61.3	61.3	62.5	50.0	51.2	0	61.3
是对社会公众的欺骗，严重不道德	16.5	23.1	20.5	8.3	25.6	100.0	19.3
符合本单位员工利益和内部伦理，但严重侵蚀社会道德	9.8	8.8	8.2	25.0	16.3	0	9.2
无所谓道德或不道德	7.3	3.1	6.2	8.3	2.3	0	6.2
合计	100.0	100.0	100.0	100.0	100.0	100.0	100.0

chi2 = 93.532　　df = 42　　Sig = 0.000

卡方检测结果显示 Sig = 0.000 < 0.005，这表明处于不同所有制的成员在政府单位利用权力让职工子女上好学校的看法上存在道德认知差异。如表 7-5 所示，选择"为本单位人员谋福利，符合道德""无所谓道德不道德"的"国有或国有控股"与"港澳台资或港澳台资控股"的占比较高，选择"是对社会公众的欺骗，严重不道德"的人数占比较低，这表明处于这两种经济所有制组织的成员较之于"集体所有或集体控股""私有/民营或私有/民营控股"和"外资所有或外资控股"所有制的组织成员更缺乏对社会整体利益的考量，更倾向于维护组织自身利益，这可能因为"国有或国有控股"与"港澳台资或港澳台资控股"所有制的组织在日常运营中对组织员工给予更多的内部福利，内部伦理关怀氛围更浓厚，因此，组织成员对这一组织行为更倾向于回避道德评价。而"集体所有或集体控股""私有/民营或私有/民营控股"和"外资所有或外资控股"所有制的组织可能因为经济收益有限及所掌控的资源较少，平常较少作内部福利分配，成员对组织的人身依附关系较弱，成员对这种组织行为更易施以道德批评。另外，在选择"符合本单位员工利益和内部伦理，但严重侵蚀社会道德"的人数占比上，"港澳台资或港澳台资控股"与"外资所有或外资控股"较之于其他三种所有制组织更高，受到西方契约式

文化的影响，这两类组织的成员在组织集体行为上的道德认识更为深刻。

表7-6　多种所有制与举报所在组织侵害社会利益行为的交互统计　　（％）

	国有或国有控股	集体所有或集体控股	私有/民营或私有/民营控股	港澳台资或港澳台资控股	外资所有或外资控股	其他	均值
会	52.5	58.1	55.4	25.0	55.8	100.0	54.2
不会	47.3	40.6	43.4	66.7	41.9	0	44.7
合计	100.0	100.0	100.0	100.0	100.0	100.0	100.0

chi2 = 160.085　　df = 28　　Sig = 0.000

卡方检验结果 Sig = 0.000 < 0.05，表明所有制变量与举报所在组织侵害社会利益行为的交互通过差异检验。如表7-6所示，选择"会"的"国有或国有控股"与"港澳台资或港澳台资控股"人数占比要低于"集体所有或集体控股""私有/民营或私有/民营控股"和"外资所有或外资控股"的人数占比，反之，后三者选择"不会"的占比要比前二者高。这一数据再次表明，"集体所有或集体控股""私有/民营或私有/民营控股"和"外资所有或外资控股"的组织成员与其所处组织的伦理关系较弱，大多数成员更倾向于把其所处组织视为某种获取经济利益的工具性存在，成员与组织的契约合同式关系使得成员在面对组织损害社会整体利益时更能客观理性地作道德思考。这三种所有制类型的组织成员在面对组织损害社会整体利益时较之于"国有或国有控股"与"港澳台资或港澳台资控股"的组织成员所作道德批评更强烈。

综上可知：第一，男性群体在组织伦理的道德认知上更注重社会整体公平权利，而女性群体在组织行为的认知上更注重组织内部伦理，但在某些具体情境中不应片面看待男女性别在组织伦理意识上的差异。第二，整体而言，随着年龄增长，主流大众更倾向于维护组织内部利益，忽视组织本身对社会整体的道德责任；以50岁为界，年龄较小的中青年群体（30岁以下、30—39岁、40—49岁）与年龄较大的群体（50—59岁、60岁及以上）在组织伦理意识上的差异明显，历经计划经济时代单位生活的大龄群体（指50岁以上）较为缺乏对组织损害社会利益行为的道德反思，而中青年群体更易察觉该行为的内在道德因素。第三，从收入、城乡、所有制这三个变量的交互分析来看,越是容易从组织中获取内部利益的群体(高收入群体、城镇居民、公有制组织成员),对组织侵害社会利益的集体行为的负面态度越少,也越难以对此行为作道德反思。第四,对某些明显感受到组织侵害自身利益、影响范围较广的集体行为如"环境污染",社会各群体如城乡居民、公有制与私有制组织成员的组织伦理意识差异并不明显。第五,组织生活经验较少的群体对组织侵害社会利益的行为缺乏道德认知,如收入变量交互分析中的无收入群体,及城乡变量交互分析中的农村居民群体对某些组织行为缺乏道德判断。第六,由具体所有制结构分析可知,组织伦理意识的差异受到组织本身文化(西方管理文化、港澳台文化、中国大陆特色单位文化)的影响,组织成员在契约式的理性文化背景下,虽较为缺乏内部伦理认同,但更易站在客观角度上对组织侵害社会利益的行为做出道德反思。

(三)塑造组织伦理意识的建议

人类道德意识的培养离不开具体的时空环境、"伦理场域",个人的道德判断与行为抉择也是在特定社会情境下做出的。由前所述,现代社会的工具理性正逐渐蚕食着价值理性,价值中立逐渐成为现代组织建构所遵循的主要原则。现代组织更强调其社会功能的高效实现,倾向于忽视对组织成员应有的价值导向和社会道德责任意识的培养。相比于传统社会,现代社会中个体德性的塑造在广度和深度上更易受到各类组织的影响。

如图 7-17 所示,当被问及"在自己的成长中得到道德训练最重要场所或机构是什么"的问题时,有 50.7% 的人选择了"家庭",这显示出当今个体道德的培养仍以家庭作为主要策源地;有 25.2% 的人认为是"社会(包括职业生活)",有 17.8% 的人认为是"学校"。这间接表明经济组织和文化组织在现代社会生活中成为塑造人们道德观念的重要"伦理场域",而"社会(包括职业生活)"的占比明显要大于"学校""国家或政府""媒体",与个人职业直接关联的组织成为个人道德训练的重要场域,故经济组织的伦理规划应得到足够的重视。长期以来,现代社

您认为在自己的成长中得到道德训练的最重要场所或机构是

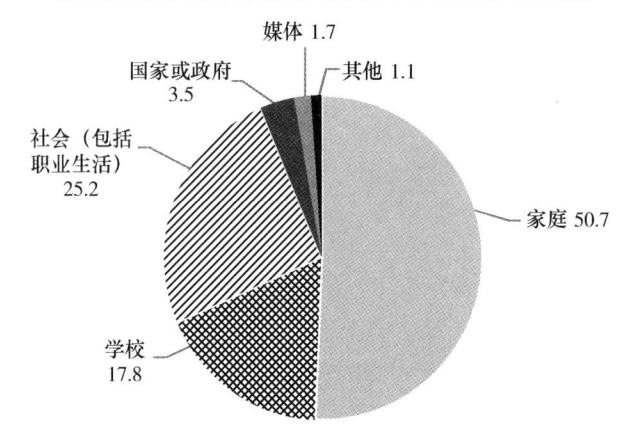

- 媒体 1.7
- 其他 1.1
- 国家或政府 3.5
- 社会（包括职业生活）25.2
- 家庭 50.7
- 学校 17.8

图 7-17　个体德性塑造的最重要道德训练场域（%）

会的组织文化更强调组织成员的职业责任（如爱岗敬业），容易忽视组织本身对整体社会的道德责任，组织容易演变为非道德性存在。组织所制定的内部行为规范一般以维护组织自身利益为核心，组织成员在组织利益与社会整体利益相冲突时，通常以在选择情境上最关切自身利害的团体范围作为出发点，这可能会导致组织这一"整个的个体"与社会伦理实体互相矛盾，损害社会整体利益。基于此，我们在组织道德努力上应重视经济组织这一"伦理场域"中的个体道德导向，在组织制度文化设计上注重经济组织自身利益与社会整体利益的协调，而非单纯以遵守职业规范为组织成员的价值导向。

表 7-7　　　　　　　个体道德认同与伦理意识的排序

	第一重要（频数）	得分（分）	第二重要（频数）	得分（分）	第三重要（频数）	得分（分）	总得分（分）
父母与子女	3458	10374	1505	3010	270	270	13654
夫妻	1423	4269	2621	5242	495	495	10006
兄弟姐妹	41	123	447	894	2420	2420	3437
个人与社会	183	549	266	532	473	473	1554
个人与国家	191	573	154	308	273	273	1154
朋友	42	126	156	312	592	592	1030

续表

	第一重要（频数）	得分（分）	第二重要（频数）	得分（分）	第三重要（频数）	得分（分）	总得分（分）
个人与自身的关系	84	252	65	130	202	202	584
人与自然的关系	66	198	94	188	150	150	536
个人与工作单位	30	90	84	168	203	203	461
上级与下级	47	141	75	150	149	149	440
同事或同学	25	75	68	136	222	222	433
师生	14	42	48	96	85	85	223
通过网络建立的关系	8	24	11	22	13	13	59
其他	6	18	3	6	14	14	38

由表7-7可知，在当今中国社会大众内心的道德认同与伦理意识的排序上，"个人与工作单位"关系相对于家庭伦理关系、"个人与社会"关系、"个人与国家"关系的重视程度较低，从侧面反映出个人与所处组织的伦理互动相对较少，这可能是因为组织对组织成员未能够形成常态化的道德培养机制。由此可能带来的问题是，人们在具体选择上更倾向于从自身利益出发，较少考虑组织行为对社会整体的道德责任。因此，我国当前道德建设应妥善处理家庭私德、社会公德与组织道德之间的关系，通过相关制度法规逐步培养人们在工作组织中对社会整体的伦理意识。

结　语

不同类型的组织在当代中国社会所产生的功能性质、影响程度都不尽相同，身处不同组织中的成员或组织外的人员对组织行为存在不同的道德认知。个人、组织、社会之间既互相关联，又存在一定的矛盾冲突。计划经济时代的组织成员在道德上基本认同所在单位的集体行为，这可能因为该时期的组织成员、组织本身与社会整体利益更具内在一致性。然而，当代社会大众在组织利益与社会整体利益相冲突时，已经在道德认知上开始质疑组织行为的合理性。众所周知,缺乏有效道德制约的组织的个体行为显然要比单个个体的不道德行为影响更大,当今社会公众在生活体验上更易感受到相关个人利益被组织行为所侵害。个人、组织、社会三者之间的关系在我国当今多种所有制经济及利益分配多元化的社会结构中显得错综复杂,公众对组织的伦理认知也呈现出多样化特征。

就调查结果来看,并非所有社会大众都能对组织行为进行道德反思,从组织中更容易获得相关利益的群体对组织本身更具有内部伦理认同感,但这恰恰会阻碍他们对组织的非道德的集体行为做出反思。社会公众对组织行为的道德评价除了受到当代文化的影响,还受到我国传统文化的影响,传统文化使得社会公众对组织行为的评价依赖于某一相对固定的思考路径即计划经济时代的"单位伦理"。在伦理型文化背景下,我国组织与其内部成员的关系具有一定的伦理特性,且经过20多年的计划经济"单位"生产与生活后,组织的内部伦理特性进一步得到巩固与发展,形成如自然家庭般的"第二伦理实体"。随着市场经济广泛深入影响社会结构,我国组织原有的伦理特性也发生了变动,在面对组织利益与社会整体利益相互冲突时,作为"伦理实体"的组织在缺乏道德制约的前提下,内部的成员很容易共同沉默地结成"不道德的个体"以损害社会整体利益,忽视社会道德责任。但值得欣喜的是,大多数人已逐渐认识到应对组织行为作道德评判,在某些"理所当然"的利益分配上应作道德反思,这给组织的道德建设提供了伦理共识。我们也认识到,现代社会中个人道德意识与组织的"伦理场域"密切相关,我们应当重视政治组织与经济组织的道德建设,政府组织行为应以道德公正作为重要原则,同时健全组织伦理机制如建立相应的伦理委员会和伦理培训教育机构,从立法、行业内部规范、媒体报道等途径上完善组织行为的监督制度,使得组织成为自觉的伦理实体。与此同时,学界需重视组织在道德问题上的学术研究,在探讨组织伦理时应将我国组织的客观结构变迁与大众道德意识变化相结合,推动组织实证研究与伦理理论创新的互动发展,为组织的道德实践提供理论导向。

(王有凭)

二十七　社会大众对组织伦理状况的认知

引　言

　　组织是个演变中的概念，现代的组织通常指的是由互动人群构成，为实现一定的目标，具有内在结构和秩序的集体，如学校、医院、工厂、各级政府部门、企业、媒体等。人从出生开始，就无时无刻不处在各种各样的组织中，并受到其深刻的影响。改革开放以来，随着经济体制的改革，我国的组织结构也由一元的单位制向多元的后单位制转变。社会中的个人通过组织交织成丰富的网状结构。组织对人的影响深入经济、文化、政治等各个领域。社会活动中的个体和集体也有了更为丰富的内涵。"个体不仅有自然意义上的个人——自然人，而且有社会意义上的组织——法人，集体由于其层次的多样性也有了分化——组织和社会，组织成了各种关系的节点。"[①] 但人们常常更关注个人，而使组织这一法人逃逸于伦理视野之外。同时，组织又消解了个人应该承担的道德责任，导致了责任的漂移，进一步造成了阿伦特所说的"恶的平庸"。因此，对于组织伦理的研究，不仅要认识到组织得以存在的前提性条件是组织成员忠于岗位、忠于职守（这要求员工具有较好的职业道德）；同时也要重视组织作为集体行为的执行者和社会任务的承担者所需要承担的道德责

---

　　① 王珏：《组织伦理：现代性文明的道德哲学悖论及其转向》，中国社会科学出版社2008年版，第63页。

任。身处现代和后现代交汇之际的我们，要走出现代社会的伦理危机，不仅应该重视对组织成员道德进行"原子式地探讨"，也应该"从实体性出发"对组织进行伦理问责。回顾组织伦理自20世纪六七十年代以来的研究历史，可以发现，其研究主要集中在企业伦理、政府伦理等领域，至今已有丰富的成果。其研究类型主要针对两大方面：一是"组织结构特别是科层制组织所带来的主体自主性的消解、去道德化的问题"[①]，二是"组织在社会中，组织行为本身出现的不道德问题"[②]。

对于我国来说，改革开放前的单位既是"安顿人们生活和精神的伦理实体，也是执行社会主义计划经济的道德活动主体，人们很少对经济、政治与道德功能合一的单位进行伦理的争议和道德的质疑"[③]。随着后单位时代行政事业单位的税收流失、垄断企业的霸王条款及各行业的潜规则运行等集体不道德现象的日益增多，集体不道德行为的稳定存在及重复再生已经成为道德建设的"中国问题"。而公众对后单位时代的组织伦理状况的认知究竟如何正是本研究关注的焦点。我们不仅讨论公众对组织成员道德状况和组织伦理行为的认知，也关注组织对个体的道德训练、思想行为和身心和谐影响的公众认知。因此，本研究通过以下三个问题展开：第一，公众对组织成员道德状况的认知；第二，公众对组织伦理行为的认知；第三，组织对个体影响程度的公众认知。

（一）公众对组织成员道德状况的认知

组织的类型有很多种，包括政治组织、经济组织、文化组织等，每个人都有不同的社会身份，处于一个或者多个组织之中。韦伯在"以学术为业"和"以政治为业"的两篇演讲中指出了"职业责任"的重要

[①] 王珏：《组织伦理：现代性文明的道德哲学悖论及其转向》，中国社会科学出版社2008年版，第346页。

[②] 王珏：《组织伦理：现代性文明的道德哲学悖论及其转向》，中国社会科学出版社2008年版，第346页。

[③] 王珏：《后单位时代集体道德行动的特征及其规律——基于社会调查的实证研究》，《道德与文明》2010年第4期，第135—139页。

性，涂尔干在《职业伦理与公民道德》中也强调了职业伦理在社会整合中的重要性。职业道德的履行使组织集体得以确立和有效，也为职业道德的研究提供了必要性。本部分研究的是公众对组织成员道德状况的认知，首先，从总体上把握公众对各类组织成员道德状况的认知，经分析发现，江苏和全国的公众对各类组织成员的道德状况认知基本达成共识，排序完全一致。其次，考察了公众对政治组织中政府官员道德状况的认知，发现全国和江苏的公众对政府官员的道德问题基本达成共识，排序稍有不一致，排在前四位的是贪污、以权谋私、受贿、生活作风腐败的四个选项。

1. 公众对各类组织成员道德状况的总体认知

在2013年中国综合社会调查（Chinese General Social Survey，CGSS）B卷的公民道德状况部分以及江苏省调查问卷中共同涉及的公众对组织成员道德状况的认知，以公众对政府官员、企业家、演艺娱乐界明星、青少年、农民、商人、工人、教师、专家学者、医生十大群体的道德状况满意度为对象展开调查。当被问到"你对下列群体的道德状况满意度如何"时，公众通过选择"非常不满意""比较不满意""一般""比较满意""非常满意"来为各个群体打分，满分5分。表7-8是全国和江苏的公众对各个群体满意度的得分情况。从中我们可以发现，全国和江苏各个群体的满意度排序基本一致，公众对农民、工人、教师的满意度相对较高，对专家学者、青少年和医生的满意度次之，对企业家、商人和演艺界明星的满意度较低，对政府官员的满意度最低。

表7-8　　　　　你对下列群体的道德状况满意度如何　　　　　（%）

	全国	江苏
农民	3.6	3.9
工人	3.5	3.8
教师	3.5	3.7
专家学者	3.4	3.6
青少年	3.3	3.5
医生	3.2	3.5

708　下　伦理魅力度与道德美好度

续表

	全国	江苏
企业家	2.9	3.1
商人	2.8	3.1
演艺娱乐界明星	2.8	2.9
政府官员	2.5	2.9

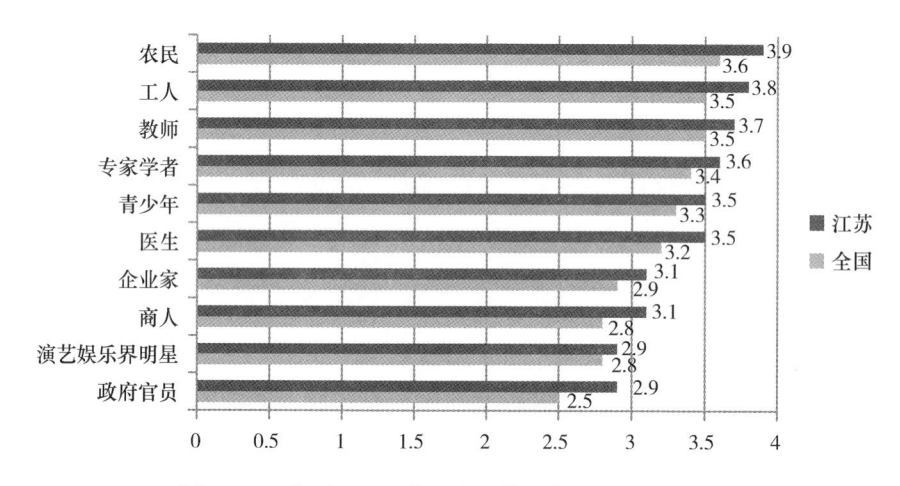

图7-18　你对下列群体的道德状况满意度如何（%）

由此，我们可以看出，依据江苏卷的调查数据和全国卷的调查数据，受访者对政治组织成员的伦理道德状况满意度最低，其次是经济组织。

首先，公众对政治组织成员的满意度最低，这是政府公信力缺失的体现，体现了政府官员这一群体与公众所代表的其他群体的伦理冲突。政府官员的贪污腐败、以权谋私、受贿、官僚主义、政绩工程等行为都在不同程度上导致了公众对政府官员的不满。腐败固然会激发社会矛盾，引起公众不满，进而引发伦理冲突，但一部分人的腐败却引发了全社会普遍地对政府官员失去伦理信任和道德信心，形成了对政府官员不满的道德事实，这导致其他政府官员也难以得到理解和认同。

其次，公众对经济组织成员的满意度较低。改革开放以来，中国从计划经济走向市场经济，多种所有制并存的企业代替了单一的公有制企业，员工和企业家之间出现了严重的经济和政治地位不平等，普通员工的伦理安全感缺失。最后,"'后单位时代',企业成为'经济实体',与国家和社会的深刻关联被市场所遮蔽,企业作为'社会公器'或'企业市民'的意识式微,很容易滋生企业家的能力崇拜和员工的利益崇拜心态"①。对于作为消费者的公众来说,商人、企业家的假冒仿制、欺诈行骗和行业垄断等不道德行为大大降低了他们对企业家和商人的满意度。

2. 公众对政府官员的道德状况认知

为了进一步了解公众对政治组织成员满意度的现状,江苏卷和全国卷共同设计了以下问题:"您觉得当前我国政府官员道德问题最严重的是?"该问题下设置了"贪污""以权谋私""受贿""生活作风腐败""官僚主义""平庸,不作为""政绩工程""铺张浪费,折腾百姓""拉帮结派"等变量,以收集受访者对政府官员道德问题的认知。从调查数据可以看出,全国卷位居前四的选项分别是贪污(43.1%)、以权谋私(24.8%)、生活作风腐败(8.6%)、受贿(7.9%),江苏卷位居前四的选项分别是贪污(35.2%)、以权谋私(31.8%)、受贿(6.5%)、生活作风腐败(6.1%)。通过柱状图可以更直观地观察江苏和全国民众对我国政府官员道德问题的认知。

表7-9　　您觉得当前我国政府官员道德问题最严重的是?　　(%)

	全国	江苏
贪污	43.1	35.2
以权谋私	24.8	31.8
受贿	7.9	6.5
生活作风腐败	8.6	6.1
官僚主义	3.1	3.5
平庸,不作为	3.9	3.4
政绩工程,折腾百姓	4.3	6.0
铺张浪费	1.6	2.2

---

① 樊浩:《当前我国诸社会群体伦理道德的价值共识与文化冲突——中国伦理和谐状况报告》,《哲学研究》2010年第1期,第3—12页。

续表

	全国	江苏
拉帮结派	0.8	2.3
其他	1.8	3.0

	贪污	以权谋私	受贿	生活作风腐败	官僚主义	平庸,不作为	政绩工程,折腾百姓	铺张浪费	拉帮结派	其他
全国	43.1	24.8	7.9	8.6	3.1	3.9	4.3	1.6	0.8	1.8
江苏	35.2	31.8	6.5	6.1	3.5	3.4	6.0	2.2	2.3	3.0

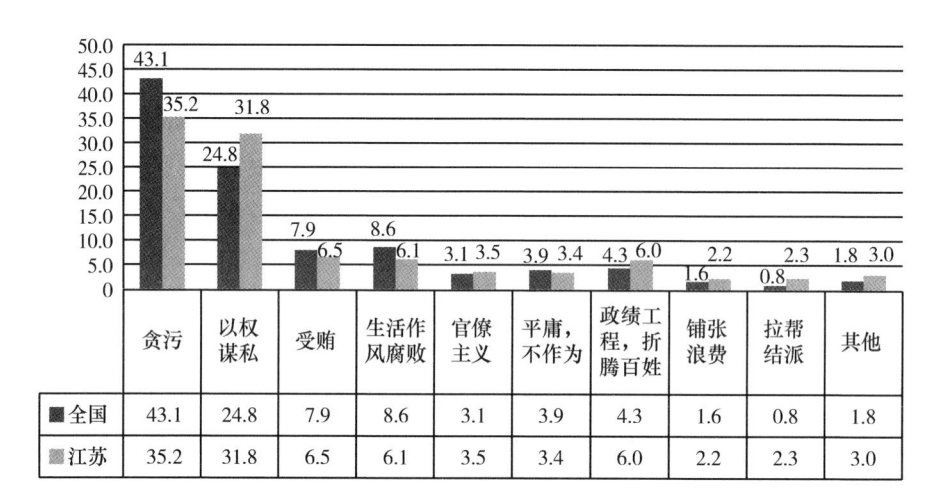

图7-19 您觉得当前我国政府官员道德问题最严重的是?(%)

由图7-19可以观察到,就全国和江苏的公众来讲,被调查者都认为"贪污"是政府官员最严重的道德问题。但全国调查数据中的公众认为"贪污"是最严重的道德问题的比率为43.1%,这一比率在江苏为35.2%,比全国低7.9%。"以权谋私"仅次于"贪污",在全国卷和江苏卷的调查结果中都排在第二位。全国卷中,公众认为"以权谋私"是最严重的道德问题的占总样本数量的24.8%,江苏卷为31.8%,比全国高7%。全国卷中,认为"受贿"是最严重的道德问题的比率是7.9%,高于江苏卷的6.5%。另外,在"政绩工程,折腾百姓"这一选项中,江苏卷的受访者做出此选择的占6.0%,全国卷的受访者做出此选择的仅占4.3%。

3. 小结

根据以上对全国卷和江苏卷的数据对比分析,我们得出如下结论:
第一,全国卷和江苏卷的受访者对组织成员道德状况的认知达成共识，满意度的排序完全一致。公众对农民、工人、教师的满意度相对较高，对专家学者、青少年和医生的满意度次之，对企业家、商人和演艺界明星的满意度较低，对政府官员的满意度最低。

第二，全国和江苏的公众对政府官员道德问题的认知基本达成共识，对于严重的四个问题，选择一致，排序稍有不同。全国卷中，由严重程度从强到弱排序为"贪污""以权谋私""生活作风腐败""受贿"。江苏卷的排序为"贪污""以权谋私""受贿""生活作风腐败"。

（二）公众对组织伦理行为的认知

组织行为是组织中诸要素之间以及组织要素与外部环境之间相互作用所产生的行为，组织决策一般以组织伦理作为行为标准。我们可以将这样的组织行为称为组织伦理行为。本部分首先考察了对组织伦理行为的总体认知，包括对政治、经济、文化组织等方面，发现政治组织中以权谋私、贪污的现象最为严重，经济组织紧随其后，文化组织的问题也较为严重。接着，考察了公众对组织伦理行为的具体认知，包括组织的公权私用、组织违背社会责任、国内外媒体组织的可信度三个方面。最后，考察了公众对组织伦理行为改进的认知，发现江苏和全国在推动反腐倡廉活动中都取得了一定的成效，但江苏省的成效远大于全国平均水平。分析发现，江苏和全国的公众对组织伦理行为的认知，共识是主流，差异处于其次，但也不容忽视。造成差异的主要原因可能是江苏省的经济、教育和文化发展水平均高于全国平均水平。

1. 公众对组织伦理行为的总体认知

为考察对组织伦理行为的总体认知，我们在全国卷和江苏卷中都向受访者提问："您认为当前社会下列状况的严重程度如何？"涉及政治、经济、文化组织中方方面面的问题，包括"干部贪污受贿，以权谋利的严重程度""企业损害社会利益的严重程度，如污染环境、以虚假广告误导公众等""媒体缺乏社会责任，炒作新闻的严重程度"等，涉及的状况越严重，分值越高，满分5分。

712 下 伦理魅力度与道德美好度

表 7-10　您认为当前社会下列状况的严重程度如何？ （分）

	全国	江苏		全国	江苏
坑蒙拐骗的严重程度	3.5	3.7	媒体缺乏社会责任，炒作新闻的严重程度	3.3	3.4
人际关系冷漠，见危不救的严重程度	3.3	3.5	社会财富分配不公，贫富差距过大的严重程度	3.9	4.0
诚信缺乏社会信用度低的严重程度	3.4	3.5	教师不尽职的严重程度	2.9	2.9
很多人在公共场所缺乏公德如大声喧哗、不排队、随地吐痰的严重程度	3.4	3.5	医生不守职业道德的严重程度	3.1	3.0
自私自利，损人利己，物欲横流的严重程度	3.4	3.4	公众人物用知名度攫取财富的严重程度	3.2	3.4
缺乏公正心和正义感的严重程度	3.3	3.3	不爱国的严重程度	3.2	2.5
缺乏羞耻感的严重程度	3.2	3.2	两性关系过度开放导致婚姻不稳定的严重程度	2.5	3.5
干部贪污受贿，以权谋利的严重程度	3.9	4.0	年轻人缺乏责任感，不孝敬父母的严重程度	3.2	3.1
生活奢侈，铺张浪费的严重程度	3.4	3.5	父母和子女代沟问题严重，难以沟通的严重程度	3.0	3.0
奉行功利主义，相互算计的严重程度	3.3	3.3	父母过度干涉子女的工作和生活的严重程度	3.1	2.7
企业损害社会利益的严重程度，如污染环境、以虚假广告误导公众等	3.5	3.7	老无所养，缺乏安全感的严重程度	3.1	3.0
娱乐界以丑闻、绯闻炒作，污染社会风气的严重程度	3.3	3.5			

观察图 7-20，我们可以得到，全国卷和江苏卷的受访者对各种类型组织伦理问题的严重程度的认知基本一致，但也有部分差异。

首先，受访者都认为政治组织中，干部贪污受贿，以权谋私的程度最为严重。

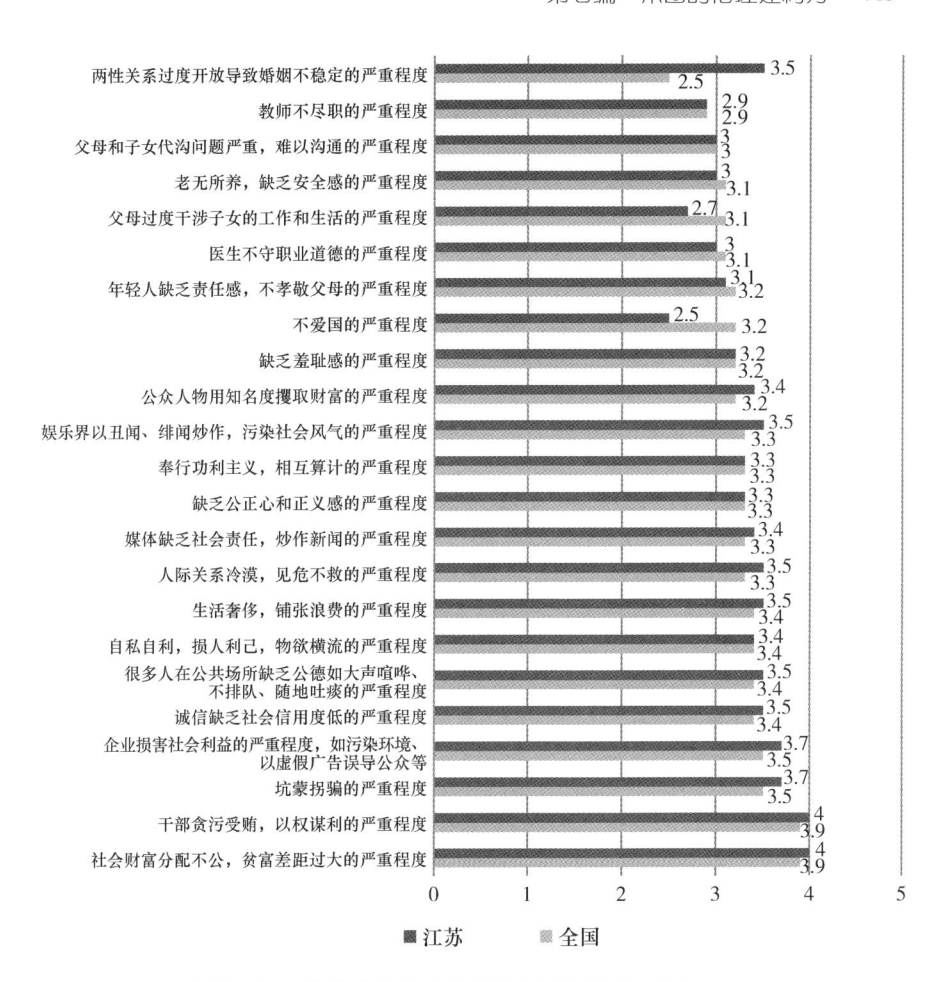

图7-20 您认为当前社会状况的严重程度如何？（分）

项目	江苏	全国
两性关系过度开放导致婚姻不稳定的严重程度	3.5	2.5
教师不尽职的严重程度	2.9	2.9
父母和子女代沟问题严重，难以沟通的严重程度	3	3
老无所养，缺乏安全感的严重程度	3	3.1
父母过度干涉子女的工作和生活的严重程度	2.7	3.1
医生不守职业道德的严重程度	3	3.1
年轻人缺乏责任感，不孝敬父母的严重程度	3	3.2
不爱国的严重程度	2.5	3.2
缺乏羞耻感的严重程度	3.2	3.2
公众人物用知名度攫取财富的严重程度	3.4	3.2
娱乐界以丑闻、绯闻炒作，污染社会风气的严重程度	3.5	3.3
奉行功利主义，相互算计的严重程度	3.3	3.3
缺乏公正心和正义感的严重程度	3.3	3.3
媒体缺乏社会责任，炒作新闻的严重程度	3.4	3.3
人际关系冷漠，见危不救的严重程度	3.5	3.3
生活奢侈，铺张浪费的严重程度	3.5	3.4
自私自利，损人利己，物欲横流的严重程度	3.4	3.4
很多人在公共场所缺乏公德如大声喧哗、不排队、随地吐痰的严重程度	3.5	3.4
诚信缺乏社会信用度低的严重程度	3.5	3.4
企业损害社会利益的严重程度，如污染环境、以虚假广告误导公众等	3.7	3.5
坑蒙拐骗的严重程度	3.5	3.5
干部贪污受贿，以权谋利的严重程度	4	3.9
社会财富分配不公，贫富差距过大的严重程度	4	3.9

其次，企业损害社会利益，如污染环境、以虚假广告误导公众等行为的严重程度仅次于干部以权谋私的行为。这两项结论与本报告第一部分所得出的公众认为政府官员道德状况问题最大，企业家和商人仅次于政府官员的结论一致。说明政府官员贪污腐败、以权谋私、政绩工程等行为，商人和企业家假冒仿制、欺诈行骗等行为的确很严重，并影响公众对政府和企业的信任。

最后，受访者认为文化组织（如媒体）缺乏社会责任，炒作新闻等行为也较为严重。江苏卷的受访者打分的平均值为3.4分，全国卷为3.3分。现阶段，网络媒体深刻地影响着人们的生活，但快速发展的媒体存在着严重的问题。媒体的市场化和商业化不断推进，众多的媒体争夺着有限的公众注意力资源，这就导致了媒体时效性抢发、盲从化转发、碎片化解读、娱乐化迎合、标签化引导、审判式介入、策划性炒作等问题。市场的监管也较为混乱，加剧了媒体市场的乱象。

2. 公众对组织伦理行为的具体认知

通过对公众对各类组织伦理行为总体认知的考察，我们发现公众认为政治组织与经济组织的伦理问题较为严重，这与本报告第一部分考察的公众对组织内部成员道德状况认知的结论一致，我们进一步设计了更具体的问题来考察公众对政治组织和经济组织的认知。

（1）公众对组织公权私用的认知

本报告第一部分考察了公众对政府官员最严重的道德问题的认知。其中在全国卷的受访者中，有24.8%的人认为以权谋私是政府官员最严重的问题。在江苏卷的受访者中有31.8%的人作出此判断。接下来我们在江苏和全国卷中都设计了更具体的情景来考察政府机关以及大中小学中公权私用的现象。我们向受访者提问："一些政府机关和大中小学，利用权力让本单位的职工子女在很好的学校读书，或降分录取，您认为这种行为道德吗？"我们设置了"为本单位人员谋福利，符合道德""以权谋私，不道德""是对社会公众的欺骗，严重不道德""符合本单位员工利益和内部伦理，但严重侵蚀社会道德""无所谓道德或不道德"五个选项。

表7-11　一些政府机关和大中小学，利用权力让本单位的职工子女在很好的学校读书，或降分录取，您认为这种行为道德吗？　　　（%）

	全国	江苏
为本单位人员谋福利，符合道德	3.7	5.0
以权谋私，不道德	61.1	53.3
是对社会公众的欺骗，严重不道德	19.8	19.8
符合本单位员工利益和内部伦理，但严重侵蚀社会道德	7.1	14.6
无所谓道德或不道德	8.3	7.3

	为本单位人员谋福利，符合道德	以权谋私，不道德	是对社会公众的欺骗，严重不道德	符合本单位员工利益和内部伦理，但严重侵蚀社会道德	无所谓道德或不道德
全国	3.7	61.1	19.8	7.1	8.3
江苏	5.0	53.3	19.8	14.6	7.3

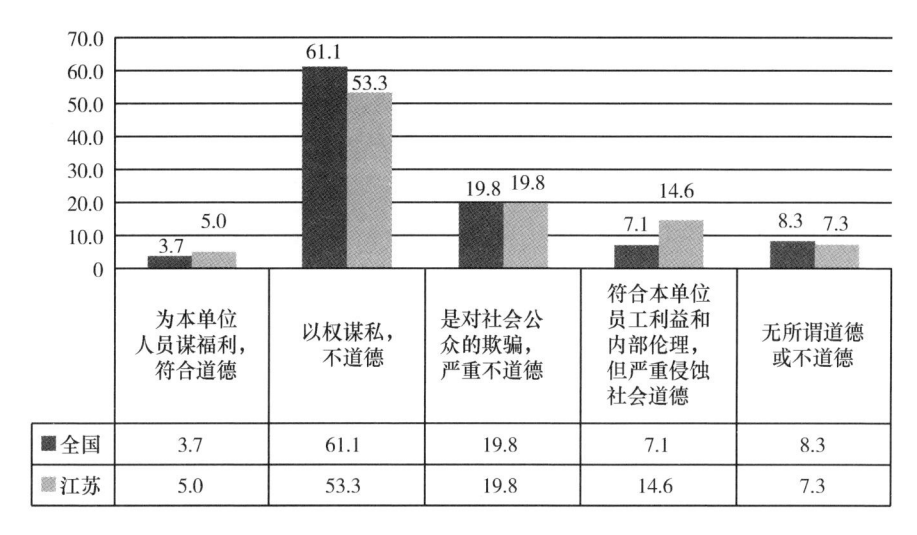

图 7-21 一些政府机关和大中小学，利用权力让本单位的职工子女在很好的学校读书，或降分录取，您认为这种行为道德吗？（%）

通过表 7-11，可以看出，公众对政府机关和大中小学对本单位职工子女提供特殊教育资源（如降分录取）这一行为的认知集中在"以权谋私，不道德"上。其中，全国卷的 5000 多位受访者中，有 61.1% 的人认为这一行为是以权谋私。有 53.3% 的江苏卷的受访者认为此行为是以权谋私。由此可以看出，公众普遍认为，政府机关和大中小学利用权力让本单位的职工子女在很好的学校读书或降分录取，这种行为是以权谋私，不道德的。

同时，江苏卷和全国卷的受访者在认为此行为"符合本单位员工利益和内部伦理，但严重侵蚀社会道德"的比率上产生了较大的差异性。全国卷有 7.1% 的受访者认为此行为符合单位员工利益和内部伦理，但侵蚀社会道德。而江苏卷做出此认知的受访者占 14.6%，比全国卷高了 7.5%。

（2）公众对组织社会责任的认知

企业不仅要以实现自己的利益最大化为目的，也要承担必要的社会伦理责任。企业的公共伦理责任是指企业在社会公共生活中，进行公平竞争，遵守互惠互利、诚实守信、公平正义的原则，促进良好的社会公共环境秩序的形成，确保企业和社会的可持续发展。调查显示，"经济上成功的企业有经济能力投资社会事业，而投资社会事业又反过来帮助它们进一步获得经济上的成功"①。这是一种利润和社会责任的良性循环。而现在有的单位组织采取一些可以提高集体福利并使组织中的个人受益的行为，但这一行为同时可能会造成对自然环境或社会环境的不良影响。公众面对这样的行为会做出行动还是保持沉默呢？全国卷和江苏卷中设计了一个具体的问题来了解公众对此行为的认知："如果您所在的单位有一项举措可以提高集体福利并使您个人得到利益，但会造成环境污染或社会公害，您会举报吗？"

表7-12　如果您所在的单位有一项举措可以提高集体福利并使您个人得到利益，但会造成环境污染或社会公害，您会举报吗？　（%）

	全国	江苏
会	56.3	61.2
不会	43.7	38.5

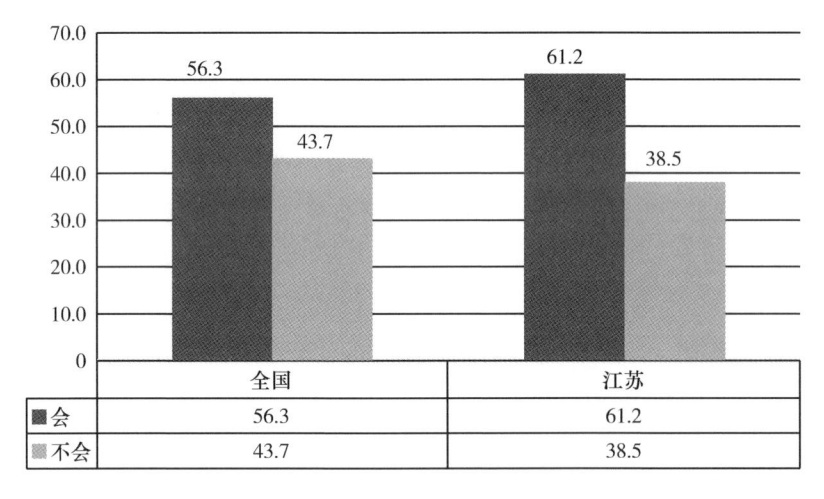

图7-22　如果您所在的单位有一项举措可以提高集体福利并使您个人得到利益，但会造成环境污染或社会公害，您会举报吗？（%）

---

① ［美］格林·伯格：《组织行为学》，中国人民大学出版社2011年版，第70页。

如图7-22显示，全国卷和江苏卷的受访者选择举报的人的比率都大于保持沉默的比率。其中，全国卷的受访者中有56.3%的人会选择举报，而江苏卷的受访者中，有61.2%的人会选择举报，比江苏卷中选择举报的受访者比率多了4.9%。可以看出，江苏的公众相对于全国来讲，对企业社会责任有更清醒的认识。

（3）公众对国内外媒体可信度的认知

媒体的最初形式是口口相传的民谣、故事，文字和印刷术的出现，印刷读物成为传媒载体的新形式。"进入大众传媒阶段以来，传媒已经渗透到社会生活的每一个领域，对人们的日常生活行使着无形的控制和监督，其文化载体主要表现为各种电子传媒，具有多重性、多元性、虚拟性和渗透性。"① 随着全球化的快速发展和网络技术的飞速进步，国外媒体也逐步进入人们的生活视野，国外报道与国内主流媒体报道不一致的现象常常会出现。为了考察公众对国内外媒体可信度的认知，我们在江苏卷和全国卷中都设计了以下问题："如果国外报道与主流媒体报道宣传内容不一致，您倾向于相信？"设置了"主流媒体""国外报道""谁都不相信，自己判断""说不清"四个变量。

表7-13　　　如果国外报道与主流媒体报道宣传内容不一致，
您倾向于相信？　　　　　　　　　　　　　（%）

	全国	江苏
主流媒体	40.3	54.8
国外报道	6.3	7.9
谁都不相信，自己判断	25.5	24.6
说不清	28.0	12.7

数据结果显示，就全国卷和江苏卷的受访者来说，在国外媒体和国内媒体的可信度上基本达成共识：认为主流媒体可信度更高的受访者比率最高，全国卷达到40.3%，江苏卷达到54.8%；认为国外报道更可信

---

① 郑红娥：《从媒体的变迁看青年消费方式的演变》，《中国青年研究》2006年第1期，第16—18页。

下　伦理魅力度与道德美好度

	主流媒体	国外报道	谁都不相信，自己判断	说不清
全国	40.3	6.3	25.5	28.0
江苏	54.8	7.9	24.6	12.7

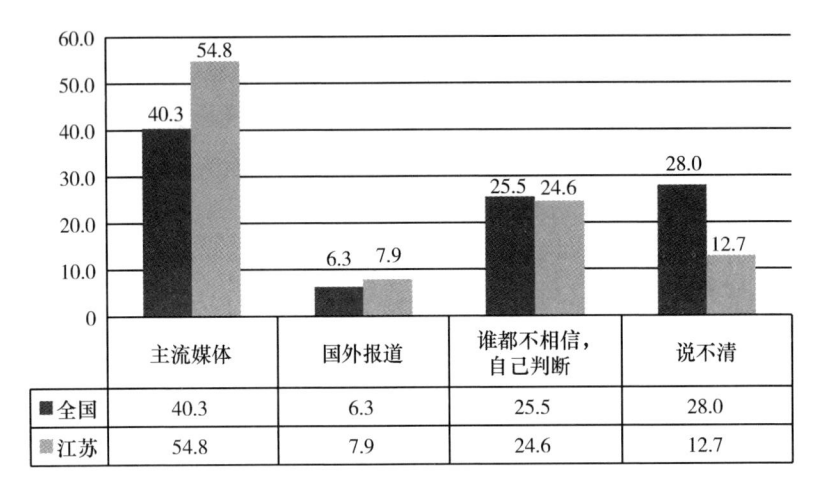

图 7-23　如果国外报道与主流媒体报道宣传内容不一致，您倾向于相信？（%）

的比率最低，全国卷的受访者只有 6.3% 做出这一选择，江苏卷的也只有 7.9%，都在 10.0% 以下。另外，做出"谁都不相信，自己判断"选择的受访者，江苏卷和全国卷的比率近似。全国卷中，有 25.5% 的受访者选择"谁都不相信，自己判断"。江苏卷中也有 24.6% 的受访者做出这一判断。

同时，全国卷和江苏卷对于这一问题的数据也存在着差异。首先，江苏卷的受访者认为主流媒体更可信的比率远远大于全国卷，比全国卷高了 14.5%。其次，选择"说不清"的人群的比率，全国卷的受访者占了 28.0%，江苏卷只有 12.7%，比全国卷低了 15.3%。

3. 公众对组织伦理行为改进的认知

本报告的第一部分做了公众对政府官员道德问题认知的分析，包括贪污、以权谋私、受贿、生活作风腐败、官僚主义、平庸不作为、政绩工程等问题，其中公众认为贪污、以权谋私、受贿、生活作风腐败等问题最为严重。面对这些情况，政府采取了诸多反腐倡廉的举措，来改变政府形象，提升政府公信力。在公众眼中，政府行动的效果如何呢？为了考察这一问题，我们在江苏卷和全国卷中设计了下列问题："您认为政府推动和倡导的反腐倡廉活动的效果如何？"其中就包括了反腐倡廉的举措。

表7-14 您认为政府推动和倡导的反腐倡廉活动的效果如何（全国）？

		频数	百分比	有效百分比	累计百分比
有效	有效果	2158	38.1	38.4	38.4
	一般	1441	25.4	25.6	64.0
	没效果	1224	21.6	21.8	85.7
	没听说过	803	14.2	14.3	100.0
	合计	5626	99.3	100.0	
缺失	系统	40	0.7		
合计		5666	100.0		

表7-15 您认为政府推动和倡导的反腐倡廉活动的效果如何（江苏）？

变量	频次	百分比	累计百分比
完全没效果	130	10.1	10.3
效果较差	328	25.6	36.2
效果较好	470	36.7	73.4
效果很好	221	17.3	90.9
没听说过该活动	115	9.0	100
合计	1264	98.7	

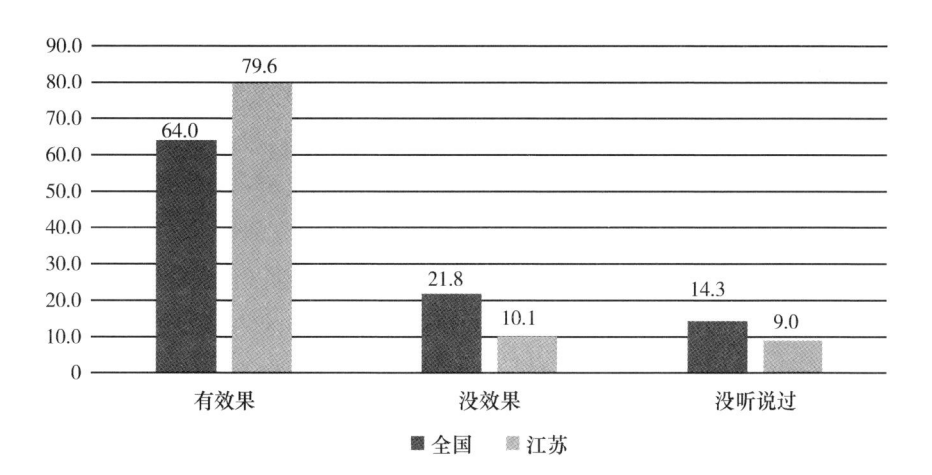

图7-24 您认为政府推动和倡导的反腐倡廉活动的效果如何？（%）

我们将全国卷中"有效果"和"一般"的合并为"有效果",江苏卷中"效果较差""效果较好""效果很好"合并为"有效果",得到图 7-24 中的数据。全国卷的受访者中,认为政府反腐倡廉有效果的为 64.0%。江苏卷的受访者中,认为政府反腐倡廉有效果的为 79.6%,比全国卷高了 15.6%。江苏卷的受访者认为反腐倡廉没效果的,为 10.1%,全国卷为 21.8%,比江苏高了 11.7%。表示没听说过反腐倡廉的,江苏也比全国低了 5.3%。由此可见,全国范围内的反腐倡廉有一定的成效。截至 2013 年,江苏省反腐倡廉的举措、力度和效果都高于全国平均水平。

4. 小结

(1) 全国卷和江苏卷的受访者对各种类型组织伦理问题的严重程度的认知,基本一致,但也有部分差异。公众对干部贪污受贿、以权谋私,企业损害社会利益,媒体缺乏社会责任、炒作新闻等伦理问题的认知基本一致。

(2) 江苏卷和全国卷的受访者基本达成共识,即政府机关和大中小学利用权力让本单位的职工子女在很好的学校读书,或降分录取等措施,是以权谋私,不道德的。但同时,江苏卷的受访者中选择"符合本单位员工利益和内部伦理,但严重侵蚀社会道德"的比全国高 7.5%。

(3) 江苏和全国的公众对企业社会责任都有较为清楚的认识。对于提高集体福利并使个人受益,但会造成环境污染和社会公害的行为,全国和江苏的公众选择举报的都占受访人数的多数。相比较而言,江苏公众选择举报的比例比全国高 4.9%。

(4) 就全国卷和江苏卷的受访者来说,对于国外媒体和国内媒体的可信度基本达成共识:认为主流媒体更可信的比率最高。相比较而言,江苏公众认为主流媒体可信度最高的比全国多了 12.8%。

(5) 截至 2013 年,江苏和全国推动反腐倡廉的活动都取得了一定的成效,江苏省反腐倡廉的举措、力度和效果都高于全国平均水平。

(三)组织对个体影响程度的公众认知

个人(自然人)与组织(法人团体)是现代社会的两大行动主体。社会是一个关系集合体,人是"在关系之中"的,个人与组织的关系,是社会中的重要关系之一。伴随着现代组织的大型化和科层化,组织与个人的关系由原来的简单逐渐趋于复杂化。个人道德训练的养成不仅受家庭,也受到学校、社会、政府等组织的影响。随着信息技术的发展,网络组织成为影响个体思想行为的新兴势力。随着计划经济向市场经济的转变,绩效主义逐渐成为组织的行为标准,"业务成果和金钱报酬直接挂钩,职工是为了拿到更多报酬而努力工作"①。这在提高组织利益水平的同时也加剧了组织内部的矛盾,增大了组织成员的竞争和工作压力。因此,本部分从组织对个体道德训练的影响程度的公众认知、组织对个体思想行为的影响程度的公众认知以及组织对个体身心和谐的影响程度的公众认知三个方面采集数据。

1. 组织对个体道德训练的影响程度的公众认知

个体从一出生就处于各种各样的组织中,受到学校、社会(职业)、政府、媒体等的影响。然而,对个体成长中的道德训练影响最大的场所是什么?是学校、社会(职业)、政府还是媒体等?我们在全国卷和江苏卷中都设计了问题,就组织对个体道德训练的影响进行追问:"您认为在自己的成长中得到道德训练的最重要场所或机构是?"

表7-16　您认为在自己的成长中得到道德训练的最重要场所或机构是？　（％）

	全国	江苏
家庭	50.7	39.0
学校	17.8	26.4

---

① 邓勇兵:《争议"绩效主义"》,《中外管理》2007年第11期,第75—76页。

续表

	全国	江苏
社会	25.2	25.1
国家或政府	3.5	6.0
媒体	1.7	1.6
其他	1.1	1.9

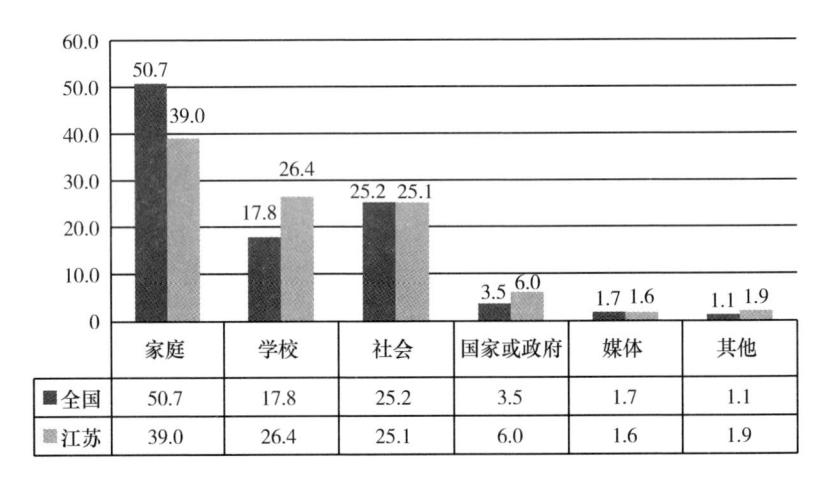

	家庭	学校	社会	国家或政府	媒体	其他
全国	50.7	17.8	25.2	3.5	1.7	1.1
江苏	39.0	26.4	25.1	6.0	1.6	1.9

图 7-25　您认为在自己的成长中得到道德训练的最重要场所或机构是？（%）

从图 7-25 中的排序可以观察到，在国家卷和江苏卷中，公众普遍认为家庭、学校和社会是个体道德训练的重要场所的公众比率较大。其中，家庭这一选项在全国和江苏省的调查中分别以 50.7% 和 39.0% 居于首位。在国家卷中，排在第二、三位的是社会和学校。而在江苏卷中，排在第二、三位的是学校和社会。国家卷的受访者，选择家庭作为最重要的道德训练场所的为 50.7%，而在江苏卷中只占 39.0%，比全国低 11.7%。而在全国卷中，选择学校作为最重要的道德训练场所的为 17.8%，在江苏卷中却达到了 26.4%，比全国高 8.6%。在江苏卷的受访者中，认为学校是道德训练最重要场所的人较全国多。究其原因，可能是由于江苏教育发展水平高于全国平均水平，"截至 2014 年年底，江苏省学前三年教育毛入园率达 97.5%，义务教育巩固率达 100.0%，高中阶段教育毛入学率达 99.0%，高等教育毛入学率达 51.0%，教育主要发展指标接近中等发达国家水平。"受教育率高影响了公众的选择，因此，在江苏卷的受访者中，认为学校是最重要的个体道德训练场所的人多于全国。另外，我们发现，在全国卷的受访者中，有1.7%的人认为媒体是最重要的道德训练场所。在江苏卷中，选择媒体的也有1.6%。

2. 组织对个体思想行为的影响程度的公众认知

随着信息技术的快速发展，互联网迅速崛起，在信息传播领域得到广泛应用，网络媒体应运而生。我国自1994年4月20日加入国际互联网大家庭，至今已经有22年的历史。网络电子设备的普及，使人们越来越多地与网络媒体接触，这种信息传播方式迅速打破了政治、经济、文化的地缘束缚，将浩若烟海的文字、图片、视频等信息第一时间呈现在大众的视野中，我们已经进入信息大爆炸时代。为了了解从网络中获得的信息对我们的思想行为产生了什么样的影响，我们在江苏卷和全国卷中都设计了相关问题："从网络中获得的信息（文字、图片、视频等）对您的思想行为影响如何？"我们设置了"有影响""没影响""不适用，因为不上网"三个变量。

表7-17　　　　从网络中获得的信息（文字、图片、视频等）
　　　　　　　　对您的思想行为影响如何？　　　　　　　　（%）

	全国	江苏
有影响	48.3	34.4
没影响	4.1	22.8
不适用，因为不上网	47.6	42.8

调查结果显示，在全国卷中，上网的受访者占所有受访者的52.4%，其中认为网络信息对个体的思想行为有影响的为48.3%，占上网人群的92.2%。在江苏卷中，上网的受访者占所有受访者的57.2%，其中认为网络信息对个体的思想行为有影响的为34.4%，占上网人群的60.1%。由此可见，网络信息对江苏上网人群的影响远远低于全国，比全国低32.1%。

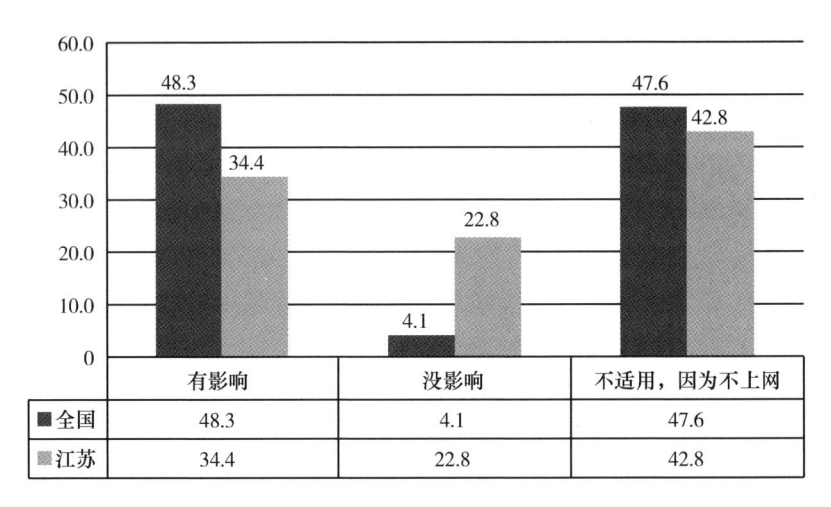

	有影响	没影响	不适用，因为不上网
全国	48.3	4.1	47.6
江苏	34.4	22.8	42.8

图7-26 从网络中获得的信息（文字、图片、视频等）对您的思想行为影响如何？（%）

另外，江苏卷和全国卷中公众对网络信息对个人思想行为影响的差异主要体现在选择"没影响"的比重上。在全国卷的受访者中，只有4.1%的人认为网络信息对个体思想行为没有影响，占上网人群的7.8%。而在江苏卷的受访者中，有22.8%的人认为网络信息对个体思想行为没有影响，占上网人群的39.1%，比全国卷高31.3%。

3. 组织对个体身心和谐的影响程度的公众认知

在当今社会中，忧郁、精神分裂、自杀等现象频发，这些现象和组织有没有关系？有什么样的关系？我们对江苏卷和全国卷的受访者的认知情况展开调查，追问造成身心不和谐的最主要原因是什么？

表7-18 当前有些人身心不和谐，如忧郁、精神分裂、自杀等，您认为造成这种情况的最主要原因是什么？ （%）

全国		江苏	
竞争激烈，工作压力过大，身心疲惫	32.7	竞争激烈，工作压力过大，身心疲惫	72.1
欲望过多过大，不能知足常乐	16.7	欲望过多过大，不能知足常乐	53.3
社会保障体系不健全，对自己和未来没有把握	12.5	有烦恼很难找到人倾诉和排解	43.0

续表

全国		江苏	
个人的文化底蕴和文化积累不够，缺乏自我理解和自我调节能力	9.0	社会保障体系不健全，对自己和未来没有把握	39.8
有烦恼很难找到人倾诉和排解	5.7	个人的文化底蕴和文化积累不够，缺乏自我理解和自我调节能力	37.7
现代人缺乏安顿自己、化解内心矛盾的能力	3.5	现代人缺乏安顿自己、化解内心矛盾的能力	35.8
缺乏理想和信念支持，精神没有寄托和归宿	3.3	缺乏理想和信念支持，精神没有寄托和归宿	33.5
缺乏道德公正，没有道德的人总是讨便宜	2.9	缺乏道德公正，没有道德的人总是讨便宜	22.8

注：全国卷为单选，江苏卷为多选。

数据结果显示，在江苏卷中有72.1%，在全国卷中有32.7%的受访者认为，"竞争激烈，工作压力过大，身心疲惫"是造成个体身心不和谐的最主要原因，公众在这一问题上达成了一定共识。"竞争激烈，工作压力过大，身心疲惫"会受到组织伦理氛围的影响。组织伦理氛围是对组织内部占主导地位的伦理思维模式的描述，表明了它的伦理标准和对成员行为的期望。当一个组织不能清晰地表达自己的伦理立场时，组织成员就不能清楚地判断他们自身的道德标准和组织伦理标准的融合程度，组织成员的角色定义可能就不清晰，会产生知觉冲突。冲突会带来较高水平的工作压力、沮丧和焦虑。

4. 小结

（1）全国包括江苏的公众对个体道德训练的最重要场所基本达成共识，选择家庭、学校和社会是个体道德训练重要场所的比率最大。其中全国和江苏的公众大多都把家庭看作道德训练的重要场所。在学校和社会的选择比率上体现出差别，同社会相比江苏公众认为学校是个体道德训练更重要的场所，究其原因，可能由于江苏省的教育发展高于全国水平。

（2）网络信息对江苏和全国的上网人群都有较大的影响，但对全国上网人群的影响远远大于对江苏的影响。

（3）全国和江苏的公众普遍认为，"竞争激烈，工作压力过大，身心疲惫"是造成个体身心不和谐的最主要原因。

（四）伦理冲突与伦理认同

通过对江苏卷和全国卷数据的对比和分析，对于当前公众对组织伦理状况的认知，我们得到以下几点结论：

1. 江苏公众和全国的公众对各类组织成员的道德状况认知基本达成共识，排序完全一致。对农民、工人、教师的满意度相对较高，对专家学者、青少年和医生的满意度居其次，对企业家、商人和演艺界明星的满意度较低，对政府官员的满意度最低。其中，政府官员贪污、以权谋私、受贿、生活作风腐败等被全国包括江苏的公众认为是十分严重的道德问题的比率较高，说明公众与政府官员这一群体有比较严重的伦理冲突。

2. 江苏和全国的公众对各种类型组织，如政治、经济、文化组织伦理问题的严重程度的认知基本一致。江苏和全国的公众对以权谋私、组织社会责任和国内外媒体的可信度的认知基本一致。对于组织伦理行为的改进，江苏的反腐倡廉力度和成效大于全国平均水平。

3. 江苏和全国的公众对个体道德训练的最重要场所基本达成共识，选择家庭、学校和社会是个体道德训练最重要的场所的比率最大。但在选择学校和社会比率上体现出差异性，可能由于江苏的教育发展要高于全国水平，故认为学校是个体道德训练最重要场所的比率高于社会。

4. 江苏和全国的公众达成共识，"竞争激烈，工作压力过大，身心疲惫"是造成个体身心不和谐的最重要原因，这体现了组织内部的伦理冲突，公众缺乏伦理安全感、归属感和伦理认同。

通过数据分析发现，江苏和全国的公众对组织伦理状况的认知，共识是主流，差异很小。这些共识体现了公众与组织，尤其是公众与政治组织、经济组织之间伦理冲突的普遍存在。其表现为公众对组织成员道德状况的不满意，对组织行为的不信任，缺乏伦理安全感和归属感所造成的身心不和谐等。纵观文化多样、利益多元的后单位制度时代，单位组织成为合法的、相对独立的利益主体，活动于多维开放的当代伦理世界，出现计划经济时代少见的集体道德行动方向多元，包括集体不道德行动的现象（如群体腐败、潜规则、行业壁垒等）。当下我国公众与组织的伦理冲突正产生于这一时代背景之下，与集体不道德的行动息息相关。其冲突的实质是个体（单一物）与实体（普遍物）的对立。在黑格尔看来，实体是"还没有意识到其自身的那种自在而又自为地存在着的精神本质"[1]。作为抽象的普遍性存在，实体与个体相对立，但这种对立是包含着同一性的对立。实体必须在与个体的同一中实现自身。因此，伦理冲突是暂时的，这种单一物与普遍物的对立，最终会走向二者的辩证统一，从而实现实体自身，达到伦理认同。公众与组织的伦理冲突是暂时的，伦理认同是二者关系的归宿。

组织的伦理认同是一种实体与个体的互动过程，是普遍物与单一物统一的过程，指人们对自身在社会生活中的伦理定位和定向，并表现为组织成员对组织基本伦理规范的接受与赞同，以及共同的伦理观念的形成。在具有伦理认同的伦理共同体中，成员有共同的理念、道德观念、价值取向，形成组织和谐有序的观念基础。而公众与组织达成伦理认同来解决伦理冲突是一个动态的过程，需要在组织与公众的不断互动中完成。要求不仅从组织成员的道德状况，也要从组织伦理行为和组织伦理氛围等方面对组织伦理状况加以改进，提升公众的伦理安全感、归属感，从而达到高度的伦理认同，形成和谐的伦理共同体。

（荆　珊）

---

[1] ［德］黑格尔：《精神现象学》（下卷），贺麟、王玖兴译，商务印书馆1996年版，第2页。

第八编

政府的伦理公信力

二十八 政府伦理发展状况

伴随着经济社会的全面转型，政府伦理问题成为全社会广泛关注的重大现实问题。经过40年改革开放的历史激荡，我国政府伦理究竟呈现出何种态势？当前我国政府伦理发展过程中存在哪些主要问题？是什么原因造成了这些问题的出现？如何更好地推动我国政府伦理（特别是政府公信力）建设？本报告试图以"2017年全国道德发展状况调查"为基础，对当前我国政府伦理状况进行分析。

（一）调查样本和解释框架

1. 调查样本简介

"2017年全国道德发展状况调查"是东南大学伦理学团队负责理论框架梳理、问卷设计等研究工作，委托北京大学中国国情研究中心负责抽样设计和实施完成的一项全国性大型调查，这也是该团队进行的第四次全国性道德国情调查。

本次调查的前期问卷设计共持续了近两个月；正式的调查实施从2017年8月2日开始至10月30日结束，共历时三个月。在具体的调查过程中，为解决流动人口的覆盖偏差问题，负责具体实施的北京大学中国国情研究中心采用了"GPS/GIS辅助的地址抽样"方法，以单元格内人口数为规模度量，按照分层、多阶段的概率与规模成比例的方法（PPS）进行抽样，实际共抽取了全国范围内13358个符合调查资格的住宅单位，最后共回收了8755个有效样本，有效回答率为65.5%。

在有效样本中，性别大体相当，女性略多，占 53.2%，男性占 46.8%；在年龄层次方面，18 岁以下占 1.9%，18—25 岁占 10.8%，26—35 岁占 20.0%，36—50 岁占 31.5%，51 岁以上占 35.7%；在户籍方面，农业户口（含本市农业户口和外地农业户口）为主，占 66.2%，非农户口（含本市非农户口和外地非农户口）占 15.6%；在受教育程度方面，以高中及以下学历为主（含职高/中专），总共占 84.2%，大专及以上占 15.8%；在月收入方面，以中低收入为主，无收入占 16.4%，1—999 元收入占 10.3%，1000—1999 元收入占 19.8%，2000—3999 元收入占 32.6%，4000—5999 元收入占 14.6%，6000—8999 元收入占 4.7%，9000 元以上收入占 1.6%。

本次调查除个人信息、总体认知和判断等基本信息外，主要由个体道德、家庭伦理、集团伦理、社会伦理、政府伦理、生态伦理、世界伦理七大部分组成。本报告主要涉及其中的"政府伦理"部分。

2. 政府伦理评估的必要性

进行政府伦理评估有争议，也有很大难度，却十分必要和紧迫，而且可能。政府的伦理本性为进行政府伦理评估提供了可能性；现实的政府伦理问题又要求我们必须对政府伦理状况进行科学评估。

其一，政府从根本上说是一种伦理存在，伦理是其基本属性和合法性基础。政府的政治属性不言自明，然而，政府的精神意义和伦理本性却很少被揭示。黑格尔认为："政府是自身反思的、现实的精神，是全部伦理实体的单一的自我。"[①] 这里的政府不仅是政治意义上的政府，更是伦理意义上的政府，是政治与伦理的有机统一；"政府伦理"也不是"政府"的"伦理"，而是"政府"与"伦理"的同一性。"整个个体"就是政府的伦理本性：对内，它是一个整体，即民族；对外，它是一个个体，即国家。"公正"，是政府基本的伦理本性，政府的基本合法性在于个体与整体之间的伦理正义。[②]

其二，官员道德是当今中国最大和最重要的道德难题。全国性道德

---

① ［德］黑格尔：《精神现象学》，贺麟、王玖兴译，商务印书馆 1996 年版，第 12 页。
② 高晓红：《政府伦理研究》，中国社会科学出版社 2008 年版，第 69 页。

国情调查表明，近年来政府官员在伦理道德上总是位于不被满意的群体之首。① 党的十八大以来，中央不断推进的强力反腐已经使这一问题得到了巨大改观，但这一问题的根治依然任重道远，对官员道德进行系统科学评估必需而紧迫。

其三，行政伦理是当今中国最大和最重要的伦理难题。多次调查结果均显示，分配不公和官员腐败成为人们对改革开放最担忧的两个问题。② 在这两者中，如果说官员腐败与官员道德相关，那么分配不公便与公共决策伦理相关。权力公共性是政府合法性的基础，而权力公共性的现实体现正是政府决策的伦理性。因而，我们必须对政府决策与行政伦理状况进行科学而有效的评估。

3. 政府伦理评估的要素

政府伦理评估如何展开？"公信力"是其核心。所谓"公信力"，其要义是政府公共权力在道德上的信用度和伦理上的信任度，二者生成公民对政府的信赖度。由此，评估可以从三个维度展开：官员道德；行政伦理；政府伦理形象。③

第一个维度是官员道德。官员腐败是一种各个国家或各种文化中都普遍存在的现象，我国是社会主义国家，对官员道德提出了更高、更复杂的要求。官员道德评估需要着力于三个方面：一是廉政状况，底线是不以权谋私，客观标准是遵循各种廉政制度，"廉不蔽恶"；二是勤政状况，"廉政"只是道德底线，"勤政"才是道德本务，要义是为人民做好事、做实事的业绩；三是服务状况，服务是官员伦理本务和道德要求。

第二个维度是行政伦理。行政决策的伦理公正度是政府伦理评估的核心，聚力点是权力公共性与财富普遍性。权力公共性的要义对官员来说是"服务"，对公民来说是"平等"；财富普遍性的要义是分配公正。行政伦理评估的要素有三个方面：一是政府决策与公共政策的伦理含量；

---

① 樊浩：《当今中国伦理道德发展的精神哲学规律》，《中国社会科学》2015 年第 12 期，第 33—50 页。
② 樊浩：《当前中国伦理道德的"问题轨迹"及其精神形态》，《东南大学学报》（哲学社会科学版）2015 年第 1 期，第 5—19 页。
③ 樊浩：《伦理道德，如何才是发展》，《道德与文明》2017 年第 4 期，第 5—22 页。

二是资源配置与财富分配的伦理取向;三是发展的伦理合理性。

第三个维度是政府伦理形象。包括政府作为行政集体的伦理形象和作为政府成员的官员的道德形象,由公民的感受和评价获得。伦理形象既不是政治形象,更不是政绩形象,却是比它们更深入人心的形象。它由公民对政府的认同度、美誉度、信赖度等要素构成,负面的指标是政府行政的恶性伦理事件,如严重失能失职等;官员的恶性道德事件,如腐败等;社会的恶性伦理道德事件,如弱势群体的恶性暴力事件等。

(二) 我国政府伦理的总体状况

1. 官员道德

政府官员的伦理道德状况,直接关乎政府伦理属性;对官员伦理道德的满意度,在相当程度上标志着政府在伦理上的合法度。三次全国性道德国情大调查数据显示,虽然在时间、方法、对象等方面存在一定的不同,但在对"你对什么人在伦理道德上最不满意"这一问题的排序上却显示了惊人的一致,政府官员在伦理道德上总是位于不被满意的群体之首。[①]

本次调查设计了"您对您周围的党员干部道德状况怎么评价"这一问题来衡量老百姓对官员道德的总体评价。在总计 8755 份有效回答问卷中,剔除缺失问卷 943 份,本题有效回答问卷总共 7812 份。调查结果显示,对这一问题的回答,第一选择是"总体还不错",有效占比为42.3%;第二选择是"和普通群众没有太大差别",有效占比为 36.0%;第三选择是"普遍比较差",有效占比为 21.7% (如图 8 - 1 所示)。总体上看,官员道德状况仍然有很大的改善空间,进行官员道德评估必需而紧迫。

官员道德的评估主要由三个方面组成:一是廉政状况;二是勤政状况;三是服务状况。在三者之中,"廉政"是官员的道德底线,"勤政"是官员的道德本务,"服务"是官员的伦理本务和道德要求。

[①] 樊浩:《当今中国伦理道德发展的精神哲学规律》,《中国社会科学》2015 年第 12 期,第 33—50 页。

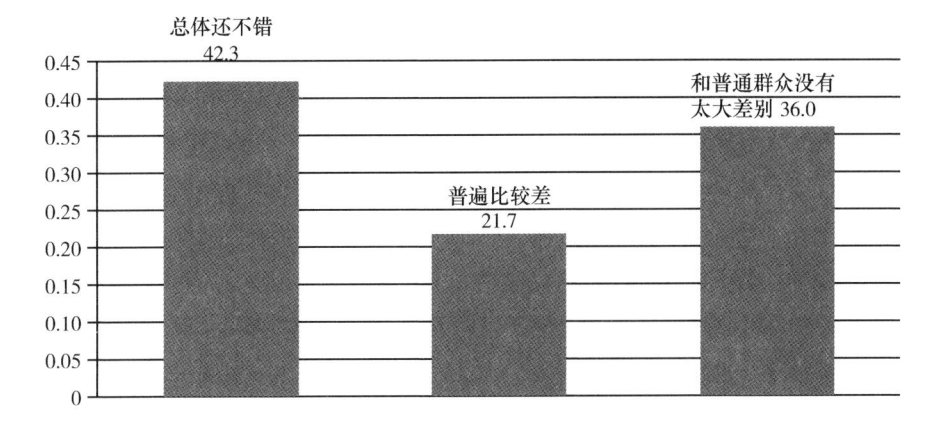

图 8-1 关于"您对您周围的党员干部道德状况怎么评价"的调查结果（%）

（1）官员廉政状况

"廉者，政之本也。"① "廉"是为政的根本、政治的根本。廉政是作为政府工作人员的最低标准，是领导干部从政的最起码要求。官员廉政的底线是不以权谋私，客观标准是遵循各种廉政制度、"不腐败"。

对于官员廉政状况，本次调查设计的问题是"和前几年相比，您认为目前我国官员腐败现象有什么变化？"在总计 8755 份有效回答问卷中，剔除缺失问卷 718 份，本题有效回答问卷总共 8037 份。调查结果显示，对这一问题的回答，第一选择是"有较大改善"，占 65.1%；第二选择是"没什么变化"，占 19.5%；第三选择是"有很大改善"，占 12.8%；第四选择是"更加恶化"，占 2.3%（如图 8-2 所示）。

其中，"有很大改善"和"有较大改善"两项选择合计达到 77.9%，已经接近 80.0%；选择"更加恶化"的仅占 2.3%；选择"没什么变化"的占比不到两成。总体来看，近年来官员的廉政状况在老百姓心目中得到了较高程度的认可。

（2）官员勤政状况

"勤者，政之所要。"勤政为民是为官之要，是党员干部的立身之本。勤政，就是要坚持恪尽职守，勤于政事，认真负责地为人民群众办事。官员勤政的要义是为人民做好事、做实事的业绩，而庸、懒、散则是对

---

① 《晏子春秋·内篇杂下》。

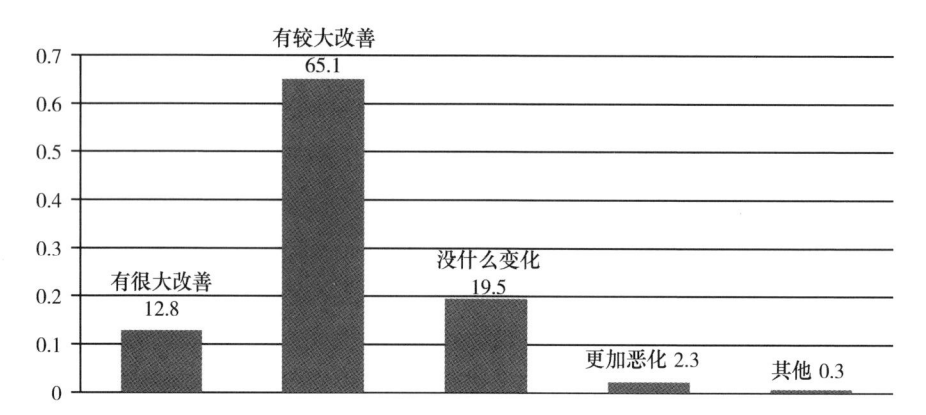

736　下　伦理魅力度与道德美好度

图 8-2　关于"和前几年相比，您认为目前我国官员腐败现象
有什么变化"的调查结果（%）

公共权力的玷污。

对于官员勤政状况，本次调查设计的问题是"您认为当前官员的勤政作为是怎样的?"在总计 8755 份有效回答问卷中，剔除缺失问卷 1782 份，本题有效回答问卷总共 6973 份。调查结果显示，对这一问题的回答，第一选择是"努力作为，成绩一般"，占 48.8%；第二选择是"努力作为，成绩显著"，占 22.7%；第三选择是"行政不作为"，占 19.3%；第四选择是"行政乱作为"，占 9.2%（如图 8-3 所示）。

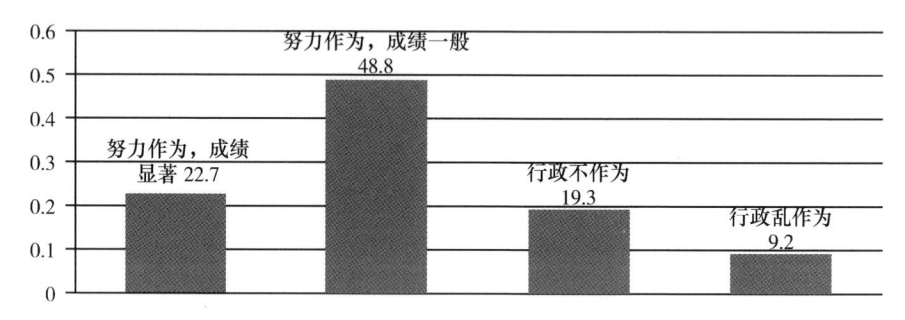

图 8-3　关于"您认为当前官员的勤政作为是怎样的"的调查结果（%）

数据表明，"努力作为，成绩显著"占比不足四分之一，"努力作为，成绩一般"占比接近一半，而"行政不作为"和"行政乱作为"占比总和超过五分之一。总体来看，官员勤政状况不容乐观，而庸政、懒政、怠政等问题比较突出。

(3) 官员服务状况

全心全意为人民服务是党的根本宗旨，是党的一切工作的根本出发点和落脚点，是对广大党员干部的基本要求。服务不仅是现代政府的基本职能，也是政府官员的伦理本务和道德要求，在服务中体现官员的政治品质和政治境界是反映政府伦理状况的应有之义。一般来说，政府官员的服务内容包括官员的服务意识、服务能力、服务水平等。

对于官员的服务意识，本次调查设计的问题是"您认为干部当官的目的是？"对于这一问题，在受访者给出的答案中，"为人民服务，为百姓做好事做实事"占45.4%，"为国家与社会做贡献"占27.0%（如图8-4所示）。相比于以前，公众对政府官员公共服务意识的社会评价已经得到了一定的提高，但"为自己升官发财""为家庭增光，光宗耀祖"等的评价依然占很高比例，表明官员的服务意识还有待进一步提升。

选项	百分比
其他	0.2
没特殊目的，一个稳定而待遇高的职业而已	21.1
为自己升官发财	34.3
为家庭增光，光宗耀祖	25.6
为人民服务，为百姓做好事做实事	45.4
为国家与社会做贡献	27.0

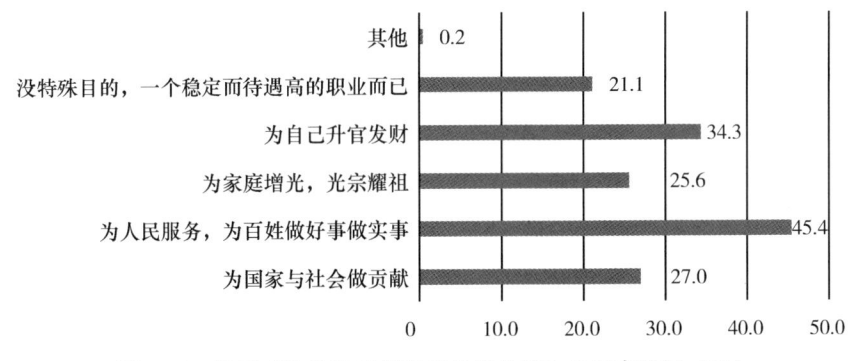

图8-4 关于"您认为干部当官的目的是"的调查结果（%）

服务能力、服务品质，简单来说，就是公共服务主体（主要指政府及其官员）能否意识到公共服务客体（主要指社会公众、企业）的需求并及时提供公共服务以及所提供的公共服务的水平如何。对于公共服务的服务能力和品质既可以通过教育文化服务、医疗卫生和社会保障服务、基础设施服务、生态环境服务、信息化服务等公共服务领域的投入、产出等客观指标来衡量；也可以通过公众（公共服务接受者）在公共服务使用过程中的主观感受和评价（满意度）来衡量。[①]

---

① 陈文博：《公共服务质量评价与改进：研究综述》，《中国行政管理》2012年第3期，第39—43页。

本次调查主要通过后者，即公众对公共服务和公共政策实施效果的主观评价来衡量，题目设计为"您认为本地政府在以下方面的政策措施对促进社会公平有效果吗？"这里的公共政策主要涉及就业政策、教育政策、医疗卫生政策、低保政策、房地产政策、拆迁安置政策等。这些政策背后反映的都是政府及其官员在基本公共服务方面的能力和品质，社会公平是基本价值取向，直接反映这些公共政策的实施效果，从而表征政府官员的服务能力和水平。

调查结果显示，民众对就业政策、教育政策、医疗卫生政策、低保政策、房地产政策、拆迁安置政策等对促进社会公平效果的评价存在很大差异。总体来说，对这几项政策认为有"较大效果"的评价占比相对较低，就业政策比例为6.3%、教育政策比例为8.9%、医疗卫生政策比例为9.9%、低保政策比例为10.0%、房地产政策比例为5.9%、拆迁安置政策比例为5.8%，全部不超过10.0%。认为"有点效果"的占比大多也刚超过一半，最高的是教育政策，比例为61.1%；就业政策、医疗卫生政策和低保政策比例都在50.0%和60.0%之间；房地产政策和拆迁安置政策的这一比例在34.0%左右。而认为"没有效果""更不公平""大大加剧了不公平"等相对负面评价的总比例全部在30.0%及以上，比例最低的是教育政策，为30.0%；比例最高的是拆迁安置政策，达到60.2%，房地产政策的比例也接近60.0%，低保政策的这一比例接近40.0%（如图8-5至图8-10所示）。

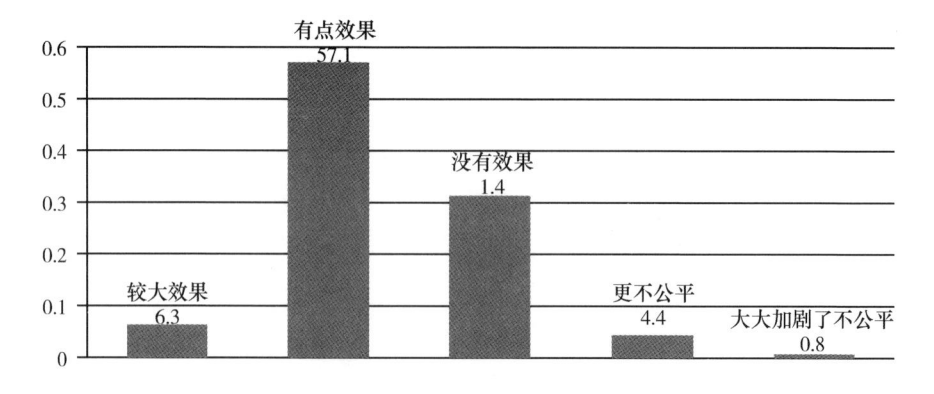

图8-5 关于"就业政策对促进社会公平有效果吗"的调查结果（%）

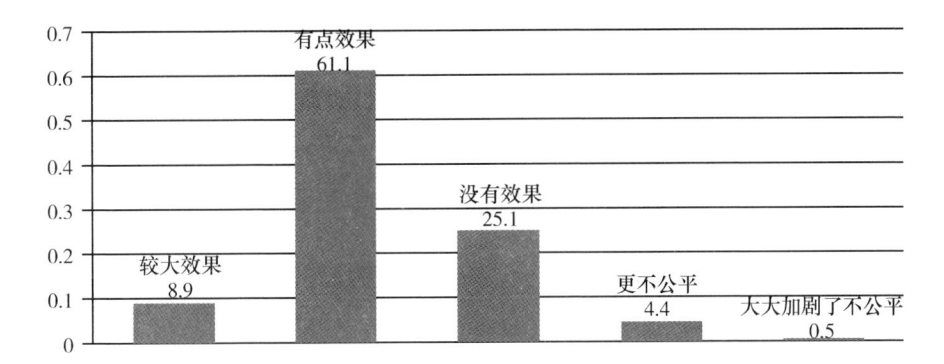

图8-6 关于"教育政策对促进社会公平有效果吗"的调查结果(%)

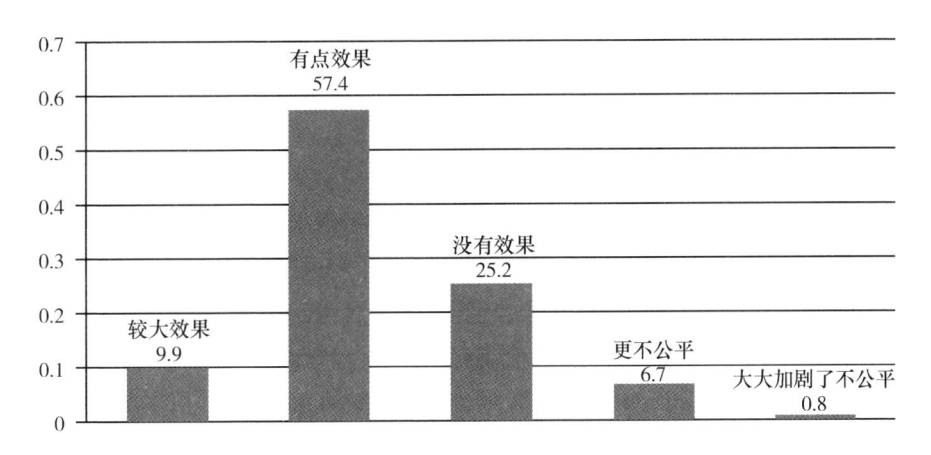

图8-7 关于"医疗卫生政策对促进社会公平有效果吗"的调查结果(%)

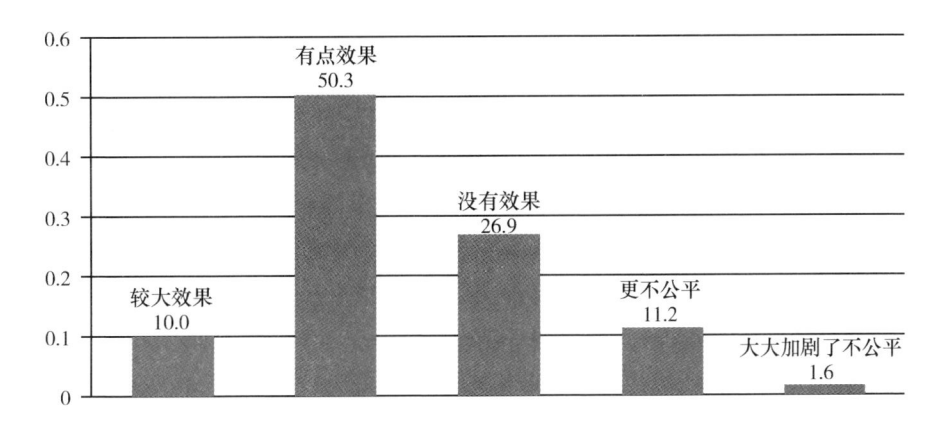

图8-8 关于"低保政策对促进社会公平有效果吗"的调查结果(%)

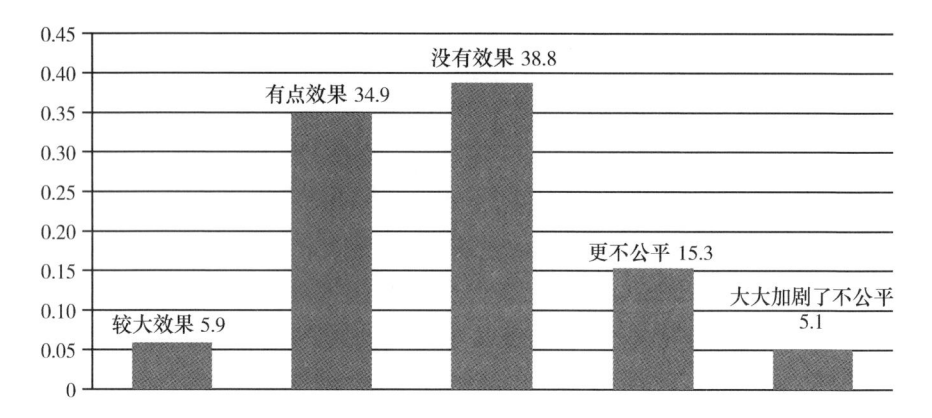

图 8-9 关于"房地产政策对促进社会公平有效果吗"的调查结果(%)

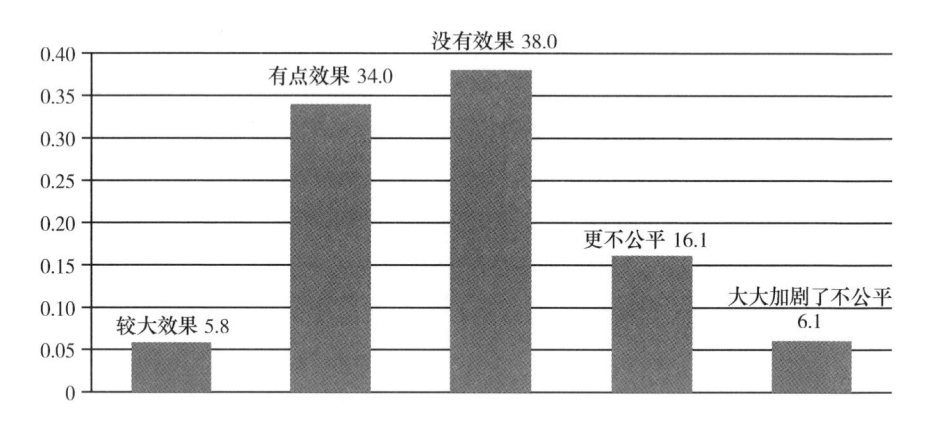

图 8-10 关于"拆迁安置政策对促进社会公平有效果吗"的调查结果(%)

整体来看,政府公共政策(特别是房地产政策、拆迁安置政策等)在促进社会公平等方面的效果还不尽如人意,这反映了地方政府及其官员的公共服务能力和服务水平都还有待进一步提高。

2. 行政伦理

行政伦理是公共行政领域的道德规范体系,是政府机关在行政活动中逐渐形成的,用于指导行政活动价值导向的道德规范和伦理精神。行政伦理不仅是遏制腐败、规范权力、增进民众信任的重要力量,也是优化政府形象、塑造政府精神信仰、夯实政府公信力的重要条件,更是凝聚民心、激发民智、汇集民力的决定性因素。① 行政伦理的评估主要由三个方面的要素构成：一是政府决策与公共政策的伦理含量；二是资源配置与财富分配的伦理取向；三是发展的伦理合理性。

（1）政府决策与公共政策的伦理含量

政府决策与公共政策的伦理含量，不仅表现在政府一些重大建设与投资决策上，而且从城市盲道、无障碍通道、公共汽车的踏脚板高度，到老龄人政策等，都体现着公共政策的伦理含量，其中弱势群体的生存状况和伦理关怀是标志性指标。本次调查中的题目设计为"您认为政府在制定政策和决策时充分考虑到伦理道德方面的要求了吗（如社会公平、利益均衡、关怀弱势群体，城市交通等公共资源配置，以及大多数人利益和感受）？"

调查结果显示，认为"有考虑，能够从日常生活中感受到"的占37.1%，认为"有考虑，能够从政策文件中体会到"的占23.7%，认为"只是口头上说说，没有实质性行动"的占28.1%，认为"没有考虑，政策制度都是从自己的政绩和富人的利益着想"的占10.4%。认为"有考虑，能够从日常生活中感受到"的和认为"有考虑，能够从政策文件中体会到"的总计占60.8%（如图8-11所示）。

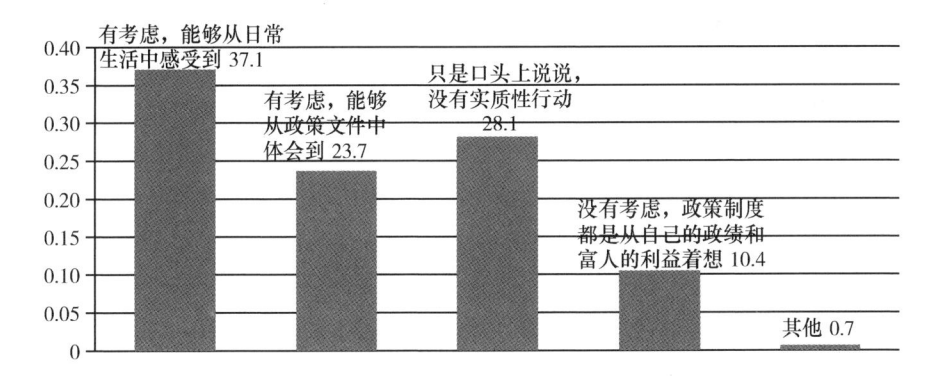

图8-11 关于"您认为政府在制定政策和决策时充分考虑到伦理道德方面的要求了吗（如社会公平、利益均衡、关怀弱势群体，城市交通等公共资源配置，以及大多数人利益和感受）"的调查结果（%）

---

① 唐土红：《基于行政伦理的政府公信力构建》，《理论探索》2016年第1期，第32—37页。

认为"有考虑,能够从日常生活中感受到"和认为"有考虑,能够从政策文件中体会到"两项的总和占比超过了六成,这表明各级政府在进行决策和制定公共政策时,对社会公平、利益均衡、关怀弱势群体等伦理问题有了比较广泛的重视,并且老百姓已经从日常生活和政策文件中得到了比较强烈的感受。同时,也必须看到认为"只是口头上说说,没有实质性行动""没有考虑,政策制度都是从自己的政绩和富人的利益着想"两个选项加起来的比重也接近四成,这说明政府决策和制定公共政策过程中的伦理考量还有进一步提升的空间。

(2) 资源配置与财富分配的伦理取向

不论是城市交通资源配置中人行道、自行车道、汽车道的比例,还是交通要道红绿灯对行人和机动车等待的不同时间,表达的都不仅是单纯的交通问题,隐藏在背后的其实是最高收入与最低收入群体之间的差距以及低收入群体的比例及其生存状况,特别是残疾人、留守儿童、孤寡老人等社会弱势群体的生存状况,反映了一个社会的收入分配和公平状况,是非常典型的伦理问题。

本次调查中的问题设计为"残疾人、留守儿童、孤寡老人等弱势群体需要来自全社会的关爱与帮助,您认为本地区做得怎么样?"通过社区提供的服务、周围人的尊重和关爱、社会服务机构提供专业化服务、政府实施的社会援助、公益与慈善事业、志愿者帮助六个方面来具体考察本地区对残疾人、留守儿童、孤寡老人等弱势群体的关爱,进而反映资源配置与财富分配的伦理取向。

调查数据显示,公众对各自所在社区为残疾人、留守儿童、孤寡老人等弱势群体提供的服务、周围人的尊重和关爱、社会服务机构提供专业化服务、政府实施的社会援助、公益与慈善事业、志愿者帮助等几方面的评价"很好"的比例在10.0%左右;评价"比较好"的比例都在半数以上,其中周围人的尊重和关爱、社区提供的服务两者的比例接近70.0%;评价"不太好"的比例在30.0%上下,其中社会服务机构提供专业化服务、政府实施的社会援助、公益与慈善事业三者的比例都在30%以上,周围人的尊重和关爱的这一比例不到20.0%;而评价"很差"的比例除公益与慈善事业(6.2%)、志愿者帮助(5.6%)外都在5.0%以内,社区提供的服务和周围人的尊重和关爱二者的比例都在2.0%以内

(如图 8-12 至图 8-17 所示)。

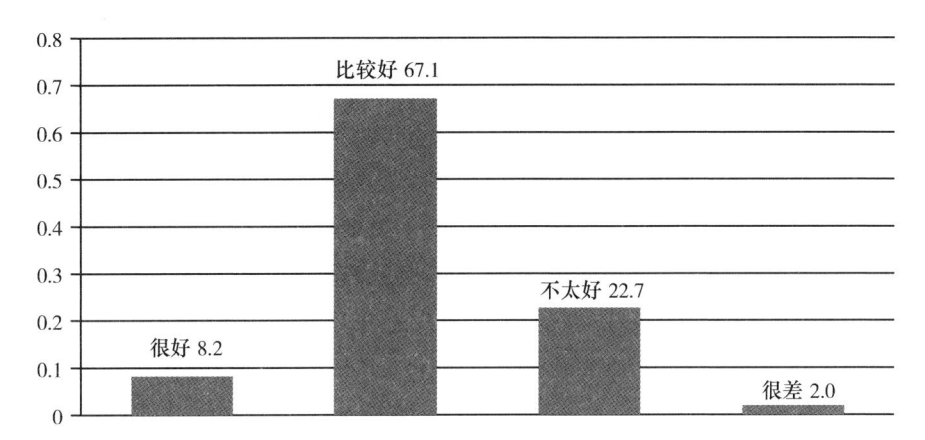

图 8-12　关于"您认为本地区社区提供的服务做得怎么样"的调查结果(%)
很好 8.2　比较好 67.1　不太好 22.7　很差 2.0

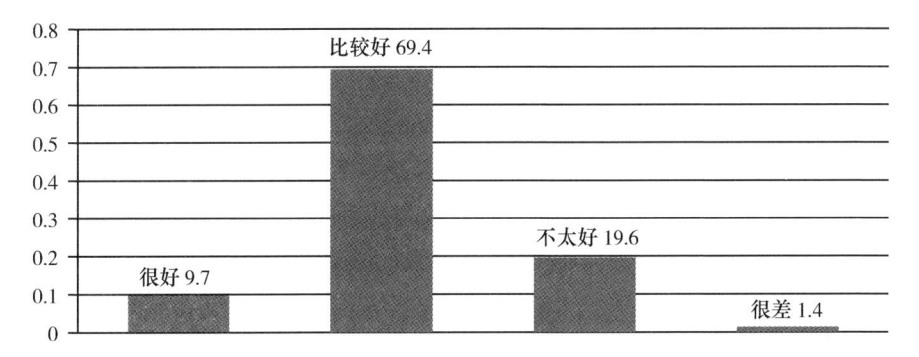

图 8-13　关于"您认为本地区周围人的尊重和关爱做得怎么样"的调查结果(%)
很好 9.7　比较好 69.4　不太好 19.6　很差 1.4

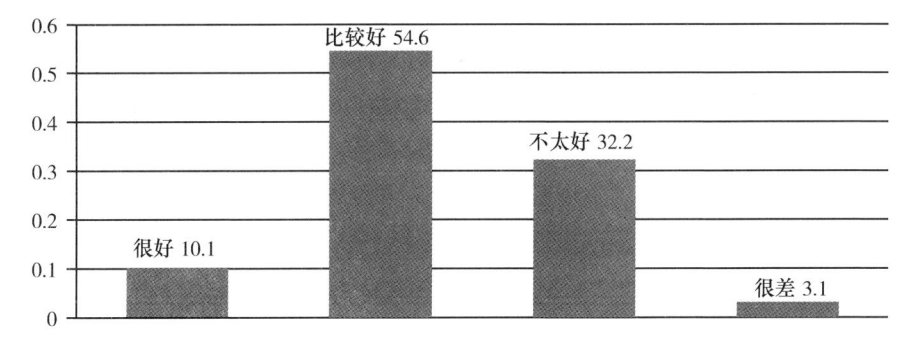

图 8-14　关于"您认为本地区社会服务机构提供专业化服务做得怎么样"的调查结果(%)
很好 10.1　比较好 54.6　不太好 32.2　很差 3.1

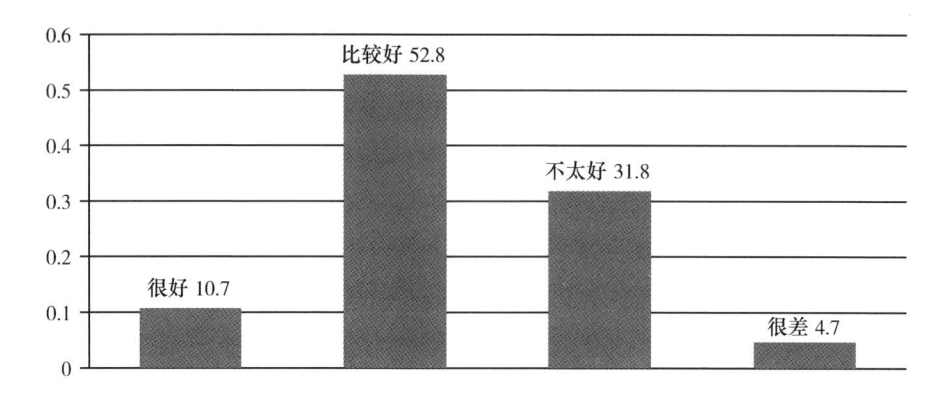

图 8-15 关于"您认为本地区政府实施的社会援助做得怎么样"的调查结果（%）

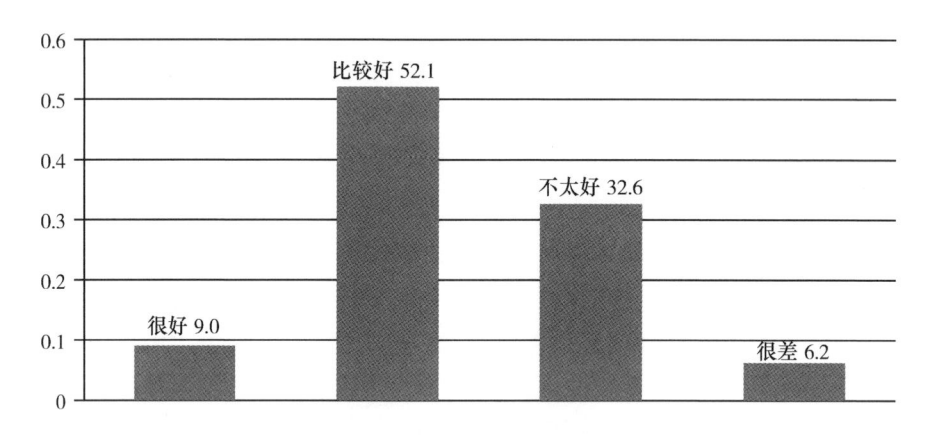

图 8-16 关于"您认为本地区公益与慈善事业做得怎么样"的调查结果（%）

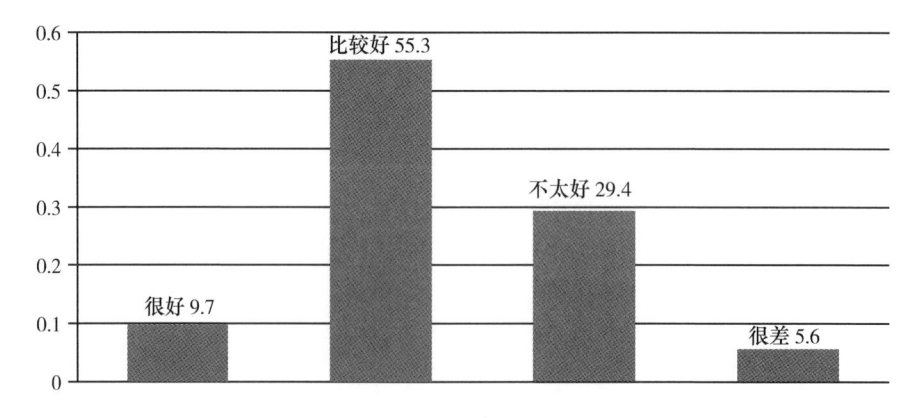

图 8-17 关于"您认为本地区志愿者帮助做得怎么样"的调查结果（%）

总体来看，民众对社区提供的服务、周围人的尊重和关爱、社会服务机构提供专业化服务、政府实施的社会援助、公益与慈善事业、志愿者帮助几个方面评价"很好"和"比较好"的总比例都在60.0%以上，其中对社区提供的服务、周围人的尊重和关爱两项的评价最高，分别达到了75.3%和79.1%。而且社区提供的服务、周围人的尊重和关爱两项的负面评价（"不太好"和"很差"）的比例在总共六项调查中也是最低的，都在25.0%以内。说明大家对本地区对残疾人、留守儿童、孤寡老人等弱势群体的关爱与帮助评价整体较好，特别是对社区提供的服务、周围人的尊重和关爱两项的整体评价较高。

(3) 发展的伦理合理性

发展的伦理合理性，其要义是突破单一的GDP标准，将环境保护、资源消耗、社会公平度、伦理安全度、公共政策中的伦理暗示和政府行为中的伦理示范、公民幸福感等要素作为评估元素，尤以公共政策中的伦理暗示、政府行为中的伦理示范、社会公众的伦理感受等具典型意义。公共政策中的伦理暗示、政府行为中的伦理示范是从政府层面的界定，社会公众的伦理感受则是从公众层面的界定。不管是政府角度还是公众角度，最终都落脚于公众的主观感受。

本次调查对于发展的伦理合理性设计了两个问题：一是"现在有的地方建了'好人馆''好人广场''好人公园'，您认为有必要为好人树碑立传吗？"二是"您觉得政府推动或倡导的下列活动，效果如何？"这两个问题正好对应于公众和政府两个角度，但都以公众的主观感受作为评价标准。

对于"现在有的地方建了'好人馆''好人广场''好人公园'，您认为有必要为好人树碑立传吗"这一问题的调查结果显示，选择"很有必要，可以让更多的人知道他们、学习他们"评价的占67.8%；选择"可有可无"评价的占15.9%；选择"没有必要"评价的占16.3%（如图8-18所示）。

有近七成的被调查民众认为有必要通过"好人馆""好人广场""好人公园"等形式为好人树碑立传，这说明好人的伦理示范作用得到了大家比较高的认同。当然，"可有可无"和"没有必要"的总评价也超过了三成，这说明好人伦理示范作用的发挥还有进步空间。

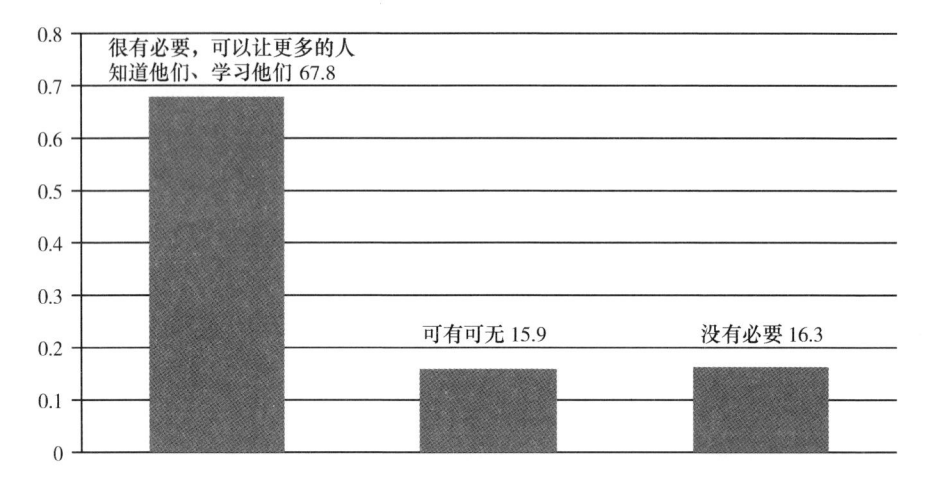

图 8-18　关于"您认为有必要为好人树碑立传吗"的调查结果（%）

而"您觉得政府推动或倡导的下列活动，效果如何"这一问题的设计旨在了解大家对政府在文明城市创建、学雷锋活动、典型人物的宣传（感动中国、中国好人、道德楷模等）、志愿服务的倡导和推广、反腐倡廉的举措、《公民道德建设实施纲要》的推进等方面效果的评价。

公众对政府在推动文明城市创建、学雷锋活动、典型人物的宣传（感动中国、中国好人、道德楷模等）、志愿服务的倡导和推广、反腐倡廉的举措、《公民道德建设实施纲要》的推进等方面的评价分为"效果很好""效果较好""效果较差""完全没有效果"四个层级。

调查数据显示，除学雷锋活动外，10.0%以上的公众认为政府在推动文明城市创建、典型人物的宣传（感动中国、中国好人、道德楷模等）、志愿服务的倡导和推广、反腐倡廉的举措、《公民道德建设实施纲要》的推进等方面"效果很好"；"效果较好"的评价比率都维持在60.0%左右；"效果较差"的评价比率在22%和25%之间；"完全没效果"的评价比率全部处于5%以内，而且除了反腐倡廉的举措、《公民道德建设实施纲要》的推进两方面以外，其余四者的比率全部在3%以内（如图8-19至图8-24所示）。

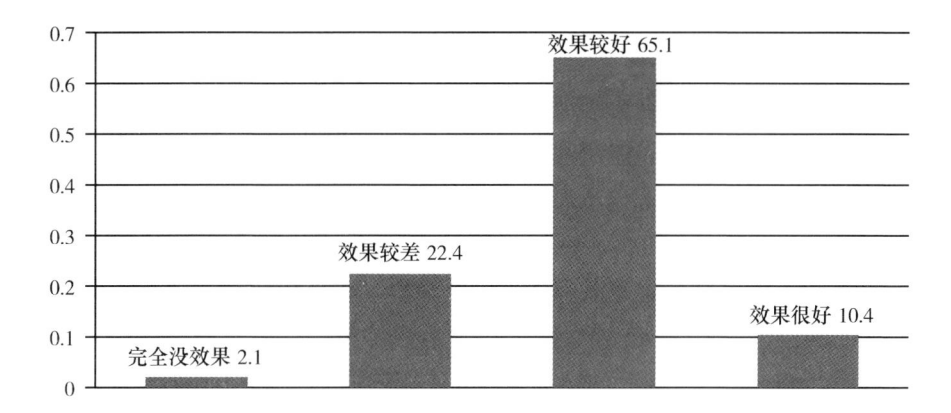

图 8-19 关于"政府推动或倡导的文明城市创建效果如何"的调查结果（%）

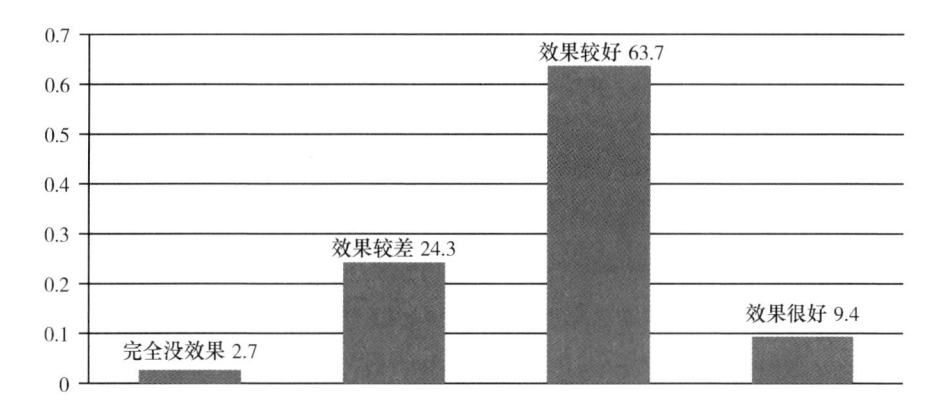

图 8-20 关于"政府推动或倡导的学雷锋活动效果如何"的调查结果（%）

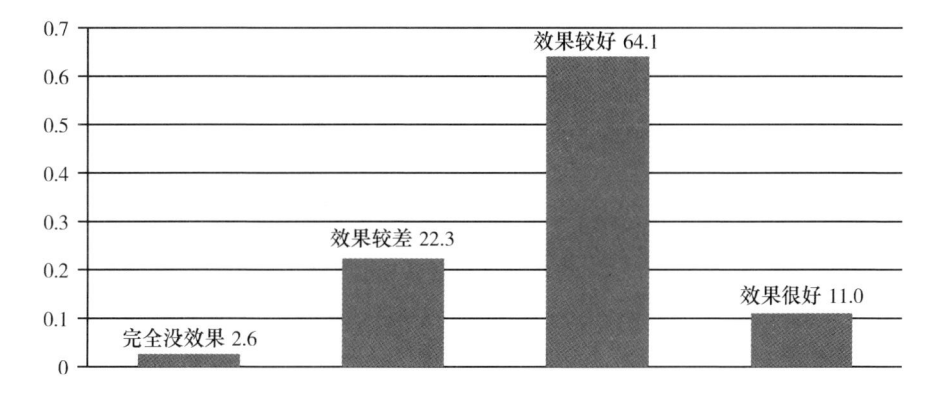

图 8-21 关于"政府推动或倡导的典型人物的宣传效果如何"的调查结果（%）

下 伦理魅力度与道德美好度

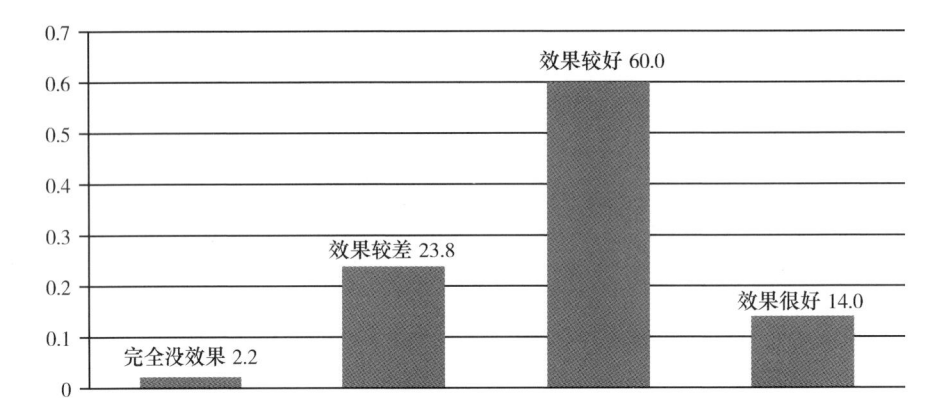

图 8-22 关于"政府推动或倡导的志愿服务的推广效果如何"的调查结果（%）

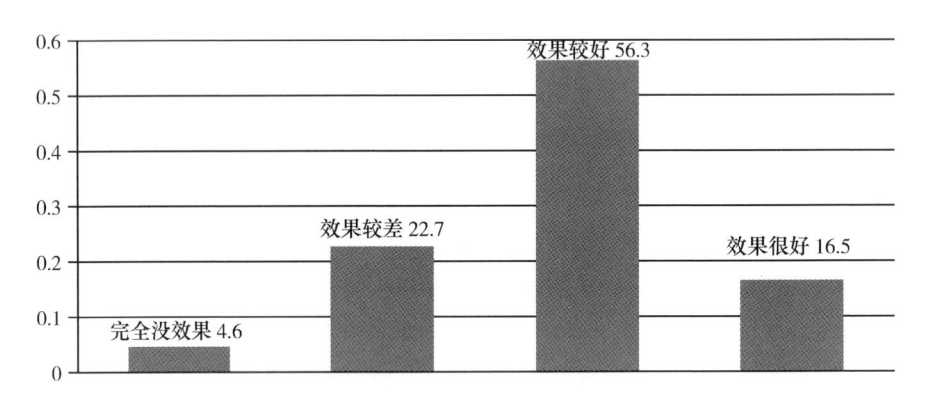

图 8-23 关于"政府推动或倡导的反腐倡廉的举措效果如何"的调查结果（%）

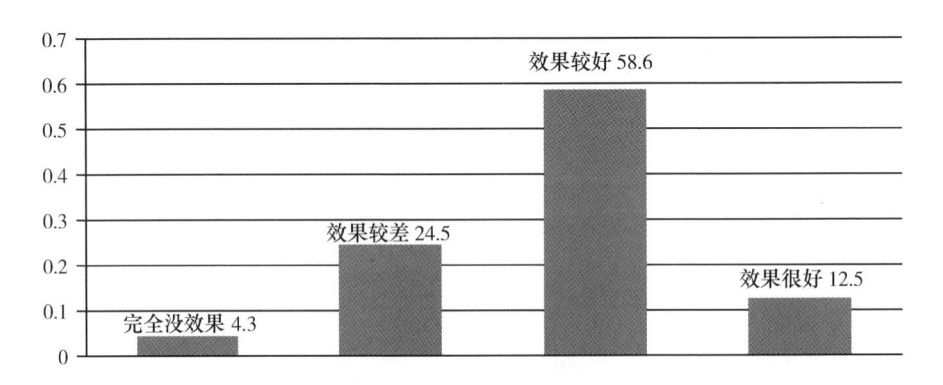

图 8-24 关于"政府推动或倡导的《公民道德建设实施纲要》的推进效果如何"的调查结果（%）

总体来看，对政府在推动文明城市创建、学雷锋活动、典型人物的宣传（感动中国、中国好人、道德楷模等）、志愿服务的倡导和推广、反腐倡廉的举措、《公民道德建设实施纲要》的推进等方面的评价中，正面评价（"效果很好"和"效果较好"）全部在七成以上，负面评价（"效果较差"和"完全没效果"）则全部在三成以内。这说明政府在推动文明城市创建、学雷锋活动、典型人物的宣传（感动中国、中国好人、道德楷模等）、志愿服务的倡导和推广、反腐倡廉的举措、《公民道德建设实施纲要》的推进方面所取得的成绩得到了大家的广泛认可，取得了比较显著的成效。

3. 政府伦理形象

政府作为一个伦理实体，其"整个个体"的伦理形象主要包含作为"整体"的政府和作为"个体"的政府官员两个部分。所以，政府伦理形象既包括政府作为行政集体的伦理形象，也包括作为政府组成人员的官员个体的道德形象。而且，这两方面的形象都应该可以通过公众的感受和评价来获得和衡量。政府伦理形象由公民对政府及其官员的认同度、美誉度、信赖度等要素构成，具体来说，主要包括政府官员形象和政府信任两个方面。

（1）政府官员形象

官员作为政府的领导者和工作人员，是政府形象的直接体现者，其一言一行无不代表着政府的形象，影响政府公信力。所以，官员形象不仅仅是官员的个人行为，也影响着公众对政府的认同。官员形象是民众对政府的期待和实际感受综合形成的整体印象，可以非常直观地反映公众对政府官员的评价。

本次调查将问题设计为"在生活中或媒体上，当看到政府官员时，大多数情况下您首先想到的是？"通过考察公众对这一问题的回答来直观衡量官员在公众心目中的形象。从调查数据来看，有22.2%的民众认为政府官员是"官僚，根本不了解我们的情况"；有20.1%的民众认为政府官员是"有权有势的人"；有19.3%的民众认为政府官员是"公仆，为老百姓谋福利"；有14.3%的民众认为政府官员是"有本事的人"；有9.5%的民众认为政府官员是"领导，决定我们命运的人"；认为政府官员是"贪官""惹不起但躲得起的人""遇到大事可以信任的人"的比例分别占 5.7%、3.1%、2.9%（如图 8-25 所示）。

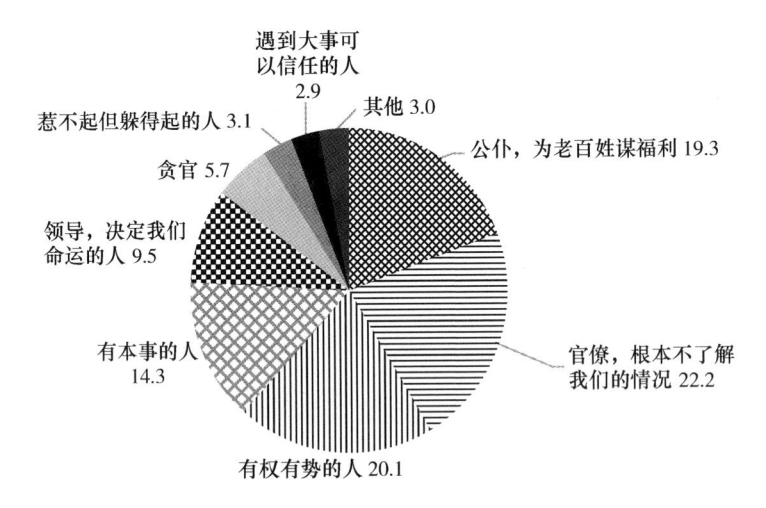

图 8-25 关于"在生活中或媒体上，当看到政府官员时，大多数情况下您首先想到的是"的调查结果（%）

调查结果表明，诸如"公仆，为老百姓谋福利""遇到大事可以信任的人"等反映民众对政府官员的正面评价只占两成左右；而诸如"官僚，根本不了解我们的情况""贪官""惹不起但躲得起的人""领导，决定我们命运的人""有权有势的人"等相对负面评价则达到了六成。这说明当前我国政府官员离为人民服务的"公仆"形象还有一定的差距。

（2）政府信任状况

政府信任是公民对政府、政治体制以及政府人员等的态度评价或信念、信心，这种评价是基于公民对政府或政治体制的预期或期待而产生的。[1] 从本质上说，政府信任是民众的一种态度，是民众对政府的一种主观感知与判断，是民众在与政府互动过程中形成的一种对政府组织能否承担公共责任、实现公共利益与目标的主观感知和判断，这种主观感知

---

[1] 高学德、翟学伟：《政府信任的城乡比较》，《社会学研究》2013 年第 2 期，第 1—27 页。

和判断影响民众对政府的情绪和行为反应。[①] 在现代社会，政府信任是民主运转的基本动力，也是建构政府合法性的基础。[②] 所以，政府信任是衡量政府伦理形象的关键性指标。

综合来看，政府信任主要有两种测量方式：一是直接测量，通过直接询问受访者是否信任政府来测量，对政府信任度作出直接评价，体现了受访者对政府信任相对直接稳定的心理反应；二是间接测量，通过询问受访者对政府行为、政策、信息等方面的满意度或信心如何，间接反映受访者对政府的信任程度。[③]

为得出更加客观的政府信任评价，本次调查采用直接测量和间接测量相结合的方法，通过以下三个问题来衡量公众对政府的信任：一是"与前几年相比，您对政府官员的信任度有什么变化？"二是"如果遭遇重大公共事件，如流行病、企业爆炸、暴力事件、自然灾害、惩治贪腐等，您相信政府公布的信息和采取的措施吗？"三是"您到政府部门办事，首先选择的方法是？"其中，第一个问题属于直接测量的范畴，第二和第三个问题属于间接测量的范畴。

从调查结果来看，对于"与前几年相比，您对政府官员的信任度有什么变化"这一问题的回答，有38.8%的被调查者对政府官员的"信任度提高了"；有47.4%的被调查者对政府官员的信任度"没什么变化"；而有13.6%的被调查者对政府官员"更加不信任"了（如图8-26所示）。

从"如果遭遇重大公共事件，如流行病、企业爆炸、暴力事件、自然灾害、惩治贪腐等，您相信政府公布的信息和采取的措施吗？"的调查结果来看，持"相信，大都是可靠的，比网络流传的可靠"的被调查者占62.6%；持"不相信，都是安抚百姓的策略措施"的被调查者占16.4%；持"将信将疑，走一步看一步"的被调查者占21%（如图8-27所示）。

[①] 刘建平、周云：《政府信任的概念、影响因素、变化机制与作用》，《广东社会科学》2017年第6期，第83—89页。

[②] 唐土红：《从行政伦理到政府信任——基于自由裁量权与行政冲突的探讨》，《宁夏社会科学》2017年第6期，第36—40页。

[③] 朱春奎、毛万磊：《政府信任的概念测量、影响因素与提升策略》，《厦门大学学报》（哲学社会科学版）2017年第3期，第89—98页。

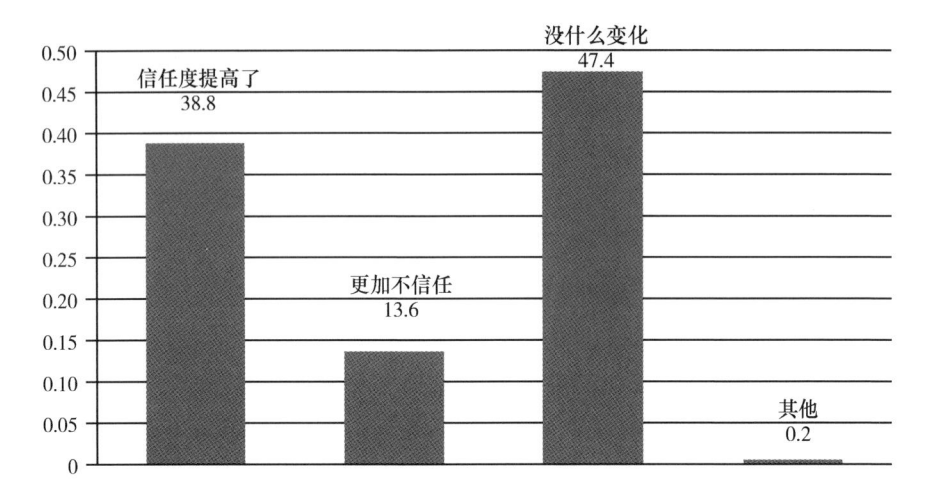

752 下 伦理魅力度与道德美好度

图 8-26 关于"与前几年相比,您对政府官员的信任度有什么变化"的调查结果(%)

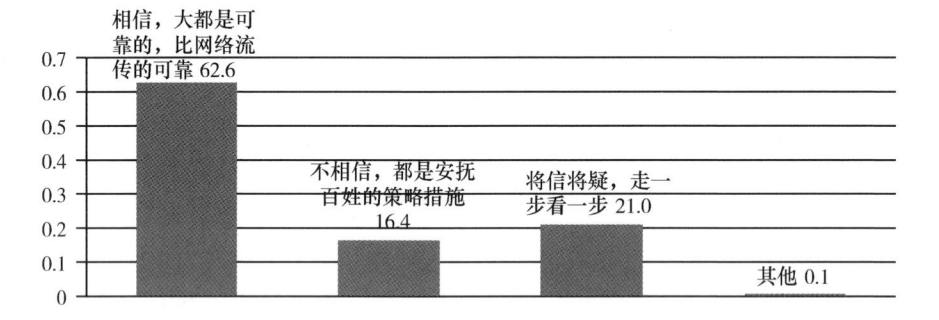

图 8-27 关于"如果遭遇重大公共事件,如流行病、企业爆炸、暴力事件、自然灾害、惩治贪腐等,您相信政府公布的信息和采取的措施吗"的调查结果(%)

调查结果显示,对于"您到政府部门办事,首先选择的方法是"这一问题,有 58.2% 的被调查者选择"直接找相关职能部门办理";有 21.2% 被调查者选择"找政府中的熟人办理";有 18.5% 的被调查者选择"找亲朋好友帮忙办理";有 1.7% 的被调查者选择"送红包"(如图 8-28 所示)。

总体来看,在对表征政府信任水平的三个问题的回答中,呈现出两种不同的状态:一方面超过六成的被调查者在遭遇重大公共事件时会相信政府公布的信息和采取的措施,接近六成的被调查者去政府部门办事

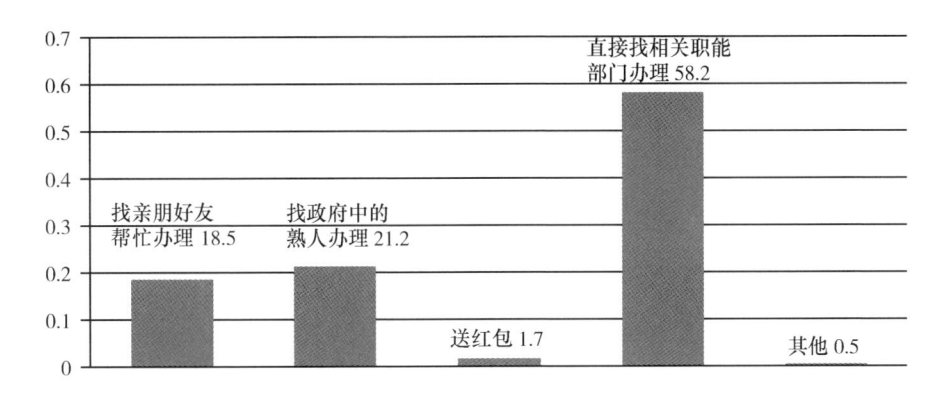

图 8-28 关于"您到政府部门办事,首先选择的方法是"的调查结果(%)

时会首先选择直接找相关部门办理。这表明,民众在遇到事情时,对政府还是比较信任的。另一方面,与前几年相比,只有不到四成的被调查者对政府官员的信任度提高了,超过六成的被调查者对政府官员的信任度"没什么变化"或者"更加不信任"。这说明,政府信任的整体水平仍然面临着比较严峻的形势,还有很大的提升空间。

(三)当前我国政府伦理存在的问题

从上述分析中,可以发现目前我国政府伦理发展在官员道德、行政伦理、政府伦理形象等方面都取得了较好的成绩,但同时也存在着一些非常值得关注的现实问题,需要我们认真加以对待。

1. 官员道德依然面临着巨大的难题

我国改革开放 40 年来,经济社会发展取得了巨大成就,但是民众对官员道德一直保持比较稳定的评价,认为政府官员在伦理道德上总是位于不被满意的群体之首[1],"官员道德是当今中国最大和最重要的道德难

---

[1] 樊浩:《当今中国伦理道德发展的精神哲学规律》,《中国社会科学》2015 年第 12 期,第 33—50 页。

题"①。本次调查结果显示，只有四成被调查者认为身边的党员干部道德状况"总体还不错"，与此相对应的是，有近六成被调查者认为身边党员干部的道德状况"和普通群众没有太大差别"或者"普遍比较差"。官员道德难题依然存在，并且"贪污腐败""以权谋私"牢牢占据着当前我国政府官员道德问题严重问题的前两位。

近年来，党和政府虽然在惩治腐败方面采取了果决而严厉的措施，但毋庸讳言，由于信任和信心危机的存在，政府官员仍处于伦理合法性与道德合法性的危机之中，政府官员高居伦理道德方面不被信任的群体之首，就是危机和冲突的表现。

官员腐败之所以是一个群体与其他所有群体之间的伦理冲突，是因为这一问题已经从少数人的腐败泛化为全社会对这一群体的伦理态度与道德判断。其更为深刻的哲学根据是，由于政府官员是国家权力的掌握和支配者，因而官员腐败本质上不是对一个人或少数人的侵害，而是对国家权力的所有者即一切社会成员的侵害。

官员腐败之所以成为诸社会群体伦理冲突与道德分歧的焦点，是因为它既是伦理冲突的表现，又是伦理冲突的重要根源。官员腐败无疑会演发和激化社会矛盾，导致伦理冲突；而由部分人的腐败所导致的全社会对整个干部乃至公务员群体失去伦理信任和道德信心，又是诸群体间伦理冲突的表现。②

2. 政府官员懒政情况比较严重

随着改革开放的深入发展，中央一直坚持开展党风廉政建设和反腐败斗争，确保党员干部队伍的清正廉洁成为党的建设的重要方面。特别是党的十八大以来，以习近平同志为总书记的党中央对党员干部清正廉洁提出了进一步要求。习近平总书记多次指出："共产党的干部就是要严于律己，廉洁奉公，一身正气，两袖清风，清清白白做'官'，堂堂正正做人，坚持高尚的精神追求，永葆共产党人的浩然正气。"他反复强调，

---

① 樊浩：《伦理道德，如何才是发展》，《道德与文明》2017年第4期，第5—22页。
② 樊浩：《当前我国诸社会群体伦理道德的价值共识与文化冲突——中国伦理和谐状况报告》，载《哲学研究》2010年第1期，第3—12页。

"清正廉洁"和"信念坚定、为民服务、勤政务实、敢于担当"一样，也是"好干部"的重要标准之一。在实践中，党中央坚持不懈地开展反腐败斗争，政府廉政建设成效显著。

总体来讲，广大官员想干事、能干事、会干事，能够做到勤政廉政。但也的确存在"只当官、不干事""不作为、懒作为、乱作为"等不良现象。在本次调查中，只有不足四分之一的被调查者认为官员"努力作为，成绩显著"，而近一半被调查者认为官员"努力作为，成绩一般"，更有近30.0%的被调查者认为官员"行政不作为"和"行政乱作为"。这些政府官员虽然不是传统意义上的贪官，但他们是懒官、庸官。

一般而言，懒政的原因可以分为两类：一是官员自身懈怠，二是缺乏外界约束。在国家、社会、公众多元主体间沟通互动的治理结构和市场经济体制的发展过程中，少数政府官员选择懒政，与选拔录用制度、绩效管理与评估制度、奖惩和责任追究制度不健全、不科学有关；更与他们勤政务实、干事创业的主观动力不足和治国理政的正确观念尚未树立有关。[①] 由于政府官员在公共事务活动中时常面临权力冲突、角色冲突、利益冲突和责任冲突，一些官员会倾向于选择性地开展工作，只做对自己有意义、有价值的工作，而对自认为没有意义、没有价值的工作则选择不做或消极怠工。[②]

3. 政府信任水平有待提高

政府信任涉及的是公众与政府之间的互动关系，是民主运转的基本动力，也是建构政府合法性的基础。[③] 但是，我国民众对地方政府信任度一直以来不尽如人意。调查结果显示，与前几年相比，只有不到四成的被调查者对政府官员的信任度提高了，超过六成的被调查者对政府官员的信任度"没什么变化"或者"更加不信任"。这说明，政府信任的整体水平还面临着比较严峻的形势，还有很大的提升空间。

---

① 蔡立辉：《从揽政到懒政的政治学分析》，《学术研究》2017年第5期，第41—48页。
② 杨雨莲、张国清：《庸官懒政的博弈分析》，《浙江大学学报》（人文社会科学版）2017年第2期，第138—147页。
③ 唐土红：《从行政伦理到政府信任——基于自由裁量权与行政冲突的探讨》，《宁夏社会科学》2017年第6期，第36—40页。

政府信任水平反映的是政府与民众之间的关系。在民众与政府的关系中，政府是民众的代理人，政府只是接受民众的委托来具体负责社会事务的管理和协调工作。政府通过各级代理人与民众接触，为民众服务。民众对政府公共政策和公共服务的期望，以及对政府整体角色和运作的认知是导致政府信任产生的两个直接因素。①

按照这个逻辑，政府信任水平下降的原因主要包括四类：一是政府部门及其工作人员存在不正当行为，如行政不作为、行政违法、行政腐败等；二是公共政策在制定和执行中偏离公众伦理价值取向，如政策的公平性、正当性不足②；三是政府运作绩效与公众期待不对等，如政府绩效、公共服务质量偏低等；四是政府公共事务信息存在"黑匣子"，如政务过程缺乏透明度、政务信息公开不足，甚至存在隐瞒等现象，引发公众猜忌，致使其不信任政府。③

（四）改善我国政府伦理状况的对策建议

发现问题不是最终目的，在正视问题的基础上，想办法解决问题才更为必要和迫切。结合本次调查结果，针对当前我国政府伦理发展过程中所存在的官员道德难题、政府官员懒政、政府信任等方面的问题，我们提出以下一些建议。

1. 加强政府伦理规范教育

美国行政伦理学家库珀指出："必须对公共行政者施加充足的外部控制；还要有充足的内部控制来实现更多的社群类结构、理想主义、利他主义以及创新精神。这一平衡对于追求公共行政人员的负责任行为来说

---

① 李砚忠：《论政府信任的产生与效果及其模型构建》，《学术探索》2007年第1期，第11—15页。
② 李智超、孙中伟、方震平：《政策公平、社会网络与灾后基层政府信任度研究：基于汶川灾区三年期追踪调查数据的分析》，《公共管理学报》2015年第4期，第47—57页。
③ 汤志伟、钟宗炬：《基于知识图谱的国内外政府信任研究对比分析》，《情报杂志》2017年第2期，第201—206页。

是必不可少的。"①

按照库珀的逻辑,官员道德难题、政府官员懒政等政府伦理问题的出现和解决有内部控制和外部控制两个路径。公共行政的"内部控制"派认为,再严密完整的外部控制,如果不能够得到官员自己内心的认同,也是形同虚设。内部控制会导致官员的"行政伦理发现",从而意识到自己必须为自己的行为承担责任,在解决政府伦理问题方面具有根本性作用。②

而政府伦理规范无疑是塑造政府官员"内部控制"能力的核心要义。特别是我国目前正处于经济社会的急速转型过程中,政府伦理规范可以唤醒官员的良心,从而抵御形色各样的诱惑,形成共同的伦理信念和良好的道德规范,优化政府官员形象,提高官员服务意识,增进民众对政府的信任,在整个社会形成共同的价值观念与精神追求,为政府公信力的构筑营造良好的"软环境"。

因此,我们在政府伦理建设过程中,必须加强各级政府官员的伦理规范教育。人的道德并非天生就有,而是需要后天培养的。因此,在具体建设中,就有必要对政府官员进行伦理道德品质培训和教育;作为行政人员的政府官员自身也要加强学习,这既包括伦理道德方面的学习,也包括一般知识文化的学习,知识的学习能够陶冶行政人员的伦理情感,从而巩固其遵循行政伦理规范的信念。③

2. 健全政府伦理规章制度

近年来,我国在国家治理方面取得了不少成就,积累了诸多经验,与政府官员相关的各种规章制度和伦理规范建设取得了显著成效,各类权力监督与制约机制也相继建立并逐步完善。但与时代发展的要求相比,政府伦理规章制度仍显得比较滞后,不仅体系不完整,而且常常政出多

---

① [美]库珀:《行政伦理学:实现行政责任的途径》,张秀琴译,中国人民大学出版社2010年版,第160页。

② 杨凤春:《行政伦理与中国的反腐倡廉——基于内外部控制的行政伦理视角》,《江苏行政学院学报》2014年第1期,第82—88页。

③ 秦学京、秦学燕:《行政伦理建设的路径探索》,《人民论坛》2016年第17期,第56—58页。

门，缺乏统一性、连续性和稳定性，导致政府与公民沟通不畅，政府官员的积极性无法得到充分发挥，引发了诸多政府伦理问题。

为此，有必要将部分政府伦理规范上升到国家意志高度，制定专门的政府伦理法典，使政府官员行政伦理行为具有法律依据。政府伦理立法就是将政府伦理的原则以及道德要求以法律的形式进行规范，使之具备强制性。

政府官员是公共权力的行使者，他们自身可能存在追逐利益的驱动性，一旦他们利用公权力谋私，所产生的影响将极为恶劣，因此必须有外在力量去约束和监督行政人员。在发挥政府官员道德自律确保权力正确行使的同时，通过法律法规发挥"外部控制"的"硬性"约束、监督和救济作用。

因而，在现代国家的法制建设中，越来越多的国家和地区将政府伦理规范纳入法律体系之中，并形成了政府伦理规范专门法。政府伦理立法也是我国政府伦理建设不可忽视的方面，是提升我国政府公信力的一大举措。政府伦理法规体系应至少包含三个方面的内容。

一是制定政府伦理法。清楚界定政府官员选拔录用制度、绩效管理与评估制度、晋升制度、奖惩制度和公共责任追究制度等方面的伦理要求和伦理规范。

二是明确政府官员的服务伦理，服务不仅是现代政府的基本职能，也是政府官员的伦理本务和道德要求，在服务中体现官员的政治品质和政治境界，包括官员的服务意识、服务能力、服务水平等方面的伦理内容。

三是制定专门的廉政勤政法或反腐败法。将2015年10月中共中央印发的《中国共产党廉洁自律准则》上升为国家意志，用以规范政府官员廉政行为，同时考虑加入对政府官员懒政等的相关规定，在一定程度上防止公务员以权谋私，减少公务员工作的不作为和乱作为。

3. 建立政府伦理科学评估机制

政府伦理评估是构建行政伦理、提升政府公信力的"突破口"和"利器"，具有重要的理论意义和实践价值。但政府伦理评估本身也是具有很大难度的。借鉴政府绩效评估思路，我们不妨把政府伦理评估看成是在政策执行与反馈中，让公众参与其中，使政府与公众在协调、管理和信息互动中处于良性合作状态,以此塑造政府良好道德形象的过程。

在这个意义上讲,政府伦理评估必定是公众对政府伦理行为的民意评估,是关于政府伦理状况和政府信任度的满意度评估,所以深受各国、各地政府的重视。英国、美国、新西兰、韩国、日本等很多国家都将政府伦理评估作为推动政府改革、强化行政伦理、获取民众对政府信任的重要举措。有的国家还引入道德赏罚机制,设立了政府伦理咨询评议机构,把政府伦理状况纳入政府绩效评估中,作为公职人员任免、升降的重要依据,赏善罚恶,形成良好的行政伦理导向,为政府公信力的构筑奠定民众基础。[①]

在当代中国,实行政府伦理评估虽然有难度,但又很必要很紧迫,通过行政活动伦理评估夯实政府的信任基础需要注意以下几点:

一是厘清政府伦理评价主体机制。不论是政府伦理构建还是政府公信力的提升,说到底涉及的都是如何处理好政府与民众之间的关系,赢得民众的支持,所以民众无疑是最有发言权的评价主体。

二是完善政府伦理评价内容机制。行政人员的行政活动与社会对其行为的评价有着密切关系。政府伦理评估要避免两种倾向,即用经济评价取代伦理评价和用心理评价取代伦理评价。前者是将利润最大化错位于伦理评价所致,后者是把情感掺杂于伦理评价所致。

三是建立政府伦理的"第三方评估制度"。减少政府及其相关部门的自体评估,建立覆盖广泛的"第三方评估",最大限度地增强政府伦理评估的客观性和科学性。

(靳 力)

[①] 唐土红:《基于行政伦理的政府公信力构建》,《理论探索》2016年第1期,第32—37页。

二十九　官员伦理信任和政府道德建设评价的群体差异

政府本身既是道德建设主体，也是伦理关系和道德活动主体，它本身展示的道德形象和践行的伦理原则，相比于它的道德教育、宣传和建设举措更能影响社会道德的发展。本次中国诸社会群体伦理道德发展调查在政府作为道德行为主体方面，并未涉及政府的各项制度和政策的伦理意涵与评价，但涉及政府官员的道德问题。政府官员的道德是民众感知政府道德伦理状况的重要渠道，是传统意义上道德的象征和载体。在政府作为道德建设主体方面，应着重研究政府所提倡的社会主义道德在社会群体当中的感知程度，政府所推广的一系列道德建设活动的普及程度和效果，以及民众对于主流媒体的信任程度，这些共同反映了政府在当下社会道德建设当中的角色与功能。

近年来，随着经济建设的推进和大众媒体时代的到来，我国官员的道德问题也随之凸显出来，突出表现为大量政府官员道德事件的舆论爆发，以及民众对政府官员的道德评价日渐降低，进而引发对政府官员群体的信任危机。许多学者认为，这反映了一种弥漫在社会大多数成员当中的社会态度、社会情绪和评价，并对政府信任的现状表示担忧。有学者甚至得出转型期的社会信任关系衰落的结论。目前学术界对于政府道德状况的研究大都关注农村地区以及群体性事件和媒体舆情，缺乏大规模的对广大民众的直接调查。

那么，中国社会中最广泛的民众对于政府伦理道德的评价是怎样的？具体来说，他们对政府官员的道德状况评价如何？对政府的道德建设评价如何？以及它们与民众自身的社会经济状况、文化程度、媒体使用习惯之间存在什么关系？本章我们将讨论这些问题。

（一）民众对政府官员群体的道德评价

对政府官员群体道德状况的评价我们总共设立了三个问题：第一，您的思想行为受什么人的影响最大？第二，您对政府官员群体的伦理道德状况的满意度如何？第三，您觉得当前我国政府官员道德问题最严重的是？

表 8-1　"您的思想行为受什么人影响最大"问题的加权统计

	第一重要		第二重要		第三重要		总分（分）	N = 5665
	频数	加权得分（分）	频数	加权得分（分）	频数	加权得分（分）		平均得分（分）
父母	3755	11265	807	1614	375	375	13254	2.34
教师	598	1794	2211	4422	839	839	7055	1.25
农民	167	501	723	1446	749	749	2696	0.48
政府官员	454	1362	276	552	634	634	2548	0.45
先哲先贤	174	522	450	900	699	699	2121	0.37
知识精英	136	408	307	614	827	827	1849	0.33
工人	66	198	230	460	500	500	1158	0.2
企业家	125	375	231	462	252	252	1089	0.19
自由职业者	36	108	90	180	226	226	514	0.09
演艺明星、体育明星	38	114	71	142	138	138	394	0.07

由表 8-1 可知，父母是影响个人思想行为最大的群体，影响力因子达到 2.34；其次是教师，影响力因子为 1.25，然后是农民（0.48）和政府官员（0.45）。这说明除了家庭和学校这样的传统伦理道德策源地，农民和政府官员已经成为伦理道德场域中影响较大的群体，超过了知识精英、工人、企业家和演艺明星、体育明星。

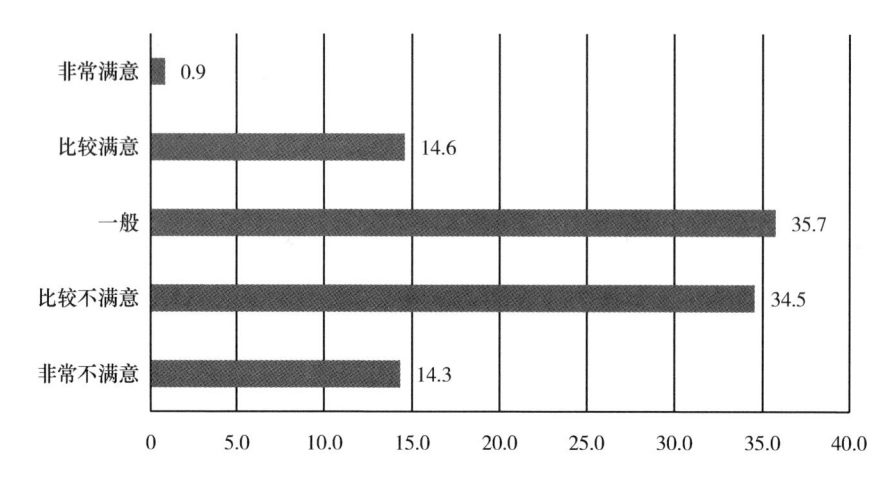

762　下　伦理魅力度与道德美好度

图 8-29　关于"对政府官员群体的伦理道德状况"的满意度统计（%）

- 非常满意　0.9
- 比较满意　14.6
- 一般　35.7
- 比较不满意　34.5
- 非常不满意　14.3

从图 8-29 的数据来看，当前我国民众对政府官员群体的伦理道德状况满意度比较低。选择"非常不满意"的有 14.3%，选择"比较不满意"的有 34.5%，总共 48.8%；而选择"非常满意"的有 0.9%，选择"比较满意"的有 14.6%，合计只有 15.5%，不足两成。因此我们可以发现，将近半数的民众对于政府官员群体的伦理道德状况持负面评价。

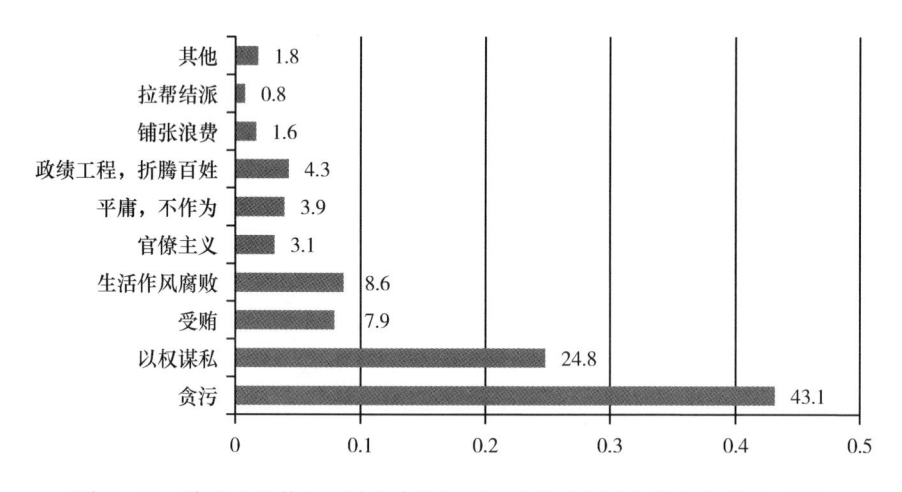

图 8-30　关于"当前我国政府官员最严重的道德问题"的调查统计（%）

- 其他　1.8
- 拉帮结派　0.8
- 铺张浪费　1.6
- 政绩工程，折腾百姓　4.3
- 平庸，不作为　3.9
- 官僚主义　3.1
- 生活作风腐败　8.6
- 受贿　7.9
- 以权谋私　24.8
- 贪污　43.1

从图 8-30 可以得知，民众认为当前我国官员道德问题最严重的是"贪污"，占 43.1%，其次是"以权谋私"，占 24.8%，这两个问题是回答人数最多的。其余还有"受贿"(7.9%)、"生活作风腐败"(8.6%)、"政绩工程,折腾百姓"(4.3%)、"平庸,不作为"(3.9%)等,均在10.0%以下。可以得知,民众将"贪污"和"以权谋私"这两点看作政府官员最严重的道德问题。

1. 人口统计变量与政府官员群体伦理道德状况评价的关系

人口统计变量包括性别、年龄、受教育程度、宗教信仰、户口、政治面貌、职业、收入,我们首先考察这些因素与政府官员群体伦理道德状况评价的关系。将政府官员群体伦理道德状况满意度分别与以上变量进行列联表检验,所得到的 Pearson Chi-square 值分别为 0.02、0.00、0.00、0.951、0.00、0.039、0.00、0.00,除宗教以外均通过了显著性检验。以下我们分别细看这些人口统计变量在政府官员群体伦理道德状况满意度上存在何种差异。

由图 8-31 可知,男性对政府官员群体的伦理道德状况的满意度比女性低。男性选择"不满意"的占 50.2%,女性占 47.5%。而选择"满意"的男性占 15.3%,女性占 15.5%,基本相同。

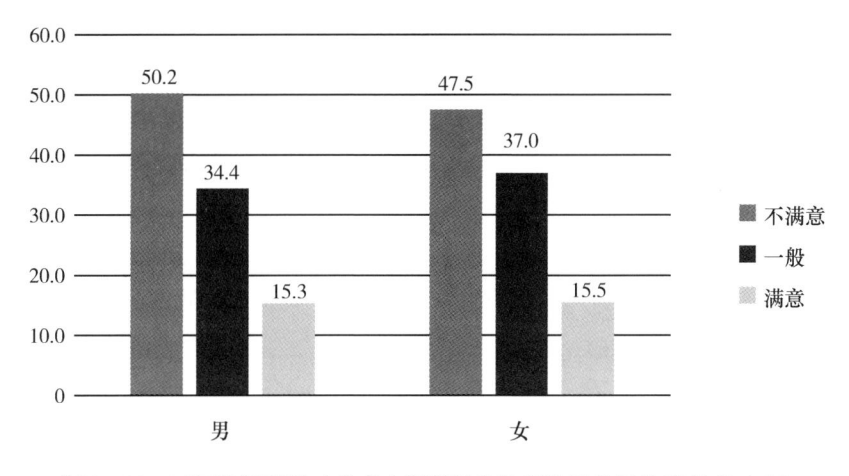

图 8-31 不同性别组群对政府官员群体的伦理道德状况的满意度(%)

由图 8-32 可知,对政府官员群体的伦理道德状况的满意度和年龄之间存在正相关,年龄越大满意度越高。40 岁以下的群体对政府官员的不满意程度均为 50.0% 左右,其中 30—39 岁对政府官员不满意的程度最高，达到52.8%，其次是30岁以下和40—49岁的群体，分别为51.0%和49.6%。相反，60岁及以上的群体对政府官员伦理道德状况表示满意的比率最高，为21.0%，选择满意的人数随年龄降低而递减，30岁以下和30—39岁的比率分别为9.9%和9.5%。

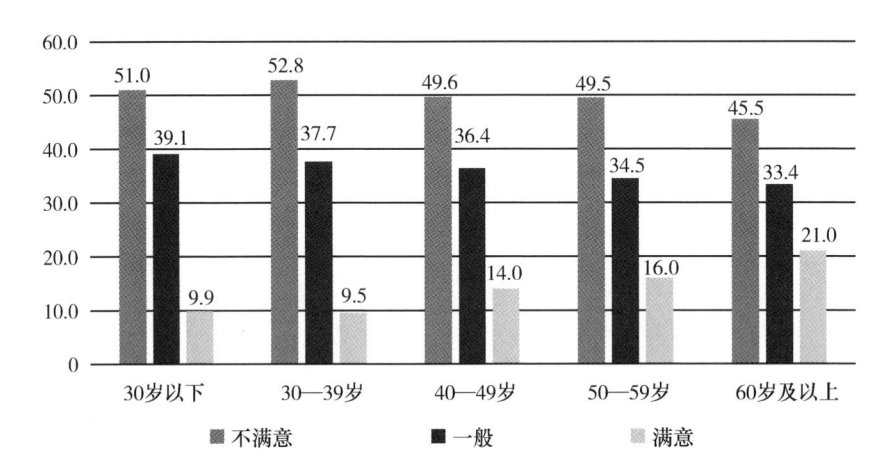

图 8-32　不同年龄组群对政府官员群体的伦理道德状况的满意度（%）

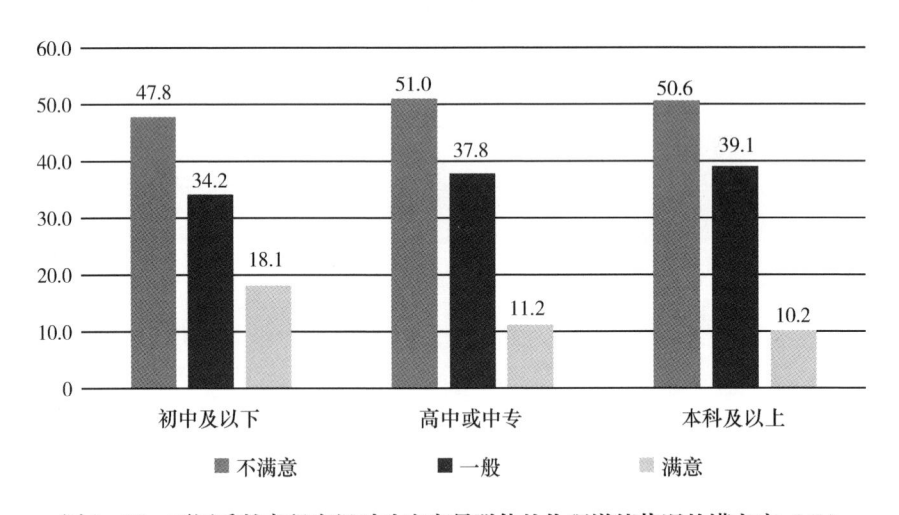

图 8-33　不同受教育程度组对政府官员群体的伦理道德状况的满意度（%）

由图8-33可知，受教育程度越高，对政府官员群体的伦理道德状况的满意度就越低。不同受教育程度的受访者对政府官员的伦理道德状况表示不满意的比率都接近一半，学历越高，选择"不满意"的人数就越多，其中本科及以上为 50.6%、高中或中专为 51.0%、初中及以下为 47.8%。学历越低，表示满意倾向的比率越高，本科及以上为 10.2%、高中或中专为 11.2%，初中及以下为 18.1%。

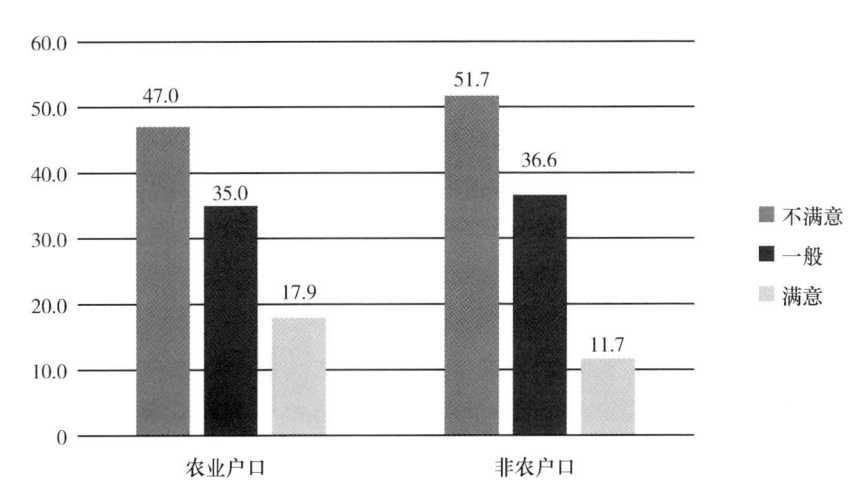

图 8-34　不同户口组群对政府官员群体的伦理道德状况的满意度（%）

由图 8-34 可知，城市居民对政府官员群体的伦理道德状况的满意度低于农村居民的满意度。其中，城市居民选择"不满意"的占 51.7%，农村居民为 47.0%。而选择"满意"的城市居民为 11.7%，农村居民为 17.9%。

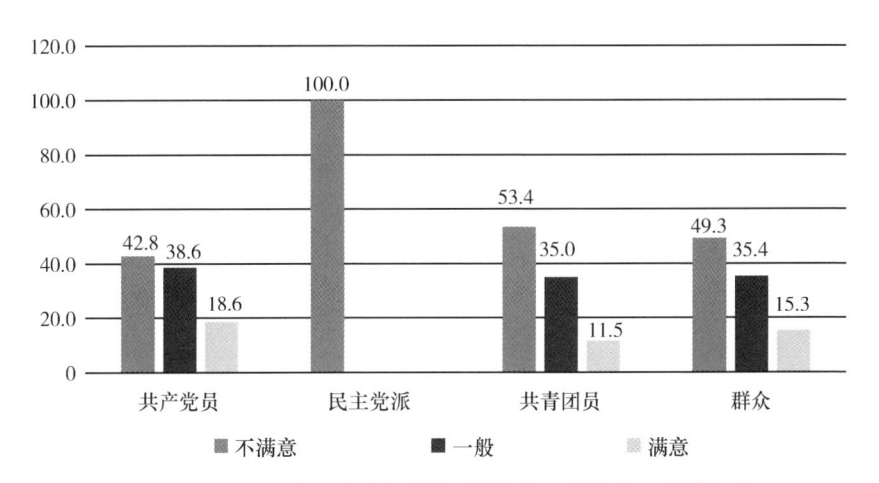

图 8-35　不同政治面貌组对政府官员群体的伦理道德状况的满意度（%）

由图 8-35 可知，共产党员对于政府官员群体的伦理道德状况的满意度最高，选择"满意"的占 18.6%，民主党派为 0、共青团员为 11.5%、群众为 15.3%。选择"不满意"的共产党员比率最低，为 42.8%，民主党派为 100%、共青团员为 53.4%、群众为 49.3%。

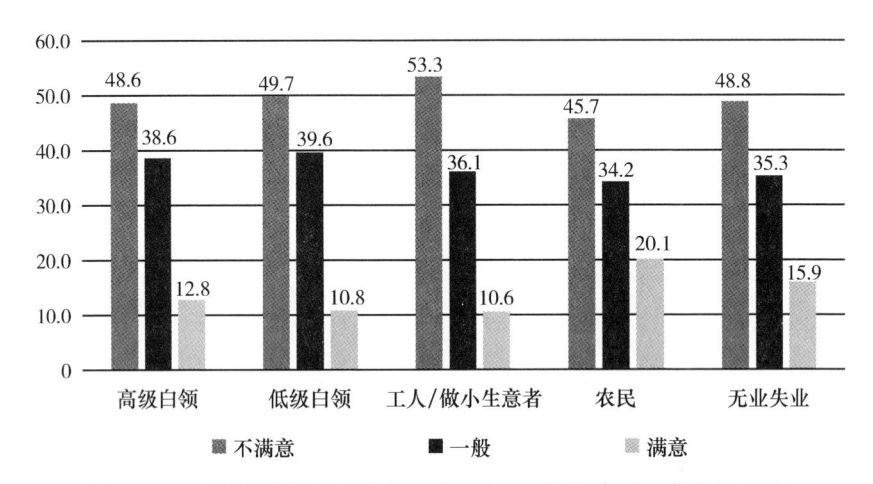

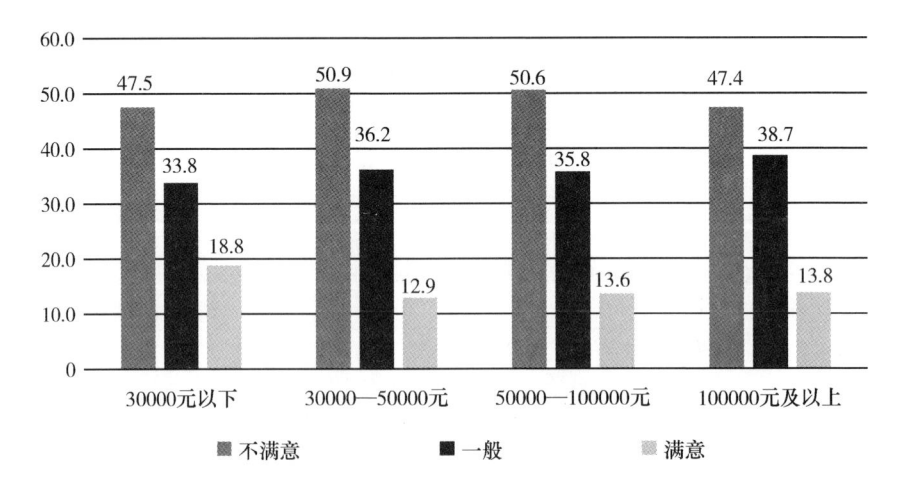

图 8-36　不同职业组对政府官员群体的伦理道德状况的满意度（%）

由图 8-36 可知，农民对政府官员群体的伦理道德状况的满意度最高，为 20.1%，工人/做小生意者对政府官员群体的伦理道德状况的满意度最低，选择"不满意"的占 53.3%，超过一半。

图 8-37　不同家庭年收入组对政府官员群体的伦理道德状况的满意度（%）

由图 8-37 可知，家庭年收入较低的群体对政府官员群体的伦理道德状况的满意度最高。其中，家庭年收入在 30000 元以下的受访者选择"满意"的占 18.8%，年收入 30000—50000 元的为 12.9%，年收入 50000—100000 元的为 13.6%，100000 元以上的为 13.8%。

总体来说，人口统计变量对于政府官员的伦理道德状况的满意度的影响是较为复杂的。年龄越低、受教育程度越高、家庭收入越高的群体对政府官员的伦理道德状况越不满意。此外，男性、城市居民、非共产党员对政府官员伦理道德状况更加不满意。而宗教信仰对于政府官员群体伦理道德状况的评价无影响。由此说明，年龄、受教育程度和家庭收入不同的社会群体，在评价政府官员伦理道德状况上有明显的差异。

2. 主观心态与政府官员群体伦理道德状况评价的关系

除了上述客观因素，受访者的主观心态与政府官员群体的伦理道德状况的评价之间存在怎样的关系？为了回答这一问题，我们选取了四个主观指标——社会阶层感、收入差距感、社会公平感和生活幸福感，将政府官员群体伦理道德状况满意度分别与以上变量——性别、年龄、受教育程度、户口、政治面貌、职业和收入进行列联表检验，所得的 Pearson Chi-square 的值分别为：0.02、0.00、0.00、0.951、0.000、0.000、0.000，均通过了显著性检验。以下我们分别细看这些主观心态变量在政府官员群体伦理道德状况满意度上存在何种差异。

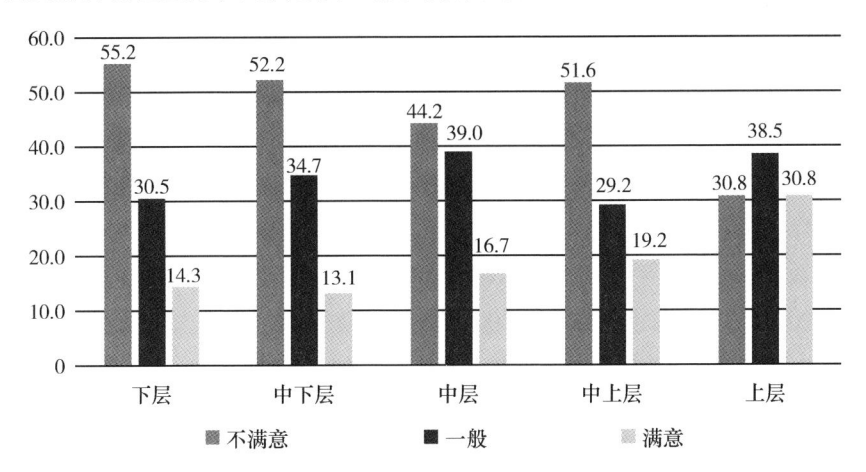

图 8-38 "不同社会阶层感"组对政府官员群体的伦理道德状况的满意度（%）

由图 8-38 可知，自认为所处的阶层越高，对政府官员群体的伦理道德状况表示"满意"的受访者越多。其中，上层中选择"满意"的为30.8%、中上层为 19.2%、中层为 16.7%、中下层为 13.1%、下层为14.3%。阶层越低，对政府官员群体的伦理道德状况表示"不满意"的越多，上层中选择"不满意"的占 30.8%、中上层为 51.6%，中层为44.2%，中下层为 52.2%，下层为 55.2%。

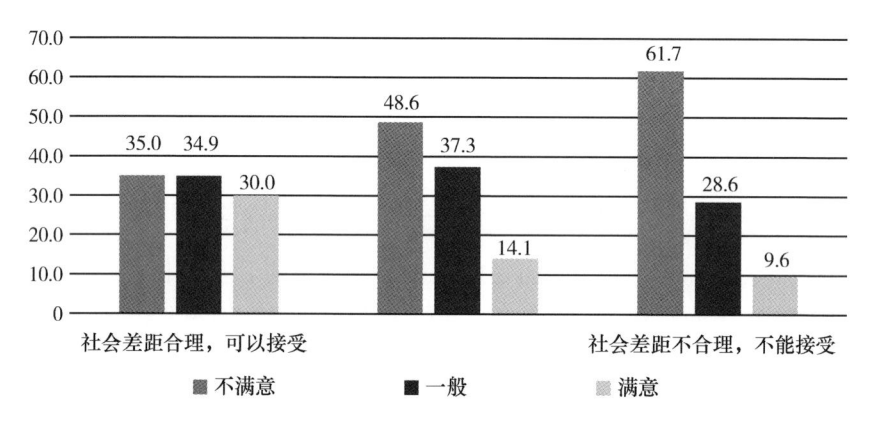

图 8-39　"不同收入差距感"组对政府官员群体的伦理道德状况的满意度（%）

由图 8-39 可知，越是对当下社会成员之间收入差距感到不合理和难以接受的人，对政府官员群体的伦理道德状况就越不满意。认为收入差距是"合理，可以接受"的受访者中对政府官员的伦理道德状况表示"满意"的占 30.0%，认为收入差距"不合理，但可以接受"的受访者中表示"满意"的为 14.1%，认为收入差距"不合理，不能接受"的受访者中表示"满意"的为 9.6%。同时，从对政府官员群体的伦理道德状况的满意度中表示"不满意"的人来看，认为收入差距是"合理，可以接受"的受访者里占 35.0%，认为收入差距"不合理，但可以接受"的受访者中表示"满意"的为 48.6%，认为收入差距"不合理，不能接受"的受访者中表示满意的为 61.7%。

由图 8-40 可以看出，认为当下社会不公平的受访者，对于政府官员的伦理道德状况的满意度低。认为社会"不公平"和"比较不公平"的受访者中对政府官员的伦理道德状况表示"满意"的占 8.8% 和 9.2%，

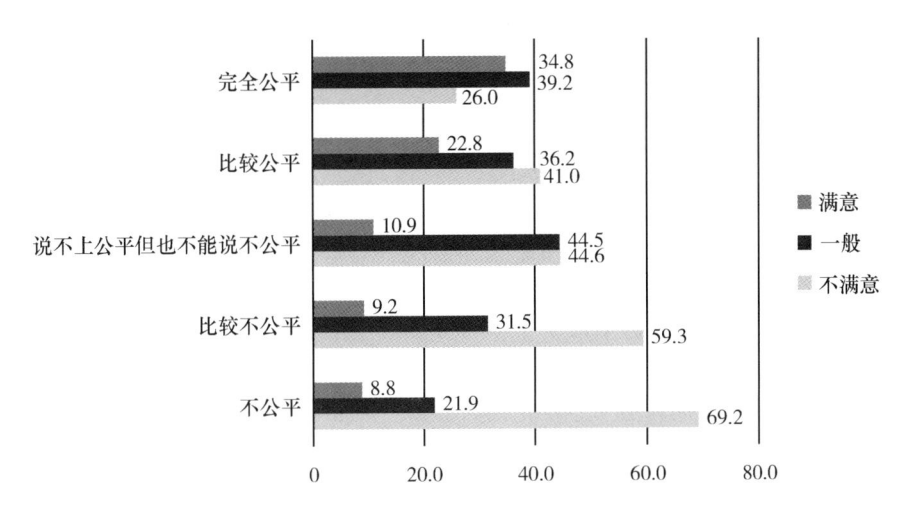

图 8-40　"不同社会公平感"组对政府官员群体的伦理道德状况的满意度（%）

认为"比较公平"和"完全公平"的受访者中表示"满意"的为 22.8% 和 34.8%。同时，认为社会"不公平"和"比较不公平"的受访者中对政府官员的伦理道德状况表示"不满意"的占 69.2% 和 59.3%，认为"比较公平"和"完全公平"的受访者中表示"不满意"的为 41.0% 和 26.0%。

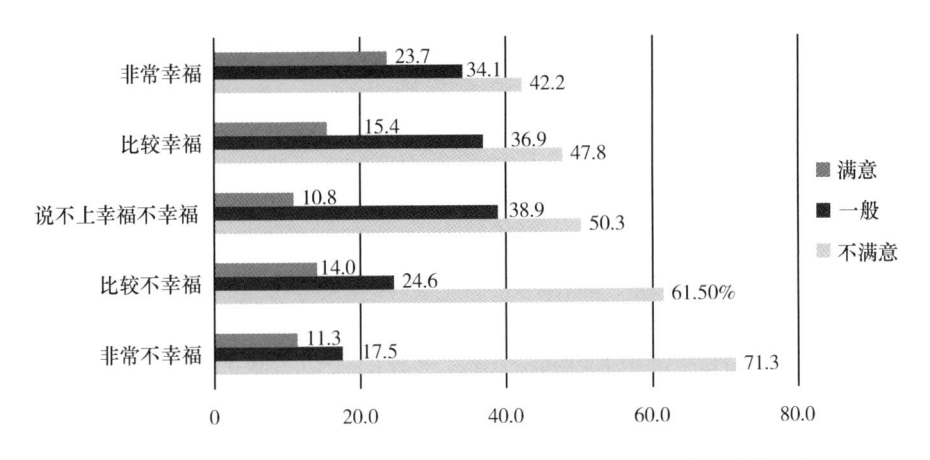

图 8-41　"不同生活幸福感"组对政府官员群体的伦理道德状况的满意度（%）

由图 8-41 可知，生活幸福感越低，对政府官员群体的伦理道德状况的满意度就越低。认为自己生活"非常不幸福"和"比较不幸福"的受访者中对政府官员的伦理道德状况表示"满意"的占 11.3% 和 14.0%，认为"比较幸福"和"非常幸福"的受访者中表示"满意"的为 15.4% 和 23.7%。同时，认为自己生活"非常不幸福"和"比较不幸福"的受访者中对政府官员的伦理道德状况表示"满意"的占 71.3% 和 61.5%，认为"比较幸福"和"非常幸福"的受访者中表示"满意"的为 47.8% 和 42.2%。

总体来说，民众对于政府官员的伦理道德状况的评价和自己生活的主观感受是息息相关的。认为自身所处阶层越高、社会收入差距越合理、社会越公平、生活越幸福的人，对政府官员的伦理道德状况就越满意。这说明民众对于整个社会的态度和评价是一脉相承的，对政府官员道德的评价和对整个社会及个人生活的评价是高度一致的。

3. 媒体使用习惯与政府官员群体伦理道德状况评价的关系

网络媒体时代极大地改变了人们获取信息的渠道和途径，也十分明显地影响了民众对于社会群体和社会事件的理解和评价，尤其是随着社会化媒体的发展，政府官员群体逐渐被置于大众舆论的实时监督当中，他们的一举一动很容易成为具有广泛影响的公众事件。为了调查媒体使用习惯与政府官员群体的伦理道德状况评价之间的关系，我们选择了两个指标：主要信息来源和互联网的使用情况。将政府官员群体伦理道德状况满意度分别与这两个指标进行列联表检验，所得的 Pearson Chi-square 的值分别为：0.000、0.000，均通过了显著性检验。以下，我们将分析这两个变量在政府官员群体伦理道德状况满意度上存在何种差异。

由图 8-42 可以看出，以互联网和手机定制消息为主要信息来源的受访者对于政府官员的伦理道德状况表示"满意"的最少，分别为 10.8% 和 11.3%，其次是以电视为主要信息来源的受访者表示"满意"的有 16.6%，而以传统媒体（报纸、杂志、广播）为主要信息来源的受访者表示"满意"的分别为 15.7%、17.3%、18.5%。这说明新兴网络媒体冲击了传统媒体所塑造的政府官员的道德形象，在各类公众舆论事件中的种种负面政府官员形象深刻影响了民众的评价。

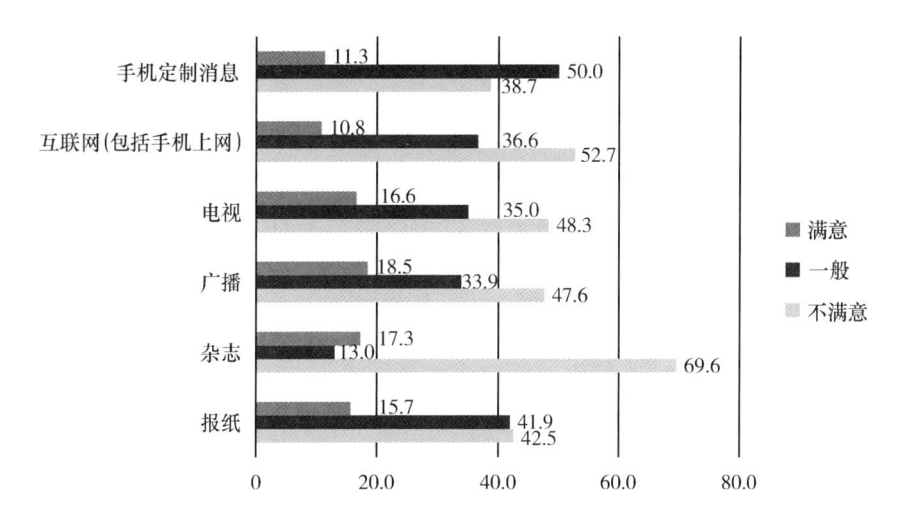

图 8-42　信息来源不同的组群对政府官员群体的伦理道德状况的满意度（%）

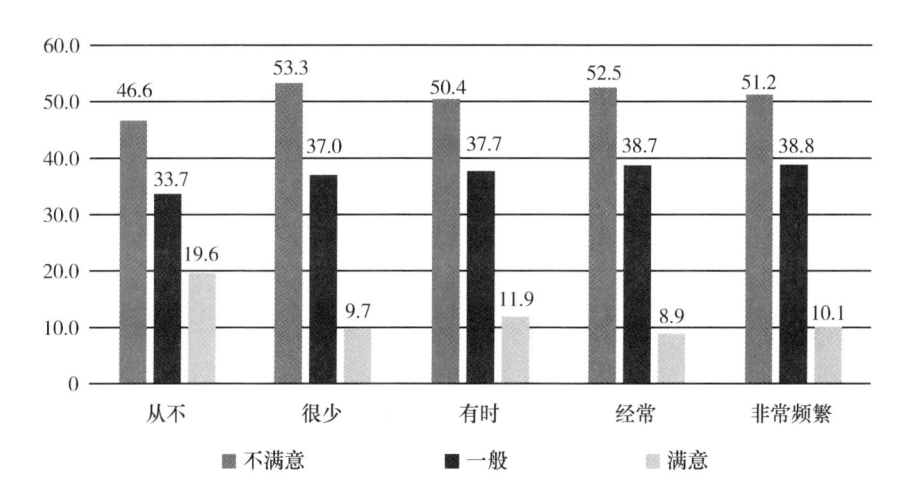

图 8-43　不同互联网使用习惯组对政府官员群体的伦理道德状况的满意度（%）

图 8-43 更加明确地展示了网络媒体对于政府官员伦理道德状况评价的影响。越是频繁接触互联网的受访者，对于政府官员的伦理道德状况的满意度就越低。选择"经常"和"非常频繁"地使用互联网的受访者，对政府官员的伦理道德状况表示"满意"的分别为 8.9% 和 10.1%，而选择"很少"和"从不"上网的受访者，对政府官员的伦理道德状况表示"满意"的分别为 9.7% 和 19.6%。

综上所述，媒体使用习惯对于民众对政府官员群体的伦理道德状况评价之间存在明显的相关关系。以互联网为主要信息来源的人对政府官员的道德状况更不满意，并且接触互联网越频繁的人，不满意的程度越高。这种结果说明，传统媒体和网络媒体在反映政府官员形象方面存在明显差异。网络空间中由于信息控制的去中心化、泛社会化，改变了权力结构的不平衡，打破了国家对信息的垄断，因而大大提升了社会、个人与国家的博弈能力。[①] 传统媒体由国家权力把控，反映政府官员的形象往往过于积极正面，而网络媒体的出现改变了这种情况。

(二) 政府的道德建设举措所取得的效果

在对政府官员的道德伦理状况的民众满意度进行调查之后，我们进一步调查了政府的道德建设活动所取得的效果，以期认识和评估政府在当下中国社会伦理道德发展当中所承担的角色。这一部分我们总共选择了三个指标：一是政府推动或倡导的一系列道德建设活动的效果；二是当前我国社会道德生活中社会主义道德的比重；三是当国外报道与主流媒体报道不一致时对主流媒体的信任程度。

1. 政府推动或倡导的道德建设活动的效果

对政府所提倡的社会主义道德的影响力进行评价之后，我们进一步用六项指标对政府倡导的道德建设活动的效果进行测量。这六项指标分别是：文明城市创建、学雷锋活动、典型人物的宣传（感动中国、中国好人、道德楷模等）、志愿服务的倡导和推广、反腐倡廉的举措、《公民道德建设实施纲要》的推进。

由图 8-44 可知，认为文明城市创建活动"有非常多的效果"和"有较多的效果"的占 28.9%，而认为"有较少的效果""完全没有效

---

① 本部分关于扶老人事件数据均来自张晶晶博士分析报告《"老人摔倒扶不扶"实证案例分析》。该研究以百度为平台对两类媒体，即新浪、搜狐、网易、腾讯四大门户网站，和人民网、光明网、新华网三大主流官方媒体进行检索分析，得出相关数据并绘制了图表。

第八编 政府的伦理公信力 773

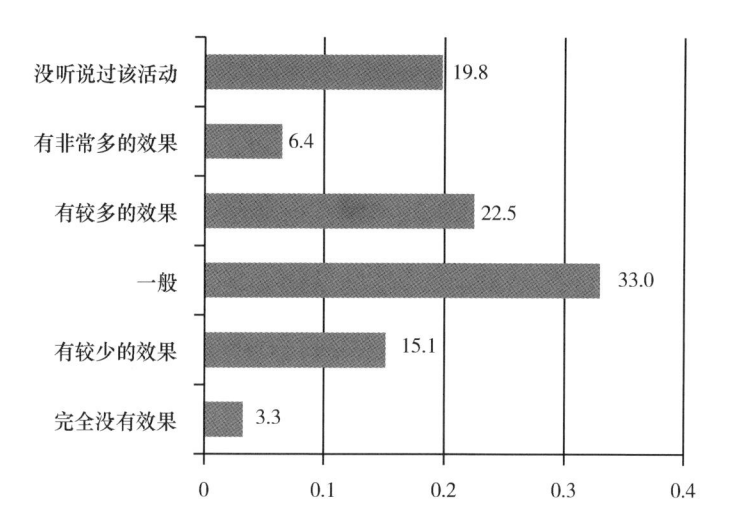

类别	百分比
没听说过该活动	19.8
有非常多的效果	6.4
有较多的效果	22.5
一般	33.0
有较少的效果	15.1
完全没有效果	3.3

图 8-44 关于政府推动的文明城市创建活动的效果（%）

果"的占 18.4%，表示"没听说过该活动"的有 19.8%。这说明文明城市创建活动在民众当中的影响力较低。

由图 8-45 可知，认为政府倡导的学雷锋活动"有较多的效果"和"有非常多的效果"的占 30.4%，认为"有较少的效果"和"完全没有效果"的占 25.4%，而表示"没听说过该活动"的有 9.9%。这说明学雷锋活动在民众中的普及度相对较高，但是该活动对民众的影响力依然比较低。

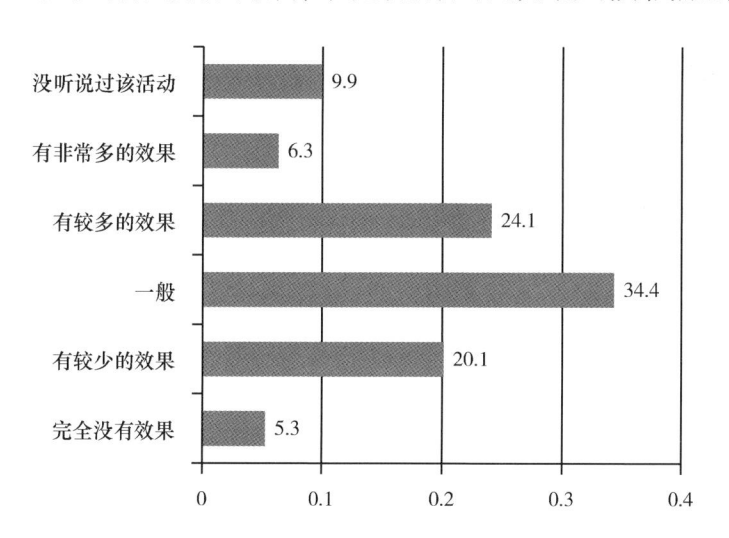

类别	百分比
没听说过该活动	9.9
有非常多的效果	6.3
有较多的效果	24.1
一般	34.4
有较少的效果	20.1
完全没有效果	5.3

图 8-45 关于政府推动的学雷锋活动的效果（%）

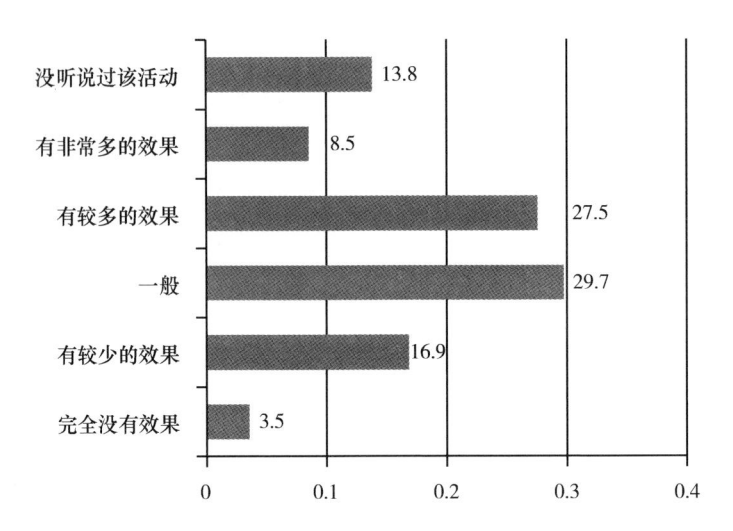

774　下　伦理魅力度与道德美好度

类别	百分比
没听说过该活动	13.8
有非常多的效果	8.5
有较多的效果	27.5
一般	29.7
有较少的效果	16.9
完全没有效果	3.5

图 8-46　关于政府推动的典型人物宣传（感动中国、中国好人、道德楷模等）的效果（%）

由图 8-46 可知，认为典型人物宣传"有非常多的效果"和"有较多的效果"的占 36.0%，而认为"有较少的效果"和"完全没有效果"的占 20.4%，表示"没有听过该活动"的有 13.8%。这说明民众认为典型人物宣传的效果相对较好，但是普及度不是特别高。

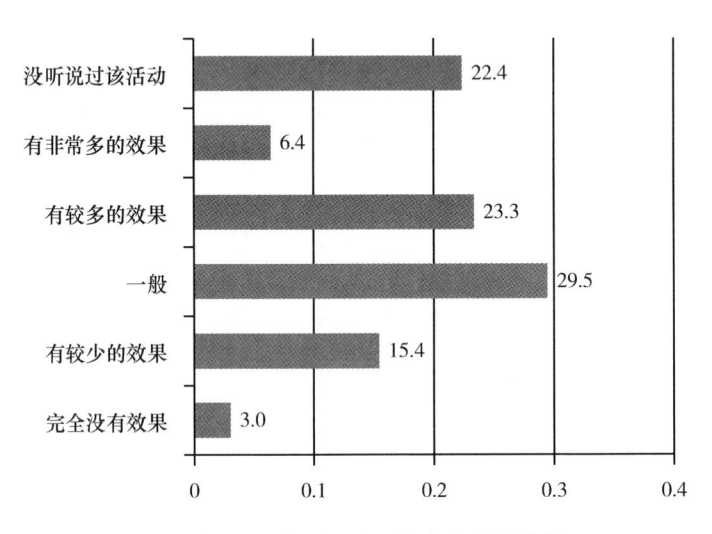

类别	百分比
没听说过该活动	22.4
有非常多的效果	6.4
有较多的效果	23.3
一般	29.5
有较少的效果	15.4
完全没有效果	3.0

图 8-47　关于政府推动的志愿服务的倡导效果（%）

由图 8-47 可知，认为志愿服务的倡导"有较多的效果"和"有非常多的效果"的占 28.8%，认为"完全没有效果"和"有较少的效果"的有 18.4%，表示"没听说过该活动"的有 22.4%。由此可知，政府推动的志愿服务的倡导普及度较低，活动的效果也不够高。

由图 8-48 可知，认为政府推动的反腐倡廉举措"有非常多的效果"和"有较多的效果"的占 21.7%，认为"有较少的效果"和"完全没有效果"的有 38.3%，表示"没听说过该活动"的有 14.3%。由此可知，政府推动的反腐倡廉举措普及度较高，但是活动的效果很低。

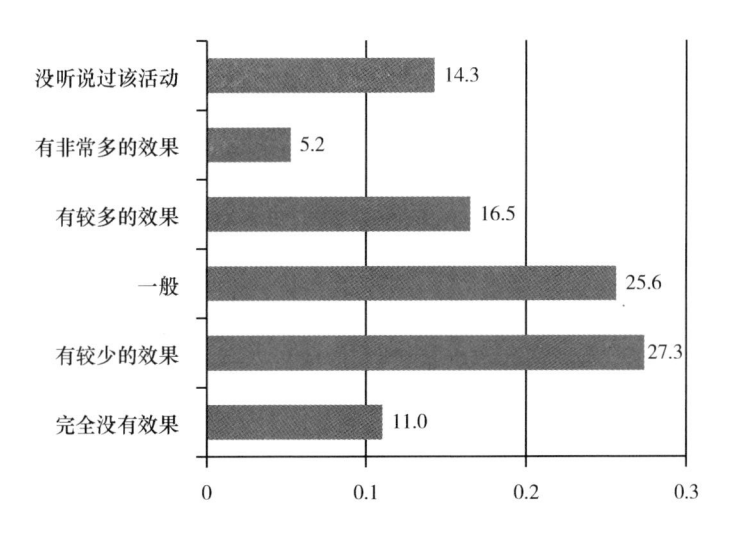

类别	百分比
没听说过该活动	14.3
有非常多的效果	5.2
有较多的效果	16.5
一般	25.6
有较少的效果	27.3
完全没有效果	11.0

图 8-48 关于政府推动的反腐倡廉举措的效果（%）

由图 8-49 可知，认为《公民道德建设实施纲要》的推进"有较多的效果"和"有非常多的效果"的仅有 15.8%，认为"完全没有效果"和"有较少的效果"的占 19.7%，认为"没听说过该活动"的有 37.6%。由此可以得出，政府倡导的《公民道德建设实施纲要》推广不仅普及度低，而且效果也不理想。

从图 8-50 可知，学雷锋活动普及度和效果均比较高，典型人物的宣传（感动中国、中国好人、道德楷模等）普及度不高但是效果最好，反腐倡廉举措普及度高但效果不好，《公民道德建设实施纲要》的推进普及度和效果均是最低的。

下　伦理魅力度与道德美好度

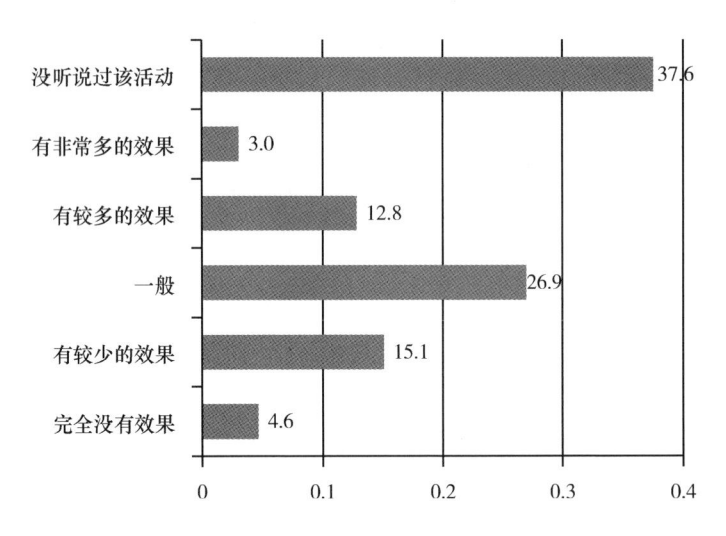

图8-49　关于政府推动的《公民道德建设实施纲要》的推进效果（%）

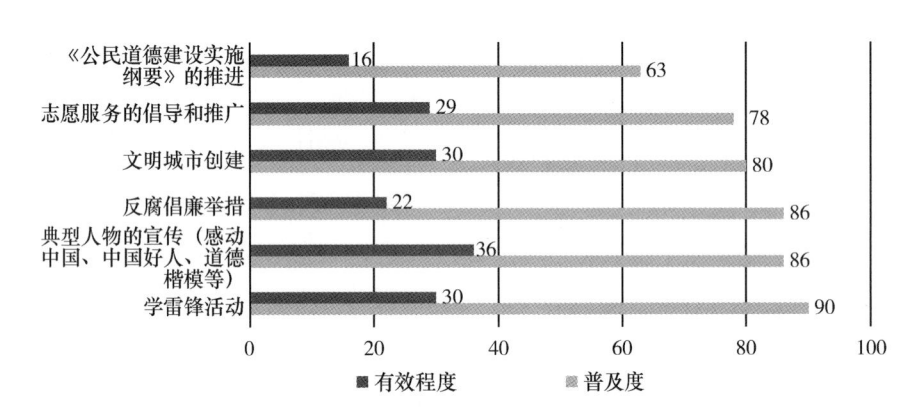

图8-50　关于政府道德建设活动的普及度和有效程度统计（%）

将政府推进的这六项道德活动的效果从1—6分进行赋值（1分，没听说过；2分，完全没效果；3分，效果很低；4分，效果一般；5分，有比较多的效果；6分，非常有效果），然后取这六个方面的平均分值，得出受访者对于政府推进道德建设活动效果的一个平均分值。

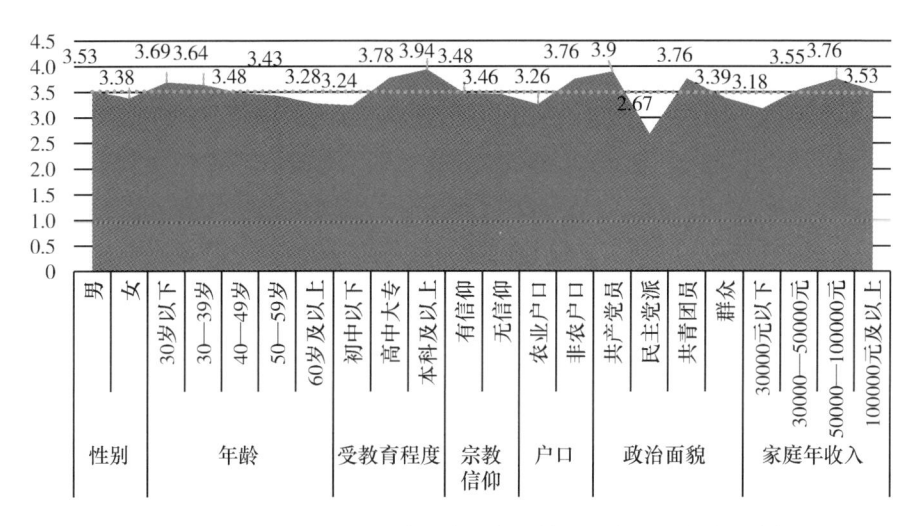

图 8-51 性别、年龄、教育程度、宗教信仰、户口、政治面貌与政府道德建设活动效果评分（平均值）

从图 8-51 看，男性比女性对政府道德建设活动效果的评分高，城市居民比农村居民的评分高。此外，不同宗教信仰之间的差异很小，说明宗教信仰和对政府的道德建设活动效果评分之间的关系不大。从图 8-51 来看，一个总的趋势是，年龄越低、受教育程度越高，对政府的道德建设活动效果的评分越高。另外，从家庭年收入来看，50000—100000 元的受访者对政府道德建设活动效果的评分最高，30000 元以下的评分最低。

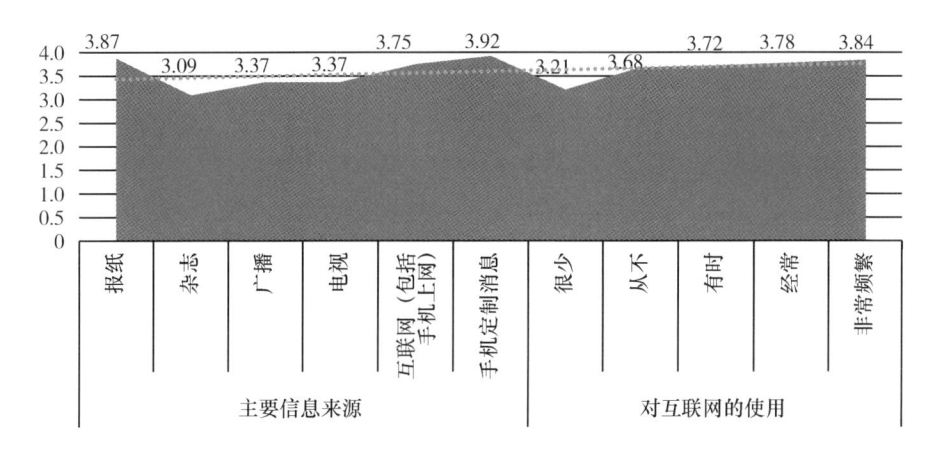

图 8-52 主要信息来源、互联网使用情况与政府道德建设活动效果评分（平均值）

从图 8-52 可以看出，以报纸、互联网和手机定制消息为主要信息来源的受访者，对于政府道德建设活动效果的评分比较高，而以杂志、广播和电视为主要信息来源的受访者评分较低。此外，对互联网接触越多的受访者，对政府道德建设活动效果的评分越高，由此可以得出，互联网逐渐成为政府进行道德建设活动的重要阵地。

综上所述，政府所推广的道德建设活动，在年轻人、受教育程度高、收入高、政治面貌为党员、城市居民群体当中效果更好，在年龄大、受教育程度低、收入低、非共产党员和农村居民群体当中效果较差。同时，以互联网为主要信息来源的受访者对政府道德建设活动效果的评分较高，接触互联网越多，评分越高。

2. 政府所推广的社会主义道德在我国社会道德生活中的地位

由图 8-53 可知，有 65.1% 的受访者认为当前我国社会道德生活中最重要的元素是"中国传统道德"，其次，有 18.1% 的受访者选择了"意识形态中所提倡的社会主义道德"。这说明中国传统道德在当下的社会道德中依然具有根本性地位。同时，政府所倡导的社会主义道德是除传统之外影响民众最深的道德模式，超过市场经济中形成的道德、西方文化影响而形成的道德。从政府的社会主义道德建设来看，结果不尽如人意。

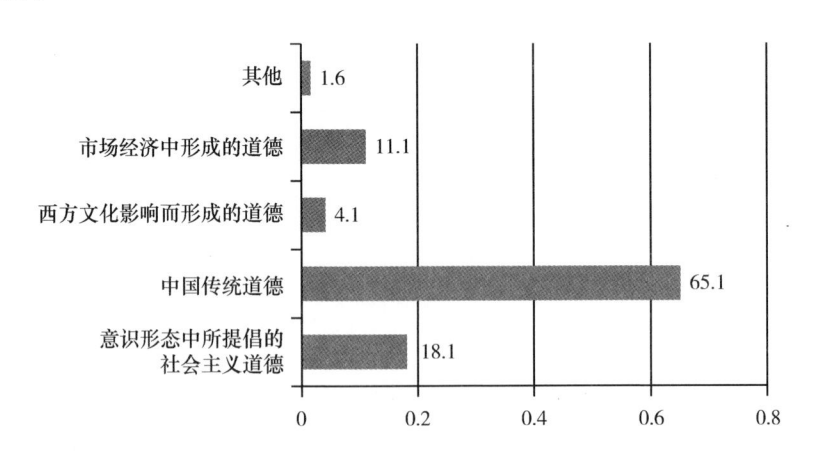

图 8-53 关于当前我国社会道德生活中最重要的元素（总体）统计（%）

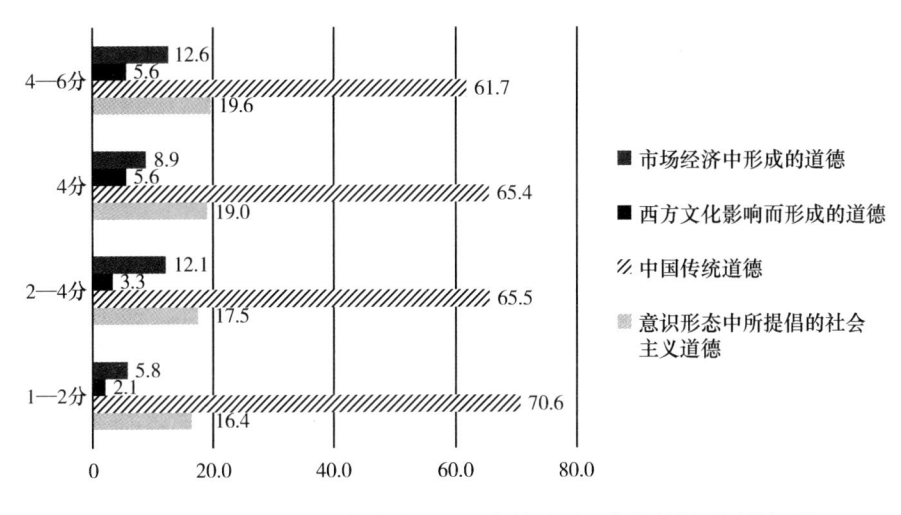

图 8-54　关于当前我国社会道德生活中最重要元素的判断不同的组群对政府道德建设活动的评分（%）

由图 8-54 可知，民众对政府道德建设活动的评分越高，认为当前我国社会道德生活中最重要的元素是"意识形态中所提倡的社会主义道德"的比重越高。认为政府道德建设活动效果在 1—2 分（没听说过该活动、完全没有效果）的民众，选择社会主义道德作为当前社会道德生活中最重要元素的有 16.4%，评分在 2—4 分（有较少的效果）和 4 分（一般）的民众，选择社会主义道德作为当前社会道德生活中最重要的元素的分别有 17.5% 和 19.0%。而评分在 4—6 分（有较多的效果、有非常多的效果）的民众，选择社会主义道德的比重最高，为 19.6%。

将政府道德建设活动分别与年龄、受教育程度、政治面貌、户口、宗教信仰、家庭年收入、社会阶层感等变量进行列联表检验，所得的 Pearson Chi-square 的值分别为：0.000、0.000、0.005、0.000、0.355、0.000、0.001，除宗教以外均通过了显著性检验。以下我们分别细看这些变量在政府官员群体伦理道德状况满意度上存在何种差异。

由图 8-55 可知，不同年龄的人对政府道德建设活动的评分不同。年龄越大的受访者评分越高。30 岁以下者给政府道德建设活动评 4—6 分（有较多的效果、有非常的多效果）的为 32.8%，30—39 岁者为 32.7%，40—49 岁者为 30.3%，50—59 岁者为 29.5%，60 岁及以上者最低，为 27.5%。另外，年纪越大，对政府道德建设活动评分越低。30 岁以下者

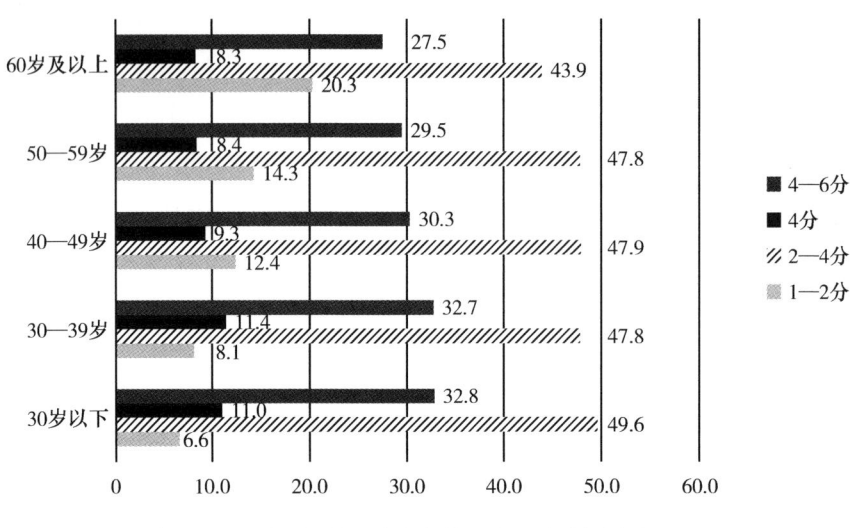

图 8-55　不同年龄组对政府道德建设活动的评分（%）

给政府道德建设活动评 1—2 分（有较多的效果、有非常多的效果）的为 6.6%，30—39 岁者为 8.1%，40—49 岁者为 12.4%，50—59 岁者为 14.3%，60 岁及以上者最高，为 20.3%。由此说明，政府的道德建设活动在年轻人当中效果更加明显。

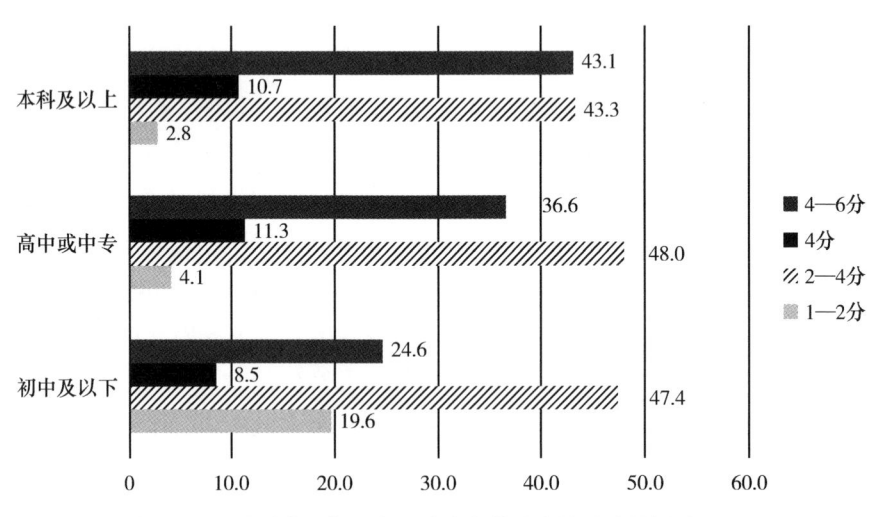

图 8-56　不同受教育程度组对政府道德建设活动的评分（%）

由图 8-56 可知，受教育程度越高，对政府道德建设活动的评分越高。初中及以下的受访者给政府道德建设活动评分在 4—6 分（有较多的效果、有非常多的效果）的比重是 24.6%，高中或中专是 36.6%，本科及以上是 43.1%。同时，受教育程度越低，对政府道德建设活动的评分越低。初中及以下者评分为 1—2 分（没听说过、完全没效果）的是 19.6%，高中或中专是 4.1%，本科及以上是 2.8%。由此可以说明，受教育越多，对政府道德建设活动的感知越多。政府的道德建设活动有很多是通过教育系统来完成的。

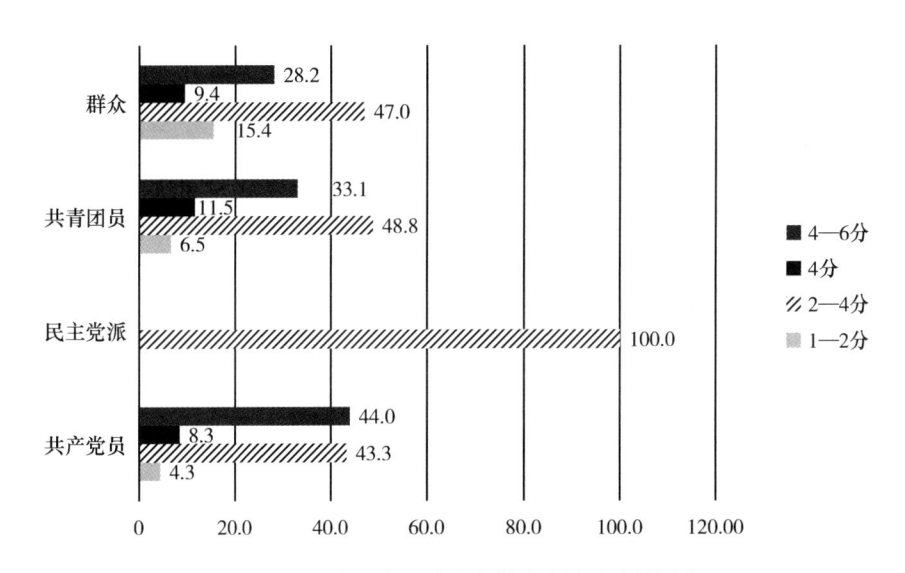

图 8-57 不同政治面貌组对政府道德建设活动的评分（%）

由图 8-57 可知，政治面貌为"共产党员"和"共青团员"的受访者，对政府道德建设活动的评分更高。共产党员给政府道德建设活动评 4—6 分（有较多的效果、有非常多的效果）的有 44.0%，共青团员为 33.1%，群众为 28.2%。另外，年纪越大，对政府道德建设活动评分越低。政治面貌为"民主党派"和"群众"的受访者，对政府道德建设活动的评分较低，评分为 1—2 分的分别为 100% 和 15.4%。由此说明，政府的道德建设活动在党团组织当中效果更加明显。

由图 8-58 可知，非农户口的受访者对政府道德建设活动的评分高于非农业户口的受访者。非农户口给政府道德建设活动评分在 4—6 分（有

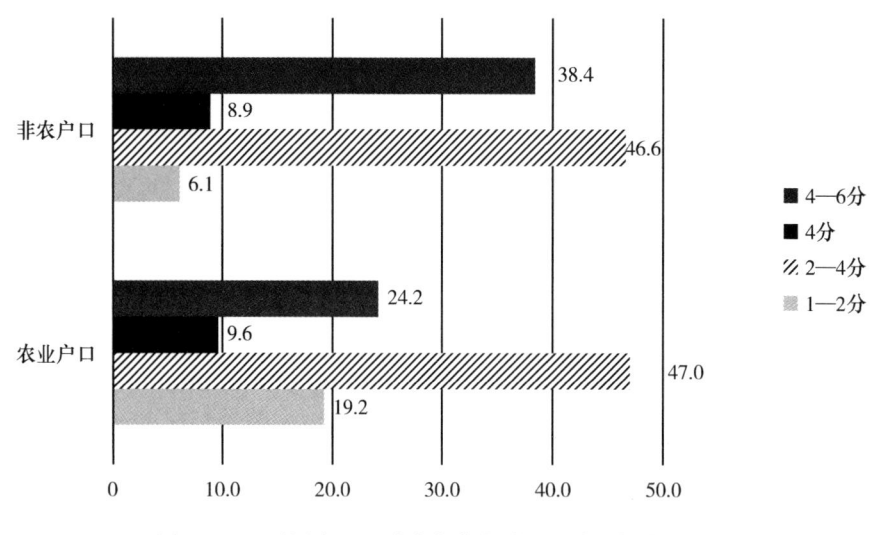

782　下　伦理魅力度与道德美好度

图 8-58　不同户口组对政府道德建设活动的评分（%）

较多的效果、有非常多的效果）的有 38.4%，高于农业户口的 24.2%。农业户口选择政府道德建设活动评分在 1—2 分（没听说过、完全没有效果）的有 19.2%，高于非农户口的 6.1%。这说明政府的道德建设活动在城市民众当中的效果更好。

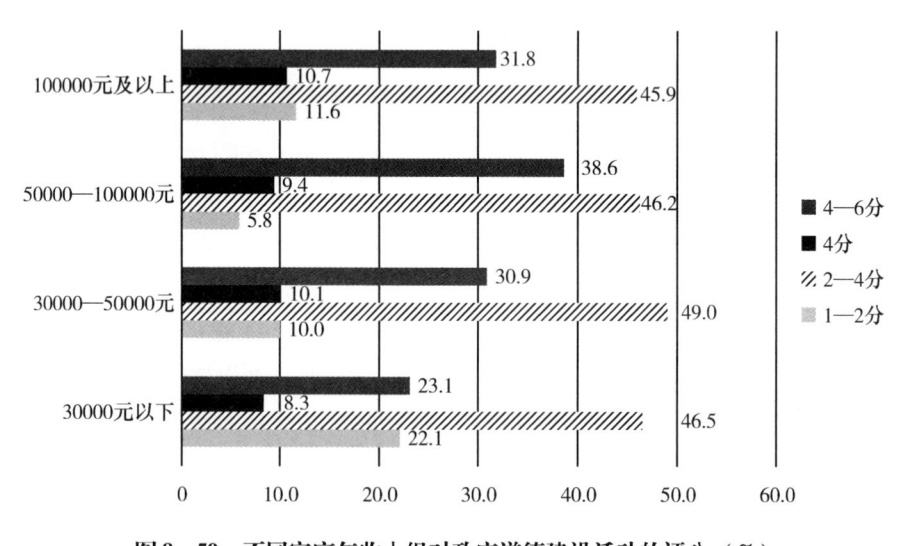

图 8-59　不同家庭年收入组对政府道德建设活动的评分（%）

由图 8-59 可知，家庭年收入不同，对政府道德建设活动的评分不同。家庭年收入在 50000—100000 元的受访者对政府道德建设活动的评分最高，选择 4—6 分（有较多的效果、有非常多的效果）的比重为 38.6%。而 30000 元以下为 23.1%，30000—50000 元为 30.9%，100000 元及以上为 31.8%。家庭年收入在 30000 元以下的受访者对政府道德建设活动的评分最低，选择 1—2 分（没听说过、完全没有效果）的比重为 22.1%，而 30000—50000 元为 10.0%，50000—100000 元为 5.8%，100000 元及以上为 11.6%。这说明，政府的道德建设活动在收入低的民众当中效果较差，而在中等收入的民众当中效果最好。

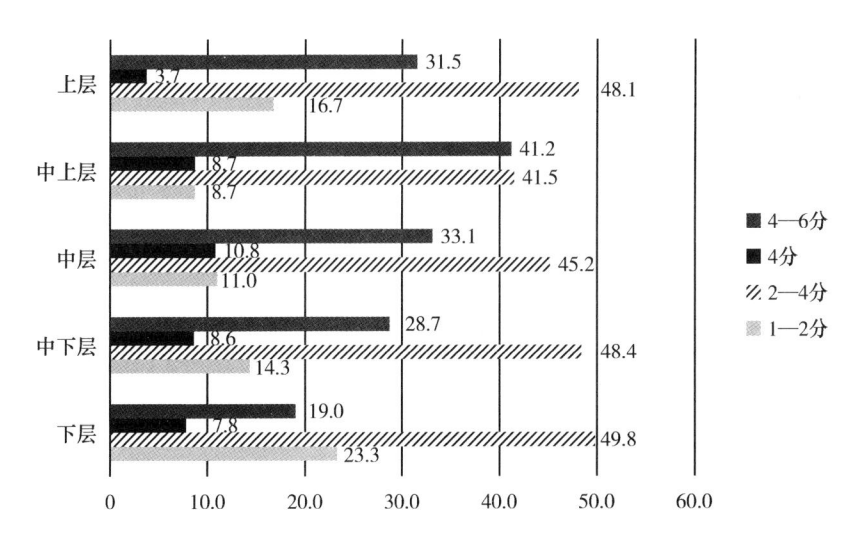

图 8-60　不同社会阶层感组对政府道德建设活动的评分（%）

由图 8-60 可知，自认为所处阶层为"中上层"的受访者对政府道德建设活动的评分最高，选择 4—6 分（有较多的效果、有非常多的效果）的比重为 41.2%。自认为处于"下层"和"中下层"的选择此项的比重为 19.0% 和 28.7%，自认为处于"中层"和"上层"的选择此项的比重为 33.1% 和 31.5%。同时，自认为所处阶层为"下层"的受访者对政府道德建设活动的评分最低，选择 1—2 分（没听说过、完全没有效果）的比重为 23.3%。自认为处于"中下层"和"中层"的选择此项的比重为 14.3% 和 11.0%，自认为处于"中上层"和"上层"的选择此项的比重为 8.7% 和 16.7%。由此可以得出，政府的道德建设活动在中上层的民众当中效果较好，而在社会阶层较低的民众当中效果较差。

综上所述，政府所提倡的社会主义道德在民众中的影响呈现出两极分化的状态。年龄越低、受教育程度越高的民众对政府道德建设活动的评分越高；城市居民和共产党员对政府道德建设活动的评分高于农村居民和民主党派、群众；家庭年收入在 50000—100000 元、自认为所处阶层为"中上层"的民众对政府道德建设活动的评分较高，而家庭年收入低于 30000 元、自认为所处阶层为"下层"和"中下层"的民众对政府道德建设活动的评分较低。而宗教信仰对民众给政府道德建设活动的评分并无显著影响。

3. 民众对主流媒体的信任程度

为了测量民众对主流媒体的信任程度，我们选择了一个测量指标：如果国外报道与主流媒体宣传内容不一致，您倾向于相信谁？

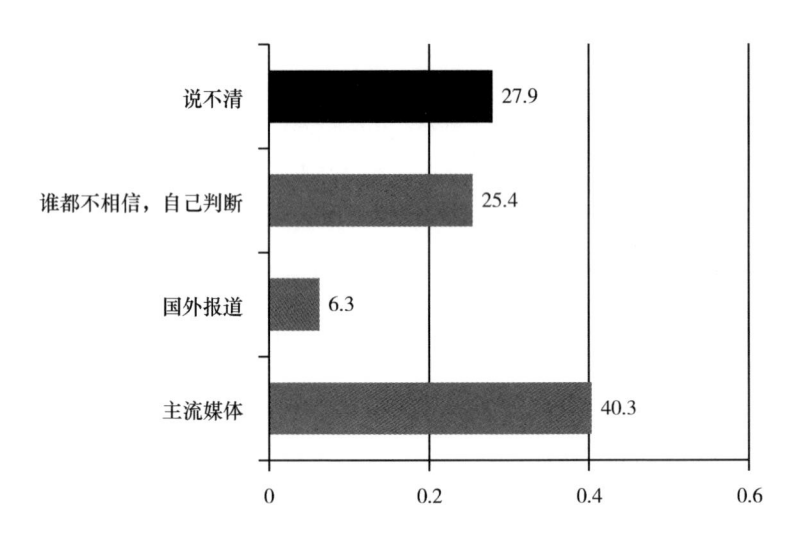

选项	百分比
说不清	27.9
谁都不相信，自己判断	25.4
国外报道	6.3
主流媒体	40.3

图 8-61　如果国外报道与主流媒体宣传内容不一致，您倾向于相信（%）

由图 8-61 可知，当国外报道与主流媒体宣传内容不一致时，有 40.3% 的受访者表示"相信主流媒体"，有 25.5% 的受访者表示"谁都不相信，自己判断"，还有 6.3% 的受访者表示相信国外报道。这说明民众对于主流媒体还是比较信任的,对主流媒体的信任压倒对国外报道的信任。

将"如果国外报道与主流媒体宣传内容不一致,您倾向于相信"的选择分别与性别、年龄、受教育程度、户口、家庭年收入、主要信息来源、互联网使用频率等变量进行列联表检验,所得的 Pearson Chi-square 的值分别为:0.000、0.000、0.000、0.000、0.000、0.000、0.000,均通过了显著性检验。以下我们分别细看这些变量在民众对主流媒体的信任度上存在何种差异。

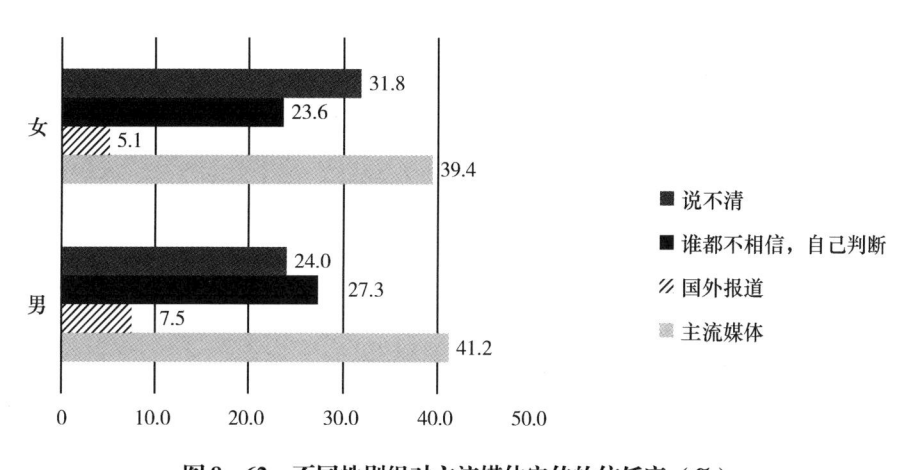

图 8-62　不同性别组对主流媒体宣传的信任度(%)

由图 8-62 可知,如果国外报道与主流媒体宣传内容不一致,男性选择相信"主流媒体"的占 41.2%,选择相信"国外报道"的有 7.5%;而女性选择相信"主流媒体"的占 39.4%,选择相信"国外报道"的有 5.1%。由此可以说明,男性对主流媒体的信任度高于女性。

由图 8-63 可以看出,如果国外报道与主流媒体宣传内容不一致,年龄越大,选择相信"国外报道"的越少。30 岁以下选择"国外报道"的有 11.2%,30—39 岁的有 8.9%,40—49 岁的有 7.1%,50—59 岁的有 5.3%,60 岁及以上的有 3.1%。年龄越小,选择"谁都不相信,自己判断"的越多。30 岁以下选择"谁都不相信,自己判断"的有 37.4%,30—39 岁的有 32.6%,40—49 岁的有 24.7%,50—59 岁的有 24.4%,60 岁及以上的有 18.5%。

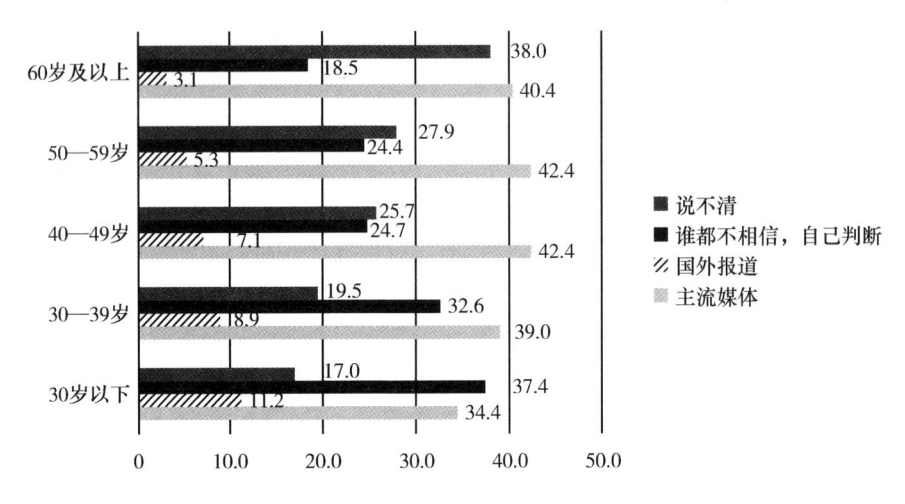

786　下　伦理魅力度与道德美好度

图 8-63　不同年龄组对主流媒体宣传的信任度（%）

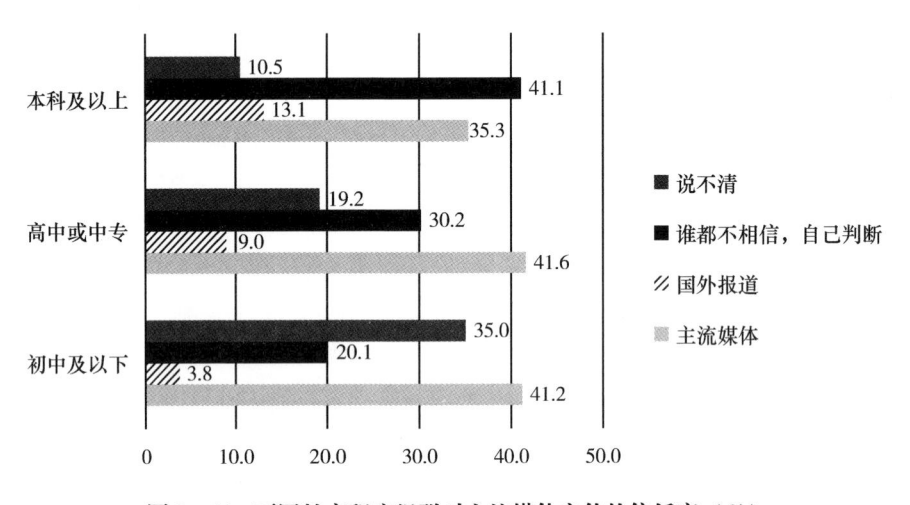

图 8-64　不同教育程度组群对主流媒体宣传的信任度（%）

由图 8-64 可知，如果国外报道与主流媒体宣传内容不一致，学历越高的选择"国外报道"的越多。初中及以下的受访者选择"国外报道"的有 3.8%，高中或中专的有 9.0%，本科及以上的有 13.1%。学历越高，选择"谁都不相信，自己判断"的受访者越多。学历为初中及以下的受访者选择"自己判断"的有 20.1%，高中或中专为 30.2%，本科及以上的有 41.1%。由此可以得出，受教育程度越高，越是倾向于独立思考，对主流媒体宣传保持审慎的态度，会经过思考之后自己判断。

第八编　政府的伦理公信力　787

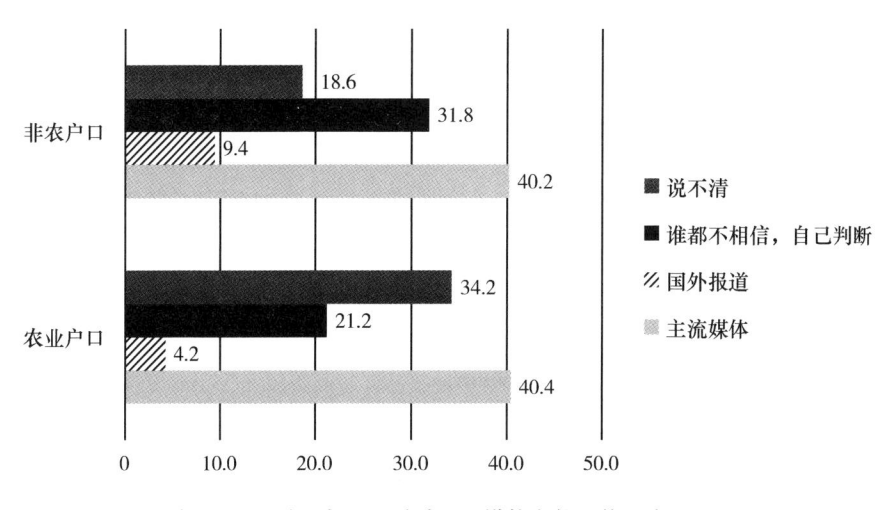

图 8-65　不同户口组群对主流媒体宣传的信任度（%）

由图 8-65 可知，如果国外报道与主流媒体宣传内容不一致，农村和城市的受访者选择相信"主流媒体"的比重差异不大，农村为 40.4%，城市为 40.2%。但是，城市居民选择"国外报道"的为 9.4%，多于农村居民的 4.2%；城市居民选择"谁都不相信，自己判断"的占 31.8%，高于农村居民的 21.2%。由此可以得出，城市居民更倾向于独立思考，对主流媒体宣传保持审慎的态度，会经过思考之后自己判断。

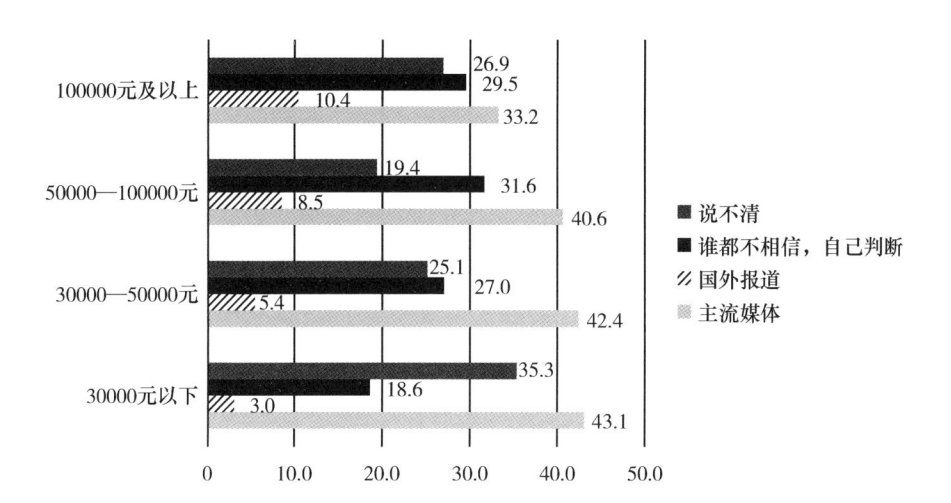

图 8-66　不同家庭年收入组对主流媒体宣传的信任度（%）

由图 8-66 可知，如果国外报道与主流媒体宣传内容不一致，家庭年收入越高的受访者，选择相信"主流媒体"的越少。家庭年收入在 30000 元以下的有 43.1%，30000—50000 元的有 42.4%，50000—100000 元的有 40.6%，100000 元及以上的有 33.2%。同时，家庭年收入越高的受访者，选择相信"国外报道"和"谁都不相信，自己判断"的越少。由此可以得出，家庭年收入越高，倾向于国外媒体和独立思考的人越多。

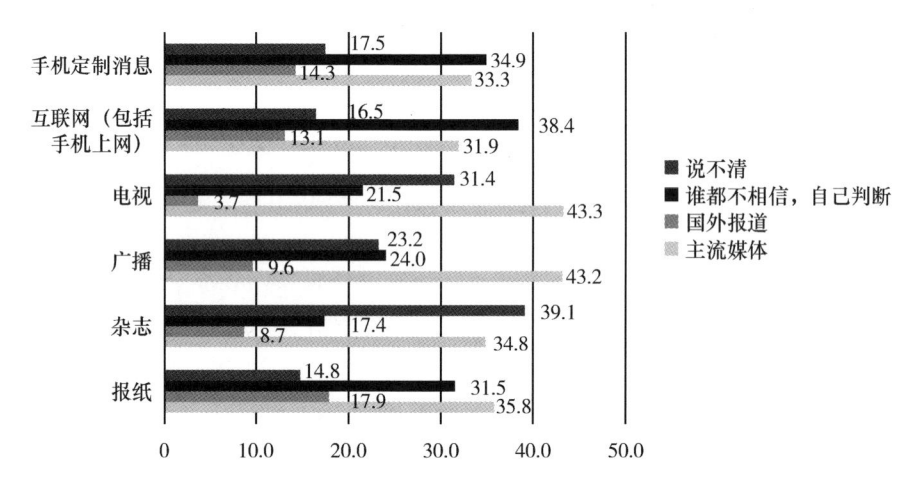

图 8-67　不同主要信息来源组对主流媒体宣传的信任度（%）

由图 8-67 可知，如果国外报道与主流媒体宣传内容不一致，以电视为主要信息来源的受访者选择"主流媒体"的比重最高，为 43.3%，以互联网（包括手机上网）为主要信息来源的受访者选择"主流媒体"的比重最低，为 31.9%。同时，以报纸为主要信息来源的受访者选择"国外报道"的比重最高，为 17.9%，以电视为主要信息来源的选择"国外报道"的比重最低，为 3.7%。由此可以得出，电视作为传统媒体，是政府主流媒体宣传的主要渠道，因此以电视为主要信息来源的群体对主流媒体宣传的信任程度最高。互联网作为新兴媒体，提供多样化的信息渠道和内容，因此以互联网为主要信息来源的群体对主流媒体的信任度最低。

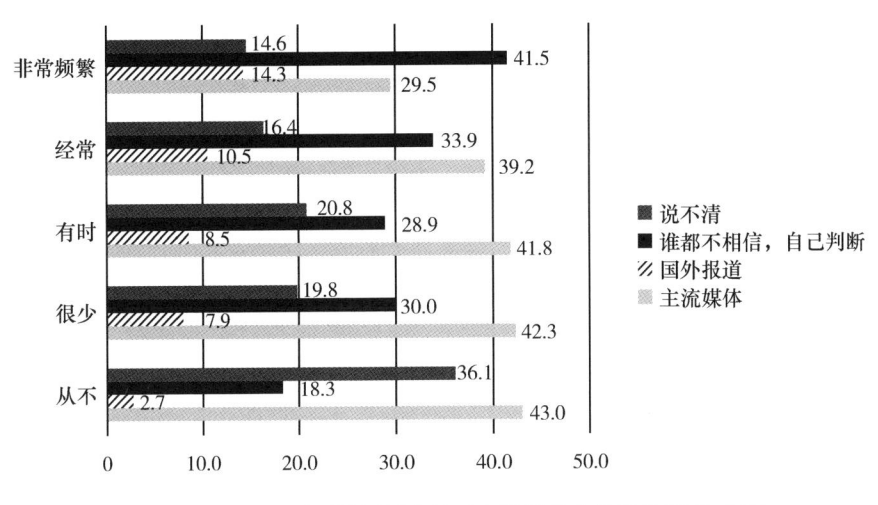

图 8-68 不同互联网使用频率组对主流媒体宣传的信任度（%）

由图 8-68 可知，如果国外报道与主流媒体宣传内容不一致，互联网使用频率越高的受访者选择"主流媒体"的比重最低。从不使用互联网的受访者选择"主流媒体"的比重为 43.0%，很少使用的为 42.3%，有时使用的为 41.8%，经常使用的为 39.2%，非常频繁使用的为 29.5%。同时，互联网使用频率越高的受访者，选择相信"国外报道"和"谁都不相信，自己判断"的比重越高。从不上网的受访者选择相信"国外报道"和"谁都不相信，自己判断"的比重分别为 2.7% 和 18.3%，很少使用的为 7.9% 和 30.0%，有时使用的为 8.5% 和 28.9%，经常使用的为 10.5% 和 33.9%，非常频繁使用的为 14.3% 和 41.5%。因此可以得出，接触互联网越多，对主流媒体的信任度越低，越倾向于国外媒体和自己判断。

综上所述，民众对主流媒体的信任度比较低。当国外报道与主流媒体宣传内容不一致时，仅有四成的受访者表示"相信主流媒体"。另外，年龄越低、受教育程度越高、家庭年收入越高、以互联网为主要信息来源、接触互联网越多的群体，对主流媒体宣传越是保持审慎的态度，倾向于综合国内外报道，进行独立思考判断。

(三) 小结

1. 政府官员的道德信任缺乏与政府官员的道德示范性之间的冲突

民众对于政府官员的伦理道德状况持负面评价的达到48.8%，将近半数，其中表示"非常不满意"的占14.3%。年龄越低、受教育程度越高、家庭年收入越高的群体，对政府官员的伦理道德状况越不满意。此外，民众认为当前我国政府官员道德问题十分严重的是贪污和以权谋私，分别占43.1%和24.9%，这些都表明当前中国社会民众对政府官员群体的极度不信任。

与此相对应的是，政府官员是当下中国社会伦理道德的示范与演绎群体，是影响个人思想行为的重要群体，超越了先哲先贤、知识精英、企业家、演艺明星等群体。同时，对政府官员的评价与民众的社会阶层感、收入差距感、生活幸福感、社会公平感密切相关，这表明政府官员群体在民众的主观社会感知当中具有重要作用，老百姓倾向于将社会不满与问题归因于政府和官员。

政府官员腐败的泛化不仅是政府官员这一群体自身的问题，而且会影响整个社会的伦理道德状况的评价。政府官员作为国家权力的掌控者和支配者，他们贪污、以权谋私等突出的伦理道德问题，消解了公共权力和社会财富的伦理现实性，进一步导致伦理精神链的断裂。

2. 政府的道德建设举措力度大与道德建设效果低下之间的矛盾

政府所推广的一系列道德建设举措取得了一定的成效，最主要的就是意识形态领域的道德教育。意识形态中所提倡的社会主义道德已经成为当前我国社会道德生活中第二重要的元素，仅次于中国传统道德。此外，政府所提倡的社会主义道德在民众中的影响呈现出两极分化的状态。年轻人和老年人相比于30—50岁的中年人更加认同社会主义道德；高中学历的群体相比于学历低下和高学历群体更加认同社会主义道德；高级白领、农民、中共党员和共青团员更加认同社会主义道德。这说明，社会主义道德教育主要是在学校进行，尤其是在高中阶段。年轻人对社会主义道德的认同多来源于学校教育，老年人对社会主义道德的认同则来自主流媒体宣传和生活经验。

与此相比，政府所推动的其他道德建设活动：文明城市创建活动、学雷锋活动、典型人物宣传（感动中国、中国好人、道德楷模等）、志愿服务的倡导、反腐倡廉举措、《公民道德建设实施纲要》的推进，总体普及度在60%—90%，但是活动的有效程度只有16%—30%，尤其是《公民道德建设实施纲要》，只有16%的民众认为有效果。同时，政府所推广的道德建设活动，在年轻人、受教育程度高、收入高、党员、城市居民当中效果更好，在年龄大、受教育程度低、收入低、非共产党员和农村居民当中效果较差。

政府所推广的社会主义道德通过学校的意识形态教育途径取得了良好的效果，尤其是初中、高中的思想政治教育，在年轻人当中认可度较高。但是政府的其他伦理道德建设活动效果较差，仍须继续探索适合中国道德发展规律的建设途径。

3. 网络成为中国社会伦理道德的重要影响因子

随着信息时代的到来，网络日益成为民众的主要信息来源，并且在很大程度上塑造着人的思想行为，但是网络对于政府官员和政府道德建设的影响却呈现负相关。调查显示，以网络为主要信息来源的民众对于政府官员的道德评价，低于以电视等传统媒体为主要信息来源的民众。同时，对互联网的接触越频繁，对政府官员道德状况的评价就越低，对主流媒体的信任度也越低。由此说明，网络将政府官员置于公众舆论的监督之下，他们的一举一动备受关注，在各类公众舆论事件中，政府官员的负面形象导致民众对政府官员群体失去伦理信任和道德信心。

此外，以网络为主要信息来源的受访者，对政府所推广的道德建设活动效果的评分更高，接触网络越频繁，评分越高。网络已经成为当下中国社会伦理道德的重要影响因子，也是政府推广伦理道德建设活动的重要阵地。然而与此相对的是，网络本身的伦理道德含量比较少，对当下政府官员伦理道德评价的影响是负面的，这种伦理道德精神的缺位使得网络在伦理道德建设中无法发挥应有的作用，甚至将建构性的力量异化为解构性的力量。因此，政府应当充分理解网络在当下中国伦理道德发育中的作用，寻求更加适合国情的道德弘扬措施，推动伦理道德建设的发展。

4. 政府的道德建设对策

本次调查表明，当前我国政府官员的道德形象处于评价低、不被信任的状态。同时政府大力推广的一系列道德建设举措效果有限，城乡之间效果差异明显。网络媒体对社会伦理道德的影响越发重要，但因缺少伦理道德含量而无法发挥建构性作用。针对这样的情况，未来的政府道德建设应当从官员和行政两方面着手。首先加强官员本身的道德建设，营造积极的行政伦理氛围，促进伦理制度化，以此来扭转民众对于政府官员群体的负面道德评价。其次，政府的道德建设举措应当更具针对性，对于不同年龄、不同受教育程度、不同职业的群体采用不同的宣传方式，面对城乡差异，尤其要注重农村居民的道德建设宣传力度。最后，面对网络时代，要充分理解网络媒体的大众传播特征，把握公共舆论事件的导向，开展适合网络的道德建设活动，引导其成为社会伦理道德的建构性力量。

不过，本次调查属于大范围的普遍性调查，取得的成果反映的是一种广泛的社会态度，具体性不够。例如，对"政府"的概念并非做详细区分，无法了解中央政府、地方政府以及基层政府官员的不同道德评价。另外，在本研究中，宗教这一因子，并未对政府官员道德形象和政府道德建设效果产生影响。这一重要的精神力量对于政府伦理道德的影响，有待进一步研究。

（高　珊）

三十　中国社会大众对政府决策伦理含量判断的共识与差异

（一）研究背景

"决策"一词泛指人们在采取行动以前对行动目标和手段的探索、判断及抉择，而政府决策是指公共权力机关针对有关公共问题，为了实现与维护公共利益而选择和制订计划、方案或策略的行为与过程，它是国家行政机关处理公共事务的重要手段，也是政府在"公共利益的实现机制当中承担'掌舵'角色"[①]的重要起点。它一方面规范和指导着行政机关的行政过程，另一方面，决策过程和决策手段的伦理含量又对公共利益的实现产生着重要影响。因此，政府决策最大的特点是决策价值取向的公共性。正如戴维·伊斯顿所说："价值起到对授权指导日常政策的事务予以广泛限制的作用，同时，又不至于触犯共同体重要成员们的深厚感情。"[②]公共决策的价值往往指向伦理维度，因此，尽管有许多技术层面的因素影响着政府决策的进程和成效，但伦理要素仍然对政府决策有着不可取代的影响和作用，"行政官员应该做好把决策标准调适到已经反映我们社会核心价值观的义务和认识到组织目标的这些变化上来的准备，行政官员对组织内制定的决策和决策依据的道德标准负有个人和专

[①] 麻宝斌：《公共利益与政府职能》，《公共管理学报》2004年第1期，第86—92页。
[②] ［美］戴维·伊斯顿：《政治生活的系统分析》，王浦劬译，人民出版社2012年版，第179页。

业的责任"①。克朗进一步指出,"政府伦理比任何单个的政策都更加重要"②。可见,伦理构成政府公共决策的重要基础,政府决策中伦理价值和道德准则的地位、作用、影响正在日益提升。

对"伦理"的理解尽管在中西方不同的文化背景下有所差异,但达成共识的是,"伦理"是人理,是"人的确立、提升、实现的原理"③。伦理的作用就在于规范人与人之间的各种社会关系,追求社会生活的合情理合秩序。政府决策具有特定的伦理诉求,它要求大众在政府决策中的伦理角色、伦理过程以及伦理感知方面达成认可与共识。然而近年来,随着政府公共决策的价值取向越来越集中于社会关系的客观方面,"以经济或因果模型而不是以道德论证为基础"④。加上互联网条件下自媒体的飞速发展拓展了多元发声渠道,公众对政府决策中的社会公众的伦理角色、政府决策的伦理评价以及政策效果的伦理感知的差异不断扩大。为了提升政府决策的伦理含量,使政府在公共利益的实现机制当中更好地担当"掌舵"角色,本文从作为政策执行对象的社会大众出发,分析其对政府决策伦理含量判断的共识与差异。分析结果将有助于政府从伦理的角度对公共决策过程做出优化,构建符合伦理的决策模型,推动实现公共价值和公共利益。

(二)研究方法

1. 数据

本报告所使用的数据来自"2017 年全国道德发展状况调查"。为解决流动人口的覆盖偏差问题,该项目采用"GPS/GIS 辅助的地址抽样"

---

① Terry L. Cooper, *Handbook of Administrative Ethics*, New York: Marcel Dekker Inc., 1994, p. 64.
② [美] R. M. 克朗:《系统分析和政策科学》,陈东威译,商务印书馆 1985 年版,第 134 页。
③ 樊浩:《中国伦理精神的历史建构》,江苏人民出版社 1992 年版,第 21 页。
④ [美] 威廉·N. 邓恩:《公共政策分析导论》,谢明等译,中国人民大学出版社 2011 年版,第 7 页。

方法。[1] 该方法以经纬度确定出来的空间单元为抽样单位，初级抽样单位（PSU）以区县内的第六次人口普查的常住人口数为规模度量（MOS），按照分层、PPS（成比例概率抽样）方法抽取76个区县级行政单位；次级抽样单位（SSU）在每个PSU内，以30"*30"格的夜间灯光亮度为规模度量（MOS），按照分层、PPS的方法，抽取2个"30*30"格；三级抽样单位（QSU）在入选半分格内先普查登记全部有人居住的住宅单位，然后构成住宅地址抽样框，之后按照等距抽样的方法，抽取住宅单位；最后按照"Kish抽样表"，在每一个入选的住宅单位中，抽取一个已经在本区县居住6个月以上的18—65岁的居民作为受访人。入户问卷调查于2017年8月2日至10月30日进行，实际共抽取了13358个符合调查资格的住宅单位，完成了8755个有效样本，有效回答率为65.5%。调查结果可以基本推断到全国范围内的人口上。

2. 变量

伦理因素在政府决策中常外显为行政伦理关系，政府决策伦理可以根据行政伦理关系来判断，"一是政府系统内部存在的行政伦理关系；二是政府组织与外部环境之间存在的行政伦理关系"[2]。基于行政伦理关系，政府决策应"充分考虑所有社会成员的利益诉求和社会期待"，并"符合社会的评价标准"[3]。因此，本报告中的因变量选择包括公众对"政府在决策中的伦理角色的判断""政府决策的伦理过程的判断""政府决策的伦理感知""政府决策中社会公众的伦理角色的判断""政府决策的伦理评价""政策效果的伦理感知"六个变量。

对六个变量进行测量选择的问题为：1."您认为干部当官的目的？"答案包括：（1）为国家社会做贡献；（2）为人民服务；（3）为家庭增光；（4）为自己升官发财；（5）没什么特殊目的；（6）其他。

2."和前几年相比，您认为目前我国官员腐败现象有什么变化？"答

---

[1] F. Pierre Landry and Shen Mingming, "Reaching Migrants in Survey Research: The Use of the Global Positioning System to Reduce Coverage Bias in China", *Political Analysis*, 2005, 13, pp. 1-22.

[2] 张康之、张乾友：《公共行政学》，中国人民大学出版社2016年版。

[3] 周谨平：《政治伦理视角下社会治理的政府角色定位》，《伦理学研究》2017年第3期，第131—136页。

案包括：（1）有很大改善；（2）有较大改善；（3）没什么变化；（4）更加恶化；（5）其他；（6）不知道。

3. "对当地政府道德状况的满意度如何？"答案包括：（1）提高了；（2）没什么变化；（3）更加信任了；（4）其他。

4. "您认为本地区慈善和公益事业做得如何？"答案包括：（1）很好；（2）比较好；（3）不太好；（4）很差。

5. "政府在制定决策中充分考虑到伦理道德方面的要求了吗？"答案包括：（1）有考虑，能够从日常生活中感受到；（2）有考虑，能够从政策文件中感受到；（3）只是口头说说，没有实际行动；（4）没有考虑，政策制度都是为了自己的政绩；（5）其他。

6. "您认为政府对志愿活动的推广有效果吗？"答案包括：（1）效果很好；（2）效果较好；（3）效果较差；（4）完全没效果。

核心自变量包括户籍、职业阶层与受教育程度，控制变量包括性别、年龄、民族、宗教信仰、党员身份。删除存在相关变量缺失值的个案，得到8693份分析样本，变量的基本描述情况参见表8-2。

表8-2　　　　　　　　变量基本描述统计（N=8693）

变量	均值（分）	备注
男性	0.468	二分类变量，参照类为女性
年龄：18岁以下	0.019	
18—25岁	0.108	
26—35岁	0.200	—
36—50岁	0.315	
51岁及以上	0.357	
受教育程度：小学及以下	0.288	
初中	0.312	
高中（职高/中专）	0.242	—
大专及以上	0.158	
非农业户口	0.377	二分类变量，参照类为农业户口
汉族	0.931	二分类变量，参照类为少数民族

续表

变量	均值（分）	备注
宗教信仰	0.085	二分类变量，参照类为无信仰
职业阶层：管理专业人员 办事人员 蓝领 底层	0.078 0.094 0.394 0.437	管理专业人员（企业领导/公司老板、企业中层管理人员、教师/医生/科研/技术/工程人员、事业单位领导、文化/艺术/体育从事人员、机关干部、军人/警察）、办事人员（办公室普通职员、业务人员、普通公务员）、蓝领（服务人员、做小生意者、流动摊贩、体力工人、技术工人/维修人员/手工艺人）、底层（农民、牧民、失业和无业人员）

（三）社会大众对政府决策的伦理含量判断的共识

政府作为一个国家法理上的行政主体，应保证其决策的合理性、科学性以及合法性，并且在政府与社会的道德关联层面，还应对政府决策的伦理含量进行考量。分析社会大众对政府决策的伦理含量判断的共识，可以清晰地考察政府决策的伦理含量。

1. 大众对政府在决策中伦理角色的共识

在伦理性政府建设的过程中，我国社会大众对政府伦理角色的共识大致经历了两个阶段：一是以传统的伦理纲常为基础，将政府视作传统意义上"君主"的化身，这种伦理角色认知是封建社会的产物，随着历史的发展已经逐步消失。二是半现代化的，契约式的政府伦理关系尚未深入人心，社会大众仍然将官员视为特权阶层。

调查数据显示，在"您认为干部当官的目的是什么"这一多选题上，虽然有34.3%的调查对象认为干部当官的目的是"为自己升官发财"；有25.6%的调查对象认为干部当官的目的是"为家庭增光"；但是应该看到，认为当官的目的是"为国家社会做贡献""为人民服务"的比例分别

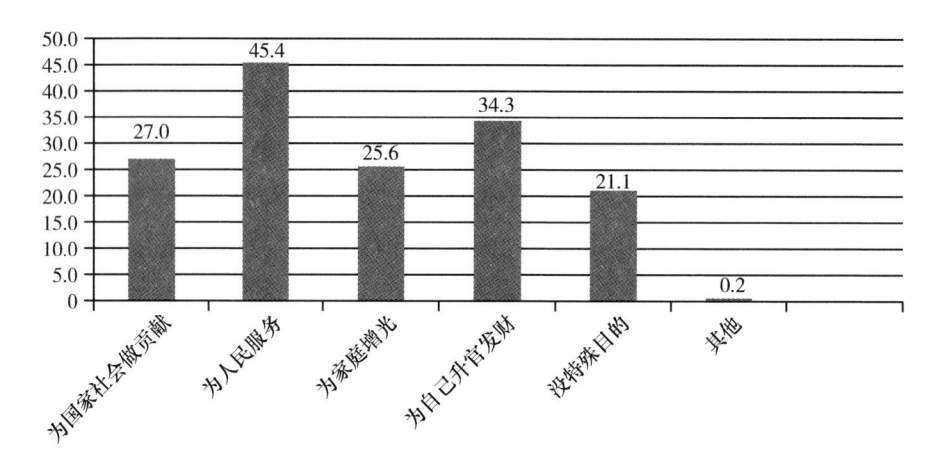

798　下　伦理魅力度与道德美好度

图8-69　关于"您认为干部当官的目的"的调查结果分布（%）

（为国家社会做贡献 27.0；为人民服务 45.4；为家庭增光 25.6；为自己升官发财 34.3；没特殊目的 21.1；其他 0.2）

为27.0%和45.4%（详见图8-69），仍然有较大比例。所以总体上看，社会公众就政府应当承担的伦理角色是有共识的，对目前政府官员基本承担的应有的伦理角色也有一定的共识。但距离现代伦理型政府的要求，还有很长的路要走。

公众对政府的认知，通过上述描述，基本可以概括成"半现代化"的伦理认知，这是我国迈向真正的现代化强国必经的过程，这一过程也是传统的政府伦理观向现代化的政府伦理观转变的过程，是对现代化治理能力的必然要求。

2. 大众对政府决策的伦理过程的共识

政府决策过程实际上就是对利益的重新分配过程，涉及不同利益主体之间的利益调配问题，不可避免地会出现寻租现象，因此往往与"腐败"问题联系在一起，使得决策的伦理过程充满不确定性。调查显示，在"和前几年相比，你认为腐败如何变化？"这一问题中，有65.1%的调查对象认为"有较大改善"，有12.8%的人认为"有很大改善"，有19.5%的人认为"没什么变化"，只有2.3%的人认为"更加恶化及其他"（详见图8-70）。因此可以说明，近年来我国强硬的反腐措施不仅取得了实效，而且赢得了广大群众的认可，使公众切身感受到了干部清正、政府清廉正在逐步成为现实。

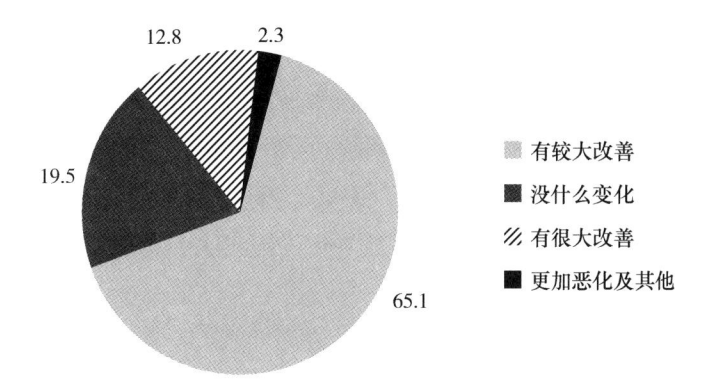

图8-70 关于"腐败如何变化"调查结果分布(%)

总体来看,我国政府决策的伦理过程呈现出较好的状态,较高的政府廉洁性已经成为大部分公众的普遍共识,是新时代我国政府治国理政的一项重大突破。然而,值得注意的是,对决策过程中使用的决策工具的伦理状况仍然需要加以警惕,应将有效的制衡与审查机制运用到政府决策的论理过程当中。

3. 大众对政府决策的伦理感知的共识

政府决策的质量影响着政府形象,决策是否符合大众利益,是否对社会价值进行了合理性分配,直接影响着政策可行性和执行效果。良好的政府道德是高质量政府决策的前提,因而,大众对政府的伦理感知的提升是政府决策质量的重要保证。

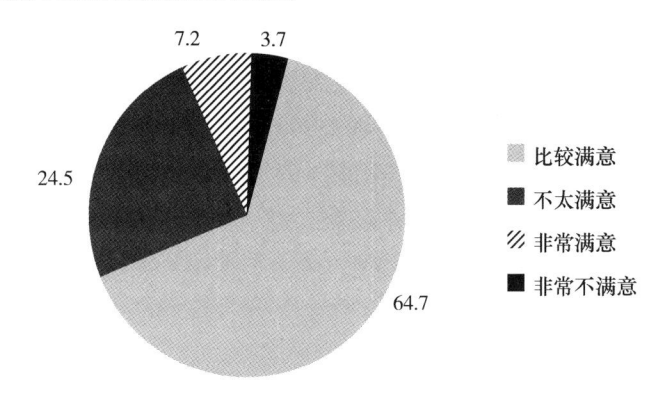

图8-71 关于"对当地政府道德状况的满意度"调查结果分布(%)

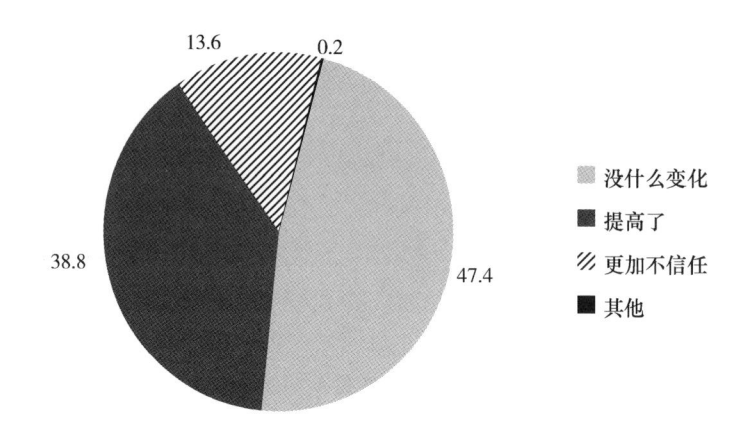

图 8-72 关于"与前几年相比,您对官员的信任度有什么变化"的调查结果分布(%)

在调查中,"对当地政府道德状况的满意度"问题,直接测量了群众对政府的道德状况的看法,调查显示,有 64.7% 的调查对象对当地政府道德状况持"非常满意"的态度,仅有 24.5% 的人表示持"不太满意"的态度(详见图 8-71)。在"与前几年相比,您对官员的信任度有什么变化"调查中,约一半的调查对象认为"没什么变化",有 38.8% 的群众对官员的信任度提高了,仅有 13.6% 的人表示对政府官员"更加不信任"(详见图 8-72)。可以看出,我国大部分群众对政府的道德状况普遍且长期持正面态度,因此可以推断出,长期以来,我国政府决策的道德含量较高,在决策中充分考虑到了人民群众的利益,决策执行的效果较好,民众有较强的感知度。但是值得注意的是,仍有少部分群众对政府决策的态度是负面的,说明政府决策的全面性和平衡性尚不能得到完全保证,在决策过程、后续的政策宣传以及政策贯彻中,应该更加注重联系群众,将政策的整个过程与公众参与充分结合起来,真正做到坚持以人民为中心的发展思想,使人民获得感、幸福感、安全感更加充实、更有保障、更可持续。

（四）社会大众对政府决策的伦理含量判断的差异

中国社会大众对政府决策伦理含量判断的差异，如不同群体对同一政府决策的不同伦理评价与伦理感知，也是考量政府决策伦理含量的重要方面。价值取向的公共性是政府决策的首要属性，要求政府决策必须考虑多方利益，将不同行动主体纳入决策过程中。而就不同城乡属性、不同职业阶层、不同受教育程度的群体对政府决策的伦理含量判断的差异进行研究，能够更好地掌握多种行动主体对政府决策的不同伦理需求，从而为优化政府决策提供有益依据。

1. 大众对政府决策中社会行动主体的伦理角色判断的差异

社会行动主体通常指企业、研究机构、新闻媒体等独立于政府之外的社会主体，政府决策中价值取向的公共性要求社会行动主体有效参与政策议程，承担起政府决策中的伦理角色。社会行动主体的伦理角色贯穿着政府决策的整个过程，在政策议程的形成过程中，对社会问题进行表达和讨论，逐渐形成公众舆论，推动社会问题由公众议程向政府议程的成功转化；在政策制定过程中，提供更为广泛的信息，从而有助于提高政府决策的公平性和科学性；在政策实施过程中，有助于对政策执行进行监督和跟踪，对政策执行的偏差提出修改性意见；在政府政策评估中，社会行动主体从更为广泛的角度切实反映政策的实际成效，有助于政府对政策进行相应的经济性评估和价值性评估。社会行动主体的伦理角色也体现在服务社会的过程中，合理的社会参与能够弥补政府公共服务的不足，全方位、近距离对社会问题进行诊断，从而从社会本身的角度加深对社会的理解，以便提供更精准的服务。因此，不同群体对社会行动主体伦理角色判断的差异直接体现为其对政府决策质量判断的差异。

本文以户籍为变量对不同群体是否在政府决策制定过程中承担伦理角色做了统计分析，选用的问题为"您认为本地区慈善和公益事业做得如何"。统计结果显示，农业户口调查对象认为慈善和公益事业做得"很好"的比例为7.5%，而非农业户口调查对象认为"很好"的比例为

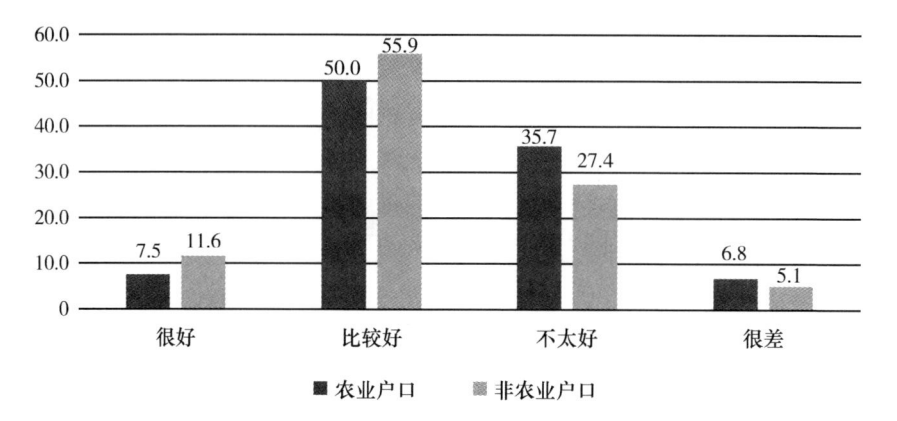

图8-73　关于"您认为本地区慈善和公益事业做得如何"调查结果分布（%）

11.6%；认为"比较好"的比例分别为50.0%和55.9%；认为"不太好"的比例分别为35.7%和27.4%。由此可见，城乡居民对本地区的慈善和公益事业的评价存在一定的差异，农村地区的满意度明显低于城市。说明我国的慈善和公益事业在城乡上的宣传效果、落实效果存在一定的差异，总体来说，慈善和公益事业还有很大的提升空间（详见图8-73）。同时说明，社会行动主体在社会参与服务的过程中，不仅仅要看服务的社会主体数量和服务项目数量，更要从参与的质量抓起。由此看来，公益和慈善事业是社会力量参与社会服务的重要体现，然而其服务质量给人的印象却是参差不齐的。在政府决策中，要重视这个现象，我们不仅要求有社会参与，而且必须有合理的、有秩序的社会参与，低质量的社会参与只会导致政府决策的低效率和决策秩序的紊乱，从而降低决策质量；高质量的社会参与才能真正促进政府决策的科学性，提高政策的有效性。因此，从社会参与的角度来说，政府决策的参与伦理应当是有序的、高质量的。

2. 大众对政府决策的伦理评价的差异

大众对政府决策的伦理评价是指大众对政府在决策过程中是否遵守一定的伦理规范而做出的主观或客观评价，体现在政府决策过程中，主要评价决策主体是否合法合理地运用自己的权力，是否以人民的利益为根本出发点等。对这些问题的主观判断和基于事实的客观评价构成了大众对政府决策伦理评价的主要内容。从主观来说，大众的伦理评价是基于一定的经验与常识产生的，如对政府决策的传统印象。即使主观评价存在一定的偏差，对于政府形象的塑造和改进也具有重要意义；从客观来说，大众的伦理评价来源于现实生活，来源于政府的实际决策行为给社会民生所带来的变化，它直接影响着大众对政府的信任程度。因此可以说，不同群体对政府决策的伦理评价差异反映出大众对政府的满意度。

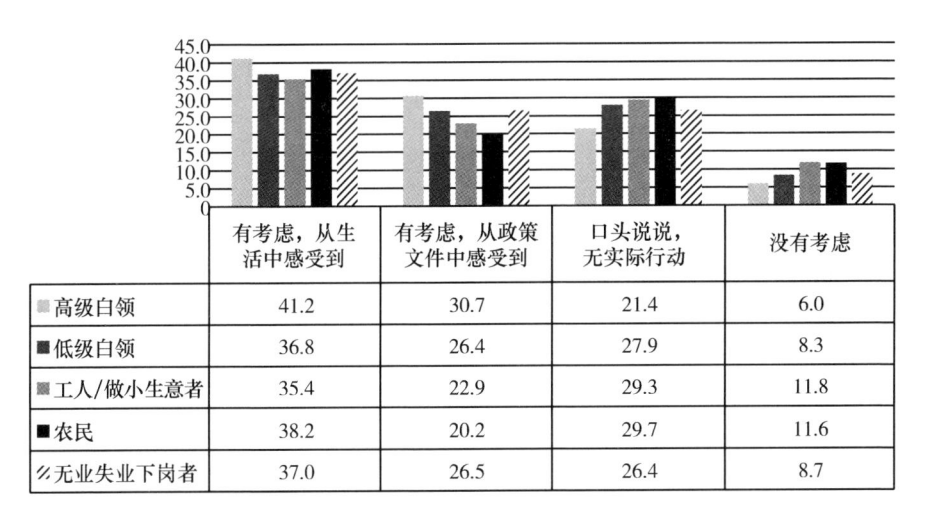

	有考虑，从生活中感受到	有考虑，从政策文件中感受到	口头说说，无实际行动	没有考虑
高级白领	41.2	30.7	21.4	6.0
低级白领	36.8	26.4	27.9	8.3
工人/做小生意者	35.4	22.9	29.3	11.8
农民	38.2	20.2	29.7	11.6
无业失业下岗者	37.0	26.5	26.4	8.7

图 8-74　关于"政府在制定决策中充分考虑到伦理道德方面的要求了吗"调查结果分布（%）

本文以职业身份为变量就不同群体对政府决策的伦理评价进行统计分析，选用的问题为"政府在制定决策中充分考虑到伦理道德方面的要求了吗"。统计结果显示，高级白领、低级白领、工人/做小生意者、农民和无业失业下岗者，半数以上都认为政府在制定决策中考虑到了伦理道德方面的要求，但伦理含量的程度却存在差异。其中，有41.2%的高级白领和36.8%的低级白领能够从生活中感受到政府决策的伦理道德要求，对政府伦理评价较高。而有22.9%和20.2%的工人/做小生意者和农民等低收入者只能从政策文件中感受到。与此同时，更多的低收入者认为政府决策只是口头说说，并没有实质性的行动，甚至没有考虑伦理道德要求，对政府决策的伦理评价较低。在"没有考虑"这一极端态度中，工人/做小生意者、农民比高级白领和低级白领高3%—5%，均表明我国不同阶层对政府决策的伦理评价存在差异（详见图8-74）。由上述数据可推断出，总体来说，有超过60.0%的群众认为政府在决策中确实考虑到了伦理道德方面的问题，说明随着社会经济的不断发展、政治文明不断提高和政府职能的不断改进，政府的行为更加趋向于受到伦理道德方面的约束，政府决策也越来越考虑到伦理道德含量，更加趋向于符合人民的利益和保障人民权利。同时，不同阶层对政府决策的伦理评价的差异，也提醒我们，政府决策过程不能仅仅流于形式，对不同群体利益的保障、对低收入群体利益的倾斜、对伦理道德的遵循不能只是口头表达和文件体现，而是要从具体的行动出发，要从政策制定、政策执行到政策评价全过程加以重视。

3. 大众对政策效果的伦理感知的差异

政策效果的伦理感知主要是指社会大众对政策效果的评价，即该项政策是否达到了预定目标，是否维护和保障了不同群体的公共利益，政策客体是否有真正的获得感和满足感等。政策效果通过政策评估来加以衡量，没有效果或没有达到预期效果的政策在一定程度上可以归为失败的政策，造成政策资源浪费和人民对政府信任感的降低。不同主体对政策效果伦理感知的差异反映了该政策在多大程度上满足了大众的需求。

本文以职业身份为变量就不同群体对政府决策效果的伦理感知做了统计分析，选取的问题为"您认为政府对志愿活动的推广有效果吗"。统计结果显示，分别有22.2%的工人/做小生意者和27.6%的农民认为本地政府对志愿活动推广"效果较差"，高于高级白领和低级白领的比例；分别有14.4%的工人/做小生意者和10.5%的农民认为"效果很好"，低于高级白领和低级白领的比例。而在认为"效果较好"的群体中，这种差异就不太明显。由此可以看出，在对政府的志愿活动推广效果评价较低的群体中，不同阶层的差异比较明显，较低职业阶层对志愿活动政策效果的伦理感知明显低于较高职业阶层。由此问题可以引申得出，我国政府在政策效果的把控上整体较好，但在较低职业阶层方面，政策伦理的感知效果较差，底层人民明显对政策伦理感知较低。因此，我国政府在政策效果方面，要加强监督，形成良性反馈，从底层出发，拒绝流于形式的政策执行。

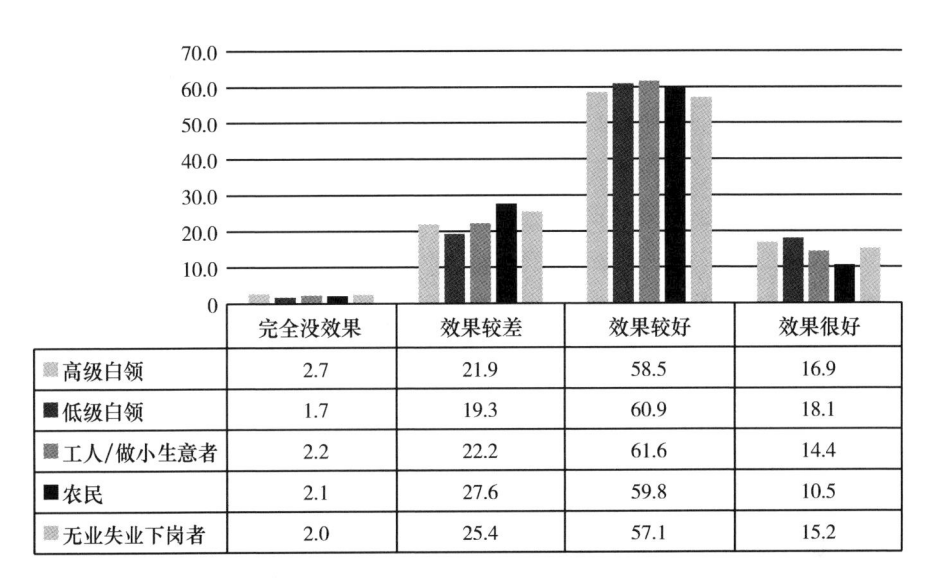

	完全没效果	效果较差	效果较好	效果很好
高级白领	2.7	21.9	58.5	16.9
低级白领	1.7	19.3	60.9	18.1
工人/做小生意者	2.2	22.2	61.6	14.4
农民	2.1	27.6	59.8	10.5
无业失业下岗者	2.0	25.4	57.1	15.2

图 8-75 关于"您认为政府对志愿活动的推广有效果吗"调查结果分布(%)

(五)结论与思考

1. 结论

中国社会大众与政府的伦理关系正在发生变化。社会大众对官员的伦理角色基本持正面看法,这种正面态度是我国官民关系从"传统君臣关系"向"现代法理关系"转变的一个重要体现,但值得关注的是,我国正处于这种转变的过渡时期,政府要加强自身角色定位的转变,在法理层面和实然层面实现服务型政府的现代化转型,这也是国家治理体系和治理能力现代化建设的必然要求。

政府决策正在朝着伦理型决策的良好方向发展。随着社会经济的不断发展,政府的政治文明不断提高,政府职能在改革中走向有序高效。与此同时,政府的行为更加趋向于受到伦理道德方面的约束,政府决策更加注重价值取向的公共性,更加趋向于符合人民的利益和保障人民权利。但同时也应注意到,不同群体对政府决策的伦理感知的差异性仍然处在较高水平,因此政府在决策过程中,要更加注重政策行动主体的广泛性。

在推进治国理政的改革实践中，政府决策伦理含量的提升将是重点和难点。对不同政策行动主体如何正确承担起在政府决策中的伦理角色，如何理顺政府和公众之间的伦理关系，如何提升不同群体对政府决策的伦理评价与伦理感知，尚需要进一步深入思考。

2. 思考

政府决策要以人为本。要充分考虑人民利益，关注人民的生存状态，重视人民群众在决策中的作用，做到权为民所用、情为民所系、利为民所谋，将人民的利益自始至终作为决策活动的出发点和落脚点。首先，在政府决策过程中，政府及其行政人员应树立"以人为本"的政府决策观，将决策建立在尊重人的尊严和价值的基础之上，尊重和理解公众的价值期待，努力寻求公共利益与私人利益之间的平衡，保障公众的基本权利和利益。其次，要赋予每一个公众平等的地位，使其能够通过合法渠道参与政府决策，表达他们的利益需求和期望。尊重公众的人格平等，在决策中实现平等的伦理关怀。再次，应培育公众参与的文化，"从民意的角度寻找社会秩序的基础"[1]，引导公众正确认识政府决策的目标和意义，增强参与的意识和能力，激发参与的积极性，鼓励公众理性、合法地参与政府决策。最后，政府要提高回应性，对公众的意见和建议及时予以反馈，在维护公共利益的基础上尽量满足公众需求并接受公众监督。

政府决策要符合程序正义。程序正义是指"不存在任何有关结果正当性的独立标准，但是存在着有关形成结果的过程或者程序正当性和合理性的独立标准"[2]，即要以人们"看得见的方式"来实现决策过程的公平正义。程序正义是实现政府决策伦理正当性的制度保障的必要条件。具体而言，要加强政府决策程序制度建设，健全依法决策机制，实行政府决策公众参与制度，以适当的方式强化对政府决策程序的有效监督，确保政府决策按照规定的程序运行。同时还要健全民主参与决策机制，加强对公众参与的宣传和教育，增强公众参与意识；拓宽公众参与渠道，充分听取公众的合理化意见和建议；完善听证制度和信息公开制度，保

---

[1] 张康之：《寻找公共行政的伦理视角》，中国人民大学出版社2002年版，第359页。
[2] 罗尔斯：《正义论》，中国社会科学出版社1988年版，第80—83页。

证政府决策的开放性和透明性；健全决策专家咨询机制，广泛征求专家学者和资深人士的建议。

政府决策要注重决策效益。决策效益是指政府作为公共权力机构，对社会公共资源进行配置所产生的效益，其本质是建立在社会公平的基础之上的公共利益最大化。"公共政策的终极目标是社会最优基础价值不断前进"[1]，推进决策效益一方面可以帮助政府决策研究者从公共利益出发，提供可行、有价值的决策建议，另一方面还可以帮助决策者对备选方案的效益进行理性的预测，选择出效用最大的决策方案。决策效益作为实现政府决策伦理正当性的评估尺度，需从以下几个方面进行衡量：首先，政府决策的公平性。一方面，政府及其行政人员作为公共权力的代表者，在决策效益评估中应处于价值中立的位置，不能偏私于利益分配中的任何一方，要注重利益分配的公平性。另一方面，政府决策的决策效益评估必须兼顾公平和效率。决策效益评估要关注决策实践对社会、政治、经济发展以及人民群众生活水平提高产生的效果，在社会公平的基础上维护和增进公共利益。其次，重大行政决策效率。根据政府决策投入和产出的逻辑关系，通过决策者和研究者对各备选方案进行决策效益评估，从中选择出以较小的投入获得最大效用的决策方案，确保公共利益的最大化。最后，政府决策的有效性。对决策目标和实际效益进行比较，评估政府决策的有效性，及时调整决策方案，保持政府决策实际结果与决策目标的一致性，能够促进政府决策目标的实现。

政府决策要明确宣传路径。政策宣传是政府决策的一个重要环节，政策执行者和执行对象对政策内容的理解、配合是提升决策执行力的重要一环。因此首先要考虑到信息的完备性，选择合适的政策宣传方式，及时、准确、有针对性地将政策信息传递给政策执行者、政策对象和目标群体。其次，要借助现代传播手段，借助多种传播媒介的政策传播、舆论造势和宣传导向，是公共政策整个过程中的一个重要环节。特别是在当今信息社会中，移动平台、电视和互联网已成为大众传播的重要工具。因此，政策宣传应适应时代的发展需要，不断改进宣传方式。最后，

---

[1] ［美］戴维·L. 韦默、艾丹·R. 瓦伊宁：《公共政策分析理论与实践》（第四版），刘伟译，中国人民大学出版社2013年版，第140页。

政策宣传应适应特定的背景环境要求。政策宣传并不是万能的，政策宣传及传播的效果受到各种社会因素的影响，与一定的社会环境、媒介环境、群体心态、政治军事经济及文化背景密切相关。因此，政策宣传要针对不同的背景环境，选择不同的宣传手段和宣传策略。

（季玉群、毕占方、吕玉洁）

第九编

文化的伦理兼容力

三十一　中国文化的伦理兼容力状况

伦理认同价值的弥散性①是全球化以来潜伏于人类社会机体之中最为隐秘的文化症候。全球化迅猛发展，新兴科技和网络技术的发展极大地改变了传统文化，也逐渐消弭了地区之间的文化差异，文化的伦理兼容力作为评价当前中国道德发展的重要指标，越来越凸显出其重要价值。全球化、高技术与市场经济构成了当前中国伦理关系状况的底色，由此派生出人类命运共同体伦理、发展伦理、市场经济伦理和以自身民族传统文化为基础的中国现代伦理。此四种伦理共同构成了当今中国文化乃至个人精神领域相互影响、冲撞涵摄的四大价值体系。文化的多元共生样态一方面维系了特殊环境和区域的伦理认同，另一方面，价值生态边界的叠加也客观造就了横亘在更大范围内达成伦理共识的壁垒。本报告以中国伦理道德发展现状为主题，通过对诸社会群体大规模调研和访谈，试图对道德发展规律进行实证研究，对中国文化的伦理兼容力进行测评，着重评估文化主体对待外部世界的伦理态度、伦理情怀与伦理关系。

---

① 弥散的本义是弥漫消散。本文所言的"弥散性"，意指在精神和文化领域因主流或者核心文化价值中心缺失或者不彰显而造成的多元价值冲突、伦理认同价值混乱的现状。弥散性文化现状表明了当前道德转型过程中个人道德或社会伦理的可塑性，以及伦理文化治理的可能性。从形态学的角度理解伦理文化的弥散性或许更接近伦理调查的真相。"古今之变"和"中西互镜"在时间和空间两个维度展示了道德转型的基本特征：传统与现代的"断"与"续"、中国与世界的"分"与"合"。个人置身于道德转型的历史空间必然面临的问题是，如何在各种不同的道德价值和文化元素中架构自身的道德观念、伦理体系？本项研究的问题意识也在于此，文化的伦理兼容力表征着个体在弥散型文化环境中，对不同国家（地区）道德、宗教、传统等文化价值的感受度。通过全国范围的实证调查，进一步呈现客观、真实、动态的伦理文化现状，为国家伦理治理现代化提供可资借鉴的研究。

（一）报告主题界定与测评内容

"文化的伦理兼容力"的评估对象是"文化",关键词是"兼容力"。在哲学上,它是家国情怀下的伦理同一性建构,因而在根本上是一种文化气象、伦理气象,也是一种文化和伦理的力量。[①] 本报告围绕"文化""兼容力"两大主题,通过对六大群体进行大规模调研和访谈,试图对弥散型文化背景下我国当前伦理现状及其发展规律进行实证研究,为国家伦理治理现代化提供借鉴。

1. 本报告对"文化"做出如下限定:广义的文化包括人类在社会历史发展过程中所创造的物质财富和精神财富的总和,本文主要指狭义的文化概念,即意识形态。"伦理兼容力"的测评方向,主要从外部伦理世界、内部伦理世界以及文化的伦理精神三个维度进行。

2. 本报告的测评要素有三。首先是外部世界的伦理即"国际伦理"的兼容力,其测评要素主要有三:其一,走向世界的爱国主义,它是外部世界关系中的国家伦理意识与民族伦理精神,包括走向世界的频率如文化、教育、经济、社会的对外交往投资情况等,以及文化生活中民族尊严的维护,经济政治生活中民族利益的坚持,个人行为中的民族气节与民族伦理形象的保护等。其二,拥抱世界中的世界主义,如吸引外资的状况,城市外国人士的流通频率与交往能力,城市标志物的双语、多语状况,市民伦理心态上的开放度,政府在经济社会文化政策上的开放度,对外来文化的接受和接纳品质等。其三,伦理对话能力。包括社会大众对异质文化的伦理识别能力、伦理互动能力,多元文化中对民族优秀伦理传统的坚持能力等。

其次是内部世界的伦理即"群际伦理"的兼容力,着重考察内部社会流通中的伦理状况与伦理能力。要素有:其一,城市或地域的伦理开放度,包括人口流通状况,外来人员的伦理态度与伦理政策,社会大众对外来人员尤其是外来低层打工者的伦理态度、理解能力、尊重品质,

---

[①] 樊浩:《伦理道德,如何才是发展?》,《道德与文明》2017年第4期。

政府接受外来人员的政策，如城市落户的门槛、子女入学、医疗保障等。其二，社会流通的伦理能力，包括：社会阶层的固化程度、低层社会群体的上升通道是否畅通，如优质教育资源的特权化状况等。其三，社会在伦理上的两极分化状况，如政治生活中精英阶层及其子女的特权化程度，经济生活中财富集中及其"炫富"状况，诸社会群体、社会阶层之间的伦理关系尤其是相互信任和尊重的状况，由贫民引发的社会恶性事件状况等。

最后是伦理精神的兼容力。即在一定的社会意识形态下个体或集体对不同价值、文化的包容和理解程度。包括三种伦理能力：理解能力，尊重能力，和合能力。这些能力都发生于"国际"和"群际"层面。包括对异质文化及其生活方式的"伦理能力"，对不同社会群体的生存状况和行为方式的理解能力。"理解"不是"了解"，"理解"指向承认和尊重，而"了解"可能只是出于好奇甚至猎奇，开放社会必须发展出一种伦理上的尊重能力，不仅是对异质文化的尊重，而且是对社会内部不同社会群体，尤其是底层群体和弱势群体的伦理上的尊重，"学会尊重"是一种社会生活必需的伦理教养和伦理品质。"和合"能力是一种知行合一的能力，它将不同文化、不同群体、不同阶层，使精神世界中的"和"，在生活世界中的"合"，共生互动，这种能力的伦理基础和传统资源，本质上是一种"及"的伦理能力：对个体来说，是推己"及"人；对社会来说，是老吾老以"及"人之老，幼吾幼以"及"人之幼。"及"是一种伦理境界、伦理教养，也是一种伦理能力。从本质上讲，内外境遇之中的"伦理能力"均体现出伦理精神的兼容力，"及"作兼及解释，是道德主体对他者的尊重与承认。

3. 本报告以问卷访谈的数据为基础，数据依照对文化及文化兼容力的相关定义与设计获得。

（二）伦理兼容力"五维图谱"

1."国际"伦理兼容力

在全球化一体化进程加速发展的当代，不同国家和地区，因文化、语言、宗教、社会体制之间的差异造成的认知差异依然客观存在。尤其是在以互联网为社会背景的当代中国,传统文化和社群确立的伦理认同在多元价值理念的社会潮流中越来越难以坚持。随着中国参与国际化的水平不断加深,层次不断提高,国际文化交流也日趋紧密,普通个体遭遇外国文化的频次逐步提升。在逐步走向世界的过程中,民族精神、爱国主义等核心价值逐步受到利益计算的影响。在道德与利益之间的权衡中,一种文化上的"世界伦理"开始逐步形成。从全球化的背景来看,"世界伦理"是主体自我认同与世界认同的统一,外部文化、经济、伦理对主体影响的一个重要的方面是其作为一种使经济与文化、私域与公域、自由与认同发生分离的总体化力量。这种力量使得个体的传统自我认同以及基于此而形成的社会公序良俗发生了松动,原本的道德指标变得模糊不清。与此同时,我们曾经从属的某个传统、某种回忆和某种存在或文化所固执的自我认同,又总是在固执地超越或破坏"世界伦理"的生成。以"国际"伦理的兼容力为调研对象,可以透视世界伦理的形成和发展的基本状况。

全国调查显示,国人在与外国人建立友好关系的认识上是鲜明的。与此同时,在对外开放、文化开明的大社会背景下,在涉及不同文化的节日问题上,民族主义又体现出某种程度的坚持。例如,在问到"您更愿意过春节还是圣诞节"这一问题时,有79.1%的受访者表示愿意过春节,表示愿意过圣诞节的比例为0.7%,两个节日都愿意过的为17.2%(见表9-1所示)。

表9-1　　　　不同社会群体对"跨文化节日"的伦理认识　　　　(%)

	农业户口	非农业户口	均值
圣诞节	0.6	0.9	0.7
春节	81.5	74.3	79.1
两个都愿意过	14.8	21.8	17.2
两个都不想过	3.0	3.1	3.1
总计	100.0	100.0	100.0
列总计	5753	2933	8686

这充分体现出中国社会当前呈现出的"世界伦理"与传统文化之间的紧张感。一方面，基于社会经济发展的利益考量，对外开放、吸收借鉴西方文化成为一种明智的策略；另一方面，社会的发展又需要民族文化为支撑，凝结伦理认同。"国际"伦理的文化兼容力呈现出开放发展与传统固守之间的冲突，中国文化提倡的"和而不同""协和万邦"的思想如何从理想变为现实，特别是在"一带一路"倡议和"人类命运共同体"建设的当下，深入发掘和建设国际伦理思想，掌握对外交往的文化主动权显得尤为重要。我们看到，越是远离城市（国际化）环境，且与主流意识形态保持一定距离的群体（如农民），在国际伦理发育程度方面就越显示出地区文化与世界文化之间的紧张关系。农民群体因其自身与土地的关系较为紧密，生活与传统地域性文化息息相关，他们对来自全球化潮流冲击的认识相对较为滞后，因此在文化的"世界伦理"兼容力方面明显落后于其他相关群体。例如，当我们问："如果您周围有很多外国人，您愿意和他们建立什么样的关系？"农民群体选择"愿意做朋友"的比例为29.4%，远低于官员群体的58.8%和企业家群体的55.9%，也低于诸群体平均水平40.5%。通过分析，农民群体对这一问题的回答集中在"无法和他们来往，存在语言、文化、习俗等障碍"这一项上，其选择比例是53.2%，这说明农民群体及其所代表的农村文化与世界文化之间的鸿沟依然巨大。

2. "群际"伦理兼容力

我们认为，内部世界的伦理即"群际"伦理的兼容力调查，着重考察内部社会流通的伦理状况与伦理能力。这主要体现在三个方面：城市或地域的伦理开放度、社会流通的伦理能力、社会在伦理上的两极化状况。随着中国经济和社会的不断发展，城市化进程进一步加快，从20世纪80年代开始的城市化进程使得城市—农村之间的人员流动一直处于高水平状态，城市成为农村剩余劳动力求职和谋生的选择之所。对待外来务工者的态度直接反映出"群际"（即不同社会群体之间）的伦理文化兼容力。通过调研，我们发现各个不同职业的群体对待外来务工者的基本伦理体现出较为一致的友善态度。调查显示，不同受教育程度者在这一问题上的认识也存在明显的差异。对待外来务工人员选择"尊重和体谅"

的态度会随着受教育程度的提升而增加，本科以上学历受访者有82.8%的认为应该选择"尊重和体谅"外来务工者。这说明，在群际伦理的兼容力建设方面，需要继续加大教育投入，提升社会成员受教育水平和社会整体文明程度。然而，从职业层次水平角度来看，以"高级白领"为代表的知识精英阶层和以无业失业下岗人员为代表的普通劳动者阶层在这一问题的认识上又存在着一定的差异。数据显示，在问及"对待外来务工人员您的态度是"这一问题时，有6.2%的高级白领选择"无视和冷漠以对"这在受访者群体中比例是最高的，远高于"无业失业下岗"人员的选择比例2.0%。

这说明，虽然在对待外来务工人员的兼容力方面，教育水平的高低在某种程度上显示出"伦理悖论"：一方面，受教育程度越高代表了越高的群际伦理兼容力；另一方面，职位层次越高又越容易造成对外来务工人员的道德轻视和伦理冷漠。笔者认为，这种悖论在一定程度上体现出道德价值与经济价值之间的紧张关系。从道德价值角度出发，受教育程度越高的社会个体对待不同群体的兼容力是越高的，精英人群更能产生出更大的道德责任感和伦理兼容力。但是，在涉及经济价值问题时，精英人群又容易从自我角色认肯出发，走向伦理兼容的反面。诚然，在调查中，选择"无视和冷漠以对"的精英群体虽然是少数，但这一问题所呈现出的伦理悖论值得引起社会的关注和反思。

3. "种际"伦理兼容力

"种际"伦理沟通是任何时代任何国家都不能回避的民族性议题。在传统伦理型文化中，民族性问题体现为"华夷之辨"。然而，与西方界限分明的种族藩篱所不同的是，中国传统种族之间的界限比较模糊。种族的标识并非一种完全基于自然条件的差异，而是应对华夏文化（中国文化）认可度的不同而呈现出的文明程度的差异。这种差异被孔子明确地表述为："夷狄入中国，则中国之，中国入夷狄，则夷狄之。"足见在中国传统伦理中，种族之间的不同并非先天且不可变异，而是一种可以在后天环境中通过教育、文化生之、育之的道德性生态价值群。通过调查，在问及"您同意中国人与外国人通婚吗"这一问题时，诸群体对这一问题的看法是存在显著差异的。表示"非常同意"和"强烈反对"比例相对较低，倾向于"比较同意"的选择率为57.1%，倾向于"不太同意"的比例为31.5%，在持反对意见的选择者中，农民、工人、做小生意者所占比例排名前三，其中有35.3%的农民表示"不太同意"有5.8%的农民表示"强烈反对"，综合反对率为41.1%，这表面农民群体对种际通婚之间的态度是较为分裂的。作为中国社会诸群体中数量最大的群体，农民群体对待"种际通婚"的态度依然持较为保守的立场，这与近代以来中西方文化交流激荡的大背景是有关的。传统中国一直是东亚文明的中心，近代以来，西方文化强势进入后所激起的民族意识逐渐使得开放的"华夷之辨"心态收缩为保守的民族观念（见表9-2所示）。

表9-2　　　　　不同群体对"种际通婚"的伦理认识　　　　　（%）

	农业户口	非农业户口	均值
非常同意	5.0	8.2	6.1
比较同意	53.9	63.3	57.1
不太同意	35.3	24.2	31.5
强烈反对	5.8	4.3	5.3
总计	100.0	100.0	100.0
列总计	4978	2612	7590

与此同时，具有不同宗教背景的民众对这一问题的回答却呈现出相当大的一致性。调查显示，有宗教信仰的受访者对于"您同意中国人与外国人通婚吗"这一问题，有59.6%的人选择了"比较同意"，有6.3%的受访者表示"非常同意"；无宗教信仰的受访者选择"比较同意"和"非常同意"的比例分别是56.0%和6.1%，二者之间的差异非常小。这与我们在传统认识中，将"宗教"与"种族"联系起来的观点有所不同。随着世界经济、文化、宗教之间相互影响、相互交流的程度进一步加深，宗教的属地化程度进一步降低，宗教越来越呈现出一种开放性、包容性和世界性的特征。这表明，一种跨越种际的伦理有可能在世界宗教的启发下成为现实。当然，宗教信仰与文化兼容力的基础是截然不同的。宗教以信仰为基础，文化的兼容力以理性为基础。种际的伦理兼容力建设

的可能性方向是以理性为基础,以传统文化为载体,以世界宗教和谐包容为参照,最终促进种族之间的伦理沟通,为人类命运共同体的建设发挥积极的作用。

4."地域"伦理兼容力

作为一个幅员辽阔的国家,中国拥有世界范围内少有的地域文化差异,如南北差异、东西差异、城市与农村差异、少数民族地区与非民族地区差异、省域差异、地方性差异、语言差异等。在当前城市化、一体化加速发展的背景下,现象界的差异在逐渐缩小,而存在于精神和文化世界中的状况又如何呢?这是文化兼容力调研的重点关注领域。

在问及"您在日常生活中与同乡人和外乡人的关系是"这一问题时,受访者的回答选项集中于"与同乡人交往多",有效百分比为41.2%,诸社会群体对待这一问题的回答存在着显著的差异。在所有受访者中,企业家和官员选择与同乡人交往较多的比重是所有群体中最少的,分别占27.3%和26.7%,选择"与同乡人交往多"这一选项所占比例最高的群体是农民(49.5%)和无业失业下岗人群(41.6%),由此可见,农民和无业下岗失业者群体受地域文化的影响较深,地域文化在该类群体生活中发挥了十分重要的影响。农民等经济弱势群体在社会生活中受到原生环境影响的程度较大,这主要反映了经济能力在社会交往领域的影响。"老乡"或"同乡"感情成为纽结经济弱势群体伦理认同的重要资源。这说明"乡土伦理"在很大程度上依然持续发挥着作用,同时,也表明城市化的进程并未完全消除诸群体在伦理认识上的城乡差异。针对这一问题的调研,在选择"与外乡人交往多"的受访者中,比例最高的群体是官员(19.4%),之后为做小生意者(15.8%)。

表9-3　　　　　　不同群体对"乡谊"的伦理认识　　　　　　(%)

	农业户口	非农业户口	均值
与同乡人交往多	43.4	37.0	41.2
与外乡人交往多	11.5	12.9	11.9
一样多	17.0	22.8	19.0
偶尔与外乡人有交往,主要与同乡人交往	28.0	27.2	27.7

续表

	农业户口	非农业户口	均值
其他	0.1	0.1	0.1
总计	100.0	100.0	100.0
列总计	5738	2924	8662

值得注意的是，官员群体在社会生活中接触外乡人的比例最高，究其原因，是公共服务性的职业带来大量接触不同地域不同人群的机会。这说明，公务员群体是体现公共伦理精神的天然载体，由于地域不同所导致的伦理认同矛盾最有可能在行政事务中得以呈现。因此，官员群体应对和处理不同地域文化差异的能力是社会"地域"伦理兼容力的重要参照系。行政事务的开展要了解社会存在的地域文化差异，如民俗差异、语言差异、饮食文化差异等客观事实，同时要以"和同"的精神在尊重差异的基础上凝练出跨越地域差异的公共伦理价值。

调研显示，政府机关在行政事务开展的过程中，对待来自不同地域人员的政策是以积极为主的。在问及"您所在地区的政府对待外来人员的政策是"这一问题时，诸社会群体的回答呈现出明显的差异。总体的调研数据显示，选择"不冷不热，顺其自然"的受访者比例最高，占总访问量的44.2%，其中企业家持这一态度的比例最高，为该群体比例的56.7%，这表明企业家群体在看待政府地域包容性问题时以消极态度为主。总体来看，社会持"降低门槛，广泛吸收"这一态度的比例为24.0%，其中官员为诸群体中比例最高之群体，占31.1%的官员认为政府对待外来人员的态度是"降低门槛，广泛吸收"，这说明在所有持这一态度的群体中，公务员群体所占比例最高。然而，有39.1%的官员认为对待外来人员的态度是"不冷不热，顺其自然"，与秉持"降低门槛，广泛吸收"态度的人群31.1%的比例相去不远，这客观说明，政府官员对待外来人员的态度还不够明晰，存在"放任自然"和"吸收包容"两种不同的思路。

5. 伦理精神的兼容力

对道德发展状况的调研客观地反映了一个时代的伦理精神。伦理精神从学理上是道德形而上学的对象。其中,"自由"意识及其辩证发展,是现象学或精神现象学研究的对象;"自由"意志及其辩证发展,是法哲学研究的对象;"民族精神"或"民族伦理精神"是历史哲学研究的对象。调研既是对中国当前道德状况的客观展现,又是对民族精神现状的真实反映。习近平在十三届全国人大一次会议闭幕式上发表的重要讲话指出,伟大的民族精神逻辑地包含四个方面内容:伟大创造精神、伟大奋斗精神、伟大团结精神、伟大梦想精神。[1] 作为伦理精神的历史展现,民族精神是伦理的"自为"状态。从社会调查的角度厘清民族伦理精神的特点和趋势对我国实现"伦理地"复兴具有极其重要的意义。民族是伦理精神的实体,文化是伦理精神的历史呈现,伦理精神具体体现为"文化心态"和"民族心态"。

首先是涉及文化心态的调研。文化是民族精神世界的历史展现,也是时代精神的最好诠释,一个时代对待文化的态度客观地反映了伦理精神的面貌。随着改革开放的持续深入,经济浪潮对精神文化领域造成了一定程度的冲击,主要表现在道德领域的功利主义泛滥上,文化虚无论、读书无用论一度甚嚣尘上。针对这一问题,调研中进行了专门的问题设计。例如,在问及"您认为在当前的中国,读书还能不能改变命运"这一问题时,诸社会群体选择比例最高的答案是"读书是改变命运的主要路径",这一比例占所有受访者的42.4%,这说明,社会依然认为文化传承和知识习得对于民族和个人来讲都具有重要的意义。有35.8%的受访者认为,"读书只是改变命运的一个路径"(见表9-4所示)。

表9-4　　　　　不同群体对"教育"的伦理认识　　　　　(%)

	农业户口	非农业户口	均值
读书只是改变命运的一个路径	34.4	38.3	35.8
读书是改变命运的主要路径	43.0	41.3	42.4
读书是改变命运的唯一路径	12.7	11.9	12.4

---

[1] 华靓:《以实际行动发扬伟大民族精神》,《人民日报》2018年4月17日,http://theory.people.com.cn/n1/2018/0417/c40531-29930370.html.

续表

	农业户口	非农业户口	均值
不再是改变命运的路径，没权势的人读了书照样穷	9.7	8.2	9.2
其他	0.1	0.2	0.2
总计	100.0	100.0	100.0
列总计	5729	2927	8656

这样的结果显示出社会价值的实现路径日趋多元，"读书"不再是实现个人梦想的唯一方式。作为历史文化底蕴深厚的国家，中国社会长期存在"重视文教"的传统，这既体现在群星闪耀的诸子百家等思想体系之中，又体现在影响世界历史进程的四大发明等实践智慧之上。调研体现出"既重视思辨学习，又不唯此"的开放民族心态。

其次是关于民族心态的调研。需要指出的是，这里的民族是指历史文化意义上的民族，而非具有"国族"意义的"中华民族"。在问及"您是否愿意与不同民族的人交往"时，选择"比较愿意"的受访者的比例为71.5%，为所占比最高的选项，还有9.5%的受访者表示"非常愿意"，持肯定意愿的占所访问比例的81.0%。这表明，作为一个"多元一体"的伦理实体，中华民族内部成员之间的凝聚力是持续强大的，像"石榴籽一样紧紧地抱在一起"。这体现出中华民族伟大的团结精神。与此同时，对外展现的伦理精神也体现出开放、包容的总体特征。例如在问及"您是否愿意与不同宗教信仰的人相处"时，有65.5%的受访者表示"比较愿意"，有7.1%的受访者表示"非常愿意"。在构建人类命运共同体的伟大实践中，开放的中国伦理精神，必将为实践活动提供强大的精神动力和智力支持。

（三）伦理文化兼容力现状归因及对策

目前我国伦理文化建设呈现出一系列"新时代"特征，通过调研分析，笔者认为中国伦理文化大致受到三种普遍性价值系统的影响而呈现出"弥散型"伦理文化结构，具体体现为"伦理认同之危"和"道德重建之机"之间的张力，这既是近代以来道德转型所导致的必然结果，也是中国社会进入"新时代"以后在道德领域出现的一系列阶段性特征的总反映。在新时代条件下，全球化趋势、高技术浪潮、市场经济对中国当前社会道德状况的影响是全面而深刻的。笔者认为，当前中国伦理文化兼容力问题存在三个重要的分析维度：一是市场经济的社会存在结构，二是中国传统伦理价值生态的历史基础，三是以马克思主义理论为指导的主流意识形态话语对社会道德生活的具体塑造。

1. 市场经济基础之上的多元价值冲撞

改革开放后，我国实行市场经济为基础的发展战略，经济发展成为衡量社会进步的主要指标。在以经济发展为旗帜的国家战略影响之下，新中国成立后培育的公有制理想社会模式开始逐步松动解体，取而代之的是小康社会的现实理想。随着国门大开，西方世界的价值观念随之进入，个体自由的觉醒带来既有体制的松动和瓦解。在这场距今并不遥远的改革记忆中，个体价值追求与时代精神气质都呈现出极大的跳跃感，经济理性与集体主义分道扬镳，新中国成立后的社会主义建设实践作为一种"新的历史"被迅速忘却，而中国几千年历史文化传统，却又呈现出某种程度的"复兴"。40 年的"开放"不只局限于外部世界，内部世界的开放是更充分、更深入的"改革"。市场经济、城市化，交通通信技术的飞速发展已经将中国社会催生为一个高度开放的社会，传统意义上的"熟人社会"已成背影，在城市空间和职业生活中，几乎人人都可能是"大地上的异乡者"，于是学会如何"与陌生人相处"便成为开放社会的伦理要求，是个体与社会伦理教养的另一标志。[1]

以诸社会群体为调研对象的道德国情调查，可以较为全面地反映当前中国社会道德生活的面貌。通过前文的数据呈现，我们认为，在一个全球化、信息化、市场化的时代，伦理关系和道德话语的形成，是在某些具体条件的共同影响下建构起来的。尤其是在传统的"家国一体"高度同质化社会解构之后，多元价值生态随之继起，伦理关系和道德话语

---

[1] 樊浩：《伦理道德，如何才是发展？》，《道德与文明》2017 年第 4 期。

的建构很难为一种权威或价值所主导，而是在经济与文化、公共与私人、自由与认同等多重维度的价值商谈之后形成的。我们发现，当前我国伦理文化呈现出两大主要趋势：一方面，市场经济的价值基础——自由——参与道德建设的作用进一步增强；另一方面，社群伦理认同与主流道德价值密切相关。

一方面，传统伦理以及地域文化传统价值对道德话语的影响依然强大，相当一部分个体对传统伦理价值保持着眷念。另一方面，从当代中国政治精英、经济精英的调研数据中体现出较为明显的现代伦理价值特质。在城市化进一步加强的背景之下，精英人群经历的道德转型明显具有去传统的倾向。在他们的伦理价值生态中，传统价值逐渐退于次要地位，而市场、科技、全球化的影响却逐步加深。以官员为代表，政治精英们一方面受到伦理传统的影响而膺服于秩序规则，另一方面对更为民主高效的行政手段表示渴求。应该看到，不同社会群体在伦理认同方便表现出相对差异性，不同群体之间的伦理认同价值取向具有较大的差异。这说明当前伦理文化呈现出一定的弥散型特征，不同伦理价值之间呈现出一种相互制衡、此消彼长的既对立又融合的状况。

2. 中华民族传统伦理价值的现代回响

通过调查，我们认为中国传统伦理思想在一定程度上依然发挥着重要的作用。中国社会正前所未有地拥抱着全球化的浪潮，以高科技、互联网为代表的现代化生活手段对社会生活的影响是巨大的。各个领域的现代性危机呈现为诸多新的伦理难题和道德困境，但技术进步也为中国社会伦理的重建提供了契机和工具性范例。中国社会对待传统伦理价值的态度是矛盾的，但总体倾向是在肯定现代生活方式的立场上对传统伦理价值的合理性和有效性进行现代发明。知识精英和经济精英倾向于审慎地看待西方现代性主导的全球化进程，并越来越呈现出一定的趋势：一是传统文化道德价值逐步具有某种民族认同的意义；二是全球化一体化进程导致的区域性伦理失落逐步成为普遍的文化困境；三是市场经济对伦理体系的建构性作用日益突出。

调查表明，我国当前的伦理体系现状依然处于一种不稳定状态之中。传统伦理关系（五伦）虽然在现代化的进程中得以解构，但其依然隐藏在现代性伦理架构之中,随着社会的发展日益焕发出活力且呈现出某种程度的"复兴"。官方意识形态、西方现代价值、传统伦理文化共同构成了现代中国伦理体系的三大价值生态。在自我、家庭、国家、社会这几种主要的伦理承认和社群认同中,伦理诉求的个体化、利益化倾向和主流意识形态话语强调的公共性、普遍性之间存在着较大的张力,伦理关系表现为一定程度上的"认同危机"。当前中国社会的伦理认同体现为民族认同与文化认同,这二者在多元价值生态之中呈现出转型时期所特有的非稳定性特征。有论者指出,传统伦理的当代价值依然重要:"儒学经过千百年来的不断发展与诠释,已深入了社会生活的方方面面,于家庭、于家族、于社会、于国家,皆有责任与义务。"① 调查显示,传统伦理价值在现代性的洪流中依然保持着时代的活力。近年来,清明、端午、中秋等传统节日上升为国家法定假日,大批地方性民俗恢复生机,传统伦理价值正在以润物无声的方式影响着中国社会的道德变迁。

3. 马克思主义理论主导下的道德建设

马克思主义信仰和社会主义核心价值观所标举的基本价值是中国现代化建设的根本出路所在,也是保障国家实现"伦理地复兴"和社会公序良俗建设、个体道德发展的核心价值。调查结果显示,通过各种公民道德教育活动的开展,社会主义核心价值观在一定程度上为人所了解,并与自己的生活有一定的相关性。例如在问及"您认为社会主义核心价值观与您的工作、生活有关系吗"时,有15.0%的受访者认为"与个人工作、生活没关系",而有85.0%的受访者认为"对改变社会风气有好处,每个人都应该这样做人做事",这说明社会主义核心价值观念已经开始从"宣传概念"到"具体实践"的转变。这意味着在伦理体系建设方面,坚持将马克思主义和社会主义核心价值观通过具体的政治、经济、文化政策作用于社会生活的实践是有效的。在关于社会主义核心价值观了解程度的调研中,结果呈现出很大的不同,在所有受访者中,选择"文明"的比例最高,为70.2%,其次为"诚信""爱国""友善",在社

---

① 徐嘉:《儒家伦理的发展方向——人伦之理与内在超越》,《南京师大学报》(社会科学版)2017年第6期,第13页。

会主义核心价值观的三个层次中,"国家建设"和"公民道德"层次出现频次较高,而社会层次的核心价值如"自由""平等""公正""法治"出现的频率却相对较低。这说明中观层次的社会主义核心价值观教育依然有待深入。

调查数据显示,在"公共伦理"和"私人道德"领域之间横亘着隐而不显的精神鸿沟,这表明在市民社会日趋成熟的当下,社会成员极有可能是"道德的个体",也有可能沦为"不伦理的民众",社会中观层面的文化兼容度依然亟待完善。我国社会质量不高和国家道德建设方面对民生领域的乏力,使得经济弱势群体在私人领域的价值诉求与社会公共价值仍有相互龃龉之处。经济弱势群体如农民、下岗失业群体、做小生意者等遭遇伦理困境的重点突出表现在公共领域即社会领域,在社会领域中遭遇的主要问题体现在民生领域和社会公正领域,如此反映出我国的社会建设质量还有待进一步提升,民生问题、社会公正问题是重要的社会伦理治理关切点。国家道德的民生关注方面需要进一步的完善和提升,民生问题、社会公正问题也是国家伦理治理现代化的重要指标。

改革开放40年的中国社会建设实践的关键词是"开放",开放的基本含义是走向和拥抱世界,当前,我们提倡的"人类命运共同体"建设也就是要以更加包容的文化胸襟和更加自信的文化战略投身于美好世界的建设中。在这一过程中,我们始终要坚持的是马克思主义共同理想的核心地位,同时,更加务实的伦理体系建设要始终坚持以民生为本的道德底线。在走向世界的过程中,不忘民族发展、民族振兴的历史使命,既保持对异质文化的尊重又坚持民族精神的鲜明标识。马克思主义理论作为国家官方意识形态引领道德建设工程,要正确认识宣传中存在的流于空疏的弊病,从而使得核心价值观教育和民生、民情、民治、民享等环节贯通起来。唯有如此,实现民族的复兴才能真正做到"伦理地复兴"。

根据调查分析,我们建议:将伦理文化建设上升为意识形态建设的中心任务,以国家行政力量为主导,通过政治、经济、文化手段将伦理文化体系建设的精神内涵、外在规范、实践原则等落实为国家具体伦理生活,将伦理文化建设提升为国家和地方政府或组织的建设原则。通过伦理文化建设,提升国家机构及其人员的道德形象,凝聚民族伦理认同,促进公民道德素质进步。将多元价值丛生的弥散型伦理文化重新整合成以民族精神为核心，以兼摄马克思主义信仰和传统道德价值为有机内容的复合型伦理文化体系。具体来说，可以从以下几个方面着手：

第一，构建全国性伦理文化动态跟踪评估机制，实现对国家伦理状态的有效把握。加强文化传媒部门的伦理道德建设，搭建覆盖社会各阶层的道德话语沟通平台。使得社会文化形成"原始信息"—"道德商谈"—"伦理话语"—"社会传播"的机制，经过伦理文化传播机制筛选后，信息便上升为社会伦理文化资源，便可以公开广泛直接地进行传播，影响个人精神生活。国家要收紧对各种网络自媒体平台的监管，在规模较大的文化组织设立专门的伦理审查委员会，以促进社会伦理文化健康、持续发展。当前的媒体发展趋势受到经济利益的强烈诱导，呈现出"流量经济"的趋势，造成了大量虚假、低俗、虚无的垃圾文化形态以博出位来换取经济利益的实现。虽然这些信息以"道德无涉"的形式出现，但大量文化虚无、精神涣散的网络和媒体信息的存在，会对主流精神价值的传播造成阻碍。近年来，"快手""抖音"等娱乐性视频自媒体平台的出现和火热的发展趋势体现了当前民间文化的基本样态是涣散的，全民参与性虽然在一定程度上满足了社会文化表达的需求，但也消费了社会文化期待，无内涵无精神的民间文化的出路令人担忧。国家一方面要通过网络技术能力的不断发展，实现对社会舆论、文化形态的有力调控；另一方面，要通过专门性伦理文化审查（咨询）委员会的设立，在尊重道德文化发展的学理规律前提下，实现国家伦理治理的最终目标。

第二，建设以行政体制为依托的伦理文化培育机制，建立全国伦理文化论坛。好的社会标准只有一个，那便是人民的标准。伦理文化培育机制的建立，不能是国家政治、文化精英推行的"教化"手段，而应该是人民自由意志的完全展现。这里的困难在于如何实现自由个体与伦理实体在精神领域的有效互通，使得伦理文化不再具有压迫性、教育性的意识形态特征。我们认为，文化形态决定着民族精神形态。调研呈现出的当前文化形态一系列弥散型特征预示着一种超越性的道德形而上学体系建设的可能。这类似于清晨的山谷中弥漫消散着形态不定的雾气，可以凝而为露，也可升腾为云，但最终的形态都是成为雨水，化为江河，滋润大地。文化具有动态、多变、发展的基本特点，要把握文化发展之伦理，需要建立全国性的论坛机制，通过不同地域、不同群体之间的文化商谈，形成伦理文化共识，造就伦理风尚，形成全国乃至国际影响，实现"文化—伦理—政治"的有效互动，促进国家伦理治理的实现。

第三，加强"中华民族"伦理精神的培育，实现伦理文化形态从"弥散型"到"凝聚型"的转变。以"中华民族"精神的培育为核心，以社会主义核心价值体系建设为主题，以实现国家伦理治理现代化为目标，推动我国伦理文化建设向更高层次发展。文化建设、道德建设、智库建设不能只做"蜻蜓点水"式的调研、"镜花水月"式的呈现，要做到伦理研究和社会文化的深度结合，对时代反映的文化现象、道德论争要实时参与、及时发声，国家主导伦理文化建设的战略要有家国情怀与国际视野，能真正做到将全社会的伦理认同统一到"中华民族"的国族认同上来。将中华民族优秀传统文化与马克思主义信仰熔为一炉，凝练出具有极强向心力、兼容力、影响力的伦理文化体系，这样的文化建设，必将对实现民族伟大复兴形成强大的精神推动力，也必将成为"新时代"精神的最强音。

（胡　芮）

三十二　中国社会大众伦理认同的现代转变

　　中国传统社会呈现出"家—国"两位一体的伦理实体形态，亲家爱国建构了人们两层肯定性递进的伦理认同模式。自改革开放以来，中国社会经历了40年伦理实体及其认同的现代转型进程，但同时也伴随着近年来传统家国伦理文化的强势复兴和家国精神的强烈回归。这是否意味着，虽然我们已经突破了传统伦理实体形态及其认同模式，但是却依然面临着传统和现代的伦理实体形态及其认同模式之进退两难紧张拉锯的困局，当代中国社会和大众又将如何完成伦理实体形态及其认同模式的两个现代转变？

　　依据黑格尔经典的伦理理论，现代社会呈现出家庭—社会—国家三位一体的伦理实体形态，爱家—承认社会—信任国家构成了人们三层否定性递进的伦理认同模式。[①] 黑格尔关于现代伦理实体和伦理认同的理论代表了一种现代性的伦理实体结构及其认同模式，我们暂且把它假设为一种分析社会伦理实体及其认同现代性模式的基本框架，由此我们就可以参照它，并结合对东南大学伦理团队关于"当代中国伦理道德状况"全国性大调查相关数据（2007—2017）的分析，审视和评判中国社会伦理实体形态及其认同模式从传统向现代转变的状况。

---

　　① ［德］黑格尔：《法哲学原理》，范扬、张企泰译，商务印书馆1961年版，第164—291页。本文第四部分对此有具体阐述。

(一) 大众伦理认同模式的突破

中国传统社会是一种家国两位一体的伦理型社会，它最典型的特征就是"家国同质"，其基本逻辑是从家直接推及国，国是大的家，家是小的国，如君民关系即类比于父子关系，国家伦理认同本质上等同于家庭伦理认同，爱国即爱家。但是，随着改革开放以及独生子女等政策的实行，处于现代转型中的当代中国家庭经历了结构性塌缩、规模小型化、功能简单化的历史嬗变，社会伦理实体基础已经松动，如此一来，家国同质的中国伦理实体形态及两层肯定性认同模式是否也随之被突破，乃至发生转变呢？

以樊和平教授为首席专家的东南大学伦理团队暨江苏省道德发展智库团队对"当代中国伦理道德状况"的相关调查（2007—2017）结果显示（如图9-1）：当前中国社会大众始终把家庭伦理关系排在首位，它对于个人生活仍具有根本意义，而个人与国家的伦理关系则相形见绌，始终被排在末位，且比重较低，对大多数个人生活不再具有根本意义；因此由家及国、家国同质的伦理实体关系形态和两层肯定性认同模式已经被打破，中国社会伦理关系呈现出一种亲近家而疏远国，家国认同相分离的状态。

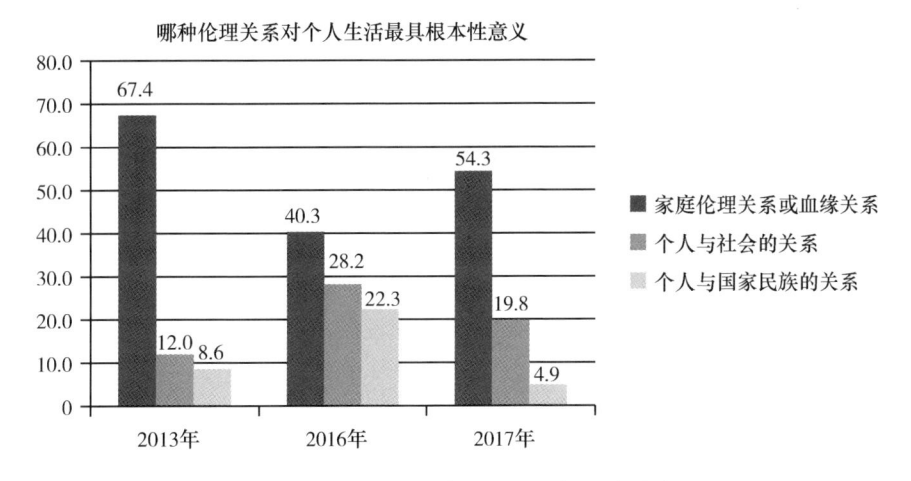

哪种伦理关系对个人生活最具根本性意义

年份	家庭伦理关系或血缘关系	个人与社会的关系	个人与国家民族的关系
2013年	67.4	12.0	8.6
2016年	40.3	28.2	22.3
2017年	54.3	19.8	4.9

图9-1 个人生活中最具根本性意义的伦理关系认知（%）

图 9-1 还充分表明，对于中国大众来说，家庭伦理关系始终是第一重要的，家庭本位的伦理关系秩序依然没有发生变化，家庭人伦依旧是中国伦理关系的基石，基于亲亲的家庭认同仍然居于绝对优先地位。令人吃惊的是，排在第二位的不是个人与国家的关系，而是个人与社会的关系；按照传统家—国两位一体的伦理关系秩序，排在第二位的应是个人与国家的关系，而不是个人与社会的关系，现实却是个人与国家的关系仅排在第三位，个人与社会的关系排在了家庭和国家之间，家庭与国家同质的人伦关系被它隔离和切断，传统由家及国、家国一体的伦理秩序被打破：由家不及国，"家—国"相分。中国大众对家庭人伦关系的亲和性没有变，却在与国家的关系上变得疏远，而导致家—国亲疏相分的是现代社会关系：中国大众认同社会更甚于国家，进而分开家庭与国家认同，使两层肯定性互补伦理认同中断。

最重视的伦理关系

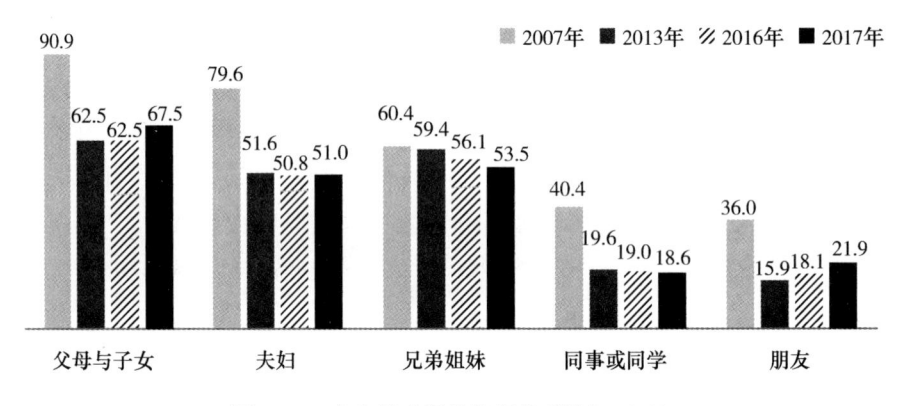

■ 2007年 ■ 2013年 ╱ 2016年 ■ 2017年

父母与子女：90.9, 62.5, 62.5, 67.5
夫妇：79.6, 51.6, 50.8, 51.0
兄弟姐妹：60.4, 59.4, 56.1, 53.5
同事或同学：40.4, 19.6, 19.0, 18.6
朋友：36.0, 15.9, 18.1, 21.9

图 9-2 个人最重视的伦理关系认知（%）

如果说中国大众在一般的伦理关系上重视家庭，疏远国家，那么他们在"新五伦"关系上同样见证了亲家疏国、家国认同分离的伦理事实。如图 9-2 所示，中国大众对"最重视的伦理关系"即"新五伦"的排序依次是父母与子女、夫妇、兄弟姐妹、同事或同学、朋友；或是父母与子女、兄弟姐妹、夫妇、朋友、同事或同学（2017）。"新五伦"最让人深思的地方是高居传统"五伦"榜首的君臣关系或官民关系竟然没有上榜，被新增的社会人伦关系即同事或同学、朋友所取代：在当代中国大众意识中，国家人伦已经退出"新五伦"，社会人伦关系得到更高认同。如此大的伦理认同变局意味着，中国传统伦理社会根基性的"五伦"秩序在中国大众心中已然断裂：家与国被社会伦理关系断开，家不再直接连着国，家庭与国家人伦关系不再同质，由家庭人伦无法直接推及国家人伦，家国两位一体的人伦秩序格局被打破。人伦关系分亲疏远近，显然高居"新五伦"前三位的家庭人伦依旧是最亲近的，居后两位的社会人伦是亲近而不疏远的，而被排除在"新五伦"之外的国家人伦关系只能说是不亲近而疏远的，它被大众放置在了人伦差序格局的外层。

由伦理关系来看，（1）中国传统社会家国两位一体同质的伦理实体结构显然已经被打破。社会伦理关系从弱到强，越过国家伦理关系进入伦理实体关系现代建构过程中，中国社会已然开始了伦理实体结构的现代转换，但这一转换尚未完成，远没有建立家庭—社会—国家三位一体异质的现代性伦理实体关系结构，因为国家伦理关系被疏远，与现代家庭和社会相匹配的现代国家人伦关系还没有建立起来；（2）中国大众亲家爱国、由家及国两层肯定性递进伦理认同模式被瓦解。这源于中国大众逐步突出家国人伦关系的重围，建立更加广泛的社会人际关系，现代"社会"伦理关系得到比国家伦理关系更高的认同，中国大众伦理认同模式开始向现代转型，但这一转换尚未完成，远没有建立爱家—承认社会—信任国家三重否定性递进伦理认同模式，因为"社会"伦理关系没有建立在对个人需要和权利的普遍承认之上，而仍然建立在类似于家庭伦理关系的亲疏远近之上，基于对现代个人性社会伦理关系否定之上的国家伦理关系也尚付阙如。

（二）大众伦理认同模式的失衡

依据黑格尔现代伦理实体结构及认同模式，我们可以从两方面来评判中国社会伦理结构及认同模式的现代转变：一是从社会伦理实体结构方面判断中国社会是否实现了从家—国两位一体同质形态向家庭—社会—国家三位一体异质形态的转变，二是从伦理认同方面看中国社会大众是否实现了从亲家爱国二重肯定性递进模式向爱家—承认社会—信任国家三重否定性递进模式的转变。在伦理关系上，中国社会家国同质的结构和两层肯定性认同模式已然解体，而在伦理实体或共同体上，中国大众家国意识是否也被解构，建立家庭、社会与国家三位一体异质结构和三重否定性递进的伦理认同模式？大家国小社会，重家国轻社会、爱家国不承认社会是当代中国社会伦理实体结构和大众伦理认同模式的实况。

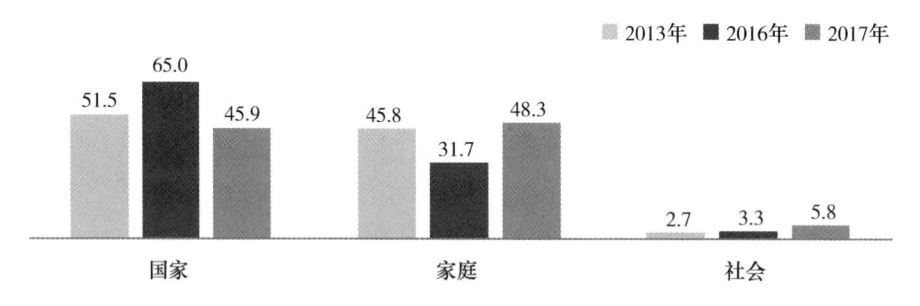

图9-3 个人对于家庭、社会和国家的重要性程度认知（%）

	2013年	2016年	2017年
国家	51.5	65.0	45.9
家庭	45.8	31.7	48.3
社会	2.7	3.3	5.8

三次关于"家庭、社会和国家对于个人的重要性程度"的跟进调查显示（见图9-3）：2013年国家排第一位，家庭排第二位，社会排第三位，在大众心目中，国家和家庭的重要性程度不相上下，但都远远高于社会。但是2016年排第一位的国家占比竟然高达65.0%，比2013年足足高出13.5个百分点，国家对于个人的重要性程度大幅度提升，大众在精神上越来越认同国家。但是2017年又发生了重大波动，家庭重要性上升，首次高于国家（48.3%对45.9%）。2017年选择社会排第一位的占5.8%，比2016年高了2.5%，比2013年高了3.1%，社会的重要性稳步上升，虽然上升幅度非常有限，显然大众依然一如既往地极度轻视社会的重要性。综合这三次调查数据可以得出，（1）中国社会已然不是家国两位一体的伦理实体形态，而是家庭、社会和国家三重性的伦理实体形态；（2）但还未形成家庭—社会—国家三位一体的伦理实体结构，因为社会的地位太过于轻微；（3）中国大众对于国家和家庭有着高度的伦理认同，爱家国，却对社会有着最低度的伦理认同，不承认社会，中国大众还未形成爱家庭—承认社会—信任国家三重否定性递进的现代性伦理认同模式。

但是图9-3与图9-1和图9-2的调查结果却相互矛盾，图9-2显示出，在伦理关系上家国已经出现结构性分离，个人与家庭的关系非常亲近，而与国家的关系比较疏远，图9-3却显示出，国家对于个人而言非常重要（51.5%、65.0%、45.9%），中国大众对国家的高度认同，与对家庭的认同不相上下。在伦理关系上被人们疏远的国家何以作为伦理实体又被人们高度看重，能基本上做到与家庭并重、鼎足而立？还有，人们在伦理关系上较亲近社会，却又为何对它作为伦理实体如此轻视，不予承认？

如何看待这两个相互背离的伦理事实？这是不是又重新肯定了家国同质的伦理实体结构和亲家爱国的两层肯定性认同模式？恰恰相反，这基本上确证了家国两位一体的同质结构和亲家爱国两层肯定性伦理认同模式的解体：家庭与国家异质分离，因为家庭是伦理关系的总体，建立在关系的亲疏远近之上，而国家是大写个体、有机实体，构成它的不是伦理关系，而是普遍意志。人们在伦理关系上亲近家庭，因为它本来就是关系性的，与人们的关系最近，而不亲近国家，因为它不是关系性的，而是实体性的，与人们的关系较远。人们在伦理实体上高度认同国家，信任国家，因为它是最强实体，为所有人提供最大的集体性独立，也高度认同家庭，爱家庭，因为虽然它是弱实体，却能为人们提供情感庇护。最不认同社会，不承认社会，是因为它是最弱实体，即"伦理的现象界"，只能为每个人提供个体性的独立，承认每个人的基本需要和权利。中国传统社会之所以家国同质不分，是因为传统国家是人伦关系性的总体，与家庭在结构上相似。当代中国社会之所以家国异质相分，是因为现代国家是具有普遍意志的伦理实体，与人伦关系性的家庭在结构上不同质。

当代中国"社会"伦理关系已经发育起来，人们比较亲近它，但是社会伦理"实体"却远未得到成长，也不被承认，家庭与国家仍然是支撑整个伦理实体的两大支柱。虽然"社会"没有被消解在家国之中，却也瑟缩在角落，被轻视和边缘化。家国两头大，社会角落化，爱家国不承认社会就是当下中国社会伦理实体结构和伦理认同模式的写真；而只有家庭—社会—国家三分天下、三位一体，整个社会伦理实体的异质结构才会更加均衡，中国大众否定性递进的伦理认同模式也才会更加合理。中国大众在提高对家庭认同的同时，却未显著提升对"社会"的承认；在大众心目中，家庭的地位依然牢固不可动摇，而社会却仍旧脆弱微不足道（2.7%、3.3%、5.8%），虽然也在缓慢提高。对于中国大众来说，"社会"属于现代的"新生物"，它对于传统家国认同的否定性建构意义还远未呈现出来，以至于他们对"社会"的伦理认同几无形成真正伦理"实体"的可能。

综上所述，从伦理实体上看，由于薄的"社会"的边缘化，厚的家国的中心化，中国社会家庭—社会—国家三层异质的伦理实体结构是凹型或塌陷型的，随时可能崩塌复归家国两位一体同质的伦理实体形态；中国大众依然具有强烈的家国情怀，爱家国，却相对轻视"社会"，不承认社会，家庭—社会—国家三重否定性递进的伦理认同进路容易被阻断，进而复归家国两重肯定性递进的伦理认同模式。

（三）大众伦理认同的紧张

中国社会传统的家国两位一体同质的伦理实体结构和亲家爱国两层肯定性递进伦理认同模式已然解体，但是现代的家庭—社会—国家三位一体异质的伦理实体形态与爱家庭—承认社会—信任国家三重否定性递进的伦理认同模式却尚未建立。也就是说，中国社会和大众伦理实体形态和伦理认同模式的现代转换已经开始，但这一过程还在进行中。中国社会伦理实体和大众伦理认同模式两个现代转换的关键和枢纽是现代"社会"伦理实体的发育成熟和"社会"伦理认同的增长确立。如果没有现代"社会"伦理实体和认同的建立与成熟，就不可能突破传统的伦理实体形态和认同模式，更谈不上建立和实现现代的伦理实体形态和认同模式。既然传统伦理实体形态和认同模式已被突破，那么接下来就要看中国"社会"伦理实体和伦理认同如何发育发展，这将决定中国社会和大众能否最终实现伦理实体形态和伦理认同模式的两个现代转变。

但是我们却看到，在中国社会急需发育"社会"伦理实体和提高"社会"伦理认同时，却遭遇了巨大阻力：一方面，中国大众对现代社会伦理法制不满，把现代化带来的诸多问题，如"传统道德崩坏"等归结为"市场经济导致的个人主义"，社会个人主义伦理应为现代化恶果负责；另一方面中国大众对传统家国伦理道德的崩坏感到惋惜，要求向传统家国伦理道德强势复归，这难免会抵消和消解现代社会伦理的发育，引发传统家国伦理与现代社会伦理的冲突与对抗，从而社会伦理实体及其认同不是被看作引导建立现代伦理实体结构和伦理认同模式的枢机，而是被当作破坏传统家国伦理实体形态和伦理认同模式的引线。现代社会伦理与传统家国伦理的矛盾成为决定中国社会伦理实体形态和伦理认同模式现代转变的根本问题。

在关于"解决当前我国的公民道德和社会风尚问题中最关键的是什么"问题的三次调查（见图9-4）中，排在前两位的都是"加强法制"（36.7%、32.6%、34.0%）和"弘扬优秀传统道德"（21.1%、22.2%、37.6%）；显然，中国大众倾向于用传统家国伦理和现代社会伦理法制"两手"来解决现代伦理道德问题，而且二者此消彼长，对传统家国伦理的认同已经超过对现代社会伦理法制的认同，现代社会伦理认同受到挤压，隐含着传统家国认同和现代社会认同的巨大张力。

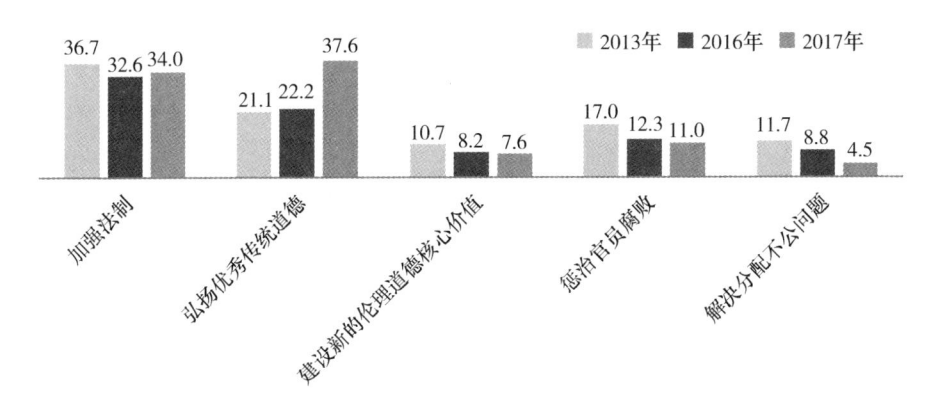

图9-4　个人对于解决当前我国公民道德和社会风尚问题的关键措施判断（%）

在中国传统家国结构中，人们的身份是按照士农工商的序列来划分的。但是在向现代社会转型的过程中，传统家国身份秩序瓦解，企业家、白领等社会群体成为当代中国社会新生力量。新兴社会群体与官员、农民这些群体在伦理认同上还是否一致呢？我们发现，他们同伦异理，在传统家国与现代社会之间做出了不同抉择，形成一种伦理认同两重化的差异格局。

图9-5关于"哪一种关系对社会秩序最具有根本性意义"问题的调

836 下　伦理魅力度与道德美好度

查显示，无论社会群体还是家国群体都认同家庭伦理关系、个人与社会的关系和个人与国家的关系，二者都主要通过这三重伦理关系确立身份秩序。对于家国群体而言，社会关系是新的，除了固有的家庭和国家关系，如今还应当通过社会关系来建立身份秩序，而对于社会群体来说，家庭关系是固有的，除了社会关系外，还必须通过家庭和国家关系建立社会秩序。

虽然他们"同伦"，即主要在家庭、社会和国家三重伦理关系中确立身份秩序，但是他们却"异理"，即具有异质的身份构成秩序。如图9-5所示（2016年数据），（1）官员、农民等家国群体具有相似和相近的身份构成秩序，即按照"家庭伦理或血缘关系""个人与社会的关系""个人与国家民族的关系"的排序建立社会秩序，在某种意义上就是按照关系的亲疏远近来建立秩序；（2）企业家、专业人员等社会群体则具有不同于家国群体的社会构成秩序：他们首次把"个人与社会关系"排第一位，"家庭伦理关系"排第二位，把"个人与国家民族关系"排第三位，这是百年中国现代化进程中社会秩序构成的最大变化，"社会关系"超过家庭关系、国家关系成为秩序构成的首要因素，他们冲破了家国传统伦理关系的双重包围，确立了现代社会化身份认同的新秩序，对家国群体认同的传统家国伦理关系秩序形成巨大冲击。

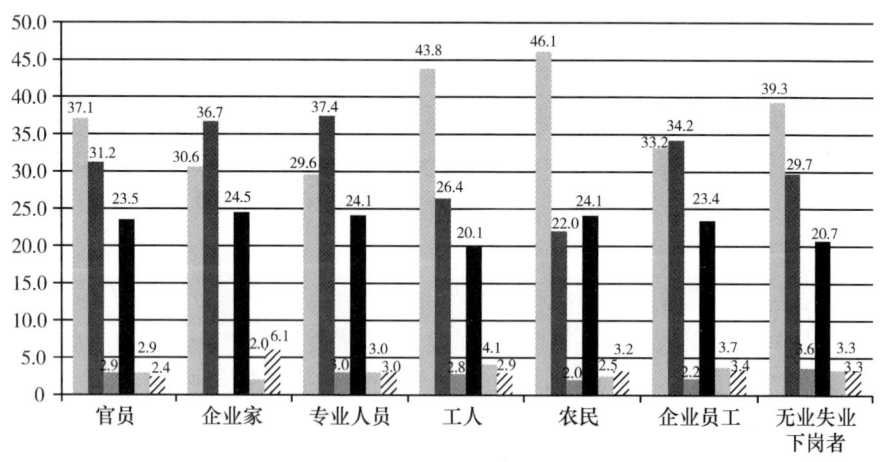

图9-5　2016年个人对最具根本性意义关系的判断（%）

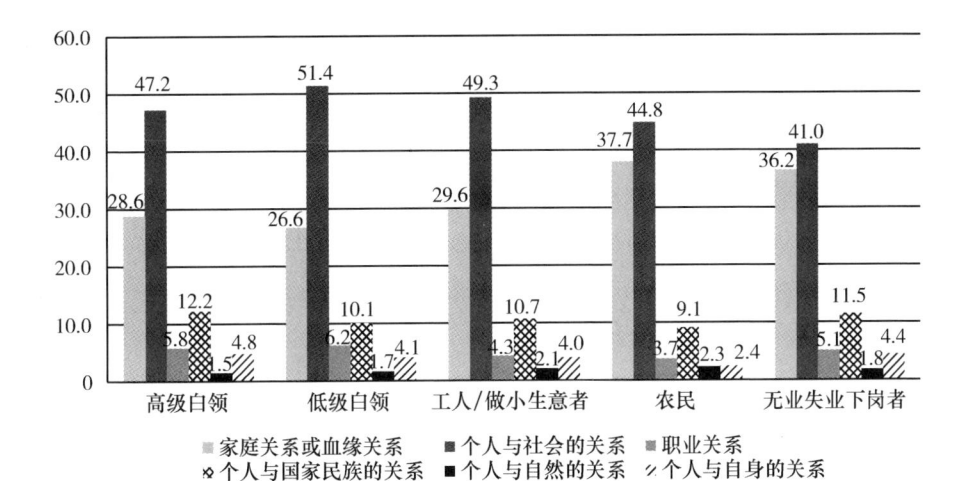

图9-6 2017年个人对最具根本性意义关系的判断（%）

图例：家庭关系或血缘关系、个人与社会的关系、职业关系、个人与国家民族的关系、个人与自然的关系、个人与自身的关系

类别	家庭关系或血缘关系	个人与社会的关系	职业关系	个人与国家民族的关系	个人与自然的关系	个人与自身的关系
高级白领	28.6	47.2	5.8	12.2	1.5	4.8
低级白领	26.6	51.4	6.2	10.1	1.7	4.1
工人/做小生意者	29.6	49.3	4.3	10.7	2.1	4.0
农民	37.7	44.8	3.7	9.1	2.3	2.4
无业失业下岗者	36.2	41.0	5.1	11.5	1.8	4.4

但是图9-6中2017年数据却显示，社会群体和家国群体，社会伦理关系与家国伦理关系的张力和冲突已经消解，两类群体在伦理关系上完全趋同，都一致认可几乎一样的伦理关系秩序，即由家庭、社会到国家这种从高到低的伦理关系秩序。在这个关系秩序中，传统家庭伦理关系居于绝对的主导地位，是全部关系的支柱，而社会关系的比重只占家庭关系的一半不到。这个伦理关系秩序图式与其说显示了现代社会伦理关系与传统家庭伦理关系矛盾和冲突的解决，现代伦理关系秩序的建立，不如说彰显了传统家庭伦理关系对现代社会伦理关系的主宰和压制。中国社会伦理关系秩序、伦理实体结构和大众伦理认同模式的现代转变进程陷入停滞，虽然它突破了传统家国两位一体的伦理关系秩序和两层肯定性认同模式。

（四）大众伦理认同的现代转变

希腊和欧洲中世纪的社会是家庭—城邦两位一体与家庭—国家—教会三位一体的伦理实体结构，而中国两千年来基本上都是家国两位一体的伦理实体结构。随着市民社会的兴起，西方社会建立了家庭—社会—国家三位一体的现代伦理实体结构。黑格尔确证和叙述了这种现代性的三位一体的伦理实体结构及爱家—承认社会—信任国家三重否定性递进的伦理认同模式。参照现代伦理实体形态及其认同模式，已然突破传统家国两位一体伦理实体结构和亲家爱国两重肯定性认同模式的中国社会和大众如何完成转身，进一步实现伦理实体形态和伦理认同模式的现代转变呢？

按照黑格尔的说法，市民社会晚于国家，是在现代世界中形成的，因此它完全是现代性的，现代性伦理社会就取决于能否形成作为伦理实体的市民社会，并由它来构成和塑造。市民社会是通过否定家庭建立起来的，现代国家又是通过否定市民社会建立起来的：家庭的原则是爱，爱的本质是不分，要求个体生命的不分离、不独立，市民社会的原则是承认，承认的本质是分，要求个体的分离和独立，国家的原则是忠诚，忠诚的本质是合，要求个体合于普遍物，因此社会承认是对家庭爱的否定，在爱中不愿分离的、独立的个体成为被普遍承认的独立自由的个体，对国家的忠诚是对社会承认的否定，独立个体承认普遍物是自己的本质和目的，化身为普遍物。家庭、社会和国家是彼此异质的伦理实体，虽然它们相互否定，但不是相互取消，而是相互扬弃，层层上升，形成否定性共存三位一体的伦理实体形态：家庭、社会和国家各有其伦理存在的合理性和目的性，家庭庇护个体生命不分的完整性，社会承认独立个体可分的特殊性，国家揭示自由个体合一的普遍性；它们相互差别也相互统一，同时呈现人的伦理本质的三重性，共同构成人的伦理存在的三重实体性。由此，人们对伦理实体的认同也是三重性的：被家爱的人也爱家，被社会承认的人也承认社会，与自己普遍本质相合的公民必然爱和信任国家。人们对三重伦理实体的认同是否定性递进的，只有否定对不独立生命个体的爱，才会有对独立个人权利的普遍承认，只有对个人权利普遍承认的否定，才会有对作为普遍物的国家的爱和信任。[①]

基于这种黑格尔式现代伦理实体和伦理认同模式，结合已有的调查数据，我们基本上可以判断，当前中国社会在伦理关系上，社会出现，家国分离，在大众伦理认同上，亲家近社会疏国；在伦理实体上，大家

[①] ［德］黑格尔：《法哲学原理》，范扬、张企泰译，商务印书馆1961年版，第164—291页。

国小社会,在大众伦理认同上,重家国轻社会,爱家国不承认社会(如图9-7)。由此中国传统家国结构和大众传统家国认同模式发生变化,不再是家国两位一体同质结构或亲家爱国二重性肯定性的认同模式,由于社会伦理关系的建立和社会伦理实体的发育,家国相分,家是家,国是国,家和国鼎足并立,中国社会已经初步形成家庭—社会—国家三位一体的伦理关系和伦理实体结构,以及三重性的伦理认同模式,即亲家近社会疏国家,厚家薄社会重国家,爱家不承认社会信任国家。由于社会关系太薄,社会实体发育不全,以及中国大众对社会的极端不承认,中国社会并没有建立一种家庭—社会—国家三位一体异质的现代伦理实体结构:社会还没有大到构成对家庭的否定,也不够强到需要国家的扬弃,也就是说,社会个体的独立性程度还达不到扬弃家庭成员的独立性的地步,也达不到被国家公民的普遍同一性扬弃的地步,家国还是中心和支柱。中国大众也没有真正形成三重否定性递进的伦理认同模式:对社会个体的承认和重视根本不够,完全不足以否定对家庭亲人的爱,也完全没有被对国家忠诚和信任的公民予以否定的必要,大众亲近家而看重国,却无视了社会。

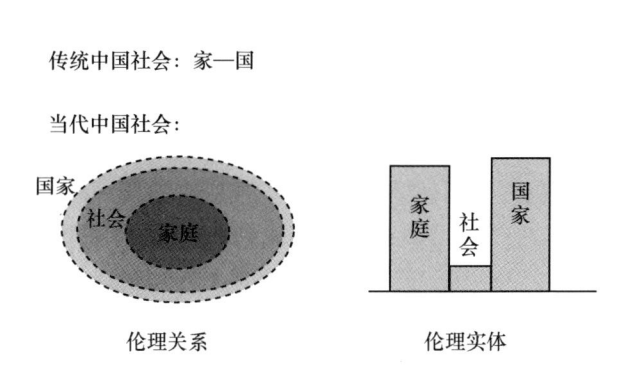

图9-7 传统与当代中国社会伦理实体相互关系

虽然中国社会突破家国传统开始走向现代伦理实体形态,在伦理关系上,社会人伦挤掉国家人伦向前突进,同时现代社会伦理也拖拽着传统家国伦理,传统家庭人伦仍然是根本,社会人伦却是梢末。如果对照"五伦",即君臣、父子、兄弟、夫妇、朋友,"新五伦"(见图9-2)让人意外的地方不在于夫妇关系上升两位或一位,即从第四位上升到第二位或第三位,而在于父母与子女关系居然高居榜首,以及家庭人伦竟然占据了前三甲,与旧"五伦"不相伯仲,足见"新五伦"与旧"五伦"重合度之高以至于大大降低了五伦变迁的"新"意,以至于"新五伦"大部分还是旧的,中国伦理关系的性质没有发生根本性转变,依旧很传统:家国比肩挺立,"社会"却相形见绌。

虽然现代社会伦理关系的增进打破了传统家国两位一体的结构,使得家国在千年之后终被分离,也使得伦理关系呈现出现代性特质,但是就整体而言,中国大众认同和亲近的伦理关系秩序仍然是传统的而非现代的,这是因为:(1)家庭人伦关系仍旧占据绝对主导性地位,社会伦理关系依然很弱,没有否定而是从属于家庭人伦关系,未达到与家庭人伦关系分庭抗礼的地步;(2)关键的是,整个伦理关系依旧是按照家庭人伦"亲疏远近"的差等关系秩序建立起来的,本质上仍然属于传统范型,基于承认个人特殊性和权利的现代性的社会伦理关系范型尚未建立起来。中国大众认同的伦理关系秩序仍然需要实现从传统家国伦理关系秩序到现代社会中心的伦理关系秩序的转换,但是这似乎任重而道远,因为这需要大力发育法律承认和社会承认的个体权利平等的伦理关系,使现代社会性伦理关系占据重要地位足以否定性地制衡情感性的差等家庭人伦关系。

虽然中国伦理实体形态呈现出三位一体的现代气象,但是严重失衡的:家国兼大,社会太小,社会不足以与国家否定性地相分以制衡国家,反而处在国家的全面制约之下;虽然家庭与国家并重,但与国家相疏远,也无力否定性地制约庞大国家。现代合理且平衡的家庭—社会—国家的伦理实体格局应该是三足鼎立,乃至"社会"或应稍大、略强些,只有这样它才能成为家国之间的纽带和平衡器,才能建立齐家—大社会—强国家,爱家—承认社会—信任国家的三重性否定性递进的伦理认同模式,而当前"齐家"和"强国"、爱家和信任国的伦理认同环节已然形成,唯独缺少"大社会"、承认社会这一关键的否定性环节,而要补上这一缺环依旧任重道远。

伦理关系和伦理实体及其认同的现代转型的全部焦点都聚集在"社会"之上,取决于社会性伦理关系和实体及其认同的发育和建立。但是当代中国以人伦亲疏远近为情感逻辑的差序伦理关系却严重阻碍现代社会权利平等的伦理关系的建立：在差序关系社会中，大众按照亲疏远近的情感逻辑来处理与他人的关系，而按照这种人情原则所形成的共同体，其内部成员之间既不独立也不平等，阻碍平等独立的社会个体伦理关系的形成。个体只有否定而不是依附于复杂交错的差序关系才能获得独立，只有被承认为社会独立个体，他才能通过自己独立人格参与构成现代权利平等的社会伦理关系，承担共同的社会责任。

由于国家对社会的调控导致中国社会没有否定性地得到充分发育和发展。现代社会脱胎于对家庭的否定，并与国家相分离，形成了一个独立于家庭和国家，并能够平衡家庭和国家的个体自发性领域。社会凸显个体的主体性，通过普遍的规范和法律承认所有个人的自发活动。但是当前中国社会却被边缘化，并且严重依赖于国家的调节，个人自主性尚在建立中。我们应当促进社会个体的成长，通过社会承认个体权利以使个体承认社会，并且让社会的归社会，国家的归国家，社会和国家否定性地分离。如果没有充分发育的个体性社会实体对非个体性家庭实体的否定，也就没有普遍性国家实体对个体性社会实体的否定，三位一体的现代伦理实体结构和三重否定性的伦理认同模式就无从建立起来。

中国大众应当在伦理关系和伦理实体认同上实现向现代双重转换和演进，这样就有可能完全实现伦理身份的现代性建构。要争取这个最好结果，中国社会就必须努力在伦理关系方面持续弱化家庭差序人伦关系，强化社会平等人伦关系对于大众生活的重要性，并且倾全力打破情感性差等人伦关系的统治，把这种差等人伦关系限制在家庭领域内部，尽力建立承认权利平等的社会人伦关系；在伦理实体方面，改变家庭—社会—国家结构性失衡的状况，突破家国过重、社会太轻，承认家国不承认社会的认同模式，而实现这一点的关键是承认和发育壮大"社会"，使之成为能够与家国并立的一极，从而形成爱家庭—承认社会—信任国家三重否定性递进的伦理认同模式。

中国大众应当避免陷入传统和现代伦理认同的进退两难、相互拉锯和相互消耗的困境中：这要求人们在伦理关系上，在不减轻家庭人伦关系的同时承认和增进社会伦理关系，在伦理实体上，爱和重视家国，但防止家国完全主导，社会被角落化，相反，承认和发展社会，使之足以与家国形成三重否定性的伦理认同模式。如果伦理关系和伦理实体不是同步朝向现代演进转变，而是同时朝现代和传统相反方向演进转变，那就意味着中国社会深层的自我分裂和自我背反，大众伦理认同必然落入西西弗斯式的自我建立又自我取消的悲惨境地。中国大众应当倾全力堵死全面背弃现代向传统倒退的出路：在伦理关系上，反对强化家庭人伦关系的绝对主导地位，反对维护和巩固差等人伦关系的统治以弱化乃至消除承认权利平等的社会伦理关系；在伦理实体上，打破家庭—社会—国家两头大中间小的失衡格局，并重家国，承认社会，建立它们之间的否定性平衡。如果当代中国大众在情感上强烈怀念家国传统，回归家国传统有比较大的伦理认同的共识基础，那么复兴家国伦理传统而不承认和发展现代社会伦理的后果可能就是，中国社会一百多年现代伦理转型的所有努力都将停滞，最终我们将从哪里来又回到哪里去。

就已有的调查数据来看，在中国百年现代转型的今天，中国社会仍然面临着家庭—社会—国家三重伦理实体合理结构的根本难题，中国大众依旧深陷传统家国和现代社会家国伦理认同紧张拉锯的艰难处境中：虽然伦理关系趋于合理化，但总体上仍偏于传统，家庭人伦关系依旧过重；在伦理实体方面，虽然家庭不弱于国家，但是国家过重，社会过于轻微，家庭—社会—国家伦理结构是严重失位的，因此社会伦理现代性发育不良。问题是，中国大众是向上，走出传统和现代的背反，从传统和现代两方面双向推进伦理实体认同模式的现代转型进程，还是向下，在经历了百年现代性历程之后回头拥抱传统，落入全面复兴传统家国伦理认同的境地，通过家国传统复建自身伦理同一性？毋庸置疑，中国社会大众应当继续前进，争取最好的结果：完成伦理实体认同模式建构的现代性转换。

（范志军、张金金、周世露）

三十三 中国社会大众家国伦理精神状况

(一) 当前中国大众国家伦理认同的精神形态

国家是人类精神的作品,作为普遍物和公共本质统摄个体,并以个体的自我与行动显现自身。个体通过对普遍物的分享与凝结,使国家成为被实现出来的普遍本质,即精神——单一物与普遍物的统一。国家作为伦理普遍物是个体的灵魂和本质,个体则是灵魂映现自身的特定存在,二者辩证统一。对于国家来说,从抽象走向现实,个体是其生命载体,一切个体的行动和自我的环节是其获得现实生命力的必然前提。因此,个体对国家的实体感和伦理行动尤为重要。在中国"家—国一体",由家及国的伦理型文化传统中,中国人的国家情结源远流长,"国家兴亡,匹夫有责""位卑未敢忘忧国""精忠报国"等历历呈现出中国人的国家情怀。从拯救国家危亡的同仇敌忾到和平建设的万众一心,国家是中国人心中最瞩目最温暖的精神标识。改革开放40年来,中国社会发生巨大变迁,在全球化、市场化、城市化和信息化多重力量的反复涤荡中,传统社会的伦理体系及伦理逻辑遭遇解构,国家作为最基本的伦理实体也面临着诸多挑战。社会变迁对中国人国家伦理认同的影响及其精神形态,关系国家伦理安全和文明精神命脉。2017年8月,东南大学"道德国情调查中心"受江苏省委宣传部委托,联合北京大学中国国情调查中心,开展了"全国伦理道德发展状况调查与研究"①，国家的伦理认同是本次调查的重要主题。调查显示，对于国家的伦理觉悟，对瓦解国家实体性的主要现象给予的高度伦理关切，以及捍卫国家作为普遍物本质的伦理守望是当前中国人国家伦理认同的三种精神形态，也是推动中国社会和文明发展的深刻力量。

1. 对国家实体认同的伦理觉悟

个体对国家的伦理认同呈现为实体感和信念即为伦理觉悟，是国家内在力量的动力源泉。个体意识到自身与国家的伦理统一，"他们知道国家是他们自己的实体，因为国家维护他们的特殊领域——它们的合法性、威信和福利"②。这种实体感的政治情绪就是爱国心。个体在现实生活中惯于把国家看作实体性的基础和目的，认为国家是所有个体的整个实存所仰赖的东西，只有在其中，个体的特殊利益才能获得实现，必须努力维持国家的持续和统一。个体对国家的伦理觉悟是其将二者的统一付诸实践的伦理冲动的前提。伦理冲动使个体与国家现实地统一起来，所有个体的实体性统一将国家凝聚为一人。

调查显示出，当前纷繁复杂的变迁力量并没有从根本上颠覆大众对

---

① 在江苏省范围内共抽取6523个符合调查资格的住宅单位，完成4362个有效样本，有效回答率为66.9%，为满足95%的置信水平，在5%的允许误差下，并且考虑到多阶段抽样的设计效应、无应答等因素，在县级市/县层，有1个县入选全国样本，该县有效成年样本为96个，其余每个县/县级市完成有效成年样本60个，合计县级市/县成年样本2496个。在地级市层，有3个地级市各有1个区入选全国样本，这3个地级市中，每个地级市有效成年样本为162个，其余10个地级市，每个地级市有效成年样本为106个，合计地级市成年样本1546个。受访者主体群像：52.2%为女性，男性为47.8%；群众占83.6%；年龄分布均匀，50—59岁人群最多，为22.4%，60—65岁者最低为16.9%。99.2%为汉族，59.2%为农业户籍者，非农业户籍者为40.9%；91.5%没有宗教信仰；高中（含高中）以下受教育水平者为73.2%，71.1%的人在农村长大。职业分布广泛，农民/牧民最多为18.2%，其次为技术工人/维修人员/手工艺人，为15.4%。月收入在2000—5999元的人占54.3%（一半以上），其中2000—3999元者为35.5%。家庭2016年年收入4万—6万元（不含6万元）者最多，为21.8%，其次为6万—8万元（不含8万元）者，为20.0%。"电视"（68.6%）和"社交媒体（微博、微信、博客、播客等）"（51.3%）为两大主要使用的传播媒介，纸质报纸、纸质杂志和广播等使用率极低。56.0%的人几乎常年不离开本市，92.2%的人没有去过国外或港、澳、台地区，86.6%的受访者，其家人和亲戚中没有人有国外学习、工作或生活的经历。

② ［德］黑格尔：《法哲学原理》，范扬、张企泰译，商务印书馆1996年版，第309页。

国家的伦理觉悟。关于"您认为国家对个人存在的意义是"这一问题，有79.1%的人认为"国家最重要，是我们安身之地，国家富强个人才能过得好"。"对于个人而言，家庭、社会和国家三者何者最重要"的问题，有52.4%的人首选"国家"，比"家庭"的占比高出7.8个百分点；在第二重要中"家庭"比"国家"高出7.4个百分点，两组数据交互对比表明了"国家"在大众心中的重要地位（见表9-5）。家庭与国家利益不可得兼的冲突情境再次表明大众对国家高度的伦理自觉，对"为了国家利益可以一定程度上牺牲家庭利益"持"比较同意"和"完全同意"的比例分别为50.6%、18.7%，赞同的比例合计69.3%；而"为了家庭利益可以一定程度上牺牲国家利益"的相对应比例为25.9%、6.3%，赞同比例合计为32.2%，远低于前一选项（见表9-6）。交互数据表明，在中国大众的精神结构中，"国家"优先的精神传统依然深厚。

表9-5　　　个人对家庭、社会和国家的重要性程度认知

	第一位（%）	第二位（%）
国　家	52.4	35.7
社　会	3.1	21.2
家　庭	44.6	43.1

表9-6　　　个人对国家利益和家庭利益冲突情境认知

	为了家庭利益可以一定程度上牺牲国家利益（%）	为了国家利益可以一定程度上牺牲家庭利益（%）
完全不同意	17.3	5.3
不太同意	50.4	25.4
比较同意	25.9	50.6
完全同意	6.3	18.7

在全球化、信息化时代，在多种信息纷繁交织的情况下，人们对本国政府的信任度如何？调查表明，当国家主流媒体与国外宣传报道不一致时，有70.2%的人相信国家；当朋友圈或亲朋圈的信息与国家主流媒体不一致时，有62.3%的人选择相信国家。在两项调查中，相信国外报

道和朋友圈的比例分别为2.8%和10.9%，远远低于对国家的信任；当遭遇重大公共事件时，有72.6%的人认为"相信政府公布的信息和采取的措施，比网络流传的可靠"；当受到不公平待遇时，对"应该充分信任政府，积极寻求相关部门的帮助"选项，选择"完全同意"和"比较同意"的比例分别为24.6%和63.5%。对当前社会成员收入差距的态度也体现出大众的伦理认同（见图9-8）。关于"您认为目前我国社会成员之间的收入差距？"有56.1%的人选择"不合理，但可以接受"，也就是说，虽然在财富分配问题上现实地存在诸多矛盾，但是大众并没有因此而丧失对国家和政府的信心。

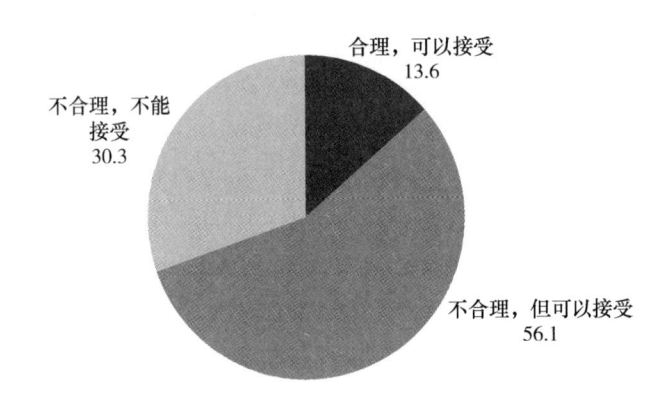

图9-8 个人对目前我国社会成员收入差距的态度（%）

在本国与外国对比时所持的立场表明中国大众的"国家"归属感鲜明，"假设您的上司或老板是外国人，他侮辱了中国，您会选择？"有66.3%的人表示会"当面抗议"，维护国家尊严；"如果条件允许的话，您希望您的孩子生活在国内，还是到国外定居？"有58.8%的受访者选择让孩子生活在国内，认为"还是在国内生活好"。这表明受访者对国家的信念和伦理热忱并不因现实国家的诸多现象如贫富强弱等偶然特性而改变，认识到这些因素只是国家的历史发展的环节，不是国家的实体，对国家与政府持有高度信任，相信国家是自己真实的实体与依托，对国家未来发展充满信心。"党中央出台了一系列治国理政的新举措，给社会生活带来了什么变化？"有58.6%的受访者表示"社会在向好的方面发展，对未来生活更有信心"；"您对于我们正在走的中国特色社会主义道路怎么看?"有53.5%的人表示"充满信心,因为它可以给中国带来繁荣富强",虽有34.2%的人表示"不太了解",但他们依然"相信这条路能够让老百姓都过上好日子"。革命传统教育是通过对国家与政府创立的追溯进行伦理感培育,"在全社会特别是青少年中开展革命传统教育,您认为有没有这个必要?"有90.3%的人认为必要。以上调查显示,当前大众依然绵延中国伦理型文化传统对于国家的伦理情怀,这种伦理信念是中国大众的精神标识。

2. 对"贪污腐败"等涣散国家实体性现象的伦理关切

权力公共性与财富普遍性是国家作为伦理普遍物借以呈现自身的两种中介。权力的公共性在于,它是国家在客观化自身的诸环节中所呈现的客观必然性力量。国家作为伦理理念的现实和不容置疑的权威力量,以政府作为其现实的单一自我。政府允许"(公共)本质分裂为若干组成部分,每一部分各自独立,成为一个真正的自为存在,因为这样,精神就得到它的实在或特定存在"①。所以,国家作为普遍物的必然性现实地呈现为不同的权力及其职能和活动领域,当然,这些权力及其职能的合法性均源于国家。不同的权力根据其职能在各自领域制定制度法规,它们作为桥梁使个体的个别性和国家实体性的相互过渡成为现实。"这些法规构成特殊领域中的国家制度,即发展了和实现了的合理性,因此它们就构成巩固的国家基础,以及个人对国家的信任和忠诚的基础"②。权力通过制度连接普遍性与个体性,使个体获得实体性的自由,国家成为一人。财富的普遍性在于,从其自在的本性而言,"它因一切人的行动和劳动而不断地形成,又因一切人的享受或消费而重新消失。"③"一个人自己享受时,他也在促使一切人都得到享受,一个人劳动时,他既是为他自己劳动也是为一切人劳动,而且一切人也都为他而劳动……自私自利只

---

① [德] 黑格尔:《精神现象学》(下),贺麟、王玖兴译,商务印书馆1997年版,第12—13页。
② [德] 黑格尔:《法哲学原理》,范扬、张企泰译,商务印书馆1996年版,第265页。
③ [德] 黑格尔:《精神现象学》(下),贺麟、王玖兴译,商务印书馆1997年版,第46页。

不过是一种想象。"① 财富在自为层面的普遍性体现为它与国家权力的相通，其生产经政府允许由各式劳动的行业组合将个体组织起来完成，其占有和支配则需要国家权力作为普遍意志以对抗个别意志的任性，就此而言，"财富毋宁就是国家权力"②。因此，政府对财富的公正分配集中体现在权力与财富的普遍性本质。

国家的内在力量在于它的普遍目的和个体特殊利益的统一。"国家的目的就是普遍的利益本身，而这种普遍利益又包含着特殊利益，它是特殊利益的实体。"③ 特殊利益不应被忽视、排斥甚至压制，因为个体作为普遍物的特定存在，这一特殊环节同样也是本质的，他在分享普遍物中使其自身的特殊需要获得满足和照顾，在实体中找到了"成为这一整体的成员的意识和自尊感"④。这种与普遍物相统一的成员意识和自尊感即为高贵意识，是国家稳定和发展的动力源泉。将普遍物与单一物连接并统一起来是现实的各领域中各权力及其职能的伦理使命。

特殊领域的制度、权力、职能等需要完成的伦理使命，最终由特定群体或特定主体付诸实施，他们是以普遍物为其本质活动目的的公务人员。"他们是国家的意识和最高度的教养的体现者，也是国家在法制和知识方面的主要支柱"⑤。他们以"高贵意识"显现国家作为伦理普遍物的精神本质，所谓的高贵意识就是服务的英雄主义，"它是这样一种德行，它为普遍而牺牲个别存在，从而使普遍得到特定存在，——它是这样一种人格，它放弃对它自己的占有和享受，它的行为和它的现实性都是为了现存权力的利益。"⑥ 通过高贵意识使国家从被思维的抽象存在发展为现实的普遍，这是该群体存在的全部和唯一的合法性依据。他们的职业操守决定着普通公民对国家的伦理认同，"官吏的态度和教养是法律和政

---

① ［德］黑格尔：《精神现象学》（下），贺麟、王玖兴译，商务印书馆1997年版，第46页。
② ［德］黑格尔：《精神现象学》（下），贺麟、王玖兴译，商务印书馆1997年版，第60页。
③ ［德］黑格尔：《法哲学原理》，范扬、张企泰译，商务印书馆1996年版，第269页。
④ ［德］黑格尔：《法哲学原理》，范扬、张企泰译，商务印书馆1996年版，第263页。
⑤ ［德］黑格尔：《法哲学原理》，范扬、张企泰译，商务印书馆1996年版，第315页。
⑥ ［德］黑格尔：《精神现象学》（下），贺麟、王玖兴译，商务印书馆1997年版，第52页。

府的决定接触到单一性和在现实中发生效力的一个点。公民的满意和对政府的信任以及政府计划的实施或削弱破坏，都依存于这一个点。"① 也就是说，国家作为伦理普遍物的目的是个体获得实体性自由，国家团结如一人，这最终需要公务人员的伦理行为付诸实践。

然而，公务人员作为特定权力的执行者，有将自身的特殊利益凌驾于普遍物之上的风险。为了避免这种风险，精神设计从积极满足公务人员的特殊需要出发，以恪尽职守为其收入来源，"保证他的特殊需要得到满足，使他的处境和公职活动摆脱其他一切主观的依赖和影响"②。公务人员不履行即消极的不作为或积极地违反自身的伦理使命，是对国家这一普遍物本身的侵害。为保障国家实体性的普遍本质和公民应有的权利，免受主管机关及其官吏滥用职权的危害，制度设计有所防范，"一方面直接有赖于主管机关及其官吏的等级制和责任心，另一方面有赖于自治团体、同业公会的权能，因为这种权能自然而然地防止官吏在其担负的职权中夹杂主观的任性，并以自下的监督补足自上的监督无法顾及官吏每一细小作为的缺陷。"③ 也就是说，一方面通过政府内部权力的等级分层进行自上而下的监督与制约，另一方面则以公民团体与公民个体的监督，以自下的力量弥补自上监督的不足。

在当前社会发生急剧变迁的时代，基于对国家实体的伦理热忱，大众对于特定权力的运作形式和公务人员的职业操守进行监督并发出伦理预警，它现实地呈现为对"官员腐败"和"分配不公"等现象的重大伦理关切。本次调查发现，大众担忧的问题集中在由官员群体的道德问题所引发的腐败现象不能根治、严重的分配不公两极分化问题，以及政策制定和执行中的伦理含量问题。

调查显示，江苏大众对中国社会最担忧的问题是"腐败不能根治"，以40.8%的比例居于首位；关于"当今中国社会最基本的伦理冲突"，有46.6%的人认为是"分配不公、两极分化"，认为目前这种现象"非常严重"和"比较严重"的比例分别为33.4%和46.4%；与前几年相比，有

---

① ［德］黑格尔：《法哲学原理》，范扬、张企泰译，商务印书馆1996年版，第313页。
② ［德］黑格尔：《法哲学原理》，范扬、张企泰译，商务印书馆1996年版，第312页。
③ ［德］黑格尔：《法哲学原理》，范扬、张企泰译，商务印书馆1996年版，第313页。

25.3%认为这种情况"更加恶化",有44.1%的人认为"没什么变化",只有30.7%的人认为有"较大改善"。对于弱势群体产生的最主要原因,有39.7%的人认为"制度不合理,社会关怀不够",有35.2%的人认为是"收入分配不公"。对于以上现象中国大众直指公务人员群体。在对近十年来利益获取较多的群体的调查显示,"政府官员"和"公务员"分列获得利益较多的第一位(23.4%)和第三位(21.7%),而获益较少群体的前两位是"农民"和"工人",调查比例分别为70.5%和24.3%。在对诸群体伦理道德整体状况的满意度调查中,满意度较低群体的前三位依次为"演艺娱乐圈""政府官员"和"一般公务员",不满意率分别为53.9%、41.3%和35.6%。在大众心目中公务人员群体的群像是"有权有势的人""官僚",相反,最应体现的"公仆"形象比例偏低。"在生活中或媒体上看到政府官员时,您首先想到的是?"居前三位的选项依次为:"有权有势的人"占27.3%,"官僚,根本不了解我们的情况"占19.8%,"公仆,为老百姓谋福利"占18.0%。对于政府官员的从业目的,大众认为是为一己之私利和家族荣耀,认为是为国为民的比例均低于前者。"您认为干部当官的目的是?"有50.2%的受访者认为是"为自己升官发财",选择"为人民服务,为百姓做好事做实事"的受访者为48.3%,选择"为家庭增光,光宗耀祖"的为32.5%,选择"为国家与社会做贡献"的为31.9%。基于私利而不是实体性的使命,将国家的职能和权力据为己有,以特殊利益侵犯普遍物,这是贪污腐败、以权谋私的精神哲学本质。借用黑格尔对以女性为代表的家庭个别性对国家普遍性的僭越所言,"她竟以诡计把政府的公共目的改变为一种私人目的,把共体的公共活动转化为某一特定个体的事业,把国家的公共产业变换为一种家庭的私有财富"[①]。调查表明这一现象目前还很严重,"您觉得当前我国政府官员道德问题最严重的是?"第一选择中位列前两位的是"贪污受贿"(56.6%),"以权谋私"(27.1%)(见图9-9)。在第二选择中,"以权谋私"为43.0%,居于首位。有64.5%的人认为"干部贪污受贿,以权谋私"现象严重;有66.4%的人认为"干部不作为,扯皮推诿"现

[①] [德]黑格尔:《精神现象学》(下),贺麟、王玖兴译,商务印书馆1997年版,第31页。

象严重。制度是特定权力在各自领域的体现，其主体是公务人员群体。腐败、分配不公和两极分化表明这一群体的精神发生异化，由高贵意识向卑贱意识蜕变，这是对国家作为普遍物的伤害和颠覆。"公务人员所应履行的，按其直接形式来说是自在自为的价值。因此，由于不履行或积极违反所发生的不法，是对普遍内容本身的侵害，从而是侵权行为，或者甚至于是犯罪行为。"[①] 随着近年来中央政府反腐败力度的加强，腐败现象虽有明显改善，关于"和前几年相比，您认为目前我国官员腐败现象有什么变化"问题，认为"有很大改善"的为12.2%，认为"有较大改善"的为63.5%，认为"没什么变化"的有20.6%。但对该群体的信任度却没有同步提升，"与前几年相比，您对政府官员的信任度有什么变化?"有49.4%的人选择"没什么变化"，有41.7%的人选择"信任度提高了"，还有8.7%的人选择"更加不信任"，这表明民众对此持有更为深远的伦理期待，根除腐败任重道远。

您觉得当前我国政府官员道德问题最严重的是? 选择一

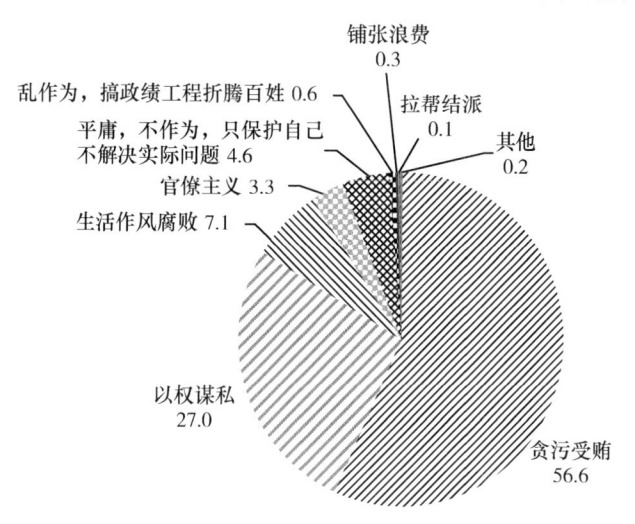

铺张浪费 0.3
乱作为，搞政绩工程折腾百姓 0.6
拉帮结派 0.1
平庸，不作为，只保护自己不解决实际问题 4.6
其他 0.2
官僚主义 3.3
生活作风腐败 7.1
以权谋私 27.0
贪污受贿 56.6

图9-9 个人对当前我国政府官员存在的严重的道德问题的认知（%）

对政府政策伦理含量的调查数据也表明民众对国家的伦理关切。"政

[①] [德] 黑格尔:《法哲学原理》，范扬、张企泰译，商务印书馆1996年版，第313页。

府在制定政策和决策时充分考虑到伦理道德方面的要求了吗?"对这一问题,有 32.8% 的人认为"有考虑,能够从日常生活中感受到",有 30.0% 的人认为"有考虑,能够从政策文件中体会到",有 28.4% 的人则认为,"只是口头上说说,没有实质性行动",还有 8.5% 的人表示,"没有考虑,政策制度都是从自己的政绩和富人的利益着想"。数据表明,大多数受访者认为政府在政策制定和决策中有伦理关怀,初衷是好的,但很明显在实践中并没有完全体现出来,这直接影响制度促进社会公平的效果(见表 9-7)。以下政策措施对促进社会公平有效果吗?

表 9-7　　　　个人对政策措施促进社会公平效果的认知　　　　(%)

	较大效果	有点效果	没有效果	更不公平	大大加剧了不公平	不知道
就业政策	8.0	66.6	23.5	1.6	0.3	8.0
教育政策	11.0	68.3	15.3	3.4	2.0	5.5
医疗卫生政策	12.5	60.8	20.2	3.9	2.6	3.5
低保政策	13.8	60.7	19.0	4.4	2.1	10.0
房地产政策	5.2	43.5	31.3	12.5	7.6	17.2
拆迁安置政策	6.2	46.5	26.2	12.5	8.6	21.0

调查表明,上述政策措施在促进社会公平中有"较大效果"的比例普遍不高,这一选项最高的"低保政策"也仅为 13.8%。认为"有点效果"和"没有效果"的比例远高于"较大效果"。此外,有 47.1% 的人认为"医疗制度不合理,看病难看病贵"是导致当前医患关系紧张的主要原因,其次为"医生缺乏职业道德,对病人不负责任",占比为 37.3%。这表明解决医患关系紧张的根本在于提升医疗制度的伦理含量,倾注伦理关怀。显然,政策从设计理念到现实的每个环节,都应该体现伦理关怀,这亟待各环节公务人员提升伦理意识与水平。

中国大众对腐败问题和分配不公、两极分化的深度忧虑在于,这些现象不仅仅是官员道德问题,更是危及国家伦理安全,瓦解国家精神的深刻伦理问题,这种从服务的英雄主义的高贵意识向卑贱意识的精神蜕变,标志着国家普遍本质遭遇深度蚕食蚁蛀。这种卑贱意识的本质就是以权谋私,即将公权据为己有以谋私利,将国家变为非普遍本质的存在而成为个人的战利品。"卑贱意识的目的就在于使普遍权力受制于自为存在。……制服和占有普遍实体,造成普遍实体同它自己的完全不一致。"①其危害在于,它是在众目睽睽之下对国家普遍本质的公然侵犯,对公民信念的肆意凌辱,是涣散国家精神的最为根本的解构力量。公务人员利用权力谋取财富必然导致财富分配不公,两极分化严重的伦理危机。如果以权谋私、贪污腐败之风不能得到遏制,将影响普通民众对于权力、财富与自身同一性的认同,诱发更为广泛的"卑贱意识",并最终使国家整体分崩离析。中国大众以对国家高度的伦理觉悟,积极进行自下而上的伦理监督,对公务人员卑贱意识与卑贱行为表达严重关切,他们的匹夫之责之忧,转化为以"社会公正"优于"个体德性"的伦理诉求捍卫国家实体性的伦理守望。

3. 维护国家实体性的伦理守望

黑格尔认为,战争是唤醒实体精神最为有效的方法②,但这种重构的成本过于沉重,潜在着整体作为个体在对峙中灭亡的风险,因此最为可靠和安全的力量,是公民对于国家普遍物本质的伦理守望。这是一种基于对实体认同的伦理反思力量,认同国家的实体性并内化为个体信念,但对实体所展现出来的"象",即国家客观化自身的诸多环节保持审视反思。这是不同于传统的精神形态(见图9-10),个体以执守普遍性的信念即伦理良知捍卫普遍性,它呈现为对社会公正的伦理诉求,这是推进中国社会和文明发展的深刻力量。

对于当前变迁中的中国社会而言,有32.2%的人认为"社会公正最重要",有14.8%的人认为"个体德性最重要",前者比后者高出17.4个百分点;认为二者应当统一,但二者的矛盾应该先追求社会公正的比例比先追求个体德性的高出0.6个百分点。

"社会公正"是一种伦理诉求。"社会"在本性上是一种伦理存在,它是国家实体性在生活世界的表达。国家客观化自身的现象化形态被统

---

① [德]黑格尔:《精神现象学》(下),贺麟、王玖兴译,商务印书馆1997年版,第60页。
② [德]黑格尔:《精神现象学》(下),贺麟、王玖兴译,商务印书馆1997年版,第13页。

854　下　伦理魅力度与道德美好度

您认为对社会生活而言,个体德性和社会公正哪个更重要?

- 个体德性最重要　14.8
- 社会公正最重要　32.2
- 二者应当统一,但二者矛盾时应先追求个体德性　26.2
- 二者应当统一,但二者矛盾时应先追求社会公正　26.8

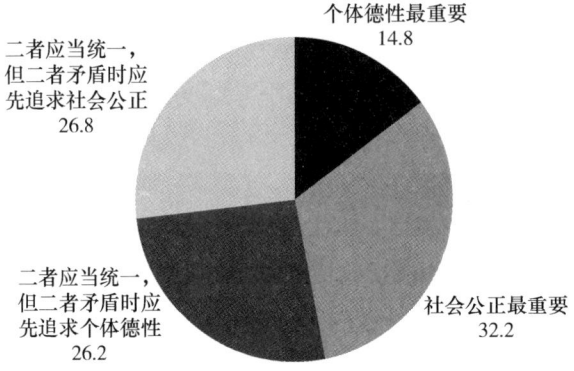

图9-10　个人对个体德性与社会公正的重要性认知(%)

称为社会。在社会中普遍性与个体性、国家实体与个体通过政府各部门特殊职能所固定化的权力以及各行业组织,将权力的公共性与财富的普遍性与个体现实地连接起来。"公"是国家普遍性本质的生活化表达,是伦理应有的存在方式。但无论从精神的辩证发展环节,还是从客观现实而言,社会并不能完全与国家普遍性保持一致。因此针对诸多异化现象尤其是这种异化将危及其精神自身时,复归国家普遍本质的"公"的伦理呼声高涨。"正"则是因其背离而复归本位的校正力量,现实地表现为努力使社会复归"公"的校准力量,这是基于伦理应当的必然性力量。春秋时期孔子提出"正名"以捍卫伦理实体的事实正当。当前大众的"社会公正"诉求体现了现代个体作为公民的伦理义务意识,现实地转化为守望国家公共本质的伦理力量。这是中国伦理道德的精神哲学传统的新形态。

社会至善和个体至善,伦理与道德,何者优先及其辩证关系是中国伦理传统的精神哲学命题。在具有精神传统的德国哲学和中国哲学中,伦理在本质上是优先于道德的存在的,"德毋宁应该说是一种伦理上的造诣"①。个体分享伦理将其凝结为性格中的固定要素,这便是单一物与普遍物的统一,即精神。伦理是客观存在的真理,黑格尔说:"因为伦理性的规定构成自由的概念,所以这些伦理性的规定就是个人的实体性或普

---

① [德] 黑格尔:《法哲学原理》,范扬、张企泰译,商务印书馆1996年版,第170页。

遍本质，个人只是作为一种偶性的东西同它发生关系。""人类把伦理看作是永恒的正义，是自在自为存在的神，在这些神面前，个人的忙忙碌碌不过是玩跷跷板的游戏罢了。"① 在中国文化传统中，伦理是个体行动的精神之纲领，以身体道的修身是个体的全部义务，强调个体至善是社会至善的前提，认为个体达于至善，社会自然至善。所以个体的修身养性、反躬内省是实体客观化即"家齐、国治、天下平"的前提，这是对伦理与道德，国家实体与个体关系的精神哲学洞察。但这一精神哲学命题的现实难题在于，当伦理前提的现实化形态发生改变时，是否还是当然前提？这种矛盾该如何解决？针对当前处于急剧社会变迁中的中国，对国家实体客观化自身的过程中所产生的异化现象，大众以明确的态度给出了现实答案，即追求"社会公正"先于"个体德性"，这是维护伦理与道德统一、伦理优先的辩证力量。

总之，通过本次调查发现，处于急剧变迁时代的中国大众关于国家伦理的意识呈现出新的精神哲学形态。以"从实体性出发"的高度伦理觉悟，对涣散国家精神的"贪污腐败"和"分配不公、两极分化"等现象保持严峻的伦理关切，并以"社会公正"的伦理诉求作为守望国家实体的现实力量，以匹夫之力捍卫坚守遭遇多重变迁力量裹挟的国家实体。如果没有基于对国家深厚的伦理情怀就不会予以敏锐的伦理关切，也就没有执着的伦理守望。这是中国人内心静水流深的国家情结在社会急剧变迁中所迸发出的深刻伦理力量，是推动社会进步、文明发展和国家昌盛的希望。

（二）当前中国家庭的实体性危机

家庭是人类从史前文明开始历经漫漫岁月，筚路蓝缕所孕育生成的一颗蕴含全部伦理信息的种子，它作为天然的伦理实体是伦理道德神圣性的根源和策源地，也是国家实体的元素、人类文明的根基。家庭对于中国伦理型文化更具深意，它是中国文明的起点和社会的组织范型、中

---

① ［德］黑格尔：《法哲学原理》，范扬、张企泰译，商务印书馆1996年版，第165页。

国人安身立命的精神家园。中国文明从历史深处迤逦走来,历经沧桑,绵亘不绝,家庭是其蓬勃生命的遒劲根须和不绝源泉。家庭也是中国文明的生命脉搏,二者一脉相连。改革开放40年来中国社会发生急剧变迁,把握变迁中家庭的生命律动对于当前中国社会与文化尤为迫切。调查表明,当前中国家庭面临着严峻的伦理挑战,婚姻能力的原子化蜕变、代际的伦理失衡,将瓦解家庭实体性的精神经纬,最终对中国文明的现在和未来产生深远影响。

1. 婚姻能力的原子化蜕变

伦理性的实体作为普遍物与自为地存在的个体单一物的统一,是家庭的现实精神。婚姻作为家庭实体性呈现的直接形态,更是实体性魅力与力量的精彩表达。黑格尔曾指出:"在考察伦理时永远只有两种观点可能:或者从实体性出发,或者原子式地进行探讨,即以单个的人为基础而逐渐提高。后一种观点是没有精神的,因为它只能做到集合并列,但是精神不是单一的东西,而是单一物与普遍物的统一。"[①] 换言之,从实体性出发的婚姻是家庭客观化自身的精神方式。然而,通过调查发现当前中国人的婚姻正在发生重大蜕变,婚姻的实体性能力急剧衰微转向原子式集合并列,家庭日趋沦为无精神的空壳。

表9-8　　　　个人对恋爱、婚姻、家庭的认知态度　　　　(%)

内容	完全赞同	比较赞同	中立	比较反对	强烈反对
不婚	0.7	3.0	41.9	36.9	17.5
试婚	0.4	4.2	37.5	39.8	18.1
同居	0.8	5.3	47.1	33.2	13.5
同性恋	0.6	1.1	19.0	38.2	41.1
婚外恋	0.1	0.6	7.0	36.9	55.4
丁克家庭	0.6	1.5	32.5	36.1	29.4
代孕	0.2	1.3	26.8	38.3	33.4

---

① [德] 黑格尔:《法哲学原理》,范扬、张企泰译,商务印书馆1996年版,第173页。

数据表明，社会大众对婚外恋、同性恋、代孕、丁克家庭依次保持高度的伦理警惕。但对"不婚""试婚"和"同居"的态度意味深长。虽然对三者持"完全赞同"和"比较赞同"的比例都极低，持"比较反对"和"强烈反对"的合计为54.4%、57.9%和46.7%，但是持"中立"的比例不容忽视，分别为41.9%、37.5%和47.1%，其中对"同居"持"中立"立场的比例为47.1%，比"反对"的46.7%高出0.4个百分点。在此，"中立"作为宽容的暧昧表达，其深层况味是默认并接受某种发展动向与趋势。换言之，"中立"并不代表不偏不倚，而是在某种"理解"意味下的认可，远离"反对"趋向"赞同"，它表明当前中国社会婚姻能力的精神状况——从实体性向原子式蜕变的倾向。

为何"不婚"？"婚"为何要"试"？以及大众最为宽容的与婚姻在样态上最为接近的"同居"，它们究竟与婚姻有何不同？这需要对婚姻的精神哲学本质进行把握。

(1) 婚姻的精神哲学本质

婚姻是家庭实体性客观化自身的直接形态。在现代，婚姻多始于当事人双方的特殊爱慕。这种真挚的主观情绪和感觉就是爱，即意识到我和别一个人的统一，彼此在相互映照中获得自我意识，离开对方自我就是孤单残缺的存在，于是彼此间产生一种情感冲动，抛弃自身独立的存在而追求与对方的统一。爱始于偶然的主观感觉和情感冲动，其不可究诘的发生缘由是婚姻神圣性的源头，但它作为自然性和主观任性的杂糅具有不稳定性。婚姻将这种神圣而真挚的情感纳入伦理轨道，使之成为家庭生活的伦理现实。婚姻本质上是伦理关系和伦理性承诺，它以家庭的实体性为普遍物或本质，双方以坚守实体性信念，抛弃自己自然的和单个的人格，实现精神统一为伦理义务。为此黑格尔对三种错误的婚姻观予以澄清：因其自然属性而只被看成一种性的关系；从原子式的单个人出发，将其理解为民事契约，双方彼此任意地以个人为订约对象，将婚姻降格为按照契约而互相利用的形式；认为婚姻仅仅建立在爱的基础上，纵容偶然性的肆意张扬。他指出，婚姻是具有法的意义的伦理性的爱，这样就可以消除爱中一切倏忽即逝的、反复无常的和赤裸裸主观的因素。① 简言之，婚姻是以实体性或普遍物为本质，扬弃爱的感觉中的自然性、原子独立性和主观任性，将其升华至精神统一。

婚姻的核心是双方伦理性的爱，自愿同意组成为一个人，并为这一统一体而抛弃自己自然的和单个的人格②，双方相互承认而获得新的伦理身份。但婚姻的合理性还需要获得更广泛的伦理承认，也就是说，婚姻不仅仅是两个人的相互承认，还需要获得家族或其他共同体的承认，这一使命由婚礼来完成。"庄严地宣布同意建立婚姻这一伦理性的结合以及家庭和自治团体对它相应的承认和认可，构成了正式结婚和婚姻的现实。只有举行了这种仪式之后，夫妇的结合在伦理上才告成立，因为在举行仪式时所使用的符号，即语言，是精神的东西中最富于精神的定在，从而使实体性的东西得以完成。"③ 婚姻在庄严隆重的宣告仪式中正式确立，夫妇得到广泛的伦理认可。同时，婚礼中各种语言符号所传递的精神内涵及其所激发的仪式感，再次确认并强化夫妇对于婚姻的伦理认知，"缔结婚姻本身即婚礼把这种结合的本质明示和确认为一种伦理性的东西，凌驾于感觉和特殊化倾向等偶然的东西之上"④。夫妇双方自觉服从实体性的约束而不再一直保留着爱慕的偶然性和任性。

婚姻本身及其缔结仪式都是实体性精神的表达，同样，婚姻的解除也以精神的方式来完成。婚姻因其崇高及神圣性，从本质上说是不可以解除的，但因其含有感觉的环节，"所以它不是绝对的，而是不稳定的，且其自身就含有离异的可能性。但是立法必须尽量使这一离异可能性难以实现，以维护伦理的法来反对任性"⑤。即为抵制偶然任性对婚姻的侵害，立法环节最大限度地进行伦理拯救。婚姻的最终解除通过伦理权威的裁决来宣断，不得随意退出。"婚姻是伦理性的东西，所以离婚不能听凭任性来决定，而只能通过伦理性的权威来决定，不论是教堂还是法院

---

① ［德］黑格尔：《法哲学原理》，范扬、张企泰译，商务印书馆1996年版，第177页。
② ［德］黑格尔：《法哲学原理》，范扬、张企泰译，商务印书馆1996年版，第177页。
③ ［德］黑格尔：《法哲学原理》，范扬、张企泰译，商务印书馆1996年版，第180页。
④ ［德］黑格尔：《法哲学原理》，范扬、张企泰译，商务印书馆1996年版，第181页。
⑤ ［德］黑格尔：《法哲学原理》，范扬、张企泰译，商务印书馆1996年版，第179—180页。

都好。"①

总之，婚姻作为具有法的意义的伦理性的爱，从双方的伦理认同到婚礼庄严宣告的共同体认可，乃至婚姻的不幸解除，在每一环节里实体性信念都氤氲其中。对于个体的个别性而言，婚姻本身意味着约束。爱的感觉很美好，但作为伦理性的爱，则需要个体的自我限制与升华，这是一种痛苦与幸福并存的修行。为了帮助个体抵制各种偶然因素的侵蚀，婚礼的庄严宣告调集家族和其他共同体的伦理力量来对个体形成制约。在婚姻遭遇危机时，立法致力于使离婚不能听凭任性而轻易解除，即便解除也须经伦理性权威的裁定、通告。这一切的约束和努力都是为了个体的解放，即获得实体性的自由。对此黑格尔指出："具有拘束力的义务，只是对没有规定性的主观性或抽象的自由，和对自然意志的冲动或道德意志的冲动，才是一种限制。但是在义务中个人毋宁说是获得了解放……在义务中，个人得到解放而达到了实体性的自由。"② 双方在婚姻中统一为一人，在恩爱和信任中获得自由，家的感觉就是夫妻相与为一的实体感。以实体性为出发点和目的的精神统一是婚姻的本质，从某种意义上说，婚姻毋宁说是考验双方伦理能力、耐力和毅力的一种修炼，婚姻缔结需要双方拥有爱的能力和自觉服从实体性制约的伦理担当的勇气。

当前中国大众对"婚外恋"即婚姻存续状态中个体的主观任性持有最为严厉的谴责，表示"反对"的比例高达92.3%。换言之，当前中国大众依然认为婚姻是具有广泛而严肃约束力的伦理事件，因此一致抵制婚姻内的任性而为。但耐人寻味的是，对"不婚""试婚"和"同居"的宽容默许，是否意味着为规避伦理义务的制约，为主观任性预留巨大空间的"机智"呢？然而，这种流行趋势表明实体性婚姻能力的原子式蜕变。

（2）"不婚""试婚"和"同居"的原子化本质

"不婚"是个体对待婚姻和自身存在状态的一种自我确认与表达，是

---

① ［德］黑格尔：《法哲学原理》，范扬、张企泰译，商务印书馆1996年版，第190页。
② ［德］黑格尔：《法哲学原理》，范扬、张企泰译，商务印书馆1996年版，第167—168页。

一单一原子式的态度。它可以有两种区分，一是个体坚持不恋爱，不结婚。相对于婚姻是双方意识到彼此的不独立而追求实体性的统一而言，个体认为自身是独立自足的，无须在别一个人的映照中获得自我意识。二是求而不得后的态度，即个体曾尝试但最终没有获得自己的意中人，转向一个人的生活，其中存在的可能是双方均从主观自我出发要求他人满足自己，二者无法达成同意，抑或一方无法接受对方这种单一向度的索取。"不婚"本质上是个体缺乏爱的能力和信心。虽然现代社会变迁客观上为个体的婚恋带来一定困难，但这并不是全部归因。对待"不婚"，有54.4%的人"反对"，有3.7%"赞同"者，"反对"者众，但41.9%的"中立"比例意味着某种趋势，即个体无论是主动地不再相互需要，还是被动地形单影只，家庭的实体性统一都已难以企及。

与"不婚"相比，"试婚"似乎向婚姻迈近了一步，男女双方至少有欲求统一的爱的感觉和自然性别的统一。但选择"试婚"而非正式婚姻，"试"字表明这是一种缺乏伦理真诚的无精神方式，其本质在于从个体的个别性出发，进行原子式探讨的集合并列，旨在证实彼此是否符合自我需要而达成的共同意志，而不是实体性的普遍意志。它始于爱的感觉并包含自然生活环节，但以主观任性为原则和依据。"试"一开始就表明个体并不以精神的统一为目标而扬弃自身的特殊任性，相反以自我的主观感觉乃至利益算计为目标，要求于对方适应自己。因此，"试婚"是没有精神为灵魂的自然冲动与主观任性的混合体。这就决定了双方结合的脆弱性。换言之，"试"所追求的是个体的主观任性或抽象的自由，缺乏婚姻所应有的成为一个人而努力的伦理真诚。选择"试婚"可以规避正式婚姻的约束，双方不必遵从实体性统一所要求的自我约束，对外没有伦理宣告也不涉及家庭或共同体的伦理约束力，更没有法律制约。它只是双方秘而不宣的私人事务，双方以自然的和单个的人格而相互对待，可能全身心地相互委身，而是有所保留地提防和维护自身感情和利益，降低因对方任性所带来的侵害风险，即便是其追求的爱的感觉也不可能是真挚的。这样，双方无法获得相与为一的信任和恩爱。因为缺乏伦理意识和伦理担当，一旦遭遇困难这种无精神根基的统一便会随之瓦解，一言不合即一拍两散，又可再与他人一拍即合。所以，原子式的集合并列决定了"试婚"在出发点上就与以家庭的实体性为内容的婚姻背道而驰，个体永远无法走出单一自我，实现与别一个人的真正统一，个体身可自由进退，心却漂泊无依。

"同居"是双方经过"试婚"环节后发展而成的相对稳定关系。也就是说，"同居"事实上包含着自然生活环节、主观任性和一定程度的实体性关系。但是这种实体性关系却没有发展成为一种定在，即通过婚礼宣告和法律登记获取伦理合理性与合法性的认可。一方面，他们认为只要两情相悦，那些仪式或手续只是一种形式，是可以抛弃的多余，"认为感性地委身于对方对证明爱的自由和真挚来说是必要的"[①]。这种强调爱的真挚情感而抹杀形式的认识缺乏伦理教养。另一方面，它为个体的主观任性暗设了自由退出机制，不必为正式婚姻的伦理义务所束缚，不会受到亲朋好友和立法诸环节的"滋扰"，一切自由随心。另外，即使双方是以实体性的统一为信念指导生活，但因为没有获得客观的伦理承认，双方及所组成的家庭的权益将无法获得基本保护。因为"婚姻，即家庭的概念在其直接阶段中所采取的形态"[②]，家庭作为人格而言还需要以家庭财富的形式获得定在，换言之，双方应该拥有共同财富，在创造财富过程中扬弃单个人的特殊需要，即"欲望的自私心，就转变为对一种共同体的关怀和增益"[③]。家庭财富的公共性决定了家庭成员没有特殊所有物而共享家庭财物。那么，"同居"状态中是否存在家庭共有物？一种可能是双方彼此保持对物品的个人属性，另一可能是提升至公共财富，共同享有使用权。但是，即使拥有公共财富，一旦发生重大变故，另一方及子女因没有法的意义的伦理身份，无法享有应有的保护，这也必将影响家庭的稳定和发展。

"不婚""试婚"和"同居"，是当前中国大众持有最大伦理宽容的三种对待婚姻的态度。"不婚"是原子式自足的独立，缺乏爱的能力。"试婚"和"同居"则是双方以爱的感觉为原则而达成的共同意志。爱的感觉本身充满着偶然性，当事人双方又以张扬任性的独立人格出现，所以"试婚"和"同居"中充满了爱中一切倏忽即逝的、反复无常的和赤

---

① ［德］黑格尔：《法哲学原理》，范扬、张企泰译，商务印书馆1996年版，第182页。
② ［德］黑格尔：《法哲学原理》，范扬、张企泰译，商务印书馆1996年版，第176页。
③ ［德］黑格尔：《法哲学原理》，范扬、张企泰译，商务印书馆1996年版，第185页。

裸裸主观的因素，而这一切是婚姻为具有法的意义的伦理性的爱所扬弃。"试婚"和"同居"与正式婚姻一样包含自然生活环节和爱的感觉，但它们没有婚姻执守实体性统一的信念，而是为个体的主观任性预留自由空间，缺乏从自然性别的统一和爱的感觉升华为精神统一的伦理意识和伦理能力。总之，三者追求的是无精神的原子式自由。当前中国社会婚姻能力的变化在另外一些数据中得以佐证，"在恋爱或婚姻中，您有为对方而改变自己的意识吗？"对此，有45.0%的受访者表示"有，经常这样做"，有34.2%的受访者表示"有，但做起来有些困难"，有16.8%的受访者表示"没想过这个问题"，有3.5%的受访者认为"无须改变，只有找到愿为我改变的人才是真爱"。有意识并付诸行动的人不到一半，有意识但难以付诸行动的占三成多，还有处于懵懂状态和极端任性的人约为20.3%。同时，对待两性关系的态度是由"不婚""试婚"和"同居"直接相关的数据显示出来的，"目前中国社会的两性关系日益开放，它对社会风尚的影响是？"对此，有60.9%的人选择"两性关系混乱必然导致道德沦丧，污染社会风气"，有27.8%的人认为"个人选择，无所谓好坏"，有11.1%的人认为"是社会进步的表现"。虽然六成以上的受访者是传统的，但认为"个人选择，无所谓好坏"和"是社会进步的表现"的比例合计为38.9%，这与"试婚"和"同居"的宽容态度一致，预示着两性结合只是你情我愿的私意，无关乎家庭、家族或共同体的实体性，无关乎崇高与神圣，一切只是本能冲动与任性的自然释放，也与真正的自由全不相干。

（3）婚姻能力折射的精神蜕变

在"您认为现代家庭关系中最令人担忧的问题是"问题的多项选择中，有27.6%的人选择"婚姻不稳定，年轻人缺乏守护婚姻的意识和能力"，在所有选项中位列第二，其现状可见一斑。孟子曰："男女居室，人之大伦也。"[1] 黑格尔说："婚姻，也就是按本质说一夫一妻制，是任何一个共同体的伦理生活所依据的绝对原则之一。"[2] 也就是说婚姻缔结是家庭作为天然伦理实体客观化自身的首要环节，也是共同体伦理生活的

---

[1]《孟子·万章上》。

[2] ［德］黑格尔：《法哲学原理》，范扬、张企泰译，商务印书馆1996年版，第184页。

逻辑起点。没有婚姻就没有家庭,更没有构筑其上的更高的共同体的伦理生活。婚姻能力是个体最基本的伦理能力,是家庭实体神圣性现实化的必然性力量。婚姻能力是家庭和社会精神状态的晴雨表。两性结合的原子化倾向表明个人已经丧失了获取实体性自由的能力,当这种结合成为建立形式家庭的原则时,作为精神的家庭则隐没于黑夜,阳光下是自然任性的荒诞狂欢。然而,形式统一的家庭极易离析崩解,个体随时会面临着身无归处、流离失所的凄惶,精神上更是无家园的漂泊浮萍。这是当前中国家庭所面临的严峻伦理挑战之一。

2. "孝"无力与代际失衡

如果说年青一代婚姻能力的丧失斩断了家庭伦理安全网络横向延展的纬线,那么独生子女时代家庭结构的缺损所导致的养老难题,则割裂了家庭实体性纵向绵延的经线。调查表明,在当前现代家庭关系最令人担忧的问题中,"独生子女难以承担养老责任,老无所养"以35.2%的比例位于首位,"老无所养"将打破家庭的自然伦理安全,颠覆家庭作为中国伦理型文化的根基。

(1) 养老难题与家庭实体性功能的蜕变

养老是个体在人生暮年必须直面的问题,现实的养老方式可以折射出时代精神的气象。"一个民族的文明质量可以从这个民族照顾老人的态度和方法中得到反映。"[①] 对当前中国社会而言,养老是一个日益沉重的话题,独生子女将难以承担起赡养父母的伦理义务,"孝"无力正成为一种伦理难题。调查表明,即便身处急剧变迁社会中子女陪伴、含饴弄孙依然是大众向往的养老方式。"您认为最理想的养老方式是哪种?"对此,有53.9%的人选择"与子女同住",而选择"自己单独住,生活难以自理时找护工"和"敬老院、护理院等专业养老机构"的均为14.7%,选择比例较低。当父母生活发生重大变故时子女更是首选的责任者,"当父母一方长期生活不能自理时,主要承担照顾工作的人应该是",有56.7%的人选择"子女",有28.1%的人选择"父母中还有能力的另一方(老伴)"。"雇保姆,子女协助"和"送护理机构,家人经常探望"的比例

---

① 张秀兰、徐月宾:《建构中国的发展型家庭政策》,《中国社会科学》2003年第6期。

分别为5.3%、5.2%，远低于前两项。对"您是否认为把老人送到养老院是不孝行为"的调查，最能够直接呈现人们的养老态度，选择"相对而言，部分是"的比例最高，占45.3%，这表明了更多人面对现实不甘却又无奈的两难心境。坚持认为把老人送到养老院是不孝的比例为16.4%。选择"不是"的人占38.1%，这种态度值得重视，纵然养老社会化将是一种现实趋势，政府也会逐步完善相关政策，但从中国文化传统而言，这不是一种应有的伦理态度。于父母而言可能是自觉放弃对子女赡养要求的悲壮断腕，对于子女而言则意味着由无力、无奈转向心安理得的伦理感退化。虽然该项占比位列第二，但这种趋向不容轻视，无论是父母的伦理悲壮还是子女的坦然接受，都表明着家庭实体性功能的现实蜕变，尤其是后者作为一种文化心理的急剧衰变预示着更加深刻的伦理风险，它直接动摇"孝"在中国伦理精神中的基础性意义。

（2）"孝"在中国伦理中的精神哲学意义

在此，"老有所养"专指中国文化中子女对父母应尽的伦理义务，包括物质奉养和精神敬重，即为孝。"孝"与"慈"共同构成家庭作为天然伦理实体内部自足平衡的两端。"慈"是父母对子女近乎伦理本能的实体感，子女作为父母精神同一性的结晶、定在，父母爱子女就是夫妻互爱也是爱自己，这是超越于自然关联之上的精神统一，是实体性情感发端的天然源泉。"孝"则是与"慈"相对应的伦理自觉，子女意识到自己是在父母的消逝中成长起来的，父母与自己分离后趋于枯萎这一伦理实体性的代际绵延。相对于"慈"的伦理本能，"孝"则是一种伦理教养，它是对这种实体性即生命源流的觉悟。

"孝"更是中国伦理型文化的精神哲学基础。将血缘从自然关联提升为精神纽带，实现个体与实体、个体之间的精神统一，缔结为实体性的整体，这是中国家、国两大伦理实体建构及二者内在统一的伦理逻辑，是中国先民走出蒙昧的智慧选择。原始社会对于中国伦理精神的重大意义在于，在超越自然原初状态的漫长历程中，不断进行血缘析分并将自然血缘精神化，逐步完成从母系至父系血缘谱系下族群成员的精神统一，以此超越自然实体状态下群体的松散无力。与此同时，在族群内部随着血缘谱系的日渐清晰，家庭的胚胎也在氏族的母腹中悄然孕育成熟。最终家庭在氏族实体意识发展的土壤中，孕育成为最基本的蕴含全部伦理基因的种子。

家庭与民族两大伦理实体的孕育相与为一，同步发展，其精神轨迹在中国考古发现中得到确证。① 远古记忆以文化本能的方式确立血缘为中国人迈向文明社会，编织伦理世界的精神璎珞。家庭作为天然的伦理实体和最小的伦理单元，是中国伦理神圣性的根源，中国夏、商、周三代伦理世界的建构便是其孕育过程中潜在记忆的回溯展开，正式确立了以血缘的伦理认同为精神纽带，构建"家—国一体"由家及国的社会秩序，安顿生命秩序的中国伦理精神。个体基于血缘的实体性认同其直接形态即为"孝"。

在现实的伦理生活中，父母赋予个体以自然生命和精神生命，作为将个体接引至宗族伦理实体的现实环节，与西方宗教文化中的"上帝"同等神圣。"慎终追远"是中国文化传统的精神底色，父母则是个体在实体性生命源流绵延中最为直接的一环，"孝"是个体感恩父母的实体性情感和伦理教养，与"慈"共同维护家庭自然伦理安全。中国伦理型文化的入世正是建立于对血缘的实体性认同之上，将自然生命的连接精神化，完满自足无待外求。"慈"与"孝"是中国人实现生命此岸超越的精神方式，个体从实体中产生并最终复归于实体。如果说黑格尔认为在西方文化中，家庭最终的任务在于使个体的"死亡"成为一个精神事件②，那么在中国养老送终一直都是精神事件。家庭作为一颗蕴含全部伦理信息的种子，拥有"慈"与"孝"相互守望的自足精神生态。因为伦理根基的实体性意义及后天教养的性质，"孝"在伦理设计中被强化凸显，父母作为一家之长是绝对的伦理权威。中国的"孝"文化都是这种精神的显现，"百善孝为先""二十四孝"以及以善恶报应进行的言说，对孝行的褒奖，对不孝者的严惩等。"养儿防老"的文化情结表明孝的伦理安全意义，所以父"慈"，子当"孝"，在物质和精神层面进行反哺。家庭不仅是生产单位，更是天然自足的伦理实体，"幼有所依""老有所养""慈"与"孝"平衡自足，个体的自然生命和伦理生活、生命周期的轮回与实体性绵延，均在家庭内部安顿完成，循环往复生生不息，这正是中国家庭强大坚韧所在。更为重要的是，"孝"不仅是立身齐家之本，也是国治之

---

① 许倬云：《西周史》，生活·读书·新知三联书店2012年版，第23—24页。
② [德]黑格尔：《精神现象学》（下），贺麟、王玖兴译，商务印书馆1997年版，第11页。

本,"夫孝者,德之本。入则孝,出则悌,谨而信,泛爱众,而亲仁"①。移孝作忠,以求忠臣必于孝子之门。在风俗礼仪方面也突出尊长养老的意义,"乡饮酒之礼,六十者坐,五十者立侍以听政役,所以明尊长也;六十者三豆、七十者四豆、八十者五豆、九十者六豆,所以明养老也;民知尊长养老,而后乃能入孝弟;民入孝弟,出尊长养老,而后成教,而后国可安也。"②"孝"的伦理意义在于保障家庭自然伦理安全,绵延生命源流、护佑中国社会与文化的根基。

(3)"老无所养"的精神危机

无论从中国深厚的文化传统而言,还是家庭作为天然的伦理实体本性而言,家庭都是中国人安享晚年的最佳选择。家庭因其直接自然的实体性情感而神圣、美好,与子女生命和精神相统一的实体感也是父母晚年最安全的依托。在中国人的精神世界中,家庭的终极关怀是中国人的伦理情结,老人在子女的环绕下离世是与西方人在牧师的祈祷下升入天堂同等神圣的。同时家庭还肩负着代际实体性传递即熏陶与教化下一代的伦理使命。独生子女时代的"孝"无力不仅是一代人的伦理悲壮,而且是家庭伦理功能的重大蜕变所引发的伦理风险与文化危机。随着现代化、城市化和工业化,中国传统家庭所仰赖的伦理生态日渐式微,家庭愈益瘦化。独生子女政策更是使家庭人伦结构缺损,使养老问题成为家庭所不能承受之重。"孝"从庄严的伦理义务沦为枉自嗟呀的无力,家庭的自然伦理安全被打破,即将到来的老龄化浪潮将见证一代人的伦理悲剧。

事实上,面对时代的巨大变迁,父母以深植内心的家庭实体性信念,倾力呵护子女、孙辈,为其分忧解难,守护家庭抵御现代性冲击。换言之,"慈"并未因社会变迁而减少,相反倾注更多,如同老母鸡在雨中庇护小鸡一般不竭余力。然而,同一背景下当他们羸弱时却将陷入身体与精神双重弱势的凄凉,"老有所养"难以企及。这是一场伦理悲剧,是对整整一代人的彻底背叛。最为深层的影响是由"慈"和"孝"共同构建的家庭自然伦理安全链的精神断裂,随着养老的社会化,下一代人从无

---

① 《论语·学而》。
② 蒋伯潜:《十三经概论》,上海古籍出版社1983年版,第359页。

奈到适应接受，进而发展为当然，这种家庭伦理实体感的衰变与宏观社会变迁中原子化倾向的崛起相互作用，其影响将更加深远。这一精神断裂并不会因"二孩时代"的到来而迅速弥合，因为伦理教养丧失了精进的人文努力，其退化速度之快已为历史屡屡证明。"孝"无力的困境与年青一代伦理能力的下降叠加交织对家庭实体性的颠覆，是中国社会与文化即将应对的深刻挑战。

（许　敏）

三十四　伦理型文化背景下诸社会群体的伦理认同与道德认知

2013年12月，习近平总书记在山东考察时指出："传统的中国文化是一个以伦理为核心的文化系统。中国人崇奉以儒家'仁爱'思想为核心的道德规范体系，讲求和谐有序，倡导仁义礼智信，追求修身齐家治国平天下全面的道德修养和人生境界。"以儒家文化为主体的中国传统文化自诞生之日起就具有鲜明的伦理属性和道德属性，因此也可以说中国传统文化就是伦理文化。

在历史长河中，根植于自然经济土壤中的中国传统伦理在调节人际关系、人与社会的关系以及人与自然的关系的伦理实践中长期发挥着作用。进入现代社会，传统伦理文化赖以生存的"生态环境"在市场经济的冲击下正遭受毁灭性的破坏，使得传统伦理日益面临被社会拒斥的窘境。但是我们并不能因此就轻易地抛弃传统伦理，正如著名的美国社会学家希尔斯在其《论传统》一书中所言，"传统是秩序的保证，是文明质量的保证"[1]。"抛弃传统应该看成新事业的一种代价，保留传统则应算是新事业的一种收益。"[2] 就中国传统伦理文化所蕴含的价值来说，希尔斯的观点可以佐证这样一个理论事实，即"无论社会的'变化'（包含社会转型）多么巨大和复杂，传统及其持续的文化力量都是不能忽视的。重要的是现代人和现代社会对于传统及其文化力量所采取的立场或态度，

---

[1] ［美］E. 希尔斯：《论传统》，上海人民出版社1991年版，第25页。
[2] ［美］E. 希尔斯：《论传统》，第389页。

在于理解传统及其文化力量的方式。"[1] 从伦理道德发展的历程来看,任何一种伦理道德都不是凭空产生的,社会主义道德也是如此,我们不可能彻底摆脱传统的影响而建立社会主义伦理道德体系,相反,社会主义道德必须根植于民族的传统道德肥沃土壤中,才能生根开花结果。结合当今我国的社会现实来说,在与社会主义市场经济相适应的道德体系尚没有完全建立起来的社会背景下,发掘以儒家思想为代表的传统伦理的价值并加以创造性的合理转化,对于规避经济发展过程中可能出现的伦理风险以及对于中国的现代化进程,无疑具有十分重要的意义。

(一) 当前我国伦理道德精神的结构

1. 社会整体的伦理道德精神结构

在对"您认为当前我国社会道德生活中最重要的元素是什么"问题的调查中,依据收回的全部有效样本,有65.1%的被调查者认为中国传统道德是当前我国社会道德生活中的最重要元素;有18.1%的人认为意识形态中提倡的社会主义道德是当前我国社会道德生活中的最重要元素;有11.1%的人认为市场经济中形成的道德是当前我国社会道德生活中的最重要元素;只有4.1%的人认为西方文化影响而形成的道德是当前我国社会道德生活中的最重要元素;选择其他的人只占到1.6%。

表9-9　　　当前我国社会整体的伦理道德精神结构

		频数	百分比	有效百分比	累计百分比
有效	意识形态中所提倡的社会主义道德	973	17.2	18.1	18.1
	中国传统道德	3507	61.9	65.1	83.1
	西方文化影响而形成的道德	223	3.9	4.1	87.3
	市场经济中形成的道德	599	10.6	11.1	98.4
	其他	88	1.6	1.6	100.0
	合计	5390	95.1	100.0	

---

[1] 万俊人:《儒家伦理传统的现代转化向度》,《社会科学家》1994年第4期,第25页。

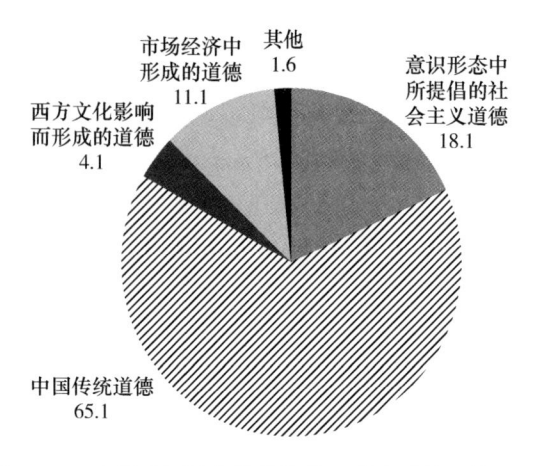

图 9 - 11　当前我国社会整体的伦理道德精神结构（%）

依据调查数据结果，可以得到如下直观信息即当前我国社会伦理道德精神由四种元素组成：中国传统道德是主体，意识形态中所提倡的社会主义道德以及市场经济中形成的道德是左臂右膀，西方文化影响而形成的道德是补充。

就此统计数据来分析：尽管传统社会早已不复存在，我国的社会形态同传统社会相比已经发生了天翻地覆的变化，市场经济在主导社会发展方面起着无可替代的作用，但是作为脱胎于中国传统社会的传统伦理道德依然占据着国民道德精神生活的主体地位，说明传统道德并没有随着传统社会的解体而失去它的价值，社会大众在一定程度上仍然深受传统道德的哺育和影响。意识形态的主导力量虽然发挥了巨大的作用，但是就对道德生活的影响来说，其提倡的社会主义道德对社会道德生活的引导作用还不是很有力。生发于市场经济中的道德在人们道德精神生活中的地位还没有达到与市场在经济社会中的主导作用相等同的水平。受西方文化影响而形成的道德虽然也对国民的道德生活有影响作用，但是同前三种元素相比，其作用微乎其微，并没有像人们感性想象中的那么大，说明对于西方传过来的道德，在价值认同方面社会大众仍然持比较谨慎的态度。

2. 伦理道德精神结构的群体比较

为了进一步探析不同人群伦理道德精神的构成状况，我们分别从年龄、户口、职业、受教育程度（是否接受过高等教育）四组变量看不同群体的伦理道德精神结构形态。

表 9－10　　　　　　不同年龄群体的伦理道德精神结构形态

			年龄				合计
			30岁以下	30—39岁	40—49岁	50—59岁	60岁及以上	
您认为当前我国社会道德生活中最重要的元素是	意识形态中所提倡的社会主义道德	计数（人）	185	148	196	186	258	973
		占比（%）	22.7	15.5	16.6	18.0	18.4	18.1
	中国传统道德	计数（人）	451	623	769	694	970	3507
		占比（%）	55.4	65.3	64.9	67.0	69.2	65.1
	西方文化影响而形成的道德	计数（人）	46	43	55	41	38	223
		占比（%）	5.7	4.5	4.6	4.0	2.7	4.1
	市场经济中形成的道德	计数（人）	127	130	147	94	101	599
		占比（%）	15.6	13.6	12.4	9.1	7.2	11.1
	其他	计数（人）	5	10	17	21	35	88
		占比（%）	0.6	1.0	1.4	2.0	2.5	1.6
合计		计数（人）	814	954	1184	1036	1402	5390
		占比（%）	100.0	100.0	100.0	100.0	100.0	100.0

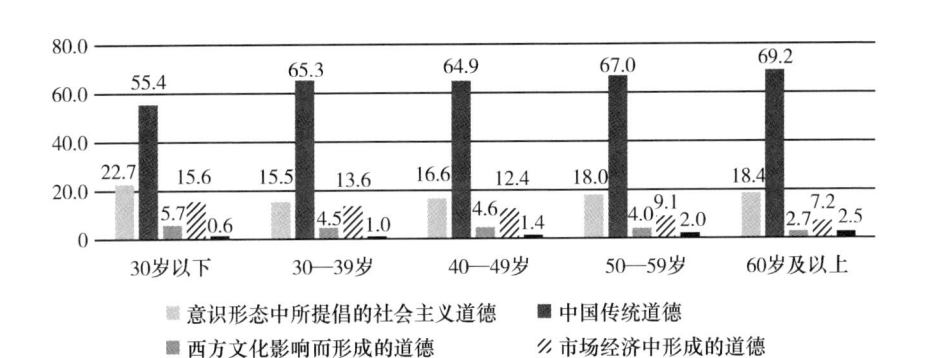

图 9－12　不同年龄群体的伦理道德精神结构形态（%）

从表 9－10 可以看出，30 岁以下人群的伦理道德精神构成结构同社会整体的伦理道德精神的结构形态相比，四种元素之间的构成比例状况均有比较明显的变化,呈现出"一退三进"的趋势,即在这个群体中,传统伦理道德所占的比例明显下降,但是仍然占据着主体地位,而意识形态中提倡的社会主义道德和市场经济中形成的道德均有显著的上升,受西方文化影响而形成的道德也呈小幅上升趋势。这种比例结构说明这部分人群的伦理道德精神状况的可塑性比较强,对于现实的伦理道德发展情况比较肯定,他们的伦理道德精神构成状况可能预示着以后我国伦理道德精神构成情况的动态发展趋势。

30岁以上人群的伦理道德精神结构状况,根据数据反映出来的信息特点,这部分人群可以划分为两个部分:30—49岁人群和50岁以上人群。30—49岁为一个特征人群,从数据分析来看,他们的伦理道德精神的结构情况的特点主要表现为对意识形态提倡的社会主义道德的认知态度低于社会整体的认知态度,而对于市场经济中形成的道德的认知态度又明显地高于社会整体的认知态度。依据经验分析此结构特点,或许可以归因为他们作为社会的中坚力量,在参与社会活动的过程中形成了比较固定的伦理道德的判断标准,受宣传影响的程度比较低。50岁以上人群的伦理道德精神的结构特点为对于传统道德的认同度高于社会整体的认同度,对于意识形态提倡的社会主义道德的认同度和社会整体的认同度基本持平,而对于市场经济中形成的道德的承认态度又明显地低于社会整体的承认态度。对市场经济中形成的道德的承认度或许同他们在社会经济活动中的参与度日益弱化的趋势相符合。

表9-11　　　　　不同户口类型人群的伦理道德精神结构形态

			户口		合计
			农业户口	非农业户口	
您认为当前我国社会道德生活中最重要的元素是	意识形态中所提倡的社会主义道德	计数(人)	539	434	973
		占比(%)	18.6	17.4	18.1
	中国传统道德	计数(人)	1926	1576	3502
		占比(%)	66.5	63.3	65.0
	西方文化影响而形成的道德	计数(人)	98	125	223
		占比(%)	3.4	5.0	4.1

续表

			户口		合计
			农业户口	非农业户口	
您认为当前我国社会道德生活中最重要的元素是	市场经济中形成的道德	计数（人）	269	329	598
		占比（%）	9.3	13.2	11.1
	其他	计数（人）	63	25	88
		占比（%）	2.2	1.0	1.6
合计		计数（人）	2895	2489	5384
		占比（%）	100.0	100.0	100.0

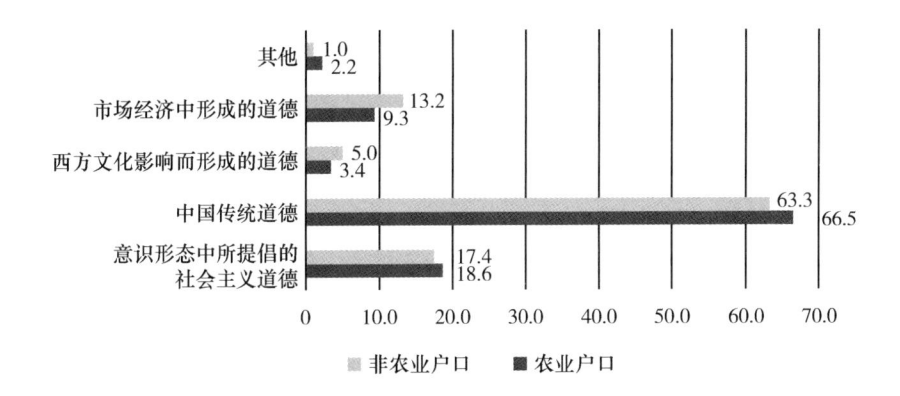

图 9-13　不同户口类型人群的伦理道德精神结构形态（%）

从表 9-13 可以看出：在农业户口这一群体的伦理道德精神的构成形态中，中国传统道德的接受和认可程度高于其在社会整体伦理道德精神结构中的水平，意识形态中提倡的社会主义道德所占的比重略微高于社会整体水平，而市场经济中形成的道德以及受西方文化影响而形成的道德的比重都明显低于社会整体水平。这表明了农业社会作为中国传统道德的发源地，尽管在市场经济的大潮面前遭受了严重的冲击，但是脱胎于传统农业社会的传统道德作为一种业已成熟的稳定的伦理道德系统并没有因为生存土壤的日益减缩而随之削减。就数据来看，农业户口对于传统道德的价值认同度要相对高于非农业户口对传统道德的认同度。与之形成鲜明对比的是，市场经济中形成的道德却没有随着市场经济的蓬勃发展而在农业户口这一类人群的道德精神世界中获得与市场经济的发展状况相符合的地位,农业户口对于市场经济中形成的道德的认同度低于社会整体水平。

从四种伦理道德元素在非农业户口这一类人群的伦理道德世界的构成比例来看,非农业户口群体的伦理道德精神世界的结构形态与社会整体的伦理道德精神世界的结构形态总体上相一致。

表9-12 不同职业群体的伦理道德精神结构形态

			高级白领	低级白领	工人/做小生意者	农民	无业失业下岗人员	
您认为当前我国社会道德生活中最重要的元素是	意识形态中所提倡的社会主义道德	计数(人)	88	74	223	327	261	973
		占比(%)	19.6	16.7	17.3	18.5	18.1	18.1
	中国传统道德	计数(人)	263	259	814	1184	987	3507
		占比(%)	58.6	58.6	63.1	67.1	68.4	65.1
	西方文化影响而形成的道德	计数(人)	11	24	79	67	42	223
		占比(%)	2.4	5.4	6.1	3.8	2.9	4.1
	市场经济中形成的道德	计数(人)	83	81	158	145	132	599
		占比(%)	18.5	18.3	12.2	8.2	9.1	11.1
	其他	计数(人)	4	4	16	42	22	88
		占比(%)	0.9	0.9	1.2	2.4	1.5	1.6
合计		计数(人)	449	442	1290	1765	1444	5390
		占比(%)	100	100	100	100	100	100

从表9-12可以总结出以下信息:

第一,不管是何种职业人群,传统道德在其伦理道德精神世界中仍然处于首要的地位。

第二,意识形态中提倡的社会主义道德在不同职业人群的道德精神世界中所处的地位和被认可的程度没有太大的变化,大体上可以和其在社会整体精神世界中的比重保持一致。

第三,市场经济中形成的道德在不同职业人群的道德精神世界中的认可程度存在着明显的差异。

第九编　文化的伦理兼容力　875

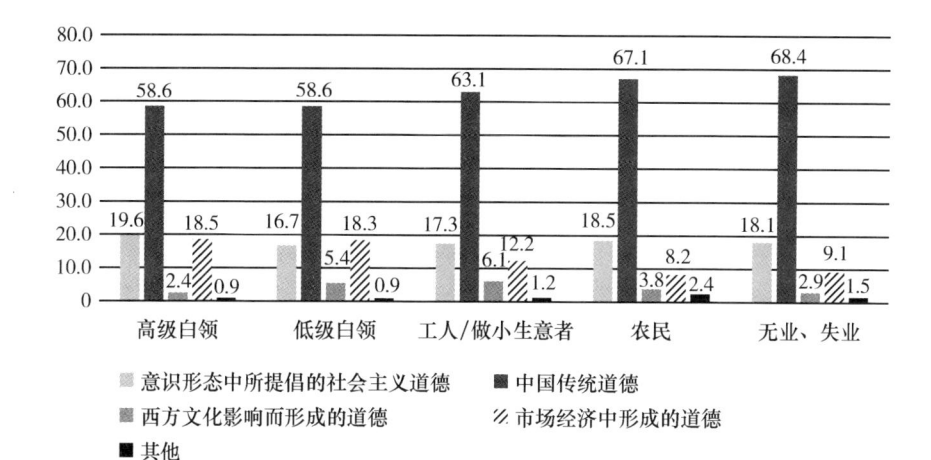

图9-14　不同职业群体的伦理道德精神结构形态（%）

第四，由于职业的划分直接反映出了谋生方式的差异，间接反映出不同职业人群在市场经济中参与程度的差别。依据表9-12所反映出的信息，可以做出以下判断：白领人群和做小生意者由于在市场经济中的参与度高，对于市场经济中形成的道德的认可度高于其他两类职业人群；而农民和无业失业下岗者由于在经济生活中处于劣势地位，他们对于市场经济中形成的道德的认可度低于社会整体对市场经济中形成的道德的认可度。这说明，要建立起与社会主义市场经济相适应的道德体系，政府必须提高农民和无业失业下岗者在市场经济中的参与程度，想方设法改善农民和无业失业下岗者的经济状况，只有这样才能全面构建起与社会主义市场经济相适应的伦理道德体系。

表9-13　不同受教育程度人群的伦理道德精神结构形态

			是否接受过高等教育		
			否	是	
您认为当前我国社会道德生活中最重要的元素是	意识形态中所提倡的社会主义道德	计数（人）	799	173	972
		占比（%）	17.9	18.7	18.0
	中国传统道德	计数（人）	2974	530	3504
		占比（%）	66.6	57.4	65.1

876　下　伦理魅力度与道德美好度

续表

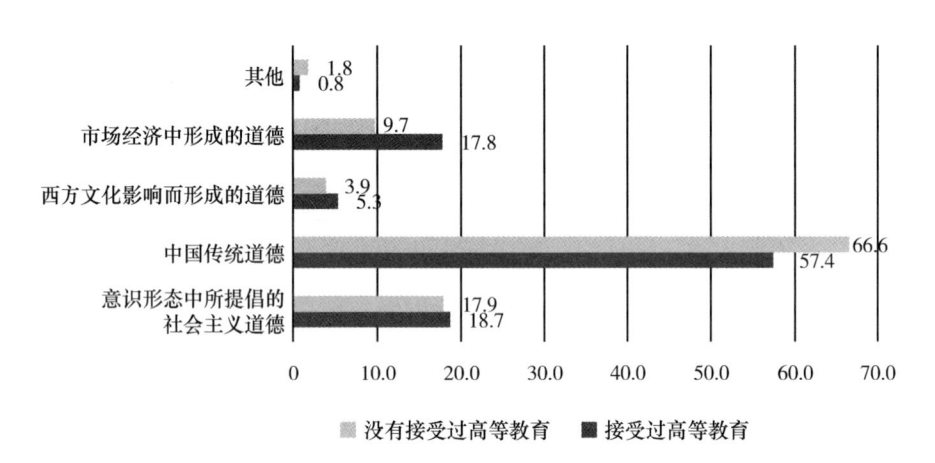

<table>
<tr><th colspan="3"></th><th colspan="2">是否接受过高等教育</th><th rowspan="2"></th></tr>
<tr><th colspan="3"></th><th>否</th><th>是</th></tr>
<tr><td rowspan="6">您认为当前我国社会道德生活中最重要的元素是</td><td rowspan="2">西方文化影响而形成的道德</td><td>计数（人）</td><td>174</td><td>49</td><td>223</td></tr>
<tr><td>占比（%）</td><td>3.9</td><td>5.3</td><td>4.1</td></tr>
<tr><td rowspan="2">市场经济中形成的道德</td><td>计数（人）</td><td>435</td><td>164</td><td>599</td></tr>
<tr><td>占比（%）</td><td>9.7</td><td>17.8</td><td>11.1</td></tr>
<tr><td rowspan="2">其他</td><td>计数（人）</td><td>81</td><td>7</td><td>88</td></tr>
<tr><td>占比（%）</td><td>1.8</td><td>0.8</td><td>1.6</td></tr>
<tr><td colspan="2" rowspan="2">合计</td><td>计数（人）</td><td>4463</td><td>923</td><td>5386</td></tr>
<tr><td>占比（%）</td><td>100</td><td>100</td><td>100</td></tr>
</table>

图9-15　不同受教育程度人群的伦理道德精神结构形态（%）

表9-13可以看出，从受教育程度这个变量来衡量不同人群伦理道德精神世界的构成形态，在接受过高等教育群体的伦理道德精神的构成元素中，传统道德所占的比重低于社会整体水平。而意识形态中提倡的社会主义道德和市场经济中形成的道德这两种道德元素所占的比例均高于社会整体水平，西方文化影响形成的道德也高于社会整体水平。没有接受过高等教育的群体，对于传统道德和意识形态提倡的道德的认同态度基本上和社会整体对此两种道德元素的认同态度保持一致，而对于市场

经济中形成的道德的认可度低于社会整体水平。这些数据表明，高等教育在改变人们的道德认知方面发挥了极大的作用，使受教育者能够以理性的态度对待当前我国伦理道德精神世界的组成元素，尤其是对于意识形态中提倡的社会主义道德和市场经济中形成的道德的价值认同与当前我国的社会现实伦理情况的变化趋势相契合。

3. 小结

从社会整体和不同群体两个层面考察当前人们的伦理道德精神世界的结构特点，一个毋庸置疑的精神现实就是社会普遍地对于传统道德在观念中的眷恋与守望。这也表明了当前国人对于中国传统道德的价值认同。但是回归现实，我们不得不面对由市场经济的发展而滋生的个人主义、利益至上等社会存在所造成的伦理个体与伦理实体之间的紧张和冲突，这种冲突可能导致的一个结果就是使传统伦理道德沦落为历史古董而失去其应有的道德调节作用。在此种情况下，如何找到传统伦理道德与市场经济的契合点，是关系到传统道德在现代社会重新焕发生机并发挥道德调节作用的首要课题。

（二）社会伦理道德的现实状况

1. 道德认知与道德实践的脱节

如果说第一部分的数据呈现出了当前我国伦理道德精神世界的比较稳定的结构状态，那么从精神世界反观社会的道德现实，一个严重的社会道德遗憾不得不引起社会的思考——道德的"知"与"行"的脱离问题，这一问题可能是当前社会道德精神最突出的问题。

表 9－14　　　　　　　　　公民道德素质中的突出问题

		频数	百分比	有效百分比	累计百分比
有效	道德上无知	660	11.6	12.3	12.3
	有道德知识，但不见诸行动	3577	63.1	66.7	79.0
	既道德上无知，也不见道德行动	925	16.3	17.2	96.3

续表

		频数	百分比	有效百分比	累计百分比
有效	其他	201	3.5	3.7	100.0
	合计	5363	94.5	99.9	
缺失	拒绝回答	19	0.3		
	不知道	278	4.9		
	不适用	6	0.1		
	合计	303	5.3		

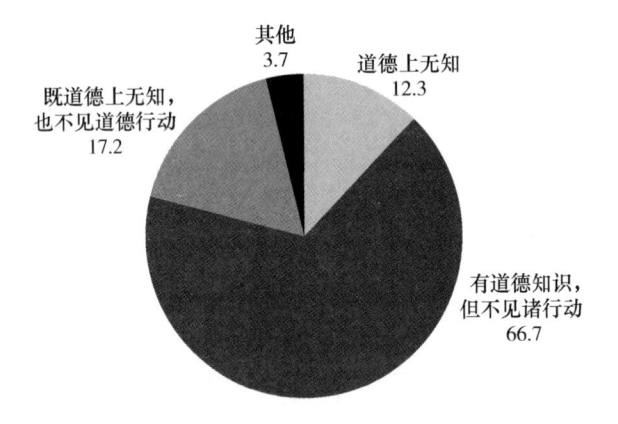

图9-16 公民道德素质中的突出问题（%）

根据有效的问卷调查数据，可以看出，有66.7%的人认为"有道德知识，但不见诸行动"是当前中国社会个人道德素质的主要问题；排在第二位的是"既道德上无知，也不见道德行动"，占到了有效样本总量的17.2%；另外有12.3%的人认为当前中国社会个人道德素质的主要问题是"道德上无知"。根据调查结果，可以做出这样的判断："有道德知识，但不见诸行动"已经是一种普遍的社会现象。因此不得不思考一个问题，是什么原因导致个体不能将道德知识付诸道德行动，即有道德知识个体为什么在现实社会中不能做一个好人？

对此现象或许可以做出如下解释：根据统计的数据可以看出，在社会大众的道德精神世界里占据着绝对优势地位的仍然是传统伦理道德，而社会环境已然发生了翻天覆地的变化，因此传统的伦理观念与现实的伦理世界之间势必会产生冲突。根植于自然经济之中的传统的伦理道德对于个体的要求以成就"德性人"为最高目标，而现代社会是高度分工、高度职业化的社会，特别是市场经济要求每个人首先要做一个"理性人"，传统的伦理道德就不得不面临被解构的命运而趋向现代性。因此，在现实的道德生活中就上演了思想中的"德性人"与现实中的"理性人"的斗争，造成了道德认知与道德实践的普遍分离。正如樊和平教授所指出的："'有道德知识，但不见诸行动'的普遍现象表明，在道德世界和道德精神中，'理性'已经僭越和颠覆了'精神'，应该说，它是现代中国社会的道德世界和道德精神中的重大缺陷。"[1]

2. 伦理关系的现实状况

通常来说，传统伦理尤其是儒家伦理内在地包含着人与人、人与社会、人与自然三个层次的关系。但就本次问卷调查所涉及的关系而言，人与人的关系以及人与社会的关系是考察的焦点。

进入现代社会，伦理关系，尤其是其中的人际关系不得不面对市场经济的全面推进而自行作出调整以适应市场经济对人的要求。市场经济首先将人的角色设定为一个经济人然后进行社会分工，而经济人必然是怀有利己主义的倾向并以此为出发点来衡量与其他人的关系的。市场经济的发展必然要求与之相适应的社会主义市场经济道德来调节人与人之间的关系，但是由于当前我国的社会主义市场经济道德体系尚未健全，因此导致的直接结果就是个体主义、利己主义思想蔓延，恶性竞争日益严重。从伦理学的角度解释，这些问题的实质就是伦理普遍性被消解掉了，个体与实体普遍物的关系沦为单纯的个体与个体之间的原子式的并列关系。这就势必会造成人与人之间的对立以及人与社会关系的紧张，而这些因素恰恰是阻碍伦理道德精神重新实现其伦理普遍性的主要障碍。

（1）人际关系满意程度的总体态度

对于人际关系满意程度，调查问卷共设计了五个衡量尺度，依次是非常满意、比较满意、一般、比较不满意、非常不满意。在进行数据处理的时候，根据基本的态度取向将非常满意和比较满意进行了合并，比

---

[1] 樊浩：《中国伦理道德报告》，中国社会科学出版社2012年版，第21页。

较不满意和非常不满意也进行了合并，调查结果如表9－15所示。

表9－15　　　　大众对当前我国社会人际关系的总体满意程度

		频数	百分比	有效百分比	累计百分比
有效	满意	2103	37.1	37.4	37.4
	一般	2528	44.6	45.0	82.4
	不满意	986	17.4	17.6	100.0
	合计	5617	99.1	100.0	
缺失	系统	49	0.9		
合计		5666	100.0	100.0	

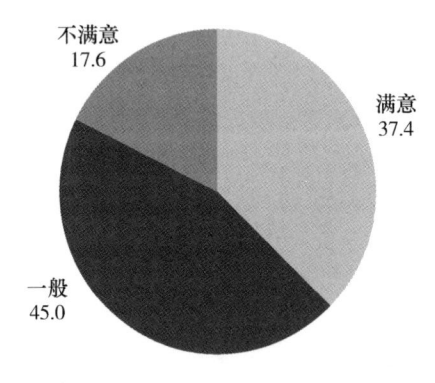

图9－17　大众对当前我国社会的人际关系的总体满意程度（%）

就数据呈现的结果来看，有37.4%的人对于当前社会的人际关系表示满意，有45.0%的人选择了一般，而有17.6%的人对于当前的人际关系表示不满意。单从样本容量来看，选择满意的人所占的比例还是比较高的，但是如果纯粹从质的层面从价值取向态度来看，或许表明大众对我国当前社会人际关系满意度还是比较低的。

（2）个体对社会分配现状的消极适应

市场经济极大地消解了传统社会中温情脉脉的关系，随之而来的是作为理性的"经济人"与"经济人"之间的利益关系。处在不同的经济链条中的人有着不同的社会分工和经济角色，由于社会分工的不同，社会成员之间的收入水平也存在着不同程度的差异。虽然说按劳分配作为我国当前的主要分配原则,但是在实行的过程中由于其他制约因素的存在,诸如工资结构设置不合理,岗位绩效工资和年工资比重过低,不能体现合理的工资级差,缺乏激励和约束作用等,个体无法改变这种经济现状,转而选择消极地适应社会,主要体现在个体对于社会财富分配不公平的现实表现出逆来顺受的态度。调查问卷中设计的问题是:您认为目前我国社会成员之间的收入差距如何,有"合理,可以接受""不合理,但可以接受""不合理,不能接受""说不清"四个评价标准可供选择。统计数据如表9-16所示。

表9-16　　　　大众对目前我国社会成员之间收入差距的态度

		频数	百分比	有效百分比	累计百分比
有效	合理,可以接受	785	13.9	13.9	13.9
	不合理,但可以接受	2548	45.0	45.0	58.9
	不合理,不能接受	1670	29.5	29.5	88.4
	说不清	657	11.6	11.6	100.0
	合计	5660	99.9	100.0	
缺失	拒绝回答	5	0.1		
	不适用	1	0.0		
	合计	6	0.1		
合计		5666	100.0		

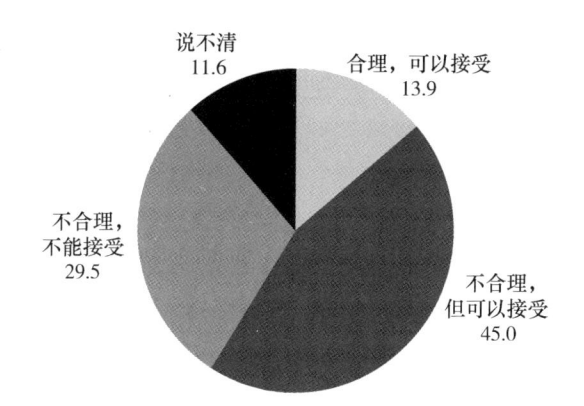

图9-18　大众对目前我国社会成员之间收入差距的态度(%)

从表9-16中的有效数据可以看出,认为目前我国社会成员之间收入差距"合理,可以接受"的只占到了样本总量的13.9%;认为收入差距"不合理,但可以接受"的比例最高,达到了45.0%;有29.5%的人认为收入差距"不合理,不能接受";另外还有11.6%的人选择了"说不清"。据此数据,一个基本的判断——我国当前社会成员收入差距不合理依然是当前社会的一个不争的事实。根据国家统计局公布的近几年的基尼系数,2012年为0.474,2013年为0.473,2014年为0.469,2015年为0.462。这些数据可以印证我国当前社会收入分配不公平判断。另外的一个结论就是在世俗的生活世界中,作为单子式的个体面对无法改变的社会现实而委曲求全,社会变为压制个体利益诉求的工具,即伦理关系沦为经济理性算计个体的工具。这种由于分配关系所导致的个体对社会的消极忍受态度在不同职业人群中表现得更为明显。

表9-17　　　　不同职业群体对当前收入差距的认知态度

			高级白领	低级白领	工人/做小生意者	农民	无业失业下岗人员	合计
			\multicolumn{5}{c	}{被访者职业分类}	
您认为目前我国社会成员之间的收入差距如何	合理,可以接受	计数(人)	66	58	170	301	190	785
		占比(%)	14.6	13.0	12.8	15.6	12.6	13.9
	不合理,但可以接受	计数(人)	240	254	640	766	648	2548
		占比(%)	53.0	57.0	48.3	39.8	42.9	45.0
	不合理,不能接受	计数(人)	107	110	400	534	519	1670
		占比(%)	23.6	24.7	30.2	27.7	34.4	29.5
	说不清	计数(人)	40	24	116	324	153	657
		占比(%)	8.8	5.3	8.7	16.8	10.1	11.6
合计		计数(人)	453	446	1326	1925	1510	5660
		占比(%)	100	100	100	100	100	100

从数据来看,对于目前我国社会成员之间收入差距的态度,表9-17中所列举的五类职业中认为收入差距合理的只有少部分高级白领和一少部分农民,分别占到了所在群体的14.6%和15.6%,略微高于社会总体对于收入差距的满意比例,而其他的三类职业低级白领、工人/做小生意

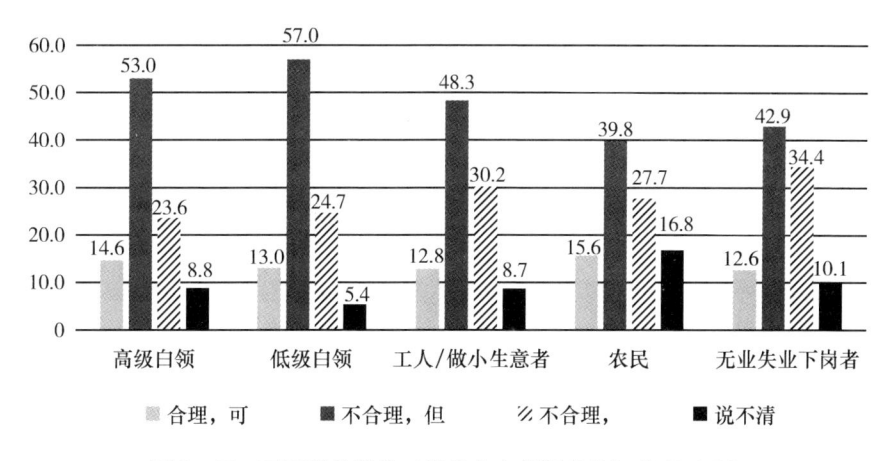

图 9-19 不同职业群体对当前收入差距的认知态度（%）

者、无业失业下岗者中，认为收入差距合理的尚达不到调查样本的总体水平。认为目前收入差距不合理，但可以接受的，在高级白领中有53.0%的人持此态度，在低级白领中有57.0%的人抱有此种态度，在工人/做小生意者这个群体中，有48.3%的人认为收入差距不合理，但可以接受，这三个数据远远高于45.0%。在农民和无业失业下岗者中，持此态度的人分别占到了各自所在群体的39.8%和42.9%，低于45.0%，但是和45.0%差距不大。分析这五类人群，按他们在社会化生产中的参与程度，高级白领、低级白领、工人/做小生意者属于社会化程度比较高的人群，而农民和无业失业下岗者属于社会化程度比较低的人群。不难看出，对于目前社会收入差距的不满意程度跟社会化的程度大体上呈正相关关系。在这种社会关系中，人已经是被异化的对象了。

在伦理学上，这就涉及社会公平与正义的问题。这一问题也是我国传统的伦理道德所重视的问题。在《论语》中，孔子说："不患寡而患不均。"应该说，孔子触及了社会资源如何分配的问题，孔子以"均"作为分配社会财富的标注，均不是平均主义，而是各得其分，就是要在公正的社会分配制度内使个体得到自己应得的份额，其目的在于节制社会贫富悬殊的不正常现象。只有做到了"均"，方能做到"无贫"。假如任目前这种收入差距继续存在下去，可能导致的问题就是个体对国家伦理认同的日益消解。这就构成了我国当前伦理世界的又一问题。

由于社会伦理关系是由每一个伦理个体组成的，所以在个体和社会之间就存在着双向的相互影响的关系。但是，由于每一个个体相对于社会来说力量太过于弱小，因此，个体对于社会的直接影响也就不是那么明显，然而，社会对于个体的影响却是显而易见的。基于我国目前市场经济造成的"义""利"之间关系的紧张和对峙，随之而来的是人际关系的紧张以及由此引发的个体身与心的不和谐状态。导致人际关系紧张的因素如表9-18所示。

表9-18　　　　　　　　　　　人际关系紧张的原因

		频数	百分比	有效百分比	累计百分比
有效	社会资源缺乏，引发恶性竞争	483	8.5	8.9	8.9
	过度宣扬竞争意识	276	4.9	5.1	14.0
	社会财富分配不公，贫富差距过大	2410	42.5	44.6	58.6
	个人主义盛行	482	8.5	8.9	67.6
	缺乏爱心	355	6.3	6.6	74.1
	缺乏宽容	321	5.7	5.9	80.1
	缺乏相互理解和沟通的意识和能力	583	10.3	10.8	90.9
	制度安排不公正，机会不平等	333	5.9	6.2	97.0
	一切诉诸利益或法律，人际关系缺乏伦理调节的机制和能力	79	1.4	1.5	98.5
	其他	82	1.4	1.5	100.0
	合计	5404	95.4	100.0	
缺失	拒绝回答	4	0.1		
	不知道	250	4.4		
	不适用	8	0.1		
	合计	262	4.6		
合计		5666	100.0		

从表9-18中的有效样本统计结果可以看出：造成当前我国人际关系紧张的首要因素是"社会财富分配不公，贫富差距过大"，有44.6%的人选择，选择"缺乏相互理解和沟通的意识和能力"的占10.8%，选择"社会资源缺乏，引发恶性竞争"的和选择"个人主义盛行"的都占到了8.9%，有6.2%的人认为"制度安排不公正，机会不平等"是首要原因，

原因	百分比
其他	1.5
一切诉诸利益或法律，人际关系缺乏伦理调节的机制和能力	1.5
制度安排不公正，机会不平等	6.2
缺乏相互理解和沟通的意识和能力	10.8
缺乏宽容	5.9
缺乏爱心	6.6
个人主义盛行	8.9
社会财富分配不公，贫富差距过大	44.6
过度宣扬竞争意识	5.1
社会资源缺乏，引发恶性竞争	8.9

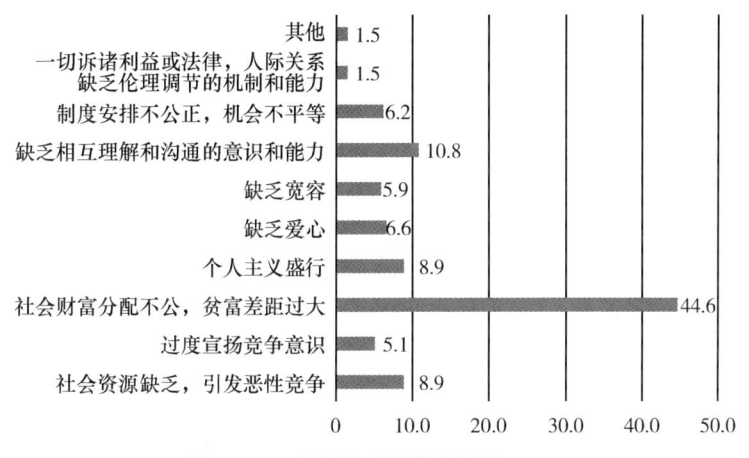

图 9-20　人际关系紧张的原因（%）

还有 1.5% 的人认为"一切诉诸利益或法律，人际关系缺乏伦理调节的机制和能力"是首要原因，以上这几个原因都可以归结为社会原因，是由于社会结构的转变而导致的传统伦理关系的解构，而新的与社会主义市场经济相适应的伦理体系没有建立健全起来引发的。具体来说，市场经济必然要求经济资源利用的最大化，由此便给了个体的贪欲迅速膨胀的机会和借口，因此，如何克制个体的经济欲望成为一个重要的伦理问题。市场经济的发展极为重视人自身的素质，由于不同的人的素质存在差异，因此也给了竞争存在并使竞争日益激烈的理由，这也在一定程度上加剧了人际关系的紧张。概括来说，市场经济构造出的伦理文化生态环境是崭新的。它挟带其经济威力迅速推广普及，从而造成传统伦理文化机制的颠覆。在既不可能回到自然经济主导的传统社会的现实面前如何寻求传统伦理道德与市场经济的理想的兼容模式，超越传统的"以义制利""正其义不谋其利"偏重一方的狭隘的义利观从而造就一个理性战胜欲望冲动的行为道德化的真实和谐世界是伦理学研究的重要课题。

（3）身与心的不和谐

身心关系作为伦理关系的一个维度，一直是中国传统伦理尤其是儒家伦理处理人与其他关系的出发点，汤一介先生认为，身心关系和谐是儒家关于和谐观念的起点。[①] 按照唯物主义的立场，传统的关于身心关系

---

① 陆自强：《关系和谐：儒家伦理的主要特征》，《船山学刊》2003 年第 3 期，第 88 页。

的思考是基于自然经济的社会存在的基础之上的,由于活动范围的限制以及人际关系的相对简单,身心关系的处理对于古人来说似乎更是一个自我修养问题,而不是一个社会问题。但是,对于处在复杂的社会关系中的今人来说,身心关系的处理早已不再是一个简单的问题。今天的我们已经无法静下心来思考身心关系问题,却又必须面对身心不和谐这个严酷的社会问题。为了直面问题,追究导致身心不和谐的可能原因,在问卷中,我们设置了"当前有些人身心不和谐,如忧郁、精神分裂、自杀等,您认为造成这种情况的最主要的原因是什么"这样一个问题。调查数据如表9-19所示。

表9-19　　　　　　　　　人与自身冲突的原因

		频数	百分比	有效百分比	累计百分比
有效	欲望过多过大,不能知足常乐	897	15.8	16.7	16.7
	社会保障体系不健全,对自己和未来没有把握	674	11.9	12.5	29.2
	竞争激烈,工作压力过大,身心疲惫	1760	31.1	32.7	61.9
	人与人之间缺乏信任感,人际关系紧张	610	10.8	11.3	73.2
	有烦恼很难找到人倾诉和排解	308	5.4	5.7	78.9
	个人的文化底蕴和文化积累不够,缺乏自我理解和自我调节能力	483	8.5	9.0	87.9
	现代人缺乏安顿自己、化解内心矛盾的能力	189	3.3	3.5	91.4
	缺乏道德公正,没有道德的人总是讨便宜	155	2.7	2.9	94.3
	缺乏理想和信念支持,精神没有寄托和归宿	179	3.2	3.3	97.6
	其他	128	2.3	2.4	100.0
	合计	5383	95.0	100.0	

第九编　文化的伦理兼容力　887

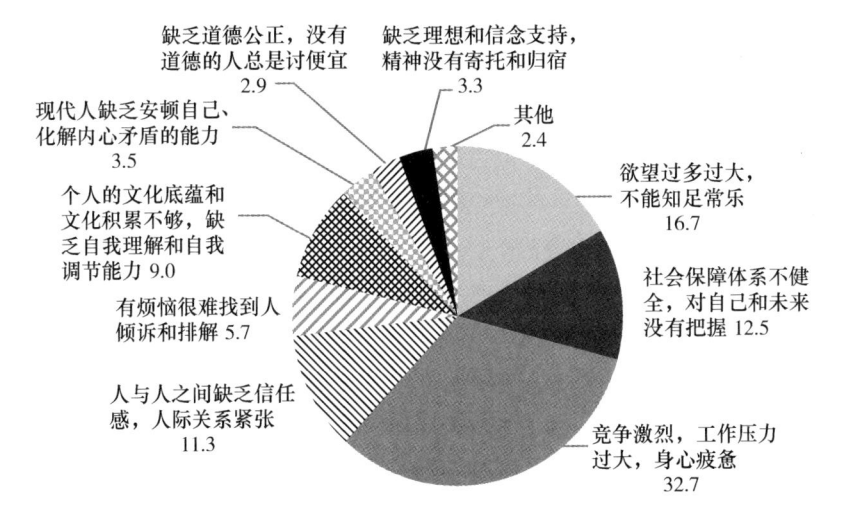

图 9-21　人与自身冲突的原因（%）

根据有效样本呈现出来的信息来看，可以把列举的这些原因分为两类：社会层面的原因和自身的原因。从社会角度看：有32.7%的人认为竞争激烈，工作压力过大，身心疲惫，是造成身心不和谐的首要原因；认为社会保障体系不健全，对自己和未来没有把握的占到了有效样本容量的12.5%；有11.3%的人认为人与人之间缺乏信任感，人际关系紧张是造成身心不和谐的主要原因；有5.7%的人认为有烦恼很难找到人倾诉和排解是首要原因；另外还有2.9%的人认为缺乏道德公正，没有道德的人总是讨便宜是造成身心不和谐的主要原因，总的来说，有65.1%的人认为是来自社会的原因造成了身心不和谐。相比之下，只有32.5%的人认为是由于个体自身的原因导致的身心不和谐，其中尤以个体"欲望过多过大，不能知足常乐"为主要的方面，有16.7%的人把此作为造成身心不和谐的首要原因。从数据统计来看，由于市场经济对于传统社会的冲击和破坏，传统的由身心和谐—人与人的和谐—人与自然的和谐这一和谐的关系链被现代社会给无情地解构了，我们已不能再像孔子说的那样"唯天下之至诚，为能尽其性。能尽其性，则能尽人之性。能尽人之性，则能尽物之性。能尽物之性，则可以赞天地之化育。可以赞天地之化育，则可以与天地参矣"（《中庸》）。通过修养自己的心性而达到身心和谐进而超越身心和谐达到人与人和谐及至人与自然和谐的更高更广的和谐状态,这就是现代性带给今人的伦理现状。

3. 小结

由以上分析可见,目前我国存在着明显的两种伦理冲突,人与人的冲突,个体身与心的冲突,这两种冲突从大众的意识来看根源于伦理的缺位,具体来说价值、利益、制度是引发人与人冲突以及身与心内部矛盾的三个重要的因子。伦理冲突的实质是伦理世界中个体的单一性与伦理普遍性之间的对立。根据黑格尔的观点,道德是个体在现实生活中扬弃主观性和偶然性而获得的"伦理上的造诣",就是说伦理是基础,道德是个体在遵守伦理的基础上经过自身修养而获得的成就。但是,由于目前伦理世界中诸种冲突的存在,也就阻碍了个体向道德世界的进发。

(三)导致目前伦理现状的原因

1. 大众对于导致当前伦理道德现状的原因的总体认识

本报告第一部分已经指出,当前我国社会大众的伦理道德精神世界构成形态的主体仍然是传统伦理道德,但是传统伦理道德发挥道德调适作用的社会环境已然发生了巨大的变化,正是由于此,传统伦理道德面临被解构的危险,所以才招致了经验世界中"世风日下""人心不古"等评价。在问卷调查中,针对经验世界中大众对于目前社会伦理道德退化的评价,我们设定的问题是"您认为对当前我国伦理关系和道德风尚造成最大负面影响的因素是什么?"请受访者在"传统文化的崩坏""外来文化的冲击""市场经济导致的个人主义""计算机网络技术的发展"以及"其他"五类答案中做出选择,调查结果分布如表9-20所示。

表9-20 对当前我国伦理关系和道德风尚造成最大负面影响的因素

		频数	百分比	有效百分比	累计百分比
有效	传统文化的崩坏	1876	33.1	35.6	35.6
	外来文化的冲击	1213	21.4	23.0	58.6
	市场经济导致的个人主义	1597	28.2	30.3	89.0

续表

		频数	百分比	有效百分比	累计百分比
有效	计算机网络技术的发展	422	7.4	8.0	97.0
	其他	159	2.8	3.0	100.0
	合计	5267	93.0	99.9	
缺失	拒绝回答	30	0.5		
	不知道	348	6.1		
	不适用	21	0.4		
	合计	399	7.0		
合计		5666	100.0		

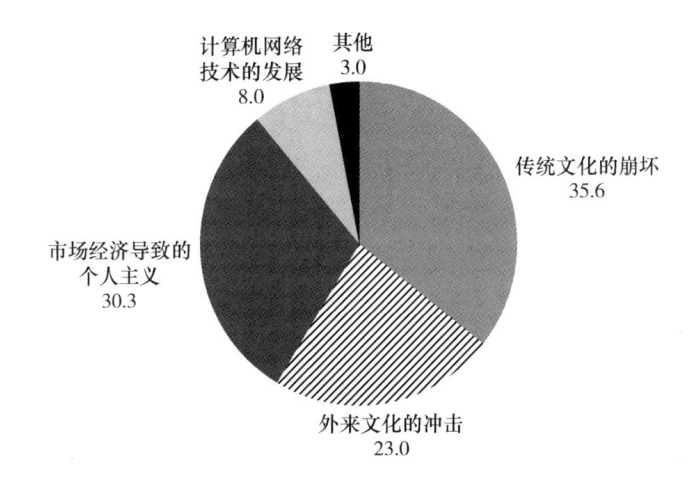

图9-22 对当前我国伦理关系和道德风尚造成最大负面影响的因素（%）

根据有效的调查样本所呈现出来的信息，可以看出"传统文化的崩坏""市场经济导致的个人主义""外来文化的冲击"是对当前我国伦理关系和道德风尚造成较大负面影响的三个十分明显的因素，其中以"传统文化的崩坏"所占的比重为最大，其次是"市场经济导致的个人主义"，这两种因素所占的比重达到了60.0%以上。这两种因素的存在实质上说明了我国的伦理文化正处于哲学上的转型期。通俗地说就是在现代社会传统伦理文化与市场经济主导的文化之间如何相互调适的问题。挽救日益崩坏的传统文化的现实出路在于不断地寻求传统文化中与社会现实契合的地方,这也是传统文化重新焕发生机继而发挥道德规范作用的前提条件。

2. 传统伦理道德缺失

在意识中,社会大众把当前我国伦理关系失范和道德风尚退化的原因归咎于传统文化的崩坏。由于在中国历史发展中起主导作用的是儒家文化,因此传统文化的崩坏主要是儒家文化的崩坏。在历史的发展中,尤其是在伦理的发展中,儒家伦理文化的核心要素就是"仁、义、礼、智、信"五常,五常是调节人际关系的五种道德准则,是哺育其他道德及其合理性的基础。因此,也可以说传统文化的崩坏其实就是"仁、义、礼、智、信"五德在现代社会中调节作用的弱化或丧失。就调查结果来看,在当前社会里,五德中缺失严重的是"仁""义""信"三德。

(1) "仁"的缺失

在儒家关于仁的表述中,"仁"首先是确证人之为人的条件,《礼记·中庸》说,"仁者,人也",首要的就是确认人的存在和价值。就人际关系来讲,仁就是要求人与人之间要团结友爱,主动怀有推己及人的精神。在《论语·颜渊》中樊迟问仁,子曰"爱人"。孟子也讲:"恻隐之心,仁也。"可见对人怀有友爱之心、同情之心就是仁的内在要求。从仁的这些本质特征出发考察目前我国伦理关系中"仁"的缺失,其主要体现就在于人际关系的紧张和冷漠。对于人际关系冷漠、见危不救社会现象严重程度的调查情况如表9-21所示。

表9-21 当前社会人际关系冷漠、见危不救的严重程度的判断

		频数	百分比	有效百分比	累计百分比
有效	不严重	1094	19.3	19.4	19.4
	一般	1945	34.3	34.6	54.0
	严重	2590	45.7	46.0	100.0
	合计	5629	99.3	100.0	
缺失	系统	37	0.7		
合计		5666	100.0		

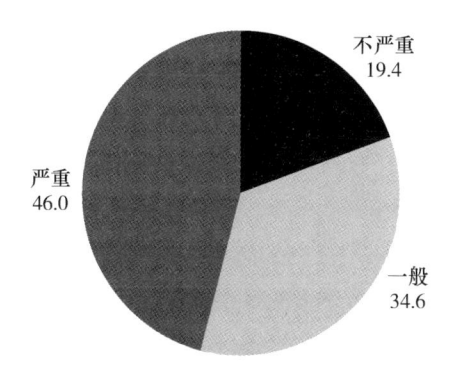

图9-23 当前社会人际关系冷漠，见危不救的严重程度的判断（%）

从表9-21中可以看出：有46.0%的人认为当前社会人际关系冷漠、见危不救情况是"严重"的；而认为这种社会现象"一般"的占到了34.6%；只有19.4%的人认为人际关系冷漠、见危不救的"不仁"现象不严重。

为了进一步考察不同的社会群体对于"当前社会人际关系冷漠、见危不救的严重程度"判断的差异，我们将从年龄、职业、户口、受教育程度四个方面进行分析。

表9-22　　　　不同年龄群体对人际关系冷漠的认知态度

			年龄					
			30岁以下	30—39岁	40—49岁	50—59岁	60岁及以上	
人际关系冷漠、见危不救	不严重	计数（人）	103	179	257	213	342	1094
		占比（%）	11.3	17.4	20.3	20.4	24.8	19.4
	一般	计数（人）	309	323	437	383	493	1945
		占比（%）	33.8	31.4	34.5	36.7	35.8	34.6
	严重	计数（人）	501	526	571	448	544	2590
		占比（%）	54.9	51.2	45.1	42.9	39.4	46.0
合计		计数（人）	913	1028	1265	1044	1379	5629
		占比（%）	100	100	100	100	100	100

从表9-22中可以看出，对于"人际关系冷漠、见危不救"现象的

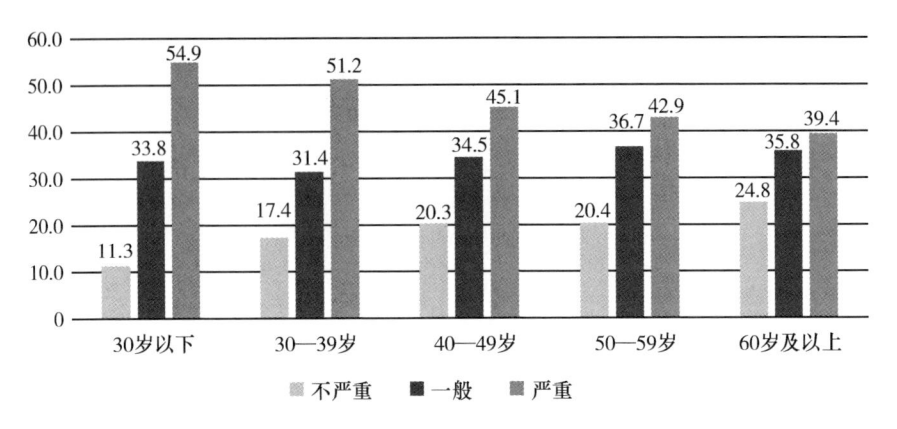

892　下　伦理魅力度与道德美好度

图9-24　不同年龄群体对人际关系冷漠的认知态度（%）

严重程度的判断呈现出这样一种趋势：对此现象持"不严重"的价值判断的随着年龄的递增而呈上升趋势，持"严重"态度的随年龄的递增而呈现为下降趋势。总的来说，在"人际关系冷漠"的严重程度上判断的分歧随着年龄的递增而越来越小，说明了不同年龄段的人对当前人际关系冷漠严重程度的认识存在着很大的差别，而差异的原因可能是不同年龄人群由于生活经验知识的差别而导致对于此类事件的关切程度和敏感程度的反应不同。总而言之，不同年龄人群对于"仁"这一伦理道德的认知有巨大的差异。

表9-23　　　　　不同职业群体对人际关系冷漠的认知态度

			职业分类				
			高级白领	低级白领	工人/做小生意者	农民	无业失业下岗人员	
人际关系冷漠、见危不救	不严重	计数（人）	78	48	192	482	294	1094
		占比（%）	17.3	10.8	14.5	25.3	19.6	19.4
	一般	计数（人）	152	138	447	710	498	1945
		占比（%）	33.6	30.9	33.8	37.3	33.1	34.6
	严重	计数（人）	222	260	684	713	711	2590
		占比（%）	49.1	58.3	51.7	37.4	47.3	46.0
合计		计数（人）	452	446	1323	1905	1503	5629
		占比（%）	100	100	100	100	100	100

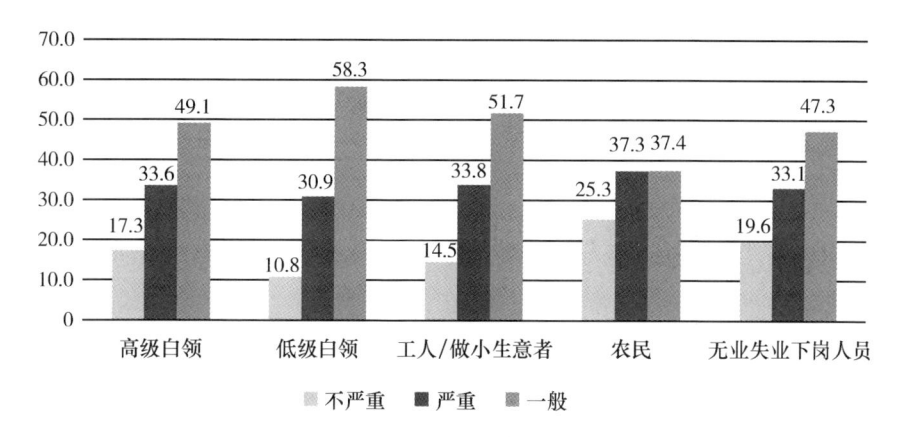

图 9-25 不同职业群体对人际关系冷漠的认知态度（%）

以职业为衡量标尺，职业的区别实际上代表了个体所处的伦理环境的不同，高级白领、低级白领、工人/做小生意者、无业失业下岗人员这四类人所处的伦理环境由于社会化的程度比较高，所以对于人际关系冷漠程度的反应比较敏感。农民所处的伦理环境相对来说比较传统，对于当前人际关系冷漠严重程度的判断与其他四类人相比有着质的差异，可见处境的脆弱性和风险性带来认知的敏感性。

表 9-24　　　　不同户口群体对于人际关系冷漠的认知态度

			户口类型		
			农业户口	非农户口	
人际关系冷漠、见危不救	不严重	计数（人）	756	338	1094
		占比（%）	24.5	13.3	19.4
	一般	计数（人）	1135	810	1945
		占比（%）	36.7	31.9	34.6
	严重	计数（人）	1199	1391	2590
		占比（%）	38.8	54.8	46.0
合计		计数（人）	3090	2539	5629
		占比（%）	100	100	100

以户口为衡量标尺，在对人际关系冷漠、见危不救严重程度的判断

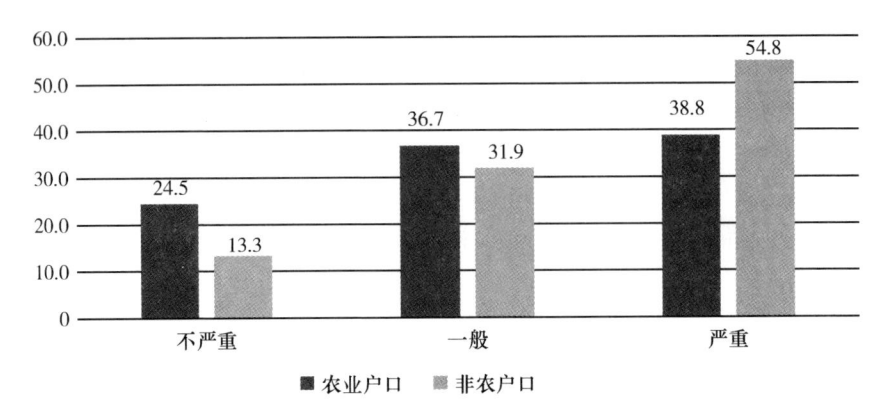

图 9-26 不同户口群体对于人际关系冷漠的认知态度（%）

上差异十分明显。农业户口中只有38.8%的人认为"不仁"的现象严重，有24.5%的人认为不严重；与之相反，非农业户口中有54.8%的人认为严重，只有13.3%的人认为不严重。这说明了在这两类人群中，对于伦理的认知存在着严重的差异。

表 9-25 不同受教育程度群体对于人际关系冷漠的认知态度

			是否接受过高等教育		
			是	否	
人际关系冷漠、见危不救	不严重	计数（人）	98	995	1093
		占比（%）	10.6	21.2	19.4
	一般	计数（人）	276	1666	1942
		占比（%）	29.8	35.5	34.5
	严重	计数（人）	552	2038	2590
		占比（%）	59.6	43.4	46.0
合计		计数（人）	926	4699	5625
		占比（%）	100	100	100

从受教育程度来看，接受过高等教育的人与没有接受过高等教育的人对社会"不仁"现象的严重程度的判断差异明显，说明了教育在对人们的伦理认知态度的塑造方面起着极大的作用。

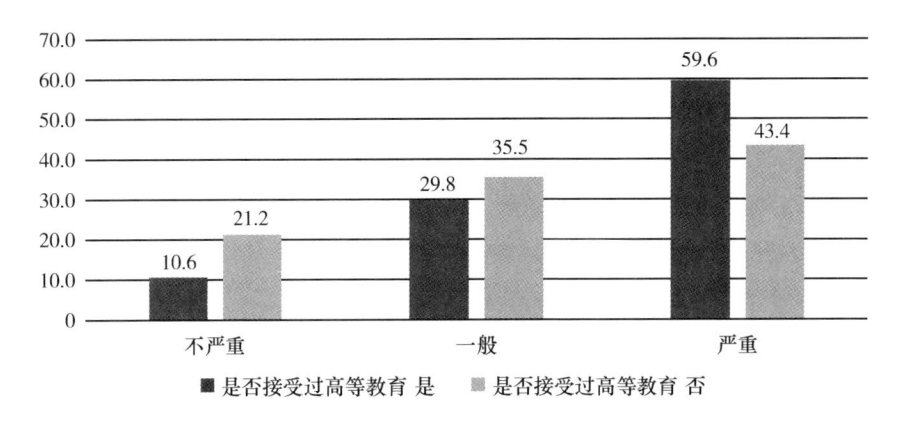

图9-27 不同受教育程度群体对于人际关系冷漠的认知态度（%）

（2）"义"的缺失

在儒家的伦理体系中，"义"首先指的是符合一定的社会生活准则或社会道德准则的思想行为，《礼记·中庸》中讲"义者，宜也"。孟子也讲到"义，人之正路也"，在现实的社会生活中，"义"的作用在于衡量人们追求物质利益是否正当合理。《左传》中讲"义，利之本也"，孔子曰"君子有九思……见得思义"，就是说在物质利益面前，要把义放在首要的地位，只有以合乎道义的方式取得的利益才是正当的，否则便是不正当的。从传统伦理来看，在义与利的关系上，义处于优先考虑的地位。然而在现代社会，由于市场经济的冲击，见利忘义的现象十分普遍。

表9-26 当前社会的自私自利、损人利己、物欲横流现象严重程度

		频数	百分比	有效百分比	累计百分比
有效	不严重	892	15.7	15.9	15.9
	一般	2100	37.1	37.4	53.3
	严重	2619	46.2	46.7	100
	合计	5611	99.0	100	
缺失	系统	55	1.0		
合计		5666	100		

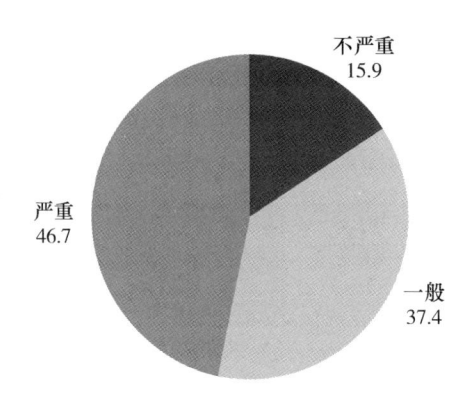

不严重 15.9
严重 46.7
一般 37.4

图9-28 当前社会的自私自利、损人利己、物欲横流现象严重程度（%）

表9-26侧重于从个体的角度考察义利关系，有46.7%的人认为目前社会自私自利、损人利己、物欲横流这种不良现象十分严重，而只有15.9%的人认为此种现象不严重，另外还有37.4%的人认为这种现象严重程度一般。可以看出在个体的意识中义利关系倒置的现象十分严重，说明了"义"这一传统伦理道德在现代经济社会中对于个体行为的引导和规范作用已经被弱化了。

表9-27 大众对当前社会干部贪污受贿、以权谋私的严重程度的态度

		频数	百分比	有效百分比	累计百分比
干部贪污受贿、以权谋私	不严重	425	7.5	7.6	7.6
	一般	1101	19.4	19.7	27.4
	严重	4049	71.5	72.7	100
	合计	5575	98.4	100	
缺失	系统	91	1.6		
合计		5666	100		

表9-27考察"义"这一德目在社会干部中的现状，有72.7%的人认为当前社会干部贪污受贿、以权谋私的现象严重，而只有7.6%的人认为不严重。在伦理世界中社会干部的身份比较特殊，他们在社会中代表的不单是自己，更多地代表国家这一伦理实体。"公而忘私、廉洁自律"是社会对于他们的最基本的伦理期望和要求。社会干部只有这样做，才

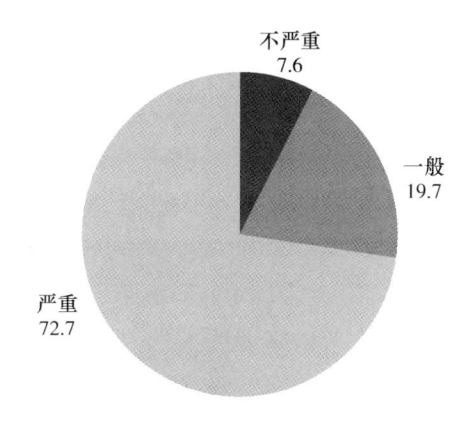

图 9-29 大众对当前社会干部贪污受贿，以权谋私的严重程度的态度（%）

符合"义"的要求。

综合不同群体对于官员贪污受贿，以权谋私现象严重程度的分析，可以得出这样的结论：在大众意识中，官员干部"不义"的行为很严重，大众对于他们的伦理道德信用的不满实际上表明了社会道德信用的缺失，对于他们的伦理道德状况的满意与否，直接关系到社会大众对于国家这一伦理实体的认同度的高低。因此，加强官员干部队伍自身的伦理道德建设已然十分紧迫。

（3）"信"的缺失

在儒家伦理道德中，"诚"侧重于主体内在的道德品质，孟子说："诚者，天之道也，诚之者，人之道也。""信"是诚的外化，《论语·阳货》中讲"信则人任焉"，信更多地侧重于与人相处时只有真实无欺方能获得别人的信任。二者在哲学层面虽有差别，但是从伦理道德的角度讲，诚与信却具有等同的价值。所以《说文解字》中讲"诚，信也。""信，诚也。"从一般意义上讲，诚信是指诚实不欺，讲求信用，强调人与人之间应该真诚相待，把诚信推广到整个社会，就要求不同社会组织也要讲诚信，因此才有了"人无信不立，业无信不兴，国无信则衰"这样的表达。就目前社会的现状来讲，诚信缺失已是不可否认的事实。

表9-28　　　大众对社会中坑蒙拐骗行为严重程度认知的调查

		频数	百分比	有效百分比	累计百分比
有效	不严重	1001	17.7	17.7	17.7
	一般	1623	28.6	28.8	46.5
	严重	3020	53.3	53.5	100
	合计	5644	99.6	100	

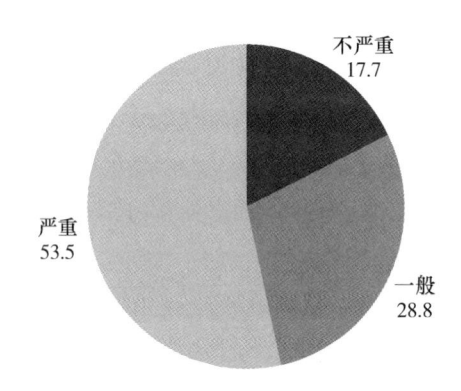

图9-30　大众对社会中坑蒙拐骗行为严重程度认知的调查（%）

从表9-28中可以看出，有53.5%的人认为坑蒙拐骗状况严重；有28.8%的人认为这种现象严重程度一般；而只有17.7%的人认为这种现象不严重，说明社会中个体之间相互不信任的现象十分普遍，诚信作为一种传统伦理美德在大多数人的心中已然失去其应有的地位。

表9-29　　　大众对企业不讲诚信的严重程度的认知调查

		频数	百分比	有效百分比	累计百分比
有效	不严重	698	12.3	12.6	12.6
	一般	2019	35.6	36.4	49.0
	严重	2831	50.0	51.0	100
	合计	5548	97.9	100	
缺失	系统	118	2.1		
合计		5666	100		

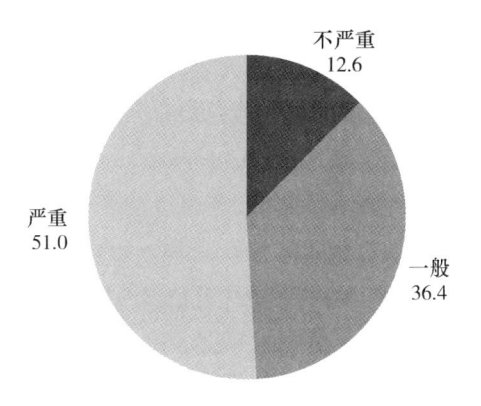

图9-31 大众对企业不讲诚信的严重程度的认知调查（%）

从表9-29中可以看出，有51.0%的人认为社会企业损害社会利益，以虚假广告误导群众的不良行为比较严重，说明了在目前我国社会中，企业为了片面追求自身的经济利益，欺骗社会大众的不讲诚信的恶劣行为比较普遍。表明在市场经济中，诚信作为一种伦理美德，其伦理普遍性的意义正在遭遇严重的挑战。

表9-30　　　　　　大众对社会诚信缺失的认知态度

		频数	百分比	有效百分比	累计百分比
有效	不严重	836	14.8	14.9	14.9
	一般	1912	33.7	34.1	49.0
	严重	2867	50.6	51.0	100
	合计	5615	99.1	100	
缺失	系统	51	0.9		
合计		5666	100		

从表9-30中可以看出，有51.0%的人认为社会诚信缺失，社会信用程度低的现象比较严重，只有14.9%的人认为不严重，说明在当前的社会中已经存在着一种信任危机，如何重新在社会中树立起讲诚信的道德风尚，已经变得十分紧要。

综合以上三种违背诚信的社会现象在大众意识中的反映，挽救社会中的信任危机，从根本上讲，首先要把诚信这种美德内化为自己精神的

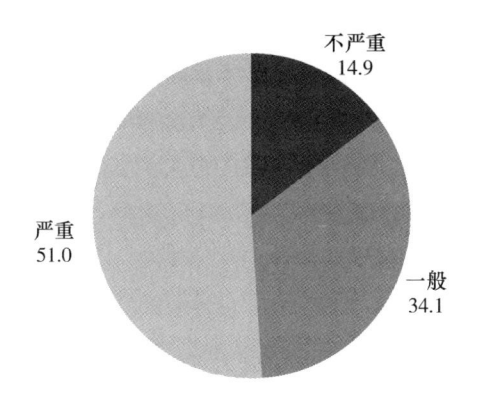

图 9-32　大众对社会诚信缺失的认知态度（%）

一部分，继而外化落实到自己的行为规范中，通过个体的诚信行为在社会中形成普遍的遵守诚信的伦理风尚，才能扭转诚信问题日益严重的趋势。

（四）小结

毋庸置疑，目前我国正处在深刻的社会转型期，一方面，市场经济的发展已经成为不可逆转的潮流，但是与市场经济相适应的伦理道德体系尚没有建立健全；另一方面，传统的自然经济日益没落，但是生发于其中的以儒家伦理道德体系为主体的传统伦理道德体系仍然深深地占据着人们的精神世界。这就构成了一个不可忽视的矛盾：人们一方面在观念中守望传统；另一方面，回归到现实的伦理世界，伦理关系和伦理生活已经被市场经济所唤起的个体主义严重解构，这构成了传统与现代的冲突。如何为人们头脑中的传统伦理精神在现代社会找到栖息的土壤，是建构理想的伦理道德体系的必由之路。

樊和平教授从当前社会的伦理现状，即传统伦理受到激烈的冲击，传统的价值系统动摇，而新的伦理体系、新的伦理观念又未能确立，因而势必产生伦理的混乱、价值的失准、心理的失衡的社会现实出发，提出了一个富有建设性的构架，认为中国伦理的重建要从五个方面着手：伦理秩序的重建；伦理价值的重建；伦理性格的重建；伦理原理的重建；

伦理体系的重建。最根本和核心的是伦理秩序与伦理价值的重建。伦理秩序的重建要从伦理关系的重建、伦理原理的重建和伦理实体的重建三个角度入手。中国伦理价值的重建，就是要从"义""利"关系的价值取向入手，通过对中国伦理本性的新体认，在社会生活的体系中重新为中国伦理定位，在此基础上重建中国人的伦理性格，达到义利合一，"德""得"相通，个体至善与社会至善一体，从而建立起一套适合并推动现代经济发展的、具有民族特色和文化优势的伦理价值系统。

应该说，传统伦理的现代转化其实就是处理传统伦理与现代化的关系问题，这不仅是一个学术问题，也是一个实践问题。这当然是一项更为艰难的工作。

（崔雅斌）

结语　中国社会大众价值共识的意识形态期待

调查表明，当前我国大众意识形态已经出现从多元走向二元聚集的趋势，进入了价值共识生成的敏感期和关键期。"价值共识"的生成必须回答三个基本问题："共"于何？如何"识"？"价值"何以合法？基于十年来持续三次大调查的信息，本文的立论是："共"于"伦理"；"精神"地"识"；在民族文化家园中合法。当前我国社会大众的价值共识有三大意识形态期待：期待一次以"我"成为"我们"为主题的伦理觉悟；期待一场以"单一物与普遍物统一"为价值的精神洗礼；期待一种"还家"的努力。具体内容是：保卫伦理存在，进行关于国家、家庭、集团的伦理意识的再启蒙；扬弃"原子式地进行探讨"的"集合并列"的理性主义伦理观和伦理方式，进行社会、国家、家庭三大伦理实体的"精神"建构；回归民族文化传统和伦理道德的家园，建构价值合法性。三大期待凝结为三个理念：保卫伦理；蓬勃"精神"；回归"家园"。

一　导言　从多元到二元聚集：大众意识形态的十字路口

长期以来，我国大众意识形态领域似乎处于某种"多"与"一"、"实然"与"应然"的两极紧张之中。一方面，关于大众意识或思想文化"多"的"实然"判断——多元、多样、多变；另一方面，"多"中求"一"的"应然"努力——凝聚价值共识、建立核心价值观。"应然"努力的必要性与紧迫性不证自明：主观性、个体性、多样性的大众意识如果不能生成价值共识，一个民族、一个社会的核心价值如果长期休眠甚至缺场，民族精神必将涣散，社会必将因失去文化凝聚力而分崩离析，从而陷入哈贝马斯所说的"合法化危机"之中；遭遇西方"全球化"意识形态"一"的强势攻略，大众意识形态"被化"的危险已经不仅在理论上而且现实地存在着，这种情势无疑确证并推进了"一"的紧迫性。

两极紧张必须解除，否则价值共识难以建构。解除的学理根据在于："多"与"一"的矛盾与统一，不仅是意识形态现实和意识形态追求，而且是人们对于意识形态发展规律的战略反应。如果认为"多"中求"一"是应然，就必须肯定"多"中之"一"的存在是实然，并将这种实然作为必然把握，由此才能达到所谓"乐观的紧张"。"乐观的紧张"的要义在于："多"中求"一"的价值共识，不仅体现而且本身就是意识形态发展的规律。

"多"中求"一"的价值共识的生成，不仅是国家意识形态的使命，而且是大众意识形态的天命。意识形态之谓意识形态，语义重心不在"意识"而在"形态"，其真谛是在对"意识"的个别性与多样性承认的前提下，进行"形态化"的努力。"形态"有两个维度：一是自发意识的自觉文化类型，如政治、法律、伦理、道德、艺术等；二是个体意识的社会同一性或社会凝聚。"形态"的真义，一言以蔽之，是大众意识的同一性。"多"中求"一"，"变"中求"不变"，本身就是意识形态的应有之义和发展的规律。由此，必须将意识形态思维的重心由对"多"的承认转向对正在发生甚至已经发生的"一"，即价值共识的追寻。意识形态与价值共识之间的深刻关联，在"意识形态"概念的首发者——拿破仑时代的安东尼·德拉图·特拉西"观念学"的原意中已经蕴涵。当代英国学者伊顿格尔将意识形态的特质和功能系统地概括为六个方面：统一性、行动取向性、合理化、合法化、普遍化、自然化，其中，赋予内涵可能存在巨大差异的群体或阶级以"统一性"是首要特质，由此形成一套以行动为取向的信念，从而使社会利益和政治统治普遍化和合法化。[①]虽然这种统一性以及与之相关的普遍性和合法性不断受到质疑，以致引

---

① Terry Eagleton, *Ideology: An Introduction*, London and New York: Verso, 1991.

发曼海姆关于"意识形态"和"乌托邦"的区分①,但是,只要承认意识形态没有终结也不可能终结,它之于价值共识生成的直接和深刻意义便不可否认,因而必须受到足够重视和严肃探讨。

关键在于,大众意识形态中"多"中之"一"、"变"中之"不变"的生成,是一个由量变到质变的过程,积累和积聚到一定阶段,便由量变转换为质变。由量变到质变的转换点,是价值共识生成的高度敏感期,这个高度敏感期是国家主流意识形态对大众意识形态实施干预的最佳战略机遇期。如果不能敏锐地洞察和把握这个转换点,无疑将会错失价值共识建构的意识形态机遇。有证据表明,经过40年改革开放的激荡,这个重大机遇期正在悄悄来到。

当前我国大众意识形态发展的态势到底如何?在"多"与"一"的思想文化行程中到底达到何种状态或阶段?第一次全国性大调查数据(数据库一)表明,既不是简单的"多","一"也没生成,而是处于"多"与"一"转换的关节点,其最深刻也是最重要的动向是:多元正在向二元聚集。所谓二元聚集,就是在许多具有意识形态意义的重大问题上,多样性的大众意识日益向两极聚集和积聚,它们已经达到这样的程度,以致两种相反的认知或判断势均力敌、截然对峙,大众意识形态的"二元体质"正在形成。

伦理—道德对峙:"你对当前中国的伦理与道德状况是否满意?"有69.7%的受访者对道德状况表示"基本满意";② 但有73.1%的受访者对伦理关系或人际关系表示"不满意",呈现为"伦理—道德悖论"。义—利对峙:"当今中国社会实际奉行的义利价值观是什么?"有49.2%的受访者认为"义利合一,以理导欲";有42.8%的受访者选择"见利忘义"和"个人主义"。德—福对峙:"当前中国社会道德与幸福的关系如何?"有49.9%的受访者认为一致或基本一致;有49.4%的受访者选择德福不能一致或没有关系。发展指数—幸福指数对峙:"目前中国

---

① 参见[德]卡尔·曼海姆《意识形态与乌托邦》,商务印书馆2000年版。
② 对道德状况"基本满意"的理由是"虽不尽如人意,但正变得越来越好",或个体道德自由。本结语所用调查数据,除特别说明外,都系本人在江苏、广西、新疆三省区所进行的两个重大课题调查问卷及六大群体座谈会的结果,每次样本量为1200份,共2400份。文中的部分图表由龙书芹博士帮助修改,特此致谢。

社会经济发展与幸福感之间的关系如何？"其中，受访者选择"生活水平提高但幸福感快乐感下降"的占 37.3%；选择"生活不富裕但幸福并快乐着"的占 35.4%。公正论—德性论对峙："公正与德性到底何者更为优先？"有 50.1% 的受访者选择公正优先，有 48.9% 的受访者选择德性优先。

二元对峙既是一种截然对峙，也是一种高度的共识。确切地说，是基于高度共识的截然对峙。它标示着多元正在甚至已经向二元聚集，共识已经开始生成，但正处于多元向二元的过渡之中，呈现为一种二元体质。也许，二元对峙不只体现为以上五个方面；也许，大众社会意识的更多方面，还没有出现二元聚集，甚至在许多问题上不可能出现二元聚集，但种种迹象表明：中国大众意识形态已经走到一个十字路口！

第三次调查数据（数据库三）的信息，已经呈现出三种走向。其一，在某些方面，二元聚集仍在继续："你认为市场经济对我国伦理道德的影响"："变好了"的受访者占 30.3%，选择"变差了"的受访者占 32.0%，相差不到 2 个百分点。其二，第一次调查发现的二元聚集现象已经开始分化。"现代社会守道德的人大都吃亏，不守道德的人讨便宜"：表示同意或比较同意的受访者占 59.7%；表示不同意或不太同意的占 40.3%，肯定性判断上升 19 个百分点。"人的生活水平越高，就越幸福"：表示同意或比较同意的占 57.3%，表示不同意或不太同意的占 42.6%，二者相差近 15 个百分点。"你认为就社会生活而言，个体德性与社会公正哪个更重要？"选择公正优先的占 74.1%；选择德性优先的占 25.9%，公正优先已经成为绝对主流。其三，第三次调查与第一次调查信息完全相反。"你对当前我国社会道德状况的总体评价"：表示满意或比较满意的占 66.2%；"你对当前我国人与人之间关系的总体评价"：表示满意或比较满意的占 69.5%。无疑，导致这些信息差异的原因十分复杂，但可以肯定的是，在短短 5 年多的时间内，二元聚集的状态已经发生变化，甚至发生了重大变化。①

---

① 三次调查的信息差异有诸多变量，既与问题方式和调查手段相关，但受调查对象的教育程度和社会地位是十分重要的变量。对三次调查的信息进行比较发现，文化程度越高，对社会的敏感度和批判性就越强，不满意度也越高。总体而言，后两次调查更能呈现社会事实，第一次调查更能反映大众意识形态的前沿。但无论如何，两次调查信息的相同与相似性最具表达力和解释力。

十字路口是大众意识形态发展的敏感期和质量互变点，是国家意识形态战略的最佳干预期！无视甚至错过这个最佳干预期，我们将犯战略性甚至历史性错误！理由很简单，"多"而"二"——"二"而"一"，是大众意识"形态化"的基本轨迹，多元向二元聚集，或"多"而"二"之后，是"二"而"一"的价值共识的生成！面对二元对峙的情势，影响甚至决定大众意识形态未来命运的课题，以最严峻的方式摆到人们面前——到底何种"一"？谁之"一"？

面对二元聚集的严峻现实和历史时机，理论研究肩负着两大学术使命。其一，发出"二元聚集"的大众意识形态预警。二元或二元对峙的大众意识形态，既是一种时机意识，也是一种危机意识；既是对大众意识形态发展的新特点和新规律的洞察和把握，也是对改革开放40年大众意识形态发展的战略反应。其二，进行由"二"而"一"的理论准备。经过二元聚集，大众意识形态将在"多"中积累和积淀"一"，但到底何种"一"、谁之"一"、如何"一"？我国大众意识形态不仅已经到达非此即彼的临界点，而且这种"一"的最后选择无疑将具有极为重要的未来意义。两大使命凝结为一个任务：能动地推进由"二"而"一"的"形态化"进程，生成大众意识形态的合理价值共识。

显然，完成这一任务的条件还未完全成熟。必须做也是能够做的，是为这一任务的完成进行学术准备。最重要的学术准备之一是：当代中国社会，在由"多元"而"二元"的自发进程之后，"二"而"一"的大众价值共识的生成，到底有哪些意识形态期待？

"价值共识"在语法结构上有三个关键元素："共""识""价值"。与之对应，价值共识的生成，必须回答并解决三个问题："共"于何？如何"识"？"价值"何以合法？

基于全国性大调查的信息，本文的假设是：在由多元走向二元聚集的背景下，当代中国社会价值共识的生成，逻辑和历史地有三大意识形态期待：期待一次"伦理"觉悟；期待一场"精神"洗礼；期待一种"还家"的努力。

二 "共"于何？期待一次"我"成为"我们"的伦理觉悟

20世纪，是伦理大发现的时代。

20世纪初，陈独秀痛切反思："伦理的觉悟，为吾人之最后觉悟之最后觉悟。"[①]

20世纪40年代，英国哲学家罗素向全世界警示："在人类历史上，我们第一次到达这样一个时刻：人类种族的绵亘已经开始取决于人类能够学到的为伦理思考所支配的程度。"[②]

如果进行话语背景还原，两种发现显然具有截然不同的历史语境。"最后觉悟之最后觉悟"意在将国人从伦理沉睡中唤醒，冲决伦理罗网，达到伦理解放，由此实现真正的和最后的文化解放。罗素的发现将伦理提高到比"陈独秀发现"更高的文明地位：它已经不是一个民族的觉悟，而是关乎"人类种族的绵亘"的"人类觉悟"，觉悟的要义是"学会""为伦理思考所支配"。两种觉悟具有完全不同的历史内涵：前者是伦理解放的觉悟，后者是伦理学习或"学会伦理地思考"的觉悟。前者指向中国文化的传统性，后者指向西方文化的现代性。但是，我们不必沿袭传统的研究思路，将思维的触须夹挟于二者的差异，而是游刃于两大发现的跨文明、跨时代相通：无论是"陈独秀发现"还是"罗素发现"，无论是指向传统疾瘤的伦理解放，还是指向现代性病灶的"学会伦理地思考"，都言之凿凿地将终极觉悟、终极发现聚焦于一个文化质点：伦理。

跨文明、跨时代的同一个发现只能说明一点：伦理，无论对解决"中国问题"，还是解决"西方问题"，都具有某种终极意义。而且，罗素基于西方现代性文明病灶诊断的伦理发现，也为我们解决当今中国的文明问题提供某种思想指引。在中国现代文明辩证发展的历史之流中，如果说

[①] 陈独秀：《吾人之最后觉悟》，任建树、张统模、吴信忠编：《陈独秀文集》（第1卷），上海人民出版社1993年版，第179页。

[②] 罗素：《伦理学和政治学中的人类社会》，肖巍译，中国社会科学出版社1992年版，第159页。

陈独秀的"最后觉悟之最后觉悟"是"第一次觉悟",或"现代伦理觉悟",那么,指向当今"中国问题"的伦理觉悟,则是"第二次觉悟",或"当代伦理觉悟"。无疑,"第二次觉悟"与"第一次觉悟"有着完全不同的历史背景和问题指向,其核心任务已经不是伦理解放,而是经过市场经济、全球化,以及欧风美雨冲击或重创之后,重新"学会伦理地思考"。

1. 伦理能为"价值共识"贡献什么?

伦理觉悟的终极期待隐喻着伦理的某种具有终极意义的文明使命和文明地位。有待理论论证的是:伦理到底有何种文明担当?回到本文的主题,伦理、伦理觉悟,对解决价值共识的"中国问题"到底因何、如何具有某种终极意义?

在古希腊,伦理的最初意义是灵长类生物长期生存的可靠居留地。"可靠居留地"之所以需要伦理,是因为在人身上存在两种相反的本性,一是意志自由,二是交往行为。意志自由是人的自我肯定,但意志自由只有在交往行为中才能确证。① 在交往行为中,人们产生了对行为可靠性的期待,那些使可靠性得以发生的东西被称为"德"并得到鼓励。所以,"德"一开始便意味着多样性、个别性的存在者及其行为中的某种共通性,所谓"同心同德",由于它们对共同生活的可靠性的生成意义,又被称为"伦常",即基于或源于"伦"的常则、通则,"伦常"意味着"德"被伦理所规定,是个体"在伦理上的造诣"。因之,"伦理"从一开始就表现为对共同生活的可靠性的某种期待和缔造,借此人类才能获得长久生活的可靠"居留地"。在《尼各马科伦理学》中,亚里士多德认为,伦理主要表现为风俗习惯。② "风俗"是在共同体生活中自然生成的普遍性与客观性,"习惯"则是风俗的个体内化自发形成的那些具有普遍意义的行为方式。以"风俗习惯"诠释和表达"伦理",意味着在原初文明和文化的"无知之幕"中,伦理是个体性与普遍性的结合方式。在这种结合中,普遍性和客观性的"风俗"具有第一位的意义,而"习惯"则是获得普遍性的那种教

---

① 正因为如此,在《法哲学原理》中,黑格尔将"伦理"作为意志自由实现的最高阶段,是"客观意志的法"。
② 参见亚里士多德《尼各马科伦理学》,苗力田译,中国社会科学出版社1999年版。

养，这也隐含着日后古希腊在"风俗习惯"中概念地生长出"伦理"与"道德"的可能性。"居留地""可靠性"、客观普遍性与个体意志自由的结合，是古希腊"伦理"理念的基本元素，而个体性与普遍性的统一，确切地说，个体性达到或获得普遍性，则是这种结合的要义和精髓。

与古希腊文明不同，在中国文明的开端，"伦"不仅表达和表现人的普遍性与客观性，而且具有根源实体的意义。所谓"天伦"，不仅昭示着人的血缘存在的客观普遍性的某种先验真理，而且更将人的个体存在回归于某个终极性及其在时间之流中延绵的根源生命。姓氏，在中国文明中不仅是共时性与历时性的时空中诸个体生命之流的共同符号，而且是他们共同的根源，这便是所谓"慎终追远"的哲学意义。因之，"伦"不仅是一种客观存在，不仅是客观化了的普遍性或普遍物，而且因其根源意义而获得和赋予永恒的和不可动摇、不容置疑，更不容亵渎的神圣性。在这个意义上，"伦"的理念与祖先崇拜的原始文明有着一脉相承的联系，可以看作祖先崇拜的哲学表达。"天伦"不仅是本性，而且就是本真。于是，"教以人伦"就是文明和文化的第一也是终极的任务。而所谓"理"则是"伦"的主观化的能动表现和表达。在中国"伦理"传统中，"理"从来就不是在原子式或没有实体性的个人身上发生的所谓理性，而是由"伦"的本原和本真状态中产生的具有价值意义的真理，即所谓"天理"，它的个体化表现就是所谓"良知"。伦理之"理"必须也只能被理解为"伦"之"理"——包括天伦之理与人伦之理。由于家国一体、家族本位的文明结构和文化传统，天伦之于人伦具有范型的意义，"人伦本于天伦而立"是伦理即"伦"之"理"的规律。同时，"理"之于"伦"具有极为重要的文化功能。"理"使客观性的"伦"内化并成为主观性，也使普遍性的"伦"理一分殊地透过个别性而获得现实性，是"伦"由客观性向主观性、由普遍性向个体性过渡的中介。"伦—理"之中，"伦"是存在，是具有终极性、普遍性和客观性的生命实体；而"理"既是"伦"的表现和存在的能动方式，也是个人获得终极性和普遍性的教养和证明，是个体成为或走向普遍性、终极性的"人"的主体进程。"伦"是实体，"理"意味着个体必须也只能精神地达到这个实体。由此，"伦理"在中国文化中便更为强烈地表达着一种哲学理念，也更为现实地履行着一种文化功能：个体与实体、个别性与普遍性的统一。

诚然，在社会生活中，个体与实体、个别性与普遍性的统一有诸多文化形式，政治、法律等都是达到这种统一的意识形态，经济、社会等也可以理解为是建构这种统一的世俗形式。然而，人对普遍性追求的精神本质，中国伦理型文化的基因，决定了伦理不仅是实现这种统一的精神形态，而且是最为重要的文化形态和最具终极性的文明路径。中国文化祖先崇拜的传统，不仅表达和强化了"伦"的根源意义，而且赋予了其以入世为取向建构诸个体的生命同一性的文化气质，使伦理在中国文明中更为强烈地履行着个体与实体、个别性与普遍性统一的具有终极意义的世俗文化功能。与古希腊及其所开辟的文明传统相比，这种统一不仅精神地而且现实地达到和实现，中国传统社会中"礼"的伦理制度就是它的现实形态。"伦"的传统与由"伦"而"理"的伦理律规定了这种统一具有更为强烈的文化倾向：从"伦"的实体出发，个体的人与实体性的"伦"的统一必须透过精神才能真正实现。

经跨文化考察可以发现"伦理"所内在的深刻意识形态意义，尤其是对建构价值共识的意识形态意义，这种意义在中国文化的伦理理念及其传统中得到更为清晰和强烈的表达。质言之，中国文化的"伦理"传统由三元素构成："伦"传统、"理"传统、由"伦"而"理"的"伦一理"传统。（1）其中，"伦"传统是最重要，也是最具民族标识性的文化传统。"伦"既是出于自然的价值共识，是个体与普遍实体统一的自然形态，也是建构社会同一性的文化形态。"伦"的同一性展开为由"天伦"到"人伦"的文化过程。首先通过回归生命根源，指证并使历时性与共时性的个体获得普遍性，达到个体与诞生他的生命实体的根源性统一，在"天伦"中由个别性自然存在成为普遍性伦理存在。其次，在此基础上，以天伦为范型，"老吾老以及人之老，幼吾幼以及人之幼"，生成社会性的"伦"普遍性；最后，由"天伦"及"人伦"，达到国家、天下的"伦"的贯通同一，所谓"天下平"。"天伦"不证自明的本性，以及"人伦本于天伦"的伦理律，赋予"伦"普遍性以及个体的"伦"共识以巨大的统摄力和表达力，以及不可究诘的神圣性。（2）"理"在中国文化的"伦理"理念中并不是一个独立的结构，它源于"伦"，由"伦"获得合法性与现实性，是"伦"之"理"。它既是"伦"的规律，也是"伦"的主观形态，是对"伦"的内化和认同，是个体达到"伦"

的普遍性的良知良能。如果说,"伦"是普遍存在和普遍价值,那么,"理"则是由对普遍存在的认同而达成的普遍共识。(3)由此,由"伦"而"理"而生成的"伦—理",便是人的个别性与普遍性、客观同一性与主观同一性的统一。在中国,乃至在整个人类文明中,"伦理"及其所表达的人的个别性与普遍性统一的价值共识的自然形态,就是人的姓名。"姓名",是最自然、也是最具表达力的"伦理"。"姓"是个体生命的共同血缘符号或血缘普遍性,所谓"天伦";而"名"则表征着个别性;"姓"与"名"的统一,就是个别性与普遍性的统一。"姓"是将过去、现在、未来历史长河中无数个体,也是将在同一空间中共时存在的不同利益、不同取向的诸多个体联系起来的自然标识,是对生命实体的普遍性的最自然、最具神圣感的认同,也是最自然、最坚固的价值共识。在人的生命过程和生活世界中,最基本的价值共识就是对"姓"这个自然存在的普遍物的尊崇,而这一共识的自然性和神圣性,使其对其他价值共识的生成,具有作为范型和根源的人类学意义,成为价值共识可能和必需的人性基础和文明基础。

由此,"伦""理""伦—理"三元素及其所形成的哲学理念,便是人的个别性与普遍性统一,也是价值共识生成的最具基础意义的文明因子和意识形态。但是,在不同的文明传统以及人类精神发展的不同历史阶段,伦理同一性及其价值共识的建构,逻辑与历史地有两个基本路径:从人的实体性出发;或者,从人的个体性出发。两种取向的自然表达及其殊异便是姓名的不同语词位序。在中西方文明中,"姓名"虽然都表征个体性与普遍性的统一,但在语词结构、由此也在文化精神结构中的位序却完全不同:在中国,姓在前,名在后;在西方,名在前,姓在后。这种殊异绝不只是语词构造的不同,根本上体现的是个别性与普遍性统一或价值共识生成的不同伦理位序。在个体与实体的同一性建构中,中国传统是从实体认同到个体建构;西方传统则是从个体自由到实体认同。二者的同与异体现了个体生命过程与人类文明过程的逻辑与历史的一致性。对这种一致性更有解释力的是:两种传统演进到一定历史阶段,将遭遇不同的课题。于是,陈独秀的"最后觉悟"便指向"伦"的绝对实体性下的个体解放;罗素"学会伦理地思考"的觉悟指向个体向"伦"的实体性回归。这一历史哲学澄明的问题意识是:百年之后的中国,今天的伦理觉悟是继续完成"最后觉悟",还是在"最后觉悟"基本完成之后,推进"第二次伦理觉悟"?显然,只要承认近百年中国文明变化的巨大和深刻,只要承认"价值共识"是一个真命题,那么,今天的觉悟就是与一个世纪前的"最后觉悟"在伦理方向上截然不同的、作为对"最后觉悟"辩证否定的"第二次伦理觉悟"!

2. 保卫伦理存在

调查表明,经过百年巨变,尤其是40年来市场经济与全球化的激荡,今天的伦理觉悟有两大主题:一是在生活世界与精神世界中保卫伦理存在的觉悟;一是关于伦理的实体意识,关于人的普遍性追求的伦理再启蒙的觉悟。两种觉悟的要义,就是罗素所说的"学会伦理地思考"。

(1) 共识中的"问题共识"

第一次调查数据(数据库一)已经发现,当前我国社会已经形成一些重要共识。在社会思想领域,基本上形成的共识,突出表现在意识形态观、对改革开放的评价、"改革开放问题"三方面。

第一,意识形态观共识——主题词是"调整"和"多元包容"。从江苏、广西、新疆收回的1166份问卷中(样本量1200份),有65.2%的受访者主张对当前意识形态进行调整,作出新的解释,只有16.2%的受访者主张维护当前意识形态,有11.3%的受访者主张淡化意识形态。调整的主要方向是多元包容,不仅包容工人、农民和知识分子的思想(30.4%),而且"整合和凝聚不同社会集团的思想体系"(49.5%),甚至"包容性越大越好"(17.1%)。

第二,"改革开放"共识——对改革开放高度肯定。如何评价中国的改革开放?有66.8%的受访者认为市场经济改革"增强了社会主义的内在活力";而开放是"中国自主地按照自己的道路前进(41.4%)",或"引导中国向它们主导的方向变化"(37.7%),认同度非常高。

第三,"改革开放问题"共识——聚焦于两极分化与干部腐败两大问题。第一次调查(数据库一)表明,受访者对改革开放的主要忧虑,依次排列是:"导致两极分化"(38.2%);"腐败不能根治"(33.8%);"生态破坏严重"(26.2%)(见图1)。与之相关,弱势群体形成的原因,认为"制度安排不合理"的占39.1%,认为"社会不公"的占36.6%,

另有 20.2% 的受访者认为是"个人原因"。"阻碍树立社会主义信念的因素有哪些？"所有群体都指向腐败严重和两极分化（见图 2）。①

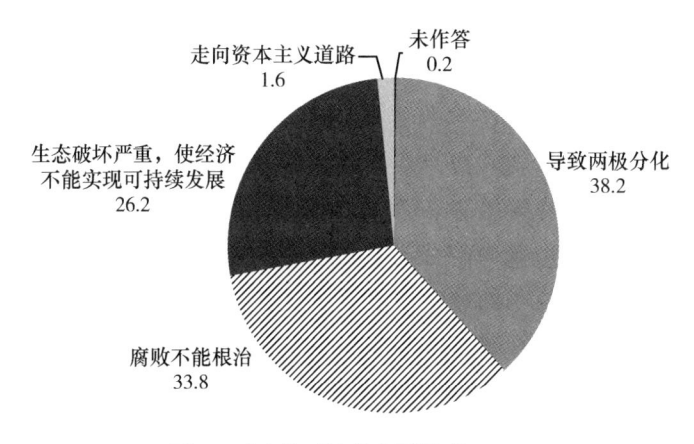

图 1 对改革开放的主要忧虑（%）

走向资本主义道路 1.6
未作答 0.2
导致两极分化 38.2
腐败不能根治 33.8
生态破坏严重，使经济不能实现可持续发展 26.2

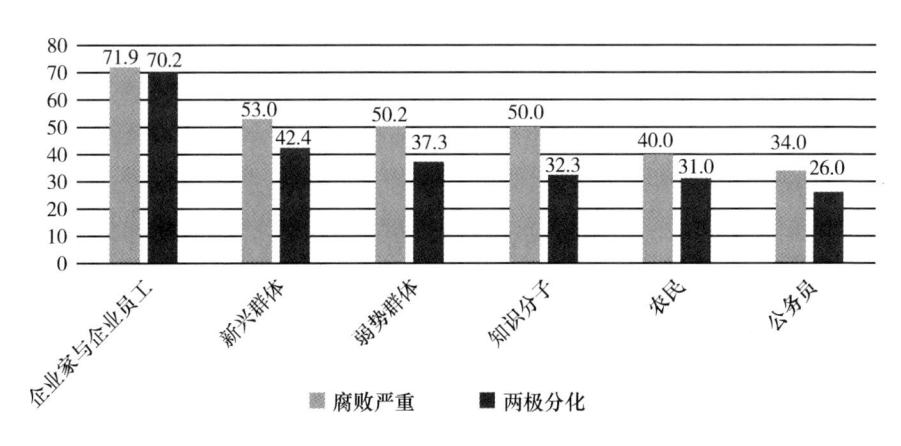

图 2 阻碍树立社会主义信念的因素（%）

群体	腐败严重	两极分化
企业家与企业员工	71.9	70.2
新兴群体	53.0	42.4
弱势群体	50.2	37.3
知识分子	50.0	32.3
农民	40.0	31.0
公务员	34.0	26.0

第二次调查（数据库二）对这一问题进行了跟踪。"你认为当前我国社会财富分配不公、贫富差距过大的严重程度如何？"选择"非常严重"的占 71.5%；"你认为当前我国社会干部贪污受贿、以权谋私的严重程度如何？"选择"非常严重"的占 72.7%。

---

① 该数据为本人作为首席专家之一的江苏省重大项目团队中其他同人调查的结果。

第三次调查（数据库三）进一步确证了这一信息。"你认为当前社会以下状况的严重程度如何？"（1）"社会财富分配不公，贫富差距过大"：选择"非常严重"和"比较严重"的占82.2%。（2）干部贪污受贿、以权谋私：选择"非常严重"和"比较严重"的占80.5%。

可见，干部腐败与两极分化，已经成为两大"中国问题"，它们直接诱发了人们在意识形态态度和政治取向方面的"多"。可以说，这两大问题是当前中国意识形态和"改革开放问题"之"结"，也是价值共识难以建构和巩固的重要原因。

以上三大共识，传递了关于当前我国社会大众价值共识的极为重要的信息：价值共识具有良好基础，但两极分化与官员干部腐败严重妨碍价值共识由可能变为现实。在三大共识中，第一、二两个共识，即意识形态观、对改革开放的评价，不仅本身就是基本价值共识，而且为其他价值共识的生成，提供了良好的理念前提和政治基础，为价值共识和核心价值观的形成提供了可能条件。但是，第三个共识，即"问题共识"却严重阻碍了诸群体间价值共识由可能向现实的转化，因为它消解了价值共识生成的现实条件，耗散了诸社会群体凝聚价值共识的文化热情和政治情绪。

关于改革开放、弱势群体、理想信念的三大问题共识，都指向并聚焦于两大问题：腐败严重和两极分化。在一般大众认知和学术研究中，都倾向于将这两大"改革开放问题"诠释为政治和经济问题，也总是试图在政治学和经济学中寻求解决之道。理论思维中这种因人文缺场而导致的哲学深度的不到位，大大削弱了人们对这两大问题所造成的严重文明后果的洞察。事实上，干部腐败和两极分化，不仅是政治问题、分配制度问题，更深刻的是伦理问题，其最为严重的后果是解构甚至颠覆了世俗生活或社会生活中的伦理存在，从而使共同价值因失去伦理条件和伦理基础而成为不可能。

必须保卫伦理！理由很简单，权力公共性、财富普遍性，是世俗生活或社会生活中伦理存在的形态和表达方式。一旦权力失去公共性，财富失去普遍性，社会及其生活就失去伦理性，社会就难以甚至不可能成为伦理性的存在。

只有保卫伦理存在，才能建立价值共识！理由同样很简单。当前我国社会已经在理念和政治两方面形成基本共识，但是，干部腐败和分配不公对于伦理存在的解构和颠覆，严重妨碍了社会大众价值共识的生成，甚至使价值共识成为不可能。

（2）必须保卫伦理

"伦理本性上是普遍的东西"①，是人的个别性与普遍性、单一物与普遍物的统一而形成的兼具客观性与精神性的同一体。"伦理"以普遍性、客观性的"伦"的存在为现实基础，以个别性的人对"伦"的信念和追求即所谓"理"为主观条件。在中国文化中，天伦和人伦无不表征这种"本性上普遍的东西"的客观性。但是，"伦"的客观性与合法性在于个体能够在这种普遍性中发现它与自己的统一并实现自己，从而产生所谓天"伦"之乐和人"伦"之乐。于是，一方面，"伦"是个体的实体性；另一方面，个体与实体的关系、个体行为价值合法性，便是以实体存在及其要求为内容和现实性，这两个方面构成"伦"之"理"的两个基本构造。在"伦—理"之中，"伦"的普遍物的客观存在，个体在"伦"的普遍物中发现和找到与自己的同一性关系，是伦理履行其价值同一性文化功能的最重要的元素。"伦"的普遍物不存在，"理"的共同价值或对"伦"的认同便沦为虚幻和说教。

按照黑格尔的精神哲学理论，个别性的"人"与普遍性的"伦"同一而形成的伦理性的实体，在生活世界中有三种存在形态：家庭、社会、国家。家庭是自然的伦理实体，是个体按照血缘规律建构的个体与其普遍性生命实体的同一性伦理形态。家庭的异化是社会，准确地说是市民社会。市民社会的哲学本质，是家庭的自然同一性解构之后原子式的个人由"需要的体系"所建构的形式普遍性和形式同一性。市民社会与家庭的共性在于追求个体性与普遍性的同一性关系，根本区别在于达到这种同一的方式，以及所建构的统一体的性质不同：是从实体，还是从个体出发建构个体与实体的伦理同一性？是形式的同一体还是直接的同一体？国家消除了存在于家庭和市民社会这两大伦理实体之间的紧张，使个体性与普遍性、个体与实体之间的同一由可能成为现实，因而是伦理

---

① ［德］黑格尔：《精神现象学》（下卷），贺麟、王玖兴译，商务印书馆1996年版，第8页。

实体的现实形态或完成形态。

当然，家庭—市民社会—国家，只是黑格尔所建构的伦理实体辩证发展的思辨形态和思辨体系。这种思辨理论的抽象性及其由于思维深潜于文明深层而产生的巨大历史影响力，使现代学术也使现代文明陷入某些争讼和困惑之中。其一，"市民社会"到底是一种思辨形态还是现实形态？是"一种文明"的形态还是"一切文明"的形态？是一种合理的形态还是一种过渡的形态？其二，"市民社会"与国家到底是何种关系？是先于国家还是后于国家？是优于国家还是期待国家？可以肯定的是，在作为"市民社会"概念与理念理论源头的黑格尔《法哲学原理》中，"市民社会"只是一个思辨性、过渡性的结构，与其说是现实，不如说是体系的需要，至少体系需要的冲动压过现实性；同时，黑格尔似乎也陷入了"市民社会"与"国家"的某种循环论证中：一方面申言市民社会是在国家中产生的，另一方面将它作为处于家庭与国家之间，因而至少在逻辑体系上先于国家的结构。现代学术的正本清源，不能流连于这位体系大师为我们提供的那座耸立于云际的星光灿烂的体系迷宫，而应当循着透迤盘桓于这座宫殿上方的那道直插宇宙深处的智慧之光，以及那道轻如薄烟、势可破云的超度凡俗的思想闪电，于刹那间鸟瞰和了然人类文明与人类生命的真谛。

综合《精神现象学》和《法哲学原理》，关于伦理，关于伦理的社会同一性功能，黑格尔为我们提供的最大智慧是：权力的公共性和财富的普遍性，是世俗生活或现实社会（包括思辨中的"市民社会"和现实中的被普遍表达的"社会"）中伦理存在的确证。不是作为现象形态的权力和财富，而是它们分别具有和应当具有的公共性与普遍性的本性，才是生活世界中的伦理存在。一旦权力成为"少数人的战利品"而失去公共性，一旦财富因不均或不公而失去普遍性，社会便失去伦理存在，也因伦理存在消解而失去合法性——不是失去伦理存在的基础，而是失去伦理存在本身。伦理存在丧失的文明后果是：社会因失去伦理同一性和价值凝聚力而涣散，"社会"能力瓦解，社会将不再"社会"；"家庭—社会—国家"的文明体系与人的精神构造因失去"社会"这种中介而断裂。其直接的意识形态后果是：社会因失去伦理同一性和伦理统摄力而使价值共识成为不可能，由此，社会，尤其是社会的精神便不仅在现实世界，而且在精神世界中分崩离析。

由此得出的结论是：消除腐败与分配不公，根本上是一场伦理保卫战。建构价值共识，必须保卫伦理。否则，我们将耗散 40 年艰苦努力在意识形态和改革开放两方面达成的来之不易的理念共识和政治共识，在大众意识形态中使真正的价值共识难以从可能变为现实。

3. 伦理意识的再启蒙

如果说干部腐败与分配不公动摇甚至颠覆了"伦"的存在的客观性，那么，市场经济与全球化的冲击，则在主观的方面动摇甚至消解了人们的"伦"意识或"伦"之"理"。前者是伦理存在的"伦"危机，后者是伦理认同的"理"危机。从存在到认同、从客观实在性到主观认知能力两方面耗散了伦理的同一性功能。如果说，前一问题的解决有待一场全社会的伦理保卫战，那么，后一问题的解决，则期待一场伦理的再启蒙。再启蒙的核心任务，是唤醒和强化个体的"伦"意识，培植伦理认同、回归伦理实体的文化能力，进而培育社会的伦理同一性能力和伦理凝聚力。

基于价值共识的研究主题，伦理意识的再启蒙重点展现为三个侧面：国家伦理意识的再启蒙、家庭伦理意识的再启蒙、集团伦理意识的启蒙。

（1）国家伦理意识的再启蒙

40 年来，我国社会的国家意识在理论和现实中遭遇来自三方面的严峻挑战。一是全球化飓风和现代高科技背景下虚拟的"地球村"意识，二是市场经济导致的过度个人主义，三是所谓"市民社会"的观念和理论。在现代中国，全球化不仅被当作由经济全球化而导致的客观性，而且被当作必然性加以接受，国人对全球化的接受方式大多遵循"凡是现实的都是合理的"实用逻辑。然而，全球化不仅是一股浪潮，而且是一股思潮，其中深藏着发达国家在文化战略上的意识形态故意，亨廷顿《文明的冲突》一书于不经意间已经透露了这个秘密。[1] 而网络技术等现代信息方式让人们在虚拟世界中感受到一个高度抽象的由技术制作完成

---

[1] 参见拙文《伦理精神的生态对话与生态发展》，《中国社会科学院研究生院学报》2001 年第 6 期。

的地球村的存在。作为经济与技术双重冲击的现实后果,是人们国家意识、民族意识的淡化甚至退隐,千百年历史积淀中所生成的国家民族意识和本土价值观被夸大了的甚至虚幻的全球意识所挤压、排挤。同时,市场经济自发性不断滋生的个人主义则从价值层面动摇甚至消解人们的国家实体感和实体意识,把国家当作契约性甚至工具化的存在,而不是个人安身立命的基地。至于从西方移植并被误读的"市民社会"理论,则在学术上让人们在理性世界中对国家的现代合理性提出质疑,进而试图以"市民社会"与国家分庭抗礼甚至对峙。社会学中这种"小国家,大社会"理论似乎得到经济学上所谓"小国家,大市场"理论的呼应与支持。于是,事实世界中"全球村"与国家的抗礼,价值世界中个人与国家的抗礼,理性世界中"市民社会"与国家的抗礼,中国社会的国家意识、国家观念遭遇了前所未有的挑战甚至危机。危机的表征之一,是国家伦理实体感和国家伦理意识的退化和弱化。

在关于"哪一种伦理关系对社会秩序和个人生活最具根本性意义"的调查中,两次调查结果的排序完全相同:(1)家庭血缘关系;(2)个人与社会的关系;(3)个人与国家民族的关系。但在第二次调查中,家庭伦理关系的权重大大增加,与社会和国家关系的权重都相应减少,其原因可能与受查对象的文化水平和社会地位所导致的对家庭的依赖密切相关。(见表1)

表1 对社会秩序和个人生活最具根本性意义的伦理关系 (%)

	家庭血缘关系	个人与社会的关系	个人与国家民族的关系
数据库一	40.1	28.1	15.5
数据库二	62.7	18.8	7.7

表1数据表明,国家伦理意识、国家伦理实体感的再启蒙,已经成为一个紧迫任务。国家的文化使命,就是使全民族作为一个"整个的个体"而行动,国家伦理实体意识不唤醒并被现实地落实,价值共识和核心价值观就无法真正落实。国家伦理实体意识的再启蒙,包括两个辩证的结构。其一,国家伦理自我意识的再启蒙,彰显和强化国家作为伦理

存在或现实伦理实体的本性。它展开为两大努力：否定性的努力是消除干部腐败与分配不公两大痼疾，使社会成员体会自己与国家的现实同一，从而强化伦理认同；肯定性的努力是加强政府决策的伦理含量以体现其伦理性。"你认为国家在制定政策和决策时充分考虑到伦理道德方面的要求吗？"第一次和第三次调查中，选择"没有"的分别占32.3%、42.7%。它表明，国家必须增强政策和决策的伦理含量提升公民的伦理信任度和伦理认同感。其二，公民的国家伦理意识的再启蒙，在经过全球化导致的抽象地球村意识和市场经济导致的过度个人主义，对传统民族主义和伦理整体主义的辩证否定后，进行否定的再否定，培育现代公民的民族精神和国家意识，进行国家伦理意识的回归。在这个过程中，黑格尔关于对国家认识中的"国家应当如何"与"应当对国家如何认识"的思与辨具有特别重要的方法论意义。①

（2）家庭伦理实体意识的再启蒙

调查提供了关于家庭伦理的两个相反的信息：家庭是个体伦理道德发展的第一影响因子；当前我国社会的家庭伦理能力存在深刻危机。在关于伦理受益场所的诸多选择中，国家的影响力最弱，反证了上文关于国家伦理实体祛魅的立论；但在家庭伦理责任与婚姻关系方面，家庭的伦理功能又明显弱化。

"您认为在自己的成长中得到最大伦理教益和道德训练的场所是什么？"以下是在多项选择中三次调查的排序：

表2　　　　成长中得到最大伦理教益和道德训练的场所　　　　（%）

	第一受益场所	第二受益场所	第三受益场所	第四受益场所
数据库一	家庭 63.2	学校 59.7	社会 22.0	国家或政府 6.8
数据库二	家庭 50.7	社会 25.3	学校 17.8	国家或政府 3.5
数据库三	家庭 39.0	学校 26.4	社会 25.1	国家或政府 6.0

---

① 黑格尔在《法哲学原理》导言中强调："本书所能教授的，不可能把国家从其应该怎样的角度来教，而是在于说明对国家这一伦理世界应该怎样来认识。"（［德］黑格尔：《法哲学原理》，范扬、张企泰译，商务印书馆1996年版，第12页。）

三次调查,除数据库二中社会和学校的位置发生转换外,其他排序居然高度一致,居前四位的因子完全相同,其中学校和家庭的位序虽有两次略有不同,但家庭绝对居第一位,国家和政府则处于最后一位,则完全一致。

在中国文化中,家庭的文明意义,不仅是个体伦理道德的初始教化,而且作为自然的和直接的伦理实体和伦理精神,是个体伦理实体感和伦理认同最直接也是最具神圣性的渊源,是社会的伦理认同和价值共识生成的自然基础。家庭伦理实体的素质,家庭成员的伦理素质,家庭的伦理同一性能力,不仅对家庭伦理,而且对社会的伦理凝聚力和价值共识度产生基础性乃至源头的影响。三次调查发现的子女缺乏责任感、婚姻关系不稳定、代沟严重等是现代中国社会家庭关系的突出问题,标示着家庭无论在纵向还是横向关系中,伦理同一性素质和同一性能力正在遭遇着严重危机。由此,当代中国虽然无须像 20 世纪后期西方社会那样,发出"回到家庭去"的伦理召唤,但在独生子女这个全新的家庭结构和社会结构条件下,在婚姻关系遭遇重大冲击和社会高速变迁的背景下,着实需要一场以重建婚姻能力、重建独生子女的伦理感和伦理能力、重建家庭的伦理同一性为主题的关于家庭伦理的再启蒙。这场启蒙的意义,不仅是培育家庭的伦理共识和伦理素质,而且是透过家庭伦理能力的培育为社会共识和社会的伦理同一性提供自然基础。在中国,家庭伦理同一性能力的弱化和解构,必将最终导致社会凝聚力的涣散,也使社会共识成为无源之水、无本之木。理由很简单,家庭在中国社会具有与西方截然不同的文明功能和文明意义,被认为是中国文化真正的"万里长城"[①]。

(3) 集团伦理的再启蒙

40 年市场经济转轨与社会结构变迁的最重要表现,就是"后单位制时代"的出现。在计划经济时代,"单位"是连接家庭与国家的纽带,兼具家庭与国家之伦理政治的双重功能。处于单位集体中的人,从个体发展、收入分配到生活福利,以及生老病死的一切都"找单位解决"。"单

[①] [美] 弗兰西斯·福山:《信任——社会道德与繁荣的创造》,李宛蓉译,远方出版社 1998 年版。

位"既是国家的具体呈现,又具有家庭的伦理功能,从而成为家国一体的社会结构中"家"—"国"之间的联结带。市场经济解构了"单位",将除公共行政部门之外的"单位"组织都分解为无限众多地具有独立利益关系的经济实体,从而进入"后单位制时代"。"后单位"或"无单位"的经济实体,将个体还原为具有独立经济利益的原子式个人,不仅使个人从家庭到国家的实体意识和价值共识失去中介和过渡,而且"经济实体"作为"个人利益战场"的本性,催生了一种特殊的社会与文化现象——"伦理的实体—不道德的个体"的伦理道德悖论。在集团内部,由于高度的利益相关,可能成为一个"伦理的实体",准确地说是具有某种伦理形式但实为利益关联的实体,但当它作为"整个的个体"行动时,在与社会的关系方面,却是"不道德的个体"。

在当今中国社会,人们达成的普遍共识同时也是不争的事实是:集团行为造成的道德后果比个体更为严重,生态危机、假冒伪劣商品乃至战争等,都是集团行为的恶。在数据库一中,有50.3%的受访对象认为,与个人相比,集团行为不道德造成的危害更大;有31.1%的受访者认为二者相同。但对那些符合内部伦理却不符合社会道德的现象,譬如广泛存在的政府机关为职工子女入学提供便利、大学招生中本校教工女子降分录取等,在作出"不道德"的主流判断的同时,也指证它们的伦理—道德矛盾,表现出一种伦理上的无奈甚至部分同情。①

这种现象的大量存在以及大众认识上的多元性,尤其是内在的伦理—道德悖论,使人们在面对那些具有"伦理的实体—不道德的个体"性质的集团行为时,有将近一半的受访者不作为或态度暧昧。例如,关于"如果您所在的单位有一项举措可以提高集体福利并使您个人得到利

---

① 例如,在第一次调查中,对于"一些政府机关,通过各种途径让本单位的干部子女在很好的幼儿园、小学、中学读书",有69.3%的人认为是以权谋私,属政府行为不道德或严重不道德;有19.3%的人认为符合内部伦理,但严重侵蚀社会道德;有8.9%的人认为是为单位人员谋福利,符合道德。后两项相加,有28.2%的人给予"符合伦理"的"同情的理解"。对于"在高校招生中,许多大学对本校教工子女降分录取",有40.3%的人认为"严重侵害了公民利益,是不道德行为";有29.2%的人认为"符合高校内部伦理,但不符合社会道德";有22.2%的人认为"司空见惯,无可奈何"。在第二次调查中,对以上两类现象,有80.9%的人认为是不道德或严重不道德,有7.1%的人认为符合内部伦理但严重侵蚀社会道德,有3.7%的人认为符合道德。两次调查表明,在这一问题上,社会的共识度已经提高。

益,但会造成环境污染或社会公害"的问题,在第一次和第二次调查中,分别有33.9%和43.7%的受访者选择"不会举报"。这表明,"后单位制时代"集团伦理的启蒙,不仅是新课题,而且是比其他伦理启蒙更为突出也更具紧迫性的启蒙。人的社会性和职业生活使集团伦理对社会伦理产生极为重要的影响,它是最为现实的"社会环境"。集团行为中的"伦理—道德悖论"以虚幻的集团伦理的形式表达、实现和维护集团的私利,并造成相对于社会整体性关系中的道德上的恶。它的意识形态后果,不仅使处于不同集团中的个体难以达成价值共识,而且使集团与集团之间难以达成价值共识,更为严重的是,它所营造的现实社会环境,可能使不道德从现存成为现实,再从现实成为合理,从而不断催生并不断扩大处于不同集团或实体中的个体在价值选择上的多元,使价值共识成为不可能。因此,集团伦理的启蒙,已经成为当今中国社会最为重要但至今未被充分认识甚至难以达成共识的伦理启蒙。这个启蒙的任务不完成,中国社会的价值共识就难以真正实现。

综上所述,市场经济、全球化、独生子女和"后单位制"等对家庭、社会、国家三大伦理实体及其体系的巨大冲击,以及"伦"的传统被颠覆和解构的双重境遇,使现代中国社会正面临着这样的挑战乃至危机是:"我",如何成为"我们"?"我",能否成为"我们"?这个挑战和危机如此深刻和严峻,乃至真的像罗素所说的那样将关乎我们种族的绵亘。为此,现代中国社会着实期待一场新的伦理启蒙和伦理觉悟。作为对百年伦理觉悟的否定之否定,这次伦理觉悟的核心任务,不是以唤醒个体自我意识为主题的伦理解放,而是捍卫社会的伦理整体性和个体的伦理能力,提升民族凝聚力和社会聚合力,使"我"成为"我们",进而为多元社会的价值共识提供最不可或缺的伦理基础和伦理条件。

三 如何"识"?期待一次"单一物与普遍物统一"的精神洗礼

伦理同一性的建构,伦理同一性对社会价值共识的缔造,展开为两种形态,或两个环节、两种规律:"伦"的同一性与"理"的同一性。

"伦"的同一性是伦理存在的同一性,"理"的同一性是伦理认同的同一性。伦理存在的核心问题,是社会的"伦"普遍物是否存在?能否存在?伦理认同或伦理能力的核心问题,是个体在主观上如何达到伦理?能否达到伦理?前者是伦理的客观同一性;后者是伦理的主观同一性。无论伦理还是伦理同一性,绝不只是客观性,而是"客观性中充满了主观性"。在这个意义上,保卫伦理,不仅是保卫伦理存在或"伦"的存在,而且必须保卫"理"的伦理认同或伦理能力。作为由实体向主体内化的环节,"理"的伦理认同或伦理能力的集中表现,是伦理观和伦理方式。

现代中国遭遇的社会同一性难题,不只是上文所指证的家庭、社会、国家诸伦理实体中伦理存在的危机,而且表现为个体的伦理能力的危机。伦理能力的危机,是达到"伦"的"理"的伦理观与伦理方式的危机。"伦"的存在危机,"理"的"伦"认同能力危机,共同造就了西方道德哲学家所批评的那种生理上和伦理上退化的景象。退化的后果之一,是价值共识难以达成。

1. "永远只有两种观点可能"

"理"的伦理观与伦理方式的危机是什么?一言以蔽之:"理性"僭越"精神"。

黑格尔曾断言:"在考察伦理时永远只有两种观点可能:或者从实体性出发,或者原子式地进行探讨,即以单个的人为基础而逐渐提高。后一种观点是没有精神的,因为它只能做到集合并列,但是精神不是单一性的东西,而是单一物和普遍物的统一。"[①] 其中,"单一物与普遍物的统一"是"精神","集合并列"的伦理观和伦理方式是什么?黑格尔没说,但有理由相信,它所隐喻和预警的是深植于西方哲学传统并在现代性中得到极端发展的"理性"。

基于本文的主题,没有必要也不可能对"理性"与"精神"的关系展开充分的思与辨,重要的是必须指证,"理性"的伦理观和伦理方式的特质是"原子式地进行探讨",最终达到的只是原子式个人的"集合并列",而不可能是"强烈地现实的"伦理;与之对应,"精神"的本质是

---

① [德]黑格尔:《法哲学原理》,范扬、张企泰译,商务印书馆1996年版,第173页。

"从实体出发",它既承认个体"单一物",又扬弃抽象的个体性存在,希求"普遍物",实现人的"单一物"与"普遍物"的统一,进而达到"强烈地现实的""伦理性的东西"。"原子式地进行探讨"与"从实体出发"、"集合并列"与"单一物与普遍物的统一",是"理性"与"精神"两种伦理观和伦理方式的根本区别。在中国文化传统中,"精神"是一个典型的本土话语,而"理性"则是一个舶来品。在哲学意义上,"精神"具有三个基本规定:出于自然而超越自然;知行合一;个别性与普遍性的统一。由于精神出于人的自然本性又是对自然本性包括人的自然质朴性和任性的超越,因而以自由为追求和本质;思维和意志、知与行是精神的一体两面,正如黑格尔所发现的,它们不是精神的两个独立构造,而是它的两种表现形态,即认知形态和行为形态;精神以对普遍物的信念为前提,在个体性与普遍性的统一中建构合理性。由此,"精神"不仅与"理性"相区分,而且与"伦理"相通。因为,"伦理"的重心在"伦","伦"是客观性的实体或客观化了的普遍性,由"伦"而"理",即是个别存在者对"伦"的实体性和普遍性的良知。伦理的本质是基于对"伦"的"普遍物"的信念,"从实体出发",透过知行合一所达到的个别性与普遍性的统一,因而与"精神"内在同一,并与基于个体"集合并列"所达到的形式普遍性的"理性"相区分。所谓"伦理精神",即"伦理"与"精神"的合一,它意味着伦理必须也只有透过精神才能达到和实现。正因为如此,无论"伦理"还是"精神",都具有深刻的"意识形态"的意义功能并与之深切相通。

应该说,"精神"与"理性"的两种伦理观与伦理方式,不仅代表不同的文化传统,而且内在于个体生命发育史与人类文明发展史,构成伦理的两种逻辑与历史可能。个体生命发育史和人类文明发展史,因其同质性而遭遇一些共同难题:生命从母体诞生并发展自我意识之后,个体"被从家庭中揪出"、脱离家庭的原初也是直接的自然同一性诞生"社会"之后,如何铭记自己的出发点,找到一条"回家"的路?在经过个体的否定性扩张之后,如何最终回归实体的家园?这一问题的巨大现实性和深刻历史感,是不仅在生活世界而且在人的意识中,使"我"凝聚为"我们"。现代性伦理流连和执迷于个体及其意志自由,将理性极端化为理性主义,既忘记了人的原初根源的实体性,又消解了回到实体的终极信念，然而普遍性与同一性无论如何都是人及其生活不可或缺的本性。于是，"原子式地进行探讨"的"集合并列"的形式普遍性，便从黑格尔的哲学思辨成为现代性的不幸现实。市场经济不仅为这种伦理观和伦理方式提供强力推动，而且让它从"现存"误读为"合理"。作为具有中国气质的伦理观和伦理方式，这种原子主义被表达为"利益博弈""制度安排"等中国话语，在这里，"利益博弈""制度安排"既是"集合并列"的伦理逻辑，也是它的伦理期待。其结果，没有也不可能达到"单一物与普遍物统一"的伦理同一和价值共识，而是"集合并列"的原子式的"利益共谋"和"制度共存"。于是，"没精神"，便成为"中国问题"的另一表征。

2. "原子式地进行探讨"

现代中国社会"伦"之"理"的最深刻变化之一，就是"原子式地进行探讨"的"集合并列"，逐渐取代"从实体出发"的"单一物与普遍物统一"。"理性"僭越"精神"所导致的"没精神"退变已经发生并仍在继续，其集中表现便是日益发展的个人主义。调查表明，"个人主义"不仅对已经发生的伦理变化有解释力，对正在发生的伦理问题有诊断力，而且由于它依然是一种被相当一部分人坚持的价值方式，因而对未来有某种预警力。"伦"之"理"的这种哲学形态的改变或僭越，消解了社会的价值共识的伦理能力。为此，当代中国社会，不仅期待一场"伦理"保卫战，更期待一次"精神"洗礼。

根据第一次调查的信息，对于"现在人们常常对记忆中或电影作品中展示的 20 世纪 60 年代前人们简洁的人际关系、清朗的精神风貌和友好的社会风气心存怀念和向往"，有 55.2% 的受访者认为导致这种变化的主要伦理原因是"现代人过于个人主义"，高居多项选择之首。而"对我国的伦理关系和道德生活最向往或怀念的"这一选项则表现为如图 3 所示的复杂状况。

以上两个信息，表面无直接关联，但经仔细分析可发现，在对变化的伦理解释和未来的伦理愿景中表现出共同的历史情愫与伦理情结：个人主义。前一信息将"过于个人主义"作为历史蜕变的第一原因，隐含价值批评；后一信息在对未来的价值愿景中所表达的是对"自我认可"

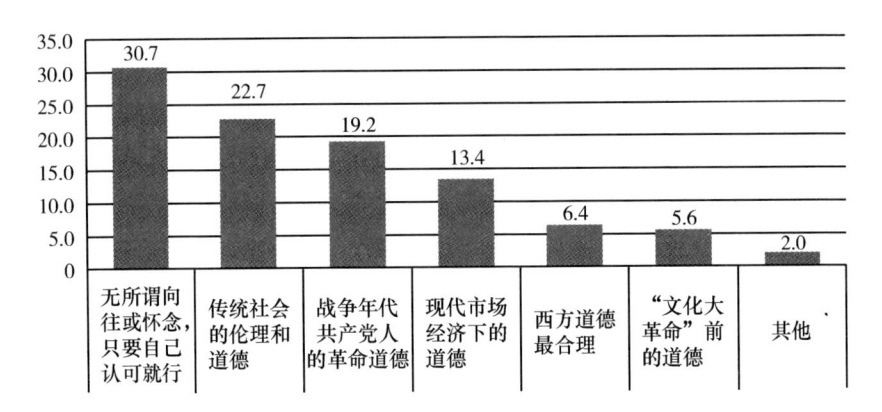

柱状图数据：
- 无所谓向往或怀念，只要自己认可就行：30.7
- 传统社会的伦理和道德：22.7
- 战争年代共产党人的革命道德：19.2
- 现代市场经济下的道德：13.4
- 西方道德最合理：6.4
- "文化大革命"前的道德：5.6
- 其他：2.0

图3　对我国的伦理关系和道德生活最向往或最怀念的选项（数据库一）（%）

的个人主义的坚持，以高达30.7%的比例高居所有选择之首。

关于伦理关系与道德生活的事实判断和问题诊断，同样指向个人主义。关于"对当前我国伦理关系和道德风尚造成最大负面影响的因素是什么？"的问题第一次调查和第三次调查数据高度一致，"市场经济导致的个人主义"在第一次调查和第三次调查中分别以55.4%、43.7%的选择率居首位。对于"造成目前人际关系紧张的主要原因"，数据库一中有65.7%的人选择"过于个人主义"，高居所有选项之首。在数据库三中，有66.2%的受访者"同意"或"完全同意"一种判断："当前我国社会中大多数人奉行的是个人至上"。这些信息，贯穿历史和现实，都指向同一个主题：个人主义。将历史变化和现实问题归责于个人主义，但在关于未来的愿景中又选择和坚持个人主义。两种似乎矛盾却高度同一的选择，演绎出一个具有很强解释力和表达力的判断：经过40年涤荡的中国，个人主义，不仅已经是、现在是，而且将来可能仍然是最具影响力的伦理观和伦理方式。

如果说，个人主义只能解释"原子式地进行探讨"的伦理方式，那么，以下信息则可以反证这种探讨的"没精神"。

关于"当前中国社会中个体道德素质存在的主要问题是什么？"三次调查的结果高度一致："有道德知识，但不见诸行动"（见表3）。

表3　　　　　当前中国社会个体道德素质存在的主要问题　　　　（%）

	有道德知识，但不见诸行动	道德上无知	既无知，也不行动	其他
数据库一	80.7	6.4	11.4	1.5
数据库二	63.2	11.6	16.3	8.9
数据库三	73.7	13.4	10.7	2.2

这一高度的问题共识，揭露出当前我国公民道德素质中的重大缺陷：知行脱节，思维和意志分离。这一问题的哲学根源和哲学诊断是："没精神"。因为，精神之谓"精神"的必要条件，就是思维与意志、知与行的统一。"精神首先是理智；理智在从感情经过表象达于思维这一发展中所经历的种种规定，就是它作为意志而产生自己的途径，而这种意志作为一般的实践精神是最靠近于理智的真理。"精神表现为理智，但意志却是它的真理。"思维和意志的区别，无非就是理论态度和实践态度的区别。它们不是两种官能，意志不过是特殊的思维方式，即把自己转为定在的那种思维，作为达到定在的冲动的那种思维。"① 意志是冲动形态的思维，精神是思维和意志的统一或理智与意志的统一。"其实，我们如果没有理智就不可能具有意志。反之，意志在自身中包含着理论的东西。"但是，二者之中，意志更具"精神"的本质，"理论的东西本质上包含于实践的东西之中"②。精神所内在的思维和意志统一的本质，在王阳明哲学中被表达为"知行合一"。"一"是什么？就是良知。王阳明以"精神"诠释良知："夫良知也，以其妙用而言，谓之神；以其流行而言，谓之气；以其凝聚而言，谓之精。"③ 良知即精、气、神的同一体。"有道德知识而不见诸行动"是典型的现代性理性主义的病症，这种脱离意志行为的抽象理性主义，在《精神现象学》中被黑格尔称为"伦理意境"或"优美灵魂"，最终命运是化为一缕轻烟，"消失得无影无踪"。

要之，"理性"的玉兔东升，"精神"的金乌西坠，当前我国伦理之

---

① ［德］黑格尔：《法哲学原理》，范扬、张企泰译，商务印书馆1996年版，第11、12页。
② ［德］黑格尔：《法哲学原理》，范扬、张企泰译，商务印书馆1996年版，第13页。
③ 王守仁：《传习录》中。

"理"正在走向"没精神"!

3. "精神"洗礼

如何摆脱千夫所指却又千夫青睐的个人主义？必须经受一场"精神"洗礼！

"精神"的本性是什么？作为一种伦理观和伦理方式，"精神"有两大特质。其一，以"单一物与普遍物的统一"为终极目标；其二，如何实现这种统一？"从实体出发！"具体地说，基于对"普遍物"的伦理认同和伦理信念，将人从个体性的自然存在提升为普遍性的伦理存在，达到"单一物与普遍物的统一"。由于精神既是理智，又是意志，"精神"的日出，必定是价值共识的喷薄。

无疑，"精神"洗礼同样是在终极价值指引下知行合一的过程。但是，饱受"原子式地进行探讨"的"理性"遮蔽，"精神"洗礼的基础性也是关键性的工程，是进行关于家庭、国家、社会的"精神"本性的理论澄明。"精神"洗礼"洗"什么？洗净理性的个人主义铅华，焕明和回归家庭精神、社会精神、国家精神或民族精神的伦理本真。

(1) 权力与财富的"精神"本性

上文已经指证，国家权力与财富是社会生活中伦理存在的现实形态，干部腐败与两极分化颠覆了生活世界中"伦"的"普遍物"的客观性，瓦解了价值共识的现实基础。于是，关于国家权力与社会财富的伦理回归，便是"精神"洗礼的第一幕。

"精神"的洗礼有待理论澄明的是：国家权力和财富因何具有公共性与普遍性，从而成为"伦"的存在？"伦"存在因何具有精神性，并继而使权力与财富从客观存在主体化为精神存在？答案很简单：国家权力和财富的价值合法性是"精神"的合法性；个体之于国家权力和财富之间关系的意识形态是精神形态；国家权力和财富的合法性危机本质上是人的精神危机。

在《精神现象学》中，黑格尔揭示了国家权力和财富的精神本质及其辩证发展。他认为，善与恶是精神的两种本质。"善是一切意识自身等同的、直接的连续不变的本质"，而恶则牺牲普遍性，"让个体在它那里意识到它们自己的个别性"。① 简言之，普遍性与个别性是善与恶两种精神本质的精髓。这两种精神本质在生活世界中分别异化或外在化为国家权力和财富。"国家权力是简单的实体，也同样是普遍的［或共同的］作品"，是简单的普遍性，因而是善。而财富的普遍性的精神本质则容易被遮蔽，因为"它既因一切人的行动和劳动而不断地形成，又因一切人的享受或消费而重新消失"。由于在财富中人们会意识到自己的个别性，因而可能是恶，不过，财富的个别性只是一种表象。"然而即使只从外表上看，也就一望而知，一个人自己享受时，他也促使一切人都得到享受，一个人劳动时，他既是为他自己也是为一切人劳动，而且一切人也都为他而劳动。因此，一个人的自为存在本来即是普遍的，自私自利只不过是一种想象的东西。"② 国家权力是人的普遍性的直接表达，其目的是使个人过普遍生活；而财富则以大众消费这种否定的方式辩证自己的普遍性，于是，国家权力和财富在本性上都自在的是一种精神性的伦理存在。

公共性与普遍性是国家权力和财富的客观本质，自我意识对它产生两种精神性的判断或关系，导致善与恶两种意识形态。"判定或认出同一性来的那种意识关系就是善，认出不同一性来的那种意识关系就是恶。"③ 两种意识形态具体化为以个体"单一物"与伦理"普遍物"之间同一性关系为根据的两种自我意识——"认定国家权力与财富都与自己同一的意识，乃是高贵意识……认定国家权力与财富这两种本质性都与自己不同的那种意识，是卑贱意识。"

认知形态的伦理必定向冲动形态发展，达到思维和意志统一的"精神"。从高贵意识中发展出一种德行："服务的英雄主义"——"它是这样一种人格，它放弃对它自己的占有和享受，它的行为和它的现实性都是为了现存权力的利益。"④ 但是，这种同一中包含着内在否定性。因为，

---

① ［德］黑格尔：《精神现象学》（下卷），贺麟、王玖兴译，商务印书馆1996年版，第45—46页。
② ［德］黑格尔：《精神现象学》（下卷），贺麟、王玖兴译，商务印书馆1996年版，第46页。
③ ［德］黑格尔：《精神现象学》（下卷），贺麟、王玖兴译，商务印书馆1996年版，第50页。
④ ［德］黑格尔：《精神现象学》（下卷），贺麟、王玖兴译，商务印书馆1996年版，第52页。

在精神的意义上,国家权力有这样的缺点,"它不仅要意识把它当作所谓公共福利来遵从,而且要意识把它当意志来遵从"。① 于是便有可能从"服务的英雄主义"蜕变为"阿谀的英雄主义",即从对公共性与普遍性的"服务",蜕变为对权力和财富的膜拜,从而使高贵意识沦为卑贱意识。而且,无论在精神世界还是在现实世界中,国家权力与财富之间都存在某种内在关联。"国家权力按其概念来说永远要变为财富",公共权力只有外化为普遍财富时才具有现实性。当国家权力丧失公共性而成为"少数人的战利品"时,就不可避免地出现权力与财富的私通,形成权力腐败和因分配不公而导致的贫富两极分化,从而出现高贵意识与卑贱意识的倒置,爆发国家权力和财富合法性的精神危机,并进而不可避免地导致现实危机。调查信息为这一立论提供了支持。"哪些因素可能影响人际关系紧张?"在多项选择中,两次调查对"社会财富分配不公,贫富差距过大"的选择都高居榜首,选择率分别占42.5%(数据库二)和18.0%(数据库三)。而在五年前的第一次调查中,这一因素处于第三位,与处于第一位的"过度个人主义"和处于第二位的"竞争激烈,利益冲突加剧"分别相差近5个和2个百分点。这一变化轨迹说明,社会财富分配不公日益成为中国社会的突出问题。

善与恶—国家权力与财富—高贵意识与卑贱意识—服务的英雄主义与阿谀的英雄主义,这就是黑格尔以思辨方式为世人复原的关于国家权力与财富的精神现象学。这种精神哲学澄明,在今天"去精神化"的生活世界中具有十分稀缺的资源意义。国家权力和财富本是社会生活中个体与实体、人的个别性与普遍性统一的现实形态和精神形态,其合法性不仅一般地具有精神内涵,而且只有透过精神才能实现。权力腐败和财富不公不仅在现实世界,而且在精神世界中摧毁个体与实体之间的这种同一性关系,不仅使现实世界中的社会和谐,而且使精神世界中诸群体成员之间的价值共识成为不可能。在干部腐败与财富不公成为最尖锐社会问题的背景下,社会成员之间价值共识生成,无疑期待一场以回归公共性与普遍性为内容的伦理保卫战。然而,可以肯定的是,这场保卫战

---

① [德]黑格尔:《精神现象学》(下卷),贺麟、王玖兴译,商务印书馆1996年版,第57页。

的最后胜利,更期待一次在主观世界中达到"单一物与普遍物统一"的酣畅淋漓的"精神"洗礼。

(2)家庭"精神"

家庭作为"一个天然的伦理的共体或社会",也以"精神"为基础和条件。"伦理是本性上普遍的东西,这种出之于自然的关联(指家庭。——引者)本质上也同样是一种精神,而且它只有作为精神本质才是伦理的。"① 家庭之为伦理实体和伦理存在,源于它的精神本质。家庭关系、爱、婚姻,作为决定家庭存在的三元素,已经澄明家庭的这一精神本质。

作为自然的伦理实体,家庭成员之间的伦理关系是也必须是"精神"关系。"因为伦理是一种本性上普遍的东西,所以家庭成员之间的伦理关系不是情感关系或爱的关系。在这里,我们似乎必须把伦理设定为个别性的家庭成员对其作为实体的家庭整体之间的关系,这样,个别家庭成员的行动和现实才能以家庭为其目的和内容。"② 家庭成员之间伦理关系的真谛是,个别性的成员与家庭整体之间的关系,其伦理合法性在于从家庭伦理实体出发。在家庭中,人的存在的本质及其自我意识的真理不是孤立的个体,而是"成员",它彰显了个别性的人与家庭整体之间的实体性关系,"家庭成员"是家庭中个体的伦理自我意识。由此,便可以理解《论语》中孔子"父为子隐,子为父隐,直在其中"之"直"之所指。"直"于何?"直"于家庭的伦理实体性,"父子相隐"的合法性是"以家庭为其目的和内容"的"从实体出发"的"精神"合法性,体现了家庭的伦理真理。

家庭之为伦理实体的最重要的精神元素是"爱",家庭以"爱"为自然规定。"爱"的本质是什么?"爱"的本质就是不独立、不孤立。"作为精神的直接实体性的家庭,以爱为其规定,而爱是精神对自身统一的感觉。""所谓爱,一般来说,就是意识到我和另一个人的统一,使我不

---

① [德]黑格尔:《精神现象学》(下卷),贺麟、王玖兴译,商务印书馆1996年版,第8页。
② [德]黑格尔:《精神现象学》(下卷),贺麟、王玖兴译,商务印书馆1996年版,第8—9页。

专为自己而孤立起来。"① 爱有两个环节：不欲成为独立的、孤单的人；在别一个人身上找到自己。借此，人才从个体性存在成为"家庭成员"的实体性存在。于是，"爱"便成为家庭伦理的最重要的"精神"环节。

婚姻是家庭存在和延续的重要条件。婚姻关系的本质是伦理关系，必须透过精神才具有合理性与合法性。黑格尔对婚姻关系做过排除性论证：既不是以原子式个人为基础的契约关系，也不是基于"激情的狂暴"，而是"具有法的意义的伦理性爱"。婚姻关系表现出强烈的"精神"气质，也需要"精神"条件的支持："当事人双方自愿同意组成为一个人，同意为那个统一体而抛弃自己自然的和单个的人格。"② 现代社会"原子式地进行探讨"的典型表现，是将婚姻关系理解为以个人任性为基础的契约关系，于是，婚姻的神圣性"被降格为按照契约相互利用的形式"（黑格尔）。这种"祛魅"的理性化理解从康德已经肇始。对婚姻的原子主义的理解和对待，在当代中国已经发展到十分严峻的地步，婚姻关系的不稳定，已经让人们有理由发出质疑：当代人还有婚姻能力吗？婚姻能力式微的背后，是伦理能力的消解，其根源是婚姻的"没精神"。当代中国的婚姻家庭已经走到必须做出严峻选择的时刻：要么走向没落，要么振奋"精神"！

（3）国家"精神"

在全球化和市场化的双重冲击下，国家尤其国家意识必须经受"精神"的深刻洗礼，才能回归伦理实体的本性。从何洗礼？"公民""群众""爱国心"等表达个体之于国家的自我意识的"精神"洗礼，是国家"精神"洗礼的首礼。

国家的根本任务不仅是产生和照顾个人的特殊利益，而且是"过普遍生活"，否则便将国家与市民社会相混同。正因为如此，国家才不可以契约化。因为国家契约论会产生这样的结果——"成为国家成员是任意的事"（黑格尔）。在国家中，个人精神地成长为"公民"。"公民"的要义是"公"，即分享、获得并体现国家伦理普遍性之"公"的"民"，是达到个人的"单一物"与国家的"普遍物"统一的体现民族精神的伦理

---

① ［德］黑格尔：《法哲学原理》，范扬、张企泰译，商务印书馆1996年版，第175页。
② ［德］黑格尔：《法哲学原理》，范扬、张企泰译，商务印书馆1996年版，第177页。

性存在。因此,"公民"意识就是民族精神的自觉显现。"作为现实的实体,这种精神是一个民族,作为现实的意识,它是民族的公民。"① 将人从个体性自然存在,提升为"精神"性的"公民",正是国家的力量之所在。"国家的力量在于它的普遍的最终目的和个人的特殊利益的统一,即个人对国家尽多少义务,同时也就享有多少权利。"② 由此达到和建构真正的合理性。③

个人相对于国家的另一自我意识是所谓"群众"。"群众"既是国家之于个体的伦理认同,也是个体的"精神"权利。"构成群众的个人本身是精神的存在物。"④ "群众"成为"精神存在物",或群众之为"群众",必须具备两个条件:既认识个体并希求个体的单一性,又认识实体并希求实体的普遍性。由此,个人就获得两种权利:"无论作为个别的人还是作为实体的人都是现实的。"⑤ 这两种权利都是"精神"的权利,"群众"的现实性是精神的现实性。如果偏执于第一个条件或第一种权利,"群众"将因丧失精神聚合力而沦为"乌合之众"。

在国家生活中,个体与国家的精神关联是所谓"爱国心"。黑格尔将"爱国心"诠释为"政治情绪",它既是从真理中获得的信念,也是成为习惯的意向。"爱国心"既是一种信任,也是这样一种意识:"我的实体性的和特殊的利益包含和保存在把我当作单个的人来对待的他物(这里就是国家)的利益和目的中,因此这个他物对我来说就根本不是他物。我有了这种意识就自由了。"⑥ 爱国心是国家生活中基于个人利益和国家利益统一的信任和信念的自由意识,其本质不只是作出非常行动和非常

---

① [德]黑格尔:《精神现象学》(下卷),贺麟、王玖兴译,商务印书馆1996年版,第7页。
② [德]黑格尔:《法哲学原理》,范扬、张企泰译,商务印书馆1996年版,第261页。
③ 黑格尔这样诠释"合理性":"抽象地说,合理性一般是普遍性和单一性相互渗透的统一。具体地说,这里合理性按其内容是客观自由(即普遍的实体性意志)与主观自由(即个人知识和他追求特殊目的的意志)两者的统一。因此,合理性按其形式就是根据被思考的即普遍的规律和原则而规定自己的行动。这个理念乃是精神绝对永久和必然的存在。"([德]黑格尔:《法哲学原理》,范扬、张企泰译,第254页。)
④ [德]黑格尔:《法哲学原理》,范扬、张企泰译,商务印书馆1996年版,第265页。
⑤ [德]黑格尔:《法哲学原理》,范扬、张企泰译,商务印书馆1996年版,第265页。
⑥ [德]黑格尔:《法哲学原理》,范扬、张企泰译,商务印书馆1996年版,第267页。

牺牲的志愿,而是一种"从实体出发"的"单一物与普遍物统一"的"精神"。"本质上它是一种情绪,这种情绪在通常情况和日常生活关系中,惯于把共同体看作实体性的基础和目的。"① 调查显示,当前我国社会公民的爱国心已经得到提高。在回答"假如你的上司或老板是外国人,他侮辱了中国,但抗争会产生不利于自己的后果,你会选择何种行动"的问题时,第一次调查和第三次调查中来自江苏省的信息,"当面抗议"的选择率从 72.4% 提高到了 76.1%,但第二次调查的选择率只有55.7%,沉默率从第一次调查的 10.4% 上升到了 19.1%,表现出国家意识与文化水平、生活水平之间的深度关联,它表明,在当前我国爱国主义精神的启蒙中,必须透过社会改革和意识形态努力,着力关注低文化、低收入群体的"爱国心"的"政治情绪"。②

"公民""群众""爱国心",这些理念诠释和表征的是国家作为现实的伦理实体的"精神"本性。基于"原子式地进行探讨"的"集合并列",由于"没精神",往往从个人利益和基于特殊意志(而不是普遍意志)的契约理解国家,或者依据偶然事件和国家一时的贫富强弱认识和对待国家,这些理性主义的把握方式,被黑格尔称为"无教养"。无什么"教养"? 无"精神"教养! 也许,正因为缺少关于国家的这种"精神教养",当代中国社会才出现那种经济精英和知识精英"集体大逃亡"的怪象。由此,也反证当代中国社会国家伦理和国家生活中"精神"洗礼的必要性。

综上所述,精神、伦理、价值共识之间到底何种关系?"精神"洗礼到底如何裨益伦理并推进价值共识? 也许,黑格尔富有慧见的哲学思辨同样有助于对这些问题的形上洞察:"活的伦理世界就是在其真理性中的精神。""当它处于直接的真理性状态时,精神乃是一个民族——这个个体是一个世界——的伦理生活。""作为实体,精神是坚定的正当的自身

---

① [德]黑格尔:《法哲学原理》,范扬、张企泰译,商务印书馆 1996 年版,第 267 页。
② 在第一次的综合调查中,对来自江苏省和来自广西、新疆等其他省(区)的信息做了一个比较数据库,第三次调查只是在江苏,因而两次来自江苏的信息具有直接的可比性。第二次调查在全国 28 个省市呈正态分布,与一组、三组数据之间的差异在一定意义上可以体现文化与生活水平的影响。

同一性"。① 精神与伦理、民族内在地统一，它所追求和建构的是不但"坚定"而且"正当"的自身同一性。这便是"精神"洗礼之于伦理、之于价值共识、之于民族国家发展的文化密码。

四 "价值"何以合法？期待一种"还家"的努力

以上探讨逻辑地得出的结论是：如何"共"？"共"于"伦理"；如何"识"？"精神"地"识"，"伦理精神"生成和奠基"价值""共识"。必须继续探讨的问题是："共识"何以合法？回答是：在"还家"即回归精神家园中合法。

显然，"伦理"与"精神"，及其生成的"伦理精神"，本身并不只是甚至不就是价值共识，而是对价值共识的生成具有方法论和基础性意义的构造。"伦理"为价值共识提供"我"成为"我们"的"伦"的"普遍物"；"精神"为价值共识提供达到"单一物与普遍物统一"的"伦"之"理"的认同方式；"伦理"与"精神"的哲学同一性及其生成的"伦理精神"，赋予"共识"坚定而可靠的"价值"基础和方法论意义。

"伦理精神"之于价值共识的意义，并不只是理论上的形上思辨，而是具有深厚的历史哲学根据，并且本身就是当前我国社会已经趋于达成的"价值共识"。具体地说，其一，"伦理"与"精神"是中国民族和中国文化最深厚也是最具标识性的传统，不仅具有传统的合法性，而且是多元多变时代建构合法性的最重要基础；其二，优秀传统文化、伦理道德的基本原则两个要素，已经是社会大众认同的达成价值共识的"共识"；其三，"伦理精神"的回归，本质上是多元多变时代建立价值合法性的一种努力。于是，在多元多变的时代，价值共识之"价值"如何具有合法性？便期待一种返还"家乡"的努力——还传统之"家"！还伦理之"乡"！

---

① [德] 黑格尔：《精神现象学》（下卷），贺麟、王玖兴译，商务印书馆1996年版，第4、2页。

1. 作为中国传统的"伦理"与"精神"

学术界业已达成的共识是：中国文化是一种伦理型文化。有待推进的是：作为与西方宗教型文化相对应，并且在五千年文明进展中绵延不断的文化形态，"伦理型文化"的深刻文明意义，绝不只是中国民族对伦理的选择及其所培育的入世意向，也许以"文明生态"和"文化自足"的理念更易发现伦理型文化中"伦理"的意义。

任何一个发育相对成熟的文明都是一个生态，诸文化要素及其形态对这个民族的生命和生活，以及个体在其中的安身立命相对自给自足，否则这个民族便难以生存和发展。据此，如果我们发现一个成熟的文明生态中并不具备其他文明生态中的某个重要因子，尤其是那些具有基础性和标识性的因子，那么只能假设，在这个文明生态中一定存在某种文化替代。伦理与宗教之于中西方文明便是如此。中国文明具有强大的伦理，便不需要西方那样强大的宗教；同样地，西方文明有强大的宗教，便不需要中国这样强大的伦理。根本原因在于：伦理与宗教在中西方文明体系中具有相通的文化功能，履行相似的文化使命。这一解释的意义在于：在中国文明生态中，伦理绝不只是指向一种价值、一种关怀，而是如西方文化的宗教那样，指向终极价值、终极关怀。同样，伦理也绝不只是一种同一性，而是像宗教在西方文明中那样，具有终极同一性的意义功能。正因为如此，西方文化的终极忧患是："如果没有上帝，世界将会怎样？"中国文化的终极忧患是："世风日下，人心不古！"世风、人心是同一性的客观与主观形态，分别对应着客观伦理与主观道德，而"风"与"古"则表征社会同一性与传统合法性。中国民族对伦理的忧患，与西方民族对宗教的忧患，具有同等的文化意义。

问题在于：这种伦理型的文化传统在今天的中国是否仍然存在？传统之谓"传统"，必须具备三个要素：历史上发生的、一以贯之的、今天仍然存活并发挥作用的。如果只是历史上发生而当下并不具有现实性，那只是文化遗存或文化遗产，而不是文化传统。传统之为传统，不仅是历史的，而且是鲜活的。调查表明，今天的中国，虽然在伦理道德方面发生了巨大而深刻的变化，但伦理型文化没有发生根本改变。

在问及"若遭遇利益冲突，如名誉、利益受侵害首先的行为反应"

结语 中国社会大众价值共识的意识形态期待 937

的问题时,选择"直接找对方沟通"或"通过第三方沟通"的受访者高达80.0%(见图4)。可见,伦理手段仍是处理人际关系的首选;当今的中国文化,依然是伦理型文化。

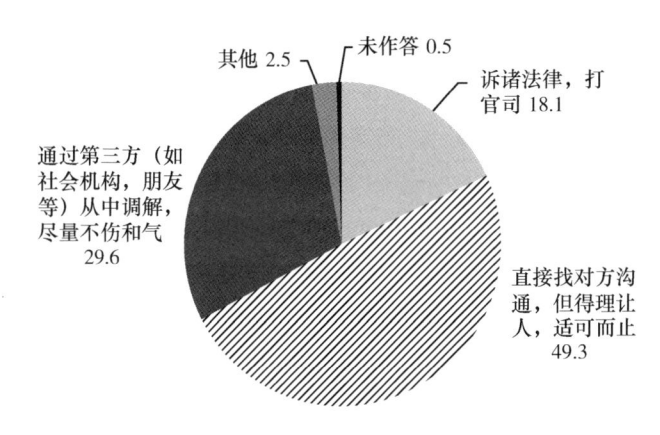

图4 若遭遇利益冲突,首先的行为反应(数据库一)(%)

其他 2.5
未作答 0.5
诉诸法律,打官司 18.1
通过第三方(如社会机构,朋友等)从中调解,尽量不伤和气 29.6
直接找对方沟通,但得理让人,适可而止 49.3

第二次调查和第三次调查以更为详细的信息证明了这一判断。关于"如果与家庭成员、朋友、同事、商业伙伴之间发生利益冲突,你会选择哪种途径解决?"的问题两个数据库中的信息完全一致:处理家庭成员、朋友、同事之间利益冲突的首选都是"直接找对方沟通,但得理让人,适可而止",如果加上"找第三方沟通,尽量不伤和气",和"能忍则忍",伦理性的选择近乎占全部,只有在处理与商业伙伴之间的利益冲突时,首选才是"诉诸法律,打官司"。而且,两次调查的数据大多十分接近甚至完全相同。它说明,中国传统的伦理型文化没有变,只是在某些方面增加了法律的元素(见表4)。

表4　　　　　　如果发生利益冲突,选择的解决途径　　　　　　(%)

	直接找对方沟通,得理让人,适可而止	通过第三方从中调解,尽量不伤和气	诉诸法律,打官司	能忍则忍
家庭成员之间	53.9(二) 58.3(三)	8.6(二) 9.6(三)	0.6(二) 0.6(三)	33.6(二) 31.5(三)
朋友之间	49.8(二) 49.8(三)	23.4(二) 29.1(三)	1.2(二) 2.6(三)	22.4(二) 18.5(三)

续表

	直接找对方沟通，得理让人，适可而止	通过第三方从中调解，尽量不伤和气	诉诸法律，打官司	能忍则忍
同事之间	37.0（二） 46.2（三）	23.4（二） 27.8（三）	2.1（二） 2.2（三）	15.7（二） 23.9（三）
商业伙伴之间	18.2（二） 24.6（三）	15.6（二） 15.9（三）	21.2（二） 50.0（三）	5.9（二） 9.5（三）

注：表中（二）（三）分别指"数据库二""数据库三"。

如前所述，"精神"是代表中国文化传统的标志性概念。今天中国文化的"精神"传统虽然受到西方理性主义的强烈冲击，但不可否认，在中国文化中，"理性"完全是一个舶来品，它在中国的移植只是五四运动以后，当今"民族精神"等理念凸显在一定程度上标示着对这一传统的自觉和承续。在上文所引证的王阳明对"精神"的"良知"诠释中，已经潜藏其真谛。"以其凝聚而言谓之精"，何种凝聚？"普遍物"之凝聚，谓"伦"的普遍物之"精"；"以其灵明而言谓之神"，因何"神"？人的个别性的"单一物"对"伦"的"普遍物"的知觉灵明，是个别性的人的"单一物"对"伦"的"普遍物"的知觉灵明、"理一分殊"之"神"；何为"气"？使"伦"的普遍物也使个体对"伦"的普遍物的知觉灵明外化为现实，成为行为与风尚，"气化流行"是也。于是，"良知"即"精神"，即"知行合一"。附会而言，"精"是"一"，"神"是"知"，而"气"即"行"——既是行动，也是流行，是通过行动达到的社会同一性。以其言之，"精神"传统与"理性"传统的根本区别之一，是对"普遍物"的终极预设及其神圣性的承认，以及个体性人的"单一物"与"伦"的"普遍物"的灵通合一。也许正因为如此，西方哲学家把"精神"理解为"包含着人类整个心灵与道德的存在"，甚至"较近于神学"。[①]

2. 价值共识生成的"元文化"或"元共识"

在多元多变的时代，到底哪些元素堪当中国社会价值共识的文化承

---

① 参见黑格尔《历史哲学》，英译者序言，王造时译，上海书店出版社1999年版。

载？如果发现对价值共识生成具有基因意义的那些文化载体，也许就可以发现当今中国社会价值共识生成的基本规律。

价值共识的文化载体，绝不只是一个抽象的概念思辨，因为这些文化载体本身已经是表达着多元多变的大众意识形态中的价值共识，是价值共识的现实。由于这些文化元素可能生成和承载其他共识，因而是在大众价值取向和意识形态中已经存在的"元文化"或"元共识"。第一次调查提供的以下两个信息表明，在大众意识形态中，这种"元文化"或"元共识"已经存在（见图5、图6）。

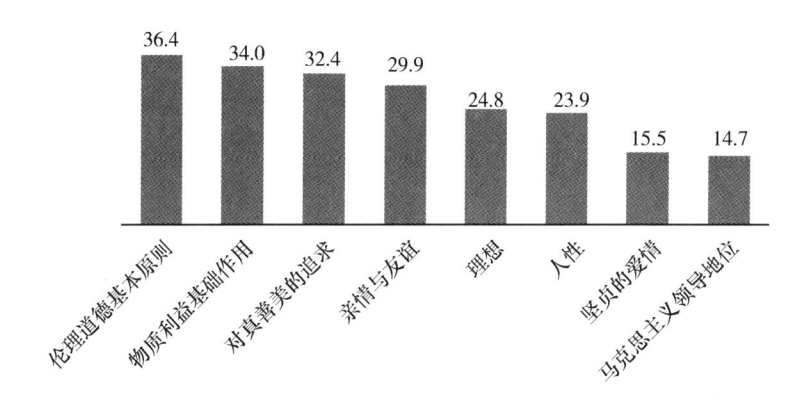

伦理道德基本原则 36.4
物质利益基础作用 34.0
对真善美的追求 32.4
亲情与友谊 29.9
理想 24.8
人性 23.9
坚贞的爱情 15.5
马克思主义领导地位 14.7

图5 多元多样多变的文化中有哪些因素持久不变或变化相对较少（%）

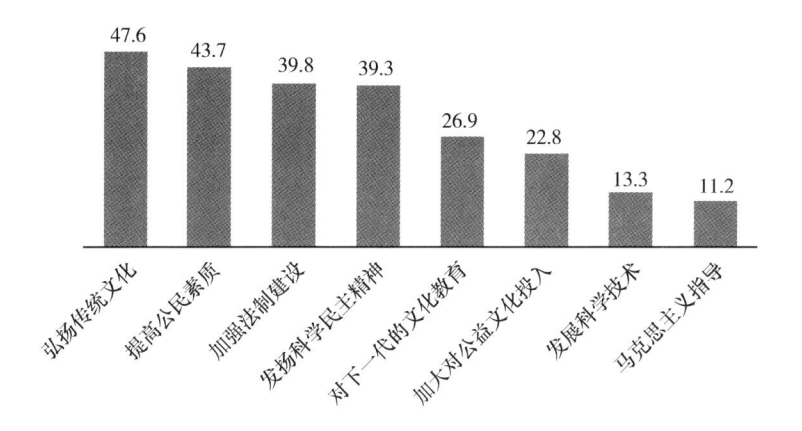

弘扬传统文化 47.6
提高公民素质 43.7
加强法制建设 39.8
发扬科学民主精神 39.3
对下一代的文化教育 26.9
加大对公益文化投入 22.8
发展科学技术 13.3
马克思主义指导 11.2

图6 当前加强文化建设应当优先重视哪些方面的因素（%）

它们显示，伦理道德被认为是多元多变文化中的"多"中之"一"、"变"中之"不变"，其选择率高于"物质利益的基础作用""对真善美的追求""亲情和友谊"。这既有力佐证了中国文化依然是伦理型文化；更直接指证了伦理道德是多元多样多变的时代建立价值共识的最重要的文化元素。由此可以推论，伦理道德承载或具有一种特殊的文化使命和文化本性：是多元多样多变的文化中的"元共识"。

然而，伦理道德毕竟只是文化生态中的一个因子，在多元多样多变的时代，重建价值共识中到底何种努力最重要？"弘扬传统文化"高居关于当今文化建设的所有选项之首，高于"提高公民素质""发扬科学与民主精神""加强法制建设"等因子。由此，传统文化可以被认为是多元多样多变文化中的"元文化"。这一结果正好反证了哈贝马斯所谓"合法化危机"理论。哈贝马斯认为，现代性文化的重要病症在于，传统被过度解构，难以透过教育建构人的思想行为的合法性，因而陷入合法化危机之中。[①] 由此引申出的结论是：当代中国社会价值共识的生成，必须透过传统建构合法性。第二次调查和第三次调查的信息再次为这一推论提供了支持。关于"你认为当前我国社会道德生活中最重要的元素是什么？"的问题"中国传统道德"以 61.8% 和 46.8% 的比例高居所有选择之首。必须说明的是，这里的"最重要元素"并不是事实判断，而是价值判断，其意是说"中国传统道德"应该是"最重要元素"。几次调查的差异也可以由此获得解释。"你认为对当前我国伦理关系和道德风尚造成最大负面影响的因素是什么？"在多项选择中，"传统文化的崩坏"以 33.1% 的选择率居首位，而在五年前的第一次调查中居首位的"市场经济导致的个人主义"则以 28.2% 的选择率下降为第二影响因子，应该说，这是全民共识中的很大变化，既表征市场经济的进步，更是对传统文化价值的新发现。

可以假设，伦理道德的元共识、传统的元文化，构成当前我国社会价值共识坐标系中纵横两个坐标轴。然而，在社会大众的价值取向和意识形态选择中，伦理道德和文化传统到底如何结合？它们如何生成和表达价值共识？调查信息呈现了当前我国大众意识形态演进的另一特点和

[①] 参见哈贝马斯《合法化危机》，刘北成、曹卫东译，上海人民出版社 2009 年版。

规律。

第一次调查关于"新五伦"的信息显示出，当代中国社会被认为十分重要的五种伦理关系依次为：父母子女（93.8%）、夫妇（78.4%）、兄弟姐妹（63.5%）、同事或同学（47.1%）、朋友（43.5%）。与传统"五伦"① 相比，只有一伦发生了变化，即以君臣为表征的个人与国家的关系，置换为社会性的同事同学关系。第二次和第三次调查在"不变"中发现了"变"，两次调查的排序都是：父母子女、夫妇、兄弟姐妹、个人与国家、朋友，第一次调查中的"同事或同学关系"被"个人与国家关系"所取代，位于第四。无论如何，"五伦"的基础即家族本位的取向没变，五伦的结构原理乃至排序没变，依然是"人伦本于天伦"，充分显示了现代中国社会中传统的力量。

不过，三次调查都表明，伦理与道德之间出现了文化走向方面的不平衡。第一次调查显示，当前我国社会十分重要的五种德性依次为：爱（78.2%）、诚信（72.0%）、责任（69.4%）、正义（52.0%）、宽容（47.8%）。第三次调查通过排序加权，结果是：爱、责任、诚信、正义、宽容。两次调查，除"责任"与"诚信"两个德目的地位发生转换外，要素乃至排序完全一致。与传统的仁、义、礼、智、信"五常"相比，"新五常"中，只有"爱"和"诚信"勉强归之于传统，其他三德，责任、正义、宽容，都是现代元素。由此，便可以描绘当代中国社会伦理与道德的不同演进轨迹——伦理上仍守望传统，但道德上已经基本解构了传统而走向现代，伦理与道德的变化趋势呈现反向运动。

可以说，"新五伦"和"新五常"是当今中国社会十分重要的价值共识之一，它奠定了伦理型文化中社会价值共识的最基本的文化内核，体现了伦理与道德在现代中国社会中不同的特殊发展规律。伦理与道德的不同演进轨迹，不仅对前文相关立论有解释力，而且对价值共识的展望有表达力。其一，它可以佐证第一部分关于"'共'于'伦理'"的立论——在中国大众意识形态的认知与期待中，伦理最能承载传统，也最能凝聚个体的多元价值，不仅是"变"中之"不变"，而且托载和化育"多"中之"一"；其二，它可以支持第二部分关于"'精神'地'识'"

---

① 传统"五伦"即父子、君臣、夫妇、兄弟、朋友。

的假设——在伦理与道德之间，道德因其对抽象的普遍规则和个体意志自由追求的特点，具有主观性，也较为易变，而伦理因其与"精神"的直接同一，更具客观普遍性，并对个体"单一物"具有更强大的同一性文化功能。

要之，伦理与传统，因其在文明本性、因其在当代中国人的价值取向与意识形态期待中的深度契合，构成多元多变时代中国社会大众价值共识生成的两个具有基因意义的文化元素。伦理是多元价值中的"元价值"，传统是多元文化中的"元文化"。在多元多变的时空维度中，它们分别成为具有多元凝聚力和历史绵延力的两大文化元素，是价值共识的纵横两轴，具有托载和化育价值共识的意识形态意义。

3. 谁引领"共识"？

伦理凝聚共识，传统承载共识。然而，无论如何，"共识"有待发现和凝练。于是引出合法性的另一问题：在当代中国社会，到底谁引领"共识"？用意识形态的话语表述是，到底谁掌握话语权力？

调查发现，由于官员腐败和分配不公所引发的伦理存在的难题，当代中国社会正陷入话语主体失落的危机之中。突出的表现是：在政治、文化、经济三大领域分别掌握话语权力的三大主体，恰恰是伦理道德上不被满意的群体。

关于"你对什么人在伦理道德方面最不满意？"的问题第一次调查中多项选择的结果依次为：政府官员（74.8%）、演艺娱乐圈（48.6%）、企业家（33.7%）。第二次调查和第三次调查采用不同的问题式，试图发现当今中国社会对于各类群体的满意度与不满意度（见表5）。

表5　　　　　伦理道德状况"不满意度"高的三大群体　　　　　（%）

	第一位	第二位	第三位
数据库二	政府官员 48.9	企业家 23.2；商人 30.7	演艺娱乐圈 25.6
数据库三	政府官员 54.6	演艺娱乐圈 54.8	企业家 46.5；商人 46.4

这两次调查将"企业家"与"商人"作了区分，但由于二者之间在

大众认知中事实上有很大的交叉重叠，因而以选其高限为宜。结果显示，政府官员、演艺娱乐圈、企业家或商人，在伦理道德上依然是不被满意的群体。区别仅仅是在数据库二中企业家与演艺娱乐圈的位序发生了置换。"不信任群体"是当今中国社会最值得注意的另一个"问题共识"，其不可避免的后果是：由信任危机而导致的话语权的失落。

在话语权力失落的背景下，到底谁对人们的思想行为发挥着重要影响？在第一次调查中，江苏、新疆、广西三省（区）两次调查，2400份问卷，结论高度一致：知识精英（见图7）。然而，另一信息又对这个结论提出质疑：知识精英不仅"不了解现实"，而且缺乏充当思想领袖的自我意识和意识形态抱负。在这种情况下，知识精英成为思想行为的第一影响力主体，与其说是现实，不如说是期待。①

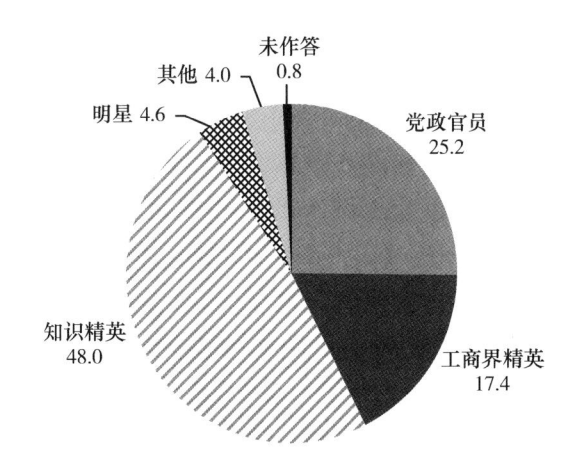

未作答 0.8
其他 4.0
明星 4.6
党政官员 25.2
知识精英 48.0
工商界精英 17.4

图7　对思想行为影响较大的群体"（数据库一）（%）

信任危机，思想领袖缺场，使中国大众意识形态面临巨大的文化风险。关于"当党中央宣传与国外思潮发生矛盾时，你相信谁正确？"的问题在多项选择中，五年前第一次调查的信息令人震惊：有64.0%的企业

---

① 综合三次调查，文化程度越高，受知识精英的影响越大。第二、三次调查发现，在人生过程和日常生活中，父母和教师分别是居前两位的影响力群体，而知识精英与政府官员则在两次调查中分别处于第三位。第一次调查的结果，与调查对象的受教育程度远高于第二、三次调查密切相关。

群体、61.0%的公务员、44.0%的农民,选择"相信国外正确"。① 情势之严峻,已经可能影响国家的意识形态安全。但是,五年后的第三次调查的结果发生了根本性变化。"当国外报道与主流媒体宣传内容不一致,你更倾向于相信哪方?"有54.8%的受访者选择"相信主流媒体",有24.5%的选择"自己判断",只有7.9%的选择"国外报道"。这一深刻变化表征着,近年来的社会改革和国家意识形态努力已经收到很大成效,价值共识生成的客观条件日益具备。如何进一步推进?可能的选择是:回归伦理道德与文化精神的"家园"!一方面,政府官员、演艺娱乐圈、企业家,尤其是政府官员,要通过自己的伦理道德努力,重建社会信任,也给社会以文化信心;另一方面,知识精英对自己的文明使命要有一种集体自觉,有抱负通过走进时代、走进社会,让自己有能力担当思想领袖的使命,以此回馈和响应社会厚望。知识精英作为文化承荷者和承继者,注定要被历史地寄托引领价值共识的大众意识形态文化期待。无论如何,传统的"家"与伦理的"乡",同样是解决价值共识生成中话语主体合法性问题的两个可能的关键元素。

五 结语:"后意识形态时代"的"意识形态方式"

综上所述,可以得出关于当前我国社会大众意识形态领域"价值共识"的三个结论:"共"于"伦理";"精神"地"识";在民族文化的生命"传统"中合法。由此,凝结为三个理念——保卫伦理;蓬勃"精神";回归家园。

经过全球化的欧风美雨和市场经济的涤荡,中国社会大众已经形成以"坚持—"调整"—"包容"为主题的意识形态观,意识形态不应该也不可能终结,是业已达成的基本价值共识,这一共识已经为当代中国大众意识形态建构提供了最重要的基础。但是,必须清醒地看到,中国和世界已经发生了深刻变化,而且必将继续变化,一个"后意识形态时代"已经到来。面对这种变化,在业已生成的意识形态观的价值共识的

---

① 该数据为本人作为首席专家的江苏省重大项目团队中其他同人调查的结果。

基础上，必须确立"意识形态方式"的自觉理念，能动地推进"意识形态方式"的"调整"和变革。① 也许，本文所发现和揭示的"伦理""精神""传统"，将是新的"意识形态方式"的可能元素，在某种意义上可以裨益当前我国社会建构大众意识形态的"共"与"识"及其"价值"合法性。当然，这一切只是可能。可能意味着未发生，正如一位哲人所说，没有发生的事情是不可预料的，因为没有发生本身就意味着无限可能。

（樊 浩）

---

① 关于"意识形态观""意识形态方式"的理念，参见拙文《"后意识形态时代"精神世界的"中国问题"》，载《中国社会科学学术前沿（2008—2009）》，社会科学文献出版社2009年版。

后记　数字写春秋

纤弱婉约而又婀娜多姿的数字从现身于茫茫宇宙的那一刻起，便携带着太多的神奇密码。10个阿拉伯数字仅用了前七个，配上某些标识抑扬顿错的符号，呆板的信息立马好似被赋予上帝所吹的那口灵气而成为变幻无穷的音乐，人们对数字如此信赖和崇拜，据说寻找外星人最重要的地球符号便是数字。不过，数字的灵性来自人的意义赋予，无穷魅力在于其排列组合所表征的那个或隐或显的大千世界。呈现于眼前的这个偌大的数据库是由图或表组合的数字王国，特异之处在于，它以伦理道德为主人，演绎着一个可道而又不可道的精神的王国，背后透迤的是40年改革开放激荡在精神世界苍穹所写意的春秋诗篇。这是一个数字呈现的火红时代的精神春秋，当然也包括呈现它的学者及其团队拔节成长的生命春秋。数字写春秋，既是它的主题，也是创造它的主人们的宏愿，只是无论春江水暖，还是秋意阑珊，都期待一次灵魂的缠绵。

40年改革开放，留下的不只是被某些固守帝国心态的西方人视为"威胁"的经济奇迹，更有一个跌宕起伏的精神世界，只是这个世界因其静水流深而难以触摸，更由于这个世界是由无数星辰构成的浩瀚宇宙，没有博大的视界和具有穿透力的思想难以发现其一泻千里的银河和作为宇宙星标的北斗。"四十而不惑"，改革开放已经达到不惑之境，对它的认知和呈现能否"不惑"，如何"不惑"，这不仅对我们的学术能力，也是对我们学术抱负的一种考验。为了迈向"不惑"，十年前，在改革开放的"而立"之年，我们东南大学的伦理学团队便开启"而立"之行，学部通过大规模全国调查，描绘和演绎这个时代伦理道德发展的精神史。历史机遇让我们在漫游思辨王国的同时打开了数字世界的大门，我们决心以最具确定性的数字写意最不具确定性的精神。这是一个浩大枯燥而又考量耐力的艰苦工程,因为每一次调查不仅是一次伦理关系与道德生活的精神体检,而且只有通过多次调查所获得的大数据的链接,才能触摸精神世界脉动的旋律。马克思说,伦理道德是物质生活条件的反映;黑格尔说,伦理道德是绝对精神的客观形态,家庭、社会和国家都是它的外化。伦理道德到底是物质世界的追随者还是生活世界的创造者?我们决定通过数字倾听和体验这一来自两个世界的天籁之音。伴随着改革开放,伦理道德到底是"滑坡""爬坡",还是"永远在路上"?数字向我们展示了被激扬的社会情绪的不息旋律,也展示了经过反思的理性乐章,更有潜藏于高亢情绪和深沉理性背后的那种"天不变道亦不变"的伦理型文化的本能和基因。它让我们坚定了一种追求和抱负,至少坚定了一种信念:以数字展现这个伟大时代到达不惑之境的伦理道德的精神世界及其成长历史,为民族精神发展提供集体记忆力;为学术研究提供客观依据;为党和政府治国理政提供科学信息。

历史是人类以生命成长踏成的康庄大道。在这条大道上,有人欢马蹄的缤纷,有对身后足迹的眷念,更有一往无前通向远方的行进。黑格尔将历史分为三种,记事的历史,反省的历史,精神的历史,其中只有精神的历史才具有哲学意义。黑格尔的历史观当然具有绝对精神的偏见,但三种历史的自觉确实具有启发意义。这皇皇数十卷的数据库不仅对改革开放40年的伦理道德发展具有记事意义,借此可以对中国伦理道德发展进行历史反思,而且由它们所构成的信息链和数据流既呈现改革开放40年的风貌,从中也可以透视整个中国伦理道德发展的精神哲学规律,因而具有深刻的精神史意义,当然,由"记事的历史"向"反省的历史"和"精神的历史"的不断提升,期待学术发现和学术慧见。这个数据库呈现的不仅是改革开放40年伦理道德发展的春秋史,它的建构过程,也是我们这个团队在改革开放中成长的春秋史。三轮全国调查、四轮江苏调查,从2007年到2017年,十年生命节律不仅呈现出改革开放从"三十而立"到"四十而不惑"的伦理道德的发展史,而且也呈现出东南大学伦理学团队和社会学团队,以及与之相关的其他学术团队,从对中国伦理道德国情包括对调查研究方法从无知到知,从知之不多到走向专业化的成长之路。在学术和学科成长的过程中,如果说2007年伦理学团队展开的全国和江苏调查是少年期，2013 年伦理学与社会学团队会合而进行的大调查是青春期，那么 2017 年的大调查便是成熟期，标志着我们的伦理道德国情研究跟随改革开放同步进入"不惑"之境，其间 2015 年道德发展高端智库和道德发展研究院的成立，是由青春期的躁动走向"不惑"期成熟的标志。在这个过程中，不仅伦理学与社会学的整合、东南大学与中国人民大学、北京大学等专业调查组织的合作显现出学科发展的改革与开放的气派，而且思辨研究和实证研究的深度切合，宣示了追求"顶天立地"的"不惑"，并由此迈向"知天命"即履行自己的学术天命的学术征程。

也许有人认为，我们的持续大调查和建立数据库的努力，暗合了当今人文科学的社会科学化及其走向应用的国际趋势。坦率地说，每每听到这类评价，我总是保持高度的警惕和紧张。不错，大数据的建立和运用是当今包括人文科学在内的一切科学发展的重要趋势，国际顶尖的学术机构如哈佛大学的人文科学研究，借助社会科学方法的移植也确实取得了某些突破性进展，但人文科学的"社会科学化"确实必须警惕，两种学科之间的区分，不仅是数据的运用，更重要的是理想主义与现实主义两种不同取向，如果失去理想主义，失去意义世界建构的追求，人文科学最终将因"还俗"而失去自身，当今人文科学研究和人的精神世界"祛魅"的现代病，与人文科学被"化"或社会科学对人文科学的僭越存在深刻关联。西方世界运用数学和数据分析的方法进行学术研究尤其在经济学等领域的主导地位，赋予其以很强的科学性与客观性，但其潜在的问题也已经被发现，经济学领域对人的经济行为的非经济分析已经预示一种新智慧。与之相关的另一种"社会科学化"是所谓"应用研究"。与社会科学相比，人文科学在相当程度上指向人的精神世界，其价值是"以无用求大用"。当然，人文科学也应当并且必须服务于国家重大需求，但直接而过度的应用取向同样会使人文科学难以完成自己的学术天命。在这个西方学术掌控话语权与评价权的时代，学术研究的方法和取向很容易以西方学术趋势为趋势，然而事实已经证明，西方学术已经面临难题，甚至正遭遇危机。2010 年我在伦敦国王学院做访问教授时，曾对大英图书馆和伦敦国王学院图书馆的伦理学藏书做过一次比较全面的检索，试图发现和描绘西方伦理学发展的趋势。结果令我惊讶不已，自 20 世纪

70年代以来，西方伦理学确实发生走向应用的重大转向，其中20世纪90年代和21世纪初是一个重要拐点，所有藏书中经济伦理、商务伦理、法伦理、伦理心理学等应用类藏书大幅度增加，与之相反，理论研究与历史研究的著作逐年减少，并且越来越少。图书馆折射的不仅是藏书，而且是知识生产的状况。这一特点确实是西方趋势，但现实的并不是合理的，它表明，西方学术研究发展已经形成一个断裂带甚至走到悬崖边，宏大高远的理论研究和理论建构，让位于就事论事的问题研究，长此以往，不仅对文化传承和学术发展，而且对人的精神世界及其完整性将产生深远影响。面对这一"西方趋向"，我们的选择不是跟风，而是保持一份清醒和警惕，以一种学术创新和学术自信宣告：在西方学术的断裂处，我们来了！应该说，这是中国学术发展的一次真正走向世界和赢得话语权的机遇，关键在于，我们是否有足够的卓识和担当。

为此，无论在建立数据库，还是运用数据库进行研究的过程中，我们都有一份学术清醒，将"热点"和"前沿"分开，将思辨研究和实证研究紧密结合在一起。我们的努力不只是通过数据链和信息流发现和揭示伦理道德发展的事实，更不只是追随"热点"，而是由此寻找和追踪伦理道德发展的前沿，进行前沿性的理论研究和现实研究。我们追求的境界是"顶天立地"，"顶天"即尖端性的理论研究，"立地"即扎实而科学的调查研究，然而理论研究与现实研究、"顶天"与"立地"并不是两个过程，因为前沿和尖端并不存在于理论演绎中，甚至并不只存在于对以往研究的文献综述中，而是存在于现实里，存在于生活世界中。这就是数据的意义，也是我们调查研究和建立数据库的意义。通过调查研究和数据分析，做出新发现新解释，甚至发出具有诊断意义的预警，由此进行前沿性的理论研究和理论建构，这就是我们进行调查研究和建立数据库的学术追求。这种独特追求的要义就是：在这个不断变化的世界和不断推进的学术发展中，谱写自己的学术春秋。

演绎改革开放40年伦理道德发展的精神史的春秋，见证学术团队和学术研究成长史的春秋，谱写自己的学术春秋，一言以蔽之，这套千万言的数据库和分析报告的要义就是：数字写春秋！

樊　浩

补　　记

  这本书从成稿到正式出版，相隔的时间太长了，长得似乎忘却了前后竟有四年之久。

  2017年，由东南大学伦理学团队主持的江苏省"道德发展高端智库"和"公民道德与社会风尚协同创新中心"，在江苏省省委宣传部的支持下，分别以中共十七大、十八大、十九大的召开为时间节点，完成了三轮全国大调查，同时进行了五轮江苏大调查，建立了七册十二卷的《中国伦理道德发展数据库》。与此同时，展开大规模的道德国情研究。首先在东南大学学科内部立项，发动教师和研究生根据已经获得的数据，撰写研究报告。后来这项工作上升为学科战略，2017年下半年召回东南大学哲学系已经毕业和在校的研究生，举办道德国情研究学术研讨会，200多人参加会议。会上公布了道德国情研究的立项选题，并进行关于研究报告专项辅导和交流，认领和确定相关研究课题，并按不同研究类型进行了小组研讨。与此同时，面向全国进行课题招标。2018年上半年研究报告陆续收回，经过修改后交付出版社出版。

  2018年，《中国伦理道德发展数据库》正式出版，《中国伦理道德发展报告》两卷四册（中国卷与江苏卷各两册）也出版校对稿样书，2018年12月，召开了《中国伦理道德发展数据库》和研究成果发布会，同时举办"伦理共识与人类道德发展国际学术研讨会"；2019年10月，又举办"伦理道德发展的文化战略国际学术会议"，这四本研究报告再次成为会议的重要展示成果。

  然而，直到现在，《中国伦理道德发展报告》并未出版印行。2020年1月起，我在新加坡南洋理工大学哲学系做访问学者，借此机会，对所有研究报告再次逐一审读，发现有些报告质量不太高，于是删去不少，同时将另一些报告退回作者修改，请赵浩博士全力负责研究报告的修改和重新编辑事务。2020年8月修改后的报告陆续收回，9月再次审读时依然发现不少报告未达到要求，于是请谈际尊教授帮助审读，删除不少内容后依然感到不太满意。于是决定改变思路，由在原有书稿中查找不太满意的研究报告，到从中发现研究得较好的报告，无论如何，一句话：质量第一。经过几次修改和删减，形成现在的稿子。在此过程中，大约删减了原报告一半左右的内容。为此，在感谢同人们付出艰辛劳动的同时，要特别向那些提交了研究报告但最后又未被采用的学者和同人说声"对不起"。无论数据库还是分析报告，可能对我们这些做哲学研究的学者来说都太陌生，还有一个熟悉和成长的过程，当然，每个人对此付出的努力程度也有所不同。

这一过程也许会遭受一些异议：数据库贯穿改革开放30年到40年的过程，研究报告在数据库建成后三年多才出版，是否有些过时？坦率地说，我从未考虑过这一问题。一方面，在数据库建设的过程中，我自己不断跟进，每次全国调查结束后都做出篇幅较大的研究报告，三个时间节点的研究报告都在《中国社会科学》上发表。另一方面，无论作为智库建设还是团队建设，我们的理念和目标始终都是："拿得出，留得下，经得起时间检验"。如果一个研究报告只在当时有表达力和解释力，或符合时需，而不能经得起时间检验，那提出的可能只是一些就事论事的应时之策，未能上升和提炼到应有的理论高度，难以具有普遍意义。也许，这就是人文科学和社会科学在智库研究方面的殊异之处吧。我总是认为，即便是做智库，学者与实际部门的工作人员应当有明确的分工，智库研究既不能对国家发展的重大战略渎职，也不能越俎代庖。两汉时期，汉武帝采纳董仲舒"罢黜百家，独尊儒术"建议后，从经学的兴起到魏晋玄学，再到以唐僧西天取经为标志的民族精神和民族文化的空前危机，就是一次深刻的教训。人文科学即便是做智库，也不能热衷于就事论事的应时之策，更不能由此放弃宏大高远的理论建构和人的精神世界建构的历史使命，否则历史的教训就会重演。

为此，我们将智库建设，将数据库和研究报告的研究当作学科建设和团队提升的一次机会，在此过程中摸索出一条"思辨研究—实证研究—实验研究"三位一体的方法和战略。思辨研究是团队的基本功，东南大学伦理学团队的第一元色就是"道德哲学"，它将伦理道德的研究上升和回归于哲学，在哲学尤其精神哲学的意义上研究伦理道德问题。实证研究的核心目标就是数据库和研究报告，其中数据库建设是最基本也是最艰苦的任务，研究报告则是团队集体面临的自我超越、自我转型。实验研究一方面是以"伦理实验室"为切入点的科学实验，另一方面，更重要的是以数据库和研究报告为基础的社会实验和文化实验。作为江苏省的首批高端智库，也作为全国第一个道德发展智库，我们与江苏省省委宣传部、江苏省文明办密切合作，直接对接，进行了不少探索，最突出的就是在江苏进行的持续四年的伦理道德发展评估，这就是一场关于伦理道德发展的社会实验和文化实验。"思辨研究—实证研究—实验研究"三位一体，我们的抱负和战略一言以概之，就是：智库研究和宏大高远的理论建构并进，完成文化传承和服务国家重大发展战略的双重使命。

无疑，面世的这两大研究报告仍然存在很多缺陷，坦率地说，在分析报告的研究方面，我们的学术功力还相差甚远，可以说是我们的短板，我们只是进行一种学术和学科发展的自我提升的实验，我们最大的收获是有了这种学术自觉，并愿意为此不断付出努力。在这个意义上，我们并不是已经"在路上"，而是"刚出发"，毋宁说它是一个集体努力的处女作，祈祷今后有更进一步的成长。

也许，"思辨研究—实证研究—实验研究"三位一体，只是一种"理想类型"，因为它并不意味着在学科团队中有这三种人才结构，而是说团队的每位成员至少核心成员，必须同时具备这三种素质和能力。这一目标和要求也许太理想化，但是，正因为理想，所以才有魅惑力，才能产生激情，也才有前行的动力。

但愿我们保持这种学术激情，保持一颗学术的童心，理想不在远方，就在我们的脚下，在我们激荡的思想、困倦的目光和晶莹的汗水中……

樊 浩

2020年教师节于新加坡国立大学外籍教师公寓